U0171486

中国海洋大学教材建设基金
中国海洋大学三亚海洋研究院
联合资助出版

高等描述性物理海洋学

赵进平◎编著

中国海洋大学出版社
·青岛·

内容提要

本书是作者通过开设研究生课程"高等描述性物理海洋学"而完成的著作。本书深入浅出地介绍物理海洋学现象,融入大量近期的物理海洋学成就,介绍各种现象的产生机制和主要过程,分析现象之间的普遍联系,完善物理海洋学的知识体系。本书适合涉海高校理科研究生学习,可以作为"高等描述性物理海洋学"或"物理海洋学通论"课程的教材使用。本书适合更广泛的科学领域的学者理解物理海洋学,可以在地球科学、遥感科学、信息科学等领域的学习中使用。涉海专业的本科生理解本书的内容也没有困难,可以作为学习海洋类专业课的参考书。

图书在版编目(CIP)数据

高等描述性物理海洋学 / 赵进平编著. — 青岛:
中国海洋大学出版社,2023.5
ISBN 978-7-5670-3482-2

Ⅰ. ①高… Ⅱ. ①赵… Ⅲ. ①海洋物理学 Ⅳ.
① P733

中国国家版本馆 CIP 数据核字(2023)第 067436 号

出版发行	中国海洋大学出版社			
社　　址	青岛市香港东路 23 号		邮政编码	266071
出 版 人	刘文菁			
网　　址	http://pub.ouc.edu.cn			
电子信箱	zwz_qingdao@sina.com			
责任编辑	邹伟真		电　　话	0532-85902533
装帧设计	青岛汇英栋梁文化传媒有限公司			
印　　制	青岛国彩印刷股份有限公司			
版　　次	2023 年 5 月第 1 版			
印　　次	2023 年 5 月第 1 次印刷			
成品尺寸	185 mm × 260 mm			
印　　张	33.5			
字　　数	749 千			
印　　数	1—1000			
定　　价	189.00 元			
审 图 号	GS 鲁(2023)0071 号			
订购电话	0532-82032573(传真)			

发现印装质量问题,请致电 0532-58700166,由印刷厂负责调换。

前　言

　　撰写本书的原始动力来自美国伍兹霍尔海洋研究所的黄瑞新老师,他在2005年提出,针对国内物理海洋专业研究生普遍存在的理论水平较高而物理概念不足的问题,建议开设一门研究生课程,专门讲授物理海洋学的基本概念,促进研究生对物理海洋学的领悟。作者当时承担了这项工作,并于当年开课,按照黄老师的建议,课程的名称叫作"高等描述性物理海洋学"。如今,这门课程已经成为中国海洋大学研究生的基础必修课,并且成为多个专业的理工科研究生的选修课。

　　在国外,描述性物理海洋学早已成为普遍开设的课程,也有多种书籍讲述相关知识。但是,关于描述性物理海洋学的内涵有不同的理解和侧重:有的以物理海洋学入门知识为主,有的以海洋考察和数据分析为主,有的以区域性海洋学为主。本书的"高等"二字代表本书以研究生教育为主,借鉴了各种描述性物理海洋学书籍的优点,在知识的深度和广度方面有比较大的拓展,在知识更新和体系编排方面做出了努力。

　　很多古老学科,如数学、基础化学、物理学等,知识体系相对完善,对于知识结构编排和内容的取舍有长期的积累。而物理海洋学是非常年轻的学科,至今不过百余年历史,很多知识都是最近几十年才发展起来的。因此,要想深刻地理解物理海洋学概念,即使对非常刻苦的学生也是一种挑战。

　　描述性物理海洋学的核心工作是要丰富和完善物理海洋学的知识内涵,形成深入浅出、便于理解的概念体系。作者理解高等描述性物理海洋学要侧重于以下几个方面:一是要对物理海洋学现象有比较全面的介绍;二是要对各种现象的物理机制有比较充分的分析;三是要对各种现象之间的联系有比较深入的讨论。

　　关于物理海洋学现象的知识体系,我们要做的工作可以概括为"筛选"和"遴选"。首先,要继承以往物理海洋学的内涵,通过筛选采撷物理海洋学概念的精华,抛弃一些过时的知识。其次,物理海洋学在最近几十年有大量的科学成就,补充新知识尤为重要,需要遴选出有价值的新成果。对新内容的遴选可以直接借鉴的书籍很少,有时需要从一些原始文献中去寻找。这些尚没有沉淀下来的新知识碎片化地进入了我们的认知世界里,要让这些知识丰富物理海洋学的内涵,将其系统化是不可避免的工作。本书系统介绍了环流、水团、波动、潮汐、锋面、混合、扩散、海平面变化等经典内容,还介绍了不稳定性、余流、对流、涡旋、输运、海洋长波、海洋振荡、海冰等补充内容,共26章。根据这些现象的物理机制,本书将这些内容编排成7篇,以展示现象之间的本质性异同。

关于现象的物理机制,其本身就是物理海洋学的重要内涵,一旦机制问题清楚了,理解某个现象就容易了。然而,有些现象的物理机制一直没有搞清楚;有些新现象的机制众说纷纭,学者的观点对立;有些认识虽有研究成果,但未经充分论证。这些都是年轻学科的特点。为此,本书需要深入地介绍各种现象的物理机制,给出尽可能可靠的结论。作为研究生课程也需要有一些带有争议性的内容启发学生深入思考,并且会尽量介绍存有争议的各种观点。

关于现象之间的联系,实际上是近年来物理海洋学发展的关键。早期物理海洋的现象之间有清晰的界限,很多学者甚至"毕生不越雷池一步"。科学的膨胀式进步展现了现象之间紧密的关系,学者们需要接触更为宽泛的知识。比如,令学术界瞩目的厄尔尼诺现象,涉及大气环流、海洋长波、海气耦合振荡、海洋不稳定性、全球变化等诸多知识,也只有充分了解这些知识,才能对厄尔尼诺现象有清楚的认识。类似的例子还有很多,体现了物理海洋学各个方向之间的广泛交叉。作者深入挖掘物理海洋学现象之间的广泛联系,并将其"描述"出来,成为本书的浓墨重笔之处。

因此,本书的宗旨是:深入浅出地介绍物理海洋的现象,融入大量近期的科学成就,以丰富物理海洋学内涵,展示各种现象的主要过程和产生机制,分析现象之间的普遍联系,完善物理海洋学的知识体系。毋庸置疑的是,知识体系只是迄今对大自然的认知结果,科学在进步,所谓完善只能是阶段性的总结。

作者长期参加现场海洋考察,从第一手数据理解物理海洋学,而这些经验如何让学生理解体会并不容易。物理海洋学的研究生教育多以课堂教学为主,如何让学子能够如身临其境般了解海洋,对学生和老师都是一种挑战。作者有时将一些认为简单的内容一笔带过,而学生却觉得并不简单甚至迷惘。因此,在长期的教学过程中,作者不断根据学生的反馈来调整课程内容和讲述方法,如专设讨论和分析的小节、举出各种典型例子、指出比较有争议的观点、介绍认知历程、展示不同现象之间的联系、选用关键图形等,结合学生的反馈不断改进,以学生能够接受的角度思考并撰写此书,因此,本书的完成也包含了历届研究生的宝贵贡献。

随着海洋地质、海洋化学、海洋生物、海洋技术、海洋信息等专业的学生选修该课程,课程内容编排面临新的挑战。一方面,这些学生没有物理海洋学背景,课程太深奥会听不懂;而如果过于浅显,不能满足物理海洋专业学生的需要。在教学实践中,作者不断尝试去解决这个看似无解的问题,让各学科的学生都有很大收获。事实上,很多认真学习课程的非物理海洋学专业学生都对课程内容理解掌握得很好。如何做到这一点,得益于在以下两个方面的努力。

第一,建立物理海洋学知识点之间的普遍联系。作者的体会是,作为完整的物理海洋学知识体系,不仅需要建立可靠的知识点,更为重要的是建立知识点之间的普遍联系,增加各类知识的凝聚性,筑成坚实的知识系统。通过努力将这些知识融会贯通,形成让人记忆深刻的知识脉络,让学生在浩瀚的世界中找到自己聚焦的研究领域,在知识的海洋中规划自己的航线。

第二,赋予物理海洋学知识吸引力。学生有时是被动地去学习知识,有时是主动地去鉴赏知识,如何让物理海洋学成为有吸引力的、值得热爱的知识,值得付出青春去掌握的知识,是作者编写本书的刻意努力之处。内容要丰富、系统,能够满足学生对知识的饥渴;内容要有吸引力,需要有启发性思考,有学生探索和挖掘的空间;内容要深浅适度、与理解事物的思维规律一致,让学生得以沉湎其中;内容以"学以致用"为目标,让学生能时刻把物理海洋学的知识与其从事的研究方向结合起来。

物理海洋学值得探索的东西实在是太多了,值得用毕生心血去探索。可是,如何让学生能有此体验,需要呈献给他们一本凝聚了物理海洋学全部精华的书,一本用知识、心血、情感汇聚的书。在这个知识快速膨胀的年代,那种能够"采撷百花成蜜"的书籍至关重要。作者经过多年的努力和长期的教学实践,凝练并逐步形成了对物理海洋学的系统认识,汇成此书。编写本书不是为了完成任务,而是为了承前启后而奉献。希望本书能成为承载物理海洋学知识的重要载体,作为具有时代特色之作,为人才辈出的时代添砖加瓦。

本书从开始到完成编写历时 16 年。伴随着课程的逐渐完善,作者尽力对本书的内容进行了深入的雕琢。为了体现描述性的特点,本书尽量不用公式来介绍,除非非用不可。为了建立现象之间的相互联系,各章的关联内容都相互索引,便于读者寻找。本书在各章的末尾加入了若干思考题和深度思考题,思考题包含了各章的主要内容,有助于学生有针对性地复习;深度思考题则是促进学生从更广泛的内容和现象中理解物理海洋学现象之间的相互联系,启发读者举一反三地去分析和理解知识。

尽管作者努力去掌握本书的所有知识,但也有涉猎深浅的不同。为此,本书某些章节请专业老师指点,根据他们的意见和建议进行修改完善,专业老师的名字列在每一章的篇章页,在此一并致谢。书中难免存在各种问题,有很大的提升空间。有些知识显然非常重要,但把它放在哪里合适还不清楚,现在出现的位置未必恰当。欢迎读者提出宝贵意见,使本书进一步积淀完善。

作者:赵进平

2022 年 11 月 11 日于青岛

目 录

☑ 第一篇 外部环境和作用

☑ 第二篇　海水特性与结构

☑ 第三篇　海洋混合和扩散

☑ 第四篇　海洋环流

☑ 第五篇　海洋波动

☑ 第六篇　不稳定性调整

☑ **第七篇　海洋物质和能量转换**

第1章
预备知识

　　物理海洋学所研究的对象,是人类和生物赖以生存和生活的物理环境。物理海洋学运用物理学的观点和方法研究海水结构、运动和机制,包括海洋中的作用力场、温盐结构以及因之而生的各种机械运动的时空变化,还包括海洋中的物质交换、动量交换、能量的交换和转换,是海洋科学的主要分支学科。海洋中的物理过程与地球上的气候的形成和变化、海洋生物的生存、海洋中物质和热量的输送、海岸和海底的侵蚀和变化以及海洋的交通运输和军事活动等,都有密切的关系。

　　本章提供物理海洋学的预备知识,涉及物理海洋学的研究范畴、海水运动的时空尺度、参照系和坐标系、主要物理定律等。

　　黄瑞新教授对本章的初稿提出宝贵意见和建议,本章部分内容经王泽民教授审校,并提出宝贵意见和建议,特此致谢。

§1.1　物理海洋学的研究范畴

海洋是地球表面的重要组成部分,其面积约占地球表面的71%。海洋是人类的生存空间,特别是与沿海地区的生产和生活密切相关。海洋是地球上生命的起源,是海洋生物的生存环境。海洋为人类提供了宝贵的资源,保障了人类社会的可持续发展。

一、物理海洋学的研究范畴

从物理学角度看,海洋是太阳能量的吸收器和转换器,为大气运动提供了能量。大气的驱动和日月的引潮力导致海洋发生各种尺度的运动和变化。海洋有强大的内部调整能力,通过物质和能量的交换和转换适应外界的驱动作用。海洋环流引起的热量输送改变了地球的热收支,是区域气候乃至全球气候的关键因素。

物理海洋学(physical oceanography)是海洋科学的主要学科分支,该学科是运用物理学的观点和方法研究海洋中的作用力、温盐结构、各种机械运动、物质交换、能量交换和转换、海气相互作用等内容,研究各种运动和变化的物理机制。物理海洋学以各种物理学理论为基础,将海洋运动作为研究对象,建立了自身的科学体系,创立了一系列的独到研究方法,形成对海洋运动的认知体系。

描述性物理海洋学(descriptive physical oceanography)是以理解物理海洋学现象和概念为目标的知识体系,着重从定性的角度分析和理解海洋运动及变化的物理机制。高等描述性物理海洋学系统地展现物理海洋学全貌,建立各种运动之间的联系,推动对学科内涵的全面理解和系统认识,帮助相邻学科的学者理解海洋运动。物理海洋学是一门年轻的学科,迄今只有百余年的研究历史,是处于快速发展阶段的研究领域,新知识、新见解、新认识层出不穷。描述性物理海洋学需要紧跟学科的发展,不断丰富其内涵,体现知识的系统性和前沿性。

二、海水物理结构

描写海水的物理特性有这样几个术语:结构、性质和特征。

1.海水物理结构

海水的物理结构(structure)有微观和宏观之分。微观的海水物理结构主要是指海水的物质构成,包括水分子和各种溶解物质。宏观的海水结构是指用物理参量指示的特点。浩瀚的海洋处于无休止的运动状态,各处的运动环境和条件不同,海水的物理结构有明显差异。造成海水物理结构差异的原因主要有:来自大气风场的动力强迫,来自太阳辐射的热力学强迫,来自海气界面的热量交换,来自大气降水、河流淡水、海面蒸发等质量交换,来自月球、太阳和地球本身的引力强迫,来自海底的地热和火山的热流等。由于这些外界的作用因素有各种时间尺度的变化,海水的物理结构也是动态变化的。

2. 海水的物理性质

海水的物理性质(physical property)是海水的内在属性。作为一种液态物质,海水具有力学、热学、电学、磁学、光学、声学等物理性质。与物理海洋学有关的物理性质包括可压缩性、热传导、热容量、热膨胀、盐收缩、蒸发和凝结、相变等。与物理探测有关的还有海水的导电性、声传播特性和光学特性。描写海水物理性质的参量有很多,如密度、压缩系数、热传导系数、热膨胀系数,盐收缩系数、相变温度、相变潜热等。海水的物理性质会受到海水中的溶解物质和悬浮物质的影响,会因物质成分的不同而不同。尽管如此,海水的这些物理性质是海水的物质属性,不受海水运动的影响而存在。

3. 海水的物理特征

海水物理特征(physical characteristics)是指海水的外在特性,是由海水结构和物理性质决定的、可以观察到的特性,体现不同水体之间的异同。物理特征体现的是海水宏观结构的状态,是海水各种运动导致的结果。凡是能够观察到的特征都属于物理特征。

海水的物理特征要用特征参量来表达。影响海水运动的特征参量主要有 4 个:温度、盐度、密度和压强。其中,密度可以通过海水状态方程用其他 3 个参量计算出来。在相同外界作用驱动下,海水的运动会因物理结构的差异而不同。

此外,还有很多物理量可以描写海水的物理特征,如海水的反照率、水色、叶绿素、能量等,我们通过这些物理特征认识海洋。

4. 海水的状态参量

状态参量(state variables)是指描写海水结构或运动的基础物理量。状态参量独立于其他物理量,不能由其他物理量导出或算出。海水的温度、盐度、压力是独立的状态参量,焓(enthalpy)和熵(entropy)是导出的海水状态参量。海水的状态还包括一些运动参量,如位置、速度、加速度等。状态参量体系的建立是认识海洋的关键,新参量的提出有时是海洋科学进步的关键环节。

5. 海洋的结构分布

海洋的结构分布用海水物理参量的分布与变化来表达。依据物理参量的均匀性可以定义各种海洋水团,依据物理参量的差异性可以定义海洋锋,依据温度、盐度和密度的垂向跃变可以定义海洋温跃层、盐度跃层和密度跃层。海洋的物理结构并不是静态的,而是动态变化的,是运动的结果。

三、海水运动

海水运动(movement)是物理海洋学的主要研究范畴,包括重力场中海水各种形式的宏观运动,不包括分子及以下尺度的运动。海水运动可以分为周期性和非周期性运动。周期性运动包括各种形式的波动和振荡等,非周期性运动主要包括各种形式的海流、涡旋等(图 1.1)。

海洋波动涉及海浪、内波、潮汐等各种形式的周期性运动,研究波动的生成和消长,能量传输,风与波动的关系,波-波非线性相互作用,折射、绕射和反射。海洋中的长波也是海洋波动的研究范畴,如罗斯贝波、陆架俘获波(continental trapped waves)和边缘波、海啸波等。

海洋环流涉及大洋流涡的生成和分布、大洋环流西向强化、海流的弯曲和变异等。海洋余流、海洋的垂向运动等都属于非周期运动形式,也包括中尺度涡及其能量转换,冰漂流等特殊流动现象。

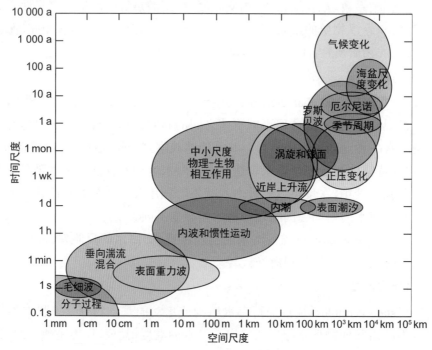

图 1.1

重要海洋过程的时间和空间尺度 [引自 Dickey, 2001]

四、海洋内部的调整过程

海水运动既包括海水在外力作用下发生的运动,也包括在没有外力作用下海水相互影响而导致的运动,前者称为对外界作用的响应(response)过程,后者称为海洋内部调整(adjustment)过程。海水的运动需要满足质量守恒,因此,一部分海水运动势必造成海水运动的调整。例如,风的作用会产生风生流和风生输送,属于响应过程;而在另外的地方将产生补偿运动来弥补质量的亏失,补偿运动就是典型的内部调整过程。

本书介绍了一系列内部调整过程。海洋的扩散过程属于不可逆的调整过程;海洋中的振荡属于动力学和热力学耦合的调整过程;海洋中能量转换属于能量平衡引起的调整过程;海洋湍流属于层流不稳定的调整过程;海洋中的对流和涡旋产生于不稳定导致的调整过程。如果将海洋与大气看作是一个系统,海气相互作用过程本质上也是一种内部调整过程,在这个过程中发生海气间的能量交换和物质交换。通过内部调整过程,海洋会恢复到平衡状态或形成新平衡状态。

海洋内部调整过程在海洋运动中有特殊的重要性。海水的运动虽然千变万化,多种运动可以同时发生,但整体上体现和谐的运动,是海洋运动系统性的体现。作为一个系统,强调的是结构、功能、反馈,海洋运动具有很强的系统属性,从系统角度理解海洋运动是物理海洋学的主要进步之一。

五、海洋与大气运动的主要差异

海洋和大气的运动有很多相似之处,其共性是非常明显的,因此将海洋和大气统称为地球流体,可以用类似的动力学物理架构来描述二者的相同之处。海洋中的很多认识来源于与大气运动的类比,有些理论首先在大气中发展起来,然后在海洋中找到相似的现象。然而,海洋和大气的运动有明显的差异,这些差异导致了物理海洋学的特殊性。主要的差异有以下几个方面。

1. 大气与海洋热容量的差异

热容量指物体温度每升高 1℃ 所吸收的热量,单位为 $J K^{-1}$。由于海水的密度(约 1 024 $kg\ m^{-3}$)远大于空气的密度(约 1.28 $kg\ m^{-3}$),海水的热容量是同体积空气热容量的 3 100 倍,使 3 m 厚海水温度升高 1 ℃ 的热量可以使大气中整个气柱的温度升高 1 ℃。因此,大气是非常活跃的流体,少量的热量可以驱动空气的快速运动,而海水的热惯性很大,需要更大的能量输入才能运动。

2. 大气是热机,而海洋不是热机

地球上大气的运动基本可以用“热机(heat engine)”来类比。热机需要一个高温热源和一个低温热源,就可以驱动媒质运动,也就是将热能转化为机械能。对大气运动而言,赤道就是高温热源,而两极就是低温热源,空气是工作媒质,形成典型的热机。作为热机,大气可以仅仅通过加热而发生运动。

太阳辐射只能抵达海洋很薄的上层,加热上层海水。加热会导致海洋的结构更加稳定,而不能将热能转化为机械能,对海洋的整体运动影响很小。因而海洋不是热机,海洋中的机械运动主要是风应力和引潮力产生的。

3. 驱动因素的差异

大气和海洋运动的能量都来自太阳(和引潮力),但是,大气和海洋的运动都不是太阳辐射直接加热引起的运动。大气对太阳短波辐射的吸收率很低,只有不到 20%,大气运动的主要能量来自下垫面,陆地和海洋吸收了大量的太阳辐射能,然后以长波辐射、感热和潜热的形式进入大气,大气主要通过吸收这些能量而发生各种形式的运动。而海洋吸收的热量非常大,却只能用这些热量驱动大气的运动,海洋运动的能量主要来自大气通过风应力做功来驱动。虽然海洋接收的热能比风能大很多,但是这些热能不能直接转化为机械能。

4. 侧边界的约束

大气运动没有侧边界约束,因而可以形成环绕地球纬圈的大气环流。虽然有山脉和高原在侧向约束大气的运动,但对于整个对流层的厚度而言,没有形成完全阻隔的侧向边界。而海洋则不同,海陆地形对海洋运动是硬约束,海水无法越过陆地,只能形成地形约束下的海水循环。

六、本书的内容组织

本书对物理海洋学的知识进行了全面梳理,重在对物理海洋学现象和概念的组织,强调各种现象的独特物理性质和现象之间的相互联系。由于物理海洋学知识体系宏大,本书按照以下篇章介绍。

第一篇 外部环境和作用

大气过程的驱动作用是海水运动的主要能量来源,海水运动受到海洋地形的显著影响。第 2 章介绍海洋岸线和海底的物理边界特征,以便于对海洋运动的理解。第 3 章介绍了海气界面的动力和热力过程,展现大气对海洋的驱动作用以及海洋与大气的相互作用。

第二篇 海水特性与结构

海水作为一种特殊的溶液,具有特殊的微观物理性质和宏观物理特性。第 4 章介绍了海水的物理性质和存在特征以及与之相关的各种参数。第 5 章介绍了海洋水团的定义、分布和分析方法。第 6 章介绍了海洋锋现象及其分布特征。

第三篇 海洋混合和扩散

湍流运动是海洋的主要微观运动特性,并引起宏观的混合过程和扩散过程。第 7 章介绍了海洋湍流运动,分析了海洋湍流对海水运动的作用和对能量耗散的贡献。第 8 章介绍了各种海洋混合过程,详细分析了海水之间的相互掺混的机制及其对海水结构的影响。第 9 章介绍了海洋扩散过程,主要描述海水中物质和热量的扩散以及扩散与输运过程共同作用导致的分散现象。

第四篇 海洋环流

海洋环流包含了海洋中各种非周期性运动。第 10 章介绍了海洋中的基本流动,展现了艾克曼流、地转流、上升流、卷挟、贯通流等流动现象。 第 11 章介绍了风生大洋环流体系,并介绍了影响风生环流的主要物理要素。第 12 章介绍了热盐环流体系,并介绍了热盐环流与风生环流的联系。第 13 章介绍了边缘海环流,分析了各种区域性环流的变化特征和规律。第 14 章介绍了海洋输运过程,强调了输运过程在海水运动中的关键作用。

第五篇 海洋波动

海洋波动包含了海洋中各种周期性的运动和变化。第 15 章介绍了海洋重力波及其传播特性,体现了广谱的波动现象。第 16 章专门介绍了海洋长波,包括各种尺度的行星尺度波以及全球海洋的长波系统。第 17 章介绍了海洋内波现象以及各种内波的传播特性。第 18 章全面介绍了由太阳和月球引力引发的海洋潮汐现象,分析了潮波的传播特性。第 19 章介绍了海洋余流,主要包括潮汐余流和波浪余流,还包括各种地形引起的余流现象。第 20 章介绍了海洋中的振荡现象,包括自由振荡、惯性振荡和海气耦合振荡。

第六篇 不稳定性调整

海洋不稳定性过程是频繁发生的现象,产生对流和涡旋现象。第 21 章介绍了海洋中的主要不稳定性过程及其恢复稳定的机制。第 22 章介绍了海洋对流现象及其在海水结构变化中的核心作用。第 23 章介绍了海洋中的涡旋现象、形态和运移机制,展现了涡旋运动在海水运动中的重要性。

第七篇　海洋物质和能量转换

海洋的物质和能量转换主要体现物质相态转换引起运动以及能量转换的机制。第 24 章介绍了全球海平面变化及其不同产生机制。第 25 章介绍了海水冻结成冰之后的形态、运动和变化。第 26 章全面介绍了海洋中的能量形式、能量转换方式以及能量耗散机理。

§1.2　海水运动的尺度

一、特征尺度

特征尺度（characteristic scale）也称尺度，是指现象发生的代表性空间范围或时间范围。尺度不是对现象发生范围的精确测量，而是对其量级的估计。也就是说，相差几倍都属于相同的尺度，只有相差 10 倍以上才属于不同的尺度。

之所以用到尺度的概念，主要是因为海洋运动的空间范围和时间范围的差异非常大，不仅不同类型的运动尺度不同，同一种运动也会有巨大的尺度差异。图 1.1 是海洋中各种运动尺度的示意图，是以空间和时间的对数为坐标的分布图，表现了海洋中各种运动所处的时间和空间尺度范围。

发生在世界海洋中的各种现象尺度差异相当大。最大空间尺度是全球尺度，也称海盆尺度（basin scale），如海盆尺度的大洋环流、大尺度海洋振荡、大尺度水团等都是大尺度范畴，位于图 1.1 的最右端。

如果不考虑分子运动以下尺度的运动，海洋最小尺度的运动当属海洋湍流的运动尺度，即柯尔莫哥洛夫微尺度（Kolmogorov microscale），在强湍流区只有 6×10^{-5} m，即 0.06 mm。

二、运动的时空一致性

从图 1.1 中可以看出，在时间和空间的图形上，绝大多数运动都分布在图的对角线附近，表达了各种运动的时空一致性，即现象的空间范围越大，时间尺度也就越长。这是由于海水运动的时空尺度受制于海水的运动速度，各种运动的时空一致性是我们期待的结果，因为达到更大的距离需要更长的时间。

实际上，只有用水体微团的移动速度来表征的现象才具有很好的时空一致性。有一些现象偏离对角线较大，即时空一致性较差，通常是由于其运动空间不是用水体微团的移动范围来表征的。例如，波浪和潮汐的时间尺度是用其周期来确定的，其空间范围不是用海水微团的移动距离确定的，而是由其影响的范围确定的，因此时间尺度小而空间尺度大。海洋中的低频变化最大的空间尺度就是海盆尺度，但时间变化可以是年际、年代际甚至多年代际，也不符合时空一致性特征。

各种运动的尺度不同，影响的范围不同，运动的方式不同，研究方法也很不相同。海洋现象的尺度差异使我们有可能针对性地开展研究，通过突出某些尺度的现象来确定研究主题，而忽略另外一些尺度的现象。选择的方法就是尺度分析方法。在开始研究工作之前，首先需要对运动的尺度进行分析，根据分析结果选用合适的研究方法。

三、不同尺度运动之间的相互联系

在线性理论框架下，不同尺度现象之间是相互独立的，可以分别进行研究，然后迭加起来。在实际中，各种不同尺度的现象之间有着密切的联系和相互作用，有着动量、能量和物质的交换，不能盲目地使用线性迭加的方法。

海洋运动之间的相互独立是相对的，相互作用是绝对的。因此，研究不同尺度运动之间的相互影响也是物理海洋学中的重要研究内容之一，与之相关的理论是非线性理论。在本书中多处介绍海洋的运动现象之间的相互作用与转化。

§1.3　物理海洋学的参照系与坐标系

研究地球上的运动首先需要确定参照系（reference system），没有参照系无法观察和理解运动。在参照系上可以建立不同的坐标系，用以描述和理解相对于参照系的运动。

一、绝对参照系和相对参照系

按照物理学的原理，参照系不能设立在空间的某一点，而是必须设立在一个物体上，而且还要固定在这个物体上。

1. 惯性参照系

如果能把一个绝对静止的物体作参照系，就可以理解世界万物的运动和变化。但在宇宙中，没有绝对静止的物体。因而只能退而求其次，在惯性参照系中理解运动。惯性运动是指物体做匀速直线运动，加速度为零。建立在做惯性运动物体上的参照系就是惯性参照系（inertial reference system）。太阳的运动近似为惯性的，因而研究海洋的运动往往将太阳作为惯性参照系。建立在惯性运动物体上的参照系为绝对参照系（absolute reference system）。

2. 相对参照系

在很多情况下，用绝对参照系来研究运动并不方便，因此，人们在绝对参照系的框架下建立另外一个参照系来研究运动。例如，在海洋研究中，虽然可以在太阳上观测海洋，但总不如在地球上观察海洋更加方便。建立在地球上的参照系称为相对参照系（relative reference system）。只要了解了海洋相对于相对参照系的运动，再了解了地球的运动规律，在相对参照系中获得的结果就可以换算到绝对参照系之中。事实上，人们对海洋和大气的观测都是以地球为参照系研究物体相对于地球的运动。

3. 非惯性相对参照系

由于地球是旋转的，旋转运动不是惯性运动，因而建立在地球上的相对参照系属于非惯性参照系（Non-inertial relative reference system）。在非惯性参照系中，地球运动的加速度会以惯性力（inertial force）的方式表达。地球运动主要引起两种惯性力：一种是惯性离心力（inertial centrifugal force），也就是相对于地转轴的离轴力，其与地球的万有引力合成，形成地球的重力。另一种是科里奥利力（Coriolis force，科氏力），是一种引起运动偏转的惯性力。二者有明显的差别：同质量水体受到的离心力在赤道最大，而在两极最小；相同质量相同速度的水体受到的科氏力则相反，在赤道最小，而在两极最大。在非惯性参照系中，科氏力不是真实的力，而是一种假想力；但在地球上观测物体的运动时，科氏力的作用是实际存在的，切不可因其是假想力而忽略。

二、海洋中的水平坐标系统

前面指出，固定在地球上的参照系是相对参照系，地球上任一点的位置还需要适当的坐标系来确定。在以地球为相对参照系，并且参照系随地球旋转的前提下，还可以选择不同的坐标系，如常用的球坐标、柱坐标、直角坐标等。这里我们引入下面几种在海洋中常用的坐标系。

1. 地理坐标系

对于全球运动而言，通常使用地理坐标系（geographic coordinate system）。地球是一个形状微扁的椭球体，从地心向外可以有无数个椭球面。地理坐标系是选择一个接近自然地球表面形状的椭球面作为参考椭球面（reference ellipsoidal surface）建立的坐标系（图1.2），在其上确定由经线和纬线构成经纬网，从而通过经纬度来确定任意点在坐标系中的位置。地理坐标系相当于空间格点在参考椭球上的投影，空间任意点的经度和纬度是该点在参考椭球上的唯一位置。地理坐标系中可以任意选取参考椭球面，即椭球面可大可小，需要根据研究对象确定。

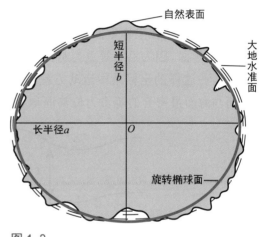

图 1.2
地球表面和近似的旋转椭球面

在地理坐标系中，经纬度称为大地经纬度，即以地面点处的椭球面法线为基准，法线与赤道面的交角为纬度，南半球为南纬，北半球为北纬；该法线与自转轴构成的面为该点处的子午面（meridian plane），其与本初子午面的夹角为该点的经度，单位是度、分和秒（DMS）。因此，地理坐标系包括的主要参数有参考椭球体、本初子午线和经纬度。人们习惯使用的是格林威治子午线作为本初子午线，参考这个子午线确定的经度与我们所在的经度一致。

需要注意的是，地理坐标系虽然可以确定椭球面上任意点的位置，却不能测量距离和面积。若想测量点之间的距离，需要用到椭球参数，即椭球的长轴和短轴，与其相关的参数是地球的赤道半径和极半径。这样，使用大地坐标系更为方便。

2. 大地坐标系

大地坐标系（geodetic coordinate system）是大地测量的基本坐标系，也是使用大地经度和大地纬度确定其水平位置。不同的是，大地坐标系中参考椭球的大小不是任意的，而是一个确定的值，称为高程基准面（height datum）。高程基准面的确定具有任意性，在不同的国家会取不同的值,但必须是一个确定的值。在中国,现有的大地坐标系是以位于青岛的水准原点所确定的椭球面为高程基准面。确定了高程基准面,任意点的高程和海洋的深度就可以唯一地确定了。因而,大地坐标系与地理坐标系的区别是,大地坐标系不仅包含了经纬度,而且包含了高程基准面。

在海洋研究中,我们在水平方向上实际使用的坐标系就是地理坐标系。如果我们采用与大地测量一样的参考椭球面,我们也是在使用大地坐标系。

三、海洋中的垂向坐标

大地坐标系是大地测量的重要坐标系,但对于海洋研究有不足之处。在大地测量学中,垂向坐标零面就是高程基准面,在海洋研究中,如果不涉及海水运动,也可以使用高程基准面为垂向坐标零面,如研究海平面变化。但在研究海水运动时,不能使用高程基准面作为垂向坐标零面。一是几何原因,由于地球表面不是标准的椭球面,使用固定的椭球面会使有些点出现在坐标零面之下;二是动力原因,海洋研究一般需要使用等重力势面作为垂向坐标零面,因为沿着等重力势面运动的水体重力不做功,也就是垂向坐标与重力的方向平行,在这样的坐标系中运动方程组的表达最为简洁和严格。等重力位势面是一族曲面,而与海面最密合的等重力位势面称为大地水准面(图1.3)。

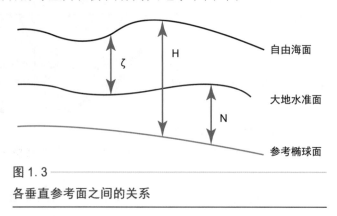

图 1.3
各垂直参考面之间的关系

1. 大地水准面

大地水准面(geoid)的定义是:静止海水面并向大陆延伸所形成的不规则的封闭曲面,且保持处处与重力方向正交。其中,静止海水面意味着各大洋连通但没有运动。由于我们观察到的海面是不断变化的,无法直接测量大地水准面,需要对海面高度在较长的历史时期内得到平均海平面。

我们期待大地水准面是一个椭球面,这样就可以与大地坐标系的高程基准面进行换算。实际上,大地水准面的高度受到海水下地球物质密度的影响。地球物质致密,大地水准面的高度就会较高;反之,地球物质稀疏,大地水准面的高度就会较低。重力卫星遥感和卫星测高技术的问世,实现了对大地水准面的精确计算。观测表明,大地水准面与参考椭球面差别很大。有些地区海面凸起,有些地区海面凹陷。两者最大可以相差180多米。地球上的大地水准面有三个较大的隆起区域,第一个在澳大利亚西北部海区,隆起高达 76 m;第二个在北大西洋,隆起高度是 68 m;第三个在南美洲西部,隆起区域高为 48 m。大地水准面还有三个较大的凹陷区域,一个在印度洋上,凹陷深达 112 m;第二个在加勒比海以东,凹陷深度为 64 m;第三个在加利福尼亚以西,凹陷深度为 56 m(图 1.4)。

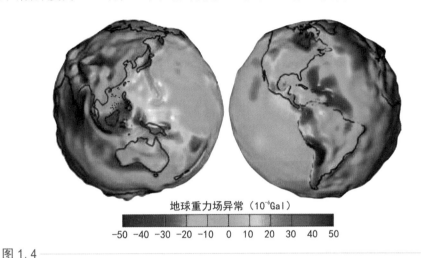

地球重力场异常（10^{-5}Gal）

-50 -40 -30 -20 -10　0　10　20　30　40　50

图 1.4
全球海洋大地水准面相对于参考椭球的高度示意图［引自 NASA/JPL］

2. 海面动力地形

　　真实的海洋受风场和气压分布的影响,海水运动产生辐聚辐散,改变了海面高度的分布,有的地方升高,有的地方降低,这种分布称为海面动力地形(dynamic topography)。由于海面风场有天气尺度变化、季节变化和长期变化,海面动力地形也会发生相应时间尺度的变化,滤除这些高频变化得出平均海面动力地形。在旋转的地球上存在着气候态的风场和气压场,产生稳定存在的平均海面动力地形分布,极大值为 0.80 m,极小值为-2.13 m。

　　海面动力地形的变化有一个特点,就是要满足质量守恒,即地球上海面动力地形升高和降低的水体体积大致相等。

3. 平均海平面

　　由于大地水准面是理论上的等重力势面,准确确定大地水准面并不容易,而且海面动力地形的因素也需考虑,因此,拟采用平均海平面(mean sea level)作为垂向坐标零面。平均海平面定义为大地水准面与海面动力地形之和(见第 24 章)。采用平均海平面的依据有三:第一,平均海平面与人们理解的海面一致,比抽象的大地水准面更加易于理解;第二,平均海平面虽然在大地水准面上加上了海面动力地形,但海面动力地形的偏差幅度远小于大地水准面的偏差幅度,因此可以认为平均海平面在很高程度上近似为等重力势面;第三,大地水准面是由重力卫星测量得到的,而重力卫星测得的大地水准面(图 1.4)事实上是包括海面动力地形的,二者的偏差很小。关于海面动力地形在大洋环流中的作用见第 11 章。

4. 物理海洋学的垂向坐标零面

　　为了使运动方程的垂向与重力方向一致,我们只能选取平均海平面作为物理海洋学的垂向坐标零点,否则会带来很多问题。在这个坐标系中,不仅海面近似是等重力势面,所有等深度面都近似为等重力势面,保证垂向与重力方向平行。

需要注意的是,选取平均海平面为垂向坐标零点,水深应该是相对于平均海平面的深度,而不是相对于参考椭球面的深度。水深测量通常是船舶回声测量的结果,因而自然满足平均海平面坐标的要求。因此,在海洋学中,描写海底地形时都是用深度,而无须换算到大地测量的高程。

以平均海平面为垂向坐标零点的坐标系有以下优点:第一,在所有坐标点,海面($z=0$)近似为大地水准面,标记的海洋深度与船测结果一致,便于对海底地形的理解;第二,有利于海洋学数据与卫星遥感数据的统一和衔接;第三,适应全球海洋数值模式的需要,方便局部的海洋学数据与全球海洋数据衔接。

使用平均海平面做垂向坐标零面,则构成垂向坐标零点的平均海平面是一个起伏不平的表面。好在海洋的水平尺度远大于垂向尺度,在 10 000 km 尺度上约 100 m 的高程差带来的不平坦只有 10 万分之一,可以忽略不计。

在使用平均海平面做垂向坐标零面的基础上,还可以根据应用的需求将零面在垂向进行调整。例如,做潮汐研究时需要使用潮汐学的最低低潮面为零面;用于航海图测量时需要使用测量学的海图基准面为零面;用于高度测量时需要使用大地水准面为零面;用于海冰覆盖的海洋研究时需要使用冰水界面为零面。对于小范围的海洋研究,可以采用局部定义的垂向坐标零面。这些不同的垂向坐标零面都是相对于平均海平面确定的,都可以容易地与平均海平面变换。

使用数值模式时可以直接使用以平均海平面确定的垂向坐标(z坐标),各个深度上垂向坐标的方向都与重力方向平行。有时,需要根据地形的分布,或密度的分布采用不同的垂向坐标,如 σ 坐标、η 坐标、等密度坐标等。在这些坐标系中,垂向坐标与重力方向不平行,需要加入各种假定或近似,使重力保持在垂向,也需要假定这些面都是等重力位势面。

四、坐标系的投影方式

地球表面是曲面,在表达时很不方便,人们总是根据研究需要尽可能地用平面来近似表达三维曲面。由于椭球面没有办法用平面精确表达,只能将曲面投影到平面上,称为曲面的投影(projection)。任何投影平面都只是椭球面的一种近似表达。而且,投影不是唯一的,有多种投影方式。

1. 高斯 – 克吕格投影

高斯 – 克吕格投影(Gauss-Kruger projection)的几何概念是,假想有一个横卧的椭圆柱与地球椭球体上某一经线相切,其椭圆柱的中心轴与赤道平面重合,将地球椭球体表面有条件地投影到椭球圆柱面上(图1.5),术语称为等角横切椭圆柱投影。高斯 – 克吕格投影的特点是:中央经线和赤道相互垂直,且为投影的对称轴;具有等角投影的性质;中央经线投影后保持长度不变。

高斯 – 克吕格投影适用于中低纬度的区域,可以分为3°带和6°带,是中低纬度城市坐标的基础,在海洋中也很适用。高斯 – 克吕格投影对两极海域则完全不适用,越靠近两极,分带越多,高斯 – 克吕格投影使用起来越不方便。

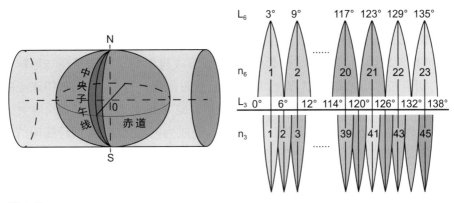

图 1.5 ————————
高斯－克吕格投影［引自阳凡林等，2022］
左图:投影方式,右图:投影后产生的3°带和6°带图

2. 墨卡托投影

　　假设地球被围在一竖立的中空圆柱里,地球的基准纬线(赤道)与圆柱相切;把球面上的图形等角地投影到圆柱体上,再把圆柱体展开,这就是墨卡托投影(Mercator projection)绘制的地图(图 1.6)。墨卡托投影是一种等角正切圆柱投影,没有角度变形,由每一点向各方向的长度比相等,它的经纬线都是平行直线,且相交成直角,经线间隔相等,纬线间隔从赤道向两极逐渐增大。墨卡托投影的地图在基准纬线上没有变形,但距离基准纬线越远,其长度和面积的变形越明显。墨卡托投影的优点是,在地图上保持方向和角度的正确,如果在两点之间按照墨卡托投影的地图直线航行就可到达目的地。因此,海图和航空图常用墨卡托投影。在海洋中使用时,基准纬线可以取为赤道;但制作大比例尺地图时可以选为其他纬线,如我国近海的地形图采用 30°N 为基准纬线。虽然墨卡托投影变形大,但当我们关注不大的海域时,墨卡托投影的优势很明显。在全球海洋研究中,墨卡托投影的形变会带来负面影响,尤其是在两极海域偏差相当大。

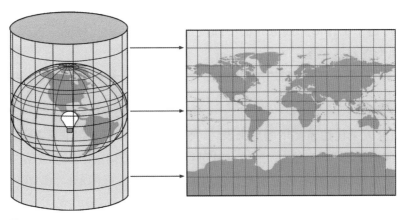

图 1.6 ————————
墨卡托投影［引自阳凡林等，2022］
左图:投影方式,右图:投影后产生的地图

3. 方位投影

方位投影（azimuthal projection）是指一个平面与地球椭球面相切或相割，以这个平面做投影面，将地球椭球面上的经纬线投影到平面上，形成投影网。投影平面与地球椭球面相切或相割的切点在赤道的称为横方位，切点在极点的称为正方位，切点在任意点的称为斜方位。与之相对应的有横轴、正轴、斜轴方位投影。这种投影适用于区域轮廓大致为圆形的地图。在正轴方位投影中，纬线投影为同心圆，经线为同心圆半径，两经线间的夹角与实地经度差相等，适合在极地海域使用。而在横轴方位投影中，赤道与中央经线为直线，适用于赤道海域（图1.7）。斜轴方位投影除中央经线投影为直线外，其余的经纬线均为曲线。

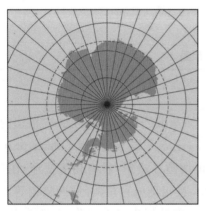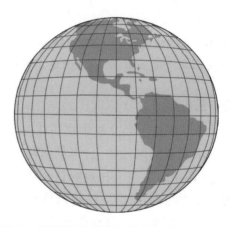

图 1.7

方位投影

左图：正轴方位投影，右图：横轴方位投影

4. 兰伯特投影

兰伯特投影（Lambert projection）是一种正形圆锥投影。设想用一个正圆锥切于或割于地球椭球面，应用等角条件将地球面投影到圆锥面上，然后沿一圆锥母线展开成平面（图1.8）。投影后纬线为同心圆圆弧，经线为同心圆半径，没有角度变形，经线长度比和纬线长度比相等，适于制作沿纬线分布的中纬度地区中、小比例尺地图。国际上用此投影编制1:100万地形图和航空图。

从图1.8可见，墨卡托投影和方位投影都是兰伯特投影的特殊情况。

五、二维图形

海洋的研究成果往往需用图形来表达，使用恰当的图形显得非常重要。海洋的运动是四维的（空间三维、时间一维）。虽然有时可以用三维立体图来表达，但是三维图主要用于定性展示，定量理解三维图形有困难。常用的图形多为二维图形，二维图形有以下类别。

1. 剖面图

剖面（profile）图，大气科学中也称廓线图，表达物理量沿垂向的分布（图1.9a），即空间一维、物理量一维。剖面图的垂向坐标为深度或高度，适用于表达垂向剖面探测的结果，有利于人们对海洋物理量垂向结构的理解。

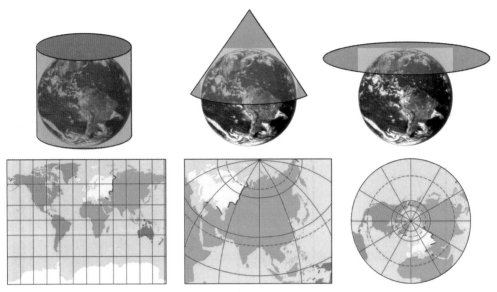

图 1.8

兰伯特投影 [引自地图教学网 www.ditu.cn]

上图:投影方式,下图:投影后产生的地图

2. 断面图

断面(section)是垂向的二维表达形式之一,其中一维是垂向坐标、一维是水平方向坐标,如图 1.9(b)所示。其实,由于在断面图上可以绘制物理量的等值线,断面图实际上体现了三维特性。由多个站位的观测结果就可以绘制断面图,表达物理量的空间分布。由于海水运动的薄层特性,物理量在垂向的变化梯度通常远大于水平方向的变化梯度,也要通过放大垂向坐标来绘制断面图。断面图在体现垂向结构的空间特性方面非常重要,具有无可替代的作用。

3. 平面图

海洋中的平面(plan)图,也称大面图,用来表达物理参数的准水平分布,图中体现的是水平二维坐标,物理量的等值线体现运动的三维特性,如图 1.9(c)所示。由于平面图实际上是在水平坐标下的分布图,与地理位置高度对应,使人们容易理解发生的运动。不足之处是,实际的海水运动是三维的,但平面图只能描述二维的特征,反映三维的空间特征需要用不同深度的平面图来表达。

4. 时间变化图

物理量随时间的变化图是最常用的图形之一,以时间一维、物理量一维来表达,体现物理量变化的时间特征和强度特征,如图 1.9(d)所示。此外,还有以时间为一维、空间为一维,展现物理量随空间位置和时间的变化,称为时空综观图。

5. 关系图

如果两个水平坐标都与时间和空间无关,属于关系图。关系图以两个物理量为坐标,可以体现两个物理量之间的关系,也可以用等值线体现三个物理量之间的关系。例如,物理海洋学中常用的 T-S 图就属于关系图。

在以上图形的基础上,可以将曲线图表达成直方图、饼图、类别图等,有很多创新的表达空间。由于图形是展示科研成果的重要手段,精心设计的图形往往更容易理解,提高科学成果的交流与传播能力。

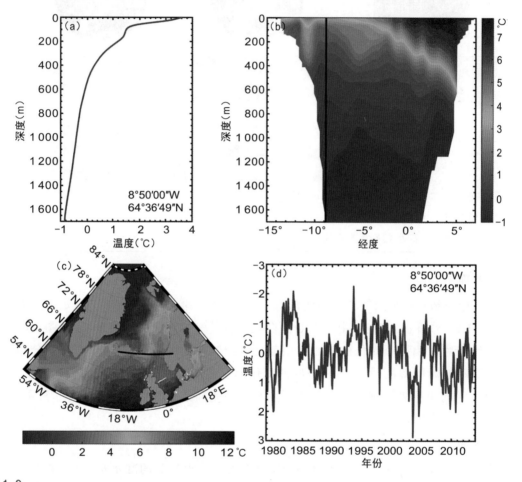

图 1.9

常用图形(以北欧海数据为例)
(a)剖面图,位置如(b)中的竖线所示;(b)断面图,位置如(c)中横线所示;(c)平面图;(d)时间变化图

§1.4   海洋观测的核心作用

物理海洋学是现象的科学,没有观测就不能发现新的现象,决定了海洋观测的重要作用。物理海洋学研究往往是先观测到现象,然后再对现象进行深入研究。现象是客观存在的,不管你是不是进行观测;但是,如果没有合适的观测手段,就不能观测到客观存在的现象。

人类本身就是一部观测仪器,通过身体上的器官感知周边的世界。对海洋的很多观测也是通过人类的直接观测获得的,如海面的波浪、不同颜色的海面物质、海洋的涨落潮等。所以,物理海洋学与人类的直接观测活动是密切相关的。

但是,海洋毕竟太大了,人类的视野限制了对海洋的观测能力,人类通过海洋考察船、飞机、卫星等观测手段开展海洋观测,使人类可以"看"到海洋。有些参数是人类观测不到的,这时就要靠仪器准确定量地给出海洋参数。海洋深处是人类不能到达的地方,对深海的观测只能靠海洋仪器,否则人类不能认识深海的海洋现象。因此,海洋观测手段拓展了人类的观测能力,是认识海洋的重要手段。

回顾物理海洋学的发展历史,几乎所有重要的现象都是首先通过观测得到的。每当新的观测手段问世,就会促进新现象的发现,带动新的理论发展,推动物理海洋学的进步。例如早期的海水温度和盐度观测采用的是颠倒温度计,是人类早期认识深海温度和盐度结构的重要手段。但颠倒温度计的垂向分辨率很低,不能给出温度和盐度在垂向的精细结构。温度盐度和深度剖面探测仪(CTD)的问世使垂向高分辨率的温度和盐度观测成为可能,大大拓展了人类对海水垂向结构的探索能力,发现了海水跃层、涡旋、微结构等新现象,进而带动物理海洋学理论的巨大进步。因此,CTD 是物理海洋学进步的重要里程碑。在美国 Woods Hole 海洋研究所,海洋学家与技术专家一道工作,总是把在海洋研究中遇到的需要观测的内容告诉技术专家,技术专家设法发展新技术去开展观测,使层出不穷的新观测手段问世。在物理海洋学领域,海洋学家和技术专家的结合是学科发展的强大动力。

与观测紧密关联的是观测数据的分析。人不仅是一部出色的观测仪器,而且对观测到的信号有非凡的处理能力,大脑可以在很短的时间里获得分析结果。而仪器观测得到的是数据,这些数据要靠不同的分析方法获得信息来认识海洋。现有的分析方法很有限,还不能与人脑出色、快速的分析能力相比拟。因此,对于认识海洋来说,关键不仅在于发展新的观测手段,更重要的是发展各种分析方法,以保证从数据中获取尽可能多的信息。

现在,物理海洋学处于蓬勃发展的时期,学科的分工越来越细,研究的内容越来越深入。加之人们可以使用再分析数据和数值模拟结果开展研究,显得海洋观测不是那么必不可少,人们容易忽视海洋观测在物理海洋学中的核心作用。其实,恰恰是越来越丰富的海洋观测数据才使得同化和再分析的精度得到保证,才使得数值模拟的精度不断上升。

§1.5　海水运动的主要物理定律

由于本书的描述性特点,不侧重于对物理定律的数学表达。但读者需要知道,海水的运动和变化受若干重要的物理定律来支配。

1. 质量守恒定律

质量守恒定律(law of conservation of mass)体现了海洋总质量的守恒,是最重要的物理定律,不论海水是否运动都需要满足它。一旦某处发生了运动,海洋就会做出相应的调整，以体现整体上的质量守恒。质量守恒定律的数学表达为连续方程，由（10.12）式表达。

2. 海水状态方程

状态方程（equation of state）建立了海水密度与温度、盐度和压力之间的关系，使人们可以通过测量温度、盐度和压力获得海水的密度。一般的海水状态方程由（4.20）式表达，其具体形式见第 4 章的介绍。

3. 牛顿第二定律

牛顿第二定律（Newton's second law of motion）是支配海水运动的主要物理定律，在数学上表达为奈维－斯托克斯方程（Navier-Stokes equation），由（7.2）式表达。该定律建立了作用力与运动之间的联系，也建立了不同运动形式之间的联系，是研究各种运动的基础。通过牛顿第二定律和质量守恒定律，可以推导出重要的派生物理定律和方程，如涡度方程、位涡守恒方程、角动量守恒等定律。

4. 热力学第一定律

热力学第一定律（the first law of thermodynamics）表述为物体内能的增加等于物体吸收的热量和对物体所作的功的总和，是与热现象有关的能量守恒和转化定律，反映了不同形式的能量在传递与转换过程中守恒。热量可以从一个物体传递到另一个物体，也可以与机械能或其他能量互相转换，但是在转换过程中，能量的总值保持不变。

5. 物质扩散定律

海水中的物质在湍流运动中发生单向的、不可逆的、物质浓度趋于均匀化的扩散过程。狭义的扩散过程仅包括水体中物质的扩散，由菲克定律（Fick Law）给出，而广义的扩散过程包括动量和热量的扩散，详见本书第 9 章的介绍。

上述 5 个物理定律将海洋运动的各种参数建立了联系，每时每刻都在同时发挥作用，共同决定了海水的运动。在物理海洋学研究中，所有的运动都符合这些定律，所有其他的公式、方程、规律都是依据这些定律导出的，所有的理论都需要依据这些定律建立，各种数值模式也是这些定律在不同场景下的表达。与此同时，背离了这些定律的运动是不能存在的。读者需要在后续的研究中关注各个物理定律的内涵及其与各种现象之间的关联，从而理解海洋运动的物理机制。

§1.6   单位与术语的统一

1. 国际单位制

国际单位制（international system of units，法语：Système International d'Unités，符号：SI），1799 年被法国作为度量衡单位，1960 年第十一届国际计量大会通过，推荐各国采用。国际单位制是现时世界上最普遍采用的标准度量衡单位系统，采用十进制进位。

国际单位制最大的优点是统一了计量的基本单位，使不同单位物理量之间的关系可以进行比较，也可以使派生单位自动满足国际单位制。采用国际单位制减少了换算困难，在量值上不容易出错,取得的成果可以容易地与其他研究成果相互比较。

表 1.1 是与物理海洋学有关的国际单位制的单位。其中,基本单位(SI basic unit)只有 7 个,常用的有长度、质量、时间、热力学温度、物质的量。很多常用物理量的单位是导出单位(SI derived unit),都可以用基本单位来表达,也可像基本单位一样使用。例如,能量的单位焦耳可以用基本单位 $kg\ m^2\ s^{-2}$ 来表示。

表 1.1 国际单位制的基本单位和部分导出单位

物理量名称	基本单位	单位符号	物理量名称	导出单位	单位符号
长度	米	m	能量	焦耳	J
质量	千克	kg	电量	库伦	C
时间	秒	s	电位差	伏特	V
电流	安培	A	电容	法拉	F
热力学温度	开尔文	K	电阻	欧姆	Ω
物质的量	摩尔	mol	电导	西门子	S
发光强度	坎德拉	cd	电感	亨利	H
物理量名称	导出单位	单位符号	磁通量	韦伯	Wb
频率	赫兹	Hz	磁通密度	特斯拉	T
力	牛顿	N	光通量	流明	lm
压强	帕斯卡	Pa	弧度	度	rad
功率	瓦特	W	球面度	度	sr

在物理海洋中还有很多物理量的单位并不包含在导出单位之内,可以直接由基本单位表达。例如,熵的单位是 $J\ K^{-1}$,可以直接导出,而不需要命名新的单位。建议物理海洋的学者养成使用国际单位制的习惯。

2. 术语的统一

术语(terminology)是科学的专用名词,术语的科学性有利于人们的理解。然而,由于学科的发展经历了漫长的过程,术语的产生往往与人们的认识过程相联系,未必是最科学的。随着科学的发展,人们会逐步将术语标准化,形成科学的术语体系。在本书中,需要对一些容易产生歧义的术语进行规范,避免人们的误解。在书中统一使用以下术语表达。

我们将力的旋度称为旋度,将流的旋度称为涡度。如风应力的旋度称为旋度,海流的旋度称为涡度,风速的旋度称为涡度。

早期的书中将运动水体的最小单元称为水质点,但不符合物理上"质点"的定义。因此,在本书中将最小运动单元统称为水体微团(water particle 或 water parcel)。

Ocean Current 译为海流,有时也叫洋流,洋流似乎更加贴切。但是,由于大洋的洋流与近海的海流没有本质的差别,统一称呼便于对物理海洋学的整体理解,本书将深海和浅海的海流统称为"海流"。

Trapped Wave 的翻译多年来一直不够统一,通常译为"陷波""拦获波""俘获波"。为了统一起见,本书将其统称为"俘获波"。

在与重力平行方向的运动以往称为铅直的、垂直的、垂向的等。我们将这个方向的运动统称为垂向的,以区别于水平方向相互垂直的运动。

在汉语中,能量转换和转化并没有明显区别,在本书中,我们将物质形态的转变称为转化,而能量形式的转变称为转换。

有些大气和海洋中的术语有不同的表达,在本书中按照海洋学的术语加以统一。如大气中将 stratification 称为层结,而海洋中称为层化;大气中将 dispersion 称为频散,而在海洋中称为弥散;大气中将 oscillation 称为涛动,而在海洋中称为振荡;大气中将 convergence 称为辐合,而在海洋中称其为辐聚;大气中称为副热带,海洋中称为亚热带。但在描述大气现象时,书中仍然使用大气的术语。

最容易混淆的是 potential 的使用,有时用"势",有时用"位"。有时,二者可以互换,如势能也可以叫位能。而有些固定的用法难以统一起来,例如:位温、位密、位涡等只能用位;而有势力、引潮势等又只能用"势"。在本书中只能尊重传统的用法。

思考题

1. 如何理解"物理海洋学是现象的科学"?
2. 简述物理海洋学的研究范畴。
3. 海洋如何发生内部调整?
4. 如何理解尺度的概念?
5. 分析为什么普遍存在时空一致性。什么情况下会偏离这种一致性?
6. 地理坐标系和大地坐标系有何异同?
7. 海洋研究一般如何确定垂向坐标零点?
8. 简述什么是兰伯特投影。
9. 试论海洋观测在物理海洋中的重要性。
10. 为什么要使用国际单位制?

深度思考

海洋内部调整是如何发生的,为什么说海洋内部调整非常重要,其重要性体现在哪些方面?

第2章
海洋地形地貌

　　海洋占地球表面积的70%以上,共有约14亿立方千米的水。海洋是地球上生命的摇篮,孕育了庞大的生命系统。海洋是人类赖以生存的环境,是资源的宝库,支撑着人类的繁衍和社会的发展。作为海水的载体,海洋地壳的形态决定了海洋的形状,也制约着海水的运动,是海洋运动的最基本要素。

　　地形(topography)和地貌(landforms)是两个紧密关联,但又有所区别的名词。地形强调的是地球表面的高度起伏,如鞍部地形、平坦地形等,在海底则有海底平原和海底山脉等;地貌强调的是地物的整体形态,往往具有成因和物质组成上的含义,如冰川地貌、河流地貌、丹霞地貌等,在海底则有浊流沉积、滑塌沉积等地貌形态。

　　本章将从海水运动的角度认识海洋的地形、地貌,以便于对后面章节的学习和理解。

　　瞿世奎教授对本章内容进行审校并提出宝贵意见和建议,特此致谢。

§2.1 地球构造

地球是在大约 46 亿年前形成的。在地球形成早期,地表是炽热的高温熔岩。经过大约 5 亿～ 6 亿年的冷却收缩,逐渐形成了岩石圈。在地球的冷却过程中,岩浆中逸出的水汽形成降雨,参与地球的循环冷却,雨水聚集逐渐汇成了海洋。

地球由地核、地幔和地壳组成(图 2.1)。其中,地核约占地球总体积的 16.2%,地幔约占 83.2%,二者合计占地球总体积的 99.4%。只有 0.6% 的体积为地壳和海洋所拥有,而海洋的体积只占地球总体积的 0.00127% 左右。

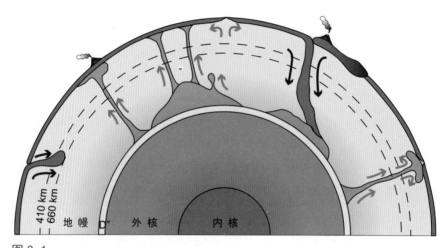

图 2.1 ——————————
地球的内部结构 [引自汪品先等,2018]

地壳(crust)可分为大陆型地壳(陆壳)和大洋型地壳(洋壳)两大类。陆壳多为双层结构,即在玄武质岩层之上有很厚的沉积岩层和花岗质岩层,平均厚度约 33 km。而洋壳主要由沉积层和玄武岩层所构成,平均厚度约 7 km。洋壳呈现正重力异常值,而陆壳呈现负重力异常值,表明洋壳岩石密度比陆壳的岩石密度大得多。

海洋地质学的研究认为,地球的岩石圈不是一个整体,而是由多个运动的球面板块组成。有关认识的发展过程可总结为三大学说(Lutgens 等,2014)。

1912 年,德国气象学家魏格纳(A. L. Wegener)首次提出大陆漂移(continental drift)学说。大陆漂移学说认为,在地球的历史上,各个大陆曾是凝聚在一起的,随后大陆地壳一直在漂移。现今的大陆是陆地漂移的结果。

1961 年,英国海洋地质学家赫斯(H. Hess)和美国地震地质学家迪茨(R. Dietz)首先提出了海底扩张(sea-floor spreading)学说。海底扩张学说基于地幔物质对流的认识,认为大洋中脊是地幔物质涌升、产生新洋壳的地方,并推动海底向两边扩张;而在海沟处洋壳俯冲进入地幔,从而解释了大洋地壳的年轻性(没有超过 1.7 亿年的岩石)和洋壳年龄在大洋中脊两侧的对称分布以及大洋中脊和海沟的地貌结构等。该学说认为大陆只是被"驮"在洋壳之上被动地漂移。

1965 年,加拿大地球物理学家威尔逊(J.T. Wilson)在大陆漂移和海底扩张两个学说的基础上,首次提出了板块构造(plate tectonics)的概念,并认为地球最外层是由不连续的球面岩石圈板块所构成(图 2.2)。后来逐渐发展起来的板块构造学说认为地球外层这些大小不一的岩石圈板块在地幔作用力下不停地做相对运动,板块内部稳定,板块边缘相互挤压或分裂,从而形成了现今的全球构造格局。

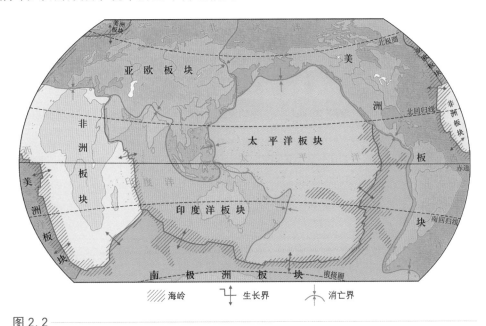

图 2.2
世界六大板块及其运动［引自地图教学网 www.ditu.cn］

§2.2　海洋地理

海洋是指被海水覆盖的地球表面,其大小约占地球表面积的 71%。我们在陆地上所看到的高山峻岭、断崖峡谷、河床盆地、丘陵平原等地形地貌在海底同样存在。例如,存在于大洋海底的大洋中脊是地球上最大的海底"山脉",长度超过 64 000 km;又如,马里亚纳海沟水深超过 11 000 m,水深大于珠穆朗玛峰的高度。海底地形地貌的复杂程度甚至远大于陆地。从地理角度,海洋包括海、洋和海峡。

一、世界大洋

洋是海洋的主体,划分为四大洋,即太平洋、大西洋、印度洋和北冰洋(图 2.3)。表 2.1 给出四大洋的主要特征。

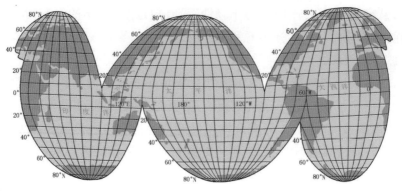

图 2.3 ————
世界海洋

表 2.1　大洋的主要特征

大洋	面积($10^6\ km^2$)	容积($10^6\ km^3$)	平均深度（km）	最大深度（km）	岛屿面积($10^6\ km^2$)
太平洋	180	700	4.0	11.0	3.9
大西洋	93	335	3.6	9.2	1.0
印度洋	74	285	3.7	7.5	0.8
北冰洋	15	17	1.1	5.2	3.8

太平洋（Pacific Ocean）面积最大，约占地球表面积的三分之一，平均水深最大，周围主要被山脉、海沟和岛弧系包围，使得深海盆与陆地隔离开，大部分区域不受陆源沉积作用的影响。大西洋（Atlantic Ocean）为第二大洋，是一个相对狭窄、延伸在北极和南极之间的"S"形深海盆地，起着使极地大洋寒冷的底层水流进世界大洋的通道作用。印度洋（Indian Ocean）是第三大洋，大部分处于南半球。北冰洋（Arctic Ocean）是面积最小的大洋，被欧亚大陆和北美大陆所包围。

以往认为，太平洋、大西洋和印度洋一直向南伸展到南极洲。由于物理海洋学上发现了南极大洋中脊以南存在独立的经向翻转环流，国际水文地理组织于 2000 年确定其为一个独立的大洋，称为南大洋（Antarctic Ocean）。美国国家地理学会于 2021 年 6 月确认了南大洋的命名，未来将会被广泛接受，表 2.1 中的地理参数面临修改。南大洋在印度洋和大西洋扇区位于 50°S 以南，在太平洋扇区位于 55°S 以南，成为环绕地球的世界第五大洋。

二、边缘海

海又分为边缘海（marginal sea）、陆间海（intercontinental sea）和内陆海（inland sea）。在海洋学中，边缘海泛指大洋边缘的海域，包括弧后盆地、陆架海以及大洋边缘与大洋衔接但又有独立运动的海域。陆间海是指被大陆、半岛或岛屿环绕的自然海域，仅以狭窄的海峡与大洋连接，欧洲与非洲之间的地中海就是典型的陆间海。内陆海是指嵌入内陆的海，其封闭性与陆间海相似，一般只有一个出口与外海相通。由于这些海域都靠近大陆，统称为边缘海。边缘海往往有独特的海水结构特性和运动特性,受海域地形和毗邻大陆影响,也受气候、纬度、河流、与大洋的连通性等因素的影响。

三、海峡

海峡(strait)是指连通两个水域之间的狭窄水上通道。海峡连接的可以是两个较小的海域,也可以连接两个大洋,如朝鲜海峡连接东海和日本海,直布罗陀海峡连接地中海和大西洋。海峡的长度、宽度和深度有很大的差异,世界最长的海峡是莫桑比克海峡,长度为 1 670 km;最宽和最深的海峡都是德雷克海峡,最窄处 900 km,最大深度 5 840 m。海峡通常受其两端海域共同的影响,有特殊的动力学特征。

四、岛屿

岛屿(island)是指常年暴露在海面之上、并且四周为海水环绕的自然生成的陆地。按成因可分为大陆岛、海洋岛、火山岛、珊瑚岛和冲积岛。岛屿的面积差别很大,小型岛屿只有几平方米,大型岛屿可达几万平方千米。最大的岛屿是格陵兰岛,面积达 217.6 万平方千米。我国最大的岛屿是台湾岛,面积为 3.6 万平方千米。岛屿对海水的运动产生显著的影响。

群岛(islands)由两个以上相近的岛屿组成。世界上最大的群岛是马来群岛,共有 2 万多个岛屿组成,东西延伸 6 100 km,南北延伸 3 500 km,分隔了太平洋与印度洋。中国最大的群岛是舟山群岛,由 771 个大小岛屿组成。群岛之间的海域一般称为水道(channel),连接较大海域的水道称为海峡。海水会通过水道流动,形成贯通流。

五、海岸

海岸线(coastline)是海洋与大陆的分界线。由于海面受波浪、潮汐和海流等多种因素的影响,海洋与大陆的分界线则无时不在变动,所谓的海岸线通常是指一段时间内海水与陆地的平均交合线,在一定的时间内可以保持基本不变。在地质年代,海平面会因冰期的变化而发生大范围波动,形成海岸线的长期变化。海岸有以下几种主要形态。

1. 海湾与岬角

完全平直的海岸线很少,比较常见的海岸呈现海湾(bay)与岬角(cape)交替出现的地貌形态,如图 2.4 所示的福建漳浦县沿海海岸线与海岸形态的分布。这里的“海湾”是指海岸线凹入陆地的海域,具有宽阔的开口。而岬角是指海岸线凸出的陆地,一般而言,海湾 – 岬角结构是地质构造特性和波浪长期动力学冲击的结果。

2. 半岛

半岛(peninsula)是三面环水向海凸出的陆地,与海湾 – 岬角结构不同的是,与半岛相邻的可以不是海湾。世界最大的半岛是阿拉伯半岛,我国最大的半岛是山东半岛。半岛强制性地分隔了海水,甚至成为海域的分界,是影响海水运动的重要因素。

3. 海岸带

海岸带(coastal zone)并不是一个严谨的地理学定义,而是笼统地定义为海岸线向海和向陆两侧扩展一定范围的区域,便于与人类活动有关的研究需要。海洋科学关注的海岸带包括海岸地形、海滨、潮间带和近海等(图 2.5)。

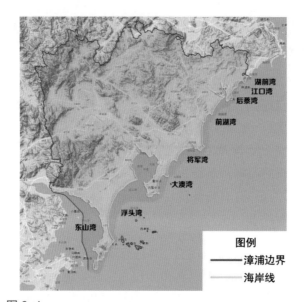

图 2.4
福建漳浦县海岸线的海湾－岬角结构

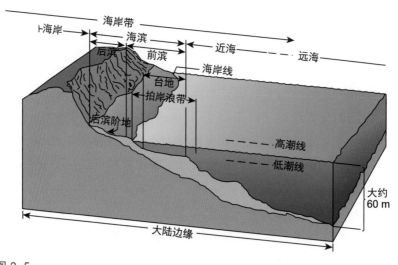

图 2.5
海岸带地形地貌示意图 [引自 Christopherson, 1997]

§2.3 深海洋盆

深海是各大洋的主体,其包围的范围称为洋盆,占海洋总面积的 70% 以上。

一、深海海底

深海海底地形大体可以分为两种地貌:深海盆地和大洋中脊。

1. 深海盆地

深海盆地（abyssal basin）是大洋海底相对平坦的地带，水深多为 2 000 ～ 6 000 m，包括深海平原和深海丘陵（图 2.6）。深海平原（abyssal plain）地形非常平坦，由来自陆地的近代沉积物覆盖，每公里高差不高于 1 m。深海丘陵（abyssal hill）是一些低矮的海山，高出海底不超过 900 m。海底火山也是深海盆地的组成部分，有些海域的海底火山呈线状排列，被称为海山链（seamount chain）。深海盆地占整个海底的 41.8%，与地球上陆地的总面积相当。

2. 大洋中脊

大洋中脊（mid-ocean ridge）是地幔物质涌出海底表面而形成的，随着回声探测技术的发展，全球大洋中脊体系被发现。大洋中脊顶部水深一般为 2 000 ～ 3 000 m，宽度数百千米。大洋中脊在太平洋、印度洋、大西洋和北冰洋内连绵延伸超过 64 000 km，其面积约占大洋底的 1/3，是地球上规模最大的山脉山系（图 2.6）。有的大洋中脊（如大西洋中脊）中部存在巨大的中央裂谷，宽约 30 km，平均深度约 2 000 m，其内多分布有新鲜的大洋中脊熔岩，来自地幔的岩浆由此喷溢而出，冷凝成新洋壳。同时推动先前形成的洋壳向大洋中脊两侧运移。距洋脊越远的洋壳年龄越老，其上的沉积层也就越厚。

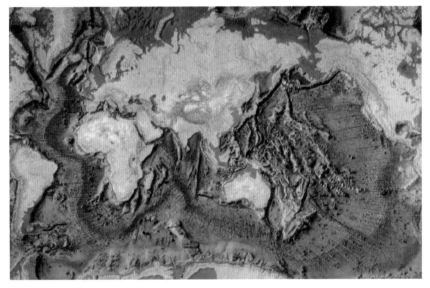

图 2.6
全球大洋中脊体系（引自 www.cnrepair.com）

大洋中脊被一系列与脊轴垂直的横向大断裂所切割，这些断裂被称为"转换断层（transform fault）"，断层之间既有水平差异，也有垂向高差。转换断层往往是一个破碎带（crushed zone）。

大洋中脊与深海盆地对海水运动有很大的影响。深海的热盐环流受到大洋中脊刚性约束，限制了流动的方向。大洋中脊通过影响位涡守恒形成动力约束，影响不同深度直至表层的海水运动。

二、稳定型大陆边缘

深海的边缘被称为大陆边缘(continental margin),实际上指的是洋盆边缘。大陆边缘是陆地与深海的过渡地带,在地壳结构上是陆壳向洋壳过渡的结合部。对大陆而言,大陆边缘是大陆物质的"汇";对深海而言,大陆边缘又是大洋沉积物的"源"。

大陆边缘主要分为稳定型大陆边缘(stable continental margin)和活动型大陆边缘(active continental margin)两种。其中,稳定型大陆边缘主要由大陆架、大陆坡和大陆隆构成(图2.7),也称大西洋型大陆边缘。而活动型大陆边缘除了包括稳定型大陆边缘的地貌单元外,还包括海沟、岛弧和边缘海(图2.8),也称太平洋型大陆边缘。

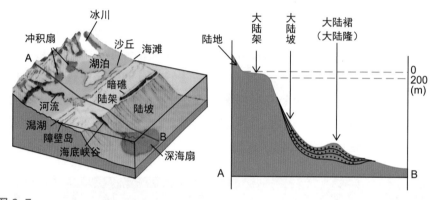

图 2.7

稳定型大陆边缘(引自翟世奎,2016)

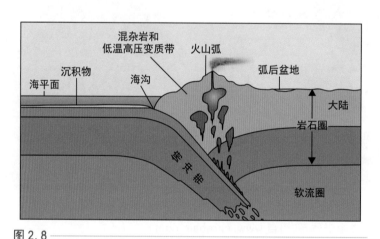

图 2.8

活动型大陆边缘 [引自 Chernicoff 和 Whitney,2007]

1. 大陆架

大陆架(continental shelf)是大陆的自然延伸,通常指自海岸线到大陆坡折之间的海区。各地的大陆架宽度不同,在几千米至 1 500 km 之间。中国的大陆架宽广,长江口外陆架最宽处达 560 km;南海大陆架最宽处达 330 km。世界最宽的陆架海当属巴伦支海,宽度约为 1 206 km。而美国加利福尼亚外海陆架只有 30 多千米宽。在有些海区的大陆架存在多级水下阶地(图 2.7)。

2. 大陆坡

大陆坡(continental slope)是大陆架和大洋底之间的衔接地带,水深从陆架外缘的200 m 左右向深海延伸至 2 000 m 以上,面积约占海洋总面积的 12%。陆坡的坡度很大,一般为 3° 至 5°,最大可达 45°。多数大陆坡的表面发育有构造断裂形成的阶地与峡谷,峡谷多是重力流刻蚀形成的沟谷等地貌。

3. 大陆隆

大陆隆(continental rise)简称陆隆,又称大陆裾、大陆裙,位于大陆坡和深水大洋盆底之间,是由陆缘沉积物堆积而成的巨大沉积体,沉积物厚达 2 km 以上。大陆隆上的沉积物主要是来自大陆的粘土及砂砾,成为大陆边缘的组成单元之一。大陆隆的宽度为数百至上千千米,坡度平缓,总面积约 2 500×10^4 km^2,约占地球表面积 4.8%。近年来研究发现,大陆隆的发育不仅与重力流有关,而且与地转流有关。

三、活动型大陆边缘

活动型大陆边缘是指由于板块运动(俯冲)所形成的构造地貌,通常由海沟、岛弧和弧后盆地(沟–弧–盆体系)组成。活动型大陆边缘主要发生在太平洋周边。

1. 海沟

海沟(trench)一般指水深超过 6 000 m 的狭长深水洼地,主要分布于活动型大陆边缘,在大洋盆地内部也可以产生(如马里亚纳海沟)。按照海底扩张学说,大洋中脊是地幔物质涌升的地方,涌升的地幔物质在大洋中脊处冷凝形成新的洋壳,同时推动早先形成的洋壳和承载的沉积物向两侧推移,直到大陆边缘的海沟处,潜入地幔之中(图 2.8)。因此,海沟是大洋地壳向下弯曲俯冲的地方。事实上,大洋中脊处的地幔物质上涌和海沟处的大洋岩石圈俯冲构成了全球最大规模的物质循环。

2. 岛弧

在西太平洋大陆边缘存在岛弧(island arc),位于海沟向陆一侧,是平行于海沟呈弧状展布的一长串岛屿,这些岛屿被称为火山岛弧(volcanic arc),是强烈火山喷发的产物,构成了环太平洋火山带(环)。有些火山弧没有露出水面,称为海山弧或海山链。

3. 弧后盆地

弧后盆地(retroarc basin)是指岛弧与大陆之间的海盆,水深为 2 000～5 000 m,与海沟和岛弧一起组成沟–弧–盆体系(trench-arc-basin system)。在西太平洋大陆边缘存在弧后盆地,如白令海、鄂霍次克海、日本海、中国东海和南海等。而在东太平洋大陆边缘岛屿与大陆之间没有弧后盆地。沟–弧–盆体系不仅存在于大陆边缘,在大洋中也存在,如马里亚纳海盆和菲律宾海盆等。在本书中,我们将弧后盆地作为边缘海来描述。

大陆边缘有约束海水运动的作用,同时大陆边缘复杂的地形也干扰海水的运动,形成各种特殊的运动现象。

§2.4 边缘海

邻近陆地的海域是人类的主要活动空间,在本书中统称为边缘海(marginal sea)。这里定义的边缘海与地质学的边缘海有所不同。由于地形和水深复杂,边缘海的海水运动有很多独特的特点,是物理海洋学重点关注的海域。边缘海可以分为以下几类。

1. 半封闭型边缘海

半封闭型边缘海为没有完全封闭的边缘海,也称半封闭海(semi-closed sea),只有一个狭窄出口与外界相连。我国的渤海就是典型的半封闭海(图2.9)。有些海域虽然不止一个水道与外界连通,但有的水道流量很小,只有一个水道是主要沟通水道,也属于半封闭型边缘海。例如,红海只有南部的曼德海峡与亚丁湾沟通,而西北方向的苏伊士运河水量很小,可以认为属于半封闭海。

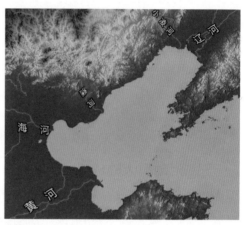

图2.9
渤海

2. 贯通型边缘海

如果边缘海存在2个或2个以上的有效沟通水道,则称为贯通型边缘海。一般贯通型边缘海是指一侧是大陆,另一侧是半岛、岛屿或群岛与大洋分隔,以海峡或水道与大洋相连的海域。例如,日本海就是贯通型边缘海,南部有朝鲜海峡,北部有津轻海峡和宗谷海峡与外界相通(图2.10)。贯通型边缘海各端衔接的大洋动力状况不会严格一致,动力作用的差异将导致产生贯穿于边缘海的流动,即贯通流(throughflow)。

图2.10
日本海

3. 陆架海

世界上有很多大陆架,陆架的水深一般不超过 200 m。在宽阔陆架上的海域称为陆架海(continental shelf sea),如东中国海除冲绳海槽之外的海域就是典型的陆架海(图 2.11)。陆架海往往与大洋相衔接,但却因水深的不同而形成迥异的流场。在陆架上,海水会因局地的风场而发生流动,也会响应大洋的边界流而发生相应的变化。

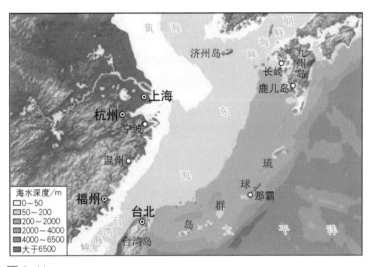

图 2.11
东中国海

4. 开放海

有一些边缘海有很高的开放度,称为开放型边缘海,也称开放海(open sea)。开放海直接与大洋连在一起,只是因为三面被陆地环绕才称为“海”。阿拉伯海就是典型的开放海,事实上是印度洋的组成部分(图 2.12)。开放海与大洋的动力过程密切相连,形成统一的海流。

图 2.12
阿拉伯海

5. 大型海湾

大型海湾(gulf)一般指深入陆地深处、内部宽大、开口窄的海域。大型海湾的尺度相差也非常大。世界最大的海湾是墨西哥湾，面积达 155 万 km^2（图 2.13）。我国最大的海湾是北部湾，面积 13 万 km^2（图 2.14）。有些名称为湾的海域事实上并不是大型海湾，而是属于边缘海，如孟加拉湾、阿拉斯加湾等，我们将其归类为开放型边缘海。

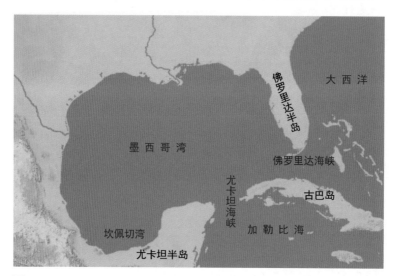

图 2.13

墨西哥湾

图 2.14

北部湾

思考题

1. 大洋中脊是如何分布的？
2. 活动型大陆边缘有哪些地形特征？
3. 说出大洋中脊和海沟活动的物质循环特征。
4. 普通的海岸线是什么形状的？
5. 说出世界上比较大的 5 个岛屿。
6. 海峡通常连接什么类型的海域？
7. 水道与海峡有什么区别？
8. 封闭性和半封闭性边缘海有什么区别？
9. 举出几个开放型边缘海的例子？

深度思考

　　世界各大洋和边缘海的所有海域都是连通的,指出这些海域有哪些连通方式。

第3章

海气界面过程

　　海洋与大气衔接在一起,海气界面发生着二者之间相互影响和相互适应的各种过程以及物质交换过程。海洋和大气的密度相差千倍,二者的运动特性差异显著,决定了两种运动的相互独立性。然而,在海气界面附近,两种运动必须满足动量通量连续、质量通量连续和热量通量连续的条件,决定了海洋和大气的运动在海气界面附近必须相互适应,发生海气相互作用。在世界海洋的绝大部分海区,海气相互作用与海洋和大气各自的整体运动相比是微弱的。但在某些海域,海气相互作用主导了海洋和大气的运动,存在着海气间的耦合变化。不论发生在海气界面的相互作用过程强弱,都是不可忽略的,因为其持续作用是决定海洋和大气大尺度运动的关键因素之一。本章全面介绍了海气界面附近的辐射平衡、热量交换、物质交换和动量交换,阐明海气相互作用的机理,了解这些过程对海洋运动的影响。

　　黄菲教授对本章内容审校并提出宝贵意见和建议,特此致谢。

§3.1　海面的辐射平衡

按照斯蒂芬－玻尔兹曼（Stefan-Boltzmann）定律，一切物体都发生热辐射，辐射强度与温度的 4 次方成正比。

$$E = \varepsilon\sigma T^4 \tag{3.1}$$

式中，σ 为斯蒂芬－玻尔兹曼常数，量值为 $5.670\ 373\times10^{-8}\ \mathrm{W\ m^{-2}\ K^{-4}}$；$\varepsilon$ 为热发射率，对于黑体辐射取值为 1。太阳和地球以同样的规律发射热辐射，太阳温度约为 5 600 K，发射的热辐射以可见的短波辐射为主；而地球的温度约为 300 K，发射的热辐射以不可见的长波辐射为主。

一、太阳的短波辐射

太阳辐射（solar radiation）是地球上一切运动的根本能量来源。太阳辐射的可见光部分大约占太阳总辐射能量的一半，其余为紫外辐射、红外辐射和微波辐射。大气对短波辐射几乎是透明的，直接吸收的太阳短波辐射只有 18% 左右，其余的都到达海面。

1. 到达大气上界的太阳辐射

到达大气上界的太阳辐射能与太阳辐射强度、太阳的天文位置以及地球到太阳的距离有关，可以精确地计算出来，其南北分布和季节变化如图 3.1 所示。图 3.1 指出了各纬度太阳辐射强度的季节变化，对两极地区极昼和极夜的辐射也有清晰的表达。显然，在赤道区域的辐射强度最强，夏季两极地区极昼的太阳辐射也很强。

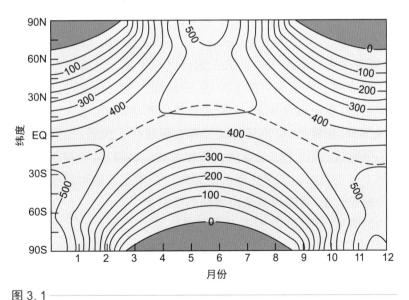

图 3.1

到达大气上界太阳辐射的时间－纬度分布图 [引自 Harmann, 1994]

单位为 W m^{-2}，虚线为太阳赤纬

到达大气上界的太阳辐射基本代表了太阳黑体辐射（black-body radiation）的光谱分布，所有谱段呈现连续变化，如图 3.2 的黄色区域所示。

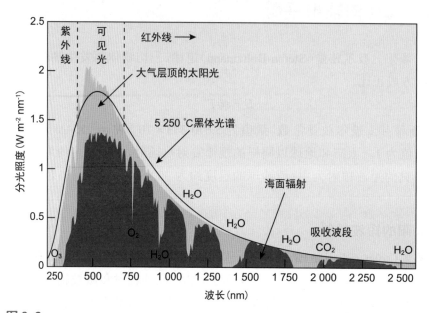

图 3.2

太阳辐射光谱 [引自汪品先等，2018]

2. 大气层对太阳短波辐射的吸收

大气对太阳辐射的衰减以吸收为主。大气中吸收太阳辐射的主要有三种物质：水汽（H_2O, vapour）、氧气（O_2, Oxygen）和臭氧（O_3, Ozone），形成若干吸收带（absoption band）。水汽是大气中的气态水，也称水蒸气，有 6 个主要吸收带，都集中在红外谱段。除了水汽以外，大气中还有液态水，其吸收系数（absoption coefficient）比水汽大数百倍；但由于液态水的量很少，全球意义上贡献不大。臭氧在紫外区与可见光区有三个主要吸收带。臭氧的吸收带吸收了绝大部分太阳辐射的紫外线，使地面上生物免受过量紫外线的伤害。当地球臭氧层被破坏时，将出现臭氧洞，大量紫外线会到达地表，危害生物的生存。氧气是大气的重要组成部分，在紫外、可见光和红外都有吸收带。此外，二氧化碳在远红外和远紫外谱段有若干吸收带，但由于这些谱段太阳辐射能量都很小，所以二氧化碳对短波辐射的吸收作用实际上可以忽略。二氧化碳的主要作用是对长波辐射的吸收。卫星遥感的传感器需要避开各种吸收带，才能收到来自地面的信息。

从全球平均的角度，到达海表面的太阳辐射能减少 18% 左右。这个数值虽然是经验常数，但是变化的范围并不是很大，可以作为对大气吸收短波辐射量的粗略估计。

3. 到达地表的太阳短波辐射

到达海面的太阳短波辐射就是经过大气吸收后剩余的辐射量，也是地面光谱仪器能够测量到的辐射量，如图 3.2 中的红色区域所示。氧气和臭氧对到达辐射的影响相对稳定，水汽是影响到达地表辐射的主要影响因素。人们为此发展了各种算法，通过水汽来计算到达地表的太阳短波辐射,各种算法差别很大,而且有区域差别。

4. 海面反照率

到达海面的太阳辐射 F_s 的一部分在海面发生反射(包括海水对辐射的反向散射)。设海面反照率(albedo)为 α,进入海洋的太阳辐射 F_0 为

$$F_0 = (1 - \alpha)F_s \tag{3.2}$$

海面反照率是一个重要的区域性参数,决定了进入海洋的太阳辐射量。海面的反照率很低,为 0.05 ~ 0.09。如果海面为海冰,反照率为 0.6 ~ 0.7。如果冰面有积雪,反照率可以超过 0.85。

5. 海洋吸收的太阳短波辐射

进入海洋的太阳辐射全部被海水吸收。海洋对不同谱段光的吸收能力很不一样。图 3.3 给出了纯净海水(蓝线)和真实海水(红线)中的光学辐照度衰减到 1% 时的深度。红光穿透范围很浅,通常被上面几米的水体全部吸收;微波波段的光在表面几厘米就完全被吸收。紫外光在纯净海洋中透射范围很大,但由于海洋中有各种浮游植物,导致紫外光影响深度很小。蓝绿色的光穿透范围比较深,也是海洋中自然光的主要谱段,理论上可以穿透几百米的深度,但实际深度最大只有百余米,大部分被海水中的物质吸收。海洋中透光水层被称为真光层。

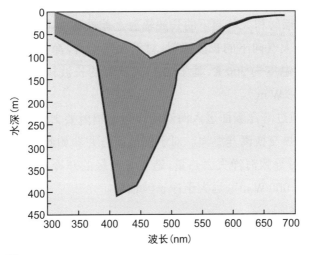

图 3.3

各谱段光衰减到 1% 时的穿透深度
蓝线为纯净海水的穿透深度,红线为现场实测的穿透深度

从光学的角度可以理解海洋对不同谱段光的衰减,但人们更加关注太阳能量的去向。海洋吸收的太阳辐射能量特别大,达到 13 500 TW。海洋把吸收的太阳辐射能量全部转化为海洋的热能。因此,海洋是太阳能的吸收器和转换器。然而,海洋不能大量储存热能,而是以长波辐射、感热和潜热的形式向大气释放。

二、海面长波辐射

按照斯蒂芬－玻尔兹曼定律,海洋表面向上发射长波辐射;同理,上覆的大气也发射长波辐射。根据大气辐射定律,净长波辐射为海面向上的长波辐射和大气向下的长波辐射之差。这两个长波辐射有各种不同的算法。

1. 海面长波辐射

海面的长波辐射(long-wave radiation)满足斯蒂芬－玻尔兹曼定律(3.1)式,因海面不是黑体,海面热发射率(emissivity)不等于 1,但非常接近 1。计算表明,海面的长波辐射量值非常大,甚至超过太阳辐射,称为辐射冷却(radiation cooling);如果地球上没有大气,地表气温将降至零下 200 ℃ 以下,成为不适合生命繁衍的星球。

2. 大气长波辐射

地球上的大气也按照(3.1)式发射长波辐射,称为大气回辐射(effective back radiation)。由于大气的热辐射向上下两个方向发射,大气的热发射率小于 1,晴空下只有 0.786,有云时略大一些。大气回辐射需要考虑大气中的云量和水汽含量来计算,有各种经验算法。大气回辐射部分补偿了海面长波辐射的热损失,在近海面的大气形成一个保温层,近海面气温要明显高于高空的气温,被称为大气保温效应(insulation effect)。正是由于大气的存在,地球成为人类宜居的环境。

3. 净长波辐射

海面向上的长波辐射和大气向下的长波辐射之差被称为净长波辐射。由于海面向上的长波辐射总是大于大气向下的长波辐射,对于大气而言,净长波辐射为增热;对于海洋而言是失热。设海面温度为 300 K,基于(3.1)式计算的长波辐射约为 450 W m^{-2},而同样温度的净辐射约为 100 W m^{-2}。

全球平均而言,通过海洋表面进入海洋的净短波辐射要大于离开海洋的净长波辐射,多出的热量通过海面热交换离开海洋。对于区域而言并非如此,在极区的极夜期间,没有太阳辐射,净长波辐射导致海洋失去热量,造就了两极的寒冷。而在赤道海域,太阳短波辐射很强,可以达到 1 000 W m^{-2},远大于净长波辐射。

三、全球辐射平衡

整个地球不断受到太阳的辐射加热,同时也以长波辐射的形式向太空散发热量而冷却。地球接收的太阳辐射能与长波辐射失去的热量大致相等,使地球保持相对稳定的温度。但是,不同纬度的海区接收和失去的热量并不平衡,赤道附近区域接收的热量多于失去的热量,一直处于加热状态;而极地接收的热量小于失去的热量,处于冷却状态(图 3.4),这就是赤道区域炎热而极区寒冷的原因。

按照辐射能量来计算,赤道要比现在更加炎热,而极区比现在还要寒冷 17 ℃ 左右。由于风和海流将热带的热量向极地输送,赤道和极地之间热量的差异被大幅减少。赤道热量的向极输送是地球上能量平衡的重要组成部分(图 3.4)。

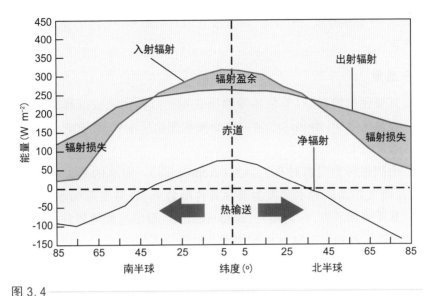

图 3.4

全球各纬度的辐射收支［引自 Laing 和 Evans，2011］

§3.2　海气界面热交换

海气界面发生的感热和潜热是海洋与大气热量交换的重要形式。海洋通过感热和潜热影响低层大气的温度场和水汽含量,影响大气的稳定性。同时,海气界面的感热和潜热也直接影响上层海水的热力学结构。关于海气界面感热和潜热的研究是全球气候系统能量平衡和淡水收支的重要内容。

一、感热通量

感热(sensible heat)是物体在加热或冷却过程中,在不改变其原有相态条件下,温度升高或降低所需吸收或放出的热量。海洋温度升高需要吸收热量,温度下降需要释放热量,这些热量就是感热,亦称显热。

在海气界面,如果海洋和大气之间存在温度差,就会从高温向低温传送热量,即为感热通量(单位 W m⁻²)。感热通量可以用经验的块体公式估算(Curry 和 Webster,1999),

$$F_S = \rho_a c_p C_h (u_a - u_0)(\theta_a - \theta_0) \tag{3.3}$$

式中,ρ_a 为大气密度,c_p 为定压比热,C_h 为感热的湍流交换系数,$(u_a - u_0)$ 为风速与流速之差,$(\theta_a - \theta_0)$ 为海气温差。海气温差是感热通量的决定性因素,具有双向特性,按照(3.3)式,如果海温高于气温,感热通量为正,反之为负。如果大气与海洋的温度相同,则不会产生感热通量。此外,还有两个因素影响感热通量。一个是大气风速,风越强散热越快;另一个是大气的湍流运动,湍流越强散热越快。实际上,是大气的湍流运动将大气的热量传递给海水,又将海水的热量传递给大气,形成了海气之间的净热传输。

对 C_h 的不同表达形式构成了不同的算法。早期将 C_h 考虑为常数,随着研究的深入,

确定 C_h 时考虑了界面粗糙度、重力波、张力波等因素的影响,不同的算法计算所得的感热通量有较大差异。

二、潜热通量

在温度没有变化的情况下,单位质量物质在相变过程中吸收或释放的能量称为潜热(latent heat)。在热化学中,潜热这个名词逐渐被相变焓所取代,而在海洋和大气科学中仍普遍使用潜热通量的术语。

当相变是由液态转为气态时称为蒸发(evaporation)。海水的蒸发不能发生在海洋内部,只能发生在海气界面。海水蒸发需要从海洋吸收热量;蒸发后的水汽进入大气,如果水汽在大气中重新回到液态,称为凝结(condensation),凝结过程需要向大气释放热量。海洋就是这样通过蒸发过程和凝结过程形成潜热通量进入大气。

单位质量海水蒸发需要的热量为蒸发潜热 L,凝结时释放的热量称为凝结潜热,二者量值相等,单位是 J kg^{-1}。盐度对海水蒸发的影响很小,几乎不参与蒸发过程。潜热通量可以表达为(Curry 和 Webster,1999)

$$F_E = \rho_a L C_e (u_a - u_0)(q_a - q_0)$$ （3.4）

式中,C_e 为潜热的湍流交换系数;q 为 z 高度的比湿;q_0 为近海面空气的饱和比湿;L 为蒸发潜热,在 0 ℃ 与 30 ℃ 之间,L 与水温 T_w 的关系为

$$L = (2\ 492 - 2.212 T_w) \times 10^3 (\text{J kg}^{-1})$$ （3.5）

表明温度越高,蒸发潜热越小。也就是说,温度高的水体蒸发时需要的热量较少,因而更容易蒸发。

海水蒸发的热量源自海洋,潜热通量不仅影响了大气运动,而且深刻地影响海洋的运动。海水蒸发后温度降低,海水密度增加,容易形成静力不稳定,引起垂向对流。海水蒸发后失去热量,也会影响海气间的感热通量。据计算,海洋中辐射过程所累积的剩余热量约有 10% 以感热方式释放到大气中;约 90% 用于蒸发,以潜热的形式进入大气。

有趣的是,感热和潜热都是用大气参数计算的,表明在传热和蒸发过程中大气起主导作用,在大气具有一定条件时海洋才有可能向大气输送热量。这个特征还说明,在大气条件具备时海气热通量就一定会发生,是无法抑制的自然过程。

§3.3　海气间的物质交换

海气间物质交换是指海洋与大气通过海气界面传递物质的过程。在传递过程中,一方减少的物质必将使另一方增加等量的物质,因此称为物质交换。海洋与大气界面的物质交换可分为三种情形:大气向海洋的物质通量,海洋向大气的物质通量以及海洋与大气间交替传递的物质通量。大气进入海洋的物质通量主要包括各种颗粒物质、降水、二氧化碳等;海洋进入大气的物质通量包括盐粒和水汽等;海洋和大气交换的物质通量包括飞沫、气泡等。其中,对物理海洋学有影响的主要有如下物质。

1. 大气颗粒物的沉降

大气中悬浮着一些固体和液体微粒,如海盐粉粒、灰尘和有机物等多种物质。大气中的主要颗粒物如表 3.2 所示。

这些颗粒物质中,有些产生于自然过程和人类活动,有些颗粒是大气中物理、化学过程产生的。大气与悬浮的固体和液体微粒共同组成的稳定胶性混合物统称为大气气溶胶(aerosol)。颗粒小、密度低、悬浮在大气中的气溶胶称为气溶胶质粒,其粒径范围为 $1 \sim 100$ nm。气溶胶可成为水滴和冰晶的凝结核,会吸收和散射太阳的短波辐射和地球的长波辐射。

粒径大于 l0 mm 的微粒称为降尘(dustfall),会由于重力作用很快沉降下来,成为进入海洋的物质。颗粒物的粒径愈大,密度越大,沉降速率也越大。粒径小于 l0 mm 的悬浮物被称为埃根粒子,会长期飘泊在大气中,称为飘尘(airborne particle)。这些细颗粒物质不会因重力的作用进入海洋,但却因大气湍流运动相互碰撞,发生吸附和凝聚形成较大的颗粒,最终进入海洋。另外,大气降水会对大气的飘尘进行冲洗,形成湿沉降进入海洋。

表 3.2 大气中的主要颗粒物及其产生原因

类别	英文名称	形态	粒径	产生原因
粉尘	Dust	固体	$1 \sim 100$ mm	天然或人造颗粒的输运
烟气	Fume	固体	$0.01 \sim 1$ mm	化学反应产生的气体
灰	Ash	固体	$1 \sim 200$ mm	燃烧产生的不燃烧颗粒
雾	Fog	液体	$2 \sim 200$ mm	水蒸汽冷凝
霭	Mist	液体	大于 10 mm	水蒸汽冷凝
霾	Haze	固体	~ 0.1 mm	干尘或盐粒
烟尘	Smoke	固体与液体	$0.01 \sim 5$ mm	燃烧产生的含碳颗粒
烟雾	Smog	固体	$0.001 \sim 2$ mm	光化学产生的影响视距的微小颗粒

进入海洋的大气颗粒物质成为海洋中的不溶解成分,随海流运移,在适宜的条件下会沉降到海底成为海底沉积物,为古气候和古海洋变化研究提供重要信息。进入海洋的大气颗粒物一般不会回到大气,属于大气向海洋的单向输运。

2. 大气降水

降水是云中的水分以液态或固态的形式降落到地球表面的现象。其中,雨、雪、冰雹等来自高空,称为大气降水(atmospheric precipitation);而雾、霜和露是在低空凝结而成的,称为地面降水(surface precipitation)。形成大气降水有 3 个条件:一是有充足的水汽,二是有上升气流抬升气团使之冷却凝结,三是有较多的凝结核产生大的颗粒形成降水。

蒸发和降水是海洋和大气中的重要水循环方式。总体上讲,蒸发和降水总量是大体平衡的,但蒸发与降水区域不一定重合,会形成局部蒸发多于降水或降水多于蒸发的现象。蒸发与降水的局部不平衡引起海洋对大气热通量的区域差异,直接影响气候系统。例如,地中海蒸发远多于降水,形成典型的地中海气候。降水过程改变海洋表层盐度场,形成海洋的浮力通量,改变海洋压力场的分布,从而影响静力平衡和地转平衡。

3. 海洋盐粒通量

随同海洋的蒸发、波浪的飞沫等因素进入大气的少量盐离子(主要是钠离子和氯离子)称为盐粒(salt particle),是大气气溶胶的一个重要来源。盐粒可以成为凝结核有助于形成降水过程,并随同大气降水回到海洋或地表。大气中的盐粒含量与海洋环流、大气风场有关。这些盐粒在冬季以降雪的形式回到地面并在冰川中沉积下来,冰芯记录中将体现不同年代盐分的含量,可以用来反演历史上的海流和风的方向和强度。

§3.4 海面风场

风是大气的运动,用运动速度来描述。风有不同的时空尺度,有全球尺度气候态风场、天气尺度风场以及局部小尺度风场等。这些不同尺度的风场叠加在一起,导致风场的复杂性。风是驱动海洋运动的主要因素,需要对海面风场有比较全面的了解才能深入理解海水运动。下面我们按照风的生成机制介绍各种风场。

一、大气三圈环流和纬向风

地球南北之间大气热输送很早就被认识到。英国科学家哈得莱(Hadley)于1735年首先提出单圈环流模型,认为赤道的高温加热空气引起上升气流,在高空会发生吹向极地的气流输送热量,到达极地的气流把热量释放给周边大气而冷却,然后下沉,在下层发生向赤道的补偿气流。这就是单圈环流理论。那时还没有认识到科氏力的存在,单圈环流没有体现真实的大气环流特征。

在1826年科氏力被发现后,伯杰龙(1928)提出了三圈环流理论,考虑了科氏力的作用。半球的大气运动包括经向垂向断面上的三个环流圈(three-cell circulation)、地表的四个气压带和大气风带系统(图3.5)。

1. 三圈环流

热带-亚热带地区存在哈德莱环流圈(Hadley cell),由赤道上升气流、上层向极气流、亚热带下沉气流和地面向赤道气流构成。赤道地区的太阳入射角最小,地面温度很高,加热上覆的空气,引起强烈的上升气流,造成地面气流的辐聚上升和高空气流的向两极辐散。上层的向极气流在运动中不断冷却,密度增大,同时由于受柯氏力的影响,高空向极运动的空气在北(南)半球向右(左)偏,在南北纬30°附近的副热带地区偏转为西风,造成向极方向的气流辐合堆积下沉,产生地面气压升高的副热带高压带,进而引起近地面向赤道的经向输送,致使哈德莱环流圈闭合。

亚热带-亚极区存在费雷尔环流圈(Ferral cell),由亚热带下沉气流、地面向极气流、亚极区上升气流和上层向赤道气流组成。产生于亚热带高压带的下沉气流在地表分别向赤道和极地流动,是费雷尔环流圈的驱动因素。费雷尔环流圈与哈德莱环流圈同为南北断面环流圈,但环绕的方向相反。

在极区存在一个与哈得莱环流圈类似的垂向环流圈,称为极地环流圈(polar cell),由亚极区上升气流、上层的向极气流、极区下沉气流和地面向赤道气流组成。

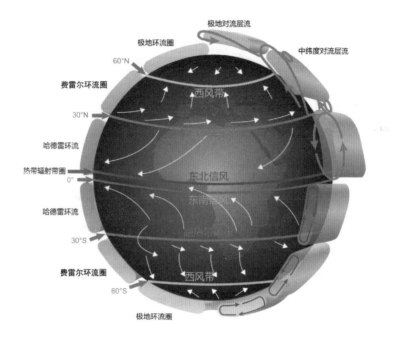

图 3.5

三圈环流模型和纬向风带［引自汪品先等,2018］

2. 气压带

赤道上升气流在地面形成低气压带,称为赤道低压带(Tropical Low),赤道低压带体现为风的辐合,因此也称为赤道辐合带或热带辐合带(Inter-tropical Convergence Zone, ITCZ)。在南北纬 30° 左右发生的下沉气流在地面形成高压带,称为副热带高压带(Subtropic High)。副热带高压带是下沉气流引起的暖性高压(warm-core high),与冷却形成的冷高压完全不同。

费雷尔环流圈的地面气流向极地方向运动,而极地环流圈的地面气流向赤道方向运动,两支气流相遇,冷、暖空气交汇辐聚,气压降低,形成上升气流。发生上升气流的区域称为副极地低压带(Subpolar Low)。在副极区低压带,由于冷暖气流产生大量的能量交换,常发生强风暴天气,有时被称为"副极区风暴带"。

在两极地区,由于辐射冷却近地面温度低,是冷空气的发源地,形成冷高压(cold-core high),称为极地高压带(Polar High)。

3. 大气纬向风带

在大尺度大气运动中,气团从高压向低压流动的过程中受科氏力的作用发生偏转,最后气压梯度力与科氏力之间平衡,形成沿等压线的气流,称为地转风(geostrophic wind)。

副热带地面吹向赤道的气流受科氏力的影响偏向西运动,称为信风(trade wind)。在北半球,信风是东北风,风向逐渐偏东。南北半球的信风在赤道海域相遇,形成较弱的赤道东风带(equatorial easterly),亦称信风辐合带;而在热带季风区,来自本半球的偏东信风和来自另一半球的偏西季风在赤道地区相遇,形成季风辐合带,亦称赤道无风带(Doldrum)。

费雷尔环流圈的向极气流受到科氏力的作用不断向东偏转,在南北纬50°附近停止了向极运动,形成西风带(westerly)。西风带是地球上最强大的风带,也称咆哮的西风带(roaring forties)。

极地高压带的地面冷空气向赤道方向扩展,受科氏力的影响偏向西,逐渐生成极地东风带(polar easterly)。

4. 三圈环流形态的局限性

三圈环流的基本形态很好地解释了经圈垂向剖面的环流圈,正确体现了南北方向的热量输送,三圈环流给出的纬向风与实际情况基本相符,至今是认识大气环流基本形态的物理基础。三圈环流指出的风场对于理解大洋环流有重要价值。

三圈环流是不考虑海陆分布情况下的环流形态。由于地球上陆地和海洋的分布,实际上的三圈环流有很大的变异。南半球陆地面积较少,三圈环流与南半球的风向较一致。由于北半球陆地面积较多,有些气压带被分割成闭合的气压中心。例如,北半球的副极地低压带蜕变成太平洋的阿留申低压和大西洋的冰岛低压,北半球的副热带高压带也蜕变成太平洋副热带高压和大西洋的亚速尔高压。此外,青藏高原的大地形作用也影响了三圈环流的形态。

在气象学中,三圈环流只是一种理想的大气环流型,它与实际的观测事实并不完全相符。按照三圈环流理论,西风带在高空应为东风,实际上高空也是西风,而且更强。此外,三圈环流理论不能解释大气中角动量的输送,完成这种角动量传递的是更为复杂的大气环流系统。

二、季风

在同样的太阳辐射条件下,海面和陆地的热力学状态有明显差别。夏季由于海洋的热容量大,加热缓慢,海面较冷,气压高;而大陆热容量小,加热快,形成暖低压。因而,夏季风由较冷的海面吹向温暖的大陆。受科氏力的影响,逐渐发生较强的沿岸分量,形成大陆在左方的沿岸风(北半球)。冬季则相反,海洋冷却较慢,温度较高,形成低压;而大陆冷却快,形成冷高压。冬季的风由大陆吹向海洋,受科氏力的影响在北半球向右偏转,形成陆地在右方的沿岸风。这种由于冬夏季节下垫面热力作用不同而形成的随季节反转的风就是季风(Monsoon)。

1. 季风

季风与海陆分布、大气环流、大陆地形等因素有关,是大范围盛行的、风向随季节显著变化的风系,与三大风带一样同属于行星尺度环流系统。其中,太阳对海洋和陆地加热差异是主要因素,从而影响了气压场的分布。太阳辐射强度呈现年周期变化,因而季风分为夏季风和冬季风。夏季风从海洋吹向陆地,将湿润的空气输向内陆引起降水,形成雨季;冬季风从陆地吹向海洋,空气干燥无雨,形成旱季。虽然季风起源于海陆分布的差异,但在远离陆地的海域仍然受到季风的影响。世界上季风明显的地区主要有南亚、东亚、非洲中部、北美东南部、南美巴西东部以及澳大利亚北部,其中以印度季风和东亚季风最显著(图 3.6)。

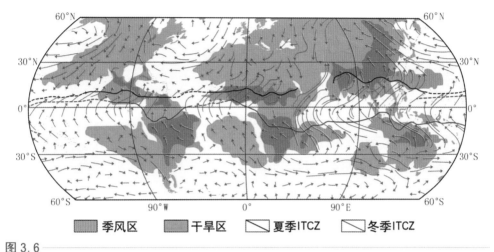

图 3.6
世界主要季风区 [引自汪品先等,2018]

2. 亚洲季风

季风在各大洲都存在,但亚洲季风(Asian monsoon)在全球季风系统中最为强大(Wu 和 Liu,2016)。一般的季风只是海陆差异引起的风场季节变化,而亚洲季风还包含了青藏高原大地形的影响(叶笃正等,1957)。夏季青藏高原是一个大气热源,总功率达到 50 亿千瓦,导致强烈的对流活动,形成巨大的感热气泵,将下层大气向上抽吸,导致季风向大陆纵深发展(吴国雄等,1997)。因此,青藏高原相当于季风的发动机。研究表明,青藏高原是亚洲季风强大的原因。没有青藏高原,亚洲季风仍将存在,但其强度和范围将会小得多。

三、气旋风场

大气中的气旋(cyclone)属于天气尺度系统,分为热带气旋和温带气旋。热带气旋(tropical cyclone)是生成和发展于热带或亚热带洋面上的暖性低压涡旋系统,体现为暖核(warm core)结构。热带气旋的风力强烈,其影响的垂向范围涉及整个对流层。热带气旋的风力分为 6 个等级,最大风速持续超过 32.6 m/s 的热带气旋在西太平洋称为台风(typhoon),在大西洋和东太平洋称为飓风(hurricane),在印度洋和南太平洋称为气旋风暴(cyclonic storm)。

热带气旋的水平风场为接近圆形的涡旋,风场围绕中心作气旋式旋转(北半球为逆时针),中心为低气压。在海面附近气旋尺度最大,风力最强,随着高度增高风场的范围缩小，风力减弱。气旋的风力通常是不对称的，在北半球，热带气旋的东北半圆水平气压梯度大，伴有强烈的暴雨和狂风，被称为危险半圆（dangerous semicircle）。而西南半圆风场大大减弱，称为适航半圆（navigable semicircle）（图3.7）。

图 3.7

热带气旋的非对称结构

热带气旋在眼墙区（即距离气旋中心10～100 km 范围的区域）有上升气流，将海面的热量带向高空，同时引起海面风场辐聚，上层风场辐散的特点。气旋式风场使得蒸发增强、释放的潜热量巨大，导致风场进一步加强，最终形成强大的风暴。热带气旋的强上升气流将海面蒸发的水汽迅速带向高空，形成大范围云层和降雨区。热带气旋向上输送热量，这些热量在高空通过长波辐射离开地球，使地球得到一定程度的冷却。

温带气旋（extratropical cyclone）是存在于中高纬地区的冷性气旋，具有冷核（cold core）结构，在多数情况下由斜压不稳定发展而成，与大气锋面系统有关。

受高空大尺度环境场引导气流的影响，气旋通常向两极移动，有的温带气旋甚至可以深入到极区。气旋携带大量的热量和水汽，是低纬度热量向极输送的重要方式之一，成为地球上热量和水汽平衡的关键过程。

四、大气边界层和全球海面风场

1. 大气边界层

大气运动驱动海洋环流的部分不是自由大气的环流，而是海面风场。受下垫面显著影响的大气底部称为大气边界层（boundary layer），厚度一般在 1.2～1.5 km 范围内，海面风场是大气边界层底部的风。大气边界层内湍流运动占优势，湍流摩擦力的作用引起风的垂向剪切，破坏了平行于等压线的地转运动，形成风向偏离等压线的现象。

2. 海面风场

引起海面风场变化的主要因素有陆海分布、太阳位置的季节变动、气压系统强度的变化，还有摆动、云量、降雨、海面条件变异等。海气相互作用也是引起海面风场变化的主要因素。由于海面风场偏离地转风，需要通过观测来确定。过去靠海洋考察船获取的数据只能给出海面风场的气候态特征，直到卫星散射计问世之后才可能获得大范围的风场数据。海面风场是受到海陆分布影响的风场，既体现了太阳辐射造成的整体环流特征，也体现了在海陆分布影响下的风向变化（图3.8）。

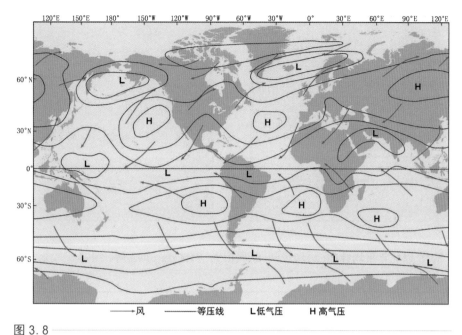

图 3.8

全球海面风场和气压场分布［引自 Pinet，2013］

3. 海面风应力

大气的湍流运动作用到海气界面上，将大气的部分水平动量传递给海洋，造成大气运动减弱、海洋运动加强。海面风与海洋进行湍流动量交换，结果用海面风应力（wind stress）表示。对大气而言，风应力是摩擦力，大气运动因摩擦的作用而减弱；对海洋运动而言，风应力是驱动力，驱动海洋中的海流、波浪和其他运动。

研究表明，在大气边界层内风场的垂向分布大体呈现对数分布，可以用特定高度的风场数据拟合大气边界层的垂向分布。通常用 10 m 高度的风速表达海面风，用以计算海面风应力。计算海面风应力的经验公式为

$$\boldsymbol{\tau} = \rho_a C_D |\mathbf{w}| \mathbf{w} \tag{3.6}$$

式中，$\boldsymbol{\tau}$ 为大气风应力场，ρ_a 为大气密度，C_D 为拖曳系数（约等于 $1.0 \times 10^{-3} \sim 2.5 \times 10^{-3}$），$\mathbf{w}$ 为 10 米高度的风速矢量。上式表明，大气的风应力与大气的密度成正比，与风速的平方成正比。在没有实测风速的情况下，通常用等压面的数据来计算地转风，再通过大气边界层理论计算海面风应力。

图 3.9 是太平洋风应力的分布图。从图中可以看到西风带纬向风应力较强，赤道东风区的纬向风应力较弱。而经向风应力在边界附近较强，大洋中部普遍较弱。

风应力本质上是大气对海洋动量输送的表达形式，表达的是动量输运的时间平均。而实际的动量输运是脉动的，有广谱的频率范围，可以同时驱动海流和波浪。这些脉动动量对海洋的影响还不是很清楚，需要进一步的研究。

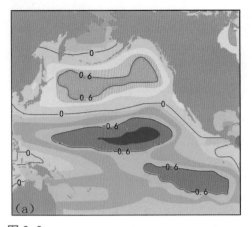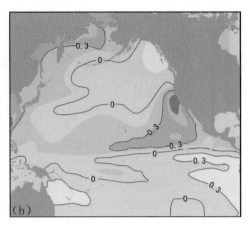

图 3.9

太平洋 30°S 以北年平均纬向（a）和经向（b）风应力（引自 da Silva 等，1994）

单位:dyn cm^{-2},等值线间隔:0.2

§3.5 海气相互作用

在海气界面,大气和海水接触在一起,通过辐射、物质交换和动量交换而相互影响。海气相互作用（air-sea interaction）表征的是海洋与大气之间此强彼弱的关系,如大气提供动量给海洋,海洋运动加强,同时大气运动减弱。前面介绍的热通量可以是单向的,但结果是海洋与大气相互影响。因此,海气相互作用是不可避免的现实存在。虽然海气相互作用是双向的,但对双方的影响程度却会有很大的不同。例如,海面风应力是驱动海洋运动的决定性因素,而风应力对大气运动的削弱影响不大。

一、不同尺度的海气相互作用

海洋与大气之间的相互作用包括各种时间尺度和空间尺度的过程。不同尺度的海气相互作用有不同的物理特征。在海气相互作用的研究过程中,海洋和大气对尺度有不同的理解,至今也没有完全达成共识。海洋方面认为,海气相互作用只有小尺度和大尺度的区别;而从大气角度看,分为小尺度、天气尺度（大尺度）和行星尺度更适合理解不同机制的海气相互作用。在此,我们按照大气的视角介绍海气相互作用的尺度。

1. 小尺度海气相互作用

小尺度海气相互作用主要关注海洋上层和大气边界层之间热量、水分和动量的交换机制以及海气物理场的相对变化。这里,小尺度主要是指海气相互作用的垂向尺度,主要关注边界层内的物理过程及其变化,定量揭示相互过程的机制和联系。小尺度海气相互作用是研究更大尺度海气相互作用的重要物理基础,推动了对热带对流过程、积云等形成过程中海 - 气相互作用的认识。

2. 天气尺度海气相互作用

天气尺度海气相互作用是指海洋和大气在水平方向达到百千米至千千米,时间尺度为数日至半月的相互影响和相互适应关系。在垂向上,天气尺度海气相互作用突破了大气边界层的限制,体现海气相互作用对整个对流层的影响。天气尺度海气相互作用与局地的气温、降水、大风等天气过程密切相关,既包括了区域性的海气相互作用,也包括气旋引起的强海气相互作用,这是气象预报需要重点考虑的因素。气旋引起的强动力和热力作用对海洋产生巨大的影响,会形成范围很大的上层流场辐散、海面低温区以及激发的巨浪和内波。天气尺度海 - 气相互作用与人类的生产生活有密切关系,已经成为大气科学和海洋科学中的共同命题。

3. 行星尺度海气相互作用

有些海气相互作用过程会发生在半球或全球尺度,其影响的时间尺度也非常大,可以发生年际或年代际变化。行星尺度海气相互作用包括大气环流和海洋环流的相似变化、海洋热盐环流对气候系统的重大改变、大气温室效应导致的海气热交换变异、海洋和大气热传输的系统性演变、气候和环境的长期变化等。有时,大尺度海气相互作用会导致海气耦合振荡,参见本书第 20 章。

二、热带海气相互作用

关于海气相互作用的开拓性工作可以追溯到 Bjerknes(1966)和 Wyrtki(1975),他们主要针对热带海气相互作用(tropical air-sea interaction)开展研究,在厄尔尼诺现象和一些年代际气候变化方面取得了重要成就。在太平洋、大西洋和印度洋都存在热带的海气相互作用(刘秦玉等,2013)。

1. 沃克环流

热带海气相互作用的平均状态与太平洋的信风有密切关系。赤道东风向西吹送,维持了西太平洋暖池的存在。暖池对上覆大气加热,引发向上气流;并且由于海面强烈蒸发在大气中凝结释放的潜热,进一步加强了上升气流。与此同时,赤道东风在太平洋东边界引起海洋冷水上升,在热带海域发生向西延伸的冷舌;在赤道西太平洋上升的气流在赤道东太平洋下沉,形成平行于赤道断面上的闭合环流圈,称为沃克环流圈(Walk cell),体现了东西方向的不对称性(图 3.10)。这种不对称性不仅发生在大气,还发生在海洋。在平行于赤道断面上,表层海水向西流动,在西太平洋堆积,混合层深度加深;而在赤道东太平洋,上升运动引起混合层变浅,甚至上升到海面的现象。这种由纬向风、纬向温度梯度和温跃层倾斜构成的正反馈作用是热带海气相互作用的主要机制之一(Bjerknes,1969)。当厄尔尼诺现象发生时沃克环流会发生位置变化,见本书第 20 章。

发生在太平洋的热带海气相互作用由于印度洋的作用而加强。平均状态下太平洋赤道以信风为主,在赤道是东风;而印度洋赤道以季风为主,在赤道是西风。太平洋和印度洋纬向风反向有利于维持西太平洋 - 东印度洋暖池,强化热带海气相互作用(Xie 等,2009)。

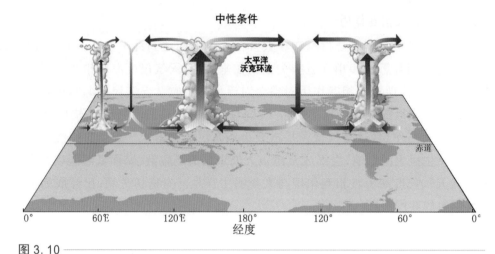

图 3.10

热带海气相互作用的垂向沃克环流圈［引自 NOAA］

2. 越赤道气流

如果热带海气相互作用恰好发生在赤道上方,由于赤道上的科氏力为零,沃克环流不会很强。引起热带海气相互作用还有另一个重要因素,就是温度最大的海域在北半球 5°N 左右,也称热赤道(heat equator)。在那里,赤道东风较强。形成热赤道的原因是南北半球的陆地分布不对称,北半球陆地多,气温偏高;而南半球气温偏低。北半球夏季赤道以北海面气温高、以南气温低,引发自南向北的越赤道气流。在科氏力的影响下,越赤道气流在南半球西偏,北半球东偏,致使南半球东南风加强,北半球东北风减弱,从而使南半球海洋蒸发加强,海表面温度降低;北半球海洋蒸发减弱,海表面温度升高。由此导致南北半球的 SST 梯度增大,进一步加强越赤道气流,形成正反馈过程。这个正反馈过程最终使高海温出现在赤道以北(Xie,2004)。这种机制被称为风 - 蒸发 -SST(WES)机制(Chang 等,1997)。

3. 热带海气相互作用的气候效应

热带海气相互作用尺度大,周期长,对于大气环流、云和降水有重要作用,对热带气旋的生成、频数和移动路径有显著影响。厄尔尼诺现象就是热带海气相互作用的重要现象,涉及大气和海洋中的各种过程,体现了海洋和大气之间相互影响、相互协调和相互适应。热带海气相互作用很好地体现海洋和大气是在地球运动统一影响下的耦合系统,是一种相互调整和相互制约的反馈过程(刘秦玉等,2013)。

热带海气相互作用表明,只要海气耦合的一方出现异常,就会影响另一方;来自受影响一方的反作用导致变化加强称为正反馈,导致变化减弱称为负反馈。对于复杂的海 - 气系统来说,正负反馈作用都是必要的,加强作用和抑制作用并存,构成了海气相互作用过程的良性发展,达到海洋和大气相互适应。

三、中纬度海气相互作用

热带海气相互作用可以理解为是海洋主导的过程,强烈的太阳辐射和暖池的作用是热带海气相互作用的主体。中纬度海气相互作用更像是大气主导的过程,早期研究将中纬度低频气候变率解释为海洋对随机大气强迫的响应(Hasselmann,1976)。研究结果体现为大气环流异常超前于海面 SST 异常的变化,这个特征在冬季更加明显。因而,与热带海洋不同,冬季热带外的海气相互作用主要表现为大气对海洋的强迫作用(张学洪等,1998)。

然而,尽管中纬度海温异常对大气环流的影响比大气内部变率要弱很多,但海温异常对于大气的强迫仍是不可忽略的。研究表明,由于中纬度上层海洋变化缓慢,海洋强迫被广泛认为是年代际气候变率形成的主要原因,特征时间尺度为数年到十年(Miller 和 Schneider,2000)。太平洋年代际振荡(PDO)与大西洋多年代际振荡(AMO)就是这种海气相互作用产生的变率(见第 20 章)。产生多年代尺度海温变化的机制尚不清楚,一般认为与全球海洋热盐环流有关(Zhang,2007;Zhang 等,2016)。

大气和海洋都承担着经向热量输送,大气依靠热力驱动的哈德莱环流,海洋输送主要依靠西边界暖流(赵永平等,1997)。暖流只能将热量输送到西风带附近,在亚热带海洋锋区发生强烈的海气热量交换,海洋将能量输送给大气,由大气继续完成向极的能量输送。研究表明,海洋的热量是由大气中的瞬变涡旋(transient eddy)输送的。瞬变涡旋被定义为总流场与时间平均流之差,其能量主要集中在 2~8 天的天气尺度上,表现为温带气旋、锋面等天气系统。瞬变涡旋可系统地输送热量和动量,使其在大气中重新分布,反过来影响平均流的分布(房佳蓓,2018)。水汽的输送集中在一些狭长区域内,被命名为大气河(atmospheric river),形成向极水汽输送(Dufour 等,2016)。因此,中纬度海洋热力异常可以通过影响低层大气的斜压性来影响大气瞬变涡旋活动异常,是影响天气尺度异常的重要途径,也是长期以来没有被清晰认识的环节。

有研究表明,全球海表面升温最显著的区域是大洋亚热带西边界流区域及其邻近海域,与全球增暖导致的西边界流增强有关,通过非线性作用对大气环流产生额外的影响。例如,大西洋西边界湾流携带大量热量,在向极区输送过程中不断向大气释放热量,冬季海洋向大气输送的热量可以达到 484 W m^{-2},成为强大的热源(Minobe 等,2008)。根据气候动力学原理,西边界流会对区域性大气环流、冬季风暴的生成和夏季的降水区域产生影响,而且会通过非线性作用激发出气旋加强、降水增强等极端事件。变化的大气环流又反作用于海洋环流,改变湾流的运动速度和流量。

相比于热带海气相互作用,中纬度的海气相互作用研究很不成熟,存在大量没有明确认识的问题,是一个需要加强的研究领域。在高纬度海域也存在明显的海气相互作用过程,并且涉及海-冰-气相互作用过程,相关的研究也很少。

思考题

1. 太阳短波辐射对海洋的直接影响是什么?
2. 为什么海面长波辐射总是大于大气向下的长波辐射?

3. 分别介绍短波辐射、长波辐射、感热和潜热。

4. 蒸发潜热是什么？与气温有什么关系？

5. 海洋蒸发过程如何形成潜热通量？

6. 试述海气界面的主要物质通量。

7. 什么是大气三圈环流？涉及哪几个风带？

8. 介绍冬季和夏季东亚季风的主要特点。

9. 试述热带海气相互作用的特点。

10. 中纬度海气相互作用与热带海气相互作用有哪些不同？

深度思考

　　海气相互作用过程导致海洋与大气的运动相互影响。是什么机制控制着海气相互作用过程？

第 4 章
海水的物理特性

　　海水是客观存在的物质,具有特定的物理属性。为避免表达物质独特属性时术语的混淆,在本书中,特性(property)用来表征海水内在的、本身固有的属性;特征(characteristics)用来表征海水外在的特点。本章介绍海水的物理特性和特征,也包括描述这些特性和特征的参数,便于读者对海水物理结构的理解。

　　海水最重要的物理特性包括热膨胀特性、导热性、导电性、可压缩性、相变特性等。这些特性体现了海水与其他物质的不同,也体现了海水和淡水的差异。海水最重要的物理特征包括压力、温度、盐度和密度,体现了海水的结构与海水的运动密切相关。海水的运动速度属于海水的运动特性,在此一并介绍。在外力作用下,海水的物理特性决定了海洋的响应,也是决定海水运动的重要因素。

　　李凤岐教授对本章内容进行审校并提出宝贵意见和建议;黄瑞新教授对本章的初稿提出宝贵意见和建议,特此致谢。

§4.1 海水的温度和热量

海水的温度是重要的热力学参量,与热量紧密联系。

一、温度

温度(temperature)是微观上物体分子热运动的宏观表现,是表示物体冷热程度的物理量。从分子运动论的角度看,温度高低体现了物体分子热运动的剧烈程度,大量分子的运动产生的统计学强度就是温度。因而,任何宏观的物体都有温度,温度越高,表示分子的混乱运动越强。反之,温度越低,分子混乱运动越弱。在绝对零度(0 °K)时,分子运动的能量为零。

1. 温度的测量

温度虽然是人尽皆知的物理量,却不能直接测量,因为分子的热运动还无法直接测量。我们平时看到的"直接"测量温度的各种温度计,实际上都是间接测量。温度计测量温度的原理主要有以下四种:第一,基于热胀冷缩原理,利用传感器件受热时体积变化或长度变化来测量温度,如酒精温度计、水银温度计等;第二,基于物体电阻随温度变化的原理,利用物体受热时电阻变化测温,如热敏电阻温度计等;第三,基于物体电势随温度变化的原理,用不同物体在温度变化时的电势差测量温度,如热电偶温度计等;第四,基于物体红外辐射原理,通过测量辐射值反推物体的温度,如红外测温仪、红外热像仪等。

海水温度变化范围有限,以上各种测温原理的温度计原则上都可以用来测量海水的温度。但由于在海洋深处测量的温度不能现场目测,有些温度计事实上无法使用。早期解决这个问题的方法是使用颠倒温度计,在水银温度计测量结束时开启机械结构,封堵水银的回路,依此记录下现场的温度。

现代温度计需要直接采集和传输现场测量结果,适合这种要求的主要是热敏电阻温度计,各种CTD几乎都采用了这种温度计。海洋表面的温度还可以采用红外测温仪进行非接触性的遥测。

2. 温标

虽然有诸多原理可以用来测温,但测量得到的温度必须归算到统一的度标。用来量度物体温度数值的度标叫温标(temperature scale),其规定了温度的读数起点(零点)和测量温度的基本单位,常用的温标有热力学温标(°K)、摄氏温标(℃)和华氏温标(℉)。摄氏温标是以水的相变温度来确定的,在1个标准大气压条件下,水结冰的温度为0 ℃,水沸点的温度为100 ℃。热力学温标主要用来理解温度的机理,当分子运动趋于零时,得到的温度为0 °K,称为绝对零度。热力学温标的间距与摄氏温标是相等的,即 ΔT 为 1 °K 时也是 1 ℃。华氏温标将冰点设为32 ℉,沸点设为212 ℉,其间分成180等分,每等分是 1 ℉。

华氏温标的优点是一般环境下不需要负数,因而在有些国家至今仍被广泛使用。

即使使用同一种温标确定的冰点和沸点温度,而使用不同的测温原理测得的温度读数也可能是不同的,因为各种原理的测温特性并不是线性变化的。因而,各种温度计都需要进行"标定",即将温度计放置在已知温度的容器中达到热平衡,再根据温度变化的规律确定各个系数,将测温输出值与已知温度统一起来,并使之达到一定的测温精度。标定时按照国际计量委员会 1968 年的国际实用温标(IPTS),采用基准铂电阻温度计作为标准器。1990 年,国际计量委员会推出了 1990 年国际温标 ITS-90,比 IPTS 更为准确。

实际温度测量时,不仅要考虑测量的准确度,还要考虑温度计的热响应时间(thermal response time),也称热时间常数,单位为秒或毫秒。热响应时间定义为传感器测量到始末温度差的 63.2% 所需的时间。当温度计移动时,热响应时间越短,测量的准确度越高。

3. 海表面温度

顾名思义,海表面温度(sea surface temperature,SST)是接近海面水体的温度,简称海表温度。海表温度是大气运动的重要参数,近海面气团的温度受到海表温度很大的影响,并通过气团的运动影响更大范围的大气运动。

影响 SST 的因素很多。首先,SST 与太阳辐射有关,较强的太阳短波辐射会在海面形成温暖的水层,温度随水深向下递减,有明显的日变化。其次,海洋表面发射净长波辐射,并与大气进行感热和潜热交换,在海面有一个温度较低的皮层,其温度称为表皮温度。第三,大尺度环流的水体输运是影响 SST 的关键因素,水体南北向输运会将异地的 SST 迁移到其他海域。第四,在气旋作用和风生上升流海域,表层水温的变化受下层水体垂向输送的影响。

关于海表温度的深度范围有不同的认识,一般认为在 1 mm 到 20 m 的范围。然而,在这个范围内,温度的变化很大,最大温度差可达 6 ℃(图 4.1)。因此,当提到海表温度时,首先要理解是哪一种海表温度,是通过什么方法测量得到的,以免产生歧义。

海表温度与测量方式有关,不同的测量方法会得到不同的结果。影响测量结果的因素是测量的深度,早期用木桶取水测量温度得到的是表面十几厘米的水温,而气象浮标的温度传感器深度在 3 m,各种漂流浮标的测温深度更是五花八门,测量的结果自然存在各种差别。气象卫星问世导致可以从空间测量海表温度,然而,卫星接收到的辐射来自海洋 0.01 mm 的水层,与浮标或船测的海表温度差异很大。

迄今的研究这样定义 SST:恰在海面之下分子厚度的温度称为界面 SST(interface SST)。界面 SST 并不能现场测量,因为温度传感器的尺寸要远大于分子尺度。在其下大约 10 μm 的深度是热红外辐射的衰减深度,其温度被称为表皮 SST(skin SST)。在约 1 mm 的深度是微波辐射的衰减深度,那里的温度被称为亚表皮 SST(sub-skin SST)。在这个深度以下是我们常用的体 SST(bulk SST),也称为近表面 SST(near-surface SST),或者某深度的 SST(SST_{depth})。使用近表面 SST 可以适应很多海洋和大气的物理过程研究,如果数据是其他类的 SST,则需要归算到近表面 SST。

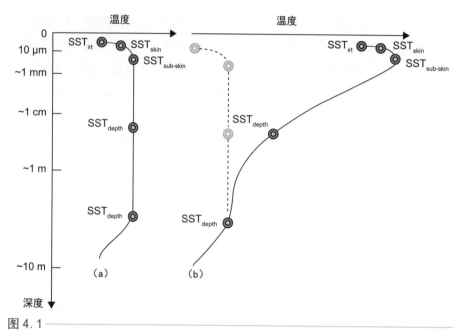

图 4.1

海表面温度(SST)的垂向分布特征

(a)温度均匀水层的海表温度;(b)温度不均匀水层的海表温度

4. 全球海面温度

受太阳辐射强度的影响,全球海面温度的基本特征是随纬度带分布,赤道海域最热,两极最冷;最高温度可以超过 30 ℃,最低温度可以达到冰点(图 4.2)。在局部区域,受到暖流和寒流的影响,海水温度偏离纬度的平均值,呈现暖水或冷水的特征。这种偏离在次表层更为明。深层海洋的温度与表层温度有很大的不同,详见后面的章节。

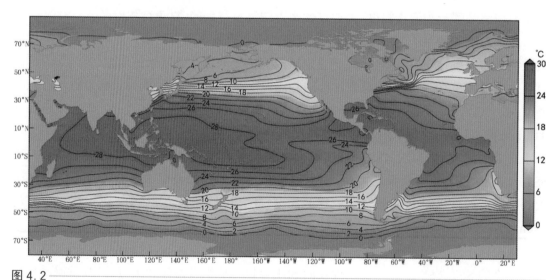

图 4.2

全球海面温度 [引自 World Ocean Atlas,2018]

二、位温

海水具有一定的压缩性。在盐度不变的条件下,如果海水在运动时没有热量输入或输出,则运动是绝热的,海水的温度不会变化。然而,海水微团垂向移动时,海水受到的压力发生变化,导致海水体积发生变化,因而温度也会发生变化。在绝热下沉时,压力增大,对海水微团作功使其体积缩小,增加了海水内能,导致温度升高。反之,在绝热上升时,压力减小,海水膨胀作功,消耗内能导致温度降低。因此,垂向运动的海水温度由于压力的变化而发生的变化称为温度的绝热变化。

温度的绝热变化是由于海水压缩产生的,不是海洋中的热传导过程形成的,不代表海洋中真实发生了热传导过程。在实际测量的现场温度 T 中减掉这部分由于压力变化产生的温度差 ΔT,得到的结果称为位温(potential temperature),也称位势温度,即

$$\theta = T - \Delta T \tag{4.1}$$

这里给出一个位温的例子:如果在 6 000 m 深处测量得到水体的现场温度为 5.0℃,把它绝热地提升到海面时,ΔT 为 0.8℃,海水位温 θ 为 4.2℃,比其现场温度低。

位温定义为将水体微团从所在压力 p 条件下绝热地移动到参考压力 p_0(通常为 1 000 hPa)处所具有的温度(Phillips,1977):

$$\theta = T - \int_{p_0}^{p} \left(\frac{\partial T}{\partial \rho} \right)_{\eta S} \mathrm{d}\rho \tag{4.2}$$

用(4.2)式计算位温需要使用整个剖面的温度和密度数据,只有 CTD 等剖面测量仪器得到的数据才能计算位温,而潜标等分层测量的海水温度无法换算成位温。

为了将只有所在位置温度、盐度和压力的数据换算成位温,需要得到位温的近似表达式。由于温度与密度的关系可由海水状态方程表达,Bryden(1973)给出了位温计算的近似表达式,适用于 $30 < S < 40$,$2\,℃ < T < 30\,℃$,$0 < p < 1\,000$ 的环境条件

$$\theta = T - Ap - Bp^2 - Cp^3 \tag{4.3}$$

式中,

$$
\begin{aligned}
A &= 3.650\,4 \times 10^{-4} + 8.319\,8 \times 10^{-5}T - 5.406\,5 \times 10^{-7}T^2 + 4.027\,4 \times 10^{-9}T^3 + \\
&\quad (S-35)(1.743\,9 \times 10^{-5} - 2.977\,8 \times 10^{-7}T) \\
B &= 8.930\,9 \times 10^{-7} - 3.162\,8 \times 10^{-8}T + 2.198\,7 \times 10^{-10}T^2 - \\
&\quad 4.105\,7 \times 10^{-9}(S-35) \\
C &= -1.605\,6 \times 10^{-10} + 5.048\,4 \times 10^{-12}T
\end{aligned} \tag{4.4}
$$

位温使各层的海水温度具有了可比性,将不同热力学过程导致的温度变化区别开来。尤为重要的是,温度随压力变化,因而不是保守量;而位温是保守量,在绝热状态下是守恒的。海水的位温不随压力变化,不是深度的函数,是海水热性质的一种指标,用来判断水团运动的路径更加可靠。

有人疑惑:100 多年来没有使用位温,物理海洋学照样得到了很大的发展,为什么要用很不方便的位温呢?其实位温是伴随着物理海洋学的观测一直存在的参数。早期海洋观测时使用带有颠倒温度计的采水器,测得的温度是现场温度;如果将采水器的水提到水面

后再测量其温度,得到的就是位温。早期的物理海洋学者就是用位温与现场温度之差推算采水器所在的深度。

虽然表面水温和深层水温会因压力变化而有差异,但在水深变化不大的海域这种差异并不大,可以用现场温度开展研究。但是,在研究深水的温度变化时,使用位温更为合理。在水团分析时位温的重要性体现得更加明显。在 T-S 图上,位于不同深度的水团温度和盐度被放在一起进行比较。用上面的例子,在 6 000 米处 5 ℃的水体被提升到海面后的温度是 4.2 ℃,如果不用位温,在 T-S 图上就是两个相互分离的点,会被误认为是两个水团。

三、内能

内能(internal energy)在微观上是分子无规则运动能量总和,包括分子的动能、势能、化学能、电离能和原子核内部的核能等五种。在海洋热力学中,分子、原子和原子核结构不发生改变,若不考虑化学反应,只涉及分子无规则运动的动能和分子间相互作用的势能。内能涉及的是微观的动能和势能,与宏观运动的动能和势能无关。内能在宏观上称为热力学能,亦称热能。任何物体都有内能,内能在宏观上体现为物体的温度,温度越低,内能越小。在绝对零度,所有的分子停止了运动,内能为零。

内能是物质的内部属性,不论温度高低都有内能。内能不依赖外界而存在,却因外部条件的变化而改变。内能是系统的一个状态函数,与压强、体积等有关。内能是一个相对量,人们并不了解内能的绝对值,而是了解内能的变化,即

$$\Delta U = \Delta W + \Delta Q \tag{4.5}$$

式中,ΔU 为系统内能的增量,ΔW 为绝热过程外界对系统所做的功,ΔQ 为系统从外界吸收的热量。外界对系统做功可以改变内能,如风的搅拌作用可以使海水温度升高,内能增加。外界与系统进行热量交换也可以使温度发生变化,改变内能。内能的变化体现了热与功的一致性和相互转化的特性。

当外界对系统做功或系统与外界交换热量时,内能会从一个平衡态过渡到另一个平衡态。内能的改变只与做功量和吸热量有关,与其经历的具体过程无关。如果内能对外界做功或传热,系统的内能减少,相当于对其相邻系统做功或传热,导致其内能增加,因而相当于内能从一个系统转移到另一个系统。海水系统是由纯水和盐分两部分组成的,则总内能等于两部分内能之和。

温度与内能的区别是:温度是分子混乱运动强度的度量,而内能是分子混乱运动能量的度量。

四、焓

内能虽然很好地体现了水体微团内部水分子运动的能量,但人们有时更关心系统含有的热量。按照(4.5)式,ΔQ 为系统从外界吸收的热量,在量值上应该等于系统增加的热量,这些热量由另一个状态函数"焓(enthalpy)"来表征。在(4.5)式中考虑外界对系统所做的功为 $\Delta W = -p\Delta V$,则焓表达为

$$H = U + pV \tag{4.6}$$

焓在热力学中是表征物质系统能量的一个重要状态参量,既包含了系统的内能,还包含了压强对体积压缩所做的功,因此,焓与水体的运动有关。焓的单位是能量的单位(J)。单位质量海水的焓 h 称为比焓(specific enthalpy),单位为 J kg^{-1}。相对于某一压力值(比如海面气压)的焓值称为位焓 $\hat{h}$(potential enthalpy)(IOC 等,2010)。

焓的变化只与水体微团的起止位置有关,与移动的路径无关。海洋在绝热条件下,若取海面水体压强为参考压强,焓等于水体的内能;当水体微团到达更深的地方,压力增大,pV 增大,海水的温度也增大,海水的焓增大。

五、热容量与热含量

1. 热容量

海水热容量(heat capacity)定义为海水温度升高 1 ℃时所吸收的热量(单位:J K^{-1}),即

$$C = \lim_{\Delta T \to 0} \frac{\Delta Q}{\Delta T} \tag{4.7}$$

系统吸收热量时,ΔQ 与 ΔT 均为正值,失去热量时二者都是负值,因而热容量保持为正值。海水的热容量可以分为定容热容量 C_v 和定压热容量 C_p,在海洋中,海水的热量几乎没有定容变化的可能,因此普遍采用定压热容量。

$$C_p = \left(\frac{\partial H}{\partial T} \right)_p \tag{4.8}$$

随温度、盐度和压力变化。单位质量海水的定压热容量称为定压比热容 c_p,单位为 J kg^{-1} K^{-1}。

海水热容量表征了海水吸纳热量的能力,也表征了海水温度改变需要的热量。当温度为 300 °K,气压为 1 013 hPa,盐度为 34 时,海水的比热容约为 4 000 J kg^{-1} K^{-1}。热容量越大表明温度升高时需要更多的热量,空气的定压比热容为 1 005 J kg^{-1} K^{-1},只有海水比热容的四分之一,因此大气受热后温度很快升高。

海水的热容量大体现为海洋的热惯性大,即改变海洋的温度需要更多的能量。由于空气的密度只有海水密度的千分之一,因此,3 m 厚海水温度升高 1 ℃所需的热量可以让大气对流层整个气柱的温度升高 1 ℃。

2. 热含量

虽然海洋的温度是度量海洋中热量的基础物理量,但是,海洋中含有的热量不仅与温度有关,而且与海水的密度有关,需要另外的物理量来表达。此外,热量是能量的单位,有时用温度表达能量很不容易理解。焓是表达热量的状态参量,按照(4.5),系统吸收的热量与系统所含热量的增量是一致的,但是,焓用内能和压力功来表达,不容易准确计算。因而,人们定义热含量(heat content)来表达水体含有的热量(Di Iorio 和 Sloan,2009),

$$H_c = \rho c_p T(z) \tag{4.9}$$

式中,水温 T 的单位为℃,定压比热容 c_p 随温度、盐度和压力变化,热含量的单位为 J m^{-3}。

这里，H_c 使用摄氏温度 T 计算，得到的是相对于参考温度 0 ℃的热含量。当然，也可以计算相对于其他参考温度的热含量。

热含量与焓的关系非常密切。设 H_0 等于把质量为 1 kg 的海水温度从 0 ℃升高到某温度时的焓增量。在这种情况下，$H_c = \rho H_0$。热含量考虑了海水密度，即单位体积海水的质量。表面上看二者关系很明确，实际上，焓更适合拉格朗日形式的运动，而热含量适合欧拉形式的运动。由于物理意义明显，计算简单，在海洋学研究中又普遍采用欧拉场，热含量成为海洋中普遍使用的物理量。

3. 热容量与热含量的关系

这两个物理量的意义容易混淆。热容量是指水体温度升高或降低 1 ℃所吸收或放出的热量，单位为 J K^{-1}；热含量是水体中含有的热量，单位为 J。因此，热容量是海水吸收热量的能力，而热含量是海水含有的热量。形象地比喻，热容量好比工资，而热含量好比存款，二者没有恒定不变的换算关系。

六、保守温度

海洋中频繁发生混合过程。海洋中的物理量在混合前后保持与混合水体质量的比例关系，称为保守的。在常压条件下，两个水体微团完全混合后，质量 m、绝对盐度 S_A 和比位焓是保守的，即（IOC 等，2010）

$$m_1 + m_2 = m$$
$$m_1 S_{A1} + m_2 S_{A2} = m S_A \tag{4.10}$$
$$m_1 \hat{h}_1 + m_2 \hat{h}_2 = m \hat{h}$$

虽然混合前后温度也大致满足（4.10）的比例关系，但严格来讲温度不是保守的。人们定义了保守温度（conservative temperature）Θ，即

$$\Theta = \frac{\hat{h}}{c_p^0} \tag{4.11}$$

式中，c_p^0 为定压比热容 c_p 在温度 25 ℃、绝对盐度为 35.165 04 g kg^{-1} 时的取值，等于 3 991.86 795 711 963 J kg^{-1} K^{-1}。用 c_p^0 除以（4.10）第三式，表明保守温度是保守的：

$$m_1 \Theta_1 + m_2 \Theta_2 = m \Theta \tag{4.12}$$

前面讲到，焓是海水热量的度量，既包括分子混乱运动的热能，又包括压力做功引起的热能。因而，保守温度是在不断混合的条件下对海水所含热量的精确度量。与位温相比，位温体现了压力变化引起的温度变化，比温度有更好的保守性。但保守温度体现了压力做功引起的热能变化，比位温更为准确。在实际海洋中，位温非常接近保守温度，二者相差不大。

§4.2　海水的盐度

海水中除了水分子之外，还有很多种溶解于海水的元素，几乎包括地球上所有的元素，其中大多是微量元素。这些元素大都是海洋形成过程中从岩石圈中溶解出来的，也有

少量入海的陆地物质。海水中溶解的主要元素包括钠、镁、钙、钾、锶等五种阳离子;氯、硫酸根、碳酸氢根(包括碳酸根)、溴和氟等五种阴离子和硼酸分子。其中氯离子(Cl^-)、钠离子(Na^+)、硫酸根(SO_4^{2-})、镁离子(Mg^{2+})、钙离子(Ca^{2+})、钾离子(K^+)占海水中溶质的99.8%,其他成分占比很小(图 4.3)。离子的浓度差异主要受海洋环流、混合、蒸发、降水等物理过程控制。

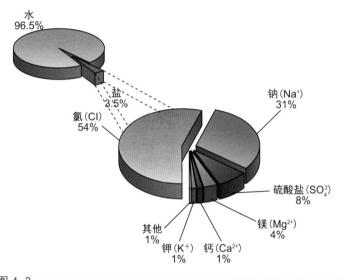

图 4.3
海水的含盐量及其主要离子组成(%) [数据来自 Pilson, 1998]

这些溶解于海水中的物质影响海水的密度,当然,如果我们知道了每种物质的浓度,自然就知道了所有物质的浓度。但是,这样做需要了解所有物质浓度,显然难以实现;然而,这些离子之间具有恒定的比值,呈保守性分布,可以找到一个参数代替所有物质的浓度,这个参数就是盐度(salinity)。

一、盐度的原始定义

盐度的原始定义为:每 1 000 g 海水中溶解无机盐类的克数。溶解无机盐包括碳酸盐转化为氧化物,溴和碘被等当量的氯置换,有机物全部被氧化后所含固体物质。盐度的原始定义也就是绝对盐度的定义,至今没有改变。由于绝对盐度不能直接测量,盐度的各种算法都是依据不同参数与盐度的关系建立起来的,以求更为精确地表达绝对盐度。

盐度的表达式一直在变化,体现了科学界对盐度认识的加深。对表达方式变化的了解有利于人们理解盐度的物理内涵。盐度实际上没有单位,只是一个比例。在认识过程中,其表达方式也在改变。按照原始定义,盐度的单位为‰,并沿用很多年。盐度 34‰代表溶解物质的总量占总质量的百分之 3.4。后来改用实用盐度单位(practical salinity units,psu)来表达盐度,盐度 34 表达为 34 psu,相当于将原有单位放大 1 000 倍。近年来,人们去掉了盐度的单位,作为一个无量纲的量来使用。

二、盐度的测量

1. 用盐度原始定义测量盐度

按照盐度的定义,原始的盐度测定采用测量方法为:取 1 kg 的海水,加盐酸和氯水,蒸发至干,然后在 380 ℃ 或 480 ℃ 的恒温下干燥 48 h,最后称所剩余固体物质的重量。用这种方法测量海水盐度的操作十分复杂,测一个样品要花费几天的时间,但却是最符合盐度原始定义的测量方法。

2. 用氯度计算盐度

后来研究发现,海水组分的恒定性规律表明,海水的氯度 Cl 与盐度有非常好的关系,可以通过比较容易测定的氯度间接计算盐度,氯度与盐度的关系式称为克纽森(Knudsen)盐度公式:

$$S‰ = 0.030 + 1.8\,050\,Cl‰ \tag{4.13}$$

克纽森的盐度公式是 1902 年提出的,使用时,用统一的硝酸银滴定法和海洋常用表,在实际工作中显示了极大的优越性,一直使用了 65 年之久。但是,在长期使用中也发现,克纽森的盐度公式只是一种近似的关系,其取值主要来自北海和波罗的海的海水,对大洋水体不具有代表性。1960 年代,考克斯等人通过分析各大洋海水样品,得到了更具代表性的用氯度计算盐度的公式:

$$S‰ = 1.80\,655\,Cl‰ \tag{4.14}$$

3. 用电导率计算盐度

由于滴定法在调查船上操作不方便,而且精度不高,人们寻求更精确更快速的方法,获得了沿用至今的电导率(conductivity)测量法,也称 1969 电导盐度公式。海水的导电特性满足欧姆定律,其电阻率的倒数称为电导率。海水的电导率与温度有关,也与盐度有关,通过测定其电导率和温度就可以计算海水的盐度。设 R_{15} 为一个标准大气压和 15 ℃ 条件下海水样品的电导率与 $S=35.000‰$ 的标准海水电导率的比值,可以用下式直接计算盐度:

$$S‰ = -0.089\,96 + 28.297\,20R_{15} + 12.808\,32R_{15}^2 - $$
$$10.678\,69R_{15}^3 + 5.986\,24R_{15}^4 - 1.323\,11R_{15}^5 \tag{4.15}$$

该电导盐度定义的各个系数是用各海域采集的盐度样品确定的。电导测盐度的方法精度高,速度快,操作简便,适于海上现场观测。但在实际运用中,仍存在着一些问题,包括氯度值不变而电导值变化带来误差,使用的温度范围仅为 10 ℃ ~ 31 ℃,对深海和两极不具代表性。

为了克服盐度受海水成分影响的问题,联合国教科文组织发布了 1978 年的实用盐标(practical salinity scale) PSS-78。该盐标仍用电导方法测定海水盐度,不同的是,实用盐标中采用了标准的称量法制备成一定浓度(32.435 6‰)的溶液,作为盐度的准确参考标准。定义 K_{15} 为在一个标准大气压下,15 ℃ 的环境温度中,海水样品电导率与盐度为 35‰ 的标准氯化钾溶液的电导率的比值,得到盐度的计算公式为(Lewis 和 Fofonoff, 1979)

$$S = 0.008\,0 - 0.169\,2K_{15}^{0.5} + 25.3851K_{15} + 14.094\,1K_{15}^{1.5} - 7.026\,1K_{15}^2 + 2.708\,1K_{15}^{2.5} \tag{4.16}$$

实用盐标不再与氯度对应,也不再使用‰号,一直沿用至今。但需要注意的是,不同化学成分的电导率随温度的变化曲线不完全一致,在温度变化很大时需要慎用新盐标测得的结果。

三、绝对盐度

在新的海水状态方程 TEOS-10 中引入了绝对盐度(absolute salinity)S_A 的概念。事实上,传统上定义的盐度就是绝对盐度,是海水中溶解物质的质量所占的比例,单位是 g kg^{-1}。由于绝对盐度涉及所有溶解物质(不论是否导电)质量,化学测量方法复杂、耗时,迄今无法实现快速测量。人们转而使用氯度或电导率来计算盐度,得到的结果仍是用来表达绝对盐度,或者说尽可能逼近绝对盐度。

基于海水溶解物质化学成分恒定比,人们依据观测数据确定海水的参考化学成分,用其得到的参考成分盐度(reference-composition salinity)是迄今对绝对盐度的最佳估计,满足世界大洋绝大部分海域的测量需要。而对于近岸海域,化学成分间的比例与参考化学成分相差较大。需要做的是对参考成分进行扩展,确定各个海域参考化学成分,以实现对全球所有海域绝对盐度的精确计算(IOC 等,2010)。

绝对盐度的算法为(Millero 等,2008)

$$S_A = S_R + \delta S_A = S_A(S_p, \varphi, \lambda, p) \tag{4.17}$$

式中,S_R 为参考成分盐度,S_p 为实用盐度,δS_A 为化学成分偏差引起的盐度偏差,主要包括硅和其他不导电溶解物质的影响。如果将纯水用同样质量含有硅酸盐的水置换,由于硅酸盐不导电,电导率不变,但绝对盐度增大了,因而密度也增大了。其他生物地球化学过程生成的不导电物质也会改变海水的盐度,使绝对盐度的确定更为复杂。

四、全球海面盐度

全球海面盐度如图 4.4 所示。世界海洋中的高盐海域一般与强蒸发有关,蒸发使部分水体进入大气,致使留下来的海水盐度升高。在年平均意义上,赤道海域的太阳辐射最强,蒸发也最强,但那里却不是盐度最高的海域,因为赤道海域的强降水冲淡了海水的盐度。高盐区都出现在亚热带,那里蒸发超过降水,盐度较高。在各大洋中,大西洋的表面盐度最高,可以超过37。高盐水随着西风漂流向北输送,在海流流经的海域形成高盐区,如北大西洋暖流流经的海域盐度都超过35。

太平洋亚极区的盐度要比大西洋同纬度海水的盐度低得多,甚至低于34,主要与北太平洋周边河流淡水的输入有关。北冰洋的面积占全球海洋面积的7%,但周边陆地径流量占全球的11%,因而北冰洋是盐度最低的大洋,表层盐度甚至低于32。环绕南极大陆的表层水体盐度相对较低,与南极冰架的不断崩解有关。

我国近海受各大河流的影响,都属于低盐海区。

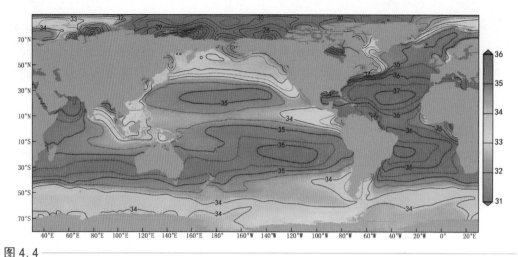

图 4.4

全球海面盐度 [引自 World Ocean Atlas, 2018]

§4.3 海水的密度

海水的密度（density）定义为单位体积海水的质量，单位为 kg m^{-3}。海水的密度是由海水的温度 T、盐度 S 和压力 p 共同决定的，用来计算海水密度的公式称为海水状态方程。

一、密度及其分布

图4.5给出了全球海面密度分布。在水平方向上，大洋表面密度随纬度的增高而增大，等密度线大致与纬度平行。赤道地区由于温度很高，表面海水的密度小，约 1 023 kg m^{-3}；亚热带海区盐度虽然很高，但温度也很高，所以密度仍然不大；极地海区由于温度很低，密度最大，南极大陆周边海水的密度超过 1 027.5 kg m^{-3}。在北冰洋，由于入海径流量大，表层海水的密度很低。

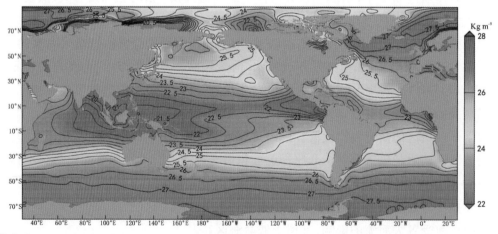

图 4.5

全球海面密度 [引自 World Ocean Atlas, 2018]

在垂向上,海水的结构总体上是稳定的,密度向下递增。在海洋上层密度垂向梯度较大,约从 1 500 m 开始,密度的垂向梯度迅速变小。在深层,密度随深度的变化微乎其微。

二、比容

比容(specific volume)定义为单位质量的海水所占的体积,在量值上是密度的倒数,即

$$\alpha = \frac{1}{\rho} \tag{4.18}$$

显然,等比容面就是等密度面。比容梯度和密度梯度的关系为

$$\frac{d\alpha}{dn} = -\frac{1}{\rho^2}\frac{d\rho}{dn} \tag{4.19}$$

即比容梯度与密度梯度的方向相反。比容与密度分为两个物理量的原因是在某些情况下使用比容比使用密度更方便。例如,在计算海平面变化时,因密度减小而致海面升高有些费解,如果用比容就容易理解了。

三、海水状态方程

海水状态方程(state equation of seawater)的一般形式为

$$\rho = \rho(S,T,p) \tag{4.20}$$

大气的状态方程很简单,用理想气体方程就可以很好地近似。而海水密度随各个参数呈非线性变化,海水状态方程的形式也就非常复杂。

人们对海水的密度有一个不断深化的认识过程,海水的状态方程也有一个不断完善的过程。最早的海水状态方程由 Knudsen-Ekman(1901)给出,以后又有 Tait-Gibson 方程(1935),Tumlirz 方程(1958),Crease 方程(1962),Cox-McCartney-Culkin 方程(1970)。目前使用最广的是 UNESCO (1981)推广的海水状态方程,简称 EOS-80,即

$$\rho(S,T,p) = \rho(S,T,0)\left[1 - \frac{(np)}{K(S,T,p)}\right]^{-1} \tag{4.21}$$

式中,$n = 10^{-5}$ 为压力匹配因数,在海水压力单位用 Pa 计量时使用。$K(S,T,p)$为割线体积模量

$$K(S,T,p) = K(S,T,0) + A(np) + B(np)^2 \tag{4.22}$$

式中,

$$\begin{aligned}
K(S,T,0) &= K_w + (54.674\,6 - 0.603\,459T + 1.099\,87\times10^{-2}T^2 - 6.167\,0\times10^{-5}T^3)S + \\
&\quad (7.944\times10^{-2} + 1.648\,3\times10^{-2}T - 5.300\,9\times10^{-4}T^2)S^{1.5} \\
A &= A_w + (2.283\,8\times10^{-3} - 1.098\,1\times10^{-5}T - 1.607\,8\times10^{-6}T^2)S + 1.910\,75\times10^{-4}S^{1.5} \\
B &= B_w + (-9.934\,8\times10^{-7} + 2.081\,6\times10^{-8}T + 9.169\,7\times10^{-10}T^2)S
\end{aligned} \tag{4.23}$$

以及

$$\begin{aligned}
K_w &= 19\,652.21 + 148.420\,6T - 2.327\,105T^2 + 1.360\,477\times10^{-2}T^3 - 5.155\,288\times10^{-5}T^4 \\
A_w &= 3.239\,908 + 1.437\,13\times10^{-3}T + 1.160\,92\times10^{-4}T^2 - 5.779\,05\times10^{-7}T^3 \\
B_w &= 8.509\,35\times10^{-5} - 6.122\,93\times10^{-6}T + 5.278\,7\times10^{-8}T^2
\end{aligned} \tag{4.24}$$

这个状态方程的主要优点是各项的作用非常明确,为应用和分析带来很大的方便。

四、TEOS-10 海水热力学方程

应该说,EOS-80 是出色的,可以满足各种精度的密度计算需要,一直沿用至今。然而,EOS-80 也存在一些问题:首先,ITS-90 温标发布之后,EOS-80 的计算误差加大。其次,EOS-80 采用的实用盐标为海洋学专用,未被其他学科认可。第三,EOS-80 的测量范围较窄,不能满足特殊区域的测量需要。为了改进海水状态方程,三个国际组织于 2010 年联合推出了海水热力学方程 TEOS-10(IOC 等,2010)。

Gibbs(1873)导出了一个用熵和比容表达内能的方程,从这个方程中,所有热力学性质都可以导出来。多个国际组织于 2005 年建立的一个工作组(WG127),对此专门开展研究,确定了吉布斯函数:

$$g(S_A, t, p) = h - (T_0 + t)\eta \tag{4.25}$$

式中,T_0 为 273.15 °K。吉布斯函数是绝对盐度、温度和压力的函数,由比焓、温度和熵确定。吉布斯函数可以由淡水的吉布斯函数 g^w 和盐分的吉布斯函数 g^S 之和确定:

$$g(S_A, t, p) = g^w(t, p) + g^S(S_A, t, p) \tag{4.26}$$

吉布斯函数的适用范围:盐度 0～42,温度 -6 ℃～40℃,压力 0～10^4 dbar。

使用绝对盐度的概念是 TEOS-10 与以往状态方程的最大差别。实际上,绝对盐度是导出量,可以通过实用盐度、经度、纬度和压力来估计。绝对盐度考虑了海水中全部物质,因而更加精确,而且,在计算海冰和海气界面热交换方面有重要作用。吉布斯函数是一种势函数,其表达式不能从热力学方程导出,只能通过采集海水样品和实验室试验来确定。TEOS-10 已经可以替代 EOS-80 计算海水的密度和其他物理参数。

TEOS-10 的核心思想是利用海水的吉布斯函数求解海水的主要参数。从吉布斯函数通过数学操作就可以导出海水的所有热力学性质,包括(4.27)式中的比容 σ、密度 ρ、熵 η、焓 h、内能 U、热膨胀系数 α、盐收缩系数 β、定压比热容 c_p 以及冻结温度、融解潜热、蒸发潜热等。

$$
\begin{aligned}
\sigma &= g_P\big|_{S_A, T} \\
\rho &= \left[g_P\big|_{S_A, T} \right]^{-1} \\
\eta &= -g_T\big|_{S_A, p} \\
h &= g + (T_0 + t)\eta \\
u &= g + (T_0 + t)\eta + +(P_0 + p)\sigma \\
\alpha &= g_{TP} / g_P \\
\beta &= -g_{S_A P} / g_P \\
c_p &= -(T_0 + t)g_{TT}
\end{aligned}
\tag{4.27}
$$

我们一直认为这些参量都是相互独立的,吉布斯函数建立了这些物理特性之间的密切关系,保证了各种热力学特性都是自洽(self-consistent)的。

TEOS-10 共有 48 项,发布方提供应用软件(海洋学工具箱)供用户使用。

五、位势密度

同理,海水垂向运动压力变化导致了海水体积的变化,因此海水的密度 ρ 也发生变化。在海水下沉时密度增大,海水上升时密度减小。在绝热的情况下,海水微团相应密度的变化是由于压力变化造成的,不是海洋中温度和盐度在热力过程和质量守恒过程中自然变化形成的,因此,各层海水的密度不具有可比性。为了消除压力 p 变化引起的密度变化 $\Delta\rho$,引入位势密度(potential density)的概念,也称位密。位势密度 σ_θ 定义为把某压力下的海水微团绝热地移动到参考压力处对应的密度值,即在状态方程中用位温 θ 代替温度 T,用参考压力 p_0 代替压力,

$$\sigma_\theta = \rho_{S,\theta,p_0} - 1\,000 \tag{4.28}$$

通常我们取标准大气压作为参考压力。因此,位密是与压力无关的参数,可以把不同水层的位密放在一起比较,具有很好的可比性。这个特点在水团分析中特别重要。

图 4.6 给出了现场温度、位温、条件密度、位密之间的关系。在盐度为常数的情况下,如果位温从上到下是一个常数(2 ℃),现场温度为图 4.6a 中的虚线。这种情况下,条件密度是向下增大,如图 4.6b 所示。如果位温是常数,则位密也是常数,如图 4.6c 中的实线。

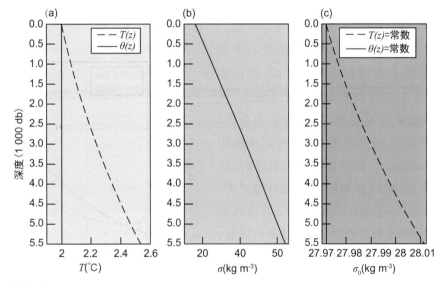

图 4.6

选取标准大气压为参考压力时位温和位密的示意图 [引自 Huang, 2010]

§4.4　海水的物理性质

物理性质(physical property)是指物质在没有发生化学反应时体现出来的特性。海水具有各种物理性质,主要包括力学性质、热学性质、电学性质、磁学性质、光学性质、声学性质等。这里只介绍与与物理海洋学有关的物理性质。海洋的物理量可以通过测量得到,其变化由海水的物理性质来决定。不能将物理量与物理性质混为一谈,二者之间有很大的差别。

1. 导电性

物体的导电特性是由带电离子的浓度决定的,在电场中负离子向正极移动,正离子向负极移动。导电性的强度由电导来表示,单位为西门子(S)。电导率(conductivity)为单位长度物体的电导,单位为 S m^{-1}。

纯水中有两种离子,是水分解产生的氢离子(H+)和氢氧根离子(OH$^-$),因而,纯水是导电的,但导电性很弱,电导率是 5.5 μS m^{-1}。由于海水中存在浓度 3% 以上的氯离子和钠离子,致使海水具有高导电性,电导率为 3～5 S m^{-1},约是纯水的 10^6 倍,是铜的 10 倍。因此,在海洋数据传输时可以将海水当做导线使用形成闭合电路。由于海水的导电性是由离子导致的,可以通过测量海水的电导率来反算海水离子的浓度,成为快速测量海水盐度的物理基础。

2. 热膨胀

海水受热或冷却会发生体积变化。海水的热膨胀(thermal expansion)由体积热膨胀系数(thermal expansion coefficient)来表达,定义为当海水温度升高 1 ℃时海水体积或密度的增量(Knauss,1978),即

$$\alpha = \frac{1}{V}\left(\frac{\partial V}{\partial T}\right)_{p,S} = -\frac{1}{\rho}\left(\frac{\partial \rho}{\partial T}\right)_{p,S} \tag{4.29}$$

其中,体积表达式与密度表达式相差一个负号。体积膨胀系数也称为热膨胀率,单位为 K^{-1}。纯水在 4 ℃时体积最小,密度最大(图 4.7)。水温在 4 ℃以上时,热膨胀率为正值,表明体积随温度增大而增大,称为正常膨胀(normal expansion)。而水温在 4 ℃以下时,热膨胀率为负值,表明体积随温度减小而增大,称为反常膨胀(abnormal expansion)。在海水中存在 3% 以上的溶解性物质,随着温度的降低,其体积也越来越小,一直到结冰温度(图 4.7)。因此,海水中只有正常膨胀,没有反常膨胀。

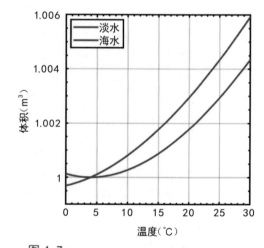

图 4.7

淡水和海水热膨胀系数的比较

图中设海水和淡水在 4 ℃时体积同为 1 m^3

3. 盐收缩

对于同一团水体,如果盐度增加,海水的体积会收缩。盐收缩(saline contraction)是一个物理性质,假设水体内部有一个盐度源在不增加该水体体积的情况下增加水体的盐度,水体的体积会因为盐度增大而减小。

海水的盐收缩用体积盐度收缩系数(saline contraction coefficient)来表达,定义为当海水盐度升高 1 psu 时海水体积的增量,即

$$\beta = -\frac{1}{V}\left(\frac{\partial V}{\partial S}\right)_{p,T} = \frac{1}{\rho}\left(\frac{\partial \rho}{\partial S}\right)_{p,T} \tag{4.30}$$

上式表明,盐度升高时海水的密度增大,体积减小,故称为收缩系数。盐度收缩系数与热膨胀系数有很大的区别。海水可以从内部加热(比如太阳辐射加热),从而引起体积的膨胀;而盐度是保守的,无法通过内部的源增加。

4. 可压缩性

海水的压缩率非常小,在动力学中可以近似为不可压缩的(incompressible)。但是,海水又是微可压缩的,在声学中其可压缩性是不可忽视的。海水有两个压缩系数,单位均为 Pa^{-1},一个为等温压缩系数(isothermal compression coefficient)K_T,表示水体被压缩时保持温度不变,主要用于长时间的压缩过程;另一个为绝热压缩系数(adiabatic compression coefficient)K_η,表达水体被压缩时与外界没有热量交换,用于短暂的压缩过程,即

$$K_T = -\frac{1}{V}\left(\frac{\partial V}{\partial p}\right)_{T,S} = \frac{1}{\rho}\left(\frac{\partial \rho}{\partial p}\right)_{T,S}$$
$$K_\eta = -\frac{1}{V}\left(\frac{\partial V}{\partial p}\right)_{\eta,S} = \frac{1}{\rho}\left(\frac{\partial \rho}{\partial p}\right)_{\eta,S} \tag{4.31}$$

海水中的声速与绝热压缩系数有密切的关系,即

$$c_s = \sqrt{\frac{1}{(\partial \rho / \partial p)_{\eta,S}}} = \sqrt{\frac{1}{\rho K_\eta}} \tag{4.32}$$

也就是说,压缩系数越小,海水越不容易被压缩,声速就越大。

5. 相变

温度不变的情况下,海水从液态转变成气态或固态称为相变(phase change),气化的温度称为沸点(boiling point),结冰温度称为冰点(freezing point)。在自然条件下主要涉及海水的冰点。冰点是指液体结冰时的温度,也是海冰融化时的温度。淡水的冰点是 0 ℃,而海水中因为有杂质,冰点随杂质的含量发生变化,盐度越高,冰点越低。在海平面气压下,海水的冰点温度 T_f 可以近似表达为(Hobbs,1974)

$$T_f = -0.055S \tag{4.33}$$

而冰点也是压力的函数,对于更深的海水,冰点更低。

6. 导热性

静止的海水具有导热性(thermal conductivity),即分子热传导,热量会通过水分子的运动而传递。描述海水导热能力的参数是热传导系数(thermal conductivity),也称导热系数,单位为 W m^{-1} K^{-1}。由于海水处于运动之中,海水的热传导主要是湍流运动引起的,相对而言海水的分子热传导能力可以忽略不计。详细参见第 9 章的介绍。

§4.5　海水的宏观特性

海洋中的运动是多种多样的。而其中有一些特点是最基本的、普遍存在的,他们构成了海洋的宏观特性。

1. 海洋的薄层特性

海洋的深度与广度的比值相当小,比一张扑克牌的比例还要小,是典型的薄层流体。海洋的运动特征与薄层特性关系很大。海洋的大尺度运动以水平运动为主,流动的结构也充分体现了薄层特性。主要海流的水平尺度都在百公里量级,而垂向结构只有百米量级,大致相差 1 000 倍。海洋的水平运动速度大致是垂向运动速度的 1 000 倍。

海洋的能量分布也有很强的薄层特性。例如,在深宽比例相当的水槽中,扰动会各向同性地传播,而海洋中的扰动能量主要向水平方向传播。例如,海底地震释放的强大能量主要向水平方向传播,形成强烈的海啸。

考虑薄层特性有一个重要的优点,就是不必考虑重力加速度 g 在垂向的变化。重力加速度与到地心的距离有关,而薄层流体中重力加速度的垂向变化微不足道,可以忽略。

2. 海洋的湍流特性

湍流是一种混乱无章的涡旋运动,大气和海洋的几乎所有地方都是湍流运动。湍流是一种涡旋运动(eddying motion),能够用眼睛看到的云层的翻卷、炊烟的滚动、海面起伏的波涛等都处于湍流状态。湍流的搅拌过程可以分散和稀释进入海水中的物质,使其变得均匀。雷诺(Reynolds)首先研究了湍流,确定了雷诺数 R_e 是度量流动状态的一个重要参数,见(7.1)式。一旦 R_e 达到某个临界值,流体的运动就会从层流变换到湍流。在海洋中,雷诺尔数的临界值约为 10^4,而海洋的 R_e 远大于这个值,因此,海洋的运动基本都处于湍流状态。

普通水槽中的湍流具有各向同性的特点,湍流只能是大尺度湍流向小尺度湍流传递能量。而海洋湍流却由于其薄层特性,海洋湍流的能量既可以向小尺度迁移,也可以向大尺度迁移,成为海洋湍流的主要特征,详见本书第 7 章。

3. 海洋的层化特性

海洋的层化是指海水密度具有明显的分层(stratification)特性,即在垂向上密度有明显的差异,而在水平方向上差异较小(锋面除外)。在海洋跃层附近有较强的层化,体现明显的分层效应;而在深海,密度在垂向连续变化,称为连续层化。

海洋层化的物理基础是静力稳定性,即密度自上而下由小变大。形象地讲,假设将一团海水绝热地向上移动,如果其密度比周边流体密度高就是静力稳定的,否则就是静力不稳定的。与海水层化和静力稳定性有关的物理量主要是稳定性频率(Brunt-Väisälä 频率),也称浮性频率(buoyancy frequency),其简化的表达式为(Huang, 2010)

$$N^2 = -\frac{g}{\rho}\frac{\mathrm{d}\rho}{\mathrm{d}z} - \frac{g^2}{c^2} \tag{4.34}$$

式中,ρ 为海水密度,g 为重力加速度,c 为声速。按照 TEOS-10 海水状态方程的介绍(IOC, 2010),上式密度的垂向梯度应该为位密的垂向梯度。在不可压缩的条件下,(4.34)式右端第二项可以忽略。

稳定性频率 N 代表了层化的强度,不同深度海洋的层化强度可以相差一个数量级。上层海洋由于存在跃层,层化很强,N 可以达到 0.01 s^{-1};而在深层海洋中,N 大致为 0.001 s^{-1} 或更小。

N^2 是静力稳定性的度量。当 N^2 为正时,海水处于静力稳定状态,否则为静力不稳定状态。处于静力稳定状态的海洋绝大部分是层化的。

4. 海洋的旋转特性

海洋处于旋转的地球上,受到地球旋转的影响,也称为旋转(rotation)流体。

海洋中有些小尺度现象基本不受地球自转的影响,如波浪、涟漪、湍流、静振等。由于其运动的时空尺度小,科氏力的作用没有足够的时间对小尺度运动产生明显的效果。海洋大、中尺度运动则受到科氏力的显著影响,地转的作用不可忽略。

判断运动尺度的重要参数是罗斯贝变形半径(Rossby deformation radius)。罗斯贝变形半径是海洋和大气中的一个重要的基本参数。在正压海洋中,罗斯贝变形半径定义为

$$L_0 = \sqrt{gH} / f \tag{4.35}$$

其物理意义为重力波在惯性周期内传播的距离。如果设大洋水深 4 000 m,f 为 10^{-4} s^{-1},则正压罗斯贝变形半径约为 2 000 km。

海洋的大尺度运动都是斜压的,斜压罗斯贝变形半径为

$$L = \sqrt{g'H} / f \tag{4.36}$$

式中,约化重力(reduced gravity)加速度 g' 定义为 $g\Delta\rho/\rho$($\Delta\rho$ 为不同水层之间的密度差),只有重力加速度 g 的千分之一左右。同样的参数下,斜压变形半径只有 60 km。在纬度 $\pm 5°$ 范围内,用上述公式的误差较大,代之以

$$L = \left(\frac{\sqrt{g'H}}{4\Omega R^{-1}\cos\varphi} \right)^{1/2} \tag{4.37}$$

式中,Ω 为地球自转角速度(7.292×10^{-5} s^{-1}),R 为地球赤道半径(6 371 km),φ 为纬度。

斜压罗斯贝变形半径用来区分运动的尺度,当运动的尺度小于罗斯贝变形半径时属于小尺度运动,可以忽略地转的影响;而尺度大于罗斯贝变形半径的运动认为是大尺度运动,旋转特性不可忽略。图 4.8 是用 1° 方区气候平均温盐场计算的全球斜压罗斯贝变形半径。其中,水深小于 3 500 m 的海域用阴影表示。从图 4.8 中可以看到,斜压罗斯贝变形半径基本与纬度相关联,在近赤道海域可达 240 km,在 $\pm 60°$ 的高纬度海域小于 10 km。受水深变化的影响,罗斯贝变形半径在有些海域偏离纬度线。

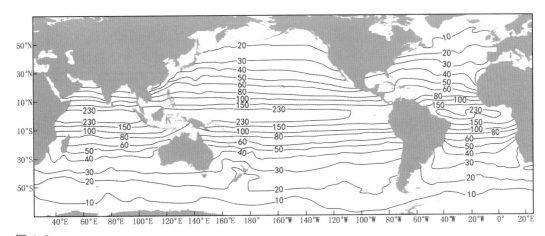

图 4.8

海洋斜压罗斯贝变形半径的空间分布(引自 Chelton 等,1998)

按照图4.8的结果,有些运动发生在赤道海域不属于大尺度运动,但若发生在极区就属于大尺度运动。由于极区罗斯贝变形半径很小,极区的很多运动也具有较小尺度的特点。比如,中纬度的涡旋一般在 $30 \sim 60$ km 的尺度,而北极的涡旋只有 10 km 的尺度。

5.罗斯贝变形半径的物理意义

罗斯贝变形半径有丰富的物理意义,在海洋各种运动形式中都有体现。

罗斯贝变形半径是一个长度尺度,在这个尺度上,重力消除水平扰动的趋势和地球旋转把流体沿旋转轴凝聚在一起的趋势相当。尺度小于罗斯贝变形半径的运动可以不考虑科氏力,海水基本从高压向低压流动。而地转的作用使得流动发生偏斜,最终达到定常条件时,海水沿等压面流动。罗斯贝变形半径是在旋转特征周期这一时间尺度上重力波传播的特征距离;在这个距离上,科氏力使自由面变形的趋势与重力使自由面恢复原状的趋势相平衡。从大洋环流的角度看,尺度大于罗斯贝变形半径的运动以内部的涡旋拉伸为主要变化形式,而尺度小于罗斯贝变形半径的运动以相对涡度的变化为主要变化形式。在地转适应过程中,尺度大于罗斯贝变形半径的大气运动,风场向气压场适应;而尺度小于罗斯贝变形半径的大气运动,气压场向风场适应。流场的情况与风场的情况相同。斜压罗斯贝变形半径有时体现为一些狭长现象的横向尺度,如海洋锋的横向尺度、海洋环流的宽度等。

总之,罗斯贝变形半径是有深刻内涵的物理量,其更多的应用价值尚待挖掘。

§4.6 海水的运动速度

速度(velocity)是与海水运动直接相联系的物理量,与水体微团的位移相联系。海水的各种运动形式都与运动速度相关,通过速度可以计算海水运动的整体结构和能量。

1.速度

由于海水的薄层特性,水平速度与垂向速度相差很大。水平速度具有 1 m s^{-1} 的量级,而垂向速度只有 10^{-3} m s^{-1} 的量级。海水的水平速度可以直接用各种海流计进行测量,而垂向速度至今没有直接的测量方法,只能通过连续方程靠水平速度的散度进行计算。

海水水平速度的方向(流向)表征的是去向,如流向60°意味着水体微团向正北偏右60°方向移动,这点与大气科学中风向的定义正好相反,风的方向是指来向。在地理坐标系中,流向以向北为正,顺时针旋转流向增大。

速度强调的是水体微团的移动速度,在海洋波动中,波动传播的速度是波形的移动速度,与水体微团的移动速度完全不同,有时二者甚至方向相反。

海水的速度是千变万化的,但必须满足质量守恒的要求,这就使得速度的变化受到环境的制约。也就是说,水体的连续性是制约速度变化的关键因素。

2.散度

在海洋学中,散度(divergence)表征空间流速矢量场发散的强弱程度,单位为 s^{-1}。流场的散度是标量,如果流场导致水体散开,则散度为正;反之,如果流场导致水体汇集,则散度为负(图 4.9)。如果流体是不可压缩的,根据质量守恒的要求,三维散度为零是很高程度的近似。

由于海洋的薄层特性,常用的物理量是水平散度。水平散度 D_h 的定义为

$$D_h = \nabla \cdot \mathbf{v}_h \qquad (4.38)$$

式中,$\mathbf{v}_h$ 为水平方向的速度矢量。水平散度可正可负,意味着水体在水平方向可以汇聚或散开。由于三维散度为零,水平散度应该与水柱的垂向伸缩相一致,可以用水平散度计算垂向速度。

$$D_h + \frac{\partial w}{\partial z} = 0 \qquad (4.39)$$

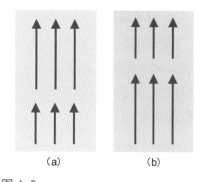

图 4.9
海水运动水平散度示意图
(a)辐散(正散度);(b)辐聚(负散度)

将散度对特定体积积分,得到的是体积内的总通量,单位为 $m^3\ s^{-1}$。如果进出两个断面的流量相等,则散度的积分为零。对于无源的封闭海域,水平散度的总积分为零,体现水体的质量守恒。

水平散度是导致水体垂向运动的根本原因,是海洋不同水层的水体相互沟通的主要机制。同时,散度也是各种波动水体微团的运动方式,表达了波动的流动特性。

3. 涡度

流速的旋度称为涡度(vorticity),单位为 s^{-1},表达流速不均匀造成场中某点发生旋转的趋势。三维流场的涡度是矢量,体现流场的涡度具有方向性。由于海洋的薄层特性,最为关注的是水平速度场的涡度,即涡度的垂向分量,定义为

$$\zeta = \nabla \times \mathbf{v}_h \qquad (4.40)$$

一般提到的涡度是指涡度的垂向分量,可以当做标量来看待,便于理解。图 4.10a 和 b 给出了具有正涡度的流场,图 4.10c 和 d 为负涡度的流场。涡度并不代表真实一定发生了旋转,而是体现为旋转的趋势。

上式得到的涡度是相对涡度(relative vorticity),即使用相对于地球的运动速度(相对速度)计算的涡度。如果使用绝对速度计算涡度,得到的是绝对涡度(absolute vorticity)。流体的绝对涡度等于相对涡度与行星涡度之和。

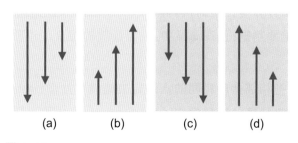

图 4.10
海水运动涡度垂向分量示意图
(a)和(b)为正涡度;(c)和(d)为负涡度

4. 行星涡度

旋转的地球是固体,海洋水体微团参与地球的牵连运动,因而也可以计算牵连运动的涡度,称为行星涡度(planetary vorticity),亦称地转涡度。地球的旋转角速度 Ω 处处相同,地球的行星涡度是地转角速度的两倍。但地球是球面,人们关注的是球面法向的涡度分量,因而有

$$f = 2\Omega \sin\varphi \tag{4.41}$$

显然,科氏参量 f 不仅表征了科氏力的作用,而且具有行星涡度的物理意义。

§4.7　海洋等值面

虽然海洋在大尺度上是薄层流体,但在中小尺度上仍有各种水平分布,即体现了运动参数的三维特性,需要用场的概念来理解。一方面,场体现了海水运动的空间特性,不同区域的运动相互关联;另一方面,描写运动的参数也以场的形式表达。场体现了运动和参数的统一。场的概念增大了观测的难度,简单的定点观测无法表达场的特点。在世界各地有很多气象站,因此,大气科学对场的理解更为透彻,而海洋中的观测稀少,对场的理解更多的是基于远不够同步的数据构建的。

理解海洋中复杂的物理场需要用到各种等值面。不同物理参数都有等值面,有些等值面有比较特殊的意义,对于理解海水运动非常重要。下面介绍一些比较有用的等值面。

1. 等温面

同一时间相邻的温度相等的点连起来构成等温面(isothermal surface)。等温面的主要作用是计算温度梯度 dT/dn(单位:K m^{-1}),因为沿等温面法向的温度梯度最大。有了温度梯度,就可以计算热通量 F_T,也称热流密度

$$F_T = -\kappa_T \frac{dT}{dn} \tag{4.42}$$

式中,导热率 κ_T 的单位为 W m^{-1} K^{-1},热通量的单位为 W m^{-2}。

可以用同样的方法计算等位温面,但等位温面不能用来计算热通量。在大气中,位温梯度是判定稳定度的重要判据;但在海洋中,位温梯度的意义尚不明确。

2. 等盐面

同样,在相同时间把相邻盐度相同的点连起来构成等盐面(isohaline surface)。等盐面与等温面类似,可以用来计算盐度梯度 dS/dn(单位:m^{-1}),也可以用来计算盐扩散通量

$$F_S = -\kappa_S \frac{dS}{dn} \tag{4.43}$$

盐度扩散属于物质扩散,扩散系数的单位为 m^2 s^{-1},盐通量的单位可以表达为 m^3 s^{-1} m^{-2},即为单位面积的体积通量,详见第 9 章。

3. 等密度面

在相同时间把相邻密度相同的点连起来构成等密度面(isopycnal surface)。等密度面有两个重要意义。首先,等密度面与等压面是否平行是划分正压流体和斜压流体的判据。二者平行的属于正压流体,不平行的属于斜压流体。其次,密度梯度对扩散过程有重要影响。扩散分为沿等密度面扩散(isopycnal diffusivity)和跨等密度面扩散(diapycnal diffusivity)。其中沿等密度面扩散系数最大,物质在平行于等密度面扩展范围最大;而跨等密度面的扩散系数最小(Thorpe, 2005)。因此,常用的水平和垂向扩散系数在等密度面坐标系才是精确的。在 z 坐标中扩散系数是一个张量,采用水平和垂向扩散系数计算密度扩散会有较大的误差。

在海洋中也常用等比容面,等比容面与等密度面完全重合。

4. 等压面

在相同时间把相邻压强相同的点连起来构成等压面(isobaric surface)。在海洋中,压强场的分布是由海面气压和海水密度共同决定的,正压流体等压面与等密度面是平行的,而斜压流体等压面与等密度面不平行。等压面的深度各处不同,因而,在同一深度上会有水平压强梯度力,驱动水体的运动。

5. 等重力势面

重力是有势力(potential force),即作用在物体上的重力所做的功仅与起止位置有关,而与物体经过的路径无关。重力势(gravity potential)等于单位质量的物体从无穷远处移到特定点时重力所做的功,故重力势的单位是能量的单位 J。在相同时刻将相邻重力势相等的点连起来构成曲面称为等重力势面(equipotential surface of gravity),也称重力等势面。

等重力势面的特点是处处与重力的方向垂直,因而当物体沿等重力势面运动时重力不做功。等重力势面有无限多,不同深度的海水参与不同的等重力势面。静止海洋的表面是特殊的等重力势面,称为大地水准面。

重力势需要选定参考等重力势面才有意义。任意深度 z 相对于大地水准面的重力势近似为(Olbers 等, 2012)

$$\Phi_g(z) = \int_0^z g(z')\mathrm{d}z' \approx gz \tag{4.44}$$

这里 z 向上为正,即距离地心越远重力势越大。

6. 中性面

在层化海洋中,水体微团跨越等密度面要消耗能量克服浮力做功。当维萨拉频率为零时,水体处于中性稳定状态。如果水体微团在密度均匀情况下在很小的垂向范围内移动,压力场的变化可以忽略不计,水体微团是不是就可以随意移动了呢?这要分两种情况,一种是密度均匀,温度和盐度也均匀,水体微团确实可以不受限制地随意移动。然而,如果密度均匀而温度和盐度并不均匀,水体微团不能随意运动,而是要沿着中性面(neutral surface)运动。

如果垂向密度梯度为零,中性面满足

$$\beta \frac{\partial S}{\partial z} - \alpha \frac{\partial T}{\partial z} = 0 \qquad (4.45)$$

式中,α 为热膨胀系数,β 为盐度收缩系数。

然而,一旦水体微团发生较大范围的垂向移动,压力就会发生变化,水体微团受到绝热压缩或减压作用,密度会变化,称为热压效应。压力变化导致的密度变化会使水体微团受到额外的重力或浮力,无法维持中性稳定状态。如果使用位温 θ 和位密 ρ_θ 表达的状态方程,就可以扣除压力变化引起的密度变化,将中性面的概念应用到更大的垂向范围。这时,需要(4.45)式成为(McDougall,1987)

$$\beta \frac{\partial S}{\partial n} - \alpha_\theta \frac{\partial \theta}{\partial n} = 0 \qquad (4.46)$$

式中,n 表示沿中性面法向的距离。因而,在密度均匀而温盐不均匀的情况下,水体微团沿中性面运动。

中性面的概念在区域性的现象研究中有很重要的作用,但在全球海洋中,中性面并不封闭,在使用时需要注意(IOC 等,2010)。

思考题

1. 为什么海水是导电的? 导电特性如何?
2. 为什么海水化学成分的恒定比在近海有较大的偏差?
3. 介绍海洋的四个主要宏观特性。
4. 简述罗斯贝变形半径的物理意义。
5. 位温的物理意义是什么? 在什么情况下要使用位温?
6. 盐度的定义是什么?
7. 散度和涡度表达了水体运动的什么特征?
8. 海水的冰点与盐度有什么关系?
9. 为什么等重力势面与等密度面不平行?
10. 等密度面的意义有哪些?
11. 试论中性面的作用和价值。

深度思考

为什么有位温、位密,而没有"位盐"? 在热力学和动力学方程中,是否可以用位温代替温度,用位密代替密度? 位温和位密的动力学意义是什么?

第 5 章

海洋水团

　　海洋覆盖了地球表面的 71%，而且是相互连通的。然而，因为不同区域的海水会经历不同的运动过程，致使他们的物理性质有明显的差异。海水最基本的物理性质为温度和盐度，影响温度和盐度变化的主要过程包括受热、冷却、蒸发、降水、结冰、径流等。水团是体现海水物理性质的差别的重要概念，用以描述水团内部的内同性和水团之间的外异性，是物理海洋学中研究海水结构的基本研究内容。水团与各种尺度的海水循环有关，与局地外界作用因素有关，也与水体内部的物理过程有关。在物理海洋学中，水团分析是相对独立且自成体系的研究内容。本章将重点讨论水团的形成和演化机制。

　　李凤岐教授对本章内容进行审校并提出宝贵意见和建议；黄瑞新教授对本章的初稿提出宝贵意见和建议，特此致谢。

§5.1 水团的概念

世界海水的体积巨大,其温盐特性也千差万别。在海洋学中,通常将盐度取为横轴,温度取为纵轴,构成的温度–盐度图(T-S图)是水团研究的基础工具。世界大洋海水的温盐特性基本聚集在 T-S 图(图 5.1)所示的淡蓝色范围内,涵盖了世界海水体积的 99%。其中,75% 体积的水体温盐特征在图中深蓝色方框中,即广袤的深海大洋之中大部分海水的温度在 0℃~5℃、盐度在 34~35 范围内。

海洋上层和边缘海域的温盐特性变动比较大,呈现在图 5.1 的淡蓝色区域内。热带的水体温度较高,寒带的水体有接近冰点的成分。图中淡蓝色区域有几个显著的凸出部分,代表了有特殊温盐特性的水团。在左下方凸出部分温度在 0 ℃左右,盐度在 33~34 的水团是北极表层水。而左侧另一个凸出部分是温度在 6 ℃左右的低盐水团,是北太平洋的上层水团。在图中的右侧,有两个高盐凸出。核心温度为 25 ℃左右的高盐水团主要在大西洋

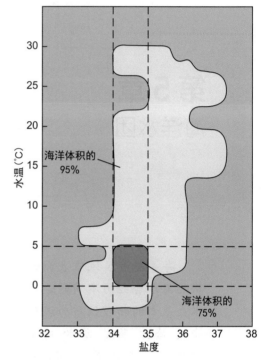

图 5.1
世界大洋海水的温度和盐度范围［引自 Pinet, 2013］

上层,而核心温度为 14 ℃~20 ℃的高盐水团主要出现在北大西洋表层。

一、水团的定义

在海洋中,水团是客观存在的现象,也是比较容易理解的概念。随着海洋学的进展,对水团的认识在不断进步,关于水团的定义也相应地变化。

1916 年,Helland-Hanson 首次将"水团"这一术语引入海洋学。1929 年,Defant 参照气象学中气团的定义,首次明确给出水团的定义。Sverdrup 等(1946)深入辨析了水团和水型的区别与联系,系统分析了世界大洋水团的形成、分布与特征。研究表明,在海洋中的某些水体之间的温盐变化有明显的相关性,这些水体集合称为水团。当水团发生变性时,源水团的信息仍保留在水体中,可以通过相关性从已经变性的水团追溯到源水团。用物理性质的相关性区分水团在科学上是可靠的。但是,由于相关性的计算需要多次观测才能实现,使用起来并不方便。

前苏联《海洋学词典》(1977)给出了得到普遍认可的定义:"水团是指在海洋中某一

特定区域内形成的,其尺度可与海洋相比拟的较大水体,它在较长时间内有相对均匀的理化和生物特征"。这个定义体现了水团的三个特点:第一是存在于特定的区域,第二是具有较大的尺度,第三是能够稳定地存在。水团还有其他一些定义,与此差别不大。

综合而言,水团体现的是水团内部特征的均匀性("内同性")和不同水团之间物理性质的差异性("外异性")。在世界大洋中,水团的内同性相当好,庞大的水体温盐差异很小,如南极底层水在数千千米范围内温度和盐度相差无几,以至于在 T-S 图上几乎凝聚为一个点。水团的外异性有助于给出水团的边界。

水团在海洋中是客观存在的,但需要靠人的分析来识别。已有的水团分析方法在确定水团时有一定的任意性,不同的人采用相同的分析方法可能会得出不同的结果,需要有明确的物理概念和严谨的分析方法才能准确确定水团。

水型、水团与水系

内部温盐特性绝对均匀的水体在 T-S 图上凝聚为一点,这种水体称为水型(water type),通常来自巨大水体的内部或水体的源区。水型的产生是由于海洋内部不间断的混合,使巨大水体的温盐性质趋于均一。

当此类巨大水体离开源区后,不免与外界的海水发生混合,在 T-S 图上就会有所分散,但会聚集在一个相对小的范围内,这些凝聚的点簇表达为水团(water mass)。

水系是在认识水团的过程中形成的物理概念,一般性质相近的水团集合称为水系,一个水系可以由很多水团组成。水系的定义非常宽泛,常见的表层水、深层水、底层水就是用水系的概念来表达。同样,水系也可以是区域性水团的集合,如近岸水系、外海水系等。常见的大西洋水、太平洋水也使用了水系的概念。

二、T-S 图的结构

T-S 图(T-S diagram)是海洋特有的表达方式,包含了关于水团的丰富信息,可以通过对 T-S 图的仔细分析找到水团的基本特征,认识水团之间的联系。基本的 T-S 图是简单的二维图形,如图 5.2,以盐度为横坐标,以温度为纵坐标。每一个测点的温度和盐度值在 T-S 图上表现为一个点,不同测点的温盐值绘于同一幅 T-S 图上就可以体现其相对关系。如果各个测点属于同一水团,则在 T-S 图上凝聚为相近的点簇。在 T-S 图的下方有一个斜三角区域,代表了低于冰点的温盐值,未结冰的海水温盐值一般在这个区域之外。

然而,T-S 图有一个明显的缺点,就是不能体现每个测点各自所在的深度。为此,一个比较重要的改进是在 T-S 图上加绘条件密度曲线。

$$\sigma_t = 10^3(\rho - 1) \tag{5.1}$$

式中,ρ 为海水密度,σ_t 为大气压下的条件密度。不同温度和盐度的水体可以有相同的 σ_t,利用状态方程在 T-S 图上可以方便地绘出等 σ_t 线(图 5.2)。由于密度是温度和盐度的非线性函数,等 σ_t 线不是直线,而是一族曲线。在世界大洋中,密度的垂向分布是向下递增的,因此,在 T-S 图上绘制条件密度曲线虽然不能表现各个点确切的深度,却可以体现各个数据点相对的深度差异和所在位置的高低。

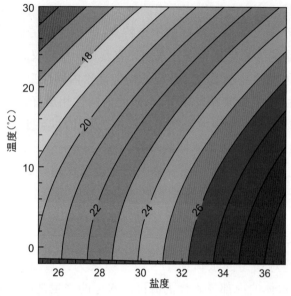

图 5.2 ————————————————
标准 T–S 图
图中的等值线为条件密度,下方的斜三角区域为海水结冰区
————————————————

如前所述,海水的温度会随压力发生变化,同一个水团的水体在不同的深度处温度会因压力的变化有微小的差异,在 T–S 图中会体现为不同的点,有时会因此误读水团。考虑到温度随水深的变化,新近的 T–S 图用位温代替温度,因为位温是保守量(详见§4.1)。用位温代替温度绘制 T–S 图体现为保守量之间的关系,图上所有的点都是在海平面气压时的温度,各点的物理结构有很强的可比性。在本章中将位温 – 盐度图仍然称为 T–S 图。

使用位温时一定要同时使用位密,因为位密表达了深层水体绝热提升到海面时密度的变化,用(4.28)式来表达。在位温表达的 T–S 图中,需要使用位密代替条件密度。而且,用位温和盐度表达的 T–S 图中使用位密曲线,可以精确表达位密与位温和盐度的关系。

§5.2　水团的生成

人们在分析水团的时候通常将水团考虑为静态的分布,主要关注水团的结构特征。实际上,水团在不停地变化,处于一种动态平衡的状态。源水团的生成主要是自海洋形成以来海洋中物质成分逐渐稳定、大气驱动长期作用和海水运动长期存在共同作用的结果,因而,源水团的结构不是短时间能够改变的。水团的生成主要是指海洋中的主要运动形式在漫长的时期形成水团的机制。

一、大洋环流生成的水团

大洋环流是最主要的水体输运形式,也是形成水团大尺度分布的主要影响因素之一。风生环流主要是在上层水体流涡尺度内影响水团结构。由于上层海水还受到蒸发、降水、加热、冷却、结冰等过程的影响,从而造成不同区域上层水团的性质有较大差异。因此,上层水团在 T-S 图上总是离散度最高的。

上层海洋与大气衔接,海水性质变化显著,但大洋上层环流影响的水体深度只有几百米,其下的水体基本不受表面过程的影响。较深层水体形成的水团结构主要是由热盐环流驱动的,热盐环流是形成水团并更新深层水体的主要因素。热盐环流的流速非常小,水团的更新也相应缓慢,水团是在长期的循环中通过混合达到动态平衡。

世界大洋的大尺度水团基本上是大洋环流输运和小尺度混合调整的结果。

二、垂向平流生成的水团

大洋环流以水平运动的形式为主,这是由海洋的薄层特性决定的。大洋环流主要体现为分层运动的特性,各层之间的联系很弱。沟通各层之间的水体要靠垂向过程。垂向过程分为两类:一类是表面辐散通过质量守恒形成的上升流,另一类是静力不稳定产生的对流。

基于水体连续性生成的垂向运动称为垂向平流(vertical advection),即通过表层海水辐聚辐散导致的海水垂向运动,满足水体的连续性要求。属于这类垂向运动包括近岸上升流、赤道上升流、大洋上升流以及局部的下降流,详见第 10 章。上升流将下层低温水体带到海洋上层,是上层海洋水团结构的重要形成因素。下层水体的高盐特征为上层海洋提供了盐度通量,决定了上层海洋的盐度平衡。同理,下降流也会产生水体的垂向平流,会将富氧的水体带入海洋次表层。垂向平流产生的水团可以认为是以欧拉形式表达的水团形成方式。

三、对流生成的水团

对流(convection)是静力不稳定导致的,即当上层海水的密度高于下层海水,对流就随之产生。对流使上层水体与下层水体发生交换,对上下层的水团结构都有影响,决定了世界上主要对流区的水团特征。还有的对流存在净下沉运动,以上层水体对下层水体的影响为主要过程。海洋中主要发生以下对流过程产生的水团。

1. 蒸发对流产生的水团

海面蒸发超过降水会导致海面盐度增高,发生静力不稳定,产生垂向对流。地中海、红海、波斯湾等海域的对流属于这种机制。对流产生的高密度水体在海盆下部积聚,部分水体溢出,对大洋水团结构有重要贡献。

2. 冷却对流产生的水团

盐度较高的海水向极输送发生冷却,导致密度增大,会发生静力不稳定,引发垂向对流。发生在格陵兰海海盆中央的对流主要是这种机制,是北欧海高密度溢流水的主要来源。

3. 结冰析盐对流产生的水团

海水结冰析出盐分,导致海水的密度增大,会发生静力不稳定,引发垂向对流(图5.3)。这种对流主要发生在两极冰区,对流深度为 30～60 m。在南极陆架的冰间湖中,海冰不断冻结形成高密度的水体,在适宜的条件下,高密度水体沿陆坡下滑,可以抵达数千米的海底,形成南极底层水,是全球热盐环流的重要驱动因素。

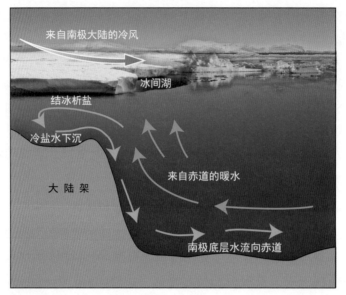

图 5.3
南大洋结冰析盐引起对流产生的水团

4. 潜沉运动产生的水团

大洋上混合层的密度北高南低（北半球），一旦混合层水体被向南输送，到达某个纬度之后，一定会发生混合层密度高于跃层之下海水密度的现象。这时，上混合层的水体将穿越跃层进入跃层之下，产生的水体继续向赤道方向扩展，这种现象称为潜沉（subduction），形成的水团称为模态水（mode water）。从全球范围看，伴随着潜沉现象也发生潜涌（obduction）现象，详见第 22 章。

四、混合增密生成的水团

在两支不同来源并行海流的水团交界处会发生强烈混合。如果两个水团的密度相同，则混合后的水体密度大于原来水体的密度；如果两个水团的密度不同，则混合后的水体密度大于二者加权平均后的密度：这种现象被称为混合增密（cabbeling）。在层化很弱的海域，混合增密容易导致静力不稳定，产生垂向对流。其中，比较显著的是来自北冰洋的东格陵兰流与来自大西洋的回流水并行向南输送期间发生等密度混合，产生对流，成为北欧海深层水的重要水源。

五、水团的变性和变性水团

海洋中的源水团都是伴随海洋的形成过程逐渐形成的，只有未发现的源水团，一般不能产生新的源水团。在自然界的水循环中，径流、降雨和冰川融化等过程的效应都已经体现在现有的源水团结构之中，不会因此产生新的水团。但是，会因为某些海洋物理过程的变化形成新的变性水团（modified water mass）。水团的变性和变性水团是两个不同的概念。

水团的变性（Denaturation of water mass）主要是指其不与其他水团进行物质和热量交换而发生的温度和盐度变化。温度是不保守的，上层水体温度会因受热和冷却而发生变化,致使水团在 T-S 图中的位置发生纵向变化。上层水体由于蒸发和降水过程的影响会发生盐度的变化,致使水团的位置在 T-S 图中发生横向变化。这两种情形下,水团并没有与其他水团交换水体,都属于水团的变性。水团的变性是指水团的原有典型性质虽然发生了变化,但仍然能辨识出原有的水团。

变性水团则是与其他水团混合的结果,水团混合后的水体物理性质明显异于源水团。变性水团的物理基础是海洋扩散过程的不可逆性,当相邻水团发生混合后,物质从高浓度向低浓度扩散,或热量从高温水体向低温水体扩散。由于不可逆过程无法自然地回归源水团,新的物理性质会保持下去,因而变性水团可以长期存在。变性水团可以认为是有别于源水团的水团。例如,江河径流会使陆架上来自外海的高盐水淡化,长此以往,就会形成大范围的低盐陆架水,因其物理性质已发生不可逆变化,可以认为是与外海水团不同的水团。

水团的变性可以从 T-S 图上水团的位置看出(图 5.4)。如果变性主要是受热或冷却造成的,变性水体在 T-S 图中的位置主要在垂直方向变化(紫色箭头);如果变性主要是蒸发或降水造成的,变性水体在 T-S 图中的位置主要在水平方向变化(绿色箭头)。如果水团的温度和盐度同时发生变性,情况就复杂很多。

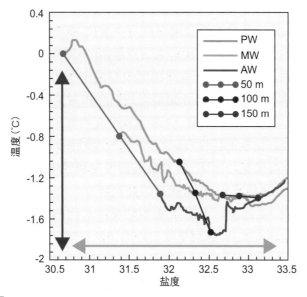

图 5.4
水团变性示意图

图 5.4 给出了三个代表性站位的温盐分布,红色曲线为太平洋来源的水体(PW),蓝色曲线为大西洋来源的水体(AW),绿色曲线为介于二者之间的混合水体(MW)。将三个站中同样深度的曲线连接起来,如果三个点的连线是直线,一般表明中间的水团是两侧水团等密度混合(见 §8.1)发生的变性;如果三者连线是折线但偏离不大,表明可能发生了跨等密度面的混合(见 §8.1)。如果连线与直线偏离很大,则表示中间的水团不是相邻水团混合形成的。图中红、蓝和紫色点分别代表了 50 m、100 m、150 m 深度,其中红线和紫线很好地体现了混合特性,支持在其深度上的水团是由两侧水团混合形成的;而蓝线偏离直

线,表明不同深度水团发生跨等密度面混合。

§5.3　T-S 图的解读

水团分析的基本工具是 T-S 图,其对水团研究的重要性是无可替代的,是水团研究的通用语言。在海洋上混合层之下,温度和盐度具有保守的性质,只能被混合和水平平流过程所改变。因此,水团可以用温度和盐度特性来判别。通过 T-S 图,人们可以方便地解读水团的性质,以实现对海域水团特征的认识。

一、T-S 图的主要用法

T-S 图在使用过程中不断演化,形成各种表达方式。

1. T-S 点聚图

点聚图(scatter diagram)是 T-S 图最简单的形式,也是最早使用的形式之一,适应早期用颠倒采水器获取的稀疏数据情形。将一个测站各个层次的测点数据绘于同一幅 T-S 图上,如果所有的测点是完全相同的水团,则所有的点凝聚在一个点附近。然而,更常见的是,在不同深度的测点,温度和盐度都会随深度有所变化,在 T-S 图上的点会拉开距离,形成一小段带状区域。不论是凝聚成比较密集的点簇,还是凝聚成密集的区域,都表明这些点可能属于同一个水团。如果在一个垂向剖面中有两个水团,而且水团之间有明显的分界,在 T-S 图上,两个水团的温盐点将分别凝聚成两个相对集中的区域。图 5.5 是 T-S 点聚图的例子,选自北白令海的观测数据,体现为 4 个有明显差异的水团。其中,BSSW 为白令海表层水,具有高温、低盐的特性,温盐点的离散度较高,表明表层水团受到外界的显著影响。BSCW 为白令海陆架冷水团,具有最低的温度和较低的盐度。BSW 为白令海陆坡水,代表了白令海深海盆的水体,具有明显的高盐特征。由于 MW 与 BSW 和 BSCW 三个点簇近于呈直线排列,支持 MW 是陆坡水与陆架冷水团的混合水体。显然,陆坡水体阻碍了陆架冷水团水体进入深海,有利于陆架冷水团的长期存在。

在 T-S 点聚图上,点的聚集程度对于认定水团是至关重要的,只有凝聚的点才是判定水团的依据。然而,必须注意,在 T-S 图上点的离散程度不能体现水团的体积,有时水体性质非常均匀的庞大水体在图上只能凝聚于很小的范围,反而是那些处于分界面狭窄范围内的温盐点有着更大的离散范围。

数据不多的点在 T-S 图中可以容易地相互比较。现代的温盐深剖面探测仪(CTD)可以高频率采样,每一个垂向剖面都有密集的温度和盐度数据。如果将其全部绘于 T-S 图上,数据的重叠很严重。通常的作法是深度平均抽取数据,比如说,每 5 m 或 10 m 取一个数据。这时,使用 T-S 图得到的结果便于理解。按深度均匀取样绘制的 T-S 点聚图还有一个好处,就是点的密集程度可以定性地体现水团的体积。

实际上,点聚图最适合体现少量站位不同深度处水团的划分。如果在一幅 T-S 点聚图上表现很多站位的数据,图上点就会显得很乱,变得难以理解。这时要使用不同的符号,或者使用不同的颜色来表达。

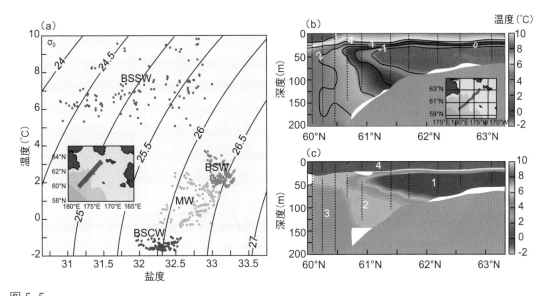

图 5.5

白令海陆架断面的水团特征［引自王晓宇、赵进平, 2011］

（a）T-S 点聚图；BSSW 为白令海表层水, BSCW 为白令海陆架冷水团, BSW 白令海陆坡水, MW 为混合变性水；（b）温度断面；（c）水团的断面空间分布。图中水团之间分界面上的点在 T-S 图中用灰色点表达

2. T-S 曲线图

T-S 曲线图实际上是在 T-S 点聚图的基础上绘制的。将各个测站的温度与盐度数据在 T-S 图中依水深自上至下连接起来, 每个测站一条曲线, 就构成了 T-S 曲线图, 如图 5.6 所示。T-S 曲线图可以只用曲线表达, 也可以保留曲线连接的各个点。在 T-S 曲线图中, 如果各测站曲线形成的曲线族比较密集, 表明各个站的水团特性比较一致。如果曲线比较分散, 表明各站有不同的水团存在。如果上层水团变性比较大, 深层变性比较小, T-S 曲线图的上方比较分散, 下方比较集中, 是一般 T-S 图的典型特点。在曲线比较分散的情况下, 可以为每条曲线加上符号, 在解读时便于相互区分。

不同海域的 T-S 曲线差别很大。比如, 热带站位上层高温, T-S 曲线族主要呈上端敞开的漏斗状；寒冷海域温度差别很小, 上层低盐, 漏斗状的开口在左侧。曲线中间弯曲的情况也不一样, 有几次曲折往往表现为出现逆温或逆盐的水层。比如, 表层高温, 在中间又出现一个高温层, 在 T-S 曲线图上就会表现为折线。在特定的海域, T-S 曲线很稳定, 长时间不变或变化很小, 熟悉某些海域水团结构的人很容易在不同的 T-S 曲线图中辨认出水团。

由此可见, T-S 曲线图主要用来表现不同站位水团的一致性或差异性, 展现一定区域内的水团分布特征。但是, T-S 曲线图并不能用来识别水团, 因为曲线并不能体现水体的凝聚情况, 判别水团还是要用 T-S 点聚图。当已经通过 T-S 点聚图理解了水团的垂向分布和凝聚状况, 就可以通过绘制 T-S 曲线图展示不同站位之间的差异。

图 5.6 中的曲线按照深度串起所有的数据点, 可以清楚地识别不同数据点的相对位置, 这是 T-S 曲线图的一大优势, 可以体现该海域水团的垂向结构特征。

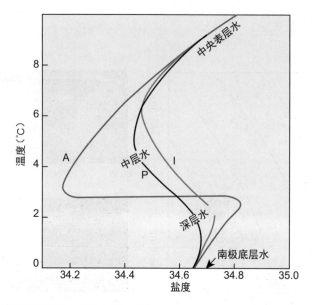

图 5.6

三大洋南半球水团 T-S 曲线图［引自 Tomczak 和 Godfrey,2005］

图中 A 表示南大西洋(41ºS);P 代表太平洋(32ºS,70ºE);I 代表印度洋(43ºS,120ºE)

如果在垂向一个水体在一定范围内嵌入到另一个水体之中时,在 T-S 曲线图中体现为具有尖锐拐角的折线(图 5.7),称为交错(interleaving)。交错的曲线虽然呈锐角形态,但从上到下密度是逐渐增加的。这种曲线图对于理解水团交错的情况和发生的深度范围有重要意义。图 5.8 的蓝线表示北大西洋的温度、盐度和密度剖面。当地中海涡(见第 23 章)出现时,温度和盐度出现高温高盐的特征(红线),但密度保持不变。这时在 T-S 图中也出现了交错现象,成为识别地中海涡的重要手段。

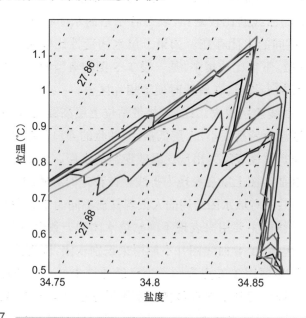

图 5.7

T-S 曲线图体现的水体交错［引自 Woodgate 等,2007］

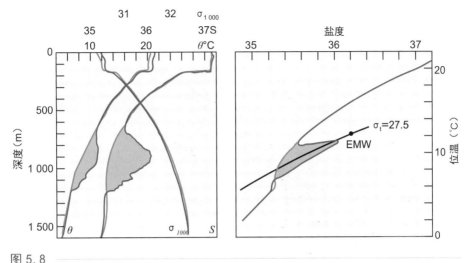

图 5.8

地中海涡过境时的 T-S 曲线图 [引自 Tomczak 和 Godfrey,2005]

图中蓝线代表背景温盐结构,红线代表地中海涡过境时的温盐结构

二、T-S 图的扩展用法

以 T-S 点聚图和 T-S 曲线图为基础,可以把更多的信息添加到 T-S 图上,增进对水团的理解。以下是 T-S 图的几个扩展用法。

1. T-S 廓线图

如果能够将一个海域所有测点的数据绘制在 T-S 曲线图上,择取最外缘的曲线绘制出来,就得到了 T-S 廓线图。T-S 廓线图可以直观地表达特定海域水体的温盐特点,形成总体的认识。T-S 廓线图要求对该海域的数据有最大程度的采集,否则得到的廓线图将不具代表性。

T-S 廓线图可以用来比较不同海域的水团特征。图 5.9 在一幅 T-S 图上绘制了世界各大洋的主要水团温盐廓线,是在 T-S 曲线图上的创新。由于只给出了各大洋水团边际的曲线,突出了其在 T-S 空间上的特性。从图 5.9 中可以看到,大西洋的盐度整体上高于太平洋,而印度洋介于其间;南极底层水和北大西洋的底层水温度最低,但大西洋的盐度更高一些。图 5.9 还给出了红海、日本海等海域的水体 T-S 范围,使读者可以一目了然地了解各个海域水体的基本差异。T-S 廓线图在区分不同海域水团特性方面有独到的优势。

2. 水团演化图

由于 T-S 曲线图将不同深度水体的温盐值串接起来,就可以用来体现相邻水团之间发生了什么过程。根据直线段体现混合,曲线段体现水团分隔的原则,T-S 演化图可以指示不同的水团及水团之间的联系。

图 5.10 给出了南大洋水团的代表性曲线,用于讨论不同水体之间的联系,是 T-S 曲线图的一个变种。图中首先标记了主要的核心水团,如北大西洋深层水、南极中层水、南极底层水、陆架水等;再通过曲线中的直线段描述水团之间的相互影响。从图中可见,南极中层水和北大西洋深层水之间发生混合,北大西洋深层水与南极底层水之间发生混合,

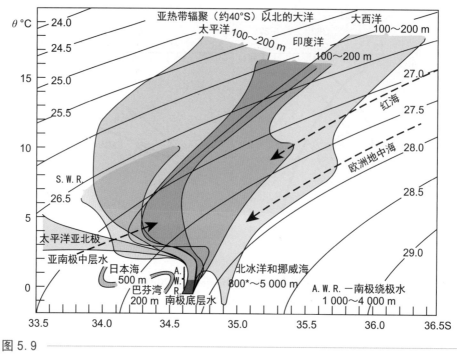

图 5.9

世界海洋主要水团的分布范围 [引自李凤岐、苏育嵩，2000]

南极表层水通过结冰析盐形成陆架水。此外，图中还标记了南极辐散带、南极辐聚带、南极绕极流等重点区域的温盐特征。图中用数字表达水体的上下顺序，便于对垂向上各水团的理解。通过仔细研读图 5.10，将对南大洋水团结构形成比较全面的理解。

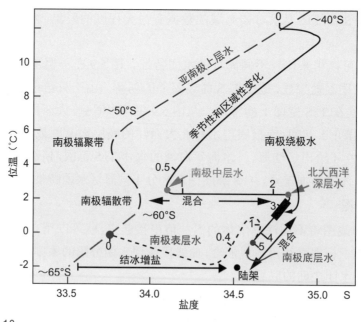

图 5.10

南大洋水团演化图示例 [引自 Tomczak 等，2005]

三、判读 T-S 图要注意的问题

解读 T-S 图的困难主要体现为：温度和盐度量纲不同，不能用相同的尺度度量，因此，T-S 图在纵横比例的处理上很任意。人们习惯用曲线的倾斜程度来判断不同图形的差别，而不同 T-S 图的纵横比不一样，曲线的斜率没有可比性，影响人们的判断。同理，人们也习惯通过比较不同 T-S 图中点的离散程度来判断水团的凝聚度，但由于 T-S 图的比例尺不同，不同的 T-S 图中点离散程度的差别不能相互比较。

在有些海域（如两极次表层海域），温度变化很小，只能通过盐度的差异来识别水团；在有些海域（如热带次表层海域），盐度变化很小，只能通过温度的差异识别水团。这种只通过一个参数的改变来分析水团会造成很大的不确定性。有时，单一参数的变化可能是一个天气过程引起的，或者体现了蒸发或降雨对局部水体的影响，未必表达了不同的水团。这种情况下如果没有其他的信息，有可能因内部温盐性质的微小差异将同一水团错误划分为分立的水团。

人们尝试用其他参数辅助确定水团，如使用溶解氧、叶绿素、营养盐、泥沙含量、同位素等参数，在某些特定海域对识别水团取得很好的效果。这时不再使用 T-S 图，而是使用诸如溶解氧－盐度图、叶绿素－温度图等。由于这些参数大都不是保守的，会因非水团演化的原因而发生变化，如生物过程和化学过程。在使用这些参数时需要证明其在一定的时空范围内具有保守特性的证据，否则会得出错误的结果。

§5.4　水团分析方法介绍

基于水团的内同性和外异性，水团分析的主要目的是确定水团的核心特征和水团之间的边界。如何在各种复杂的条件下识别水团，并找出水团之间的边界是水团分析的主要任务。不论采用何种分析方法，首先要确定水团的核心值；找到了水团的核心值，就确定了水团的数目，在此基础上去寻找水团的边界。

在真实的海洋中，水团之间的界面是客观存在的；如果水团之间的物理性质（也包括化学和生物性质）存在明显的梯度，则这种界面很容易被确定。如果水团之间发生混合，会导致水团之间界面的模糊，在两个水团间形成较大范围的过渡区。有时，可能根本就不存在一个清晰的边界。在这些情况下，往往难以简单地确定水团的边界，而是要借助各种数学手段。

水团分界面清晰与否不仅取决于水团间的界面混合程度，还取决于数据的空间分辨率。如果使用的是船舶考察的数据，站位的间距就是水团分析的最高分辨率，当锋面的宽度远小于站位间距时无法准确确定锋面的结构。更清晰地体现水团的边界需要更高水平分辨率的测量。例如，有一种拖曳式的温盐深剖面仪，在船舶航行时可以做上下运动，测量出密集的垂向剖面，有助于更为清晰地体现锋面的特性和水团的边界。

水团分析方法包括经验分析法、浓度混合分析法、聚类分析法、模糊分析法、正交分解

法等(李凤岐、苏育嵩,2000)。限于篇幅,这里只能简单介绍。

一、经验分析法

经验分析法也叫综合分析法,主要是依据数据和分析者的经验确定水团。在T-S图中,分析者可以通过数据的特性识别存在的主要水团。在数据充足的条件下,完全可以凭借人的经验确定水团。如果数据不够充分,体现的水团信息不甚清晰,需要分析者根据以往的分析经验确定水团。经验分析方法是人们在数据稀少的时代普遍采用的方法。至今,经验分析方法仍然是一种简便、有效、迅捷的水团分析方法,尤其适用对水团的初步评估。

经验分析法可以准确确定水团的核心性质,但是对水团的边界分辨率不高,有时只能给出定性的特征。而且,经验分析法在很大程度上依赖分析者的经验,分析结果也会因人而异。人们一直在探讨更为精确的定量分析方法,在数据比较充分的条件下,有一些定量分析方法在逐渐成熟。

二、浓度混合分析法

这种方法的出发点是,水团之间的界面模糊程度完全是两个水团之间的混合造成的。因而,可以在考虑海洋混合的条件下确定水团。忽略非线性作用,海水温度和盐度的扩散方程可以近似表达为

$$\frac{\partial T}{\partial t} = K_T \frac{\partial^2 T}{\partial x^2}$$
$$\frac{\partial S}{\partial t} = K_S \frac{\partial^2 S}{\partial x^2}$$

（5.2）

式中,K_T和K_S分别为湍流的热扩散系数和盐扩散系数,单位为 $\mathrm{m^2\ s^{-1}}$。(5.2)式的特点是,热扩散和盐度扩散同时发生,在T-S图上混合后水体的温度和盐度发生在两个水团的连线上,即

$$T = aS + b \qquad a = \frac{T_1 - T_2}{S_1 - S_2} \qquad b = \frac{T_2 S_1 - T_1 S_2}{S_1 - S_2}$$

（5.3）

式中,T_1、S_1 和 T_2、S_2 为两个水团的核心温度与核心盐度。重要的是,虽然混合分析法考虑了两个水团之间的混合和扩散,但温盐之间的线性关系并不依赖扩散系数。根据(5.3)式,可以将水团连线的中点确定为水团的边界,即

$$T_b = \frac{T_1 + T_2}{2} \qquad S_b = \frac{S_1 + S_2}{2}$$

（5.4）

因此,只要确定了两个参与混合水团的核心温度和盐度,就可以计算水团边界的温盐值。

浓度混合分析方法只适合已知核心温度和核心盐度情况下的水团分析。如果水体的温盐特性复杂,或者多于2个水团,浓度混合分析方法有局限性。

三、聚类分析法

系统聚类分析法(cluster analysis)初始将每个温盐点作为一类,类的数目与测点的数目相同;然后,找到与其性质相近的测点聚合为一类,类的数目减少了1个,新类的数目增

加了 1 个。一步步进行下去,类的数目越来越少,最后所有的点聚集成一类,聚类的结果构成一株系统树。虽然如此得到的最终结果并非我们所需,然而聚类的过程将提供各测点相似性逐级形成的信息,可以用于确定水团。

设共有 N 个测站,每个测站有 m 个测点,每个测站的数据构成矢量:

$$\mathbf{x}_i = (x_{i1}, x_{i2}, \ldots, x_{im}) \quad i = 1, 2, \ldots, n \tag{5.5}$$

各点与所有其他点的相似系数,可用两矢量的广义夹角余弦表示:

$$\cos(\mathbf{x}_i, \mathbf{x}_j) = \frac{\sum_{k=1}^{m} x_{ik} x_{jk}}{\sqrt{\sum_{k=1}^{m} x_{ik}^2 \sum_{k=1}^{m} x_{jk}^2}} \quad i, j = 1, 2, \ldots, n \tag{5.6}$$

两个相似系数最大的点聚合成新的一类,新类的矢量元素由两类矢量的元素平均而成。这样迭代下去,不断有旧的类被合并,也不断有新的类出现。

除了用相似系数之外,还可以用"距离"来实现聚合。距离的定义有多种,基本体现了样本之间的差异性。距离越大,相似性就越小。采用最小的距离实现聚合,与使用相似系数的结果相差不大。用聚类分析法确定已知水团的范围具有明显的优势,如果已知某水团的温度和盐度特征值,就可以计算周边各点水体与该水团的相似系数。通过研读聚类分析的结果就可以辨识水团。

§5.5　世界大洋水团

在世界大洋中存在着一些重要的水团,每个水团都由庞大的水体组成,是海水物质结构和长期运动共同决定的。大洋水团之间有明显的差别,很好地体现了内同性和外异性。水团之间的相互作用主要体现在水团之间的边界上。

图 5.11 给出了世界三个大洋的主要水团及其整体结构,每个大洋的水团也有很明显的空间差异。盐度最大的水团出现在大西洋上层,可超过 37;盐度最小的水团出现在太平洋上层,只有 33,体现了太平洋的低盐特征。当然,北冰洋由于有大量淡水注入,是表层盐度最低的海洋。各大洋的水团既有一致性,又有独特的特点。

世界大洋自上而下存在 5 类水团,即表层水、次表层水、中层水、深层水和底层水。表层水团是受到动力学和热力学作用的水体,是海水大范围水平循环和表层热力学作用造成的。次表层水团形成于南、北亚热带辐聚带之间,具有热带和亚热带海域独特的高温高盐特征,位于主温跃层之上。中层水是南北亚极区辐聚带下沉而成的水体,具有低温低盐的特征,深度为 1 000～2 000 m。深层水是中层水之下的宏大水体,由两极下沉的高密度水形成,深度为 2 000～4 000 m,在大西洋、太平洋和印度洋普遍存在。深层水团通风不畅,是世界大洋中的贫氧水体。底层水是位于深层水之下的最大密度水体,与深层水没有明显界限,弥漫于各大洋海底。这 5 类水团在各个大洋有很大的差异,也有不同的名称。

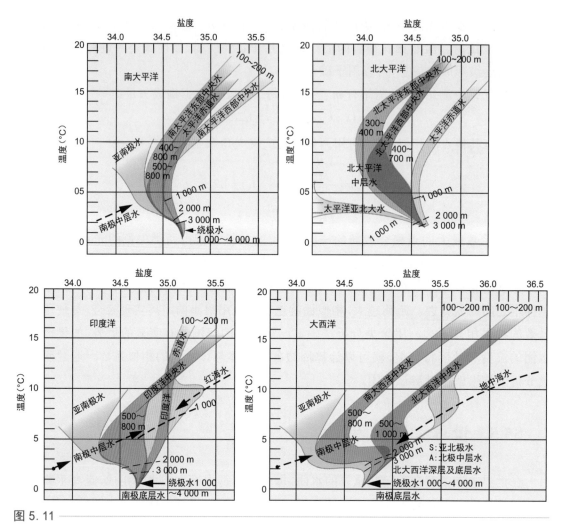

图 5.11

世界各大洋的主要水团［引自 Tolmazin，1985，经李凤岐、苏育嵩（2000）校正］

一、大洋中层水团

谈到世界大洋的水团，需要先说中层水团，有利于对水团的理解。

在西风漂流海域，艾克曼输运将来自极地的海水向赤道方向输运。由于来自亚极区的水体密度高，在向赤道输运的过程中其密度会高于当地水体的密度，因而发生下潜。发生下潜的区域称为亚热带辐聚带。来自高纬度密度较高的水体与亚热带密度较低的水体相遇，高密度水体发生下沉，潜没在上层低密度水之下，并向赤道方向移动，最终与来自另一半球的水体相遇，形成大洋中层水。大西洋的中层水为南极中层水（AAIW）和北极中层水（AIW），二者在赤道以北相遇（图 5.12a）。在太平洋，仍然存在南极中层水，但在北半球没有来自北极的水体，因此，相应的水团为北太平洋中层水（NPIW）（图 5.12b）。在印度洋，只有南半球的南极中层水，而在赤道以北的海域没有中层水（图 5.12c）。大洋中层水团发生在 1 000 m 以浅的深度。各大洋的中层水团将亚热带上层水团与深层水团分隔开来。

在亚极地辐聚带下沉的水源源不断，根据质量守恒的要求，中层水会通过卷挟过程，穿过密度跃层进入海洋上层,详见第 10 章。

二、亚热带上层水团

1. 亚热带表层水团

在大西洋热带和亚热带海域,上层水体分为南大西洋中央水(SACW)和北大西洋中央水(NACW)。在太平洋,海洋上层的中央水体称为南太平洋中央水(SPCW)和北太平洋中央水(NPCW)。而在印度洋,由于北半球都是陆地,只存在南印度洋中央水(SICW),见图 5.12。亚热带上层水团具有高温高盐的特征,在大西洋和印度洋,表层水盐度可达 36以上,温度可达 30 ℃以上。从图中可见,在垂向断面上,世界大洋实际上是由大量的冷水构成的,世界海洋的暖水都集中在热带和亚热带海洋的上层,位于中层水团的上部,平均深度在 200 m 左右,像一个暖水池,是世界海洋中的暖水积聚区。

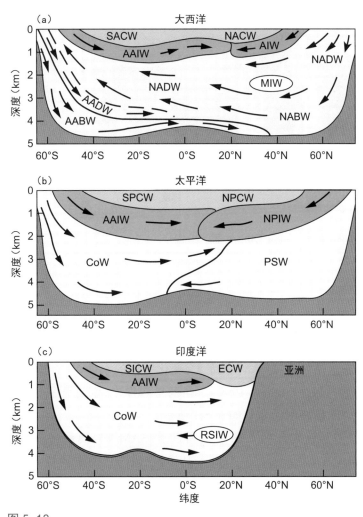

图 5.12

各大洋经向剖面的水团结构 [引自 Pinet, 2013]

(a)大西洋;(b)太平洋;(c)印度洋

在暖水区的上混合层之下,是海洋的温度跃层,也是盐度跃层和密度跃层,是上混合层水体与中层水体的混合区。温跃层的范围很大,厚度可达数百米。温跃层内的水体也称为次表层水,是介于表层水和中层水之间的水层。

从图 5.13 可见,不同纬度的表层水团深度(厚度)不同,在赤道附近,由于存在赤道上升流,水团的厚度最浅,只有 100 m 的量级,并且在大洋东西两侧的厚度不同。在中纬度海域是亚热带辐聚带,水体堆积致使表层水团的厚度最深,可超过 300 m。

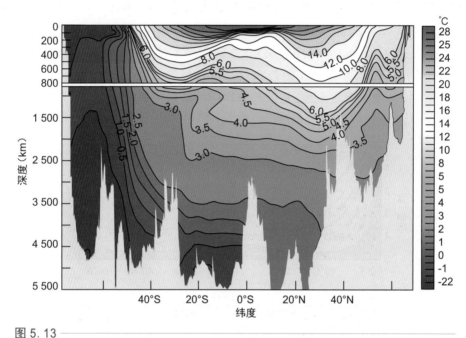

图 5.13

世界海洋的暖水池 [引自 Olbers 等,2012]

2. 模态水

模态水(mode water)是出现在一些海域次表层的水体。这些水体在垂向温盐性质均匀(Gerold,2001)。"模态"意指这些水体基本保持其潜沉之前的特征,而与其所到之处的水体迥异。模态水位于中层水之上的深度,是次表层水团的组成部分,形成的水团并不连续(图 5.14)。模态水是性质独特、体积庞大、变化缓慢的水体,在有模态水发生的海域,冬季的混合层厚度通常较大(Talley,1999)。在世界海洋中,邻近强斜压锋附近普遍存在模态水。世界海洋中的模态水的名称如表 5.1 所示。

McCartney(1977)首先命名了亚南极模态水(SAMW),而后又命名了北大西洋的亚极地模态水(SPMW)(McCartney 和 Telley,1982)。模态水的重要特点是其地理位置和物理性质都特别稳定。模态水可分为两大类:一类是亚极地模态水,一类是亚热带模态水。亚极地模态水在亚极锋的赤道一侧下沉,包括亚南极模态水、北大西洋亚极地模态水。亚热带模态水包括马尾藻海的 18 ℃ 水(Worthington,1959)和西北太平洋亚热带模态水(Masuzawa,1969)。亚热带模态水主要是潜沉引起的,而南大洋的亚极地模态水既有潜沉的因素,也有对流的因素(Rintoul 和 England,2002)。

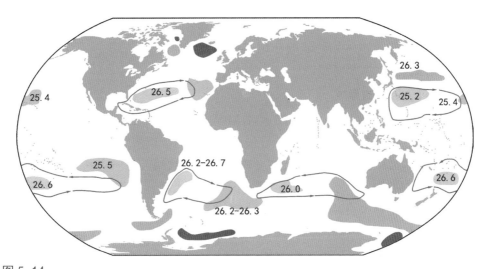

图 5.14

全球大洋模态水空间分布 [引自 Talley, 2000]

表 5.1 各大洋模态水的名称

洋 区	名 称	缩 写	温度范围	盐度范围	位密范围
大西洋	北大西洋亚热带模态水	NASTMW	18	36.5	26.5
	马德拉模态水	MMW	16～18	36.5～36.8	26.5～26.8
	亚极地模态水	SPMW	8～15	35.5～36.2	26.9～27.75
	南大西洋亚热带模态水	SASTMW	12～18	35.2～36.2	26.2～26.6
	南大西洋东部亚热带模态水	SAESTMW	15～16	35.4	26.2～26.3
太平洋	北太平洋亚热带模态水	NPSTMW	16.5	34.85	25.2
	北太平洋东部亚热带模态水	NPESTMW	16～22	34.5	24.0～25.4
	北太平洋中央模态水	NPCMW	9～12	34.1～34.4	26.2
	南太平洋亚热带模态水	SPSTMW	15～19	35.5	26.0
	南太平洋东部亚热带模态水	SPESTMW	13～20	34.4～35.5	25.5
印度洋	印度洋亚热带模态水	IOSTMW	17～18	35.6	26.0
南大洋	亚南极模态水	SAMW	4～15	34.2～35.8	26.5～27.1
	西南印度洋亚南极模态水	SEISAMW	8	34.55	26.8

　　模态水既能不断产生,也必然能不断消失。研究表明,模态水是通过卷挟过程逐步上升到海面,以保持模态水量的动态平衡。卷挟过程被认为是次表层水体进入海洋上层的方式之一,是下层水体影响上层水体水团特性的重要因素。在模态水存在区域,富含营养盐的深层水体无法上升到海表面,直接影响上层海洋的生产力。

三、深层水和底层水

　　在各大洋中层水之下,存在着体积庞大的深层水和底层水。深层水(deep water)和底层水(bottom water)的密度高于上层和中层水体,需要有特定的机制导致水体密度增大,并且进入海洋深层。按照本章第一节的介绍,导致海水密度升高的机制有结冰析盐增密对流、混合增密对流、蒸发增密对流。

1. 深层水和底层水的形成

北大西洋的深层水(NADW)和底层水(NABW)主要源自发生在拉布拉多海和格陵兰海的对流。冬季,拉布拉多海气温很低,导致高密度水体下沉成为北大西洋深层水。而格陵兰海对流的水体虽然密度很大,但大部分高密度水体被格陵兰－苏格兰海脊阻隔,只有其上部的水体可以翻越海脊作为溢流流出,下沉到北大西洋的海底,形成北大西洋底层水。这两部分水体主要来自冷却对流。北大西洋深层水还有一个贡献者,就是通过直布罗陀海峡溢出的地中海水,其具有高温高盐的特点,密度与北大西洋深层水相当。这些下沉的水体构成了北大西洋深层的主要水体,并在北大西洋西侧海盆向南输送,构成大西洋经向翻转环流(AMOC)的重要组成部分。

南极深层水(AADW)和底层水(AABW)源自南极陆架,冬季陆架海水结冰,排出盐分,使陆架水体的盐度增大。南极的下降风导致南极周边形成很多冰间湖,冰间湖的结冰／排冰过程不断增大陆架水体的盐度,形成高密度水体。在适宜的条件下,陆架高密度水体会沿大陆坡下沉,到达海洋深层形成南极深层水。如果盐度异常高,还会形成南极底层水。也就是说,南极深层水和底层水是起源于同一个结冰析盐过程,只是密度有微小差异。在南极大陆周边,形成南极深层水和底层水的主要海域是位于南大西洋的威德尔海和位于南太平洋的罗斯海,那里陆架宽阔,冰间湖发达,形成的高密度水量最多。此外,在南极周边较小的海湾对南极深层水也有贡献,但水量有限。

2. 底层水的运移

南极底层水的深度很大,在北上扩展过程中会遇到大洋中脊体系(详见第2章)的阻碍。在太平洋和印度洋,大洋中脊总体呈东西走向,只有少量的洋中脊中断处可以有水体进入北部深海。南极深层水主要在东西方向输运(图5.15)。

而在大西洋,大洋中脊呈南北走向,南极深层水和底层水可以向北扩展。南极底层水向北远距离输送,可以跨越赤道进入北大西洋30 °N以北海域,与北大西洋底层水相遇(图5.12a)。由于北大西洋底层水的密度小于南极底层水的密度,北大西洋底层水在南极底层水上方向南运移,并一路抬升。

3. 深层水的运移

南极深层水和底层水并没有本质性的差异,只是密度不同。在南极,水体由南极绕极流携带环极运动,形成环绕南极大陆的性质相近的水体(图5.12),称为"共同水(CoW, common water)",也称"环极水(circumpolar water)"。在大西洋,在中层水之下形成北大西洋深层水在上向南,南极深层水在下向北的格局,形成深层水体之间的交换。

在北太平洋,没有深对流发生,因而没有形成大规模的深层水和底层水。但是,在白令海,可以形成高密度的水体,被称为太平洋亚北极水(PSW)。在太平洋经向断面中,太平洋亚北极水占居了北半球的庞大海域(图5.12b)。

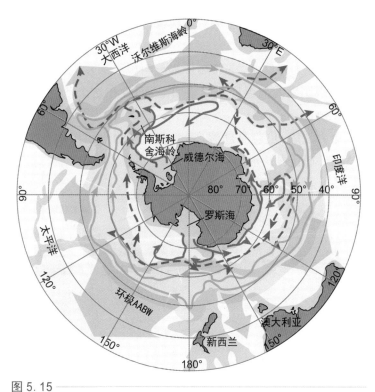

图 5.15

南极底层水及其运移方向 [引自 Colling，2001]

在印度洋，来自南极的共同水几乎占居了印度洋的全部深水海域（图 5.12c）。此外，在印度洋北部，高温高盐的红海中层水（RSIW）也汇入了印度洋深处，从而影响深层水的温盐性质。

四、南大洋上层水团

在南大洋，热带和亚热带海域存在上层暖水，暖水的南向边界在亚热带辐聚带（subtropical convergent zone）。在亚热带辐聚带与南极大陆之间，形成了复杂的上层水团结构。

首先，在南极大陆周边由冷水环绕，称为南极陆架水（SW）。陆架水是上层水体与来自南极大陆的融冰水混合而成，具有低温低盐的特征。由于南极大陆附近以东风为主，不利于陆架水向北扩展。而且，在其南部是亚极区辐散带，同样不利于陆架水向南输送。因此，南极陆架水保持在距离南极大陆范围不大的海域。

在亚南极辐散带（Subantarctic divergence zone），表面风应力造成强大的海面水体辐散，带动中下层水体上升，形成南极周边唯一的海水上升区。上升区的海水主要来自大洋深层，是来自北半球的北大西洋深层水在向南流动中一路抬升的根本原因。上升的水体到达海面与上层水体混合形成南极表层水（AASW），是海洋上层的独立水团。南极表层水在海面向北输送，将南极陆架水与其他表层水体分隔开来。南极表层水的密度比低纬度的海水密度大，在向北输送的过程中会发生下沉，形成南极中层水。下沉发生的海域属于极锋（PF），形成了南极辐聚带，也是南极表层水的最北边界（图 5.16）。这里，南极辐聚带是海洋中水体的辐聚带,是南极表层水与南极锋区水的分界,在大气运动中并没有对应的辐聚带。

在极锋以北的水体称为锋区水,是亚热带水与南极表层水混合而成的水体,也称为亚南极水(SASW),这个水团南北向温度差异很明显,而且在这个范围内随处可以发生潜沉过程,存在亚南极锋(SAF)。

为了使图5.16更为清晰、更容易理解,将南大西洋的水团用示意图来表达(图5.17),图中展示了锋、辐聚带和辐散带、水团的信息。

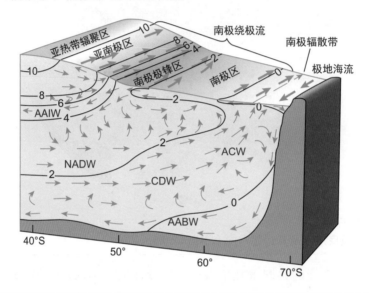

图 5.16————

南大洋主要水团 [引自 Colling, 2001]

NADW 北大西洋深层水,AABW 南极底层水,CDW 南极深层水,ACW 南极绕极水,AAIW 南极中层水。

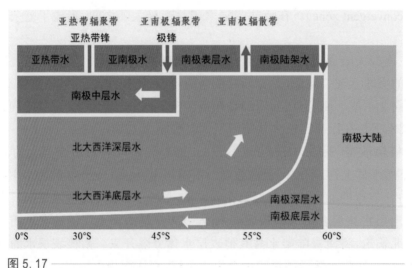

图 5.17————

南大西洋水团配置

五、北欧海和北冰洋的水团

北欧海和北冰洋早期一直被统称为"北极地中海（Arctic mediterranean）"，二者在动力学上有密切的联系。来自北大西洋的暖水沿挪威进入北欧海，继而进入北冰洋。从北冰洋循环出来的冷水沿格陵兰岛的东部流出北欧海。在循环期间，发生在北极海域的冷却和结冰过程使暖水变性，形成了特殊的水团结构。

1. 北极表层水团

表层水主要由三个水团构成（图 5.18a）。来自北大西洋的大西洋水（AW）分布在北欧海的东部，水体盐度很高，进入北冰洋冷却后潜没到表层水之下。来自白令海峡的太平洋水盐度较低，进入北冰洋后保持在上层，与大西洋水、融冰水、陆架径流水等混合，形成极地水（PW）。部分大西洋水在北欧海发生回流，与来自北冰洋的极地水混合，形成变性水团，称为北极表层水（ASW）。

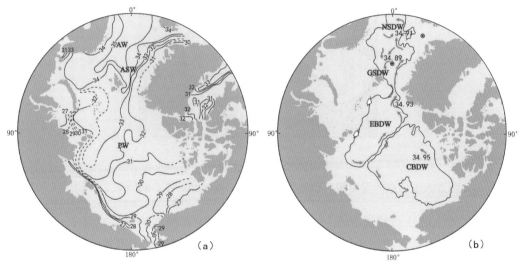

图 5.18

北欧海和北冰洋的表层水团（a）和深层水团（b）[引自 Smith，1990]

2. 北极深层水团

在北欧海和北冰洋的深层有四个海盆，分别形成四个相互隔离的水团。欧亚海盆深层水（EBDW）和加拿大海盆深层水（CBDW）是源于北冰洋陆架的结冰析盐过程形成的高密度水。挪威海深层水（NSDW）和格陵兰海深层水（GSDW）均来自格陵兰海的深对流。由于大西洋一侧有深度小于 700 m 的格陵兰－苏格兰海岭阻隔，太平洋一侧的白令海峡深度不足 70 m，阻碍了各海盆深层水流出。而且各海盆之间有海脊分隔，各个深层水团之间沟通量很少，形成更新缓慢的局面。

3. 北极中层水团

大西洋水的盐度很高，进入北冰洋之后冷却下沉，形成北极中层水。因其下沉后很好地保持了其源地的特征，仍然称为大西洋水。大西洋水在整个北冰洋扩展，称为大西洋层。大西洋水出现在 150～900 m 的深度，温度高于表层水，形成垂向的温度极大值。在欧亚海盆温度极大值为 1.5℃,深度约 150 m。在加拿大海盆温度极大值为 0.5 ℃,深度约 500 m (图 5.19)。

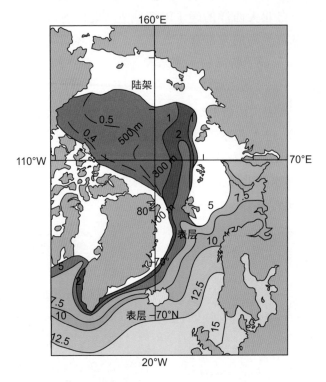

图 5.19

大西洋入流形成的温度极大值及深度 [引自 Tomczak 和 Godfrey,2005]

由于有强大的冷却对流和结冰析盐对流,北欧海和北冰洋的深层水体密度高于各个大洋,其溢出的水体直达北大西洋的底层,形成底层水。北大西洋表层水向北运动,而底层水向南运动,形成了经向翻转环流,是全球海洋热盐环流的重要组成部分。随着全球变暖的发展,北欧海的深对流减弱,北冰洋的结冰量也在减少,高密度水的产量下降,势必通过影响热盐环流的强度对全球气候造成影响。

§5.6　中国近海水团

中国近海水团由于受区域性环境因素的影响,与大洋水团有显著的差别。即使深水海域的中、下层比较"稳定"的水团,也打上了本海域的明显烙印。表层和次表层的水团有明显的季节变化。浅水海域的水团,不仅季节变化更显著,而且少数水团已不能全年存在,成了季节性水团。

一、渤海和黄海的水团

渤海和黄海完全位于大陆架上,深度较小,对季节交替的响应较快,水团的季节变化相当显著。冬季,两海区的风生混合均可直达海底,而夏季两海区的水团差异较大(图 5.20)。

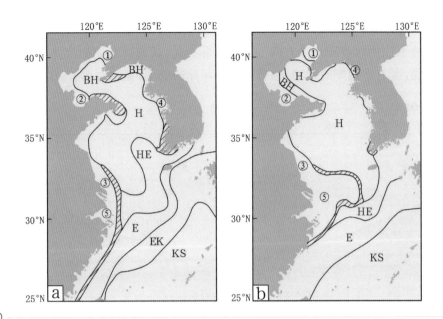

图 5.20

渤海、黄海和东海的水团［引自李凤岐、苏育嵩，2000］

（a）冬季表层水团；（b）夏季表层水团。① 辽东湾沿岸水；② 渤南沿岸水；③ 苏北沿岸水；④ 朝鲜西岸沿岸水；⑤ 长江冲淡水及江浙沿岸水；BH 渤 - 黄海混合水团；H 黄海表层水团；HC 黄海冷水团；E 东海表层水团；EK 东海黑潮变性水；HE 黄 - 东海混合水团；KS 东海黑潮表层水团；影线区为混合带

1. 渤海水团

渤海冬季表层水体受黄海暖流输入水体的影响，形成渤 - 黄海混合水团（BH），占居渤海中部的大部分海域，水温为 0～2 ℃，盐度为 31.0～32.0。夏季，渤 - 黄海混合水团所剩不多，大部分被黄海表层水团（H）所置换。

渤海沿岸水团主要发生在三大海湾，分别为由辽河水影响的辽东湾沿岸水以及由黄河和海河水影响的渤南沿岸水，盐度低于 30.0，冬季水温低于 0 ℃。

2. 黄海水团

黄海中部的水团主要是上层的黄海表层水团和深层的黄海冷水团（HC），冬季的强混合使表层和深层水团性质趋于均匀，二者在夏季有明显差别。黄海表层水团是混合水团，居于黄海中央海域，又称黄海中央水。冬季水团的盐度为 32.0～33.0，水温为 3 ℃～9 ℃。夏季在黄海 20 m 以深直到海底存在黄海冷水团，盐度为 32.0～33.5，水温最冷处可低于 6 ℃。

黄海沿岸水由河川淡水入海与近岸海水混合而成，大都位于 30 m 等深线以内的沿岸海域，主要有朝鲜西岸沿岸水和苏北沿岸水。

黄海的南部与东海衔接，形成黄海 - 东海混合水团（HE），亦称南黄海高盐水团，其温度和盐度范围分别为 10 ℃～14 ℃和 33.0～34.0。

3. 黄海冷水团

黄海冷水团（Yellow Sea cold water mass）是黄海著名的下层水团，由于水体交换很弱，黄海冷水团常年存在。黄海冷水团在南、北黄海各有冷中心。北黄海的冷中心，多年平均位置在 38°14′N，122°12′E 附近。最低水温值多年平均为 5.81 ℃，多年平均盐度为 32.20。南黄海有东、西两个冷中心（图5.21），其多年变化略大于北黄海，西部冷中心的变化又比东部更明显。黄海冷水团的边界在水平方向上也有年际变化，黄海冷水团的上界与季节性跃层的深度休戚相关，既有短周期的扰动，也有月际和年际的变动，但相对而言，年平均变动较小。

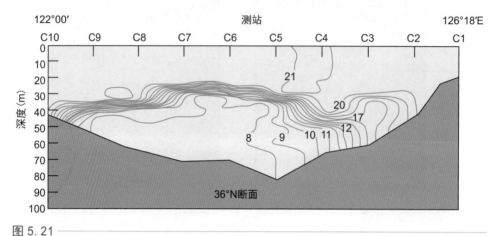

图 5.21
南黄海冷水团的结构［引自 Lee 等，1998］

二、东海的水团

东海的水团可分为三大水系，即沿岸水系、黑潮水系及混合水系，每一水系中包括数个水团（图5.22）。

在沿岸水系中，以长江冲淡水为主体形成了沿岸水，具有低盐的特点。夏季，长江冲淡水向东伸展的范围可达126°E；而在冬季，径流减弱和冬季风的压制，其影响范围只在长江口附近，与浙闽沿岸水可相连。

黑潮水具有高温高盐的特性，即使冬季其水温也高于20℃，盐度为34.6～34.8。在大陆坡之外的深水区全部由黑潮水系主导，包括东海黑潮表层水团（KS）、东海黑潮次表层水团（KU）、东海黑潮次－中层混合水团（KM）、东海黑潮中层水团（KI）、东海黑潮深层水团（KD）等（图5.22）。

黑潮水表层和次表层水团会进入东海陆架，东海陆架的上层水系是由黑潮水和沿岸水混合而成，对东海

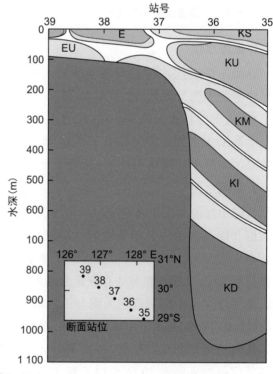

图 5.22
东海水团的垂向断面结构［引自李凤岐、苏育嵩，2000］
E 东海表层水团；EU 东海次表层水团；KS 东海黑潮表层水团；KU 东海黑潮次表层水团；KM 东海黑潮次－中层混合水团；KI 东海黑潮中层水团；KD 东海黑潮深层水团

水体结构产生强烈影响。形成的变性水团主要包括东海表层水团（E）和受黑潮影响的东海黑潮变性水团（EK）。在东海底层，主要是黑潮水入侵与沿岸水混合产生的次表层水团（EU）等（图 5.20）。

三、南海北部的水团

南海表层的水团也分为三个水系，即沿岸水系、混合水系及外海水系。

1. 南海沿岸水系

南海沿岸水系包括珠江、红河、湄公河、湄南河等大江河入海的冲淡水团，也包括广东沿岸水、北部湾沿岸水、越南沿岸水等水团，它们都具有低盐特性（< 32.0），冲淡水盐度小于 30.0。夏季江河径流量大，冲淡水影响范围较大；冬季径流虽有所减小，但冬季风将闽浙沿岸水输送到南海，仍保持强大的沿岸水系。

2. 南海外海水系

南海外海水系分为表层水团、次表层水团、中层水团、深层水团和底层水团。南海表层水团主要是南海太平洋表层水团和南海中部表层水团，盐度变化范围为 34.0 ~ 34.5，水温为 22 ℃ ~ 28 ℃，存在的范围很大。南海的次表层及其下方各水团，主要来源于菲律宾以东的太平洋，通过巴士海峡进入南海（图 5.23）。南海次表层水团是北太平洋次表层水变性而成，位于南海表层水之下，厚约 200 m，其典型特征是高盐，在 150±50 m 层有盐度极大值。南海中层水团也称为南海北太平洋中层水团，厚度约 400 m，其典型的特征是低

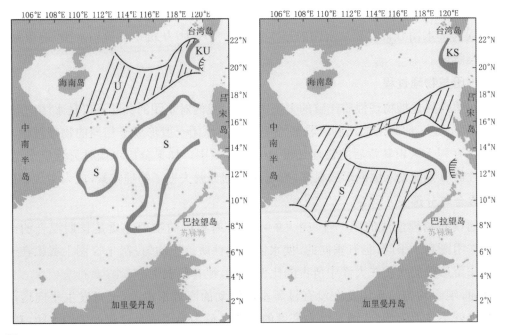

图 5.23

南海上层水团［引自刘增宏等，2001］

依据 1998 年考察数据绘制。(a) 南海 50 m 水团分布；(b) 南海 100 m 水团分布。U 为南海次表层水团；S 为南海表层水团；KS 为东海黑潮表层水团；KU 为东海黑潮次表层水团

盐。低盐核心层在 500 m 层附近,最低盐度值低于 34.40。南海深层水团位于中层水之下 1 000～2 600 m,水温为 2～5 ℃,盐度比中层水略高,为 34.5～34.6,又称为南海北太平洋深层水团。南海底层水团又称为南海底盆水,潜布于 2 600 m 以深的南海中央海盆区域,盐度为 34.66～34.68,几乎不随深度变化;水温为 2.35 ℃～2.44 ℃,随深度略有升高。南海深层和底层水团的季节变化及年际变化都很微小。由于受到南海局地环境的影响,来源于太平洋的各层水团都有不同程度的变性,与太平洋源区的水团有明显差异。

3. 南海混合水系

南海混合水系主要包括南海北部陆架表层水团和泰国湾－巽他陆架表层水团。由于南海陆架较窄,混合水团的范围不大。南海北部陆架表层水团是太平洋表层水进入南海后与近岸水体混合变性而成,影响范围小于 75 m,温度为 20 ℃～30 ℃,盐度介于沿岸水和南海表层水之间,在很大范围变化。泰国湾－巽他陆架表层水团是在夏季风的作用下,沿南海西部向北输送,可以抵达北部湾和南海北部陆架,温度为 27 ℃～31 ℃,盐度为 32.0～33.0。冬半年东北季风期间,该水团离开南海北部陆架向南退缩。南海混合水团变性显著,区域性特征很强,有必要进行更为精细的划分。

总结与讨论

水团是一个传统的概念,也是比较容易理解的概念。水团的存在具有客观性,是基于各种物理过程而形成的。同时,水团是由主观判定的,分析的结果容易因人而异,易发生误解和误判。水团分析需要从水团的基本物理意义入手,从机理上认识水团,避免对水团的错误理解。

1. 水团与物理过程

水团的内涵是指物理性质一致的大范围水体,我们对水团的关注不仅是水团的温盐特征,更重要的是了解其形成机制。物理性质一致的水团一般形成于相同的物理过程,因而了解水团有利于认识其背后的物理过程及其影响范围。如果分析水团时只注重水团参数的一致性而忽视探索水团的形成机理,则水团的划分就失去了物理背景,成为主观的区划。

2. 混合与分选

水团具有物理性质的同一性,庞大的水体具有相近的物理性质是长期混合的结果。混合的作用既有水平的,也有垂向的,使水团物理性质趋于均匀,在 T-S 图上凝聚在一起。由混合作用形成的水团在大洋中所占的比例最大,很有代表性。

然而,混合均匀的水团是在没有显著垂向运动的海域形成的;一旦发生垂向运动,水团的形成就不是因为混合,而是因为密度的差异。最为典型的是对流产生的水团,对流元会下沉到与其密度相当的水层,因而同一个对流过程会产生不同的水团。例如,冬季格陵兰海表面冷却,高温高盐的表层水体因冷却而密度增大,产生对流。对流的水体到达的深度按照密度进行分选(gravity separation),温度越低,密度越大,抵达的深度越大,可以从次表层直至海底,在不同深度形成不同密度的水团。

在世界大洋的绝大部分海域都有很强的层化,上层水体无法进入深层,只有两极的陆架冷却和结冰过程可以产生足够高密度的水体,是世界深层水和底层水的源地。深层水源区的海水稳定性极差,处于脆弱的平衡之中;正是密度的分选过程使得这种平衡得以维持。

对流既然可以将表层水体带到深层,就可以将表层的污染物质带到深层,污染全世界大洋的深层水体,而且将永远无法净化。一旦极区海洋受到了污染,其后果将是灾难性的。因此,保护深海和极区环境是涉及人类千秋万代的重要工作。

3. 水团的核心特性

若要避免水团概念的滥用,需要强调水团的两个基本特点;即尺度可与海域尺度相比拟,以及在较长时间内有相对均匀的理化特征。这样,最为重要的是了解水团的核心物理特征,即典型的、具有代表性的温盐值。只有这样,当因为热交换或水交换导致水团性质发生变化时,我们仍然可以识别出这个水团,可以根据其核心物理特性找到其来源,有助于对水团来源的认识。

需要强调的是,不是每一滴海水一定属于某个水团。海洋中水体微团都有其温度和盐度,在 T-S 图上也都有其位置,但是发生在诸如锋面、跃层、混合层、上升流区、强混合区等海区的水体不再明确属于哪一个水团,而是偏离了原有的水团。很多"水团"实际上是水体结构变化过程中的临时状态或过渡状态。因而,要通过水团的核心物理特性确定水团。

如果我们知道原有水团的核心属性,就能确定水团在 T-S 图上的位置,混合以后形成的水体将按照混合比位于两个水团的连线上。在这种情况下,我们还是要将其考虑为水团的变性,而不能将其考虑为独立的水团,否则就是水团概念的滥用。变性的水体形成水团之间的过渡带,可以在较大的范围内存在。这种过渡带可以用另外的物理概念来刻画,如海洋锋、切变带等。

4. 水团与混合过程的关系

有人认为,海洋内部的混合过程很弱,湍流运动也很弱。还有的观点认为,弱的湍流运动有利于保持水团自身的性质。事实上,海洋中的混合过程是维持水团存在的重要过程。

近年来的研究表明,在大洋深处,海水并不是处于相对静止和湍流运动很弱的状况,而是存在很强的混合。大洋海水的混合来自内波的能量,只要海水密度垂向不均匀,就会有内波发生和传播。内波在传播过程中会消耗和破碎,转化成海水混合的动能,造成海水的搅拌性混合。混合过程的不间断作用消除海水物理性质的差异,是水团存在的物理基础。海水会由于外界的原因导致温度和盐度的不均匀,海洋混合过程会减小以至消除这种不均匀性。在物理参数基本均匀的条件下,一些化学和生物的参数也可能会不均匀,混合过程也会使这些参数趋于均匀。因此,是海洋混合过程形成了水团的内同性,保持了水团的理化特征。

思考题

1. 水团定义的要点是什么?

2. 海洋水团的生成机制有哪些？

3. 海洋深层水团的生成机制是什么？

4. 为什么说位温是保守量？

5. 水体潜沉由什么过程生成？模态水生成的海域在哪里？

6. 南极底层水的扩展范围受什么因素制约？

7. T-S图有几种形式，各有什么特色？

8. 如何理解水团变性？

9. 海洋环流与水团的关系是什么？

深度思考

全球气候变暖对海洋水团会产生哪些影响？

第6章

海洋锋

　　在海面上,不同颜色的水体交汇处表现为清晰的分界线被称为海洋锋(front)或者锋线。人们逐渐认识到,有些没有颜色差异的不同水体之间的分界线虽然无法用肉眼识别,但其参数也表现为明显的海洋锋。由于海洋锋附近存在水平方向的湍流扩散,海洋锋会变得模糊,锋的宽度会展宽,形成具有一定宽度的锋。因此,海洋锋是海洋表面两种或多种不同水体间的狭长过渡带。高精度的仪器观测进一步表明,海洋锋不仅是海洋表面的现象,锋还会向水下扩展到达一定的深度,形成从表面延绵向下的界面,海洋锋确切的名称应该是海洋锋面。大尺度的海洋锋通常为水团之间的分界面。

　　李凤岐教授对本章内容进行审校并提出宝贵意见和建议,特此致谢。

§6.1　海洋锋现象

海洋锋是特性明显不同的两种或多种水体间的狭长过渡带。海洋锋通常体现为温度、盐度、密度、物质浓度等物理量沿某一方向的急剧变化。在海洋锋附近，通常出现这些物理量梯度的极大值。有些物理量体现为颜色的差异，可以用肉眼直接观测到；有些锋要靠仪器才能观测到。有些海洋锋比较明显，有突出的分界面，很容易识别，通常认为是强锋。而有些海洋锋参数的梯度小、空间范围大，被认为是弱锋。大洋中的锋通常与流的交汇有关，锋体现为流的分隔区，比较容易确定，可以通过对环流的认识确定锋系。而浅海的锋尺度小、寿命短、易于混淆、识别困难，需要通过经验确定区域性的判据来辨别海洋锋。

一、海洋锋的特征

锋的形态都是以参数的差异为基础的，按照定义，海洋锋是不同水体的分界面，只有存在参数差异的锋才有实际意义。这里所说的参数包括物理、化学、生态等各种标量的场参数。然而，卫星遥感的伪彩色分割影像通常是不能直接用来判断海洋锋的。识别海洋锋需要先给定判据，应用不同的判据可能会得到不同的结果。

海洋锋的特点是其长度远远大于宽度，是典型的双尺度现象。大洋中的海洋锋往往持久存在，并伴随季节变化；而浅海的海洋锋多是季节性锋，存在时间大约为数月甚至更短。

海洋锋通常是内部界面，比较常见的海洋锋都出现在海洋表面，有些锋会延伸到次表层和深层。卫星遥感得到的锋只是表面锋，而次表层锋的位置与表面位置可以差别很大，例如，在北欧海的北极锋表面位置与次表层位置可以相差 50 km 以上（Wang 等，2021）。尤其在有径流入海的海域，海面上部存在一层很薄的冲淡水，真正意义下的海洋锋发生在这层冲淡水之下，要用仪器才能观测到。

二、海洋锋的形成机制

海洋锋的维持机制主要是海表面要有基本的辐聚特性，至少没有辐散发生。海面的辐聚包括流场的辐聚，也包括水平压强梯度力产生的积聚效应，使海面形成海水汇聚的趋势。一旦海表面的辐聚特性发生变化，锋的强度和位置都会随之发生变化。

形成海洋锋的主要物理驱动力包括大尺度和局地风应力场、海表的加热或冷却导致的垂向热量传输、海表的蒸发与降水导致的垂向水量输送、河流的淡水输入、潮汐导致的混合、海底地形粗糙度引起的湍流混合、内波破碎所引起的混合以及因流线弯曲引起的离心效应等。这些驱动因素通过相应的物理过程影响海洋锋的存在与发展。

海洋锋主要是标量场的锋面。海流是矢量物理参数，矢量场不存在海洋锋，因为流的剪切不一定是两个水团的分界面，在一个水团内部也会发生剪切。大尺度锋周边的流动一般处于地转平衡状态，而小尺度锋未必是地转平衡的，局地的驱动和摩擦更加重要。

三、海洋锋的观测

海洋锋虽然容易识别,但真正观测海洋锋还是颇为困难的。常规的海洋考察水平间距很大,难以准确体现物理量的水平梯度。拖曳式海洋观测系统可以提供高水平分辨率的观测,有助于定量确定海洋锋。由于船载观测只能提供沿航线的参数,对海洋锋空间分布的认识还很不充分。迄今为止,对大范围海洋锋的观测还是以卫星遥感和航空遥感为主要手段,而能够遥感到的参数只有水色和温度,对其他参数的锋尚没有有效的遥感手段。人们期待海洋数值模式可以给出对锋的模拟,但由于数值模式空间分辨率的限制,尚且无法模拟尺度较小的海洋锋。

海洋锋包括化学和生态参数的锋。由于大多数化学和生态参数还没有办法用传感器观测,故迄今人们对化学和生态参数的锋面特性知之甚少。

因此,人们对海洋锋研究主要受观测手段的制约,海洋锋数据的获取需要更为简便可靠的拖曳式观测系统,需要更多的快速响应传感器,更多的化学和生态传感器,更多的考察机会。

四、海洋锋对人类活动的影响

在营养物质含量不同的水体之间的锋面通常是高生产力海域,尤其是上升流锋更是为表层海水提供了大量营养物质,在锋区附近浮游植物大量繁殖,为浮游动物提供丰富的饵料。许多鱼类的活动规律与海洋锋的时空尺度有关,形成特殊的锋区生态系统,甚至形成高生产力的渔场。海洋锋的变化会影响中心渔场的范围和生物量。

由于海洋锋往往伴随着海面辐聚,故海洋锋附近能有效地聚集浮游生物碎屑及其他颗粒物质。海洋锋区由此也可能构成污染物的浓聚区,海洋漂浮性溢油可以被输送到海洋锋附近积聚并长期存在,近海锋区中重金属的浓度比沿岸水域中本底浓度大 2～3 个数量级。海洋污染物会长期积聚在锋区附近,形成浓度较大的污染。海洋锋附近流动的辐聚性质会将海中的漂浮物品、甚至失事的小型船舶都积聚到锋面附近。

在温度锋附近,海水温度的水平梯度很大,引起声速在水平方向上发生强烈变化,造成声射线的弯曲,对远距离的声传播产生不可忽视的影响。锋区的声传播特性对各种声呐的探测产生严重的影响,不了解海洋锋的特性会造成对探测结果的误判。水声学家通过实地观测和理论研究,证实了海洋锋会使深海会聚区偏移,探测范围减小,影响声呐对会聚区目标的探测能力。同一声呐在锋面两侧对相同的会聚区目标有不同的探测结果(李玉阳等,2010;朱凤芹等,2015)。另一方面,利用锋区对声传播的影响,通过对声散射数据的分析,可以发现海洋锋的特性,成为探测海洋锋的手段。

海洋锋对天气、气候和海洋环境有很大的影响,在一些以温度锋为主的海域,由于海面冷热不均,容易形成浓雾,影响船舶航行、海洋渔业、海底管道布设等海上活动。

五、海洋锋的种类

迄今尚无海洋锋的统一分类原则,本书以海洋锋生成海域差异分类,则海洋锋主要可以分为 4 大类:河口锋、浅海锋、陆坡锋和行星尺度锋。

§6.2 河口锋系

河口是非常特殊的海域,由于河水与海水交汇往往产生特殊的海洋锋,这些有明显差异的海洋锋构成了河口锋系(fronts of estuary)。河口锋系主要包括切变锋、近口锋、羽状锋和冲淡水锋(赵建华、陈吉余,1996)。

一、切变锋

切变锋(shear front)是河口内的小尺度锋面,通常发生在大江大河的口门内主流两侧。河口展宽后,河道里流速不均匀,主流水体与主流外水体流速差异很大。由于不同流速的水体携沙能力不同,流速切变处的泥沙浓度有明显差别,形成切变锋。因此,切变锋主要是流速切变形成的泥沙浓度锋。切变锋由于河道的约束具有辐聚的特征,很多漂浮物体聚集在锋面附近,指示出切变锋的走向。在长江口内,经常可以看到数千米长的切变锋(图 6.1)。

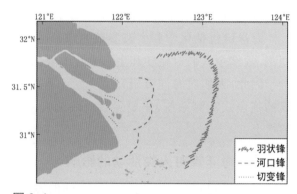

图 6.1

长江口河口锋系的示意图 [引自胡辉、胡方西,1995]

二、河口锋

河口锋(estuarine front)也称近口锋,是口门之外离河口很近的泥沙锋。径流入海后,流速骤减,水体携沙能力下降,泥沙大量沉降。高含沙量的水体与泥沙已沉降的水体之间存在明显的泥沙浓度锋(图 6.1)。近口锋存在很强的泥沙浓度梯度,可以从水色卫星影象上观察到。虽然河口锋很明显,但锋面两侧的水体都是河水,没有明显的盐度差异,因此并不是水团的分界线。流量小的河流河口锋会退缩到河口内部而不明显。

三、羽状锋

羽状锋(plume front)是河口锋的主锋,是河水与冲淡水之间的锋。因此,羽状锋主要是盐度锋。同时,由于河水与海水在泥沙浓度上也有明显差别,羽状锋又是泥沙锋,可通过水色遥感来识别。羽状锋形状很像一根向外伸出的羽毛。出现的位置与河流的流量有关。大流量的河口,羽状锋的位置可以距离河口很远。羽状锋的位置和形状受潮流场的影响很大,在一个潮周期内向河口两侧摆动,并沿河口的轴线方向内外伸缩。由于河水总是浮在海水之上,羽状锋在海表面的扩展范围很大,而在下层水体的扩展范围可以很小,海面的羽状锋通常与河水下面的盐跃层连在一起,可以通过 CTD 容易地观测到(图 6.2)。

羽状锋的驱动机制是,较轻的江河水在海面堆积向河口外下倾,产生向外的水平压强梯度;河水下部与海水的界面向河口内下倾,产生向内的水平压强梯度,导致两种水体产生辐聚。由于在河水倾注过程中的辐聚特性,河口羽状锋可以长时间存在。由于河口一般都受到潮汐的影响,海水在涨落潮之间进入河水下方,有时也称潮汐入侵锋(Tidal intrusion fronts)(Largier,1992)。

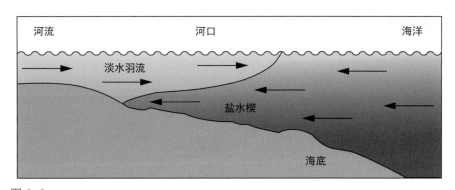

图 6.2
河口羽状锋和盐水楔结构

四、冲淡水锋

江河径流水与海水混合形成的水体称为冲淡水(diluted water),通常盐度较低,如长江冲淡水是指盐度低于 26 的水体。冲淡水锋(diluted water front)是江河冲淡水与海水之间的锋。冲淡水锋是盐度锋,也是泥沙浓度锋,可以通过卫星遥感观测到。有时,冲淡水锋也是温度锋,因为冲淡水中丰富的浮游植物吸收更多的太阳辐射能,体现了高温冲淡水与外海低温水的差异。径流量大的江河有大量的淡水入海,冲淡水扩展范围很大,冲淡水锋有时会远离河口区域。

五、河口锋系

河口锋系(front system of estuary)中的四种锋都是由于河流存在才产生的。各种河口锋都体现了泥沙浓度的差异,都可以通过水色卫星观测到。水量较小的河流中,其他的锋都不明显,主要呈现羽状锋,因此,有时也将羽状锋称为河口锋。

河口锋的时空尺度取决于入海径流量的大小。美国的密西西比河河口和哥伦比亚河河口羽状锋距离河口约 400 千米,而南美洲的亚马孙河径流特别大,河口的羽状锋距离河口达千余千米。羽状锋的时间尺度为几个星期到几个月。

§6.3　浅海锋系

浅海有各种陆源水体注入,有较强的垂向混合和侧向混合,如果浅海有宽阔的陆架,会形成相对独立的环流系统,导致浅海水体结构复杂。因而,在浅海会有自身的浅海锋系(shallow sea front)。浅海锋系是发生在浅海的一系列锋的统称,主要包括沿岸锋、岬角锋、基底锋和上升流锋等。

一、沿岸锋

沿岸锋（coastal front）是最为典型的浅海锋。在近岸浅水海域，由于陆地降雨会进入海洋，与远离岸边的水体形成盐度差异。风生混合和潮混合在近岸浅水区可以一直作用到海底，形成垂向混合均匀的水体；而在较深的海域，风混合不能抵达海底，表层水体与沿岸混合水体之间产生了明显的差别，形成锋面。由于潮混合的均匀特性，沿岸锋的等密度线在断面图上趋于垂直（图6.3）。因此，沿岸锋又称潮混合锋（tidal mixing fronts）。

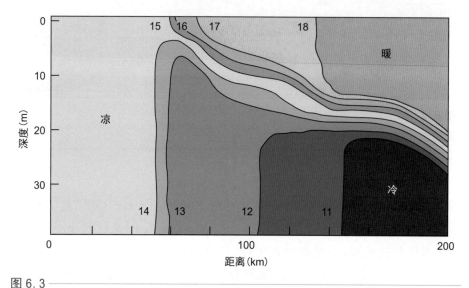

图 6.3

英吉利海峡沿岸锋的垂向结构［引自 Tomczak 和 Godfrey，2005］

图中左侧是陆地，数字为温度（℃）

二、岬角锋

岬角锋（headland front）是由于潮流在绕过岬角和岛屿时流速增强，导致岬角和岛屿附近潮流流速加大，形成近岸水体的强烈混合，其温度、盐度和水色都与外海水体有显著的差异。本质上，岬角锋也是一种潮混合锋。岬角附近锋面时间尺度小，可以在一个潮汐周期内完成其发生和消失的全过程。

三、基底锋

基底锋也称高盐水入侵锋（hyperhaline intrusion front），是下层的锋面。上层近岸水向外扩展导致外海的高盐海水进入近岸水底部，形成高盐水楔。在上下层水体交界处形成密度跃层，称基底锋（图6.4）。基底锋体现了夏季近岸水体两层结构和季节性跃层。基底锋与河口锋下层的高盐水入侵现象有明显区别：首先，河口锋是表面锋，河水与高盐水之间的锋面从海面向海底延伸，而基底锋是水下锋面，一般不与海面相交；其次，基底锋距离海岸较远，一般发生在沿岸锋的外侧。

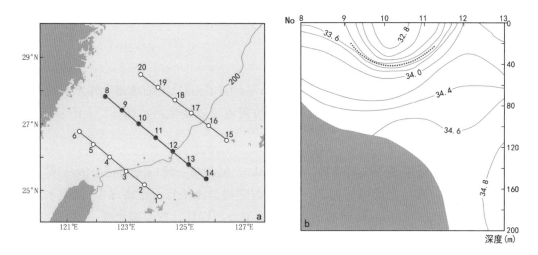

图 6.4
基底锋的垂向断面特征［引自万邦君、郭炳火，1992］

四、上升流锋

上升流锋（upwelling front）是由下层上升的冷水与海区原有水体之间形成的锋面（图 6.5）。在有利于上升流的风力作用下，下层水体可以通过上升流到达海面并向外输送，在一定距离之外与原有上层水体相遇形成锋面。上升水通常是低温高盐的水体，因此上升流锋既是温度锋，又是盐度锋，同时也是密度锋。上升水体的密度会高于原有上层水体，因此，在锋面附近会发生海水下沉，形成垂向断面的双涡结构环流（Suginohara，1977）。在密度分层的海域，海面的密度锋向外下倾，与密度跃层连接在一起，形成典型的锋–跃层组合的三维锋面。上升流锋与基底锋有密切联系。在没有上升流的海域存在基底锋；而在发生上升流锋的海域，上升流锋与基底锋会统一起来。

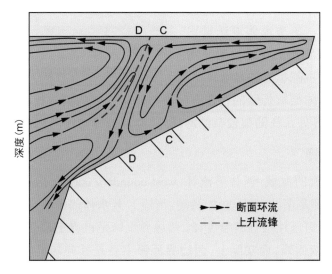

图 6.5
定常状态下近岸上升流锋的垂向断面环流数示意图［引自 Bowman 和 Esaias，1978］

§6.4 陆坡锋

在陆架与深海盆之间是陡峭的大陆坡(continental slope),大陆坡是大洋水与近海陆架水的分界处,形成水质差异明显的锋面。大陆坡附近可以发生两种锋。

一、陆架坡折锋

陆坡与浅海的衔接处为陆架坡折(shelf break)。陆架坡折锋(shelf break front)是低盐度陆架水和高盐度外海水之间的锋面,延伸方向与陆架边缘平行。在海洋中,陆架水体有自己的循环系统,形成与深海水体迥异的水团。陆架坡折锋往往既是温度锋,也是盐度锋,但由于陆架水与外海水盐度差别很大,故陆架坡折锋的盐度锋特性更加明显。

陆架坡折锋的辐聚特点与环流结构有密切关联。图6.6为东海的陆架坡折锋的示意图。在夏季,海岸位于沿岸风的左侧,表层产生从陆架向外的输运,导致近海物质被输送到外海下沉,产生明显的锋面和强烈的陆海相互作用。而下层海水的输送方向与表层相反,流向大陆方向(图6.6),不利于底层的物质向外海输送(Falkowski 等,1988)。反之,在冬季,海岸在沿岸风的右侧,产生从陆架向内的输运,锋面范围被压缩,近海物质被输送到近岸海域下沉。底层物质的输送方向指向外海,有利于处于不稳定沉积状态的底层物质进入深海。冬季水体输送量比夏季减少,但大颗粒物质的输送量明显增大,对陆坡冲积扇的贡献也更加显著。

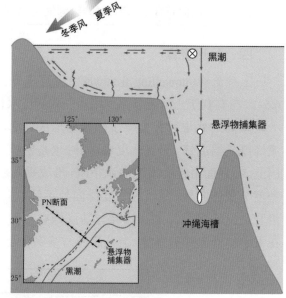

图 6.6
东海陆架坡折锋水体循环示意图

在非季风海域,陆架坡折锋的存在有时不与陆架水体的输送相联系,只是陆架水体与深海高盐水体的交界处。在陆架较窄的海域,陆架坡折锋与浅海锋有可能难以区分。

二、西边界流锋

在发生西边界流的海域,西边界流锋(west boundary current front)将取代陆架坡折锋而出现。西边界流都是南北向流动(如黑潮、湾流),其水体的温度与周边海水的温度形成很大的温度差,形成斜压性很强的温度锋。西边界流锋是世界上最强的锋,也最容易识别。西边界流锋应该是双侧锋,而实际上,西边界流锋主要是其向陆地一侧的锋,其向海一侧的锋不明显,因为西边界流的大范围回流降低了向海一侧温度场的水平梯度。随着西边界流流轴的弯曲及其季节变化,经常导致锋面位置的摆动(图6.7)。

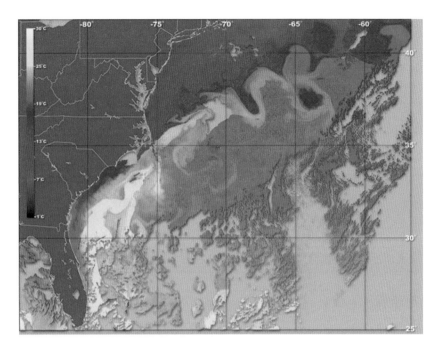

图 6.7
发生在湾流附近的西边界流锋［引自 NASA 网站 oceanmotion. org/eastern-boundary-sst. htm］

　　黑潮和湾流的地转流特性使流动的右侧有比较高的海面高度,在流到大陆坡附近时,外海表层水有明显的向陆架移动的趋势。陆架水通过调整海面高度,阻止了西边界流进一步向陆架入侵。这两个因素共同构成了表层海水的辐聚特性,有利于西边界流锋的形成和维持。

四、陆架坡折锋与西边界流锋的区别

　　陆架坡折锋强调陆架水和陆坡水盐度差异,而西边界流锋强调温度差异。因此,西边界流锋在冬季较为明显,因为冬季温差大;而陆架坡折锋在夏季更为明显,因为夏季近岸水盐度低。陆架坡折锋主要发生在没有西边界流的陆坡上,在大洋东边界海域更容易发生。在有西边界流的情形,西边界流锋事实上取代了陆架坡折锋。

　　如果西边界流内侧有宽阔的陆架海,如东中国海,既体现温度差异,也体现盐度差异。这时,西边界流锋也具有陆架坡折锋的特点,即除了水团分隔作用之外,还彰显了陆架上发生的冬夏不同的向海输运。

§6.5　行星尺度锋

　　行星尺度锋(planetary-scale front)全部是位于大洋内部的锋面,是不同海水水系之间的分界面。行星尺度锋主要有三大类:亚热带锋、亚极锋以及极锋。各个行星尺度锋均与大洋水团有密切的联系,图 6.8 是南半球行星尺度锋与大洋水团配置示意图。水团结构由赤道向极地分为 4 种水团:亚热带水、亚极地水、锋区水、极地水。其中,亚热带水是赤道

流系形成的高温高盐水体，亚极地水是西风漂流中暖流的水体，锋区水是西风漂流中寒流部分的水体，极地水是受海冰和陆冰融化的影响形成的低温低盐水体。各个行星尺度锋则是这些水体的分界线。

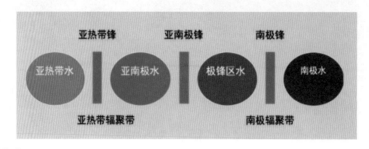

图 6.8

南半球行星尺度锋与大洋水团的配置示意图

一、亚热带锋

亚热带锋（STF，subtropic front）是大洋主锋，是赤道流与西风漂流之间的辐聚形成的，位于亚热带辐聚带，是亚热带水的极向边界，也是西风漂流的赤道向边界，是亚热带和亚极区的分界。亚热带锋主要体现为温度锋，温度可以从 18 ℃ 降到 10 ℃。南半球的亚热带锋大约在 42ºS，而北半球大约在 40ºN。

二、亚极锋

在亚极锋（SPF，subpolar front）和极锋之间的区域称为"极锋区（Polar Front Zone）"，是亚极地流涡的中心海域。在南半球，表层海水主要是南极锋区水。亚极锋是来自赤道的暖流和来自极区的寒流交汇后形成的锋面，位于各大洋西风漂流之内，是暖流的极向边界，也是寒流的赤道向边界。亚极锋主要是温度锋，是极地锋区水体与亚极地水体的分界面。亚南极锋位于南极绕极流之内，是南极模态水潜沉的纬度，向赤道方向输送的冷水沿锋面潜沉，并向赤道方向扩展。

三、极锋

极锋（PF，Polar front），又称极地锋，是极地表层水影响的赤道向边界，也是亚极地流涡水体的极向边界。极锋的主要性质是温度锋和盐度锋，通常以次表层（200 m 以深）温度极小值的赤道方向边界作为其位置的判别标准（Belkin 和 Gordon，1996）。

在南半球，南极锋与南极辐聚带位置上重合，是表层水体的辐聚形成的锋面。南极锋宽度约为 32～48 km，锋面两侧水体的温度相差 2 ℃～3 ℃，位于 48ºS～61ºS 范围内。低温的南极表层水在南极锋开始向北下潜，置于亚南极水之下，成为南极中层水（AAIW）。

在北半球，在太平洋一侧由于有陆地包围，没有北极锋；但在北大西洋，因为北极表层水沿格陵兰岛东侧流出，与滞留在格陵兰海和冰岛海的挪威暖流回流水之间形成了锋面，相当于北极锋。该北极锋呈西南—东北走向，从北大西洋一直延伸到北欧海北部。在北大西洋，存在赤道暖水与北欧海水的锋面，相当于亚北极锋，位于冰岛以南海域（图 6.9）。

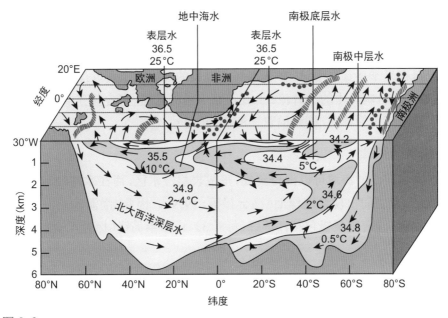

图 6.9

大西洋水团与行星尺度锋的配置示意图 [引自 Duxbury 和 Duxbury, 1994]

§6.6　中国近海的海洋锋

　　中国近海存在与陆架和河口有关的各种海洋锋(任诗鹤等，2015)。从形成机制上看，主要有五类锋：浅水陆架锋，河口锋、沿岸流锋、上升流锋和西边界流锋。图 6.10 展示了渤黄东海的海洋锋，这些锋在不同的文献中往往有不同的名称。

一、西边界流锋

　　流经东海的黑潮是一支著名的西边界流，黑潮与陆架水之间出现典型的斜压性锋面，同时出现密度锋、温度锋和盐度锋，称为黑潮锋(Kuroshio Front)(标号1)，也属于陆架坡折锋。由于黑潮有季节性变化，流轴亦有摆动和弯曲，因而锋面也有相应的摆动。

二、河口锋

　　长江水入海是东海非常重要的现象，存在河口锋系，忽略那些小尺度的锋，有代表性的

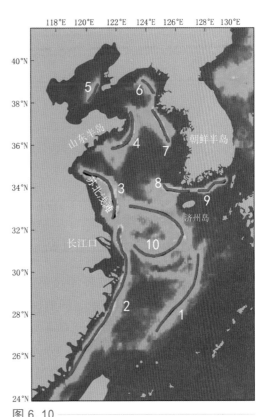

图 6.10

渤黄东海的海洋锋 [引自 Hickox 等, 2000]

河口锋是长江口锋,也就是长江冲淡水锋(标号 10)。

三、上升流锋

我国近海在夏季盛行夏季风,在从南到北漫长的海岸线出现近岸上升流,包括风生上升流,也包括其他机制产生的上升流。上升流将下层的低温、富含营养盐的海水向上输送,形成了与上升流有关的锋面,称为福建 - 浙江锋(标号 2)。

四、浅水陆架锋

由于在水深较浅的海域可以混合到底,形成表层冷水区,而在水深较深的地方不能混合到底,致使二者之间出现温度锋面(冯士筰等,1999)。因此,渤海和黄海内的浅水陆架锋又称为潮汐锋。浅海陆架锋包括江苏锋(标号 3)、山东半岛锋(标号 4)、渤海锋(标号 5)。

五、沿岸流锋

黄海暖流水在朝鲜半岛沿岸形成与黄海混合水之间的锋面,主要有西朝鲜湾锋(标号 6)、江华湾锋(标号 7)、西济州岛锋(标号 8)以及东济州岛锋(标号 9)。

南海表层的海洋锋特别复杂,受到沿岸不同水系的影响,形成有明显差别的各支海洋锋。黑潮水会以"流套"的形式进入南海,形成与之相关联的海洋锋。加之南海南北跨度大,温度差异显著,影响锋的特性。而且,南海受季风气候所控制,海洋锋普遍具有季节变化。因此,南海的锋是尚待充分认识的海洋锋现象。

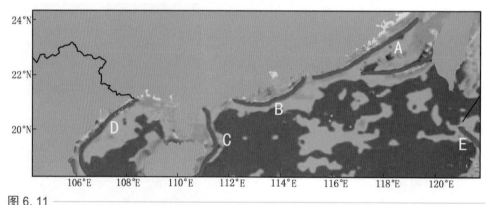

图 6.11

南海北部的主要海洋锋 [引自 Wang 等,2001]

南海北部上层的主要海洋锋可以分为 6 支,如图 6.11 所示。这些锋可以分成 3 类。第一类是沿岸水系与南海水之间的锋面,其中闽粤沿岸锋从台湾海峡一直延伸到珠江口,与沿岸水与季风驱动的沿岸流有关,冬季最强,夏季减弱甚至消失。在南海西北部有海南东沿岸锋和北部湾锋,都与南方丰沛的降雨和沿岸流有关。第二类是河口锋,在珠江口径流影响的范围内存在,称为珠江口沿岸锋。第三类是进入南海的黑潮水与南海水之间的锋,在吕宋岛西部的锋称为黑潮入侵锋,是比较弱的锋。北部的锋在台湾浅滩以东的锋称为台湾浅滩锋,是比较强的锋。这些锋普遍发生季节转换,在秋季几乎只有第三类锋明显存在。

§6.7 海洋跃层和障碍层

海洋跃层是最早观测到的海洋现象之一,而海洋锋的发现则要晚得多。传统上人们习惯将海洋锋与跃层作为不同的现象来研究。事实上,海洋锋与跃层有很高的相似性,都存在温度、盐度和密度的跃变区,只是海洋锋以水平分界面为主,而跃层以垂向分界面为主。越来越多的观测表明,很多出现在海洋表层的锋面与出现在海洋中的跃层是同一个分界面。因此,海洋跃层可以认为是以水平方向伸展为主、不一定抬升到海面的特殊锋面。

一、海洋上混合层

在海洋上层普遍存在一个温度、盐度和密度的上混合层(upper mixed layer),混合层内水体性质相当均匀,在垂向剖面图上近乎是直线(图6.12)。在开阔海洋,上混合层一般是风生混合层,是风的搅拌作用加剧了湍流混合而形成。在结冰海域,风力的作用无法抵达冰下,上混合层一般是对流混合层(convective mixed layer),即在结冰析盐产生的高密度海水驱动下产生对流混合,导致海水性质垂向均匀。当风力减弱或对流停止后,上混合层的均匀性弱化。

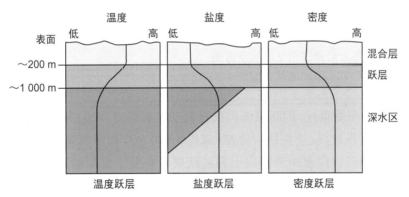

图 6.12
风生上混合层和主跃层

二、跃层

中低纬度海域的海水是稳定层化的,上混合层之下的海水状态参数随深度呈阶跃式变化,在海洋学中称为跃层,包括温度跃层(thermocline)、盐度跃层(halocline)和密度跃层(pycnocline)。风生的情况下,温度、盐度和密度跃层的位置几乎是一致的(图6.12)。由于在高温海域密度以温度变化为主,密度跃层也称为温跃层,又称永久温跃层,是大洋水体结构和热力条件综合作用的结果。在南北方向上,赤道附近的主温跃层最强,厚度较薄,深度最浅;随着纬度增大,主温跃层逐渐加深、增厚、减弱。在亚极区,主温跃层再次变浅,厚度减小,强度增大。主温跃层在极锋区与海面相交,形成跃层的通风(图6.13)。

在赤道的东西方向,在大气沃克环流的作用下,主温跃层呈现倾斜的特点:在太平洋和大西洋赤道海域,跃层呈现西深东浅的特点,而印度洋刚好相反。

在高纬度海域,由于风的作用受到海冰阻滞,对流混合起主导作用,形成对流混合层。在对流混合层之下,也会存在温度跃层和盐度跃层,但二者一般是不一致的,因为温度跃层主要受加热状况的影响,而盐度跃层主要受结冰析盐的影响。在大洋海水中,暖水区温度对密度变化影响显著,冷水区盐度对密度变化影响显著,因而,在赤道海域温跃层与密度跃层关系密切,而在极区,盐度跃层与密度跃层关系密切。

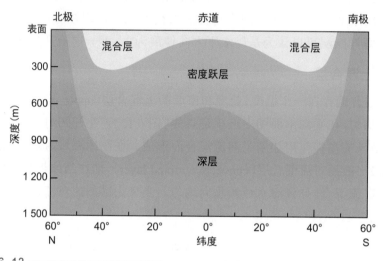

图 6.13

大西洋上混合层和主密度跃层示意图

[引自 http://oceanmotion.org/html/background/ocean-vertical-structure.htm]

跃层在军事上深受重视,因跃层结构的任何变化都将对声通信产生显著影响。首先,在海洋中存在深水声道,位于主跃层底部(深约 1 000 m),那里声速最小,形成声波导,有利于长距离稳定通信。深水的声波向上到达跃层后会发生全反射,致使海面舰船难以探测到隐藏在密度跃层之下的潜艇。

三、障碍层

在第 4 章提到,海洋中的密度层化对湍流运动有重要的抑制作用。因为海洋中的密度跃层会吸收湍流的动能将其转化为跃层的势能,对热量的垂向传输有明显的阻碍作用。在世界中低纬度大洋中,上层海洋接收了大量太阳辐射能,形成温暖的水体。但水体的热量并没能进入海洋深处,而是集中在海洋上层,主要原因是中低纬度海洋的密度跃层发达,阻止了热量的有效向下传输。中低纬度大洋风生混合层之下的温度跃层、盐度跃层和密度跃层基本一致(图 6.14a)。

然而在一些高纬度海域,引起温度变化和盐度变化的因素不同,导致温度跃层、盐度跃层和密度跃层的深度不一致,如图 6.14b 所示。如果温度均匀层的深度比密度跃层深,也就是密度跃层出现在温度均匀层之内,密度跃层将阻碍其下水体中的热量向上传输,也阻止其上方混合层中的热量向下传输。也就是说,在密度跃层之下存在暖水层时,暖水层的热量受到密度跃层的阻隔而不能向上传输,因而这个暖水层被称为障碍层(barrier layer)(Godfrey 和 Lindstorm,1989)。由于密度跃层有一定的厚度,甚至一直延伸到温度均匀层之下,有时认为密度跃层就是障碍层(Pailler 等,1999;Sprintall 和 Tomczak,1992)。然而,阻碍热量传输是密度跃层的正常功能。事实上,被密度跃层阻碍热量传输的温暖水层才是障碍层。

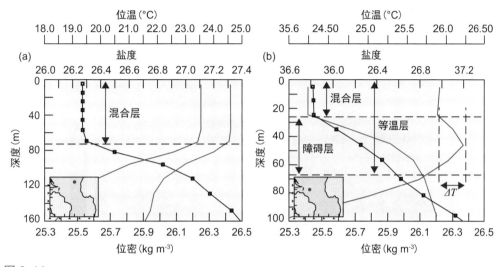

图 6.14

障碍层的垂向结构 [引自 Breugem 等,2008]

图中,黑色线为位密,红色线为位温,蓝色线为盐度。(A) 位于 (30°W, 25°N),三个跃层深度一致,没有障碍层;(B) 位于 50°W, 15°N,出现障碍层

障碍层的热量不能向上传输,也就不能贡献给大气,因而,大范围的障碍层对海气热量交换有重要影响。在极区,障碍层的封闭作用保存了一部分热量,影响了海冰的融化与冻结时间。障碍层在热带、温带和寒带都可以发生。形成障碍层的原因主要有以下两个。

第一,在热带和亚热带有些风力较弱的海域,暖水平流决定了海水的温度结构,而河流径流和降雨决定了表层的淡化,导致在温暖水层中出现盐度跃变形成密度跃层。发生障碍层的测站多位于强降水区,淡水通量是障碍层形成的关键因素。有时,平流暖水的厚度可以超过 100 m,而淡水为主形成的密度跃层只有几十米,在密度跃层下形成很厚的障碍层。

第二,在寒带冰区,由于有海冰覆盖,风对海水的搅动很弱,海冰融化的淡水和径流的淡水形成浅而强的密度跃层,通常深度在 20 m 左右。夏季的太阳辐射可以穿透密度跃层,直接加热跃层之下的海水,形成温度极大值,称为次表层暖水(near-surface temperature maximum)(Zhao 等,2011)。这部分热量被密度跃层封闭而不能释放;到了秋季,密度跃层逐渐减弱,这些热量才慢慢释放出来,推迟了海冰的冻结。因此,次表层暖水实际上是障碍层内的现象。

目前,已经在很多海域发现障碍层,如在西太平洋的暖池区(Lindstorm 等,1987;Lukas 和 Lindstorm,1991;You,1998)、赤道海域(Sprintall 和 Tomczak,1992)、北太平洋(Kara,2000)、

苏禄海和苏拉威西海(Chu 等, 2002)、南海(吴巍等, 2001; 朱良生等, 2002)、南海中部(潘爱军等, 2006)。通常, 发生在中低纬度的障碍层厚度较小, 只有 10 m 的量级, 厚度小于 2 m 的情况认为不存在障碍层。而在南北极海域, 障碍层通常很厚, 观测到的障碍层最大厚度可超过 200 m(图 6.15)。

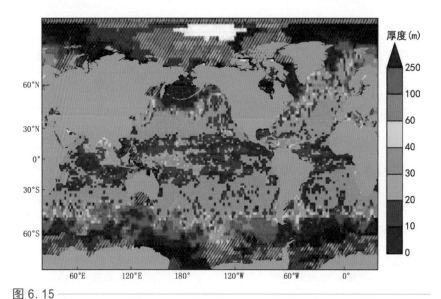

图 6.15

世界大洋障碍层的发生海域和厚度分布 [引自 Montegut 等, 2007]

思考题

1. 不同海洋锋辐聚特性的动力学机理是什么?
2. 海洋锋的主要类别。
3. 河口锋系有哪几个主要锋, 锋的特点是什么?
4. 浅海锋系有哪几个锋组成?
5. 海洋障碍层的温度和密度结构。
6. 西边界流锋与陆架坡折锋有什么异同?
7. 跃层与锋面的异同。
8. 南半球有几个行星尺度锋, 各叫什么名字?
9. 极锋的物理结构是什么?

深度思考

从大洋环流和水团的角度看, 不同原因形成的水团之间必有锋面, 是否可以认为每个水团都是由锋面包裹着的系统?

介绍锋面时很少讨论能量问题。锋面是能量的吸收体还是能量的耗散体?

第7章
海洋湍流

　　湍流是流动不稳定的一个重要现象。实验发现，当稳定的层流（laminar）流动速度超过某个值的时候，流动失去其稳定性，层流突然变成杂乱无章的混乱运动，这种混乱运动被称为湍流（tuebulence），也称为乱流、紊流等。大气中常见的云层翻卷、炊烟上升、清风吹拂等都是湍流现象；海洋中起伏的波涛、翻滚的浪花、奔腾的海流、如期的潮汐等都处于湍流状态。绝大多数的海洋运动都是湍流运动。有时，我们在近海或海湾中看到的海面平滑如丝，然而，在其光滑的表面下，也是奔腾的湍流，只不过湍流的状态比较弱而已。

　　海洋湍流是物理海洋学领域一个相对独立的研究方向，有复杂的理论体系。本章介绍观测到的海洋湍流现象、与海洋湍流有关的基本结论、主要应用方法以及需要深入理解的海洋湍流概念，有助于对本书其他章节的理解。

英国物理学家雷诺（Reynolds）首先研究了湍流，他确定的雷诺数（Reynolds number）R_e 是度量流动状态的一个重要参数，

$$R_e = \frac{\rho U d}{\eta} \qquad (7.1)$$

式中，ρ 为海水的密度，U 为流体的特征运动速度，d 为运动的特征长度尺度，η 为海水的分子动力学粘滞系数，在水温为 10 ℃时等于 1.130×10^{-3} N s m^{-2}（kg m^{-1} s^{-1}）。

一旦 R_e 达到某个临界值，流体的运动就会从层流状态突然变换到湍流状态。在海洋中，雷诺数的临界值约为 10^4，设运动涉及的厚度为 1 m，平均运动流速为 0.01 m s^{-1}，R_e 就达到了临界值。而海洋的深度和运动的速度都远大于这些值，实际海洋的 R_e 数远远超过临界雷诺数，因此，海洋的运动基本处于湍流状态。

雷诺数的物理意义是惯性力与黏性力的比值，表征了海水运动的特征强度与分子黏性耗散的强度之比。海水中雷诺数很大，表明海水的运动与分子耗散相比要强烈很多。湍流体现为涡旋运动（eddying motion），即运动是由各种不同尺度涡旋的运动构成的，湍流通过不同尺度涡旋之间的相互作用传递动量和能量。

§7.1 海洋湍流的研究范畴

由于海洋的尺度与运动特征，海洋每时每刻都处于湍流状态，即使在看似非常平静的水面之下也呈现湍流运动。因此，必须用湍流的观念思考海洋中的运动问题。

一、湍流的发展过程

海洋湍流的产生过程很复杂，人们对其研究和认识还远远不够。但是湍流的发展过程可以比较容易地观测到。从形态上看，搅动（stirring）和卷挟（entrainment）是湍流发展的两种主要形式（Turner，1986）。

1. 搅动

发生在运动水体内部的湍流过程都可以归结为搅动。搅动有两种情形，即剪切（shear）和辐聚辐散（convergence 或 divergence），体现为湍流的三维涡旋运动属性，剪切体现的是流动的切向变化，而辐聚辐散体现的是流动的法向变化。

剪切和辐聚辐散是改变水质点之间距离的重要形式，也称应变（strain）。固体中的应变有时只是内部应力的改变，并不产生实际位移；而在流体中，应变代表的是流体的形变程度，会产生实际位移，是海洋湍流产生的基础原因。

搅动使流体形态发生改变，其中，流速剪切导致形变在空间上的不均匀，辐聚和辐散导致有的方向拉伸、有的方向收缩，最终产生条纹状（streaky）和丝状（filamenty）分布，使原先接近的水质点相互分离或分散（图 7.1）。湍流导致的混乱运动是空间三维的，难以用图形表示。

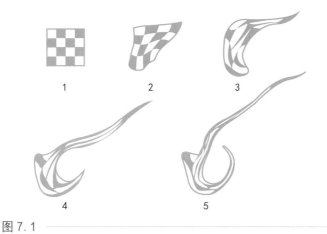

图 7.1

湍流的搅动作用导致的流体形态变化 [引自 Thorpe, 2005]

2. 卷挟

在湍流的发展过程中, 湍流会将范围之外的层流水体裹挟到湍流运动之中, 使湍流向更大范围扩展, 这种现象称为卷挟 (entrainment)。由于卷挟的作用, 在某处产生的湍流会很快扩展到更大的范围, 例如, 在静态空气中上升的炊烟呈羽毛状扩展, 发生在烟柱边缘处的扩展过程就是卷挟。在海洋中, 急流、河口羽状流、重力流等研究内容都与卷挟有很大的关系。

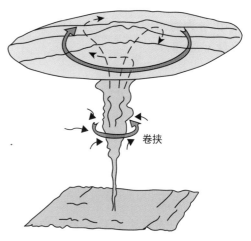

图 7.2

上升气流流产生的卷挟过程

因此, 如果不考虑湍流边界的扩展, 海洋湍流发展的主要因素是搅动。导致海洋中发生搅动的因素很多。风在海洋表面的驱动是来自外界的搅动, 是湍流运动的核心因素。流动自身就是最重要的搅动源, 在流动过程中, 流体微团之间的运动速度和方向有差异就会加剧混乱运动, 形成对海水的搅动。

搅动过程是能量输入过程, 海洋湍流从搅动过程中获取能量, 维持自身的存在和发展。海洋湍流可以从外界的能量输入获取能量, 也可以从平均流的流动中获取能量。

来自固体边界的摩擦有削弱流场的作用, 形成强湍流耗散层, 通过将流体的动能转化为热能使总机械能减小, 可以看成是负的搅动过程。

二、海洋湍流的主要特性

湍流运动是海洋中的基本物理过程, 海洋的湍流热传导和物质扩散都是流运动的结果。海洋湍流具有以下几种基本特性。

（1）湍流运动仍然保持质量守恒的基本原则, 因此, 湍流只能是涡旋运动, 形成区域性的混乱运动和整体上的质量守恒。

（2）湍流是耗散的。湍流向更小的涡传递能量,最后通过分子运动将湍流的动能转化为热能。湍流的维持需要持续的能量供给,失去能量来源湍流会很快衰亡。在海洋中能量供给量发生变化时,湍流的强度也将相应地变化。

（3）湍流是扩散的。当有持续的能量供给时,湍流就进一步发展。湍流的扩展范围与能量的供给率有关。如果能量供给量固定,则会发生相应规模和强度的湍流。

（4）湍流与其他海洋现象在能量转移机制上是不同的。波浪是动能和势能之间的转化,海流的动能和势能都可以发生转换,而湍流是不同尺度涡之间的动能传递。

三、海洋湍流的两种表达方式

雷诺认为,海洋湍流运动仍然满足纳维－斯托克斯(Navier-Stokes)方程,湍流的瞬时流速矢量 $\mathbf{v}$ 和瞬时压强 p 之间的关系仍然由动力学方程组来描述:

$$\frac{\partial \mathbf{v}}{\partial t} + \mathbf{v} \cdot \nabla \mathbf{v} + f\mathbf{k} \times \mathbf{v} = -\frac{1}{\rho}\nabla p + g\mathbf{k} + \frac{\nu}{\rho}\nabla^2 \mathbf{v} \tag{7.2}$$

式中,ρ 为海水的密度,f 为科氏参量,g 为重力加速度。将速度分解为平均流速 $\bar{\mathbf{v}}$ 和脉动流速 $\mathbf{v}'$ 之和,即

$$\mathbf{v} = \bar{\mathbf{v}} + \mathbf{v}' \tag{7.3}$$

代入后可将(7.2)式分解为两个方程组,一个是关于湍流平均运动的方程组:

$$\frac{\partial \bar{\mathbf{v}}}{\partial t} + \bar{\mathbf{v}} \cdot \nabla \bar{\mathbf{v}} + f\mathbf{k} \times \bar{\mathbf{v}} = -\frac{1}{\rho}\nabla \bar{p} + g\mathbf{k} + \frac{\nu}{\rho}\nabla^2 \bar{\mathbf{v}} - \overline{\mathbf{v}' \cdot \nabla \mathbf{v}'} \tag{7.4}$$

另一个是关于湍流脉动运动的方程组:

$$\frac{\partial \mathbf{v}'}{\partial t} + (\bar{\mathbf{v}} \cdot \nabla \mathbf{v}' + \mathbf{v}' \cdot \nabla \bar{\mathbf{v}} + \mathbf{v}' \cdot \nabla \mathbf{v}') + f\mathbf{k} \times \mathbf{v}' = -\frac{1}{\rho}\nabla p' + \frac{\nu}{\rho}\nabla^2 \mathbf{v}' + \overline{\mathbf{v}' \cdot \nabla \mathbf{v}'} \tag{7.5}$$

方程组(7.4)式表达了湍流的平均运动,属于物理海洋学的研究范畴;而方程组(7.5)式表达了湍流的脉动运动,属于力学的研究范畴。

力学中的海洋湍流理论关心的是海洋湍流的形态、运动、变化及其主要参数。湍流与发生湍流的环境关系很大,不同的条件产生不同的湍流。湍流动力学求解不同条件下的湍流,从特殊到一般发现湍流的规律。(7.5)式表达的湍流脉动量是高频变化的过程,具有很强的随机性,需要研究其统计特性。

物理海洋学研究的内容相当于湍流运动中的平均运动,(7.4)式是常用的海洋动力学方程组,也称为雷诺方程。这里的平均运动是相对于高频变化的湍流过程的平均状态。平均运动也是随时间变化的,只是变化的尺度远低于湍流运动的时间尺度。

四、湍流应力

在(7.4)和(7.5)两式中,最后一项为湍流黏性项,二者完全相同但符号相反,体现了平均运动与脉动运动之间的动量迁移。在湍流发生时,湍流运动从平均运动中获取动量而存在和发展,如果没有平均流持续的动量供给,湍流就会被削弱。反之,湍流运动对动量

的大量消耗也将拖累平均流，成为平均流发展的阻碍因素。将该项表达为

$$\overline{\mathbf{v}'\cdot\nabla\mathbf{v}'}=-\frac{1}{\rho}\nabla\tau_T \tag{7.6}$$

式中，$\boldsymbol{\tau}_T$ 被称为湍流应力（turbulent stress），也称雷诺应力（Reynolds stress），单位为 N m^{-2}。雷诺应力是三维张量，在直角坐标系中的表达式为

$$\boldsymbol{\tau}_T=\begin{vmatrix}-\rho\overline{u'u'} & -\rho\overline{u'v'} & -\rho\overline{u'w'}\\ -\rho\overline{v'u'} & -\rho\overline{v'v'} & -\rho\overline{v'w'}\\ -\rho\overline{w'u'} & -\rho\overline{w'v'} & -\rho\overline{w'w'}\end{vmatrix} \tag{7.7}$$

式中，u'，v' 和 w' 为脉动速度在直角坐标的三个分量，负号表示湍流应力的方向与动量传输的方向相反。相同流速分量的乘积项代表法向应力，不同流速分量的乘积项代表切向应力。显然，(7.7)式主对角线上的三项分别为三个方向的法向应力，而其他均为切向应力。

从物理海洋学角度看，为了求解方程组(7.4)，需要事先获得湍流应力。研究表明，要想满足这个要求有两个可能的方法，第一是采用(7.7)式，通过测量直接获取湍流应力，以了解湍流应力的特征；第二，将湍流应力用平均运动的量表达出来，代入方程组(7.4)求解。下面两节分别介绍这两种方法。

§7.2　湍流应力的测量与计算

湍流应力不是外界作用于水体的力，而是水体内部的力，是水体微团间动量交换不均匀引起的。公式(7.4)和(7.5)的最重要价值是将平均运动与湍流运动分离开来，使具有强非线性的湍流运动对平均运动的影响集中在湍流应力中，只要获得了湍流应力，就可以着重于研究平均运动。

图 7.3

海洋湍流的直接测量

一、湍流应力的“直接”测量和计算

公式(7.7)给出了直接测量湍流应力的方法，可以通过直接测量湍流脉动速度再平均的方式获得湍流应力。早期对雷诺应力的认识均是基于这种测量方法。

脉动量的测量需要两个条件：一方面，脉动量体现了湍流混乱运动的高频变化的特性，需要高灵敏度的仪器才能测量；另一方面，由于观测仪器本身会对湍流场产生干扰，对湍流的脉动特性的观测往往需要仪器以自由落体的方式进行

测量,在传感器干扰湍流运动之前测量得到脉动流速。现今海洋湍流的观测通常采用类似海洋垂向微结构剖面仪(vertical microstructure profiler)之类的仪器,搭载高灵敏度的测流和测温传感器,以自由落体的形式下放。因此,湍流观测水平的提高在很大程度上依赖观测技术的进步。

二、协方差张量

获得了脉动速度的数据,就可以用(7.7)式直接计算湍流应力。由于剖面测量的是瞬时的脉动速度,需要将一段时间内的测量结果进行统计,即牺牲空间分辨率获得低空间分辨率的湍流应力剖面。这样只能得到湍流应力的瞬时值,无法满足统计的需要。未来需要不断改进测量技术和方法,实现对脉动速度随时间变化过程的观测,只有这样才能借助统计学方法了解湍流应力的时空分布。

如果获得了较长时间脉动速度的时间序列,就可以计算协方差张量:

$$R(\mathbf{r},\mathbf{x},t) = u_i\left(\mathbf{x},t-\frac{1}{2}s\right)u_j\left(\mathbf{x},t+\frac{1}{2}s\right) \tag{7.8}$$

式中,x 为观测点的位置矢量,s 为时间差。根据统计中的各态历经性(ergodic),在足够观测样本的条件下,可以将时间的协方差张量转换为空间的协方差张量。如果在湍流场中协方差张量 R 在不同的位置都是一样的,称为均匀湍流(homogeneous turbulence);如果把坐标系任意转动 R 保持不变称为各向同性湍流(isotropic turbulence)。

获得了湍流的协方差张量,就可以用其计算湍流应力:

$$\tau_T = -\rho\sigma_1\sigma_2 R(0,\mathbf{x},t) \tag{7.9}$$

式中,σ_1 和 σ_2 是两个时间序列的方差。

三、湍流谱

对协方差张量(covariance tensor)R 作傅立叶变换得到湍流谱(spectrum)S。与时间相关的协方差张量对应的是能谱(energy spectrum),与空间相关的协方差张量对应的是波数谱(wavenumber spectrum)。能谱表征湍流能量在不同特征时间尺度(或不同频率)湍流中的分布;而波数谱表征湍流能量在不同空间尺度(或不同波数)湍流中的分布。也就是说,直接测量湍流脉动速度的时间序列,并计算协方差张量,可以获得湍流应力的时间变化,也可以计算湍流谱。

§7.3 海洋湍流的参数化

通过上节的方法测量并计算湍流应力,可以增进对湍流动量传递的认识。但是,通过观测计算的湍流应力并不能用于对未来的预测,在实际使用(7.4)式时,需要知道未来的湍流应力。如果不能预先给出湍流应力的形式,就不能开展预报性工作。因此,人们努力将湍流应力与平均运动建立联系,使(7.4)式代表的平均运动方程组实现闭合。将湍流脉动量与平均运动建立联系需要另外的物理定律。

对于层流情形,海水具有粘滞(viscosity)现象,也称为黏性,表现为相邻两层速度不同的流体之间存在相互作用力,使速度快的流体减速,使速度慢的流体加速。粘滞现象由牛顿粘滞定律(Newton's law of viscosity)描述:

$$\tau_L = -\eta \left(\frac{\mathrm{d}\bar{u}}{\mathrm{d}z} \right)_z \tag{7.10}$$

式中,η 为流体的动力学粘滞系数,单位为 kg m^{-1} s^{-1};τ_L 为粘滞力,与速度梯度 du/dz 成正比。式中负号表示动量向流速减小的方向传输。

(7.10)式表达了分子混乱运动所产生的动量输送,对于湍流还没有类似的物理定律。布辛奈斯克(Boussinesq)将湍流运动与分子运动相类比,将湍流应力表达为(窦国仁,1981)

$$-\rho \overline{u_i' u_j'} = -\rho A \left(\frac{\partial \overline{u_i}}{\partial x_j} + \frac{\partial \overline{u_j}}{\partial x_i} \right) \tag{7.11}$$

式中,A 为湍流动力学粘滞系数,单位亦为 kg m^{-1} s^{-1}。这种类比将湍流应力与平均运动建立了联系,可以用平均运动速度来表达湍流应力,实现了(7.4)式的闭合。关于湍流的信息体现在 A 中,只要确定了 A,就可以不考虑湍流运动的细节来研究平均运动。

公式(7.11)建立的湍流运动与平均运动的关系与实际情况接近。但分子粘滞系数是海水分子结构所决定的海水固有属性,可以准确测定;而湍流粘滞系数 A 并不是海水的物理性质,而是运动性质,是变化的物理量,与运动的时间尺度和空间尺度有关。确定 A 的表达方式需要对湍流运动加以深刻的理解,使其具有明确的物理意义。早期的学者针对二维剪切流开展了不少工作以确定 A 的表达形式。

一、混合长度理论

普朗克(Prandle)在讨论二维平行流时认为湍流运动与分子运动很相似,分子运动交换的是分子,而湍流运动交换的是水体微团(Prandle,1942)。湍流脉动速度产生的平均影响距离被定义为混合长度 l,就可以给出 A 的表达式:

$$A = \rho l^2 \frac{\partial \bar{u}}{\partial z} \tag{7.12}$$

式中,z 方向为二维剪切流的法向。(7.12)式表达的关系称为混合长度理论(mixing length theory),该理论在很多情况下可以给出符合实际的结果。在实际应用中,可以根据发生湍流的环境改变混合长度的取值。

二、涡扩散理论

泰勒(Taylor,1915)提出了涡扩散理论(eddy diffusion theory),认为(7.11)式表达的湍流交换进行的是涡旋的传递。根据这种认识,泰勒提出了湍流扩散的表达式为

$$A = \frac{1}{2} \rho l_\omega^2 \frac{\partial \bar{u}}{\partial z} \tag{7.13}$$

泰勒将 l_ω 称为涡旋混合长度,在量值上与普朗克的动量混合长度相差 $\sqrt{2}$,二者的结果很相似。

三、运动相似理论

卡门(kármán)针对混合长度仍然未知的状况,提出了局部运动相似假说(Karman,1930),认为脉动流场中各点附近的局部运动在统计上是彼此相似的。据此,卡门提出了计算混合长度的公式:

$$l = K \frac{\mathrm{d}\bar{u}/\mathrm{d}y}{\mathrm{d}^2\bar{u}/\mathrm{d}y^2} \tag{7.14}$$

式中的无量纲数 K 为卡门常数,其值为 $0.36 \sim 0.41$。运动相似理论相当于为混合长度提供了更好的计算方法。运用卡门运动相似理论获得的湍流参数化方案具有更高的精度和更好的可操作性,在海洋工程中一直沿用至今。

这些理论都是半经验理论,都是依据各种假定所发展起来的理论确定湍流粘滞系数。虽然这些理论没有涉及湍流运动的物理细节,所提出的假定也没有得到有效地证实,但是这些理论的结果与实际情况有较好的一致性,成为湍流运动在物理海洋学中的参数化形式,保证了湍流平均运动方程组的闭合,成为研究湍流平均运动的有效手段。

上述三种理论都是基于二维剪切流的研究结果,由于海洋运动的薄层特性,二维剪切流的结果在海洋中也是很好的近似。对于海洋中更为复杂的三维湍流,上述的参数化方法都是不够的,需要更为复杂的闭合方法,本章不再介绍。

§7.4 层化条件下的海洋湍流

上节介绍的海洋湍流参数化针对的是密度均匀的海洋,而在有些海域,海水的密度在垂向上不均匀,称为层化(stratification)。有层化和没有层化时的湍流有很大的不同。在均匀水体中,作用在海面上的外界强迫可以通过湍流运动一直向下传递,直至扩展到整个海域。而在层化水体中,搅拌过程不论是将较重的水体微团移动到较轻的水体中,还是把较轻的水体微团移动到较重的水体中,都要抵抗重力或浮力做功,消耗湍流的能量,即湍流运动需要克服海水的势能做功。因此在层化条件下,湍流不再是各向同性的,能量的传输机制也发生了变化(卡缅科维奇和莫宁,1983)。层化海洋中最关键的因素是需要在湍流方程中考虑海洋的净浮力,得出与均匀海洋不同的结果(Turner,1973)。

一、理查森数 R_i

将(7.11)式代入湍流的脉动量方程(7.5)式,乘以 $\mathbf{v}'$ 并对时间平均,可以得到平均湍流动能的表达式。导出理查森(Richardson)数为

$$R_i = \frac{-\frac{g}{\rho}\frac{\partial\bar{\rho}}{\partial z}}{\left(\frac{\partial\bar{u}}{\partial z}\right)^2 + \left(\frac{\partial\bar{v}}{\partial z}\right)^2} \tag{7.15}$$

对于均匀流体,人们用雷诺数 R_e 来判断湍流。但是,雷诺数不能反映层化的影响。

在层化的海洋中,要用理查森数(Rechardson number)R_i来判断湍流。理查森数是无量纲数,其物理意义是海水平均运动的势能与动能之比,表达了层化在海水运动中的相对重要性。按照(7.15)式,从下面几种极限情况可以看到理查森数的意义:如果没有剪切,湍流不能从平均流获取能量,R_i趋于无穷,湍流趋于消失;如果没有层化,R_i趋于零,湍流会充分发展。如果剪切和层化都存在,湍流的发展就会受层化影响。因此,在层化的情况下,理查森数越小湍流越强。

二、基于理查森数计算湍流扩散系数

层化海洋的湍流动量扩散系数(即运动学粘滞系数)与理查森数有关,需要建立二者之间的联系。Pacanowski 和 Philander（1981）给出了基于理查森数的垂向湍流动量扩散系数 K_V(单位 $m^2\ s^{-1}$)的计算方法:

$$K_v = \frac{\upsilon_0}{(1 + \alpha R_i)^2} + \upsilon_b \tag{7.16}$$

式中, $\upsilon_0 = 0.01\ m^2\ s^{-1}$, $\upsilon_b = 1 \times 10^{-4}\ m^2\ s^{-1}$, $\alpha = 5$。

显然, K_V 在 R_i 为零时最大,对应于没有层化的情形; K_V 在 R_i 为无穷时最小,对应于强层化情形。这个算法实际上只适用于强层化和强剪切的情形。由于在上层海洋中的主要运动都发生在强层化和强剪切条件,因而,这个算法在海洋研究中得到广泛地应用。实际上,关于海洋湍流系数的算法还有很多。

三、湍流在层化海洋中的发展

层化海洋中的湍流有以下两种效应。

第一,层化阻隔了能量向下传递。按照(7.16)式,层化条件下湍流运动最弱,表明跃层削弱了海洋湍流,阻隔了湍流能量的向下传递。一方面海面风力输入海洋的能量不能进入海洋下层,致使海洋深处的湍流很弱。另一方面部分湍流能量在跃层之上很薄的水层内集中,导致上层海洋湍流运动增强而充分混合,是海洋上混合层温盐特性均匀的动力学原因。

第二,大量湍流的能量在层化海洋中克服浮力做功,这些能量转变为海水的势能。其中有相当部分转化为海洋内波的能量,是跃层附近内波加强的主要能量来源。内波通过向外传播而使能量分散,将大量能量以波动的形式传送到更大的空间。势能的变化形成了较小尺度的湍流向更大尺度湍流转移能量的作用。例如,在赤道区域,风力要比在西风带弱得多,但是赤道流仍然达到 $0.5\ m\ s^{-1}$,表明在赤道海域的上混合层,很多的湍流能量转换为平均流的能量。

湍流由大涡向小涡传递能量的过程称为级串(cascade),也称串级。均匀流体中的湍流只有正的级串过程。而在层化状态下,湍流能量既可以有正级串过程,还可以向更大尺度的运动转移能量,即负级串(negative cascade)过程。负级串过程与动能和势能的转换相联系,由于海洋湍流尺度大,无法缩微到实验室进行试验,认识这些过程有特殊的困难,其机制还不是非常清楚,需要深入研究。

§7.5 地转湍流

前面各节介绍的是传统的小尺度湍流。近年来的研究表明,在海洋中会产生各种较大尺度的涡旋,这些涡旋的尺度普遍大于罗斯贝变形半径,在这个尺度上,科氏力不可忽略,相应的涡旋运动具有准地转特性。有越来越多的证据表明,这些涡旋是普遍存在的,广泛分布在几乎所有的海域,有人据此将海洋称为涡旋动物园。绝大多数涡旋时间尺度从惯性周期到几个星期,空间尺度从亚中尺度到中尺度。这些涡旋体现了不规则运动的特征,更像是随机现象,因此,有人将这些涡旋称为地转湍流(geostrophic turbulence)(Olber等,2012)。

将随机的涡旋运动考虑为地转湍流有时是有用的,比如,可以采用统计学的方法来分析;在能量学研究中可以使用湍流的计算方法等。地转湍流有两个重要特征:二维湍流和能量的负级串。

从地转运动的定义可知,地转运动主要是水平方向的。海洋中的涡旋虽然混乱,但大都是在水平方向旋转,具有二维运动的特征,有时也被称为二维湍流。在层化的海洋中,湍流运动各项异性,在水平方向的湍流更为强大。因此,二维特性是地转湍流的典型特点。

前面说过,小尺度湍流具有正级串特性(cascade),即大涡向小涡传递能量,直至转化为热能。而地转湍流的组成部分是较大尺度的涡旋,涡旋运动的能量既可以向更小尺度的涡旋转化,也可以转移到海流中,由此转化为更大尺度的能量,称为负级串过程。上节提到的层化条件下湍流的负级串过程是湍流动能转化为大尺度的势能,而较大尺度涡旋运动的负级串过程可以直接将动能转换为更大尺度运动的动能。

近年来,由于遥感技术的进步,发现大量的海洋涡旋,关于地转湍流的认识应运而生。涡旋运动对传统的大洋环流理论作出了挑战,有人甚至认为,大洋环流就是地转湍流涡旋运动的平均状态。

然而,海洋涡旋是海流的不稳定性产生的,虽然表面上看涡旋具有随机性的特点,但每个涡旋又是确定性的运动,与纯粹的混乱运动有明显区别。因此,在本书中,仍然将中尺度涡旋作为不稳定性过程产生的确定性现象来认识,在第23章中详细介绍中尺度涡旋的生成机制、尺度特征、运移规律等。

§7.6 湍流能量的耗散尺度

湍流的能量传递是级串过程,即大尺度湍流由平均流获取能量,逐级向小尺度湍流传递,一直到最小的湍流尺度。然后,能量由分子耗散过程转化为热能。虽然湍流的能量在层化的条件下会向更大尺度迁移,但最终还是会经由级串过程转化为热能。

一、湍流能量的耗散率

湍流的能量耗散是湍流的基本性质。能量的损失通常用单位质量流体的动能损失率 ε 来表示，单位是 $W\ kg^{-1}$ 或者 $m^2\ s^{-3}$。其在海洋中的取值范围很大，在上层海洋约为 $10^{-1}\ W\ kg^{-1}$，在深海只有 $10^{-10}\ W\ kg^{-1}$。

湍流能量的耗散率不高，但是正是这种容易被忽视的能量耗散将巨量的海洋湍流能最终转化为热能。从全球的角度看，海洋的总机械能耗散大致与输入的机械能相当，海洋运动的总体能量最终都通过湍流运动转化为热能。

二、湍流的最小尺度

湍流有连续的尺度分布，从海盆尺度到最小尺度。动量的湍流最小尺度是柯尔莫哥洛夫微尺度（Kolmogorov microscale）。柯尔莫哥洛夫微尺度由湍流动能耗散率 ε 和分子运动学粘滞系数 ν 来确定：

$$l_k = (\nu^3 / \varepsilon)^{1/4} \tag{7.17}$$

这个尺度在非常强烈的湍流区域约为 6×10^{-5} m，在深海约为 0.02 m。在这个尺度以下的运动就是分子运动。湍流耗散过程是湍流能量从大涡向小涡的传递过程，一直传递到柯尔莫哥洛夫微尺度，湍流的能量才开始通过分子运动转化为热能。

温度、盐度和其他物质扩散的最小尺度为巴彻勒微尺度（Batchelor microscale），定义为

$$l_B = (\kappa^2 \nu / \varepsilon)^{1/4} \tag{7.18}$$

式中，κ 对于温度是分子热扩散系数，对于盐度是分子扩散系数。温度和盐度的巴彻勒微尺度分别约等于 $0.37\ l_k$ 和 $0.039\ l_k$，即各种物质湍流耗散的尺度都比动量耗散的尺度小。

微尺度对于认识湍流的耗散过程是非常重要的。上面提出来的微尺度都是实验室试验得出的结果，人们对这些微尺度及其背后的物理背景了解甚少，对于海洋湍流的能量究竟如何转化为热能并没有直接测量的结果。

总之，海洋湍流是迫切需要深入认识的领域，而人们对其认识尚不充分。目前更多的使用参数化的方式解决湍流的应用问题，相信随着湍流研究的进步，对海洋湍流会有更好的表达。

思考题

1. 湍流是如何产生的？
2. 海洋湍流发展的两个主要形式是什么？
3. 如何将海洋动力学与湍流力学分开研究？
4. 海洋湍流应力如何确定？
5. 密度层化对湍流有什么影响？
6. 海洋湍流的能量是如何平衡的？
7. 雷诺数和理查森数的意义是什么？

8. 海洋湍流耗散的最小尺度是什么?

深度思考

设一个特定的海域只有风应力做功输入能量,没有任何热传导消耗和辐射消耗,风应力做功输入的能量应该与最终分子耗散的能量相等。请考虑在这个平衡状态中,海洋湍流起到什么作用?

第8章
海洋混合过程

    海洋混合是指海水中相邻的不同水体微团相互掺混,使海水物理性质趋于均匀的过程。混合的基本方式可以分为分子混合(molecular mixing)和湍流混合(turbulent mixing),但由于海水的湍流特性很强,海洋混合都属于湍流混合。虽然湍流运动必将引起海洋混合,但海洋混合和湍流运动的概念并不等同。湍流运动主要表现海洋水体微团的混乱运动,而海洋混合主要表现海水物理性质的均匀化过程。海洋的混合过程受到海水层化的强烈影响而产生各向异性的特点,沿等密度面混合和跨等密度面混合的混合系数差别很大。虽然海洋湍流运动的强度和尺度可以相差几个数量级,但是,湍流混合作为基本混合方式,仍然属于小尺度的混合过程。

    在海洋中,各种宏观运动会将混合的尺度扩展到更大的范围,本章将其称为引发混合的宏观过程,主要包括风生混合、潮流混合、对流混合、内波破碎混合等,这些类别的混合最终都是通过湍流混合实现的。

§8.1 湍流混合

海洋混合（ocean mixing）是指海洋水体微团之间的相互掺混过程。湍流混合指由湍流运动直接导致的混合过程，是由水体微团的混乱运动造成的混合。湍流混合属于小尺度混合过程，是一切混合的基础，各种宏观的混合现象最终也要靠湍流混合来实现。

一、海洋混合现象

海洋混合是海洋的一种重要现象。按照本书第 7 章的介绍，当水体运动发生剪切时，就会发生湍流运动。剪切运动发生的是动量交换，流速快的水体与流速慢的水体交换动量，在没有外界作用的情况下，流速快的水体减慢，流速慢的水体加快，形成动量在垂直于运动的方向传输。

湍流动量交换的结果导致海水混合。前面提到，海洋混合是使海水物理性质趋于均匀的过程，这里的物理性质主要是指海水的密度。海水密度的均匀化主要涉及混合过程，而海水温度和盐度均匀化属于扩散过程。仅考虑海水密度的均匀化有利于将海洋混合确定为动力学现象。

表达水体动量交换能力的物理量是黏性，也称粘滞性。混合过程体现为海洋的黏性，混合越强，黏性越大。因此，动量交换、黏性和混合是一个现象的不同视角，动量交换体现了湍流运动的机制，黏性体现了湍流运动对平均流的影响，混合体现了湍流运动的影响范围。

海洋混合在两个方面与扩散过程有明显区别。第一，海洋混合属于动力学现象，水体微团之间相互掺混的必要条件是发生相对运动，因此，海洋混合就是水体微团之间相对运动的结果。第二，海洋混合只要有相对运动就会发生，与海水的物理参数是否均匀无关。如果海水参数均匀，则不会发生扩散过程，但仍会发生混合过程。基于这两个原因，海洋混合是与扩散过程不同的现象。

二、混合系数

在物理海洋学中并没有专门针对混合现象的动力学方程组，也没有专门的混合系数，而是直接使用海水湍流粘滞系数（Turbulent viscosity coefficient）。究其原因，湍流混合的强度由混合长度来表达，按照（7.12）式，湍流粘滞系数与湍流混合长度的平方成正比，二者可以互相转换。因此，用湍流扩散系数表达混合的强度是合适的。

湍流粘滞系数有两种表达方式。一种是湍流动力学粘滞系数（dynamic viscosity coefficient），也称为湍流摩擦系数，单位为 kg m^{-1} s^{-1}。可是，湍流动力学粘滞系数的单位难于理解，直接导致其物理意义不清晰。由于海水密度的变化范围不大，人们习惯将湍流粘滞系数除以密度，称为运动学粘滞系数（kinematic viscosity coefficient），其单位为 m^2 s^{-1}。运动学粘滞系数与物质的扩散系数单位相同，人们习惯上将运动学粘滞系数称为动量的湍流扩散系数。由于扩散系数的单位更容易理解，还可以将动量的湍流扩散系数与热扩散系数、物质扩散系数进行比较,通常用湍流扩散系数来描写混合过程。

　　然而,有人据此认为湍流混合过程与湍流扩散过程完全相同,则造成了认识的混淆。本书在此强调,可以用动量的湍流扩散系数表达混合,但混合过程与扩散过程有明显的区别。混合过程是水体的相互掺混过程,而扩散过程是水体中物质的相互掺混过程。

　　从以上讨论可见,水体的粘滞性体现为流体的运动性质,摩擦体现为一部分水体对另一部分水体的作用,而混合体现为湍流粘滞性的作用结果,三者从不同角度表达海水的湍流运动。

三、层化海洋的湍流混合

　　海洋的混合过程受到海水层化的强烈影响,产生各向异性的特点,分为等密度混合(isopycnal mixing)和跨密度面混合(diapycnal mixing)。

　　如果两个密度相同的水体微团并行运动,发生混合不需要克服重力或浮力做功,因而混合系数很大,混合的影响范围也很大。将这种相同密度水体的混合称为等密度混合。由于海洋是层化的,等密度混合等价于混合沿着等密度面发生,在这个方向上发生的混合与密度均匀条件下的混合无异。

　　在层化海洋中,密度不同的水体呈重叠状态,密度上小下大,这种混合被称为跨等密度面混合。跨等密度面混合是两种不同密度水体的混合,在密度界面附近削弱水体间的密度差。由于海水层化抑制了湍流运动,相邻的重叠水体一旦发生混合,就要克服重力或浮力做功,消耗海水的能量,因而跨等密度面混合系数很小,混合的范围也很小。但由于海水的薄层特性,在动力学中跨等密度面混合比等密度混合的作用大得多,是造成垂向混合的重要因素。图 8.1 给出了南极绕极流海域跨等密度面混合的重要作用,在不同水体的界面附近,跨等密度面混合成为水体交换的重要机制。海洋中的跨等密度面湍流混合对于热量输运、水体交换以及全球气候、热盐环流强度都有重要影响。

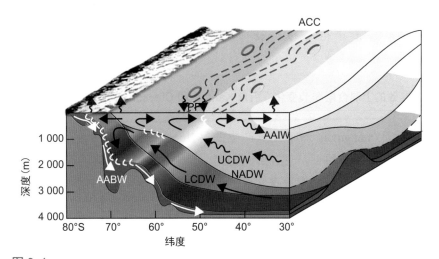

图 8.1

南极绕极流流域的跨等密度面混合 [引自 Olbers 等, 2012]

§8.2 引发混合的宏观过程

上节介绍的海洋湍流混合体现了海洋混合的机理,属于小尺度现象。而更大尺度的混合往往与一些大中尺度过程有关,其引起混合的尺度与其运动的尺度相当,远超过湍流过程本身的影响范畴。引发混合的宏观海洋过程主要包括风生混合、潮流混合、对流混合、内波破碎混合等。

一、风生混合

风生混合(wind mixing)是最为熟悉的概念。风会引起海洋上层产生强烈的湍流运动,导致很强的混合过程,会形成密度近乎均匀的上混合层。风引起的混合过程是由多种混合作用共同引发的。一是风的主要作用加强了海洋中的湍流运动,使海表面混合加强,向下递减;二是风产生的波浪携带了大量能量,一旦波浪破碎,波浪的能量转化为湍流动能,维系了海洋湍流的强度;三是风造成了上层流速的垂向不均匀,使湍流运动加强;四是混合过程使海水密度趋于均匀化,使湍流运动得到强化。

在中纬度海洋中,由于气温有季节变化,风生混合会导致海洋上混合层发生深度和海水温度的季节变化(图 8.2)。

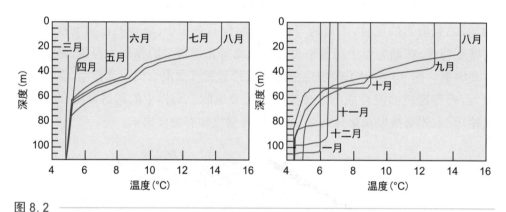

图 8.2

风生混合导致的上混合层季节变化 [引自 Kantha 和 Clayson, 2015]

兰格缪尔流环(Langmuir cells)是风产生的另外一种混合运动形式。兰格缪尔 1927 年就注意到了海面在风的作用下,一些漂浮物聚集成一些相互平行的条带,这些条带很长,其走向与风的方向平行。条带的宽度在 2～300 m 的范围变化,在风速大于 3 m s⁻¹ 时经常可以观测到。如果风突然转向,这些条带将在 10～20 min 后重新排列(图 8.3a)。这种表面物质带状聚集现象实际上是由垂向断面上很多并列的涡状流环(cells)组成的。流场中的水体微团一方面沿流环转动,一方面又沿着风的方向运动,其运动轨迹为沿着风方向的螺旋式运动,一直向下游延展(图 8.3b)。相邻的流环相互平行,但旋转的方向相反,由此形成表面水质点的辐聚或辐散。在流环的辐聚区形成下降流带,而在辐散区形成上升流带。

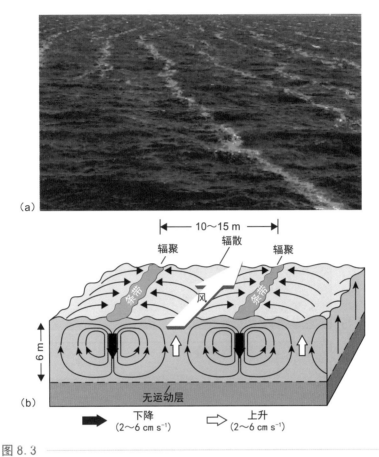

图 8.3

（a）海面形成的风生条带；（b）兰格缪尔流环［引自 Thorpe，2004］

　　兰格缪尔流环在混合过程中的作用非常重要，在垂向断面上的循环使不同深度的水体充分混合，产生密度均匀的混合层，是一些海域上混合层形成的主要原因。如果仅仅靠湍流运动传递动量，显然不如兰格缪尔流环均匀和高效。兰格缪尔流环会使上混合层加深，直接影响上混合层的深度变化。因此，兰格缪尔流环产生的强大混合能力在众多的混合因素中是不可低估的。

　　观测和试验结果表明，兰格缪尔流环仅当水面发生波浪时才变得明显，一旦波浪减弱流环将消失。因此，兰格缪尔流环与波浪有密切关系：风力为最前端的能力提供者，并通过波浪破碎将能量转移到兰格缪尔环流之中。

　　显然，兰格缪尔流环与艾克曼理论很不一致（详见第 10 章）。在艾克曼理论中，表面水质点沿风向右侧 45° 方向运动，而兰格缪尔流环是沿风向的螺旋运动。一般认为，艾克曼流是流动达到准定常状态下的现象，而兰格缪尔流环是非定常状态下的现象。

二、潮流混合

　　在浅水海域通常发生较强的潮流，靠近海底附近发生湍流摩擦，产生流场的剪切，在海底附近形成较强的潮流混合（tidal mixing），也称潮混合。在没有层化的条件下，潮流形成的混合层可以一直影响到海面（图 8.4a）。当密度层化时，在海底上方形成潮流混合层，即理化特征非常均匀的水层，有时也称为下混合层（图 8.4b）。潮混合层与其上的海水性质有明显的分界，形成潮汐锋。潮流混合是强湍流混合，消耗大量的能量。天体引潮力为潮汐运动提供能源，也为潮流混合的消耗供应能量。一旦潮汐运动停歇，潮流混合旋即减弱或停止。

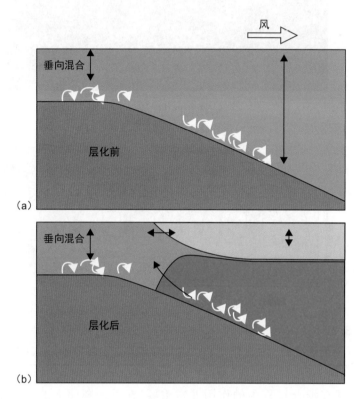

图 8.4

潮混合层

（a）没有层化情形潮混合可达海面；（b）层化情形的潮混合层，红线为混合的特征深度

三、对流混合

对流是指水体结构在垂向上发生静力不稳定时产生的运动（详见第 22 章）。海水可能会由于降温（冷却）、蒸发、结冰析盐等过程导致上层海水的密度高于下层海水的密度，形成静力不稳定结构。上层较重的海水在重力的作用下下沉，逐渐下沉到与其密度相当的深度。由于质量守恒的需要，会有同样体积的海水上升进入上层海洋。海洋中这种由下沉水体驱动的垂向水体交换称为对流，由对流引起的海水趋于均匀的过程称为对流混合（convective mixing）（图 8.5）。

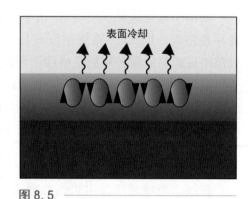

图 8.5

对流混合层

对流混合的强弱与海水的稳定性有关:当水层本身稳定性很大时,对流混合很难发生。在热带和亚热带海域,由于上层海洋温度高,静力稳定度很高,因此基本不发生对流现象。在中纬度海区,夏季海水静力稳定度高,一般不发生对流过程。然而,当海域的蒸发超过降水,上层海洋密度持续升高,最终会形成对流混合,如地中海的情形。在中纬度海区的冬季,风力强劲,湍流混合强,导致海水静力稳定度降低,在一定情况下可以发生对流混合,对流的深度可达 200 m。

在高纬度海区,导致上层海水密度增大的因素主要有表面冷却或海面结冰析盐。表面冷却过程中温度降低导致密度增大;表面结冰过程使海水中的盐分排入海中导致海水密度增大。表面密度不断增大将导致背景海水的静力稳定度下降,最终发生密度逆转现象而导致对流的发生。表面冷却和结冰都是发生在寒冷地带的现象,因而对流混合一般都发生在高纬度海区。表面冷却引发的对流主要发生在北半球的格陵兰海和拉布拉多海,结冰析盐导致的对流主要发生在北冰洋和南大洋海域。

此外,在南北极频繁出现的冰间湖反复发生结冰析盐,不仅发生密度非常均匀对流混合层,而且混合层不断加深。高纬度冷却形成的对流混合深度可以达到几千米量级;而结冰析盐的对流混合深度一般小于 60 m;冰间湖对流的混合深度可以一直抵达陆架底部。

对流混合的发生不需要整个深度的静力稳定度都很低,只要局部静力不稳定就可以发生对流。因此,在层化很强的海域,只要近表面层发生密度翻转,对流仍然可以发生。如果对流导致所在深度的密度持续增大,就会发生对流深度的增大,混合层会向下扩展,侵蚀密度跃层。

对流混合的能量来自静力势能的释放。当海面密度升高时,海水的势能增大;当对流发生时,高密度海水下沉,导致海水的势能减少,动能加大。与此同时,下层低密度海水上升,也导致海水的势能减少,动能加大。因此,对流混合的结果是导致海水总势能减少,动能增大。在对流混合过程中,水体微团之间发生相对运动,引发的湍流运动将削弱海洋的机械能,将其转化为热能。

四、内波破碎混合

内波破碎产生的混合与普通的湍流混合没有差异,所不同的是混合的能量不是来自平均流,而是来自破碎的内波。内波与表面波不同的是,最大振幅发生在海洋内部(详见第 17 章)。由于层化海水密度差很小,只要很小的扰动就会在内部产生轩然大波,内波的振幅一般可达几十米。由于内波的波陡很大,加之内波振幅处水体微团发生反向运动,内波传播有较强的不稳定性,很容易发生破碎。尤其在深海,层化弱,稳定度更差,内波破碎是常态。

内波破碎后,内波的机械能全部转化为湍流运动的动能,形成较强的混合。在海洋深处,内波破碎混合是海水混合的主要方式,也是世界大洋深层海水物理性质高度均匀的根本原因。

五、其他宏观混合

其实,除了风生混合、潮流混合、对流混合、内波破碎混合之外,海洋中还有很多宏观的混合现象。中尺度涡是海洋中最活跃的物理过程,中尺度涡旋转过程中切向速度的剪切引起很强的侧向混合(lateral mixing),使中尺度涡的水体结构趋于均匀。海洋的卷挟过程(§10.4)也会导致海水侧向混合。

§8.3 地形对混合的作用

上述混合大都发生在海洋上层和或跃层处;在深层海洋,海洋结构相对均匀,空间差异不大,导致海水均匀结构的主要因素是混合。Munk 等(1966)指出,为了维持深海的密度结构,大洋平均动量扩散系数应不少于 10^{-4} m^2 s^{-1}。而大量的观测表明,在远离边界的大洋内区,扩散系数仅为 10^{-5} m^2 s^{-1} 量级(Gregg,1987;Ledwell 等,1993),这样低的值难以满足密度结构稳定的需要。

近年来,一些现场观测获得了较强的动量扩散系数,量级为 10^{-4} m^2 s^{-1} 甚至更强,这些强混合发生在海山(Lueck 等,1997)、海脊(Polzin 等,1997)、峡谷(Carter 等,2002)等海底地形粗糙处,表明海底起伏可以引起较强的混合,强度大一个量级以上。图 8.6 给出了一个西太平洋经向断面的例子。在光滑海底上方,扩散系数的值保持为 10^{-5} m^2 s^{-1};但是,到了海脊上方,扩散系数的值骤然增加到 10^{-5} m^2 s^{-1},甚至更大。混合强度增大现象不仅发生在近海底处,而且在海底上方数千米混合强度都很大。

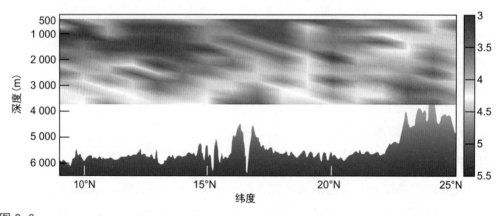

图 8.6 ————

沿西太平洋 130 °E 经向断面跨等密度面湍流扩散系数(A_z)的分布 [引自 Jing 等,2011]

图中色标为 log10 (A_z),单位为 m^2 s^{-1}

可见,虽然海底起伏发生在数千米之下,而且那里海水运动缓慢,但仍然引起较强的混合。显然,海底起伏必然引起海洋动力学的变化,这种微弱的变化促使深层海水混合加强,表明海底起伏是通过加强海水运动而加强混合的。研究结果表明,水流遇到地形抬升后由于流动加强,都会发生较强的湍流混合,导致部分海水保持在新的高度,形成事实上的上升运动,是海洋中普遍存在的现象。

§8.4　混合对海水结构的影响

前面说过,海洋混合虽然只是小尺度过程,但却是决定海水密度结构的关键过程。特别是在深海,混合过程成为海水结构稳定存在的关键因素。

一、混合与水团结构

混合与水团的形成有密切的关系。水团所表达的是"内同外异"的特点,即水团内部趋于均一,水团之间差异明显。海洋混合使水团内部的物质结构趋向于均匀,对水团的形成有重要贡献;但是混合又使水团之间的分界面趋向于模糊,不利于水团的维持。

二、混合增密过程

如果两个密度相同,但温度和盐度不同的水团混合起来,混合形成的新水团密度比原来的两个水团密度都大。如图 8.7 所示,如果两个水团的条件密度均为 σ_t=26.0,其中,A点呈低温低盐特性,B 点呈高温高盐的特性。两个水团不论什么原因发生混合,温度和盐度均在两个水团核心值的连线上。混合的结果导致新生成的水团密度高于 26.0,也就是混合后的海水密度增加,这种现象称为混合增密(cabbeling)现象。混合增密现象不仅发生在两个密度相同的水体微团混合,两个密度不同的水体微团混合后,其密度也将高于二者加权平均的密度。

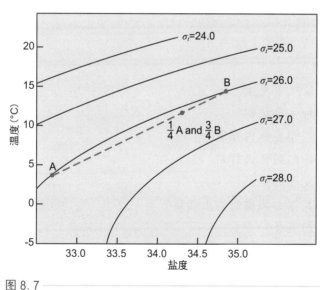

图 8.7

混合增密效应示意图 [引自 Stowe, 1983]

混合增密现象的原因是,海水的密度不是温度和盐度的线性函数,而是呈现复杂的非线性关系。因此,海洋混合的结果或多或少会导致海水密度增大,这也是混合过程的特色之一。

在稳定性很高的海洋中,混合增密引起的密度增加对水体结构的影响不大;但是在接近临界静力稳定度的条件下,混合增密会产生对流,成为发生对流的重要机制之一,参见§22.2。

三、混合的时间尺度

混合过程既是海水湍流运动的结果,又是影响海水结构的因素。混合过程的影响程度取决于混合的时间尺度。海洋混合有不同的时间尺度,混合越强,时间尺度就越小。当海洋混合的时间尺度明显小于宏观运动的时间尺度时,混合就会形成水体交换,改变水体性质。例如,当内波发生时,内波上升段会将深层的富含营养盐的水体带到浅层,而在内波的下降段会将这些水体带回深层。但由于内波发生区域通常有较强的混合,到达浅层的高营养盐水体一部分会与上层水体混合,留在海洋上层。长此以往,就会形成营养物质的向上输送,起到上升运动的效果。

根据动力学方程组,混合的时间尺度可以由下式估计:

$$\Delta t = \frac{\Delta z^2}{A_z} \qquad (8.1)$$

式中,混合时间 Δt 与影响范围 Δz 的平方成正比。在深海,$A_z \sim 10^{-4} \ m^2 \ s^{-1}$,混合 10 m 范围需要 4 d 的时间,因而深层海洋的混合很慢。但是,对于上层海洋,湍流混合系数可以大 1~2 个数量级,混合 10 m 的时间尺度只有 3~5 h,对于周期为几十小时的低频内波而言,混合会导致一些下层水体进入上层。如果考虑特定的物质,就可以根据第 9 章的扩散通量计算物质的质量通量。

▌思考题

1. 湍流混合在什么情况下发生?
2. 海洋混合有哪几种主要机制?
3. 哪些是边界混合?哪些是内部混合?
4. 海洋混合对海洋锋起到什么作用?
5. 对流混合是如何发生的?
6. 海洋混合如何形成深水物质的向上输运?
7. 什么是跨等密度面混合?
8. 为什么会发生混合增密现象?

▌深度思考

两个水体微团混合增密之后,其总势能是如何变化的?

第9章
海洋扩散过程

  扩散是海水的基本能力。当物质在空间上存在浓度差时,就会发生浓度扩散现象。

  海洋中水体的相互掺混属于混合过程,而水体中的物质相互掺混则属于扩散过程。海水中除了水分子之外,还含有各种物质,主要包括溶解性物质和悬浮性物质。溶解物质主要是各种以离子形式存在于海洋中的物质,其中,海水中正常存在的各种溶解性物质见 §4.2,可以用盐度表达;还有很多陆源物质或人造物质,入海后可以溶解于水。有些物质不能溶解于水,但可以悬浮或漂浮在水体中,随海水运动。这些物质都可以用浓度来表达。由于海水发生湍流运动,具备导致物质扩散的能力,不论是溶解性物质还是悬浮性物质,都会因海洋扩散过程而发生浓度变化。

  海洋扩散属于不可逆过程,只能单向地从高浓度向低浓度扩散。本章将介绍海洋中的各种扩散过程。

§9.1 物质扩散

海洋物质扩散(diffusion)是在物质成分空间分布不均匀时从高浓度区域向低浓度区域转移,使海洋物质成分趋于均匀化的过程。物质扩散的定义体现了以下几个特点。

第一,扩散的是什么?在海洋中,扩散的物质成分主要是分子和离子,这些物质通过相互之间的碰撞,形成不同区域之间的物质交换,导致这些物质成分的迁移。在海洋中,由于海水的湍流特性,有些更大的物质成分也会被扩散,如各种尺度的泥沙颗粒、微小的藻类颗粒以及由各种如絮凝、吸附等过程形成的物质。因此,这些物质成分的尺度差异非常大。大颗粒物质扩散的微观过程不是由于相互之间的碰撞,而是由于湍流运动导致的水体微团之间的交换。不论是什么物质,都需要用浓度来表达,浓度是度量物质成分的主要参数。用浓度表达物质成分的另一个意义是,浓度是一个宏观参数,而无需涉及不同物质的微观特性,使人们得以专注于宏观上的扩散效果。

第二,扩散是空间现象,是物质成分向相邻区域的转移。在整体上,物质成分向更大的范围迁移,在空间上趋于均匀化。之所以强调扩散是空间的,而不是时间的,是因为当扩散发生时有的区域物质浓度逐渐减少,而有的区域物质浓度逐渐升高,只有这样,扩散才得以发生。因而,不能用物质浓度在时间上的增减来表达扩散。

第三,扩散是在物质成分空间分布不均匀时才会发生。在物质成分均匀时,虽然仍然会发生物质成分之间的交换等微观过程,但是在宏观上,没有扩散发生。因此,扩散是微观过程的宏观表达,只有在宏观上发生物质浓度差异时才可以表达为扩散。

第四,扩散是不可逆(irreversible)过程。在没有外界作用下,仅有海洋的扩散作用,物质成分在空间上越来越均匀,直到均匀分布,这是不可逆过程(图9.1)。那些能够导致物质成分在空间上增加的过程往往不是扩散过程,而是输运过程(详见第14章)。

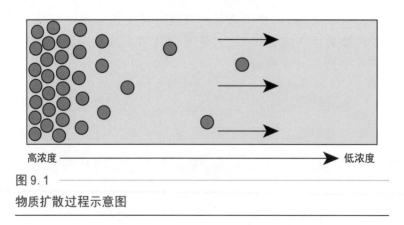

高浓度 ——————————————————————————→ 低浓度

图 9.1

物质扩散过程示意图

上述定义还可以进一步延伸对扩散的认识。扩散是一个自然过程,是海水运动的一种能力,只要存在浓度差异,就会发生扩散现象。

一、浓度的表达

海水是一种溶液,在溶液中物质的浓度(concentration)有多种表达形式。在物理海洋学中常用的浓度有两类:一类是质量浓度(mass concentration, C_m),也称质量百分浓度,即溶质的质量占全部溶液质量的百分比,单位用‰表示。盐度就是盐分的质量浓度。另一类是质量-体积浓度(mass volume concentration, C_v),指单位体积溶液中所含的溶质质量,单位为 mg L^{-1},或者表达为 kg m^{-3},一般的分子、离子的含量通常用质量-体积浓度来表达,那些不溶解于海水中的物质也可以用质量-体积浓度来表达。

二、菲克定律

在层流情形,物质扩散现象由菲克定律(Fick Law)确定:

$$dM = -\mu \left(\frac{dC}{dn} \right) dA dt \tag{9.1}$$

式中,M 为扩散的物质量,单位为 kg,μ 为浓度扩散系数,单位为 m^2 s^{-1},C 为物质的浓度,A 表示面积,t 表示时间,n 表示浓度梯度的方向,负号表示物质向浓度小的方向传输。(9.1)式表明了在存在浓度梯度的情况下通过扩散过程穿过界面的物质质量。

三、扩散通量

将(9.1)式用更加方便的物质通量(material flux)来表述:

$$F_{diff} = -\mu \frac{dC}{dn} \tag{9.2}$$

物质通量 F_{diff} 表达的是单位时间穿过单位面积界面的物质量。如果采用质量浓度,由(9.2)式得到物质扩散的体积通量,单位为 m s^{-1},也就是 m^3 m^{-2} s^{-1},即单位时间通过单位面积的体积。如果采用质量-体积浓度,由(9.2)式得到物质扩散的质量通量,单位为 kg m^{-2} s^{-1},即单位时间通过单位面积的质量。

注意,这里给出的是扩散通量,与流动引起的输运通量(见第 14 章)有本质的区别。

四、扩散能力

菲克定律是层流状态下的定律,表明层流运动产生的物质扩散能力。在层流情形,μ 约为 2.0×10^{-9} m^2 s^{-1}。在设质量体积浓度梯度为 1,则一天扩散的物质量为 0.172 8 g。如第 7 章所述,湍流运动大大加强了海水的运动能力,形成了更强的物质扩散能力。将湍流引起的扩散类比于层流情形表达,用湍流扩散系数 B 代替分子扩散系数 μ。湍流扩散系数不是由海水的基本扩散能力决定的,而是由海水的湍流运动决定的。如果扩散发生在垂向,垂向湍流扩散系数可以超过 10^{-2} m^2 s^{-1},单位浓度梯度时一天的扩散量可以达到 860 g。如果扩散发生在水平方向,湍流水平扩散系数比垂向大 3～4 个数量级。

湍流通量正比于物理量的梯度是类比分子扩散过程的一种假设,这种类比使人们更容易理解湍流运动引起的扩散过程;但我们必须知道,这种假设只是真实情况的一种近似,有时与实际情况偏差很大。

发生在海洋中的扩散作用决定了海洋水体的结构。物质扩散是水体混合过程的结果,水体混合过程是相互的和可逆的,而扩散过程却是单向的和不可逆的。

§9.2 热扩散

人们很早就发现了热传导(thermal conductivity)现象,即热量从高温物体向低温物体传递,而不能反向传递,是一个不可逆过程。

一、傅里叶定律

层流中的热传导现象由傅里叶定律(Fourier's Law)描述:

$$dQ = -\chi \left(\frac{dT}{dn} \right) dA dt \qquad (9.3)$$

式中,Q 为传导的热量,单位 J;χ 为热传导系数(也称导热系数、热传导率),单位为 $W\ m^{-1}\ K^{-1}$;负号表示热量向温度低的方向传输。

傅里叶定律表征了液体拥有热传导能力,即在没有其他作用的条件下,热量会从高温水体向相邻的低温水体传递,形成温度均匀化的趋势。

二、热通量

同理,将(9.3)式用热通量(heat flux)来表达,有

$$F_{therm} = -\chi \left(\frac{dT}{dn} \right) \qquad (9.4)$$

热通量的单位为 $W\ m^{-2}$,是便于理解的物理量。然而,热传导系数的物理意义却不容易理解,可以用热扩散系数 κ 来定义:

$$\kappa = \frac{\chi}{\rho c_p} \qquad (9.5)$$

式中,c_p 的定压比热容,单位为 $J\ kg^{-1}\ K^{-1}$。热扩散系数的单位与物质扩散系数一致,为 $m^{-2}\ s^{-1}$。热量是一种没有重量也没有密度的特殊物质,是随着海水的混合过程发生扩散。使用热扩散系数,热传导方程可以表达为

$$\frac{dT}{dt} = \kappa \frac{\partial^2 T}{\partial n^2} \qquad (9.6)$$

方程右端项也称为热扩散项。

三、热扩散能力

事实上,海洋的湍流运动形成了更强的热扩散能力。将湍流引起的扩散类比于层流情形表达,用湍流热扩散系数代替分子扩散系数 κ。在常温常压下,液态水的分子热传导系数约为 $0.59\ W\ m^{-1}\ K^{-1}$,在单位温度梯度的情况下,形成的热通量为 $0.59\ W\ m^{-2}$。湍流引起的热传导要强大很多,如果扩散发生在垂向,垂向湍流热扩散系数可以超过 $10^{-2}\ m^2\ s^{-1}$,热通量可达 $10^4\ W\ m^{-2}$ 以上。如果扩散发生在水平方向,湍流水平扩散系数比垂向大 $3\sim4$ 个数量级,形成的热通量更为可观。

§9.3　广义扩散

一、密切联系的三种现象

在流体中,有三种密切联系的物理现象,即粘滞现象、热传导现象和物质扩散现象。这三种现象在研究中是分别发现的,其相似性逐渐被认识。其中,粘滞现象由牛顿粘滞定律(7.10)描述,热传导现象由傅里叶定律(9.3)描述,物质扩散由菲克定律(9.1)来描述。

二、三种现象的联系

在分子运动的条件下,这三种现象分别描述动量、热量和物质浓度趋向于均匀化的过程,都是由流体微观性质所决定,是流体分子混乱运动的结果。粘滞现象体现了两处水体具有较大动量的分子与具有较小动量的分子交换动量后,导致动量小的分子获得动量而运动速度增大,动量大的分子失去动量而运动速度减小。热传导现象表明温度高的水体与温度低的水体分子交换后,较低温度的水体热运动加剧,温度升高;而较高温度的水体热运动减小,温度降低。同理,浓度扩散现象体现了高浓度处迁出的分子多、迁入的分子少,浓度下降;而低浓度处迁出的分子少,迁入的分子多,浓度升高。

这三种现象都体现了不同物理量(动量、热量和浓度)从高值向低值传输的过程,同时也体现了这些物理量不能从低值向高值传输,表明了传输的方向性,都具有不可逆的特点。

三、广义扩散

这三种现象的传输过程虽然相似,但由于三者的量纲不同,无法相互比较。将动量方程中的摩擦项用动量的湍流扩散系数 ν 来表达,将热力学方程中的热传导项用热扩散系数 κ 来表达,二者与物质扩散系数具有相同的量纲 $m^2\,s^{-1}$。因此,如果将动量和热量都理解为"浓度",三种现象可以统一用扩散来表达。三个系数量纲的统一对于认识这三种现象是非常重要的,可以比较动量、热量和浓度扩散强度的差异。扩散系数越大,扩散的能力就越强,单位时间扩散的范围就越大。在分子运动情况下,三者的扩散系数差异很大:

$$\nu = 1.8 \times 10^{-6}\ m^2 s^{-1}$$
$$\kappa = 1.4 \times 10^{-7}\ m^2 s^{-1} \qquad (9.7)$$
$$\mu = 2.0 \times 10^{-9}\ m^2 s^{-1}$$

从(9.7)式可以看到,动量的分子扩散能力最强,热量的扩散能力比速度的小一个量级,而盐度的扩散系数比速度的小三个量级。扩散系数的差异体现了分子运动的差异。水分子在相互碰撞过程中,动量可以迅速传递给对方,形成较快的扩散;而分子热运动的热交换量速度要慢一些;物质扩散的速度取决于物质分子的大小,水分子的摩尔质量为 18 $g\ mol^{-1}$,而氯离子和纳离子的摩尔质量分别约为 35.5 $g\ mol^{-1}$ 和 23.0 $g\ mol^{-1}$。物质的分子重量大,不规则运动的能力低,导致扩散能力较差。而且,海水的分子扩散是各项同性的(isotropic),即在各个方向扩散率相同。

海水的粘滞性、导热性和物质扩散性是海水的基本特性,体现为不可逆过程,是海洋中最为基础的物理过程。与湍流运动相比,分子扩散的能力很小,在研究物理量的宏观变化时完全可以忽略。但是,海洋中的动量、热量和浓度总是由大尺度向更小尺度传输,湍流运动最终是通过分子扩散,完成其最后阶段的动量、热量和物质的迁移,因而是不可忽略的物理过程。

四、湍流扩散

海洋经常处于湍流状态,湍流是大量分子组成的水体微团的宏观运动,湍流运动也会形成物质的扩散,即物质从高浓度向低浓度的迁移。将湍流运动与分子运动相类比,认为湍流运动也存在粘滞、热传导和扩散三种效应,分别表征动量、热量和质量由高值向低值的传输过程。

根据第 7 章的介绍,分子扩散系数取决于流体的物理性质,与时间及空间位置无关;而各湍流交换系数是由流体的运动性质决定的,随着时间和空间位置的不同而变化。因此,湍流扩散系数(turbulent diffusion coefficient)不是一个不变量,而是随湍流运动在很大范围内变化的量。在分子运动条件下,三种扩散系数有很大的差别,原因是分子运动的扩散效率主要取决于分子的摩尔质量。而湍流运动引起扩散的过程是流体微团的混乱运动,因此湍流的动量扩散系数、热扩散系数和物质扩散系数之间没有明显差别。

还有一个重要的特点,分子扩散系数是各向同性的,而湍流扩散系数是各向异性的(anisotropic),原因是海洋的薄层特性和层化特性使海洋中的湍流运动具有各向异性的特点。通常湍流的水平扩散系数远大于垂向扩散系数,原因是水平扩散是在密度近乎相等的情况下发生的,扩散过程不需要克服重力做功;而垂向扩散是不同密度流体之间的扩散,需要克服层化形成的浮力做功,改变流体的势能,因而是一个小得多的量。

§9.4 分散

一、分散现象

前面提到,湍流扩散是流体微团在湍流运动状态形成的物质扩散。随着观测技术的进步,人们可以用示踪技术来观测物质的运动过程。示踪物质可以是天然的,也可以是人为的;可以是物理的,也可以是化学、生物的。现有的示踪技术包括染色剂、氟利昂、放射性同位素、稳定性同位素等,有些示踪技术使用盐度、泥沙、营养盐等。

示踪观测给出物质随时间的扩展范围,从而可以计算出物质的真实扩展速率。然而,示踪观测得到的结果让人深感意外,观测到的物质扩展速率远大于湍流扩散系数。为了表示二者的区别,在海洋学中,将示踪观测到的物质扩展过程称为"分散(dispersion)",其扩展系数称为分散系数(dispersion coefficient),有时也称为弥散系数。

通过研究认识到,形成分散现象的原因是,分散不仅包括扩散过程,还包括输运过程,观测到的示踪物质的分散是扩散与输运过程的综合。如果示踪时海洋中主要是扩散过程,得到的分散系数接近扩散系数;反之,如果示踪时流动较强,则分散系数要远大于扩散系数。在近海区域往往有很强的潮流,示踪物质在潮流的带动下会到达更远的地方,并在潮汐余流的带动下分散。

用扩散这种形式来描述潮流输运过程的影响,得到的只能是更大的分散系数。在世界大洋中,分散系数大的海域通常是强流区,例如,在赤道流、西边界流等海域具有更大的分散系数,进一步佐证了输运过程对分散系数的影响。

既然分散包括了扩散过程和输运过程,在预报模式中可以通过同时考虑扩散和输运过程模拟真实的海洋过程,没有必要将分散单独定义为一个过程。然而,由于观测得到的分散系数无法分解为扩散和输运过程,采用分散系数确实是必要的。

二、分散系数的确定

分散的表达方式与扩散完全一样,如果只考虑分散过程引起的浓度变化,则有

$$\frac{\mathrm{d}C}{\mathrm{d}t} = B\frac{\partial^2 C}{\partial n^2} \tag{9.8}$$

式中,B 为沿法向的分散系数(dispersion coefficient)。

在环境数值模拟中,分散系数的作用很大。示踪观测到的分散系数一般大于湍流扩散系数。在有些流动较强的海域,使用大家公认合理的扩散系数不足以描述物质的扩散速度,实际发生的物质扩展范围要大很多,只有使用分散系数才能得出正确的结果。

1. 泰勒算法

Taylor(1954)论证了水中物质水平扩展被流速的垂向剪切和混合而加强,并提出了著名的水平分散系数 B_h 的计算公式:

$$B_h = \alpha\frac{u^2 h^2}{\kappa_v} \tag{9.9}$$

式中,u 为速度,h 为水深,κ_v 为垂向湍流扩散系数的代表值,α 为系数,取值为 $1 \sim 10 \times 10^{-3}$。在大多数河口和强潮流区,潮流引起的分散明显大于局地环流引起的分散,分散由潮汐过程主导。而在弱潮流区,区域性环流对分散起主导作用。

2. 物质浓度算法

如果获知物质连续分布的物质浓度,就可以用以计算分散系数。例如,在河口海域,河流水冲淡了海水,形成较大的盐度水平梯度,这时分散系数可根据潮流过程中盐度平衡来估计,观测得到的水平方向分散系数 $B_{h,obs}$ 为

$$B_{h,obs} = \frac{u_f s_0}{\partial S/\partial x} \tag{9.10}$$

式中,u_f 是淡水流出速度,S_0 是河口盐度的代表值,$\partial S/\partial x$ 是河口盐度梯度的平均值。表 9.1 给出了哈德孙河河口的例子,观测得到的分散系数 $B_{h,obs}$ 的变化与用(9.9)式计算的结果相差很大,甚至可以相差 1 个量级以上。有时在分层河口超过 10^3 $\mathrm{m^2\ s^{-1}}$(Banas 等,2004)。这说明,河口的分散率在很大的范围内变化。

表 9.1　基于潮平均流速估计的分散速率 [引自 Geyer 等, 2008]

潮平均流速	上层水深度	用(9.9)式计算值	用(9.10)式观测值
$0.29\ \mathrm{m\ s^{-1}}$	6 m	$25\ \mathrm{m^2\ s^{-1}}$	$100\ \mathrm{m^2\ s^{-1}}$
$0.15\ \mathrm{m\ s^{-1}}$	7 m	$4\ \mathrm{m^2\ s^{-1}}$	$70\ \mathrm{m^2\ s^{-1}}$

其实,只要有连续的浓度场,可以将(9.10)式的盐度替换成物质浓度确定分散系数,统称为物质浓度算法。该算法不仅需要连续介质形式的浓度场,而且有潮流或其他形式的流动引起物质运移。很多种物质可以支持物质浓度算法计算分散系数,如河流植物(Perucca等,2009),细颗粒物(James 和 Chrysikopoulos,2003),营养盐(Ani 等,2011)等。

3. 示踪算法

如果示踪物质(tracer)是人类施放的,但没有持续的供给,其影响区域随海流移动,其影响范围通过分散逐步扩大,需要用到拉格朗日追踪的方式了解分散的参数。按照(9.8)式,通过现场示踪试验来确定分散系数,可以用下式估计:

$$B_T = \frac{\Delta L^2}{\Delta t} \tag{9.11}$$

式中,ΔL 为时间 Δt 的扩散范围。通过示踪观测,可以获得与实际情况相符的分散系数。

三、导致分散现象的物理内涵

分散现象令人迷惑:为什么会有分散现象出现?难道现有的物理方程不能描述分散吗?原因正如第 14 章所述,输运过程并不包含在运动方程之中。在海洋中,流动导致的输运与物质扩散同步发生,二者有不同的功能,输运过程将物质输送到更远的地方,而扩散将这些物质融于周边环境,二者的联合效应使物质在更大范围扩展。将这种联合效应用分散来表达的好处是,不必顾及具体的输运过程及其描述方式,只需调整分散系数就可以大致体现物质的扩展过程。

分散的表达形式与扩散相同,但分散过程包含了输运过程和扩散过程,导致分散与扩散在物理上有很大差别。

首先,湍流扩散在水平方向和垂向是各项异性的,但在水平方向的扩散却没有明显的方向性。而分散则不同,在以输运过程为主体的海域,分散过程是沿流较强,横流较弱。因此,分散系数即使在水平方向也是各向异性的,区分为纵向分散系数(longitudinal dispersion coefficient)和横向分散系数(transverse dispersion coefficient),分别表达沿流和横流方向分散率的巨大差异。这是分散与扩散的重要差异。

第二,物质扩散是不可逆过程,已经扩散的物质不能重新自动凝聚在一起。而分散则不同,输运引起的辐聚过程会使物质积聚,因而并非不可逆过程。在湍流扩散的情况下,体现了能量的正级串过程(forward cascade),湍流能量由大尺度涡旋向小尺度涡旋传送;而分散过程中的输运部分并不导致能量消耗,只是导致能量向更大范围扩展。随着研究的深入,人们对分散的认识也在加深。有人认为,分散是湍流除了粘滞、热传导和扩散之外的第四种现象,体现了湍流中的反级串(逆级串,负黏性)过程(inverse cascade)。

由于分散与输运过程有关,所有产生输运的流动都可以贡献于分散过程。例如,各种波动的余流是近岸物质的输送方式(详见第 19 章),产生的物质转移与余流流速有密切关系,在余流较强海域的物质分散系数可以基于余流来确定。

由于分散与扩散的表达形式相同,有些人误认为二者是一回事,或者干脆用分散来代替扩散。这样做在研究物质扩散时是可以的,将分散系数作为工程参数未尝不可。但是,在物理海洋学中,在研究不可逆过程时二者有明显的区别,用分散系数代替扩散系数会导致很大的误差,甚至得出错误的结果。

§9.5　双扩散

扩散是物质从高浓度向低浓度扩展的现象。在海洋中,有分子运动引起的扩散和湍流运动引起的扩散,湍流扩散系数比分子扩散系数大几个量级。只有在湍流运动微弱的海洋中,分子扩散的作用才变得明显。

影响海水密度的参数主要为温度和盐度。温度和盐度的分子扩散率是不同的,按照(9.7)式,海洋的分子热扩散系数 κ 为 $1.4\times10^{-7}\ \mathrm{m^2\ s^{-1}}$,而盐度的分子扩散系数 μ 为 $2.0\times10^{-9}\ \mathrm{m^2\ s^{-1}}$,温度的扩散通常比盐度扩散快两个量级。当密度相近的暖而咸和冷而淡的水体叠放在一起时,就会因为温度和盐度的扩散率不同而在两水体界面上发生特殊的现象,暖而咸的水体在上则会发生盐指现象,冷而淡的水体在上则会发生双扩散阶梯现象,这两种现象统称为双扩散(double diffusion)(Schmitt, 1994)。

1. **盐指**

相对暖而高盐的水层位于相对冷而低盐的水层之上时,热量和盐度都向下扩散,但热量的扩散率远大于盐度的扩散率。上层水体失热后密度增大,比周边水体重而发生下探,直到抵达与其密度相当的水层,这种盐度较大的水向下呈指状扩展的现象,称为盐指(salt finger)(图 9.2)。Huppert 和 Manins(1973)指出,当满足以下条件时,盐指过程就会发生:

$$\frac{\mu\Delta S}{\kappa\Delta T}>10^{-3} \tag{9.12}$$

式中, ΔS 和 ΔT 分别为两水层的盐度差和温度差。公式表明,只要很小的盐度差就能形成盐指现象。盐指很细,长度为 $20\sim30\ \mathrm{cm}$。盐指普遍存在于大西洋、印度洋、地中海等上层盐度高于下层的平静海洋中,其水平范围可以相当大。一旦有风暴过境,盐指结构就会被破坏。盐指的现场观测特别困难,很多盐指现象是在实验室得出的,通过数值模拟也会得到盐指的模拟结果(Singh 和 Srinivasan, 2014)

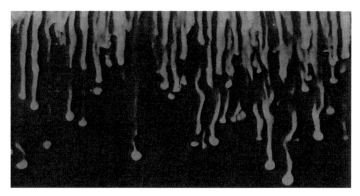

图 9.2

实验室获得盐指图形 [引自 Thorpe, 2005]

2. 温盐阶梯

相对暖而高盐的水体位于相对冷而低盐的水之下时,将发生温盐阶梯(thermohaline staircases)现象。温盐阶梯是指在垂向剖面上温度和盐度曲线都呈阶梯形状,阶梯的高度一般在 1~2 m,有些垂向梯度较大的地方,阶梯的高度要大一些。观测到的最大阶梯可达 25 m,有些海域还发生大小阶梯交错发生的现象。每个阶梯之间的温度差为 0.004 ℃~0.012 ℃。

温盐阶梯的形成机制是:当温度上小下大时,在任一深度,下部水体的热量向上扩散,盐度也向上扩散。由于热量的扩散快于盐度扩散,下部水体失热较快而密度增大,发生下沉运动;而上部水体得热较快而密度减小,发生上升运动。在界面处,其上因净浮力对流而变得均匀,其下因净重力对流而变得均匀,形成阶梯型结构,如图 9.3 所示。由于失热和受热的量通常不大,对流的高度也不大。因此,实际的温盐阶梯是很多阶梯衔接而成的。

温盐阶梯发生的典型海域是北冰洋。北冰洋的上层是低温、低盐的北极上层水,水层厚度为 200~300 m。其下是从大西洋进入北冰洋并下沉的高温、高盐的北极中层水,也称为大西洋水,广泛分布在加拿大海盆 250~900 m 的深度。北极上层水与大西洋水之间的盐跃层具备了发生温盐阶梯的条件。

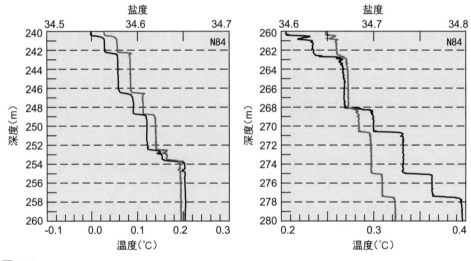

图 9.3
现场观测的温盐阶梯

3. 双扩散运动性质

双扩散现象是以分子扩散为基础的运动形式,使用的是分子扩散系数和分子热传导系数。但是,这并不意味着发生双扩散的海水要处于分子运动状态。海洋中的雷诺数往往超过湍流的阈值,大都处于湍流运动状态。双扩散现象存在的物理基础是垂向上湍流运动非常微弱。双扩散现象的普遍性表明,在垂向湍流运动比较弱的区域可以发生双扩散现象。导致湍流运动微弱的原因是海洋的层化,密度跃层的存在抑制了湍流运动,使得密度结构整体上非常稳定,为双扩散现象创造了条件。形成双扩散现象的另一个原因是发生深度,深海的湍流运动很弱,容易发生双扩散现象。在存在海脊或海山的海域往往不能发生双扩散现象,因为海底起伏使湍流运动增强。

在双扩散阶梯发生的海域,密度层化很强,严重抑制了海水向上的热传导,使海洋深处的热量不能有效地进入海洋上层。

4. 双扩散的热通量

在温度阶梯发生的海域,既然双扩散是由分子扩散系数决定的,表明在该海域湍流运动很弱,否则双扩散现象不能存在。另一方面,冷而淡的水在暖而咸的水之上时存在盐度跃层,也是密度跃层。密度的层化抑制了湍流热传导,也抑制了下面暖水中的热量向上传递。由此可知,穿过双扩散阶梯的热量不会很大。Kelley(1990)提出了双扩散热通量 F_H 的公式:

$$F_H = 0.003\,2 \exp\left(\frac{4.8}{R_\rho^{0.72}}\right) \rho c_p \left(\frac{\alpha g \kappa}{P_r}\right)^{1/3} (\delta T)^{4/3} \tag{9.13}$$

式中,P_r 为普朗特数 $P_r = \nu/\kappa$,ν 为运动粘性系数,κ 为分子扩散系数,δT 为两个阶梯之间的温度差,通过每个阶梯的向上垂向热通量结果有:$0.02 \sim 0.1 \text{ W m}^{-2}$(Padman 和 Dillon,1987;1989),$0.05 \sim 0.3 \text{ W m}^{-2}$(Timmermans 等,2009),$0.19 \text{ W m}^{-2}$(赵倩、赵进平,2011),各个海域有明显的差别。这些结果接近分子扩散的结果 0.20 W m^{-2},表明双扩散过程的垂向热通量很小。

总结与讨论

扩散是海洋中的自然过程,只要存在物质浓度不均匀现象,就一定会发生扩散,没有什么力量能够阻止。扩散过程受湍流状态、浓度梯度、层化条件等因素的影响,但这些因素只能改变扩散的速率,不能阻止扩散的发生。

扩散过程具有使海洋中物质趋于均匀的趋势。由于扩散过程是不可逆的,在没有外界输入的条件下,物质的浓度只能越来越均匀,而没有相反的过程改变这种趋势。因而,扩散过程对海洋水团的形成有重要贡献,正是扩散过程使海洋水团的性质在大范围内趋于均匀。同时,扩散过程对于海洋锋起到破坏作用,使锋面展宽,梯度减弱,差异变得模糊。

在地球几十亿年的历史中,除了受大气过程影响的表层之外,浩瀚的深层海洋有相当高的均匀度,温度和盐度的差异很小,主要是扩散过程长年累月作用的结果。扩散过程表现为尺度小、强度低的特点,但是其作用日积月累,产生不容忽视的宏观效果。

分散现象是在示踪技术发展的同时逐渐认识到的,是扩散过程与输运过程共同导致的。分散现象让人们知道,实际海洋中物质在空间的扩展并非扩散那么简单,也并不一定就是不可逆的,其结果也未必就是能量耗散的正级串过程,人们不得不面对这个看似简单却不可混淆的现象。分散与扩散仅一字之差,但却动摇了关于湍流扩散的传统认识,让人们在面对真实海洋物质扩展过程时不得不努力保持清晰的物理概念。基于这个原因,本书专门编写了第 14 章"海洋输运过程",希望有助于读者理解输运过程在分散现象中的作用。

思考题

1. 物质的分子扩散与湍流扩散有哪些不同？
2. 物理海洋学中常用的物质浓度有哪两种？
3. 物质的扩散为什么与浓度梯度有关？
4. 热量并不是物质而是能量,为什么会发生扩散？
5. 粘滞性、热传导性和扩散性的微观机理有什么差异？
6. 双扩散现象的种类和主要发生海域？
7. 分散与扩散的不同是什么？ 如何理解分散过程？
8. 如何测定海域的分散系数？
9. 考虑广义扩散有什么物理意义？

深度思考

假如海洋中没有扩散过程发生,海洋会与现状有哪些不同？

第 10 章
海洋基本流动

　　海水流动(ocean current)，简称海流，是海洋中广泛存在的运动形式，是很多海洋过程的重要基础。海流是海洋整体循环的组成部分，是理解海洋环流的基础。海洋会因动力学平衡机制不同而产生不同的海流，如我们熟知的风生流、地转流等。我们将典型动力学平衡条件下产生的代表性流动称为基本流动。海洋的基本流动既有水平流动，也有垂向运动，涵盖了与海洋环流有关的主要动力学平衡。

　　实际发生的海流是非常复杂的，其背后是复杂的平衡机制，而复杂的流动可以被分解为各种基本流动，从而形成对海洋环流的理解。从另外的视角看，海洋的基本流动是各种海洋环流的共同基础，代表了海流的最基本平衡，也代表了所能给出的最简化形式。本章将重点介绍海洋中各种基本流动，增加读者对海水流动机制的理解。

　　黄瑞新教授对本章的初稿提出宝贵意见和建议，特此致谢。

§10.1 艾克曼流

艾克曼流是海水受湍流摩擦力和科氏力影响下产生的流动。最先发现的艾克曼流是表面流,也称漂流,后来在海底也发现类似漂流的结构,统称为艾克曼流。因此,艾克曼流是发生在摩擦边界层中的一种流动。

一、风生艾克曼漂流

挪威海洋学家南森(Nansen)在北欧海考察时首先注意到,海面上的小冰块并非沿着风向漂移,而是漂向风向的右方。这个现象可以解释为:在表面风应力的驱动作用下,海面的水体微团发生运动;受科氏力的影响,流动向右方偏转。流体微团通过内部的摩擦力将动量向下传递,下方流动的方向进一步偏转。就这样,在表面边界层中产生了向下顺时针(北半球)的螺旋递减结构(图 10.1)。艾克曼成功地获取了漂流的数学解(Ekman,1905),这种流动被称为艾克曼漂流(Ekman drift)或风漂流(wind drift),其流场结构称为艾克曼螺旋(Ekman spiral)。

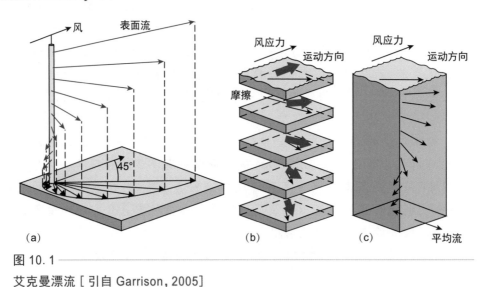

图 10.1

艾克曼漂流 [引自 Garrison,2005]

漂流的基本平衡是科氏力与垂向湍流摩擦力之间的平衡,即

$$f\mathbf{k}\times\mathbf{v} = \frac{\partial}{\partial z}\left(A_z\frac{\partial \mathbf{v}}{\partial z}\right) \qquad (10.1)$$

式中,$\mathbf{v}$ 为速度矢量,$\mathbf{k}$ 为方向矢量,A_z 为垂向湍流摩擦系数(单位:$\mathrm{m^2\ s^{-1}}$),$f=2\Omega\sin\varphi$ 为科氏参量,Ω 为地转角速度,φ 为所在纬度。设风应力 τ 指向 y 方向(τ_y),将方程(10.1)采用复数方式求解,解出

$$u = u_0 \exp\left(-\frac{\pi z}{D}\right)\cos\left(\frac{\pi}{4} - \frac{\pi z}{D}\right)$$

$$v = v_0 \exp\left(-\frac{\pi z}{D}\right)\sin\left(\frac{\pi}{4} - \frac{\pi z}{D}\right)$$

（10.2）

式中，D 为艾克曼层的特征厚度，u_0 和 v_0 为表面流速分量

$$D = \pi\sqrt{\frac{2A_z}{f}}$$

$$u_0 = v_0 = \frac{\tau_y}{\rho\sqrt{fA_z}} = \frac{\sqrt{2}\pi\tau_y}{\rho fD}$$

（10.3）

公式（10.2）指出，在风作用下，密度均匀的海洋中存在艾克曼螺旋，表层漂流的理论方向在风应力右方 45°。随深度的增加，流动向右旋转（北半球），流速减弱。由于 A_z 与风的强度有关，艾克曼层的特征厚度大约为 30 m，会随着风力增强而加深。

将（10.2）式分别对 u 和 v 进行深度积分，得到艾克曼通过 x 和 y 方向单位宽度的体积通量为

$$S_x = \frac{\tau_y}{f\rho} \qquad S_y = 0$$

（10.4）

表明艾克曼漂流的输送方向与风向垂直，指向风方向的右方。这个结果非常重要，即在无限深海情形，风产生的净体积通量指向风应力的右方（北半球）。这个结果对于我们理解全球海洋的质量守恒和压力场的建立有重要意义。

在浅海的条件下也会产生艾克曼漂流，称为有限深海漂流。由于水深较浅，海底也会通过摩擦影响边界层，表面漂流的方向小于 45°，其体积通量也会有沿风向的分量。当水深大于等于 2 倍的特征深度，浅海漂流与无限深海漂流非常接近。

二、海底艾克曼层

按照（10.1）式，只要存在流动和垂向摩擦，就会产生艾克曼螺旋。因而，艾克曼螺旋不仅发生在表面风生漂流中，也发生在海底边界层之中，称为底艾克曼层（bottom Ekman layer）。如果在海底摩擦层之上存在垂向均匀的流动，在其下的底边界层中，海流会被摩擦作用削弱，受到的科氏力将减小，流动将会发生向左的偏斜；而且越接近海底，流速越弱，偏斜就越大，形成逆时针的艾克曼螺旋（图 10.2）。

三、大气与海洋艾克曼层的衔接

海底艾克曼层与大气边界层有很高的相似性。如果大气边界层之外有均匀的地转风，在密度均匀的大气边界层中就会发生逆时针的艾克曼螺旋，因此，地

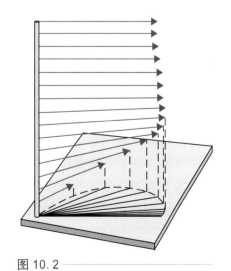

图 10.2
海底艾克曼层的示意图

面风场与高空风场的方向不一致。例如,边界层之外的西风在地面就会成为西南风。

如果将大气边界层与海面边界层衔接起来,就会发现一个有趣的结果:大气边界层内的风向左偏,形成的海面风应力偏向地转风的左方;而海面风应力使海面流速向右偏,其综合效果是,海面流向与边界层外地转风的风向大体一致。也就是说,从大尺度海气相互作用的角度看,两个艾克曼层造成的流向偏斜相互抵消,大气地转风的方向与海洋表面流的方向基本一致。

四、艾克曼抽吸

风生艾克曼漂流是均匀风场作用下产生的流动。如果流场发生大尺度的不均匀,风生漂流产生的向流动右方的水体输运也会不均匀,导致水体在空间上的辐散(亏空)或辐聚(堆积)。根据质量守恒,亏空或堆积的海水只能从垂向获取弥补,形成上升流或下降流,产生的垂向速度称为抽吸速度(suction velocity),这个过程称为艾克曼抽吸(Ekman pumping),详见§10.3。

艾克曼抽吸有两方面的重要作用:其一是产生垂向运动,致使不同深度的水体相互沟通。其二是其形成的水体亏空或堆积直接改变海面高度场和海洋压力场,驱动不同深度的海水流动,对整个大洋环流的调整有极其重要的作用。由此表明,艾克曼层内的运动是风应力直接驱动产生的,属于风漂流;而艾克曼层之下的运动是风应力不均匀引发艾克曼抽吸并改变压力场造成的,其平均流属于地转流。

§10.2　地转流

发生艾克曼流的摩擦层只有30 m左右厚度,而在摩擦层之外,大洋中的流动主要是地转流,是大洋中最主要的基本流动。

1. 正压流和斜压流

在层化海洋中,如果流体的等密度面与等压面平行称为正压(barotropic)条件,场内任一点的压强是密度的函数(图10.3a)。如果等密度面与等压面相交称为斜压(baroclinic)条件,水平压强梯度随深度减小(图10.3b)。有时也将处于正压或斜压条件下的流体称为正压流体或斜压流体。正压条件下生成的流动称为正压流,流速自上而下是均匀的。斜压条件下生成的流动称为斜压流,典型的斜压流流速是自上而下递减的。

2. 地转平衡

不论正压流还是斜压流都处于地转平衡(geostrophic equilibrium)状态。在北半球,当水体从高压流向低压的过程中,受到科氏力的影响而不断向右偏转,最终定常状态是指向流动左方的压强梯度力与指向流动右方的科氏力实现了平衡(图10.4)。流向的右方是高压,流向的左方是低压。由于这种海流是压强梯度力与地转偏向力平衡的产物,因此称为地转流(geostrophic current)。世界海洋绝大部分海水的运动都近似处于地转平衡状况,因此地转流是最普遍的流动形式。

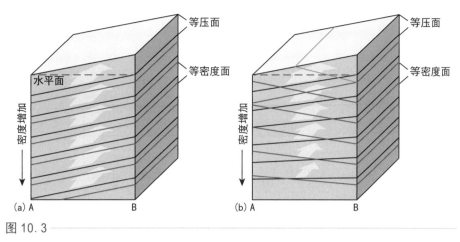

图 10.3

正压流体(a)与斜压流体(b)〔引自 Colling, 2001〕

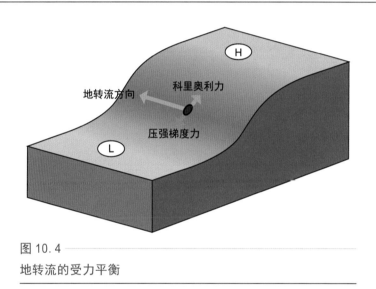

图 10.4

地转流的受力平衡

地转平衡的方程组为

$$-fv = -g\frac{\partial \eta}{\partial x} - \frac{g}{\rho_0}\int_0^z \frac{\partial \rho}{\partial x}\mathrm{d}z$$

$$fu = -g\frac{\partial \eta}{\partial y} - \frac{g}{\rho_0}\int_0^z \frac{\partial \rho}{\partial y}\mathrm{d}z$$

(10.5)

式中, η 为海面高度。方程各项的意义分别为科氏力、海面高度引起的压强梯度力和密度引起的压强梯度力。按照不同的平衡关系,(10.5)式给出了地转流的三种形式:正压地转流、斜压地转流和密度流。

一、倾斜流

在密度均匀的海洋中,(10.5)式中的密度梯度项为零。当海水发生辐散或辐聚时,海平面就会发生倾斜,呈现一种直达海底的均匀地转流,称为倾斜流(slope current),也称正压地转流,即海面倾斜造成的流动(图 10.5)。

$$-fv = -g\frac{\partial \eta}{\partial x}$$

$$fu = -g\frac{\partial \eta}{\partial y}$$

$\qquad\qquad$（10.6）

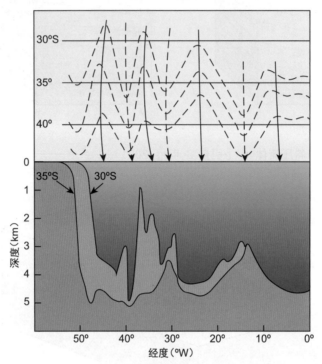

图 10.5

受海底地形影响导致的倾斜流［引自景振华，1966］

　　倾斜流有两个主要特点。首先,表面海水的辐聚辐散造成海面的倾斜对整个水柱形成压强梯度力,在密度均匀的海域压强梯度力的作用直抵海底,产生自下而上且流速均匀的地转流。倾斜流是对海面高度起伏的响应,而海面高度的起伏需要有特定的机制来维持,比如,风生的海面起伏、入海径流引起的海面堆积、蒸发降雨引起的海平面变化等。在这些机制持续存在的条件下,海面高度和倾斜流才能维持;一旦维持因素消失,倾斜流将不复存在。由于不均匀的大洋风场常年存在,海面高度起伏不平,只要存在密度近乎均匀的海水,就会发生倾斜流。

　　倾斜流另一个主要特点是受到海底地形的影响。由于没有密度层化,整个水柱上下的运动有很好的一致性。当海流遇到较浅的水域,水柱的高度将受到压缩,致使水柱不能爬升到较浅的水域,而是按照海底地形的走向发生转向。海面高度会响应流动的转向,在海脊上方海面降低,在海谷上方海面升高,与海底地形的分布反向对应,形成地形引起的倾斜流。这种海面的高度变化导致海脊两侧流动反向,是倾斜流的最大特点。在北极,罗蒙诺索夫海脊横跨北冰洋,成为加拿大海盆和欧亚海盆的分水岭,冬季海脊上方水域全部为海冰覆盖。每年春季,北冰洋的海冰很早就沿罗蒙诺索夫海脊开裂,被认为是海脊两侧流动反向的作用结果,很好地指示了倾斜流的流动特征。

然而,正压条件只是一种近似,在全球海洋中只有极区海洋更接近正压条件。

二、梯度流

由于风力的作用,产生海面和等密度面的同步反向倾斜导致的地转流称为梯度流(gradient current),属于斜压地转流。我们常说的地转流在大多数情况下就是指梯度流。如果海面高度的变化是风生输运造成的,风的不均匀会造成海面高度的不均匀,发生表面辐聚辐散,产生垂向运动,带动等密度面升降,形成海面高度和密度跃层向相反方向倾斜的现象(图10.3)。即使风应力是均匀的,如果有侧边界约束,也会因风应力产生的艾克曼输运引发上升流带动等密度面发生抬升(图10.6)。

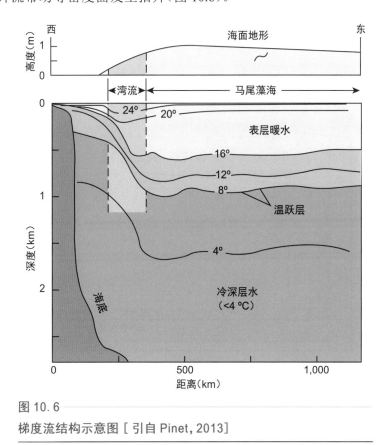

图 10.6

梯度流结构示意图 [引自 Pinet, 2013]

梯度流的计算直接使用方程组(10.5)式,人们希望通过密度场来计算梯度流。该式包含 4 个物理量:海面高度、海水密度,流速的东分量和北分量。即使密度场已知,(10.5)式依然有 3 个未知量,无法确定梯度流的流速。因此,需要假设在某个深度 H 处存在速度零面,即在深度 H 处等压面和等密度面平行,即地转流的流速为零,则有

$$0 = g\frac{\partial \eta}{\partial x} + \frac{g}{\rho}\int_0^H \frac{\partial \rho}{\partial x}\mathrm{d}z$$

$$0 = g\frac{\partial \eta}{\partial y} + \frac{g}{\rho}\int_0^H \frac{\partial \rho}{\partial y}\mathrm{d}z$$

（10.7）

代入(10.5)式,得到地转流的计算公式:

$$v = -\frac{g}{f\rho}\int_z^H \frac{\partial \rho}{\partial x}\mathrm{d}z$$

$$u = \frac{g}{f\rho}\int_z^H \frac{\partial \rho}{\partial y}\mathrm{d}z \qquad (10.8)$$

通过公式(10.8),就可以使用相邻两个站位密度剖面的数据,计算穿过断面之间的相对流速(图10.7),这种计算地转流的方法称为动力计算(dynamic computation)方法。

动力计算的关键是要确定地转流的速度零面 H。在深海,水平密度梯度很小,H 取值大小对结果影响不大,一般取为 2 000 m。在世界大洋的绝大多数海域,不论是否在强流区,都可以采用动力计算的方法计算地转流。动力计算方法一度成为人们了解海流的基本方法。但是在有些海域,如在南极绕极流海域,一直到海底都存在较强的水平密度梯度,几乎不存在速度零面,无法使用动力计算法。

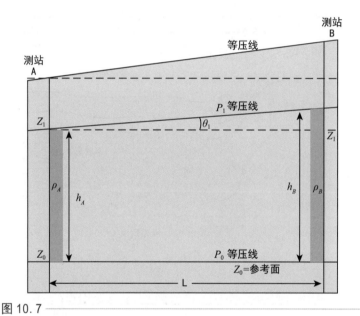

图 10.7
利用相邻两个密度剖面的数据计算地转流 [引自 Colling, 2001]

倾斜流的正压特性是对密度层化较小海域的近似,梯度流中海面与等密度面反向起伏的斜压特性是对层化海洋的近似,一般海洋中既存在斜压因素,也存在正压因素。其中斜压因素引起的地转流可以通过动力计算得到的结果来表达,而正压因素导致的倾斜流却无法计算,需要通过直接测流分离出来。近年来,在海洋中布放的潜标越来越多,获得了准的流量,发现很多海流的实际流量要大于动力计算得到的流量,超出的部分实际上是正压成分。例如,对东格陵兰流观测得到的流量近 10 Sv,而动力计算得到的流量只有约 5 Sv,正压成分几乎与斜压成分相当。

实际的地转流同时包括正压成分和斜压成分。由(10.5)式可知,仅仅知道海洋密度数据只能计算斜压成分,计算正压成分需要知道海面高度场的分布。过去的海洋观测无法得到海面高度场。近 20 年来,载有各种卫星高度计的卫星相继问世,对海面高度形成了全球观测,而且观测的精度不断改进,使人们获取海面高度分布的愿望成为可能。海面高度场与海洋密度数据相结合就可以获得完整的地转流。

既然在很多海域正压成分与斜压成分并存,海底地形对海面的影响也会与斜压流叠加,导致大型海脊两侧的流场反向成为普遍发生的现象,地形效应变得不可忽视。

三、密度流

由于各海域海水温度、盐度的不同,海水密度在水平方向上会分布不均匀。在(10.5)式中,如果没有海面高度的变化,只存在密度的水平梯度,也会产生地转流,是海水重量差驱动的从高密度向低密度水体的流动,并受到科氏力的作用发生偏转,诱生平行于等密度线的流动,这种地转流称为密度流(density-driven current)。引起密度水平分布不均匀的因素很多,包括加热、冷却、蒸发、降雨、径流、泥沙等。一般而言,密度梯度驱动的流动在响应过程中不能不引起海平面高度的变化,因此纯粹的密度流是罕见的,密度流的概念主要是用来体现密度差驱动产生流动的机制。

由于事先假定了密度流不引起海面高度的变化,也没有理论上的无运动面,因而不能用动力计算的方式(10.8)式计算流速,而是采用下式来计算:

$$(v_2 - v_1) = \frac{g}{f\rho} \int_{z_1}^{z_2} \frac{\partial \rho}{\partial x} \mathrm{d}z \tag{10.9}$$

式中,v_1 和 v_2 分别为上下层的流速。在大气中,密度的变化主要与温度有关,因密度水平差异导致的运动称为热成风;而海洋密度的变化引起的流动称为密度流。

需要特别注意的是,并非存在水平密度梯度时的流动就一定是密度流。密度梯度有两种可能的发生形式,一种是流动的原因,一种是流动的结果。如果是风生流,上层海水的辐聚或辐散,引起海水的上升或下降运动,带动等密度面起伏,也将产生水平密度差。这时,流动是由海面因素所驱动,密度梯度是流动的结果,高密度水体发生在流动的左方(北半球)。

如果密度差的形成与流动本身无关,例如,海面冷却导致的海水下沉,陆源淡水的注入,海面热量传输不均匀,外界暖水入侵,海洋降水不均匀等。这些因素形成的密度梯度是密度流的生成因素。按照(10.9)式,高密度水体出现在流动的右侧(北半球),与地转流的特点相反。

深海的热盐环流就是由密度驱动的环流,水平密度差被认为是热盐环流的驱动因素。新近的研究结果对热盐环流的复杂性给出很多新的认识(详见第 12 章),但深层环流的密度流性质没有改变。

四、浮力流

水对浸在其中的物体有垂向上的托力,其大小等于被物体排开的水所受到的重力,在物理学中称其为浮力(buoyancy force),单位为 $\mathrm{N\ m^{-3}}$。在海洋中,如果上下层海水的密度不同,则可认为上层海水相当于浸没在下层海水中的物体,应该受到浮力。设上下层海水

的密度分别为 ρ_1 和 ρ_2，则厚度为 h 的单位面积上层海水受到的浮力为 $\rho_2 gh$。这层海水还受到重力 $\rho_1 gh$ 的作用，单位质量上层海水受到的净浮力为

$$B = (\rho_2 - \rho_1)g = \rho'g \qquad (10.10)$$

因此，我们通常提到的浮力实际上是净浮力。如果净浮力为正，物体将向上运动；净浮力为负，则会产生向下的运动。

本来，浮力变化引起的运动发生在垂向上，可以不与水平运动相联系。然而，当浮力在水平方向分布不均匀就会引起水平方向的运动，称为浮力流（buoyancy-driven flow）。以往认为，浮力的不均匀就是由密度的不均匀引起的，因而浮力流属于密度流。然而，密度流不包含海面高度的起伏，只体现水平方向的密度差驱动的流动。而在有些情况下，密度的水平不均匀同时还伴随着海面起伏，这时的海流呈现出与密度流完全不同的驱动机制，甚至流动的方向都相反。也就是说，如果浮力的分布没有伴随海面起伏，产生的流动属于密度流；如果浮力的分布伴随有海面起伏，产生的流动属于浮力流。由于海洋中海面高度和流场之间会自然进行调整，一般的浮力流属于梯度流。

1. 径流引发的浮力流

河口入海水体在初入海洋的阶段，沿流的压强梯度力仍然在起作用，驱动河水向河口外扩展。河水与海水发生混合，混合后的水体称为冲淡水。冲淡水的作用相当于对海洋输入了浮力通量。这时就会发生两种可能的情形：如果河口压力梯度完全消失，驱动海水水平运动的只有密度差。外海水密度高，冲淡水密度低，驱动的水平流动将如图10.8a 所示，即围绕河口锋的逆时针流动。显然，这种情况下有利于冲淡水从南部向外扩展。反之，如果河口仍然存在高度梯度，在科氏力的作用下，海面高度将驱动河水围绕河口锋发生顺时针方向的绕流，有利于冲淡水在北部向外扩展，如图10.8b 所示。这种截然相反的流动体现了密度流和浮力流的本质区别。在长江口，冲淡水进入东海后，诱生了图10.8b 的浮力流，在冲淡水舌的北缘形成向东的流动，南缘向西流动，冲淡水形成的锋面在北部也更加清晰（图10.9）。

经过多年研究，关于冲淡水形成机制有很多研究成果，如涡旋拉伸、科氏力、季风、风应力涡度、台湾暖流顶托、南下近岸流、浮力梯度等。不论有多少影响因素，冲淡水形成的浮力通量驱动的浮力流是重要因素之一。

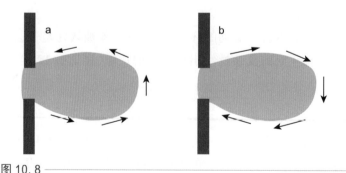

图 10.8

没有海面升高（a）和有海面升高（b）情形冲淡水边缘的浮力流

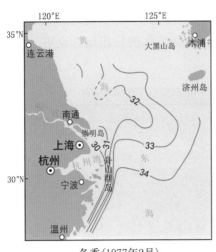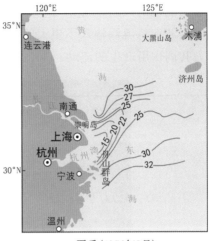

图 10.9

长江冲淡水的扩展与浮力环流的贡献 [引自苏纪兰、袁业立, 2005]

2. 淡水积聚引起的浮力环流

在海洋中, 如果密度较小的水体在海面不断堆积, 海面不断升高, 就会在海面高度差的作用下发生向外的流动。向外流动的水体受到科氏力的影响发生向右的偏转(北半球), 形成反气旋式环流(图 10.10)。因此, 即使原来没有流动, 密度较小水体的累积也会诱生反气旋式环流。如果这种环流已经存在, 继续输入浮力将加强浮力环流。因此, 对于大尺度运动而言, 浮力的输入事实上是一种产生水平方向反气旋运动的驱动力。浮力导致的等密度面倾斜方向与海面高度相反, 形成典型的凸透镜结构(图 10.10)。因此也可以采用动力计算方法(10.10)式进行计算。

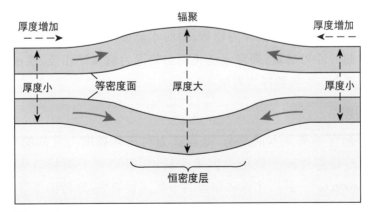

图 10.10

淡水积聚引起的浮力环流 [引自 Colling, 2001]

在北冰洋, 来自陆地的径流水在风的作用下汇入加拿大海盆, 形成淡水的积聚区, 产生反气旋式的波弗特流涡(图 10.11), 属于浮力环流。近年来由于陆地冰川融化, 积聚的淡水体积越来越大, 波弗特流涡进一步加强。波弗特流涡的存在属于风生斜压地转流, 因为波弗特高压驱动的风场本身就可以产生内部的水体堆积,诱生反气旋式的环流。然而,淡水的积聚为波弗特流涡输入了更大的浮力通量,使风生的斜压地转流进一步加强,成为风生与浮力共同作用产生的流动。

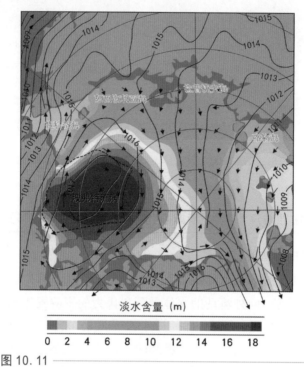

淡水含量(m)

0 2 4 6 8 10 12 14 16 18

图 10. 11
加拿大海盆浮力通量驱动的波弗特流涡

海面蒸发、降水、径流会引起海面高度的升降,引起浮力流,甚至驱动浮力环流。浮力通量由三部分构成:第一,由海面高度变化引起的浮力通量,淡水的积聚会引起浮力的输入;第二,由海水温度变化引起的浮力通量,即海水温度升高会引起浮力的输入;第三,由海水盐度变化引起的浮力通量,即海水淡化引起的浮力输入。相反,淡水的减少,温度的降低和盐度的升高会产生负的浮力通量。

五、地转调整

地转平衡是海洋中最基本的平衡,是科氏力与压强梯度力之间的平衡。在实际海洋中,流场和压力场都会被一些动力因素干扰,使得地转平衡被破坏,产生地转偏差(geostrophic deviation)。一旦产生地转偏差的干扰因素消失,地转偏差将驱动海水产生额外的运动。按照(10.5)式,得到

$$\frac{\partial u}{\partial t} = -g\frac{\partial \eta}{\partial x} - \frac{g}{\rho}\int_0^z \frac{\partial \rho}{\partial x}\mathrm{d}z + fv$$

$$\frac{\partial v}{\partial t} = -g\frac{\partial \eta}{\partial y} - \frac{g}{\rho}\int_0^z \frac{\partial \rho}{\partial y}\mathrm{d}z - fu$$

（10.11）

式中,(10.11)式的等号右端为地转偏差,由地转偏差驱动的运动称为地转适应过程

（geostrophic adjustment process）。叶笃正和李麦村（1965）指出，地转适应过程可以分为快过程和慢过程，快过程也称为地转适应过程，使地转偏差快速减小；慢过程称为演化过程，体现经过缓慢的调整而最终恢复地转平衡。

在地转适应过程中，是流场向压力场适应，还是压力场向流场适应？研究结果表明，如果运动的尺度大于罗斯贝变形半径，则发生流场向压力场适应；如果运动尺度小于罗斯贝变形半径，则压力场向流场适应。因此，在大尺度运动中，如果压力场被改变，流场会做出调整，以适应压力场。比如，在海洋中发生淡水积聚，引起海面高度隆起，就会诱生反气旋环流，以适应压力场的变化。反之，如果流场被改变，则流场会做出调整，以适应压力场。由此得出的重要结论是：对于大尺度运动而言，只有压力场的改变才会有效改变流场。

§10.3　上升流

当海面发生水体辐散时，首先会由其他地方的水体从水平方向进行补偿，称为补偿流；如果没有水平方向的水体补偿，就会由垂直方向的水体进行补偿，这种补偿运动称为上升流（upwelling）或下降流（downwelling）。根据连续方程

$$\frac{\partial u}{\partial x}+\frac{\partial v}{\partial y}+\frac{\partial w}{\partial z}=0 \tag{10.12}$$

从海面向任意深度 z 积分，得到垂向速度为

$$w(z)=-\int_{-\eta}^{z}\left(\frac{\partial u}{\partial x}+\frac{\partial v}{\partial y}\right)\mathrm{d}z \tag{10.13}$$

即任意深度的垂向速度取决于其上方水层的累积辐散或辐聚。当上层运动总体上是辐散时，产生上升速度。

基于不同的辐散机制，海洋中主要有三种形式的上升流。下面将会看到，这三种形式的上升流都与风的作用有关。

一、近岸上升流

当风沿着海岸吹送，海岸处于风向的左侧时，受科氏力的影响，表面艾克曼层会产生离开海岸的水体输送（北半球），在近岸海域形成海水的辐散（图 10.11）。如果风生输送导致的水体亏空不能由水平方向的来流补偿，就会通过下层水体的上升来补偿，产生的上升流称为近岸上升流（coastal upwelling）。近岸上升流的辐散机制是海岸的约束作用阻挡了水平补偿流的形成（图 10.12）。

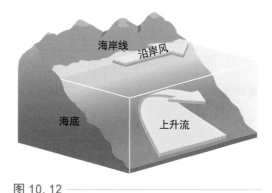

图 10.12

风生近岸上升流示意图 [引自 Hoffman, 2007]

近岸上升流的突出作用是将下层营养物质含量高的海水带到了海洋表层，形成营养物质丰富的海区。在我国，夏季是很多海洋生

物的索饵季,夏季风有利于浙江沿岸上升流长时间存在,所提供的营养物质供养了舟山渔场庞大的生物量。

在世界海洋中有很多强劲的近岸上升流区,如太平洋东岸秘鲁沿岸上升流、加利福尼亚－俄勒冈沿岸上升流、西非沿岸上升流等。

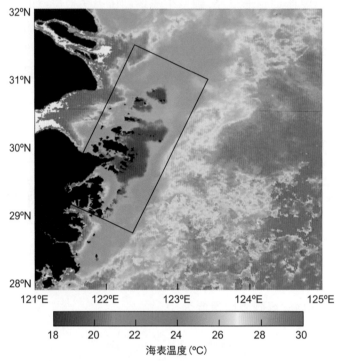

图 10. 13

近岸上升流海域的海面温度图［引自胡明娜和赵朝芳,2008］

图中为 2004 年 7 月 22 日 AVHRR 卫星影像

二、大洋上升流

在大洋中,风应力场的旋度会通过引发表层海水的辐聚或辐散引起海水的垂向运动,产生大洋上升流(oceanic upwelling)。一般形式的艾克曼抽吸速度表达为

$$w_e = \frac{1}{\rho_0}\left[\frac{\partial}{\partial x}\left(\frac{\tau_y}{f}\right) - \frac{\partial}{\partial y}\left(\frac{\tau_x}{f}\right)\right] \tag{10.14}$$

风应力不均匀引起的垂向运动称为艾克曼抽吸(Ekman pumping),当抽吸速度向下时称为艾克曼泵压,当抽吸速度向上时称为艾克曼泵吸。

1. f 平面的大洋上升流

在考虑 f 平面近似时,(10.14)式可以近似表达为

$$w_e = \frac{1}{\rho_0 f}\left[\frac{\partial}{\partial x}\left(\frac{\tau_y}{f}\right) - \frac{\partial}{\partial y}\left(\frac{\tau_x}{f}\right)\right] = \frac{1}{\rho_0 f}\text{curl}\boldsymbol{\tau} \tag{10.15}$$

如果表面的风应力旋度为正,海面边界层将发生水体辐散,下层水体将上升,带动跃

层抬升(图 10.14a)。在密度均匀的海洋中,边界层发生的抽吸可以使海底边界层的海水直接进入海面边界层进行补偿。这种情况下海面边界层发生辐散,海底边界层发生辐聚。但是在层化的海洋中,海洋混合层下存在密度跃层,抽吸过程使跃层抬升,需要克服重力做功,水平流的部分动能会转化为跃层的势能而受到削弱,抽吸的深度也会受到跃层的制约而变浅。如果表面风应力旋度为负,会产生相反的过程,表层海水辐聚,艾克曼抽吸将导致表层水体堆积,跃层下凹(图 10.14b)。

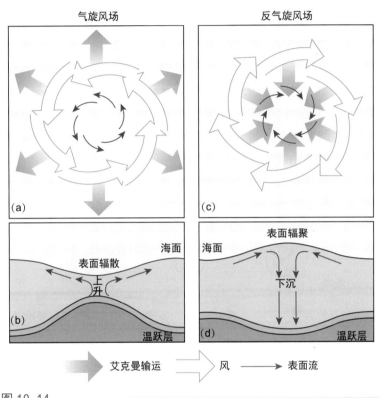

图 10.14

北半球艾克曼抽吸示意图 [引自 Colling, 2001]

2. β 平面的大洋上升流

如果大洋上升流的南北跨度较大,就需要考虑 β 效应。在各大洋流涡,南北跨度可达 3 000 km 以上,南北两侧的风应力反向,引起的艾克曼输运方向相反,形成海水的堆积或亏空,引发海水的垂向运动。图 10.15 指示了北半球亚热带流涡表层辐聚,发生下降运动;而亚极地流涡表层辐散,发生上升运动。其垂向运动特征如图 10.14 所示。

考虑 β 效应,(10.14)式成为

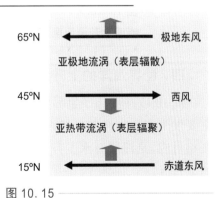

图 10.15

北半球流涡艾克曼抽吸引起的辐聚和辐散示意图

红色箭头为艾克曼输运的方向

$$w_e = \frac{1}{\rho_0 f} \text{curl}\boldsymbol{\tau} + \frac{\beta \tau_x}{f^2 \rho_0}$$

（10.16）

与(10.15)式相比,多出了一个与β效应有关的项,表明不仅风应力旋度会引起垂向运动,β效应也会引起垂向运动。β效应项的物理意义是:即使作用在海面的风应力大小和方向是完全相同的,但是按照(10.4)式,不同纬度的艾克曼漂移速度和输运通量是不同的,也会引起表层的辐散或辐聚,形成与风应力旋度无关的上升或下降运动。按照(10.16)式,除了风应力旋度引起的垂向运动之外,在西风漂流区,纬向风应力为正,β效应项产生附加的上升流;而在北赤道流区,纬向风应力为负,β效应项产生附加的下降流。

三、赤道上升流

在赤道海域,科氏力为零,上述风生上升流的公式不适用于赤道海域。但在赤道两侧,科氏力逐渐增大。在赤道上方是自东向西流动的南赤道流,由于南北半球的科氏力反向,赤道两侧向西流动的表层水体就会发生辐散,且只能由下层水体补偿,产生赤道上升流(equatorial upwelling)。图10.16表明,赤道上升流引起跃层抬升,使赤道成为大洋中跃层深度最浅的海域。赤道海域海流辐散引起的上升流成为垂向运动的主体,而且常年存在,带来丰富的营养物质导致赤道海域较高的生产力。

虽然赤道上升流是海流在科氏力的作用下产生的,但不等于说风应力没有贡献。是赤道东风驱动产生了向西流动的北赤道流。

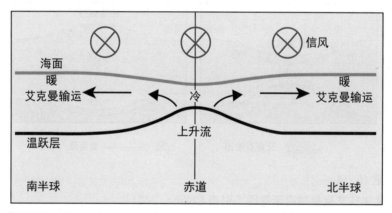

图 10.16
赤道上升流示意图 [引自 Talley 等, 2011]

四、世界海洋的上升流

图10.17中给出了世界海洋强上升流的发生区域。最强的大洋上升流是赤道上升流,主要发生在三大洋的赤道海域。在南极绕极流海域发生大范围的上升流,与亚南极辐散带相对应,是深层海水上升的主要区域。在太平洋和大西洋的亚北极海域也都存在显著的上升流。

如前所述,上升流将下层海水提升到表面,同时也将下层海水丰富的营养物质带到海洋上层,是海洋生产力的重要供给因素。发生上升流的海域都有较高的生物生产力,形成较大的渔场。在世界大洋的绝大部分,海面温度较高而下层水的温度较低,发生上升流的海域温度较低,可以用卫星遥感的温度图像来确定上升流。

五、下降流

如果说上升流的典型意义是营养盐的向上输运,则下降流的典型意义是下层海水的通风(ventilation),即深层海水被上层海水置换。是下降流将富氧的上层水体带入下层,补充下层水体的氧含量,供养下层海洋生物和底栖生物。

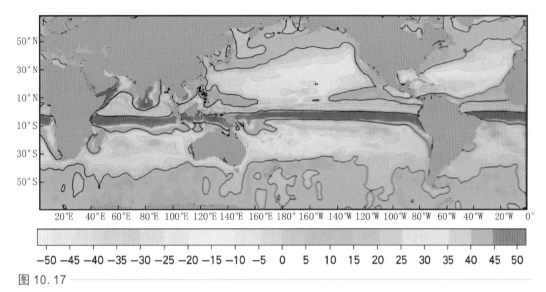

图 10.17

世界海洋 7 月的上升流区 [引自 Sverdrup 和 Armbrust, 2008]

早期人们将上汁流与下降流统称为升降流,认为海面发生辐散产生上升流,海面辐聚就应该产生下降流。深入的研究认识到,在海水层化的条件下,只要风应力足够强,就可以产生上升流。但下降流的生成受到海水层化的限制,表面辐聚实际上不能将上层的低密度水体带入下层的高密度水体,只会造成海水堆积和跃层的加深(图 10.18)。真正意义的下降流只发生在上混合层之内,是表层辐聚引起的海水堆积和海面升高引起的补偿性流动。

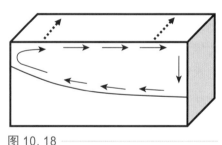

图 10.18

下降流能够发生的水层

在很多时候,将上层水体带入下层的不是下降流,而是对流。各种海洋对流可以达到跃层以下的深度,有些深对流甚至可以直达海底,对各个深度的海水进行通风,详见本书第 22 章。

六、地形引起的抬升

海洋中的流动受位涡守恒约束,通常呈现沿等深线运动的特征,遇到地形起伏发生绕流。只有在不得已的情况下海流才翻越海脊,形成地形引起的抬升运动,将下层的高密度水体带到海洋上层。例如,穿越海峡的海流遇到海栏会被迫抬升,在边界附近的流动遇到浅滩和盆地会发生升降。

海水抬升对热盐环流的意义尤为重要,对流产生了各大洋的深层水,这些深层水只有回到海洋上层才能成就全球海洋输送带。研究表明，大西洋深层水回到海洋表面的一个重要方式是地形引起的抬升，当遇到横亘在流路上的海脊时，深层水一路抬升进入较浅的上层，并通过混合和卷挟过程融入海洋上层水体（见第 12 章）。然而，后面将看到，地形引起的水体抬升是海水对地形的被动响应，而驱动海水运动的仍是海洋风场。

§10.4 卷挟

卷挟是使用范围非常广泛的词汇，即使在物理海洋学中，也有产生歧义的地方。总体而言，在流场发生剪切时，不同水体之间存在流速梯度，会发生动量迁移，由此发生的水体交换过程称为"卷挟（entrainment）"。卷挟运动的原因是流速的剪切，因此也称为剪切驱动（shear-driven）的运动。

一、垂向卷挟

从图 10.17 可知，世界海洋中发生上升流的海域占比很少，在浩瀚的海洋中下层的海水是否就不能到达海洋上层呢？近年来的研究表明，大洋中存在的卷挟运动，会将跃层之下的水体输送到跃层之上。

风力作用将跃层中的水体卷入混合层，这种现象称为侵吞（engulfment），会导致上混合层加深。侵吞过程同时将跃层中的物质带入上混合层，相当于把跃层中的水体剥离下来，输入到混合层。如果剥离过程持续发生，则会形成下层水体源源不断进入上混合层的物质通量，这种过程称为卷挟。在实际海洋中，在稳定的风力作用下跃层的深度很稳定，实际上是向下的侵吞过程与向上的卷挟过程平衡的结果（图 10.19）。卷挟过程会使得下层水体缓慢地进入海洋上层，形成大范围的物质输送。研究表明，卷挟过程在大洋中广泛地存在（Lupton 等，1985）。

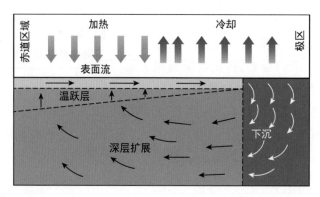

图 10.19

卷挟运动示意图

单靠卷挟过程虽然可以使深层水进入海洋上层，但流量很小。如果卷挟过程发生在大洋环流的辐散区，卷挟携带的下层水会成为表面辐散水体的补偿运动，形成较大的卷挟流量。在赤道附近存在赤道上升流，卷挟导致混合层变浅和跃层下水体上升，有很重要的

贡献（Pedlosky，1987）。亚热带流涡是辐聚区，卷挟引起的物质通量较小。在亚极地流涡
是辐散区，发生显著的卷挟上升运动。卷挟运动与上升流叠加，会使得更多深层海水输送
到海洋表面。卷挟引起的向上输运对世界海洋密度结构构成了意义深远的影响。高密度
水体不断进入海洋上层使上层海水密度升高，形成现今的上层海洋密度结构。因此，卷挟
运动引起大洋水体缓慢地上升成为大洋热盐环流的重要组成部分（详见第 12 章）。

　　卷挟运动的发现造成了认识上的困难。一般认为卷挟运动属于扩散过程，上升流属
于输运过程，二者机制不同。卷挟过程究竟是输运过程还是扩散过程？从"浓度"扩散的
角度，卷挟过程更像扩散过程，因为它是单向地从高密度水体向低密度水体扩散。但是，
纯粹的扩散过程一方面使沿扩散方向的密度升高，一方面使源区的密度降低，水体密度有
均匀化的趋势。而卷挟过程发生时并没有使跃层中水体的密度降低，只是剥蚀了部分高
密度水体，改变了高密度水体与低密度水体的界面，因而应该属于输运过程，详见第 14 章。

二、侧向卷挟

　　当下沉水流发生时，流动的水体与周边相对静止的水体之间发生侧向剪切，导致周
边水体通过卷挟运动进入下沉水流，增大了下沉水的流量。从图 10.20 可见，来自北欧海
的水体通过溢流进入北大西洋，溢出的水体大约 6 Sv。溢出的水体在下沉过程中不断与
周边水体发生侧向卷挟（lateral entrainment），到达海底时，流量增大了约一倍，达到 12 Sv。
因此，侧向卷挟对下沉水流流量的贡献是不可低估的。

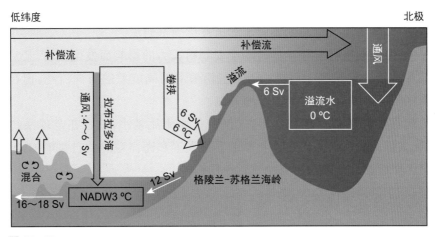

图 10.20

侧向卷挟对北欧海溢流下沉流量的影响［引自 Hansen 等，2004］

　　侧向卷挟带动相对静止的水体下沉，首先要通过侧向混合，增大水体的密度，因此，侧
向混合是侧向卷挟下沉的前奏。此外，侧向卷挟会导致小尺度涡旋的产生，形成局部的混
合增强现象。由于周边水体的密度低于正在下沉的水体密度，侧向混合会导致下沉水体
的密度逐渐降低，影响其所能到达的最大深度。此外，侧向卷挟会使侧向的锋面变得模糊。

　　侧向卷挟与湍流运动中的卷挟非常相似，都是由侧向剪切造成的。但侧向卷挟的尺
度更大，不仅裹挟了周边的流体，而且产生了很大的流量。

三、卷挟运动的普遍性

其实,除了上述垂向卷挟和侧向卷挟之外,卷挟运动是普遍发生的。在河口区域,河水和其下方的海水会发生卷挟而导致河水密度增大;近岸海水会与近底层泥沙层发生卷挟运动,使小颗粒泥沙向上输运。此外,流场的剪切导致的卷挟会使物质发生单向的输运,是一些小尺度运动的基础。

进一步的研究认为,卷挟形成的输运是中下层海水进入海洋上层的重要渠道,也是除了上升流区以外能够引起次表层水体向上运动的唯一机制。对于全球海洋热盐环流而言,海水的下沉区很容易找到,而上升区比较含糊,因为人们对深层水上升运动的认识还很有限。卷挟输运给出了上升运动的另一种图景,即在广阔的大洋中卷挟运动会带动中下层水体进入海洋上层,会导致深层海水有机会不断上升,最终抵达海面。卷挟输运在非上升流区成为海水上升的主要机制,也打破了只有上升流才能引起垂向物质输运的习惯认识。

§10.5 贯通流

当海峡两端的海面高度不同,会产生穿越海峡的流动。如果海面高度差驱动的流动是单向的,称为贯通流(throughflow)。贯通流对海峡的宽度并没有限制,一般要远小于其连接海域的尺度。各种自然海峡是形成贯通流的主要水道。此外,各种不叫作海峡的水道和人造水道——运河,也可以产生贯通流。作为一种基本流动,贯通流的驱动力是海面高度差。有时,海峡中由风驱动的单向流动也被称为贯通流。

在海洋中,海面高度梯度驱动的运动会受到科氏力的影响而发生偏转,最后形成与压强梯度方向相垂直的地转流。而贯通流只能沿着海面高度差的方向流动,但在横流方向仍然保持为地转平衡,即流动右侧的海面升高。

世界上的很多海峡都存在贯通流,大部分贯通流流量小,或者在全球系统中作用不大,没有引起人们的关注。随着海洋科学的日益发展和海洋观测的日益增加,近年来对贯通流的认识正在增加。下面给出几个贯通流的例子。

一、印度尼西亚贯通流

西太平洋水体会通过印度尼西亚群岛之间的水道进入印度洋,称为印度尼西亚贯通流(Indonesian throughflow, ITF),是一支从太平洋流入印度洋的单向海流(Gordon, 1996)。由于西太平洋海面高度高于印度洋,驱动上温跃层水体穿过望加锡海峡(Makassar Strait),其中,一部分水体直接穿过爪哇海(Java Sea)和龙目海峡(Lombok Strait)进入印度洋,另一部分向东进入班达海(Banda Sea),与班达海高盐高密水体汇合,再穿过翁拜海峡(Ombai Strait)和帝汶水道(Timor Passage)进入印度洋(图 10.21)。ITF 的流量有明显的季节变化,平均总流量为 12.7 Sv。

西太平洋暖池是驱动大气沃克环流的热源,它的变化直接与厄尔尼诺的演化密切相关。印度尼西亚贯通流将西太平洋的高温低盐水体输送到印度洋,不仅是全球海洋输送带的重要通道,而且对印度洋和太平洋的多年变化产生显著影响。

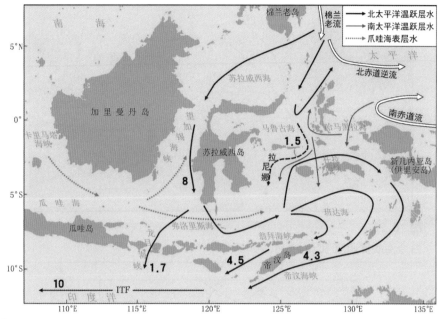

图 10.21

印度尼西亚贯通流示意图 [引自 Gordon,2005]

二、白令海峡贯通流

白令海峡是连接白令海与楚科奇海的通道,也是连接太平洋与北冰洋的唯一通道。由于太平洋水体盐度低,海面高度高,而大西洋盐度高,海面高度低,形成了约 70 cm 的海面高度差。正是这个海面高度差形成的压强梯度力驱动太平洋海水进入北冰洋(图 10.22),夏季,风场对白令海峡贯通流流量的贡献也不可忽略(Aagaard et al.,1985)。观测数据表明,海峡中在一年的大部分时间里是进入北冰洋的流动,被称为白令海峡贯通流。进入白令海峡的有三个主要水团:阿纳德尔水(AW)、白令海陆架水(BSW)和白令海沿岸水(ACW)。三个水团挤在一起,并行进入北冰洋。在海峡中,三个水团的水体发生混合,水团的性质发生了较大的改变。穿过白令海峡后,这些水体进入楚科奇海,分成三支向北流动。白令海峡贯通流的年平均流量约为 0.8 Sv(Roach 等,1995),近年来有逐渐增加的趋势。贯通流的流量有明显的季节变化,夏季的北向输送为 0.8 ~ 1.3 Sv,秋冬季节强劲的北风会在一定程度上抵消海面坡度的作用,北向流量减小为 0.4 Sv 左右(Woodgate 等,2005)。

三、加拿大北极群岛贯通流

在加拿大陆地北端是加拿大北极群岛(Canadian achipelogo),群岛间的水道连接北冰洋和大西洋,在无冰季节可以通航,被称为西北航道(northwest passage)。水道中的水流由北冰洋流向大西洋的巴芬湾,称为加拿大北极群岛贯通流(图 10.23),流量约为 0.46±0.09 Sv(Peterson 等,2012),以来自太平洋的水体为主。加拿大北极群岛贯通流主要是由北冰洋与大西洋之间的海面高度差驱动的。

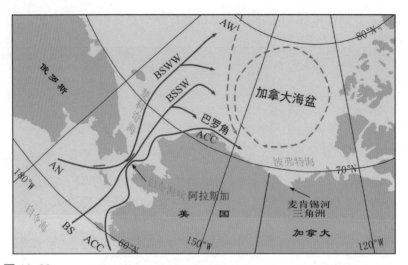

图 10.22

白令海峡贯通流 [Crawford, 2009]

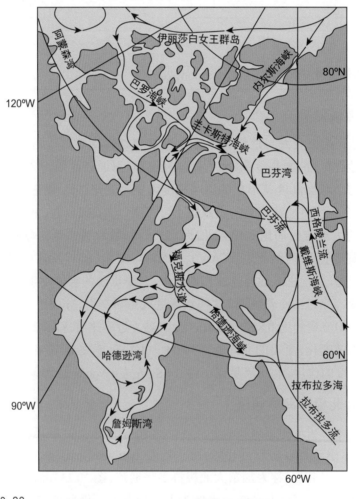

图 10.23

加拿大北极群岛贯通流 [引自 Tomczak 和 Godfrey, 2005]

§10.6　重力流

事实上,重力流(gravity current)是密度较高的流体在净重力的作用下向更深海域运动的统称。重力流的垂向分量是向下的,但在运动过程中会伴随有水平方向的运动。

重力流包括两大类:一类是海水和溶解性物质形成的流动,这类水体称为牛顿流体,在物理海洋学中,狭义的重力流主要是指这类流体;另一类是海水与不溶解物质裹挟在一起的流动,这类水体通常属于非牛顿流体,称为异重流。

一、重力流

狭义的重力流是指牛顿流体在重力作用下的流动,即流动的水体是由溶解物质组成的。基本上包括三种情况:高密度溢流产生的重力流、沿大陆坡下滑产生的重力流以及由位势不稳定引起的重力流。

1. 高密度溢流产生的重力流

当密度较高的水体翻越海槛流入密度较低的水体时称为溢流(overflow),溢出的高密度水体受重力的作用产生重力流。比较典型的就是直布罗陀海峡溢流,来自地中海的高密度水体溢出后一直下沉,直达北大西洋深处(图 10.24)。丹麦海峡的溢流产生的密度流更强,可以一直抵达 3 500 m 的深度。最近,在南海的巴士海峡也发现了由西太平洋进入南海的重力流。

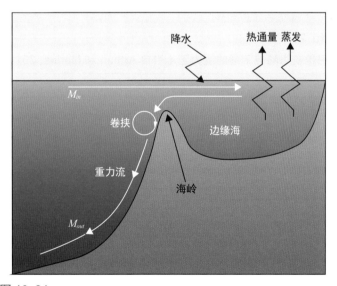

图 10.24

地中海直布罗陀海峡溢流

跨越海脊的高密度水流会形成重力流,实际上分为两个阶段。第一个阶段是在海脊上方流出,称为溢流;溢流是水平方向的流动,属于梯度流或密度流。第二个阶段溢流的水体发生下沉,属于重力流。

2. 高密度水沿大陆坡下滑产生的重力流

一般陆架上水体的密度小于大洋,不容易发生重力流。而在两极海域的陆架上,冬季冰间湖的结冰过程产生了大量高密度水体,这些水体在陆架底部积聚,形成特殊的高密度水团。在条件适宜的时候,这些水体会沿着大陆坡滑向深海,一直到达与其密度相当的水层。图 10.25 是北极巴伦支海形成的密度流,高密度水体沿大陆坡流向深海。图 10.26 是南极陆架上形成的高密度水体。由于冰架的磨损,陆架内部深度甚至大于陆架边缘,可以积聚大量高密度水体。这些水体一旦进入深海,可以在重力的作用下直接下沉到海底,成为南极深层水和底层水的重要来源。

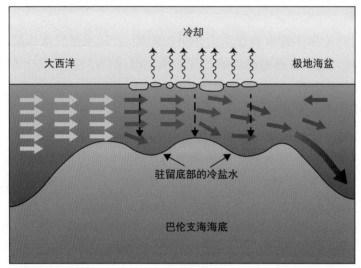

图 10.25

沿巴伦支海陆坡下潜的重力流 [引自 Årthun 和 Marius, 2011]

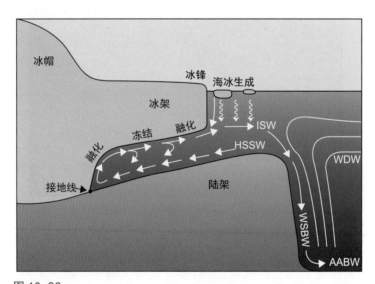

图 10.26

南极陆架高密度水沿大陆坡下潜的重力流

从陆架滑向深海的重力流还有一个名字："泄流（Cascading）"。泄流不仅是指密度流本身，而且还指陆架水体在下滑过程中对深层水体进行通风，致使深层水得到更新。例如，在拉普捷夫海陆架上冰间湖形成的高密度水体沿陆坡向下输运，可以到达 300～400 米的深度，冷却和淡化陆坡处高温高盐的水体，对该深度的水体温盐特性有重要贡献（Ivanov和 Golovin，2007）。

3. 深海瀑布

上面两种重力流都有一个共同的特点，即沿着海底边界下沉。有些重力流会沿着缓坡下滑，也有的沿着陡坡下沉。沿着陡坡下沉的密度流有时也称为"深海瀑布（abyssal cataract）"，意指重力流像瀑布一样流向海洋深处。1950 年，瑞士探险家皮卡尔乘深潜器下潜时，深潜器突然快速下沉而无法控制，是人类首次认识到海洋中存在瀑布一样近乎垂向的重力流。陆地上落差最高的瀑布当属安赫尔瀑布，落差为 802 m；而最大落差的深海瀑布是丹麦海峡瀑布，最大落差可达 3 500 m，发生在 200～3 700 m 之间，宽约 2 000 m，厚约 200 m，流量达到 5 Sv。此外，世界上还有一些深海瀑布，包括：冰岛——法罗瀑布、巴西深海平原瀑布、南设得兰群岛瀑布和直布罗陀海峡瀑布等。深海瀑布连接了不同水层的流动，带动了不同深度水体物质的交换，维持着深海的水体结构和物质平衡。

4. 位势不稳定产生的重力流

当高密度的表层水向赤道方向输送时，会进入表层密度较低的海域，形成位势不稳定。如果发生净的垂向通量就属于重力流，潜沉也属于这种重力流。通常发生净流量时一定有其他机制将重力流引发的流体输出，重力流才可以持续。相比于上面两种重力流，潜沉流的净重力较小，下沉的深度较浅，下沉速度缓慢。而且潜沉流没有固体边界约束，是一种特殊的重力流。

其实，上述三种狭义的重力流都属于位势不稳定产生的流动，差别在于造成位势不稳定的原因不同。

二、异重流

含有泥沙的水体发生垂向运动通常称为异重流，与河口运动有密切关系。而异重流的概念也有明显的差异，常有错误和混淆的提法。这里按照泥沙的运移方式将异重流分为异重流和浑浊流两大类。

1. 异重流

异重流（hyperpycnal flow）是重力流的一种，特指含有不溶解物质的海水受重力作用形成的垂向流动。海洋中的不溶解物质主要是各种粒径的泥沙。海水有一定的挟沙能力，与水流的速度有关。异重流就是指这种携带泥沙的海流。异重流的概念主要用于海洋工程领域，对于泥沙治理、港口开发有重要意义。有时异重流也与重力流混用。在河流动力学中，有时将异重流称为 density current，注意不要与密度流混淆。在物理海洋学中，密度流是指由水平密度差生成的压强梯度力引起的水平方向的流动，而异重流是垂向的流动。

尽管异重流含有不溶解的固体成分，主要还是指海水携带的不溶解物质的流动。不能被海水携带、但被海水裹挟产生的运动属于浑浊流。

2. 浑浊流

在河口区域,由于河流携带的泥沙量巨大,在河口附近沉积下来,形成深度很浅的不稳定沉积层,与河口之外的水深形成高度差。后续入海的水体将沉积的泥沙掀起,在重力的作用下沿坡形海底向外输送,形成海水对沉积物的搬运。这种含有大量泥沙沿海底滑下的水流被称为浑浊流(turbidity current),也称浊流(图 10.27)。

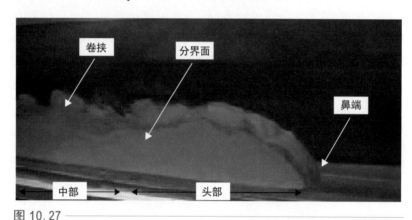

图 10.27

海底的浑浊流

浑浊流的特点是泥沙的浓度很高,远超出海水的挟沙能力。处于不稳定沉积状态的泥沙在流速很大时被重新启动起来,并受到重力的作用沿坡状海底下滑,形成被海流裹挟的流动。浑浊流在港口工程、航道工程、河流动力学、河口动力学等领域有广泛应用。

异重流和浑浊流都携带泥沙运动,都属于重力流,即在净重力的作用下沿着坡状地形向下流动。还有一个与之有关的流动称为牵引流(tractive current)。牵引流是泥沙运动学中的概念,表示河流、海流、潮流、波浪、余流等流动都会形成一定的挟沙能力,在运动过程中"牵引"不稳定沉积物进入水流。牵引流表征的是携带泥沙水体的水平方向运动,因而不属于重力流;一旦发生向下的运动分量,则属于异重流。

三、关于重力流的讨论

其实,海洋中的重力流远不止上述的内容,发生在海洋锋附近的锋面流、海底火山形成的岩浆流(lava flow)和火山泥流(lahar flow)等本质上都属于重力流。很多废水排放、局部的循环水等都可以形成小尺度的重力流。

由于重力流有明显的下沉运动,但补偿的运动并不明确,有时被认为是一种余流。其实,各种垂向运动都具有余流的特征,但我们只将水平方向的余流称为余流,垂向的余流在本章讨论。

重力流与密度流可以发生转换。在下沉的流段,海水在重力的作用下发生运动,属于重力流;当重力流到达与其自身密度相当的水层,逐渐转化为水平方向的运动,成为密度流。当然,这种转化只发生在含有溶解物质的水体中,携带泥沙的流体一般只能沿海底流动。一旦水流减弱,泥沙沉降,净化后的异重流也可以成为密度流。

值得注意的是,读者可能注意到关于重力流的表达多有矛盾之处,主要是不同领域认知过程的差异所致,并非有绝对正确的定义。本书介绍的重力流和密度流主要是在物理海洋学框架下的内涵。

思考题

1. 为什么风生艾克曼输送的方向与风应力的方向垂直?
2. 介绍地转流有几种,它们之间的差别是什么?
3. 温跃层通风对大洋环流有何影响?
4. 浮力流与密度流有何差异?
5. 上升流有几种,其驱动机制有什么不同?
6. 卷挟运动与上升流有什么不同?
7. 卷挟运动在亚热带和亚极区的作用有什么差异?
8. 大尺度运动发生地转偏差后流场和压力场如何调整?
9. 说出三种重力流并指出属于牛顿流体的重力流。
10. 重力流和下降流在性质上有什么差别?

深度思考

深层水密度远大于表层水的密度,为什么通过湍流混合和卷挟就可以进入海洋上层? 水体抬升过程势能要增大,什么物理因素为深层水的抬升提供能量?

第11章
风生大洋环流

　　海流是海水大规模的定常运动,通常具有非常大的流量。在海洋中,哪怕一支弱小的海流,其流量也往往比大江大河大得多。东海陆坡处的海流"黑潮"是离我们最近的一支强流,它的流量相当于长江峰值流量的500倍以上。

　　基于地球上海水质量守恒的要求,各种海流会以各种方式构成闭合的循环,称为大洋环流。世界大洋的环流由两种机制生成:一种是海面风场驱动的流动,称为风生环流;另一种是海水密度分布不均匀产生的流动,称为热盐环流。有些海流可以通过水平循环而闭合,有些海流需要通过上升流或下降流的垂向循环来闭合。还有的环流既包含垂向循环,也包含水平循环,使得环流的特征更加复杂。这些流动的整体构成了世界大洋环流的体系。

　　本章将全面介绍风生大洋环流的结构和生成机制,了解大洋环流对人类生存环境的重要作用。热盐环流的内容在第12章介绍。

　　黄瑞新教授对本章的初稿提出宝贵意见和建议,特此致谢。

§11.1　风生大洋环流理论

亚热带流涡是海洋环流的典型代表,是海水在副热带高压区风场的作用下发生的环流。风生大洋环流(wind-driven ocean circulation)理论是源于对亚热带流涡的研究,建立了风场与大洋环流的联系。

一、f 平面和 β 平面大洋环流

1. 风生环流的基本平衡

在远离陆地的大洋内区(interior),非线性项和水平摩擦项可以忽略,用科氏力、压强梯度力和垂向摩擦力之间的基本平衡来描述。动量方程组简化为

$$-\rho fv = -\frac{\partial p}{\partial x} + \frac{\partial}{\partial z}\left(A_z \frac{\partial u}{\partial x}\right)$$
$$\rho fu = -\frac{\partial p}{\partial y} + \frac{\partial}{\partial z}\left(A_z \frac{\partial v}{\partial x}\right)$$

（11.1）

式中,u 和 v 分别为东向和北向的速度分量,f 为科氏参量,ρ 为海水密度,p 为压强,A_z 为垂向湍流摩擦系数。对(11.1)式垂向积分,得到二维形式的动量方程组

$$-\rho fV = -\frac{\partial P}{\partial x} + \tau_x$$
$$\rho fU = -\frac{\partial P}{\partial y} + \tau_y$$

（11.2）

式中,U 和 V 代表流速在东向和北向的垂向积分,τ_x 和 τy 分别为东向和北向风应力。

2. f 平面大洋环流

亚热带流涡位于旋转的地球上,需要考虑地转的影响。设理想化的风场随纬度变化,赤道为东风,中纬度为西风(图 11.1a)。

如果考虑科氏力不随纬度变化,即采取 f 平面近似(f-plane approximation),得到东西方向对称的反气旋式环流(图 11.1b)。其海面高度的分布也是东西对称的,流涡中央为高压,四周为低压(图 11.1c)。f 平面近似解不存在西边界流强化的现象。

在物理海洋学中经常使用 f 效应(f effect)的术语。f 效应包含两个内涵,一个就是指考虑科氏力发生的运动,二是指在 f 平面近似的物理框架得到的环流结构。

3. β 平面大洋环流

如果考虑科氏力随纬度线性变化,即采取 β 平面近似(β-plane approximation),

$$f = f_0 + \beta y$$
$$\beta = \frac{\partial f}{\partial y} \approx 2\Omega\cos\varphi$$

（11.3）

大洋环流呈现东西不对称的环流结构,发生西边界流强化现象,而东边界不发生流动强化现象(图11.1d)。与此相应,海面高度场也发生东西方向的不对称,高压中心移到靠近西边界附近(图11.1e)。

由于大洋环流存在西向强化现象,图11.1的结果表明,β 效应(β effect)是风生大洋环流的必要因素。

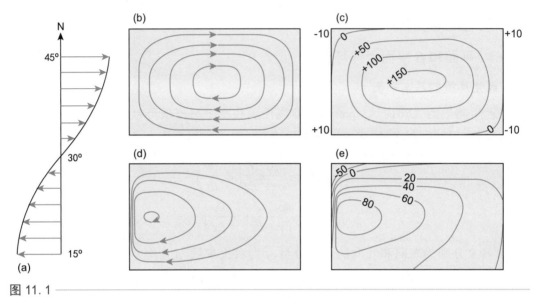

图 11. 1

亚热带流涡 f 平面和 β 平面大洋环流理论解 [引自 Colling,2001]

(a)风随纬度的分布;(b)f 平面环流流线;(c)f 平面海面高度;(d)β 平面环流流线;(e)β 平面海面高度

二、斯韦尔德鲁普平衡

在大洋内区,由风场直接驱动产生的环流可以由风应力计算。将动量方程(11.2)交叉微分,得到

$$U = \frac{1}{\rho\beta}\int_{x}^{L}\frac{\partial curl\boldsymbol{\tau}}{\partial y}\mathrm{d}x$$

$$V = \frac{1}{\rho\beta}curl\boldsymbol{\tau}$$

（11.4）

式中,$curl\boldsymbol{\tau}$ 为风应力旋度,L 为东西方向的宽度。设理想化的风场为赤道东风和中纬度西风(图11.1a),由(11.4)式表达的风生流称为斯韦尔德鲁普平衡(Sverdrup equilibrium)。得到风生流的流函数为半封闭的环流(图11.2),体现了风生大洋环流的基本特征,包含了赤道流、西风漂流和东边界流,但不包括西边界的流动。(11.4)式表明,β 效应是最基本因素,没有考虑 β 效应不会发生斯韦尔德鲁普平衡。

斯韦尔德鲁普平衡还表明,在考虑 β 效应的海洋中,风应力旋度直接驱动大洋环流,唯独在西边界不满足。西边界会发生补偿性质的流动。

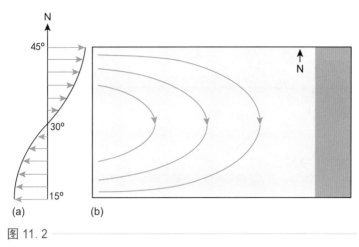

图 11.2

风生大洋环流的斯韦尔德鲁普平衡 [引自 Colling, 2001]

三、西向强化

图 11.1d 表明,在考虑 β 效应的海洋中,存在西边界强流现象。西边界流的强度不是与局地的风场对应,而是在斯韦尔德鲁普平衡基础上的补偿流动。在海洋动力学中,西向强化(western intensification)有两个含义。其一是纬向流的强化。由于斯韦尔德鲁普平衡的要求和艾克曼抽吸的累积,风生大洋环流的纬向流动东部较弱,向西逐渐加强,整体上体现西强东弱的特点。其二是西边界流的强化,是西向强化的主要含义。

1. 赤道流的西向强化

西向强化的第一个内涵可以由图 11.2 给出,在赤道流向西流动的过程中,流线越来越密集,流量越来越大,发生西向强化现象。赤道流的西向强化是指流量的增大。太平洋和大西洋赤道流的西向强化还包括主温跃层的向西加深,形成低纬度海域温跃层东浅西深的特点。

2. 西边界流的强化

西边界流的强化现象包括两个内涵:一个是西边界流比其他流动流幅窄、流速快、深度大;另一个是西边界流在向南或向北流动过程中具有流幅不断收窄、流速不断增大的特征。

理论研究表明,仅仅考虑地球旋转不能得到强化的西边界流,西向强化是由于 β 效应,即科氏力随纬度变化引起的现象。图 11.3 中给出了亚热带流涡的海洋高度场,在西边界附近呈现最大的高度梯度,对应于西边界强流。西边界流幅度很窄,影响的深度很大。而在东边界,流幅度很宽,影响的水层很薄。

海面高度场的分布虽然可以说明西边界存在强流,但无法解释西边界流在流动中不断收窄和加强的特征。西向强化的第二个内涵要由位涡守恒来展示。

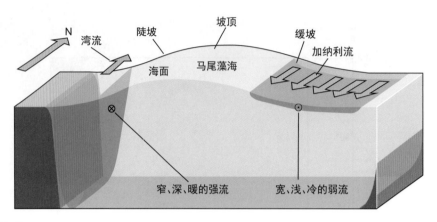

图 11.3

大洋环流的西向强化现象［引自 Garrison，2005］

四、位涡守恒

位涡守恒（potential vorticity conservation）是罗斯贝（Rossby）在大气动力学研究中首先提出的，即在正压条件下，大气绝对涡度的垂向分量与气柱的高度之比保持为常数。在海洋中位涡守恒由不考虑摩擦的正压海洋动力学方程导出

$$\frac{D}{Dt}\left(\frac{f+\zeta}{H}\right)=0 \tag{11.5}$$

式中，D/Dt 为水平方向的导数，括号中的量为位涡的表达式，与绝对涡度 $f+\zeta$ 成正比，与流动的深度 H 成反比。（11.5）式中科氏参量 f 也称为行星涡度，体现了科氏参量随纬度的变化。相对涡度 ζ 是流场涡度的垂向分量，用相对流速 u 和 v 表达：

$$\zeta=\frac{\partial v}{\partial x}-\frac{\partial u}{\partial y} \tag{11.6}$$

也就是（4.40）式。

位涡守恒体现了流动的内部调整过程。当发生南北方向运动时，行星涡度 f 发生改变，相对涡度将发生改变。同理，如果水深发生变化，也会诱发相对涡度发生变化。在世界大洋中，无摩擦是很好的近似，因而位涡守恒具有重要意义。

位涡守恒的物理意义很好地阐释了南北方向流动产生西向强化的原因。如果不考虑海底起伏，位涡守恒变成绝对涡度守恒，即

$$\frac{\mathrm{d}}{\mathrm{d}t}(f_0+\beta y+\zeta)=0 \tag{11.7}$$

设 ζ_0 为起始位置的相对涡度，由上式得到

$$\zeta=\zeta_0-\beta(y-y_0) \tag{11.8}$$

图 11.4 给出了（11.8）式表征的北半球西边界流强化的示意图。设西边界流的初始相对涡度为零，自南向北的流动诱发负的相对涡度，自北向南的流动诱发正的相对涡度。越远离赤道，相对涡度（正或负）越大，靠近边界的流速越大，流幅越窄，发生强化现象。在大洋

环流的研究中,曾出现了著名的芒克(Munk)理论、斯托梅尔(Stommel)理论、惯性理论等众多理论解。在考虑 β 效应的框架下,不论什么样的动力学平衡关系建立的大洋环流理论都可得出西边界流强化的结果。

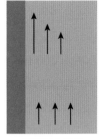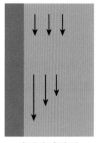

自南向北流动　　自北向南流动

图 11.4

公式(11.8)表达的北半球西边界流强化示意图

而在东边界不会发生海流强化的现象。一方面因为东边界流是风生流,不满足位涡守恒,位涡会因风应力旋度的输入而改变;另一方面,海水不会因南北向流动而发生自身调整,产生强化现象。比如,在亚热带流涡,东边界流向赤道方向流动,按照(11.8)式,相对涡度应该增大,需要流速远离海岸增大。客观上,远离海岸的流动失去海岸支撑,无法形成海面高度的陡峭变化,因而无法产生与西边界同样的强化现象。

西向强化是一个普遍的现象,不仅存在于大洋西边界,而且在南北走向的海峡西侧或一个很短的西边界都可能发生。在大气中,由于没有经向边界,没有与西边界流对应的大尺度环流现象。

五、西向强化现象的理解

前面提到,是因为 β 效应引发了西向强化现象。那么,β 效应为什么会引发西向强化现象呢?

首先,质量守恒的需要。在不考虑 β 效应的条件下,东西流场对称(图 11.1b),不需要发生西向强化;而 β 效应要求整个亚热带流涡都是流向赤道的流动,只有西边界有流向极地的流动,就必然发生西向强化,西边界向极的流量要等于整个大洋向赤道的流量。

质量守恒可以解释西边界强流现象,但却不能解释西边界流为什么越流越强。西边界流的强化是涡度平衡的需要。在 β 平面下,按照斯韦尔德鲁普平衡,风应力的负旋度驱动整个亚热带流涡产生了负涡度。西边界向极流动产生的负涡度应该大致等于在韦尔德鲁普平衡范围内向赤道流动积累的负涡度,否则就会导致流涡中的涡度不平衡。

将图 11.1a 的风应力表达为

$$\tau_x = \tau_0 \sin\left(\frac{\pi}{2}\frac{y - L_y/2}{L_y/2}\right) \tag{11.9}$$

从(11.4)式,可以导出亚热带流涡的全海域涡度积分约为

$$\int_0^{L_x}\int_0^{L_y}\left(\frac{\partial V}{\partial x}-\frac{\partial U}{\partial y}\right)\mathrm{d}y\mathrm{d}x = -\frac{\tau_0 L_x^2}{\rho\beta}\left[\frac{\pi}{L_y}\right]^2 \tag{11.10}$$

取风应力振幅 τ_0 为 0.1 N m^{-2},东西宽度 L_x 为 10 000 km,南北宽度 L_y 为 3 000 km,β 取为 1.98×10^{-11} m^{-1} s^{-1},估计风应力输入的负涡度全海域积分为 5.164×10^8 m^3 s^{-1}。而按照位涡守恒估计的西边界涡度的积分为

$$\iiint\limits_{0\;0\;0}^{B\;H\;L_y} \zeta \, dydzdx = -BH\beta \int\limits_0^{L_y} ydy \approx -BH\beta L_y^2 \qquad (11.11)$$

取西边界边界层厚度 B 为 100 km,特征深度 H 为 200 m,南北距离 L_y 为 3 000 km;估计西部边界层内的涡度积分为 $3.564 \times 10^9 \text{ m}^3 \text{ s}^{-1}$。

用大洋内区风应力估计的输入负涡度与用位涡守恒的估计结果很接近。这个结果表明,西边界流是风生流的补偿流动,需要通过流动的强化产生负涡度,与全海域的负涡度一致起来。在亚极区流涡也一样,那里气旋式风场驱动海洋的正涡度,流向赤道的西边界流也要通过强化来形成正涡度,与海盆的涡度相平衡。位涡守恒的要求满足了西边界流涡度变化的需求,保证了整个流涡的涡度特征。

§11.2 亚热带环流

亚热带流涡(subtropical gyre)由赤道流系、西边界流、西风漂流和东边界流组成。在大西洋和太平洋的南北半球各有两个亚热带流涡,在印度洋的南半球有一个亚热带流涡。

一、赤道流系

在太平洋和大西洋,低纬度海域上空盛行热力驱动的信风,受地球旋转的作用发生偏斜,在北半球是东北信风,南半球是东南信风。因此,正常年份赤道附近的纬向风主要是弱东风,驱动产生了自东向西流动的南赤道流(South Equatorial Current)和北赤道流(North Equatorial Current)。

1. 南赤道流和北赤道流

由于南北半球海陆分布不对称,地球上最热的纬度带不在赤道,而是在"热赤道(thermal equator)"。热赤道的平均位置大约在 5°N,随季节南北摆动。信风与热赤道对应很好,南北赤道流也基本对称于热赤道,北赤道流在 10°N~25°N,南赤道流在 3°N~20°S,恰在赤道上的流动是南赤道流(图 11.5)。由于没有陆地的约束,南北赤道流的流幅很宽,北赤道流跨 15 个纬距,南赤道流跨 20 多个纬距。南北赤道流的平均流速小于 0.5 m s^{-1},流量达到 200 Sv。

在东西方向上,南北赤道流在大洋东边界很弱,在向西流动的过程中逐渐加强。从卫星观测的海面高度数据可以看到,海面高度的等高线在西太平洋更加密集。赤道流这种东弱西强特征的原因是:越来越多的水加入向西的流动,导致西太平洋的赤道流更加强大。

2. 赤道逆流

如果赤道附近的风场是均匀的,南北半球的赤道流将连成一片,形成宽度达到 4 000 km 的西向输送带。但是,南北半球的信风在热赤道交汇,热赤道附近宽阔的高温海域大气温度梯度很小,信风的风力减弱,改变了风应力旋度,热赤道以北旋度为正,以南旋度为负,在热赤道建立了一支与南、北赤道流方向相反的东向流动,称为赤道逆流(ECC, equatorial counter current）。在南北赤道流的约束下，赤道逆流流幅只有 500 km 左右，流速也在 0.5 m s^{-1} 左右。太平洋赤道逆流的流量约为 45 Sv。

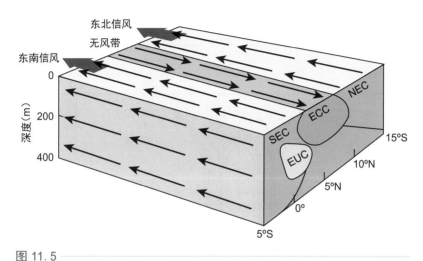

图 11.5
赤道流系的四支主要海流

赤道逆流让我们看到了风应力旋度的重要性：既然风应力旋度可以形成逆流，风应力在南北方向的不均匀也可以导致流动强弱的不均匀。经常可以观测到一支海流有多个流速极大值，被称为海流的"多核结构"。通常，多核结构并不是多支海流汇合而成的，只是同一海流流速的多个极值，与个均匀的风场有关。

赤道逆流的水体来自南、北赤道流。赤道流到达大洋西海岸受阻，导致西边界附近的水位升高（在南北方向可达每 100 km 升高 4 cm），驱动南北赤道流的主流分别向南和向北流去，其中，向极流动的分量成为大洋西边界流，而流向热赤道的分量则形成了自西向东的赤道逆流。

3. 赤道潜流

恰在赤道上，科氏力为零，东西方向如果存在海面高度差，势必引起沿赤道方向的流动。赤道上方的南赤道流在西边界堆积，形成海面高度高值区，驱动下层海水自西向东流动，这支恰在赤道次表层的海流称为赤道潜流（equatorial undercurrent）（图 11.5），是科氏力为零条件下的补偿流现象。赤道潜流向东流动，赤道两侧微弱的科氏力指向赤道，形成对赤道潜流的约束，有利于赤道潜流保持在赤道下方。在太平洋，赤道潜流基本被限制在 2°N～2°S，厚度达 200 m，流量约有 40 Sv。

除了赤道潜流之外，赤道流系是典型的表层流系，其厚度被限制在赤道温跃层以上。赤道温跃层是世界上强度最大的温跃层，在赤道附近最浅，向亚热带地区加深。在东西方向，赤道温跃层在东边界最浅，深度在 100 m 以内；在西边界深度加大，达到 200 m 左右。温跃层西深东浅的结构取决于赤道东风的在东边界引起的辐散和西边界引起的辐聚。

随着海洋观测的增加，人们日益认识到，赤道流系除了稳定存在的 4 支海流之外，有更多的海流被发现(图 11.6),包括与赤道逆流对称的南赤道逆流(SECC),在赤道逆流下方的赤道中层流(EIC),在 EIC 两侧的北赤道次表层逆流(NSCC)和南赤道次表层逆流(SSCC)等,还有亚热带的逆流。这些流动共同构成了复杂的赤道流系。这些精细的流场结构大都有复杂的季节变化和年际变化。

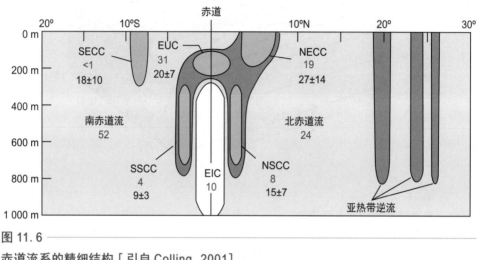

图 11.6

赤道流系的精细结构［引自 Colling, 2001］

二、北半球西风漂流

西风是地球上最强大的风系,是由副热带高压和副极区低压共同作用产生的大气运动形式。由于形成西风的大气涉及了亚热带的高温海域和亚极区的低温海域,其压力梯度差比热带强大得多,因而西风的风力也比赤道信风强很多。

在中纬度海域,强烈的西风驱动产生了海水大规模的自西向东流动,称为西风漂流(west wind drift)(图 11.7)。需要特别指出的是,西风漂流与 §10.1 介绍的艾克曼漂流不同,西风漂流实际上是由大洋压力场建立起的流动,其主体是地转流,而不是艾克曼流。西风漂流由于没有南北方向陆地的强制约束,表现了流幅宽、流速低的特点。在北半球,西风漂流使海水从大洋西边界流向东边界,在太平洋称为北太平洋流(north Pacific current),在大西洋称为北大西洋流(north Atlantic current)。北太平洋流和北大西洋流都有明显的年际变化。在北半球印度洋没有西风漂流。值得注意得是,在太平洋,北半球的西风漂流实际上是两支海流汇合而成的。来自热带海域的黑潮(Kuroshio)和来自亚极区的亲潮(Oyashio)在 40°N 左右汇合成北太平洋流。

此外,由于没有陆地的约束,西风漂流发生严重的南北方向弯曲的现象(图 11.8)。海流弯曲的原因主要是上下游流量的不一致,导致海流像河流一样通过弯曲来取得流量的平衡。海流的弯曲可以用罗斯贝驻波理论来解释,详见 §16.3。在海流弯曲时容易发生不稳定过程,产生大量的中尺度涡旋,详见 §21.3。

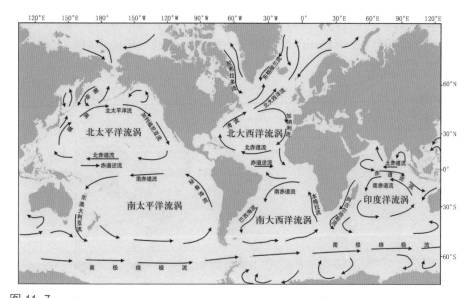

图 11.7

世界大洋环流及主要流涡结构［引自 Pinet，2013］

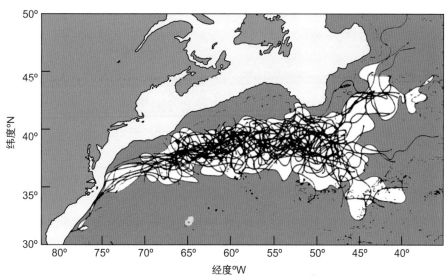

图 11.8

西边界流延伸体的弯曲和涡旋现象［引自 Tomczak 和 Godfrey，2005］

三、南极绕极流

在南半球中纬度海区，没有经向陆地的约束，发生了环绕地转轴的流动，也是环绕南极大陆的流动。这支海流被称为南极绕极流（Antarctic circumpolar current，ACC），属于南半球的西风漂流，自西向东流动，流动范围为 35°S ～ 65°S，典型流幅宽度 2 000 多千米，其深度是自海面到海底的整个水层，并且呈现季节性南北摆动。南极绕极流的流速并不大，平均流速为 0.15 m s^{-1}，但由于其流幅大、深度大，其流量达到 120 ～ 150 Sv，是世界上流量最大的海流。德雷克海峡（Drake Passage）最窄处只有 890 km，平均水深大于 3 400 m，最大流速可为 0.5～1.0 m s^{-1}，限制了南极绕极流通过的流量（图 11.9）。

南极绕极流将南极与三个大洋的亚热带海域隔离开来，其间由极锋分隔，形成南大洋稳定的冷水区。但由于南极绕极流的不稳定性，频繁生成流轴的弯曲，产生大量涡旋，促成穿越南极绕极流的经向水体与物质交换，迄今相关研究很少。

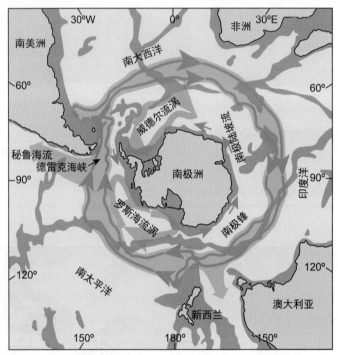

图 11.9

南极绕极流的流域范围［引自 Colling, 2001］

四、东边界流

当北半球的西风漂流到达大洋东海岸时，分别向南北方向分叉，形成向南和向北的东边界流（eastern boundary current）。向赤道的东边界流汇入赤道流，构成反气旋式的亚热带流涡；向极的东边界流加入气旋式的亚极区流涡。在北太平洋，向南的东边界流为加利福尼亚流（California current），向北的东边界流为阿拉斯加流（Alaska current）。在北大西洋，向南的东边界流为加那利流（Canary current），向东北方向的北大西洋流进入北欧海为挪威海流（Norwegian current）。

在南半球，西风漂流是南极绕极流。南极绕极流根据位涡守恒的需要，在大陆迎流侧的南端发生分叉，产生流向赤道的东边界流，与南赤道流一起构成闭合的反气旋流涡。南太平洋的东边界流为秘鲁海流（Peru current），南大西洋的东边界流为本格拉海流（Benguela current），南印度洋的东边界流为西澳大利亚流（west Australia current）。

与西边界流相比，东边界流的特征是：流幅宽，约为 1 000 km；深度浅，小于 500 m；流速小，小于 0.25 m s^{-1}；流量小，为 10～25 Sv。由于东边界流产生南北方向的水体输送，对当地的气候系统影响很大。例如,位于美国西海岸的加利福尼亚流是一支向南流动的寒流,一方面大量吸收了空气中的热量,形成了美国加利福尼亚州凉爽的夏季;另一方面,寒流使海面的蒸发大幅度下降,导致加利福尼亚州夏季的干旱。

五、西边界流

西边界流(western boundary current)将海水沿南北方向输送,使大尺度流涡得以闭合。在北太平洋,西边界流为黑潮和亲潮;在南太平洋,西边界流为东澳大利亚流(east Australia current)。在北大西洋,西边界流为湾流和拉布拉多流(Labrador current);在南大西洋西边界流是巴西海流(Brazil current)。在印度洋存在季节变化的西边界流:莫桑比克流(Mozambique current),在南半球为阿古尔哈斯流(Agulhas current)。最新的研究表明,阿古尔哈斯流的流量可能是西边界流中最大的($\sim$ 100 Sv)。西边界流起到了质量、能量和涡度闭合的重要作用。

世界大洋有两支最强的西边界流,一支是位于我国东海陆坡的黑潮,还有一支就是墨西哥湾附近的湾流。这里分别介绍黑潮和湾流的特征。

1. 黑潮

太平洋西边界的地形很复杂,南部有菲律宾的南北边界,中部有东海宽阔的陆架和琉球群岛,北部有日本列岛。因此,太平洋的西边界流也很复杂。北赤道流到达西边界后,大部分作为西边界流沿菲律宾东岸向北流动。西边界流越过巴士海峡后被正式称为黑潮(Kuroshio),海流通过台湾和与那国岛之间的水道进入东海,沿大陆坡流动,一直抵达日本九州岛,大部分经吐喀喇海峡离开东海,小部分作为对马暖流经由对马海峡进入日本海。黑潮返回太平洋后沿日本东岸北上,部分在35°N转向东流,称为黑潮延伸体(Kuroshio extension);部分在40°N与亲潮汇合后转向东流,两部分水体作为北太平洋流流向太平洋东岸。黑潮南北跨约 16 个纬度(20°N～36°N),东西跨约 115 个经度(50°E～165°E),总长度为 4 000 多千米。东海段的黑潮被称为"东海黑潮",日本沿岸的黑潮被称为"日本以东黑潮"(图 11.10)。

黑潮是一支明显强化的海流,具有流速高、流幅窄、深度大的特点,典型的特征是流速 2.5 m s^{-1},宽度 150 km,深度大于 1 000 m,总流量约 50～65 Sv(10^6 m^3 s^{-1}),是长江峰值流量的 500 倍以上。黑潮的流速取决于大洋信风的强度,有明显的季节变化和年际变化,在不同年份同一季节的流量可以相差一倍。日本以东黑潮在正常年份平行于日本列岛流动,在黑潮减弱的年份发生"大弯曲"现象,即黑潮发生半径 150～400 km 的涡流,是黑潮的重要特征。

研究表明,东海黑潮并不是西边界流的全部,在琉球群岛外侧也存在一支与黑潮平行的流动,称为"黑潮副流",是一支流速小、流幅宽的弱流。由于琉球群岛有很多海峡,黑潮副流在遇到海峡时失去支撑,流动呈时断时续的状态。黑潮东部还有黑潮逆流或回流发生,体现为复杂的时空变化。

黑潮将热带海水的热量输送到中高纬度海域,是东亚气候的关键因子之一,黑潮蒸发的水汽也是东亚降水的重要来源之一。

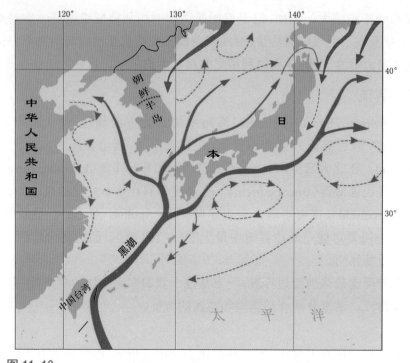

图 11.10

黑潮示意图 [引自 Lin，2013]

2. 湾流

发生在大西洋的湾流(gulf stream)系统与发生在太平洋的黑潮系统一样复杂。北赤道流沿南美洲沿岸流向墨西哥湾，称为圭亚那流(Guiana current)。进入墨西哥湾后，这支海流被称为佛罗里达流(Florida current)。北赤道流的另外一部分没有进入墨西哥湾，而是沿着安德列斯群岛向北流动，称为安德列斯流(Antilles current)。安德列斯流在佛罗里达海峡与流出的佛罗里达流汇合向北流动，成为湾流的起点。此后一直沿北美大陆坡流动，抵达哈特拉斯角(Cape Hartlas)后转向东偏北的方向(图 11.11)。湾流的流量在所有的西边界流中是最大的，平均宽度约为 150 km，厚度为 700～800 m，流速为 2.5 m s⁻¹。最大流量为 100 ～ 150 Sv。

六、印度洋热带环流圈

典型的赤道流系主要发生在太平洋和大西洋。在印度洋北部是陆地，南印度洋的副热带环流发育完好，而没有北半球的副热带环流，在赤道以北的海域形成了北印度洋季风环流。受到季风转换的影响，印度洋赤道没有持续的赤道东风，每年 4～5 月和 10～11 月各出现 1 次赤道西风，在海洋上形成向东的赤道急流(Wyrtki jets)，也称赤道流，其流幅窄、流速强，深度不大于 130 m。赤道急流事实上是赤道逆流，受印度洋北部陆地的影响成为季节性海流。自东向西的印度洋南赤道流(south equator current)稳定存在于赤道以南至 20°S 的海域。赤道急流、南赤道流以及相应的东边界流和西边界流构成了印度洋热带流涡(tropical gyre)，也称热带环流圈(图 11.12)。

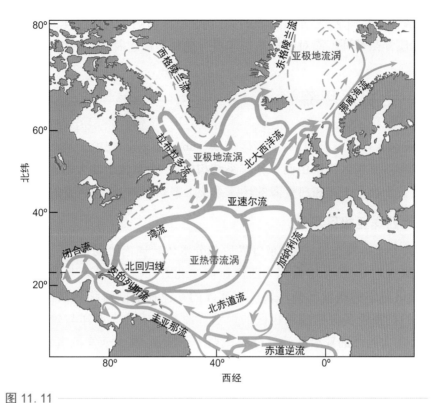

图 11. 11 ────
湾流结构示意图［引自 Collin, 2001］

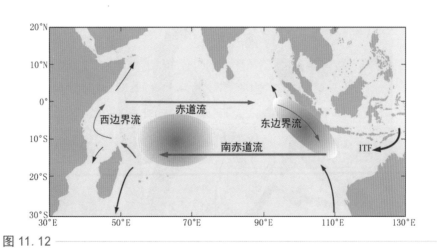

图 11. 12 ────
印度洋热带环流圈示意图［引自杜岩等, 2019］

　　热带环流圈对印度洋的水体输送非常重要,赤道急流及其下的赤道潜流将来自阿拉伯海的高盐水向东输送,形成赤道高盐水舌;而印度洋南赤道流将通过印度尼西亚贯通流进入印度洋的低盐水向西输送,在 12°S 附近形成低盐水舌。南赤道流输送的低盐水在到达西边界后部分向北输送,与赤道海域的高盐水混合,影响了北印度洋的水团以及热力结构。因此,印度洋热带环流圈对维持热带印度洋热盐平衡起着重要的作用。

§11.3　亚极区环流

亚热带流涡是相对完整的,而亚极区流涡(subpolar gyre)则由于地形的原因都是不规则的。在北半球,亚极区流涡由两个环流系统构成,一个是位于北大西洋和北欧海的环流系统,一个是位于北太平洋和白令海的环流系统。在南半球,没有完整的亚极区环流。

一、北大西洋亚极区环流

湾流的部分水体向东流,抵达东边界后部分水体转向南流动,成为东边界流,构成亚热带流涡的组成部分;部分作为北大西洋流向东北方向流动,进入北欧海后称为挪威海流,构成亚极区流涡的暖流部分。来自北冰洋的寒流在北欧海称为东格陵兰流,与来自拉布拉多海的拉布拉多流构成亚极区的西边界流。由于北大西洋与较浅的北欧海形成自然的分隔,北大西洋的亚极区流涡分裂成两个子流涡:北大西洋流涡和北欧海流涡(图11.11)。其中,北欧海流涡的详细结构见图11.13。

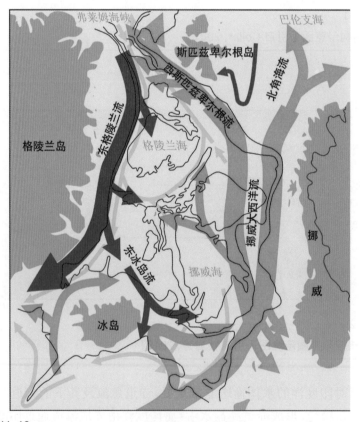

图 11.13 ————

北欧海的环流 [引自 Osterhus 和 Gammelsrod, 1999]

二、北太平洋亚极区环流

在太平洋，北太平洋流到达东边界后，部分水体向北流动，称为阿拉斯加流（Alaska stream），一直抵达阿留申群岛。大部分进入白令海陆架，并沿阿拉斯加海岸继续向北抵达白令海峡进入北冰洋；少部分进入白令海的深海盆，加入白令海的气旋式环流系统，最终抵达俄罗斯的萨哈林岛东岸，汇合成亲潮。亲潮向南流，一直到达 40°N 与北上的黑潮相遇，作为北太平洋流转向东流，构成亚极区气旋式环流（图 11.14）。亲潮是低温、高营养盐的寒流，在流经的海域都形成著名的渔场。

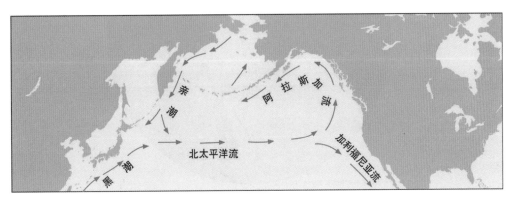

图 11.14

北太平洋的亚极区流涡示意图

三、南半球的亚极区环流

在南半球，由于西风漂流是南极绕极流，没有经向边界的约束，故而没有南北方向的边界流，也没有亚极区的流涡。但是，由于南极的威德尔海和罗斯海凹入南极圈之内，在西风和极地东风的共同作用下，形成了威德尔海流涡（Weddel gyre）和罗斯海流涡（Ross Sea gyre）。这两个流涡的范围远小于亚热带流涡，将其看作边缘海环流更为恰当（图 11.9）。

§11.4　北冰洋环流

北冰洋是陆地包围的海洋，面积 1 300 万平方千米。北冰洋存在复杂的环流系统，上层环流由波弗特流涡和北极穿极流组成，中层由北极环极边界流组成。

一、波弗特流涡和北极穿极流

由于有海冰覆盖，北冰洋大气存在波弗特高压（Beaufort High），平均位置位于波弗特海附近的大洋上。高压使北冰洋发生反气旋式风场和极地东风系统。风场直接驱动海冰运动，并通过海冰带动海水运动。在北极上层海洋中发生两种运动，波弗特流涡和北极穿极流。

波弗特流涡（Beaufort gyre）是典型的反气旋环流（图 11.15），占居北冰洋范围的一半，是常年存在的闭合环流。波弗特流涡表层的辐聚特性造成淡水在流涡中央积聚，保存的淡水相当于周边河流 5～7 年的径流量。由于淡水提供了浮力通量，近年来波弗特流涡不断加强。波弗特流涡的深度可以达到 600 m 以上，带动了上层水体和中层水体在北冰洋的循环和输运。

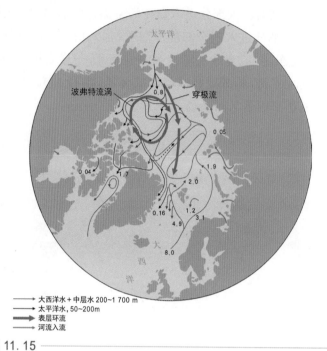

图 11.15

北极上层和中层环流示意图 [引自 Nilsson，1997]

在波弗特流涡的外侧存在一支北极穿极流（Arctic transpolar drift），也是波弗特高压驱动的结果。穿极流起自新西伯利亚群岛，一直流向弗莱姆海峡（Fram Strait）。北极穿极流是风生流，造成大量海冰的输送，不仅改变了北冰洋的淡水平衡，而且对下游的北欧海和北大西洋都有显著的影响。

近年来，随着北极增暖，波弗特流涡范围减小，强度增大。北极穿极流流速也大幅增强。2006～2008 年，欧盟国家将一艘船 Tara 号冻结在海冰中，纪念南森在 100 年前的漂流活动。结果表明，漂流同样的距离只用了不到南森一半的时间，体现了穿极流速的加快。

北冰洋的上层环流有两个机制，一个是风生机制，波弗特高压主导的北极风场驱动波弗特流涡和北极穿极流的流动。另一个机制是太平洋与大西洋的海面高度差驱动的流动，太平洋盐度低于大西洋，海面高度比大西洋高 0.7 m，驱动海水从太平洋流向大西洋。

二、北极环极边界流

挪威海流是北大西洋流向北延伸的部分，沿挪威海岸一直向北流动，一部分穿过巴伦支海进入北冰洋；另一部分流经弗莱姆海峡进入北冰洋。通过弗莱姆海峡进入北冰洋的水体的热量迅速散失，在斯瓦尔巴德群岛北部形成大范围的对流下沉区；下沉水体到达 100～400 m 的深度，并沿着大陆坡向北冰洋深处运动。大西洋水在流动过程中，与经过巴伦支海的下沉水体汇合流向加拿大海盆，合流的水体深度达到 900 m，其携带的水体称为北极中层水，也称大西洋水。北极中层水存在温度极大值，在欧亚海盆可以达到 1.5 ℃，在加拿大海盆可以达到 0.5 ℃以上,广泛存在于北冰洋深海区。

1999 年,芬兰科学家 Rudels 根据以往的研究结果,提出北极环极边界流(Arctic circumpolar boundary current)的概念,认为按照大西洋水的流动路线,形成了一个环绕地转轴的流动(图 11.16)。这个概念首次将北极中层水的流动作为一个整体的环流系统来考虑,丰富了人们对北冰洋环流的认识。这里的"边界"是指北冰洋的大陆坡,北极环极边界流是环绕深海盆边缘的流动。北极环极边界流不是处于同一层次的流动,大西洋水刚进入北冰洋时是上层水,通过冷却下沉到达北冰洋中层,是上层和中层转换的流动,在世界大洋环流中是独一无二的。北极环极边界流遇到海脊时会发生分叉(图 11.15),大部分水体加入欧亚海盆环流,只有一小部分水体(大约 1 Sv)到达太平洋扇区沿岸。到达楚科奇海沿岸的水体沿着加拿大北极群岛北部的大陆坡,从中层返回北欧海。北极环极边界流是世界上第二支环绕地转轴流动的海流,而且与全球海洋输送带在北大西洋的下沉海域连接,对全球海洋深层循环产生重要影响。

图 11.16

北极环极边界流示意图

图中红色线为上层的流动;蓝色线为中层的流动;圆形符号是下沉区

北极环极边界流的生成机制尚在深入研究之中,重点要解释北大西洋的暖水为什么会进入北冰洋。比较公认的观点认为,北极穿极流带动大量的海冰和海水离开北冰洋,导致太平洋一侧水体亏空,驱动大西洋水北上进行补偿。这支补偿性流动从热带一直到达北冰洋深处。

§11.5 绕岛环流

海洋中的岛屿对海洋环流形成了实质性的干扰,海流在流路上遇到岛屿的时候只能发生绕流,产生独特的环流形态。在认识过程中,关于与岛屿有关的流动有两种提法,一种是岛屿环流(island circulation),一种是绕岛环流(circulation around island),两者表达的是同一个意思,本书采用绕岛环流的名称。

　　Godfrey（1989）认识到岛屿的存在对环流的影响,首次提出了绕岛环流理论。该理论是以斯韦尔德鲁普风生环流理论为基础,进行了一系列简化:非线性、斜压性、海底地形、摩擦(西边界除外),得到了与观测相近的结果,并应用到印度尼西亚贯通流研究中。Wajsowicz采用原始方程系统导出了岛屿环流理论,将海面高度变化引入绕岛环流研究,并将其推广到多个岛屿情形。Pedlosky（1997）、Pratt和Pedlosky（1998）进一步开展了摩擦效应的研究,并研究了岛屿形状的可能影响。Spall（2003）在地转框架下研究了岛屿南北两侧海水流量的比例,认识到两端流量的不对称性。在这些研究的基础上,绕岛环流理论被应用到各海域与岛屿有关的流动(王新怡等,2018)。印度尼西亚贯通流(图10.20)是最早作为绕岛流研究的现象,因为其并行穿过多个海峡,也可以看做是穿越岛群的绕岛流。

　　绕岛环流的特点与岛屿的尺度有重要的关系,根据已有研究结果,本书按照岛屿的尺度将绕岛环流大致分成3类。

一、小型岛屿的绕岛环流

　　如果岛屿尺度不大,只有几十千米以下的尺度,岛屿周围的流场会产生变化,而远离岛屿处变化很小。流动绕过小型岛屿时相对涡度场会发生改变。比如,一支流动在到达岛屿之前相对涡度为零,绕岛时在地形的约束下向岛屿两侧绕流。在绕流时,流场会受到岛屿的挤压变形,在流动方向的右侧产生负涡度,左侧产生正涡度。海流在绕过岛屿之后无法立即恢复到涡度为零的状态,海流就会形成弯曲的流线(图11.17),通过一定幅度的振荡来容纳和消耗绕岛流产生的相对涡度。这种弯曲的流场容易发生不稳定(详见第21章),产生大量涡旋,在绕岛流的右后方形成反气旋涡旋,在左后方形成气旋式涡旋。涡旋产生会消耗海流的相对涡度,涡旋间的强烈摩擦也消耗相对涡度,使流动逐渐恢复原状。

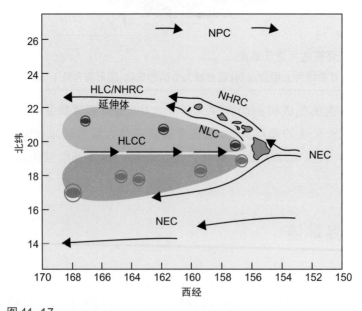

图 11. 17

夏威夷群岛的绕岛环流 [引自 Pedlosky 等, 1997]

小型岛屿绕岛环流的另一个典型特点是在岛屿的迎流面会发生海流的辐散,产生上升流。上升的水体会扩展到周边的海域,形成一定规模的渔场。韩国济州岛的绕岛流就是一个典型的例子。黑潮的陆架分支在济州岛分叉,一支作为对马海流流入日本海,一支作为黄海暖流进入黄海。在靠近济州岛的海域,海流分叉造成强烈辐散,形成上升流和丰饶的渔场(图 11.18)。对马暖流在对马岛也发生分叉,形成小型绕岛环流。然而,由于小型岛屿尺度小,没有特别显著的环流特征,一般将小型岛屿的绕岛环流看成海流分叉。

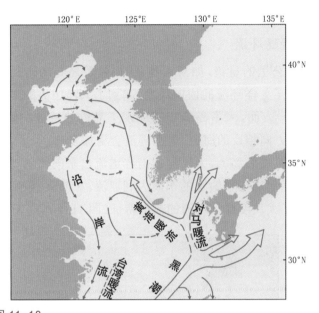

图 11.18

济州岛的绕岛环流 [引自苏纪兰、袁业立,2005]

二、中型岛屿的绕岛环流

中型岛屿具有百公里[①]的尺度,宽度一般小于海流的横向尺度,绕岛的流动变得显著。台湾岛是个典型的中型岛屿,其周边的流动可以看成是绕岛环流(图 11.19)。台湾东侧是黑潮,西侧是台湾暖流,其环流形态可以看成是黑潮的绕岛环流。同理,日本两侧的流动也可以看成是中型岛屿的绕岛环流,东侧是黑潮,西侧是对马暖流(图 11.18)。

中型岛屿的绕岛环流有以下特点:第一,由于中型岛屿较大,绕岛环流流动的时间长,足以消耗掉产生的相对涡度,因而海流绕岛后没有明显的波状流形。第二,由于

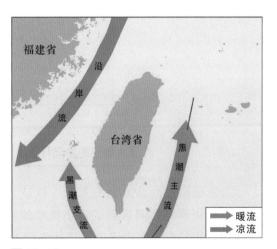

图 11.19

台湾岛的绕岛环流 [www.tlsh.tp.edu.tw/~t127/climateofworld/html/content00301.htm]

① 1 公里 =1 千米。

岛屿的横向尺度很大，不能在岛屿的迎流面形成上升流，而是在迎流面发生水体堆积，形成下降流；在岛屿的背流面形成上升流（Spall，2003）。第三，中型岛屿的绕岛环流受到科氏力变化的影响，产生非对称绕流。由于岛屿的迎流面发生辐聚而海面升高，有利于流动左侧的绕流加强，因而北半球自东向西的绕岛流南部分支较强；自西向东的绕岛流北部的分支较强，南半球相反。但是，当两侧水深差别较大时，从深水一侧的绕流占优势。

百公里尺度的岛屿通常有自成体系的生态系统。由于上升流发生在岛屿的背流侧，对岛屿的生物生产力和物种丰度都有明显的影响，称为"岛屿法则（island rule）"。

三、大型岛屿的绕岛环流

大型岛屿可以有千公里的量级，如澳大利亚、格陵兰岛等岛屿。一方面，这些大型岛屿的尺度等于甚至超过了大洋环流的横向尺度，起到了大洋边界的作用，产生的大洋边界流与大洋环流无异；另一方面，大型岛屿仍然体现了岛屿的特征，会有岛屿绕流的发生。大型岛屿有时跨越两支方向相反的海流，绕岛环流会更加复杂。

澳大利亚是千公里尺度的岛屿，太平洋的南赤道流自东向西流动，抵达澳大利亚时产生绕岛流动，在岛屿东部形成向极输送的东澳大利亚流，在澳大利亚东部和南部产生半幅环绕的利文海流，体现了大尺度绕岛环流的典型特征（图11.20）。

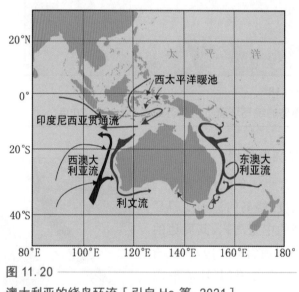

图 11.20

澳大利亚的绕岛环流 [引自 He 等, 2021]

发生在格陵兰岛附近的海流可以认为是大型岛屿绕岛环流的例子，虽然格陵兰岛与加拿大北极群岛之间只隔了一个狭窄的戴维斯海峡（Davis Strait）。来自北冰洋的东格陵兰流在岛屿的东侧向南流动。到达格陵兰岛的南端后，绕过岛屿向北流动，称为西格陵兰流（west Greenland current）。这支流一直流到巴芬湾的北部，然后沿巴芬岛向南流动，半幅环绕了大半个格陵兰岛，见图11.11（Straneo 和 Heimbach，2013）。

由上述讨论可见，绕岛环流涉及以下几个问题。第一，是否发生波状流形。小型岛屿的作用更像是一种扰动，打乱了原有的流场，发生流场弯曲，并形成一定距离的后效；而中型和大型岛屿流动距离大，一般不产生波状流形。第二，是否产生上升流。小型岛屿在迎流面引起流场辐散产生上升流，中型岛屿在背流面产生上升流，大型岛屿与上升流没有明确关系。第三，对岛屿的环绕性：小型岛屿从两侧绕流；中型岛屿从两侧绕流，但受科氏力的影响；大型岛屿形成半幅环绕的流场。由此可见，绕岛环流只是绕过去，而不是环绕，一般情况下不会发生环绕岛屿的流动。

大尺度岛屿更像是大洋的边界，形成的绕岛流动体现大洋环流特性，而绕岛特性不是主流。小型岛屿更像是对流场的干扰因素，产生海流分叉，而绕岛环流的特性较弱。只有中尺度岛屿具有更为一般的绕岛环流特性。中型岛屿的两侧都发生绕流，两侧绕流的流量由水深调控，在岛屿的背流面形成上升流，具有显著的生态效应。

其实，绕岛环流不仅发生在孤立的岛屿两侧，海流遇到半岛也会发生绕流。我们一般将半岛的绕流归类于边缘海环流。

总之，绕岛环流的发现时间不短，可是人们对其认识仍然很不充分，主要有以下原因：一是虽然绕岛流发生的范围很大，但强流出现的范围狭窄，属于双尺度现象，不容易引起广泛的关注；二是因为绕岛流的一般规律不是很清楚，不同尺度的绕岛流差异很大，尚没有形成完善的理论体系；三是有些绕岛流与风场的变化关系很密切，形态很不稳定；此外，在动力学上并没有明确绕岛流到底是大洋环流的一部分，还是沿岸流的一部分，相信随着研究的深入，对绕岛环流的认识会逐渐完善。

总结与讨论

风是海洋上层环流运动的主要驱动因素。风生环流不仅包括风应力做功直接产生的运动，也包括与之相关联的补偿运动，也就是逆流、潜流、西向强化等。风生环流受地形和地势的很多影响，有时流动可能与风向不同甚至相反，其性质仍然是风生环流。环流由大尺度风场驱动，与局地风场可以差别很大。世界上主要的风生大洋环流如表 11.1 所示。

表 11.1 世界风生大洋环流总表

流系	海流类别	太平洋	大西洋	印度洋
赤道流系	北赤道流	北赤道流	北赤道流	北赤道流
	南赤道流	南赤道流	南赤道流	南赤道流
	北赤道逆流	北赤道逆流	北赤道逆流	赤道逆流
	南赤道逆流	南赤道逆流	南赤道逆流	
	赤道潜流	克伦威尔流		
西边界流	北半球西边界流	黑潮	湾流	索马里海流
	南半球西边界流	东澳大利亚流	巴西海流	莫桑比克海流
西风漂流	北半球	北太平洋流	北大西洋流	——
	南半球	南极绕极流		
东边界流	北半球东边界流	加利福尼亚流	加拿利流	——
	南半球东边界流	秘鲁海流	本格拉流	西澳大利亚流

流系	海流类别	太平洋	大西洋	印度洋
北半球亚极区流	西边界流	亲潮	拉布拉多流	——
	东边界流	阿拉斯加流	挪威海流	——
北冰洋环流		北极环极边界流		

一、海面动力地形的作用

风生环流的概念容易让人误解为风应力直接驱动的环流,即艾克曼漂流。其实不然,大洋环流远比艾克曼漂流强大得多并且稳定存在。斯韦尔德鲁普关系明确指出,风生环流与风应力旋度直接联系起来,纬向流度大的地方并不对应风应力的极大值,而是对应风应力旋度的极大值。因此,风生流系统可以发生与风向相反的逆流。

由于风生环流与风应力旋度的分布有关,风应力旋度的不均匀势必造成海水的辐散辐聚,引起海水的堆积或亏空,形成海面的升高或降低。由此引起的海面高度起伏称为海面动力地形(dynamic topography),用海面动力高度(dynamic height)来表征。海面动力高度是与大洋环流密切对应的高度变化成分,虽然现今由卫星高度计可以比较准确地获得海面高度,但海面高度还包括其他因素,难以直接分离出海面动力高度。海面动力高度可以由海洋的密度场数据计算得出。图11.21展示了海面相对于1 500 dbar的海面动力高度,单位为动力米(dynamic meter),取值范围为4.4~6.4。

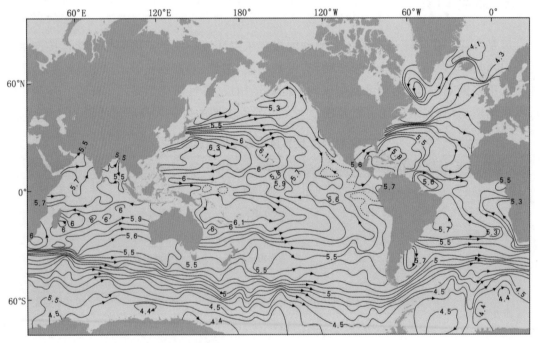

图 11.21

全球海面动力地形的分布图 [引自 Colling, 2001]

海面相对于 1 500 dbar 的平均动力地形,等值线用动力米标注,值的范围为 4.4 ~ 6.4,对应于约 2 m 的突起

从图 11.21 中可见,海面动力高度较高的海域主要发生在副热带高压区的西部。海面动力高度较低的海域在阿留申低压区和冰岛低压区。在南半球,南极绕极流的北部是海面动力高度的高值区,南部是低值区,支撑了强大的南极绕极流。海面动力高度场的分布维系了大洋环流系统。不过,在赤道海域,海面动力高度的分布并不明显,因为那里科氏力趋于零,没有南北向的海面动力高度梯度。

二、补偿流动与环流闭合

风生大洋环流构成了一个个流涡,形成了闭合的环流系统。风应力旋度场驱动大洋环流的产生,但不能形成环流的闭合,环流的闭合是出于质量守恒的需要。因而,流涡的有些流段是风应力旋度直接驱动的结果,有些流段是根据质量守恒发生的补偿运动(compensation)。补偿运动有水平补偿和垂向补偿两种形式。

水平补偿是指从邻近的海流获取水体形成补偿性质的流动。西边界流是典型的补偿运动,在大洋西边界虽然也有沿流方向的风,但该风无法产生如此强大的西边界流。赤道逆流也属于水平补偿运动,用于补偿南赤道流和北赤道流在大洋东边界引起的水体亏空。垂向补偿是指补偿的水体来自较深的水层,例如,风生上升流是海面风场驱动的向外艾克曼输运形成的垂向补偿性流动。垂向补偿是通过表面辐聚辐散实现的。大洋环流在很多情况下存在水平补偿和垂向补偿组合的现象。

从前面的介绍可见,即使是补偿流动,也是与海面动力高度场相对应的,以地转平衡为基本平衡。大洋环流与海面动力高度场通过内部调整,最终达成了地转平衡。

三、位涡守恒与 β 效应

如前所述,风生大洋环流既体现了风的驱动作用,又体现了海水整体性的质量守恒。在大洋内区,海水运动会发生自身的调整,以满足质量守恒的需要。位涡守恒理论很好地描述了这种调整。在流动深度不变的情况下,海流涡度的变化主要是行星涡度的变化引起的,因而称为 β 效应。正是由于 β 效应的存在,大洋环流发生西向强化现象。

位涡守恒是大洋环流理论的最重要结果之一。理论研究表明,如果地球是一个旋转的圆柱,则南北方向的流动不会发生西向强化。β 效应的物理背景体现为地球的球形形状引起的特殊现象。

位涡守恒不涉及风应力和底边界应力,因而描述的是摩擦边界层以外水体的运动,这些运动事实上与风应力建立的海面高度场是密切相关的。因而,位涡守恒表征的是运动的特征,描述了相对运动对科氏参量的纬度变化和深度变化时所做出的响应。

四、地转平衡

地转流是大洋的基本流动,在大洋中地转平衡普遍存在。位涡守恒确定了大洋环流与行星涡度和水深之间的关系,但并不排斥地转平衡,地转平衡与位涡守恒同时存在。位涡守恒体现了大洋环流整体特征,而地转平衡更多地反映了局部的动力平衡关系。

由于海洋尺度大,受科氏力很强的影响,大洋中的平衡状态不是静止,而是趋向于地转平衡。也就是说,即使风场、气压场等外界的作用消失,海流也不会停止,而是调整为地

转平衡状态。所以说海水处于无休止的运动状态。

地转平衡不只是一种简单的动力平衡,而且是一种很强的约束:一支处于地转平衡状态的海流很难被改变,需要提供强大的能量改变其压力场。地转约束作用保证了海水运动的稳定性,使我们可以根据地转平衡关系研究海流。

思考题

1. 介绍亚热带流涡的主要海流。
2. 赤道流系的主要海流及其生成机制。
3. 大洋环流西向强化的动力学机制。
4. 艾克曼抽吸在大洋环流中的作用。
5. 介绍印度洋环流的季节变化特征。
6. 海流绕过岛屿后为什么会发生波状流形?
7. 为什么绕岛环流不能形成环绕海岛的流动?
8. 南极绕极流为什么可以深达海底?
9. 为什么黑潮的流量小于湾流的流量?

深度思考

每个水体微团都有其角动量,用 $mr^2\omega$ 来表达,r 是到地转轴的距离。大洋环流存在南北向输送。假设将一个水体微团从赤道移动到中纬度,m 和 ω 未变,但 r 变了,因而其角动量变了。那么,这些减少的角动量那里去了? 会不会影响整个地球系统的角动量守恒?

第12章

热盐环流

　　在风生大洋环流一章中,产生海洋流动的主要动力是风应力。风的直接作用虽然只能涉及几十米厚的边界层,但风引起的辐散辐聚可以使风的作用抵达数千米的深海,还可以通过风应力旋度场的变化形成逆流,并带动补偿性流动形成闭合的流环,形成完整的世界大洋风生环流系统。

　　本章介绍另外一种大洋环流,称为热盐环流。顾名思义,就是海盆尺度上海水热量和盐量的不均匀导致的环流。这种环流与风没有直接的关系,也不引起海平面的明显变化。热盐环流本质上是密度流,各海域海水密度在水平方向上的不均匀分布引起等压面倾斜而形成的洋流,叫作密度流(density-driven current),详见第10章。

　　黄瑞新教授和王伟教授对本章的初稿提出宝贵意见和建议,特此致谢。

§12.1　全球海洋热盐环流

风生流涉及的深度并不是很大，最深也就是几百米，浅的地方只有一二百米，只有南极绕极流的深度可以直达海底。风生大洋环流易于观测、输送量大、变化显著，与人类的海上活动密切相关，代表了海洋的主要运动形式。

在风生流之下的浩瀚大洋中，海水并非处于静止状态，而是发生着由海水密度不均匀驱动的运动。按照第 10 章的介绍，高密度水有向低密度水流动的趋势，驱动产生缓慢而持续的流动。由于海水的密度是由温度和盐度决定的，这种密度差驱动的海流被称为热盐环流（thermohaline circulation）。

关于热盐环流常用到三个名词：热盐环流（THC）、经向翻转环流（MOC）、海洋输送带（oceanic conveyor）。其实，这三个名词的差异是由认识过程形成的，其意义完全相同：热盐环流表达了形成机制，经向翻转环流为流动在 y-z 垂向断面上的形态，而海洋输送带则是热盐环流的全球循环方式。

一、早期的热盐环流理论

早期的科学家（如 Stommel，1958）依靠极为稀少的海洋考察数据揭示了在大洋深处存在热盐环流的证据，并给出了热盐环流的基本特征（图 12.1）。在北大西洋，下沉的深层水体从北向南流动，跨越赤道进入南半球，一直抵达南极绕极流海域。与此同时，威德尔海深层水向北流动，也抵达南极绕极流海域，一起向东流动。在印度洋和大部分太平洋，深层水都是向北流动。这些研究认为深层的热盐环流也是流涡结构的水平环流，在海洋深处自成体系地循环，与表层的环流没有明确联系，其环流型与现代的认识基本一致。

按照大洋环流理论，南北向流动必然发生西向强化现象，各大洋的热盐环流在西边界最强，其他区域的流速很小。然而，即使是西向强化的热盐环流，其平均流速也是无法与表面流相比拟的，典型流速只有 0.01 m s^{-1}。但是，由于热盐环流的厚度达数千米，整个热盐环流的流量与风生环流相当。由于早期缺乏海洋考察数据，人们对热盐环流的认识更多的是定性的。

二、经向翻转环流

早期的理论虽然揭示了密度梯度驱动的水平环流，但对热盐环流的三维结构认识不足。后来，人们在热盐环流理论的基础上，认为下沉运动、深层热盐环流的水平循环、上升运动和上层的补偿流动联系在一起构成了三维的循环，称为经向翻转环流（meridional overturning circulation，MOC）。图 12.2 给出了经向翻转环流的示意图。

经向翻转环流实际是由两组经向翻转环流构成的，一组发生在北大西洋与南极辐散带之间，被称为大西洋经向翻转环流；一组发生在南极大陆与南极辐散带之间，称为南大洋经向翻转环流。

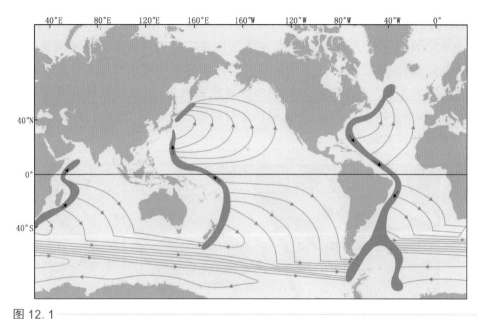

图 12.1

早期的海洋热盐环流理论［Stommel，1958］

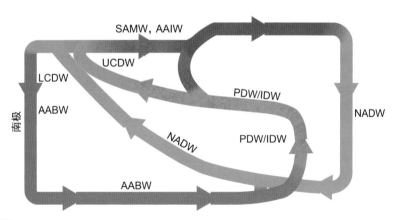

图 12.2

经向翻转环流示意图［引自 Tally 等，2011］

图中左侧为南大西洋，右侧为北大西洋。由绿色下沉水构成的循环为大西洋经
向翻转环流，由蓝色下沉水构成的循环为南大洋经向翻转环流

1. 大西洋经向翻转环流

大西洋经向翻转环流（Atlantic meridional overturning circulation，AMOC）是衔接南北半球亚极区的运动方式，是主导全球海洋热盐环流的基本循环。在格陵兰岛西南侧的拉布拉多海和格陵兰岛东侧的北欧海发生温度较高的表层海水向大气释放热量，密度增大而下沉，形成大西洋底层水团。下沉水一方面带动了大西洋低纬度的高温高盐海水向北输送，一方面驱动了高密度的深层水向南运动，形成经向翻转环流（图 12.2）。

　　AMOC 的上层分支发源于大西洋西边界流——湾流，作为北大西洋流向东北方向输送，斜穿北大西洋后到达大西洋东边界，进入北欧海后作为挪威海流继续向北流动，可以一直延伸到北冰洋（图 12.3）。这支海流将大西洋低纬度的暖水携带到亚北极地区，是全球热量的重要调节器。暖水在流动过程中不断释放热量，是欧洲气候的重要组成部分。暖流在流动过程中不断发生回流，将大量热量带到亚北极水域，加大了暖水的滞留时间和散热时间，最终导致对流的发生。

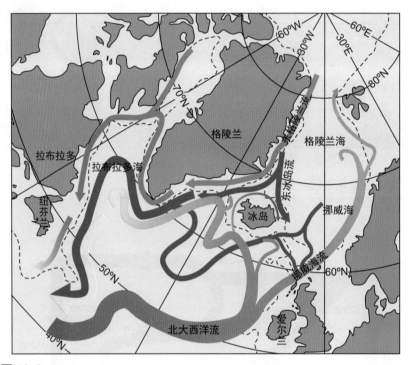

图 12.3

大西洋经向翻转环流示意图［引自 NASA 网站 https://www.nasa.gov/vision/earth/lookingatearth/abrupt_change.html］

　　AMOC 的下层分支与传统的热盐环流认识基本一致，高密度的下沉水驱动海水向南运动，与上层水的方向相反，一直抵达南极绕极流海域。

　　经向翻转环流起源于北大西洋，而不发生在太平洋或印度洋，主要是太平洋盐度太低，印度洋温度太高，都不能产生高密度水，无法引发深对流。

2. 南大洋经向翻转环流

　　大西洋经向翻转环流的下沉水体主要发生在拉布拉多海和格陵兰海，与南极的下沉水体没有直接关系。而在南极的威德尔海和罗斯海有强大的下沉水体，其事实上构成了另外一个经向翻转环流，称为南大洋经向翻转环流（Antarctic ocean meridional overturning circulation），见图 12.2（Johnson 等，2008；Downes 等，2018）。

　　南大洋（Antarctic Ocean）陆架冰间湖形成的高密度水团沿南极大陆坡下沉，形成南极深层水和底层水，并沿海底向北输送。向北输送的南极底层水与来自北大西洋的底层水相遇,密度较低的北大西洋深层水发生抬升,最终从南极辐散带上升到海面。南极底层水与北大西洋底层水相互叠加,方向相反,二者发生较强的混合。南极深层水与北大西洋深层水构成了南大洋经向翻转环流。南大洋经向翻转环流与大西洋经向翻转环流相似,都是从表层到深层的循环。不同的是,其深层的循环在大西洋经向翻转环流的下方,其返回海洋上层的分支与大西洋经向翻转环流相同。正是因为南大洋经向翻转环流的存在,使得南大洋与其他三大洋相比有明显不同的水体循环体系,成为南大洋独立命名的科学基础。

与大西洋经向翻转环流相比,南大洋经向翻转环流的南北尺度小,气候效应弱,对全球热盐循环的贡献尚不清楚,需要更多的探索。

经向翻转环流将上层海水的循环涵盖在热盐环流之中是一大进步,在两极下沉形成的巨大流量自然要由表层水体的向极流动来补偿。经向翻转环流的提法突破了原有热盐环流认识上的限制,实际上既包括下层的热盐环流成分,还体现了与上层风生环流的联系。

三、全球海洋输送带

在经向翻转环流的认识基础上,关于全球海洋热盐循环的认识逐渐清晰起来,被称为全球海洋输送带(ocean conveyor belt)。海洋输送带理论是认识海洋热盐环流的重要进步,是在大洋环流研究的一系列成果的基础上提出的,解释了热盐环流海水闭合的问题(图12.4)。热盐环流有 4 个主要的海水下沉区,分别位于南大洋的威德尔海和罗斯海以及北大西洋的拉布拉多海和格陵兰海。在北大西洋下沉的水体一直向南输送,到达南极绕极流海域。向南输送的水体在流动过程中不断上升,到达南极绕极流海域可以上升到较浅的水层。通过南极绕极流,水体可以向北进入三大洋,在印度洋和太平洋北部翻转上升到海面,上层水体再通过海流回到北大西洋和南大洋,形成垂向闭合的水体循环。

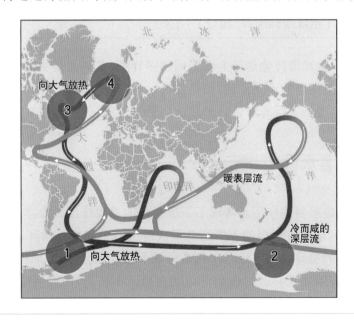

图 12.4

全球海洋输送带的概念图 [引自 Broecker, 1991]

图中标记的主要下沉区分别为:1. 威德尔海,2. 罗斯海,3. 拉布拉多海,4. 格陵兰海

实际上,图 12.4 关于全球海洋输送带的描述是简化的,而且与许多已知的流动相抵触,只能看作是示意图。图 12.5 的海洋输送带涵盖了很多新的认识,更为清晰地展示了输送带的结构。该图表明,回到大洋上层的水体不可能不受上层环流的影响,必须考虑水体一边参与回到大西洋的运动,一边参与上层风生环流的事实。图中描述了循环的复杂性,更好地体现了风生环流与热盐环流的衔接。此外,该图指出了涡旋的作用,在南大西洋,从阿古尔哈斯反曲中脱落了大量涡旋,成为向北输送的重要形式。涡旋输运很好地解释了大尺度的经向热输送与淡水输送。

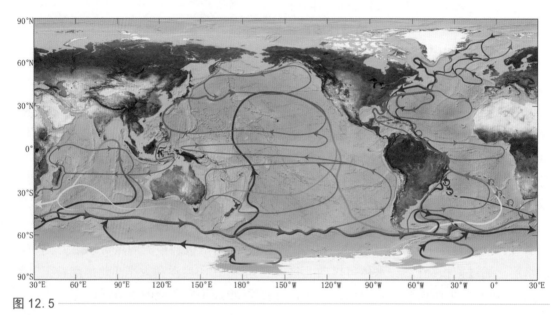

图 12.5

全球海洋输送带详图 [引自 Olbers 等, 2012]

总之,不论关于全球海洋输送带的图形画得多详细,都只能是实际运动的概念图。真实的全球海洋输送带描述的不是海流,而是循环。海流需要有清楚的流径,而循环则不一定有清晰的路径,会受到上层海洋各种形式运动影响,甚至可以有复杂的变化。

§12.2　表层水的下沉运动

经向翻转环流最重要的作用是体现了下沉水体的重要作用。海洋虽然不能通过加热使海水运动,但却可以通过两极的下沉运动形成海水的垂向闭合循环。图 12.6 解释了大气和海洋经向运动的差异。大气运动在热带海域不稳定,通过海洋加热而上升,形成垂向断面的热力环流,即哈德莱环流。而海洋运动在极区不稳定,由大气冷却或结冰析盐,产生下沉水流,形成垂向断面的经向翻转环流。

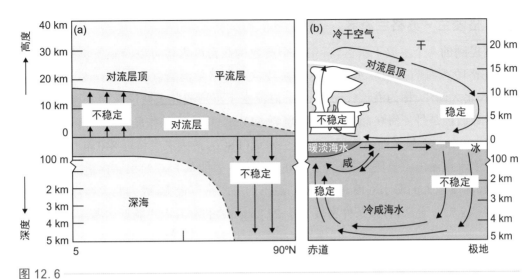

图 12.6

大气与海洋热机系统的差异和联系［汪品先等，2018］

一、深对流

海水的下沉运动被认为是热盐环流的主要驱动力。由于海水密度的变化与温度和盐度呈现非线性关系，温度高的海域温度对密度的影响更加显著，温度低的海域盐度对密度的影响更加显著。因此，下沉海水需要满足两个条件：温度要低和盐度要高。第一个条件表明，主要下沉区不能发生在热带和温带，因为那里温度高，无法形成高密度海水。第二个条件表明，即使在寒冷的极区也未必能发生高密度水，需要满足高盐的条件。

其实，发生下沉水的海域很多，但大都无法达到底层水的深度，能够抵达大洋深层的对流称为深对流（deep convection）。

发生在南大洋的下沉水主要是结冰析盐（brine rejection）产生的，海冰的产生使冰中的盐分排出，海水的盐度增大。但结冰直接排出的盐分不足以形成高密度的底层水，需要依靠冰间湖（polynya）的作用。在南极陆架上，冰间湖中的海水结冰后被强大的下降风吹走，新冰继续生成，不断排出盐分，海水的密度就越来越高，并通过对流生成高密度陆架水。这些水体沿大陆坡下沉，有些密度很高的水可以直达海底。

在北大西洋的下沉水以冷却增密的机制为主。在冰岛以南，北大西洋流发生大量的回流（recirculation），高温高盐的大西洋水向西进入拉布拉多海，在寒冷季节通过降温形成高密度水体；冬季结冰过程也贡献了一部分盐分，有助于通过深对流形成高密度底层水。在弗莱姆海峡南侧的格陵兰海积聚了大量大西洋回流水，盐度高达 36 以上。在秋冬季节海洋通过散热降温形成高密度水而引发深对流。在 20 世纪末期，格陵兰海的对流深度可达3 000 m，而现在当地的气温升高、盐度降低，不利于深对流的发生，对流深度只有几百米。

以往的研究认为，拉布拉多海形成的深层水团对 AMOC 的强度影响最大，因而是大西洋经向翻转环流的主要因素。最近的 AMOC 观测项目 OSNAP 得出的结论是，发生在北欧海的对流对 AMOC 强度的贡献比拉布拉多海强 7 倍以上，是影响 AMOC 的主要因素（Lozier 等，2019）。

二、格陵兰－苏格兰溢流

上面提到的 4 个主要下沉区，其中 3 个产生的高密度水体可以一直下沉抵达海底，只有发生在格陵兰海的高密度水需要越过格陵兰－苏格兰海脊（Greenland‑Scotland Ridge，GSR）进入北大西洋，称为溢流（overflow）。溢流水下沉形成北大西洋深层水。格陵兰－苏格兰海脊最西面是丹麦海峡，海脊最大深度近 640 m。中间的是冰岛－法罗群岛海脊，最大深度只有 480 m。而最东面是法罗－设得兰水道（FSC），最大深度将近 840 m。北欧海的海水从这三个水道溢出。显然，深度大于 640 m 的海水只能从 FSC 溢出。由于北欧海的海水层化很强，深度越大的海水密度越大，FSC 溢出的海水密度最大，成为北大西洋底层水的主要水源（图 12.7）。通常认为，条件密度大于 27.8 kg m^{-3} 的溢流水才能抵达海洋深层和底层。

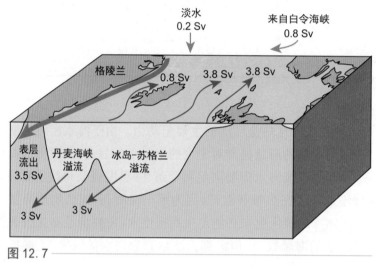

图 12.7

格陵兰－苏格兰溢流 [引自 Hansen 等，2008]

§12.3　底层水的上升运动

在全球海洋热盐环流中，海洋要保持质量守恒，下沉的水体一定要抬升而回到大洋上层。海水的下沉区很容易辨认，而上升区则比较含糊，人们对上升运动的认识还很有限。早期人们认为，是大洋的各种上升流引起海水的上升。在第 10 章提到，世界上主要有三种上升流，近岸上升流、赤道上升流、大洋上升流。研究表明，这三种上升流都对热盐环流有贡献，但都无法将底层海水直接提升到海面来。

一、南极辐散带的艾克曼抽吸

大西洋深层水体的向南运动主要是由南极辐散带（Antarctic Divergence）的艾克曼抽吸所致。南大洋强烈的西风和南极大陆附近的东风造成强大的抽吸能力，产生很强的绕极上升流，吸引深层水体向南运动并逐渐抬升。研究表明，南极辐散带的艾克曼抽吸作用受到中尺度涡旋的削弱，因为涡旋携带的水体在一定程度上补偿了上层水体的亏空。这

两种作用平均的结果是产生一个宽阔的上升流带,构成经向翻转环流的上升分支(Armour
等,2016),成为全球海洋热盐环流系统的重要组成部分(图 12.2)。

二、北大西洋底层水的抬升

北大西洋底层水在南大洋被提升到近海面水层,是热盐环流的关键。艾克曼抽吸是
深层水上升的主要驱动因素,但仅靠艾克曼抽吸不足以引起深层水上升,还有另外两个因
素有很大的贡献。

1. 南极底层水的贡献

当北大西洋底层水体在向南运动过程中,与来自南大洋的南极底层水相遇。由于沿
海底向北扩展的南极底层水密度更高,北大西洋的底层水体则保持在南极底层水的上方,
在向南流动过程中不断发生抬升。南极底层水的深度越往南越浅,促成了北大西洋底层
水的抬升(图 12.8)。

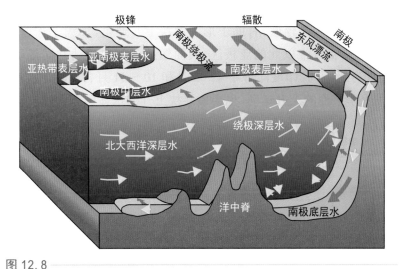

图 12.8
北大西洋底层水的抬升 [引自 Wikimedia]

2. 海底地形的贡献

北大西洋深层水的抬升受到了海底地形的显著影响。沿南美大陆向南流动的深层水
发生西向强化,在到达南极绕极流之前,进入深度较浅的福克兰海台,然后受斯科舍海岭
的约束而转向西南,使大西洋底层水快速上升到较浅的深度。

南极绕极流附近的一次海底火山喷发为研究深层水的抬升过程创造了条件。火山排
入海水中的氦在后来的流动过程中随海流升降,并受海洋的混合而改变所在的深度,成为
一种天然的示踪剂。研究人员通过观测不同流段氦的深度,了解抬升和混合导致的上升
速度。结果表明,西南大西洋斯科舍海(Scotia Sea)的海底地形起伏导致大西洋深层水迅
速上升到较浅的水层,即发生水层高度的跃变,被称为全球海洋翻转环流的"短路(short-
circuiting)"现象。越过海岭时由于混合很强,抬升的海水并不能全部回到以前所在的水层,
使得深海中的海水能够以比湍流混合更快的速度回到海洋表面,水体的上升通量达到超乎

想象的高值（Garabato 等，2007）。Scotia 海很小，但其在全球热盐循环中起着重要的作用。

三、大洋卷挟上升运动

从 §10.4 可知，在流速剪切的情形，混合导致的涡旋运动会将混合层的水体带入跃层上部，造成混合层的向下加深；然后通过卷挟过程将跃层中的物质带入混合层，加入上层海洋的循环。密度跃层被剥离会导致下部高密度水体向上补偿，持续下去就会形成高密度水体的向上输运。向上卷挟输运的通量会带动深层水缓慢上升，成为深层水回到海面的重要通道。研究表明，卷挟过程在大洋中广泛存在，卷挟运动形成的海水上升的贡献是不可忽略的。尤其在太平洋和印度洋，卷挟过程是深层水回到表面的重要机制。

虽然卷挟运动会导致下层水进入海洋上层，但是，如果上层海水没有辐散，卷挟产生的上升注定是非常缓慢的，只能由扩散过程决定。形成较大的上升流量则要依赖表层流的辐散，卷挟运动成为表层辐散水体的补偿形式，上升的通量就会显著加大。亚热带海域表层属于辐聚区，虽然会发生卷挟现象，但没有明显的卷挟上升通量。在赤道海域，科氏力反向引起的表面水体辐散，有助于形成卷挟上升通量，加大了赤道上升流的强度（图 12.9a）；在北半球西风带以北的亚极区，表面辐散和卷挟运动共同带动水体上升（图 12.9b）。在印度洋有所不同，印度洋每年 4～5 月和 10～11 月各出现 1 次赤道西风，在热带海域的北部发生季节性的上升运动，也会使卷挟上升的水体回到大洋表面。

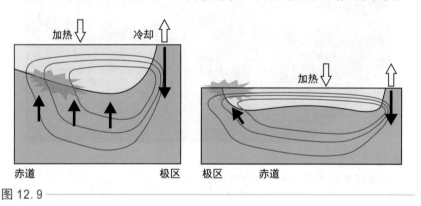

图 12.9

大洋中的卷挟上升 [引自 Olbers 等，2012]

图中黑线为等密度面，红色为混合发生的区域，黑色箭头为水体的流动方向

卷挟形成的输运是中下层海水进入海洋上层的重要渠道，给出了上升运动的另一种图景，即在广阔的大洋中卷挟运动会带动中下层水体进入海洋上层。卷挟输运成为海水上升的主要机制，也改变了对传统上升流的认识。

§12.4　上层水返回大西洋的通道

由于北大西洋的下沉运动驱动了深层的热盐环流，深层水体最终将回到海洋上层，并辗转返回大西洋，才能形成闭合的循环。通常认为，太平洋水返回大西洋有两条主要通道，一条是德雷克海峡通道,亦称冷通道,另一条是经由印度尼西亚贯通流,穿过印度洋,绕行非洲南部的通道,亦称暖通道。最新的研究揭示了第三条可能的通道,即太平洋水绕过澳大利亚南部的通道(图 12.10)。

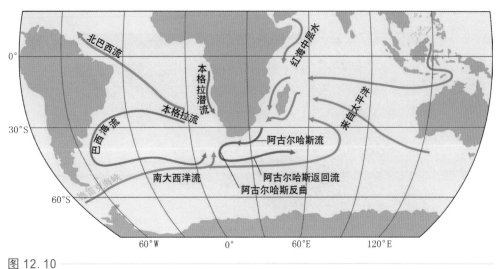

图 12.10

上层水体返回北大西洋的通道[引自 Gordon,2003]

一、德雷克海峡通道

南极绕极流是沟通三大洋的流动,热盐环流通过南极绕极流将水体绕极输送,其中太平洋上层水进入大西洋的主要通道是德雷克海峡(Drake Passage)。在南半球的太平洋东岸,边界流是向北的秘鲁海流,不支持东太平洋的水体进入德雷克海峡,通过德雷克海峡的水体是来自南极绕极流的冷水,因而德雷克海峡也被称为"冷通道(cold channel)"(Rintoul,1991)。穿过德雷克海峡的水体并不能直接向北运动,而是要继续向东运动,到达大西洋东岸后才能转向北运动。

二、印度尼西亚贯通流

印度尼西亚贯通流是由西太平洋和东印度洋的海面高度差驱动的流动,属于海峡流的范畴。印度尼西亚贯通流流经 3 个海峡,总流量将近 15 Sv(Sprintall 等,2009),详见本书第 10 章。

三、阿古尔哈斯反曲与泄露

在南半球大洋的西边界,西边界流自北向南流动。当到达陆地南端时,有绕过大陆南端向西进入相邻大洋的可能,来自印度尼西亚贯通流的水体也需要由此通道返回大西洋。然而,西边界流脱离大陆坡后与自西向东的南极绕极流相遇,西边界流会与南极绕极流交汇,只能转而向东流动,这种现象被称为反曲(retroflection)。图 12.11 给出了发生在西南印度洋的反曲现象,阿古尔哈斯流在非洲南部向西南方向流动,然后受南极绕极流的影响转向东流动,称为阿古尔哈斯反曲(Agulhas retroflection),亦译为厄加勒斯反曲。反曲的水流加入南极绕极流并向东流了一段距离之后,又离开南极绕极流向北流动,并将南极绕极流的部分水体带回,返回流的流量比西边界流的流量大很多。反曲现象可以一直影响到 2 000 m 的深度(林霞、王召民,2016)。控制反曲过程的最主要因素是南印度洋西风,形成支持反曲的海面高度场(De Ruijter 等,1999)。

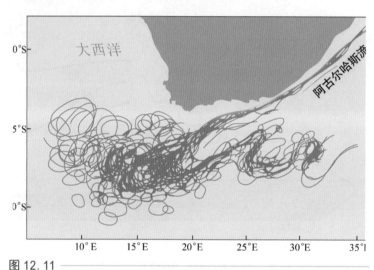

图 12.11

阿古尔哈斯反曲与泄露 [引自 Colling,1989]

反曲现象阻断了来自印度洋的水体返回大西洋的通道,会有少量水体离开海流的反曲过程,发生逆流向西的运动(图 12.11),被称为泄漏(leakage)。泄漏由两部分组成,一是在沿岸海域发生自东向西的流动,但其流量不足以支持全球海洋热盐环流。形成较大流量的泄漏是反曲产生的涡旋。反曲水流在转向过程中脱落大量涡旋,涡旋脱离反曲水体后向西移动,加入了当地开普海盆(Cape Basin)剧烈的混合环境中,导致涡旋水体迅速失去相对涡度,与本格拉潜流和巴西海流水体混合,最终汇入北巴西海流北上,成为大西洋经向翻转环流的组成部分(Bryden 等,2005)。海流和涡旋泄漏产生的流量季节变化很大,平均为 16.7 Sv(Sebille 等,2010)。这条通道也称为暖通道(warm channel),因为来自印度尼西亚贯通流的水体是暖水。

四、塔斯曼流

新近的研究表明,除了上述两条路径之外,还存在一支从澳大利亚塔斯马尼亚南部流向印度洋的流动(Sabrina 等,2001;Speich 等,2002),被称为塔斯曼泄漏(Tasman leakage)。后续的研究逐步搞清了塔斯曼泄漏的结构,认为它是一支潜流,从澳大利亚东部的塔斯曼海向西流动,平均深度为 800～1 000 m,也称为塔斯曼流(Tasman outflow,TO)。塔斯曼流为从太平洋经过澳大利亚南部向西流动到达印度洋(Sebille 等,2012)(图 12.12)。

塔斯曼流源自南太平洋的西边界流——东澳大利亚流,其在 33°S 的流量约为 37 Sv,但在 35°S 处分叉,大部分水体向东流动,只有不到 10 Sv 的水体继续向南,成为塔斯曼流的水源(Suthers 等,2011)。关于塔斯曼泄漏流量估计很不精确,大约 8±1 Sv。

塔斯曼泄漏的重要意义有两点：第一，大洋西边界流在非洲和美洲南部都发生泄漏，但因受南极绕极流的影响，都没有形成向西的流动，而在澳大利亚南部的泄漏成为一支持续存在的西向海流，是一大重要特色；第二，塔斯曼泄漏给出了太平洋水返回大西洋的另一条通道，其流量虽略少于印度尼西亚贯通流，但却是不可忽略的。塔斯曼流的水体从印度洋进一步返回大西洋也要经由阿古尔哈斯泄漏。

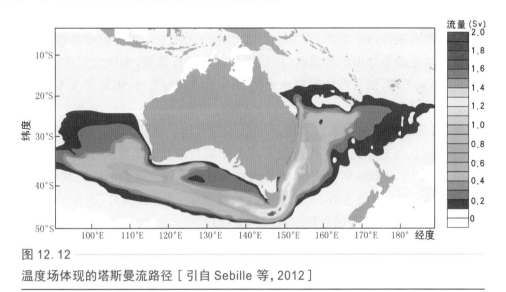

图 12.12
温度场体现的塔斯曼流路径［引自 Sebille 等，2012］

上述结果表明，上层水返回大西洋是困难重重的，并没有一支稳定的海流将印度洋的水体输送回大西洋，而是要靠反曲运动不稳定过程产生的涡旋输送这些水体。正是这些看似异乎寻常的贯通流、泄漏、涡旋等过程，导致了热盐环流的闭合，成就了全球海洋输送带。

§12.5　潜流系统

这里突然提到潜流（undercurrent）有些唐突，因为潜流的深度一般不大，与热盐环流似乎没有关系。然而，后面将看到，潜流与热盐环流有很多相似之处，甚至可能有密切联系。

海洋中的潜流通常有两种内涵：一是在表层流以下的水平流动，二是与表层流流向相反的流动。如果潜流与表层流同向，一般不会被认为是潜流，而会被认为表层流深度加大，因而潜流都是"逆流"。因此，表层流中的反向流称为逆流，表层以下的反向流动称为潜流。潜流的流速一般小于上层流的速度，但也是较强的流动，很容易观测到。例如，在赤道上用水文绞车向下布放仪器时，船随流漂移，仪器通过海洋上层的南赤道流时钢缆几乎垂直，而仪器超过 150 m 进入赤道潜流层时，因船的漂移方向与潜流带动仪器移动的方向相反，钢缆发生大角度倾斜，仪器很难下潜。

最早发现的潜流是赤道潜流（Equatorial undercurrent，EUC），也称克伦威尔流（Cromwell Current），是 1952 年美国海洋学家克伦威尔在赤道东太平洋考察时发现的。潜流位于南北纬 2º 之间的海域,宽度范围约 300 km,深度范围 100～300 m,最大流速可达 2 m s⁻¹,自西向东逐渐变浅。而后的考察进一步确认,赤道潜流是横贯太平洋的流动,在大西洋和印度洋的赤道海域也存在类似的潜流。赤道潜流是赤道流系的重要组成部分,潜流引起的热量输送和营养物质输送都有非常重要的价值。在赤道东太平洋,秘鲁沿岸强大的上升流把潜流的水体携带到海面,成为南赤道流的组成部分。在这个意义上讲,潜流是风生环流的组成部分。

由于风不能直接作用于潜流,潜流由压强差驱动而发生。潜流的存在意味着上层海洋的运动无法满足质量守恒的要求时,由次表层水体进行调整,实现大尺度的质量守恒。然而,在赤道西太平洋,低密度的表层水无法潜入下层成为潜流,因而潜流不可以用一般的补偿流动加以解释。

研究表明,赤道潜流主要来自主温跃层以下的水体。观测发现,实际发生的潜流都是从其他潜流的水体来补充的。在西太平洋存在新几内亚沿岸潜流(New Guinea coastal undercurrent,NGCUC),自西向东流动,为赤道潜流提供水源。最新的研究发现,在西太平洋赤道两侧在 5ºS 和 5ºN 处各存在一支潜流,位于 200～300 m 深处,在太平洋中部与赤道潜流合为一处,是赤道潜流的水体来源(图 12.13)。

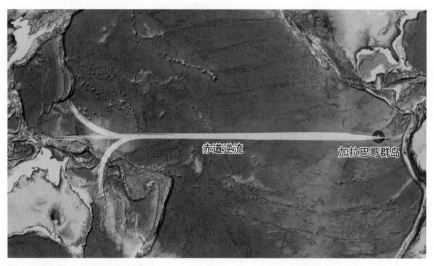

图 12.13

太平洋赤道潜流及其水体来源

[引自伍兹霍尔海洋研究所 Eric S. Taylor 工作室,https://www.whoi.edu/oceanus/feature/the-current-that-feeds-the-galapagos]

深入的研究揭示了更多潜流的存在,自南向北的棉兰老潜流(Mindanao undercurrent,MUC)和自北向南的吕宋潜流(Luson undercurrent,LUC)在 16ºN 附近交汇,然后一起向东流动,构成北赤道潜流(North equatorial undercurrent,NEUC)(图 12.14)。在南半球也有类似的潜流。最新的研究还发现,在赤道西大西洋的 7ºS 和 7ºN 之间也存在类似的三支潜流。显然,至少在西太平洋存在复杂的潜流系统,最后与赤道潜流合为一体(图 12.13)。

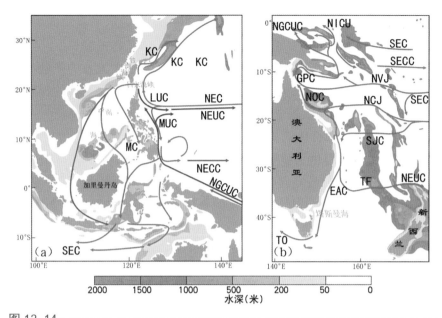

图 12.14

北太平洋（a）和南太平洋（b）的潜流示意图［引自 Hu 等，2015］

现有的研究成果还无法说清潜流到底是区域性流动，还是大尺度的潜流系统，因为人们对潜流还远未搞清楚。潜流很像余流，无法说清潜流的水体是如何闭合的。由于观测困难，潜流迄今是人们认识很少的流动。人们只能观测到很强的潜流，对于流速很小的潜流难以测出。即使发现了潜流，对其流动的性质、存在的范围和随时间的变化都很难搞清楚。

通常认为风生环流和热盐环流是两大主要环流，其中包括风或密度梯度直接驱动的海流，也包括补偿的流动。然而，潜流似乎无法用风生环流的补偿流动来解释，又与密度驱动的流动有明显区别。

更广义来讲，经向翻转环流的下支就是一种"潜流"，只不过发生的深度更大。如此看来，如果说海洋上层是风生流，上层以下一直到海底的流动都可以认为是潜流，这样，潜流的性质就更难说清楚了。期待物理海洋学未来的发展能够对潜流给出更多的认识。

§12.6　风生环流与热盐环流的联系

从上面几节可以看出，热盐环流的整体循环和相关的下沉区、上升区、深层分支、上层分支形态已经比较清楚，似乎对热盐环流已经得到了清晰的认识。然而，热盐环流还有很多问题并没有搞清楚。

一、是什么驱动了热盐环流

最为突出的问题是：究竟是什么驱动了热盐环流？按照传统的理解，是下沉水驱动了经向翻转环流，因此海洋就像大气一样，具有热机的特点，但是这个认识仍然令人怀疑。驱动广大海域的深层水运动起来，需要的能量是巨大的；而对流过程中的下沉水体势能降低，即使全部转化为动能，仍然是微不足道的，难以为深处的水平流动提供能量。此外，根据密度流的原理，对流下沉的高密度水体使南北方向建立起密度梯度，但是，具体计算时就会发现，这个密度梯度产生的驱动力不足以驱动如此巨大流量的热盐环流（Wang 和 Huang，2005）。当然，可以坚持认为，这些微小的作用力经过漫长时期的作用可以建立起热盐环流。不过，我们仍然可以思考，是不是有其他因素驱动了热盐环流？

Wunsch（2002）指出，只有风能和潮汐能才能为热盐环流提供足够的能量。潮汐永不停歇的运动为深海的混合提供了能量，使得深海的混合系数比静止的深层水大很多，支撑了深层水体向上的扩散以致最终回到海面。然而，正如 §12.3 所述，如果没有海面辐散，卷挟运动只是混合过程，只能引起上下水层的水体交换，垂向的净通量会很小；只有在表面辐散区，卷挟运动才能引起向上的净通量。这就意味着，风生表层的辐散支撑了大洋的卷挟上升运动。如果是这样，风对热盐环流的作用显然是不能忽略的。

风生环流与热盐环流在形态上不同：风生环流基本是水平流涡型的，而热盐环流基本上是垂向翻转型的。我们通常认为，风只能驱动风生环流，而热盐环流是密度梯度驱动的。然而，非常有可能的是，风不仅控制了风生环流，也控制了热盐环流，风的表面辐散决定了深层水通过卷挟运动上升，风也通过驱动南极绕极流带动深层水的运动，使整个热盐环流运转起来。这些认识虽然至今不能肯定，但是确有这种可能。图 12.15 展示了这种可能性，海洋表层虽然接收了大量的太阳辐射能，却不能用其驱动海水的运动，只是将其转化为长波辐射和感热、潜热输送给大气；而大气通过风场影响海洋，大气的风应力及其旋度可以直接驱动上层海洋的流涡，也可以通过产生海洋的表面辐散影响深层热盐环流。如果是这样，将改变我们对全球大气与海洋运动的认识。

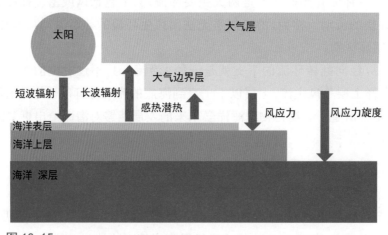

图 12.15

全球大气和海洋运动的驱动因素示意图

二、大洋环流系统

根据上面的讨论，全球海洋中的风生环流和热盐环流很可能是耦合在一起的，统称为大洋环流系统（ocean circulation system）。Huang（2010）深入讨论了大洋环流系统的结构。

在热带和亚热带,海洋环流在垂向上可分成三层:最上面 30 m 为艾克曼层,为风力直接作用的水层;在 30～1 500 m 为流涡层,体现为风应力旋度引起的水平环流;在 1 500 m 以下的深层为热盐环流主导的运动。风应力不均匀在艾克曼层引起辐聚或辐散,并通过垂向抽吸建立起海面高度的分布,从而影响整个流涡结构和强度。在极区和大部分亚极区,上层风生环流的影响深度与热带和亚热带相似,只有南极绕极流可以一直影响到海底。因此,1 500 以上的运动属于风生环流,而其下的运动则属于热盐环流(图 12.16)。风生环流和热盐环流之间通过缓慢的上升运动相衔接。

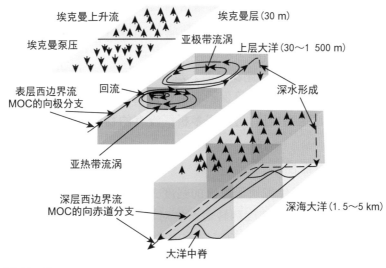

图 12.16
海洋风生环流与热盐环流垂向结构示意图 [引自 Huang,2010]

未来物理海洋学的发展固然是难以预知的,但热盐环流与风生环流的联系肯定是研究重点之一(林霄沛等,2018),认识热盐环流的工作仍然任重道远。

总结与讨论

海洋热盐环流看似变化缓慢,但对于全球海洋和大气过程都有重要影响。对大气的影响主要是产生显著的气候效应,对海洋的影响主要是环境效应。

1. 热盐环流的气候效应

过去人们认为,发生在海洋深层缓慢流动的热盐环流对人类的影响不是很大。而研究工作表明,热盐环流不仅有显著的气候效应(climate effect),而且几乎是决定人类生存环境的关键因素。在北大西洋格陵兰海和拉布拉多海发生的对流引发大西洋经向翻转环流,导致暖而咸的亚热带表层水的北向输送以及冷的北大西洋深层水向南输送。来自亚热带的水体被输送到北大西洋高纬地区过程中,将热量释放给其上的大气,显著影响欧洲北部的冬季气温,使那里冬季的地面温度较同纬度的加拿大地区高出 10 ℃左右。研究表明,由大洋经向翻转环流提供的向极热量传送约占全球经向热输送的一半(Macdonald 和 Wunsch,1996)。

从全球视角来看,热盐环流是世界上最大的物理泵,将进入极地的热量释放给大气,使极地变得温暖。热盐环流使地球气温的南北差异减小,更有利于人类生存。一旦热盐环流停止,地球上极区将变得寒冷。

2. 热盐环流的环境效应

海洋输送带的另一个重要作用是输送了海水中的各种物质,引起环境效应(environmental effect)。在上层,北上的环流将物质输送到北极,而在深层将很多物质输送到了南极海域。海洋输送带输送的自然物质主要包括盐分、溶解氧和二氧化碳以及各种营养物质和生物体,是现状下全球海洋物质平衡的运动学基础。

此外,海洋输送带还输送了各种各样的人造物质,如 CFC、核素、POPs 和其他污染物质。本来人类在极区的活动很少,环境保护要求也很严格,可全球海洋输送带将很多人类密集居住区产生的物质输送到极区,造成很多极区没有的物质变得越来越多,体现了人类活动对极区的危害。

3. 热盐环流停止的可能性

一般认为,热盐环流的发生取决于对流的强度。在拉布拉多海和格陵兰海,由于表面盐度高,当温度降低后很快发生密度翻转而产生对流。一旦由于淡水增加而表面盐度大幅度降低,表面水体的密度将不能高于下层水体的密度,深对流和底层水形成过程将停止,由此导致大西洋经向翻转环流停止,从而使全球海洋输送带关闭。这种过程在古气候学中称为"盐度灾变(halocline catastrophe)"(Aagaard,2017)。可以对比北大西洋和北太平洋的情况。北太平洋由于众多径流淡水入海,导致表面盐度很低,无法形成经向翻转环流。如果由于全球冰川融化,北大西洋的盐度大幅降低,热盐环流停止的可能性确实存在。

历史上曾经发生热盐环流停止的时期,引起全球性气候的沧桑巨变。在古气候的研究中找到许多热盐环流停止的证据。热盐环流的停止首先会导致北大西洋暖流不再北上,大量中低纬度的热量不能进入寒带,导致欧洲变冷,北半球进入寒冷时期。通过研究示踪物质的稀释和衰减,可以估计全球海洋输送带的时间尺度,热盐环流的作用是极其缓慢的进程,自然过程一般需要几千年才能完成这个循环。而研究表明,由于全球变暖,热盐环流正在发生减速的现象。IPCC 的报告预测,21 世纪末,热盐环流的流速会降低 25%,实际发生的变化可能更快(Bryden 等,2005)。可见,人类活动对热盐环流的影响在地球上首次发生,其影响的结果是否会使热盐环流减速或停止尚属未知,需要进一步的深入研究。

Broecker 等(1985)指出,热盐环流很容易在"运转"和"停止"两种模态之间切换,地球冰期与间冰期的转换可能是热盐环流模式转换所致。

即使我们可以接受上述观点,但仍然不能释怀的是,究竟是什么因素可以使热盐环流停止呢?至少以下三个因素是可能的。如果热盐环流是下沉水驱动的,海洋对流停止就会导致热盐环流停止。如果风应力涡度场是热盐环流的主要决定因素之一,一旦风应力涡度不支持大洋中的上升运动,热盐环流可能会停止。如果携带了大量热量的北大西洋流不再北上,热盐环流会停止。因此,热盐环流停止的原因非常复杂,可能涉及上述的大洋环流系统,即风生环流与热盐环流的耦合。

思考题

1. 热盐环流的基本驱动力是什么?
2. 对流在什么情况下才能发生?
3. 北大西洋的对流与南大洋的对流在机制上有什么不同?
4. 热盐环流、经向翻转环流和海洋输送带有什么不同?
5. 在热盐环流的上升流段,卷挟和混合的作用有什么不同?
6. 大洋上升流与卷挟上升有什么联系?
7. 什么是潜流,赤道潜流是如何发生的?
8. 在太平洋和印度洋,上升到海面的水体如何返回大西洋?
9. 反曲是如何发生的,在哪里发生?
10. 简述大西洋经向翻转环流的特征。
11. 热盐环流那么缓慢,为什么还会发生西向强化现象?
12. 热盐环流对全球气候有哪些影响?

深度思考

为什么热盐环流的上层分支流速很大,而下层分支的流速很小? 热盐环流上层循环快而下层循环慢,二者如何衔接?

第13章

边缘海环流

在第11章和第12章分别介绍了风生大洋环流和热盐环流，本章介绍边缘海的环流系统。在大洋之外，存在各种各样与陆地相关联的海域，还有各种海湾、海峡、河口等区域。我们将这些处于大洋周边的海域统称为边缘海，又称陆缘海。边缘海环流分为半封闭海环流、贯通海环流、陆架海环流、开放海环流等。

在边缘海，海流一般是由2个主要因素决定的：风和地形。风力的驱动作用依然是运动的主要动力，成为边缘海流动的驱动因素。由于近海的风场不如大洋风场稳定，边缘海环流通常有丰富的高频变化。影响边缘海环流的另一个重要因素是地形，也就是陆地边界和海底起伏。陆地边界主要影响海域的封闭性，海底地形会对流动起到约束作用，改变海流的走向。

除了风和地形相互作用产生的环流之外，边缘海还有潮汐余流、波浪余流等流动，这些内容在第19章介绍。

黄瑞新教授对本章的初稿提出宝贵意见和建议，特此致谢。

边缘海(marginal seas)泛指靠近陆地的海域,至少一侧以陆地为边界。究其内涵,边缘海包括内陆海(inland sea)、半封闭海、陆架海、贯通型边缘海、开放型边缘海等。其中,内陆海被陆地环绕;半封闭海和贯通型边缘海由陆地、岛屿、群岛等与大洋自然分隔;陆架海由水下大陆坡折与大洋分隔;开放型边缘海由陆地半幅环绕,与大洋没有明显的自然分界。由于历史的缘由,有些海域并不称为"海",但其性质上也属于边缘海,如墨西哥湾、孟加拉湾、泰国湾等。此外,边缘海还包含海湾、海峡、河口等区域。由此可见,本书中的边缘海并不拘泥于各种不同的定义,而是泛指各种与陆地有紧密关系的海域。

边缘海是世界海洋的重要组成部分。表 13.1 和图 13.1 给出了世界前十大边缘海。这些名单中有上述各种类型的边缘海,南中国海的面积位列第 3。在西太平洋有众多的边缘海,主要包括东中国海、南中国海、黄海、渤海、日本海、鄂霍茨克海、白令海等;在东南亚还有苏禄海、苏拉威西海、爪哇海、班达海众多的边缘海。

各种边缘海都存在风格各异的海流,具有明显的个性化特点。本章重点介绍各类边缘海环流的共性特点,展示边缘海环流的全貌。

表 13.1　世界前十大边缘海及其面积(单位:万平方千米)

	海　域	面　积		海　域	面　积
1	珊瑚海	479	6	地中海	251
2	阿拉伯海	386	7	白令海	230
3	南中国海	356	8	塔斯曼海	230
4	威德尔海	280	9	鄂霍次克海	158
5	加勒比海	275	10	巴伦支海	140

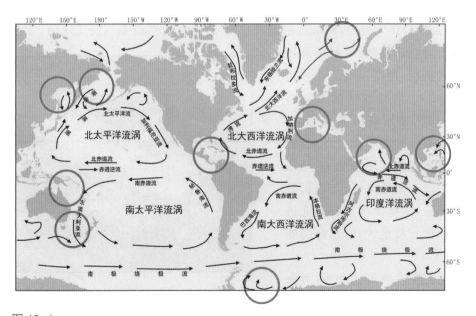

图 13.1

世界前十大边缘海示意图

§13.1 半封闭型边缘海环流

半封闭型边缘海,也称半封闭海(semi-enclosed sea),是指海域基本被陆地或岛屿包围,只有一个水道实质性与外界相通的海域。有些海域虽然不止一个水道与外界连通,但有的水道流量很小,只有一个水道是主要沟通水道,也属于半封闭型边缘海。例如,红海只有南部的曼德海峡与亚丁湾沟通,而西北方向的苏伊士运河水量很小,可以认为属于半封闭海。

从环境角度看,单一水道的半封闭海与外界沟通不畅,水体更新速率低,很容易造成污染,且不容易净化。半封闭海与外界沟通的入流和出流都通过单一水道,水道内有两种可能的流型:水平进出型和垂向进出型。水道较宽时可以容许水体在水道一侧流入,另一侧流出,称为水平进出型。水道较窄时只能上下分别进出,称为垂向进出型。除了地理因素之外,水道的流动与外海的动力状况有关,形成与外部环流相衔接的流型。

一、风生环流

在半封闭海中,由于水体与外界沟通不畅,在风力的作用下容易形成海域内部的循环。在循环过程中,通过单一的水道与外界发生水体交换。

一般而言,边缘海的尺度小于风场的尺度,风场迫使在半封闭海的一侧形成风驱动的海流,另一侧发生补偿流。以渤海为例:渤海冬季以北风为主,风驱动水体向南流动并在海域南侧堆积,产生的压强梯度力驱动海域南侧发生向西的流动;在海域的北侧发生向东的补偿流动,形成气旋式环流。夏季渤海以南风为主,海水会在海域北侧发生堆积,驱动产生向西的流动;作为补偿,海域南侧的海水向东流动,仍然维系气旋式流动。因此,当风场尺度大于海域尺度时,半封闭海虽然冬夏风向相反,但都以气旋式环流为主(图 13.2)。渤海的情况比较特殊,由于渤海内部还有三大海湾,在湾底处形成反气旋的小尺度环流,但海域中部仍以气旋式环流为主(马伟伟等,2016)。在渤海海峡,与内部的环流型相对应,海峡流冬夏都呈北进南出流型。更一般地说,陆地在海峡流的右侧。

黑海是封闭性更好的海域,黑海环流(图 13.3)包括在两大海域中形成各自的气旋式环流,两个流环之间有水体交换。

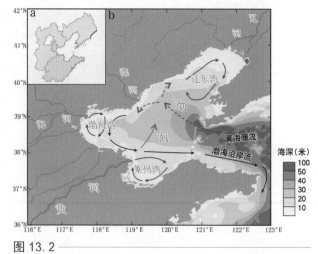

图 13.2

渤海环流图 [https://p.ssl.qhimg.com/t010059b9d-b0a956869.png]

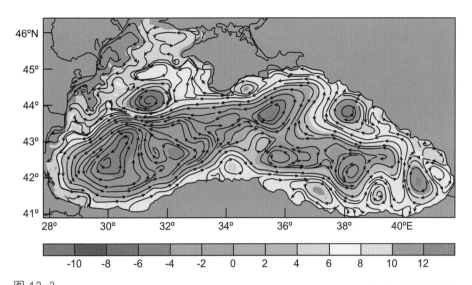

图 13.3

黑海环流示意图［引自 Staneva 等, 2001］

图中色标为海面高度（cm）

　　理论上讲, 如果边缘海较大, 在海洋的影响下会产生热力驱动的季节性环绕型风场: 冬季陆地为高压, 海上为低压, 会在海上诱生气旋式风场, 驱动产生气旋式环流; 而在夏季, 海洋为高压, 陆地为低压, 会产生反气旋风场, 驱动产生反气旋环流。这种情况下, 半封闭海环流与大洋环流会很相似。然而, 并没有哪个半封闭型边缘海有这样冬夏反向的环流占优势, 因为边缘海的尺度一般都小于风场的尺度。但是, 在很多边缘海都会发生热力驱动的局地风场, 会产生局部的间歇式流动。

二、质量守恒诱发的环流

　　半封闭海域中, 蒸发量与降水量（含径流）通常不完全相等, 理论上就会出现因质量守恒问题产生的流动。如果海域的蒸发量超过降水量, 则称为浓缩型海盆, 也称干旱海盆。如果海域的降水量超过蒸发量, 则称为稀释型海盆, 也称湿润型海盆（图 13.4）。

　　浓缩型海盆的主要特征是气温高, 降水少。由于海水大量蒸发, 导致海盆内水体减少, 海平面下降, 引发外海水从表面流入, 补偿蒸发造成的质量亏空。蒸发导致海面水体盐度和密度增大, 引起垂向对流, 并产生净下沉流量, 使海盆内的深层水体得到更新。还是因为质量守恒的需要, 不断增加的下层水体会从唯一通道的下部溢出流向外海。因此, 浓缩型海盆呈现上进下出的垂向断面环流（图 13.4a）。

　　连接欧洲和非洲的地中海高温少雨, 年蒸发量为 2 000 mm 以上, 而年降雨量仅为 300～1 000 mm, 又没有大型河流注入, 海水盐度高达 39, 成为典型的浓缩海盆。大西洋水从直布罗陀海峡上层进入地中海, 而高盐水从海峡的下层流出（图 13.5）。这种垂向断面进出流型的流速可观, 第二次世界大战期间, 德国潜艇为避免被声呐发现, 就曾关掉马达利用上、下两层反向流动的海流进出地中海。由于地中海深处的水体被持续地更新, 水体含氧量很高, 生命活动旺盛。此外, 红海和波斯湾也是典型的浓缩海盆。

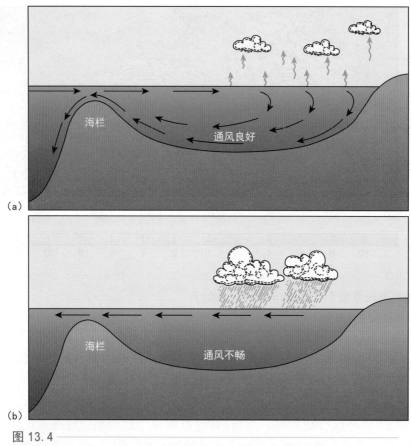

图 13.4

浓缩型海盆（a）和稀释型海盆（b）[引自 Stowe，1983]

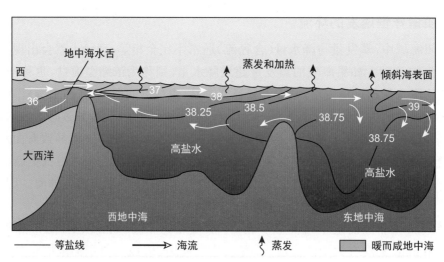

图 13.5

地中海垂向断面环流 [引自 Wüst，1961]

稀释型海盆的降雨和径流量超过蒸发量，水体在海盆内积聚，导致海盆内部海面升高，向外的压强梯度力驱动上层的低盐水体从水道流出。由于表层水体密度低降，形成低盐的上层和强盐度跃层结构,表层水体无法下沉进入海盆深层。盐跃层之下的水体只能通过混合进入上层,并通过海峡下层的入流缓慢地补充。由于盐跃层的阻隔作用,稀释型海盆水体垂向沟通极差,下层水体的含氧量非常低,有些海盆深层的氧含量几乎为零,严重抑制了海洋生物的生存(图 13.4b)。

欧洲北部的波罗的海就是典型的稀释型海盆(图 13.6)。波罗的海纬度较高,气温低,蒸发较少,而年降雨量却达到 600 mm 以上,而且周边径流丰富,有奥德河、维斯瓦河、涅曼河、西德维纳河和涅瓦河等大型河流注入,集水面积是地中海面积的 4 倍,盐度低至 11 以下,是世界上盐度最低的边缘海。波罗的海的上层低盐水体流出,进入北大西洋,北大西洋的水体从次表层进入波罗的海,使下层水体得到一定程度的更新。与波罗的海类似的还有印度尼西亚群岛中的澳大拉西亚海、鄂霍次克海等,都属于稀释海盆。此外,黑海和亚得里亚海虽然都在地中海内部,但其质量平衡类型却与地中海相反,属于稀释型海盆。

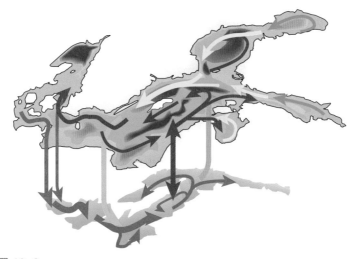

图 13.6
波罗的海上层和下层环流 [引自 Omstedt 等,2014]

不论是浓缩型海盆还是稀释型海盆,其垂向断面环流都属于翻转环流,即上下流速反向。由于翻转环流上下分支的盐度不同,高盐分支被称为盐输送带(haline conveyor belt)。此外,质量守恒诱发的垂向断面环流和风生的水平环流可以结合并组成三维环流,对这种海域的环流状况需要综合分析。

§13.2 贯通型边缘海环流

如果边缘海存在 2 个或 2 个以上的有效沟通水道,海域各端衔接的大洋就会同时作用于边缘海。一般而言,海域两端的动力状况不会严格一致,动力作用的差异将引起贯穿边缘海的流动,这种流动称为贯通流(throughflow)。引起贯通流的主要动力学因素是海域两端的海面高度差,当海面高度差恒定存在时,贯通流会成为稳定存在的流动。在 §10.5

介绍了海峡贯通流,这里的贯通流是指穿越边缘海的流动。

在贯通型边缘海,如果入口和出口的流量大致相当,贯通流将成为半封闭海的主要流动方式。贯通流稳定性较差,海域两侧动力条件的变化都会导致贯通流的主干发生变化,海域中的地形也会对贯通流主干产生影响,流动强度在空间上会不均衡。如果贯通流是南北向流动,会发生西向强化现象。如果这种边缘海有很强的风场,海域中除了发生贯通流之外,还会发生水平方向的环流。

日本海是贯通型边缘海的一个典型例子(图 13.7)。日本海南部对马海峡的入流来自黑潮,北部的津轻海峡与亲潮相接,海域两端形成南高北低的高度差,驱动海水从对马海峡进入日本海,并从津轻海峡流出日本海。这支海流在对马海峡和日本海内部称为对马海流(Tsushima current),在津轻海峡称为津轻海流(Tsugaru current),对马 - 津轻海流(Tsushima-Tsugaru current)是典型的贯通流(Kim 和 Yoon,1996)。但由于日本海比较大,存在季节性风场,也发生内部的水平循环,在俄罗斯沿岸产生南向的利曼海流(Liman current)。

图 13.7

日本海海流示意图 [https://www.healthcare.nikon.com/ja/well-being/assets/images/detail04/img03.jpg]

在大西洋西部的加勒比海也属于贯通型边缘海,北赤道流从东部的小安地列斯群岛各水道进入加勒比海,从北部的尤卡坦海峡进入墨西哥湾。这支贯通流是湾流上游的海流,称为加勒比流(Caribbean Current),流量很大,是加勒比海流动的主体(图 13.8)。

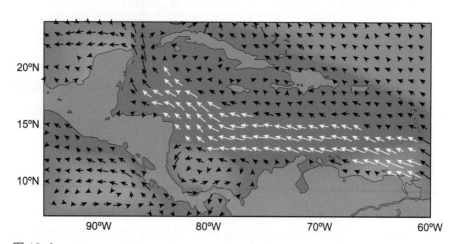

图 13.8

加勒比海海流 [引自 Gyory 等,2022]

如果入口和出口的断面面积相差较大,贯通流只能按照流量较小的断面发生,同时还会发生水平环流。很多贯通型边缘海都存在贯通流与风生环流并存的现象,如南中国海、巴伦支海、楚科奇海、格陵兰海、苏禄海、白令海等都有贯通流与水平环流共生情形,二者的比例取决于各水道宽度和深度、海域水深和地形、局域风场、相邻大洋的动力状况等。

§13.3　陆架海环流

世界上有很多大陆架,陆架的水深一般不超过 200 m。陆架海(shelf sea)往往与大洋相衔接,水流受到陆坡流或大洋西边界流的影响,也会因局地的风场而发生流动,因水深的不同而形成迥异的流场。

一、陆架海环流

在水深较浅的条件下,陆架海海流是由三个主要因素决定的:风、地形和海底地形。

前面讲到,半封闭海的风生环流具有气旋式环流的特点。有些陆架海也有很好的封闭性,因而也会发生气旋式环流。如图 13.9 所示,黄海相当于东海的半封闭海湾,在风和地形共同作用下产生气旋式环流,维持了常年存在的黄海冷水团。

在开放型陆架海,除非有长期稳定存在的风场,否则不容易形成稳定的风生环流。

由于边缘海的海流都与地形有关,陆地的突出部分都会阻挡海流,形成海流的分叉。朝鲜半岛南部阻挡了东海陆架流,导致陆架流分叉,一部分成为对马暖流向东进入日本海,一部分成为黄海暖流进入黄海。

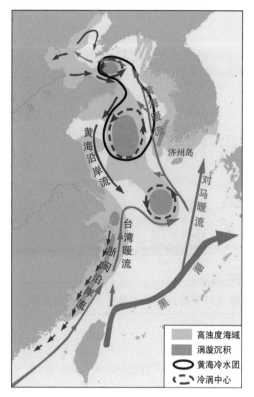

图 13.9

渤黄东海流系 [https://www.sohu.com/a/456611382_120205784]

二、三重流现象

陆架海通常存在三重流的现象。第一,在大陆坡存在陆坡流(slope current),也可以是大洋西边界流。第二,在近岸海域存在沿岸流(littoral current),流向发生季节变化,其中包含波浪余流的贡献(见 §19.2)。比较狭窄的陆架上都会发生这两重流动。例如,美国加利福尼亚外海的陆架只有 30 多千米,大洋东边界流的影响直达大陆坡,陆架上只能发生沿岸流。在较宽阔的陆架上还会发生季节性风生流。以东海为例,冬季以东北季风为主,水体在沿岸堆积,产生的压强梯度力有利于向南的流动;反之,夏季以夏季风为主,驱动沿岸海水向北流动。这三重流动构成了开放型大陆架的流动特性。图 13.9 给出了东中国海陆架上的沿岸流、风生流和陆坡流的结构。

南中国海的陆架流也具有更为典型的三重流现象(图 13.10)。近岸方向是沿岸流,陆架上是随季节性风场而变的风生流,陆架外缘是南海暖流。其中,陆架风生流可以一直到达台湾海峡,是季风环流的组成部分,在冬季就成为"逆风海流"(管秉贤,1978)。按照 Huang(2010)的讨论,这种逆风海流是由沿岸压强梯度形成的,而冬季风导致的南海暖流加强有利于积累这样的沿岸海面梯度。

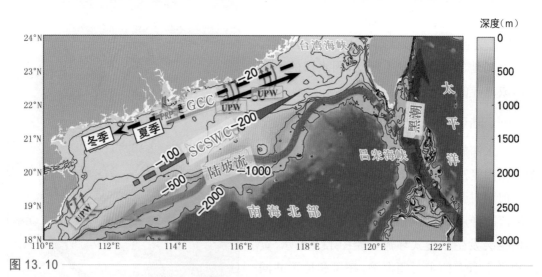

图 13.10

南海陆架的三重流现象 [引自舒业强等,2018]

§13.4 开放型边缘海环流

除了半封闭边缘海和陆架海之外,还有一些边缘海有很高的开放度,我们将其称为开放型边缘海。图 13.11 中的白令海深海部分和鄂霍次克海有很高的开放度,与北太平洋的环流连接在一起,相当于大洋环流进入边缘海绕流后流出。在白令海,来自东部的阿拉斯加流直接流入白令海,经过海域内部的循环,作为亲潮流出。亲潮流到勘察加半岛也直接进入鄂霍次克海,形成气旋式循环流出。

图 13.12 给出了拉布拉多海和巴芬湾的海流示意图。来自北极的东格陵兰流直接进入拉布拉多海,甚至延伸到里面的巴芬湾,形成环绕边缘海的流动后流出。

更为典型的开放型边缘海是印度洋的阿拉伯海和孟加拉湾,这些海域的东、西、北三侧被陆地包围,因此属于开放型边缘海。但这两个海域与印度洋无缝对接,没有阻碍其与大洋沟通的条件,边缘海的环流与印度洋的环流自然连接在一起,成为印度洋环流的组成部分,更准确地说,在这两个海域形成受大洋环流影响的边缘海环流(图 13.13)。

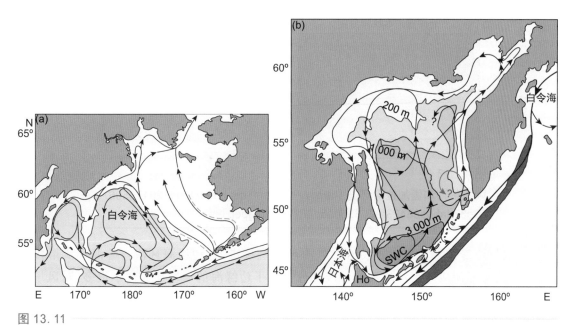

图 13.11

白令海和鄂霍次克海环流 [引自 Tomczak 和 Godfrey,2005]

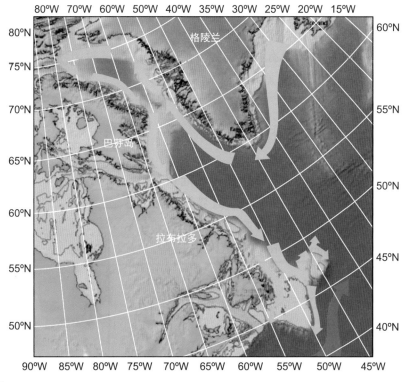

图 13.12

拉布拉多海和巴芬湾环流 [引自搜狗百科,拉布拉多寒流]

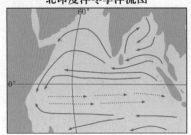

图 13.13

阿拉伯海和孟加拉湾环流 [http://img.mp.itc.cn/upload/20170506/
c0c37dabdc66423f97063b0a5d007f92_th.jpeg]

　　开放型边缘海环流有以下特点。外海环流直接进入,边缘海环流与外海环流衔接在一起,开放海环流成为大洋环流的组成部分。由于边缘海的尺度比大洋小很多,对风场响应也快得多,会随着季节性风场的变化快速转换,而大洋流动要滞后很多,边缘海的快速转换会反作用于大洋环流。此外,开放海环流受海域内部江河的强烈影响,大洋水体在开放型边缘海循环过后水体发生明显改性,体现了边缘海对大洋环流的作用。例如,鄂霍次克海最北端的品仁纳(Penzhina)河口在夏季有大量径流水汇入鄂霍次克海,其气旋式环流的水体发生严重的淡化。

　　其实,像东海一样的陆架海与大洋的衔接面很大,很像开放型边缘海。但由于陆架海深度浅,陆架海环流与大洋环流有很强的独立性。因此,除了封闭程度之外,水深差异是陆架海环流和开放型边缘海环流差异的根本原因。

§13.5　海底地形约束的环流

　　在水深不大的边缘海,潜没在水下的海底起伏对海流有显著影响,海底地形是除了陆地边界和风场之外的最重要因素。海底地形的影响由泰勒－普朗德曼定理(Taylor-Proudman Theorem)表达(Olbers 等,2012)。

一、泰勒－普朗德曼定理

　　由于海水跟随地球以角速度 Ω 旋转,当海水运动的摩擦力可以忽略时,海水的运动具有准二维的性质。当海底出现浅滩等孤立障碍物时,浅滩之上没有了阻挡物,海水并不是从上方翻越浅滩,而是会从障碍物周围绕流,像绕过从海底到海面的固体障碍物一样发生绕流,这种现象称为垂直刚性(vertical rigidity),这个虚拟存在的水柱称为泰勒柱(Taylor column)(图 13.14)。

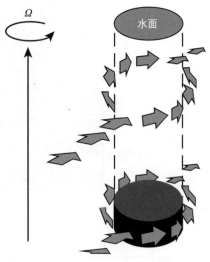

图 13.14

泰勒柱示意图

实际上,如果流动的前方是一个低洼的盆地,可以认为是高度为负值的浅滩,也会发生绕流现象。垂直刚性表达为流动不随深度变化,即

$$\frac{\partial u}{\partial z}=\frac{\partial v}{\partial z}=\frac{\partial^2 w}{\partial z^2}=0 \qquad (13.1)$$

泰勒－普朗德曼定理的实际意义是,指出了海底起伏会对海流的流向产生影响,遇到浅滩时会发生绕流。泰勒－普朗德曼定理只有在摩擦和层化很弱的条件下才能成立,实际上浅海的海流或多或少地受到海底摩擦的影响,海洋的层化有时不可忽略,海流会发生偏离泰勒柱的现象。

二、浅滩和盆地的绕流

海流遇到浅滩和盆地时虽然肯定会发生绕流,但泰勒－普朗德曼定理却没有给出绕流的方向。绕流的方向由位涡守恒决定(见第 11 章)。当流动遇到浅滩时,垂直刚性要求法向流速为零,海流可以向浅滩两侧绕流。在北半球,发生在左侧的绕流引发负涡度,在右侧绕流引发正涡度。按照位涡守恒,浅滩的水深变浅应该引起负涡度,因而水体应该主要由左侧绕流。反之,当流动遇到盆地时,相当于负的泰勒柱,应该诱发正涡度,导致向海盆的右方绕流。实际上,由于浅海的摩擦效应,位涡守恒并不严格满足,但流动的主体仍然受位涡守恒的支配。根据泰勒－普朗德曼定理,浅滩或盆地发生的绕流保证了海流能够跟踪等深线流动而不脱离。图 13.15 是从白令海峡进入楚科奇海的海流运移路径。当遇到浅滩时,流动发生左转;当遇到海谷时,流动发生右转。因此,浅滩绕流是陆架海环流的导向因素,可以用于对浅水环流流向的判断。

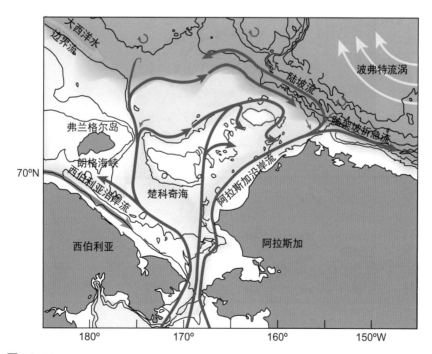

图 13.15

楚科奇海陆架流 [引自 Corlett 和 Pickart,2017]

如果浅滩或海盆不是在海域中部,而是出现在近岸海域,就有两种可能的情况发生。第一种,海岸在流动的右侧,当遇到浅滩时海流会发生向外的绕流;如果遇到盆地,海流不能绕流,只能从盆地上越过。图 11.13 中的挪威海流和东格陵兰流就体现了这种情形。第二种,海岸在流动的左侧,流动遇到浅滩时不能发生绕流,只能越过浅滩;如果流动遇到盆地,可以发生正常的向外绕流。

三、海底地形约束的环流

潜没在水下的海脊对海水运动形成很强的约束作用。在有些边缘海中,如果陆地和水下山脉形成了封闭型海盆,其环流类型与封闭型边缘海非常接近。图 13.16 是北欧海的深层环流图,其中,莫恩海脊(Mohn Ridge)和扬马延断裂带(Jan Mayen Fracture Zone)都是水下山脉,将北欧海北部海域分隔成 4 个海盆。其中,格陵兰海盆、罗弗敦海盆和挪威海盆内部都发生气旋式环流,深层循环通过位涡守恒影响上层环流,产生独立的环流系统(Blindheim 和 Osterhus,2005;Hawker, E. J.,2005),与泰勒 - 普朗德曼定理指出的垂向刚性有关。用泰勒 - 普朗德曼定理还可以解释在这些海盆中环流的方向:海盆中的水体不论从哪个方向抵达海脊,都会向左偏转,因而诱生气旋式环流。

这种由海脊约束而发生的环流很常见。例如,北冰洋中的罗蒙诺索夫海脊两侧次表层的海流反向,分别参与不同的环流系统(见图 11.15)。

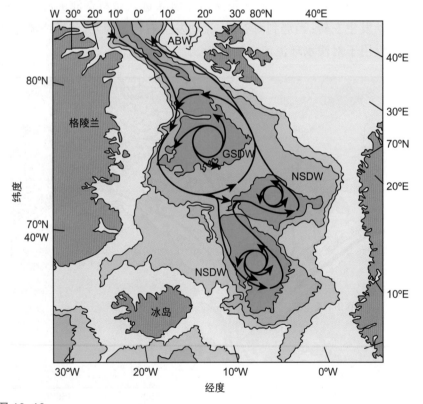

图 13.16
格陵兰海次表层的气旋式环流系统 [引自 Tomczak 和 Godfrey,2005]

总结与讨论

边缘海环流与大洋环流相比有很大的相似性,既有风生驱动的流动,也有热盐因素引起的流动。边缘海环流的主要不同是具有较强的摩擦和非线性因素,有更多的高频变化,有更强的季节变化信号,因而比大洋环流更加复杂。决定边缘海环流的关键因素是海域的封闭性,封闭性好的海域容易发生自我闭合的环流,而开放性好的海域更容易发生非闭合的海流。

海底地形对边缘海海流的影响非常大,泰勒－普朗德曼定理指出了海流受到海底起伏影响的基本事实,表达了海底地形可以影响表层流场的现象。虽然浅海的摩擦和非线性作用使运动偏离垂直刚性,但本质上仍然受到海底地形的强烈影响。

至此,我们能更深入地理解环流和海流的区别,海流更关注水体的流动,环流更为关注整体的循环。海洋环流表达了海水的循环,其结构是千姿百态。而每支海流都有存在的必然,但原因却可能一言难尽。需要从整体上理解流动,并审视各种可能的影响因素,才能找出需要关注的过程。

另外,同一支海流可以有不同的性质,如边界流、贯通流、绕岛流、陆坡流、补偿流等,取决于我们看问题的角度。大洋环流并不是非此即彼的定义所能涵盖的,而需要从不同的视角理解海洋中发生的运动。

思考题

1. 边缘海有几种类型? 其环流有什么差异?
2. 干燥型地中海的垂向断面环流是如何流动的?
3. 陆架海为什么有三重流现象?
4. 海峡贯通流与边缘海贯通流有什么区别?
5. 为什么在封闭性好的陆架海会存在自身的环流系统?
6. 大洋边界流与陆架海环流之间是什么关系?
7. 为什么有些海域同时存在贯通流和水平环流?
8. 海底地形对水平流动有什么影响?
9. 海流遇到海底浅滩如何偏转或绕流?

深度思考

绕岛环流会产生波状流形,泰勒柱绕流会不会产生波状流形?

第14章

物质输运过程

　　海水中各种流动导致的水体和物质迁移称为输运过程(transportation process)，也称为输送过程。输运过程首先输运的是海水，同时将海水中的物质也输送到其他地方。物质在海水中的存在形态是多样的，有的溶解于海水，有的悬浮在海水之中，有的漂浮在海面之上，有的时而悬浮时而沉降。热量是一种特殊的物质，也会在输运过程中发生运移和变化。不同物质的输运过程可以很不相同，同一流场中也可以发生多种物质输运过程。

　　海洋输运过程会产生很多效应。首先，海流会把暖水输到冷的地方，或者把冷水输送到暖的地方，产生强大的气候效应，世界上很多地方的气候就是由海流决定的。其次，海流会把一些物质从一个地方输送到另一个地方，形成物质的长距离输送，影响各地的环境。

　　本章将分析各种输运过程，明确输运过程的表达方法，介绍输运过程在物理海洋学中的作用。

通常认为,动量方程、热传导方程和物质扩散方程中的平流项体现了输运过程,其实不然。将动量、热量和物质统一用广义的浓度来表达(详见 §6.1),平流项体现的是流动对浓度不均匀性的贡献,流动通过平流作用改变物质浓度。假定物质的浓度是均匀的,即物质浓度的水平梯度为零,平流项对浓度变化没有贡献;但在这种情况下,输运过程仍然会发生,将水体和物质水体输送到其他海域。而且,求解浓度方程并不能直接给出物质输运量,物质输运还是要用流场和浓度场的结果另行计算。由此可见,单独研究物质的输运过程是非常必要的。

§14.1 溶解物质输运

一、海水体积输运

海水的流动形成各种尺度的海水循环,也形成了海水强大的输运能力。如果把海水看作一种物质,则物质输运过程包括对海水的输运。描写海水输运的物理量就是海水通量,定义为通过某一断面的体积通量(流量)或质量通量,

$$体积通量 \quad F_v = \iint v_n \mathrm{d}A \quad (单位:m^3\,s^{-1}) \tag{14.1}$$

$$质量通量 \quad F_m = \iint \rho v_n \mathrm{d}A \quad (单位:kg\,s^{-1}) \tag{14.2}$$

式中,ρ 为海水密度,A 为断面的面积,v_n 为垂直于断面的流速分量。对海流的输运量一般使用体积通量,单位为 Sv(1 Sv=$10^6\,m^3\,s^{-1}$)。例如,太平洋西边界流黑潮的流量达到 50 Sv 以上。有时也会用到质量通量,来描述输运过程输运的水体质量。事实上,海水密度的变化很小,从体积通量可以轻易地转换为质量通量,而产生的误差不大。

二、海水热量输运

具有一定温度的水体携带特定的热量,水体的输运过程同时导致了热量的输运。热量的输运是影响海洋温度分布的基础运动形式,对全球海洋的水团结构及其对气候系统的形成发挥了重要作用。与体积输运的形式相似,用热通量来描述海水热量的输运:

$$F_h = \iint \rho c_p T v_n \mathrm{d}A \quad (单位:J\,s^{-1}\ 或者\ W) \tag{14.3}$$

式中,c_p 为海水比热容,T 为海水的温度,单位为℃。热通量是一种质量通量。(14.3)式定义的热通量是相对于摄氏零度的热量,在水温接近冰点的海域热通量会出现负值。

三、海水盐度输运

另一个典型的溶解物质是盐分 S,以离子形式存在于海水中。水体的输运过程形成了盐度输运通量,表达为

$$F_s = \iint \rho S v_n \mathrm{d}A \quad (单位:kg\,s^{-1}) \tag{14.4}$$

可见,盐度通量属于质量通量,即单位时间输运的物质质量。如果在(14.4)式中去掉密度,

则盐度通量为盐分的体积通量,单纯的盐分体积输运是没有意义的。

四、其他溶解物质输运

与盐度通量相似,海水中各种溶解物质的输运通量也需要用质量通量。质量通量与物质的浓度表达方式有关。物质在溶液中的浓度有多种定义,物理海洋学中常用的有两类(详见 §9.1):一类是质量浓度(C_m),也称质量百分浓度,即溶质的质量占全部溶液质量的百分比,单位用 % 表示。盐度就是盐分的质量浓度。另一类是质量 – 体积浓度(C_v),指单位体积溶液中所含的溶质质量,单位一般为 mg L^{-1},或者表达为 10^{-3} kg m^{-3},一般的化学物质浓度通常用质量 – 体积浓度来表达。

因此,溶解物质的质量通量也有两种表达方式,对于用质量浓度表达的物质,物质输运的质量通量定义为

$$F_c = \iint \rho C_m v_n \mathrm{d}A \quad (\text{单位:kg s}^{-1}) \tag{14.5}$$

而质量 – 体积浓度来表达质量通量为

$$F_c = \iint C_v v_n \mathrm{d}A \quad (\text{单位:kg s}^{-1}) \tag{14.6}$$

显然,单位时间输运的物质质量是有意义的物质通量表达方式。

五、溶解物质的垂向输运

海洋中的溶解物质除了在水平方向上输运之外,还会在垂向输运。溶解物质的垂向输运由海洋的垂向运动来实现,上升流会将下层的营养物质带到海洋上层,下降流会将上层的溶解氧带到海洋下层,具有重要的生态学意义。由于溶解氧和营养盐等物质浓度的单位都是 mg L^{-1},即质量 – 体积浓度,营养物质的垂向输运量一般与(14.6)式相似,表达为

$$F_n = \iint C_v w \mathrm{d}A \quad (\text{单位:kg s}^{-1}) \tag{14.7}$$

式中,w 为流速的垂向分量,A 为海域的水平面积。

六、溶解物质输运的讨论

海洋中的各种流动都直接形成了溶解性物质的输运,在流场确定之后,就可以采用以上公式计算各种输运通量。上述溶解物质的输运有三种形式,水体的输运用体积通量,热的输运用热通量,物质的输运用质量通量。海水中的有些不沉降的非溶解性物质,如生物颗粒、悬浮泥沙、油滴等,输运的性质与溶解物质相似,只要知道了其浓度,可以用以上方法计算其质量通量。

需要注意的是,本章介绍的输运通量都是指流动产生的物质输运通量,属于输运过程。在扩散过程中也会产生物质通量,属于扩散过程,在第 6 章中介绍。二者在物理性质上有明显差别。但是,在 §6.3 介绍的分散实际上是扩散过程与输运过程的统一,有助于对这两个过程的理解。

§14.2　淡水输运

如果将入海淡水看作一种特殊的物质,那么淡水输运就是一种特殊的物质输运。在海洋中,淡水的密度小,往往只存在于海洋表面不深的水层,受风浪的作用混合到一定的深度,又受海流的输运作用向远处移动。进入海洋中的淡水主要有三个来源:径流、降水和海冰融化。其中,降水由海面进入海洋,径流由侧边界进入海洋,融冰和结冰形成海面淡水的增减。另外,海面的蒸发将减少海洋的淡水含量,在中纬度海域,一个夏季海洋表面的蒸发量可以达到 1 m 以上,对海洋的盐度影响很大。在热带,由于蒸发强烈,海表的盐度可以超过 36。在大陆附近,由于有河流径流注入,形成大范围的冲淡水,近岸海域海水的盐度较低。

海洋中的淡水通量有两种定义:绝对淡水通量和相对淡水通量。

一、绝对淡水通量

绝对淡水(absolute definition of freshwater)是将海水考虑为由纯水和海水中的盐分组成的(图 14.1)。设盐度为 S,则淡水为 $(1-S)$。绝对淡水通量为(Wijffels,2001)

$$F_{af} = \iint (1-S)v_n \mathrm{d}A \quad （单位：\mathrm{m^3\,s^{-1}}） \tag{14.8}$$

绝对淡水通量相当于将海水中的盐分去除后的体积通量。设海水盐度为 34,相当于海水体积通量的 96.6% 以上都是淡水。绝对淡水通量在盐度平衡、海水淡化、淡水循环等领域有重要应用价值。但在研究淡水输运中通常使用相对淡水。

二、相对淡水通量

定义参考盐度(reference salinity)S_r,相当于选定了一个区域海水的最低盐度。高于参考盐度的水视为海水,而低于参考盐度的海水中包含了淡水,这部分淡水称为相对淡水(relative definition of freshwater)。相对淡水通量由下式计算(Stigebrandt,1998):

$$F_{rf} = \iint \left(1-\frac{S}{S_r}\right)v_n \mathrm{d}A \quad （单位：\mathrm{m^3\,s^{-1}}） \tag{14.9}$$

式中,在垂向的积分为从海面到盐度等于参考盐度所在的深度。如果参考盐度选取合理,相对淡水通量比较可靠地代表了混合到海水中的淡水通量,即淡水输运量,用于区域性淡水收支的计算。在计算混合在海水中的淡水时不能采用绝对淡水的定义,而是要采用相对淡水的定义。例如,河流入海将大量淡水输送到海洋,进入海洋后与上层海水混合,形成低盐水层,只有采用相对淡水的概念才能得到与河流输入淡水一致的流量。

用以下数据可以比较绝对淡水通量与相对淡水通量之间的差别,设一个断面的流量为 1 m³ s⁻¹,设盐度为 32,参考盐度 33,得到的绝对淡水通量为 0.97 m³ s⁻¹,而相对淡水通量只有 0.03 m³ s⁻¹。显然,只有相对淡水通量表达了自然界中的淡水循环。但是,相对淡水含量的确定取决于参考盐度的设定,取值偏高则不能很好地体现淡水输运,取值偏低则会把一些淡水归为海水。参考盐度需要通过海洋考察数据来确定,如图 14.1,在海洋上层存在一个盐度跃层,上层的海水都可能参与淡水循环,选定 34.2 作为参考盐度就是合理的量。参考所有测站的数据就可以确定一个统一的参考盐度。

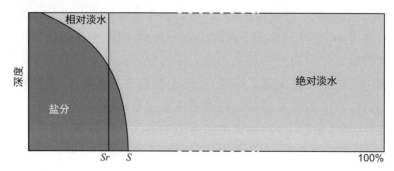

图 14.1

相对淡水和绝对淡水示意图

图中 S_r 为参考盐度,盐度小于 S_r 为相对淡水(黄色),绿色 + 黄色为绝对淡水。

三、海冰淡水通量

海冰会在风和海流的作用下发生漂移,同时造成淡水输运,需要计算其体积通量。海冰的盐度在一定范围内变化,去除这些盐分输运的全部是参与循环的淡水。因此,计算海冰的淡水通量需要用绝对淡水的定义,即采用(14.8)式计算,将其中的盐度换为海冰的盐度 S_{ice}。

需要注意的是,(14.8)式只能表达海冰密集度 C_i 为 1 的情况。当海冰密集度小于 1 的时候,海冰的淡水输运量将下降。因此,厚度为 h 的海冰的体积通量为

$$F_i = \int hC_i(1 - S_i)v_n \mathrm{d}l \quad \text{(单位:} \mathrm{m^3\,s^{-1}}\text{)} \tag{14.10}$$

虽然海冰的厚度远小于海洋上层海洋的厚度,但由于海冰的盐度低,2 m 厚的海冰输运的淡水相当于上层数十米厚度的海水层输运的淡水量。因此,两极海域的海冰输运是最重要的淡水输运过程。

§14.3 中尺度涡输运

大洋中存在各式各样的中尺度涡,尺度在 10～100 km。中尺度涡产生于流动的不稳定,从流动中分离出来,详见第 23 章。这里,我们介绍中尺度涡的输送功能。

中尺度涡大体可以分为两类:第一类是位置不变或与流动耦合在一起的中尺度涡,可以长期存在,不具有输运功能;第二类中尺度涡则离开主流,向其他海域运动。中尺度涡在运移过程中携带了大量水体,一个水平尺度为 50 km、垂向尺度为 100 m 的中尺度涡可以携带 $5\times10^6\,\mathrm{m^3}$ 的水体,形成海水的大规模输运。

各种不同种类的中尺度涡运移机制很不相同,迄今中尺度涡的运移规律还不是很清

楚。在运移期间,中尺度涡可以到达相当远的地方,同时,也将其携带的水体输运到很远的地方,形成了大规模的物质输送。在大洋中,有些海域观测到其他海域的水体,两个海域没有海流沟通,需要考虑中尺度涡输运的可能(图 14.2)。

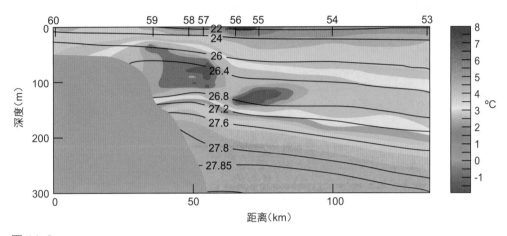

图 14.2
北冰洋水体温度体现的冷水涡旋输运 [引自 Manley 和 Hunkins, 1985]

从海洋整体运动来看,中尺度涡的输运作用扩大了不同水体相互联系的尺度,因此,有人将中尺度涡输运的结果理解为广义大尺度混合的结果。虽然这种比拟在数学方法上是可以接受的,但在物理上是有问题的,因为中尺度涡不是随处存在的,其运移也不是各向同性的。

中尺度涡的输运特性决定了这种输运是间歇性的,如果只有一个涡到达,则只能产生一次性的输运。如果有持续到达的中尺度涡,才能彻底改变一个海域的水体结构。中尺度涡携带的物质总量可以直接通过质量 − 体积浓度 C_v 对体积 V 的积分计算出来,即

$$M = \iiint C_v \mathrm{d}V \quad (单位:kg) \tag{14.11}$$

计算中尺度涡输运的质量通量需要将一定时间段的涡旋总输运量除以时间 τ,即

$$F_{eddy} = \frac{1}{\tau} \sum M \quad (单位:kg\ s^{-1}) \tag{14.12}$$

以往由于观测手段不足,人们对涡旋输运的了解很少。随着观测的增加,涡旋输运变得越来越重要,在有些海域甚至成为水体输运的重要手段。实际上,涡旋输运的能力远比我们认知的要强烈。有些强流产生的输运实际上也包含了涡旋的输运。例如,在黑潮延伸体,许多涡旋并不能离开流动,产生强烈的物质和体积输运(Shi 等,2018)。涡旋的输运不仅是水平方向的输运,而且对潜沉运动也有显著影响(图 14.3)。涡旋带来的赤道向输运与风生输运的量级相当,会加大潜沉水的形成(Xu 等,2016)。据研究,在北大西洋涡旋活动产生的体积输运可以达到 20 Sv,与强流的输送量相当(Wunsch,2008)。涡旋引起的经向热输运为 0.1 PW 的数倍,用等效淡水通量表达的盐度通量为 0.1 Sv 的数倍(Dong 等,2013)。

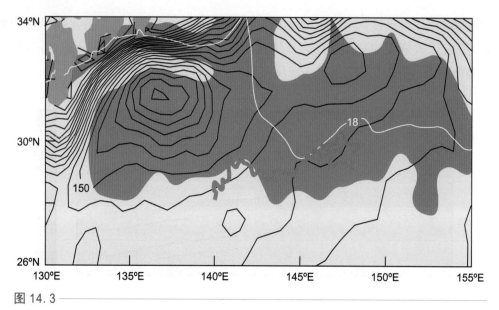

图 14.3

涡旋输运对潜沉过程的影响 [引自 Xu 等, 2016]

§14.4　卷挟输运

在上混合层底部的卷挟运动是海洋中最重要的卷挟过程,在大洋中广泛地存在 (Lupton 等, 1985)。在第 10 章中,我们将卷挟运动作为一种基础流动加以介绍,因而有输运能力。然而,卷挟运动又不同于一般的流动,与混合和扩散过程有密切的关系。

在风力的作用下,上混合层发生强烈的混合,其主要的混合方式是湍流的搅动作用,也包括广泛存在的兰格缪尔流环的作用。这种搅动作用达到混合层底部时遇到其下的密度跃层。混合过程向下侵蚀密度跃层,会将混合层的水体带入跃层上部,同时将跃层中的物质带入混合层。卷挟运动会不断剥离密度跃层,导致下部高密度水体向上补偿,形成高密度水体向上的卷挟输运。图 14.4 给出了上混合层底部卷挟产生的热通量,表明在跃层附近虽然扩散热通量不大,但卷挟引起的热通量很明显。卷挟引起的热通量与纬度有关,纬度越低,卷挟热通量就越大。

§14.5　动力沉积

世界海洋的海底有着厚厚的沉积层,是来自大陆和空气中的物质沉降积聚的结果。海洋中有些颗粒状物质一方面受海水运动的影响而发生水平输运,另一方面在适宜的条件下会脱离水体沉积下来,这些物质的运动称为动力沉积(dynamic deposition)过程,是海洋物质输运过程的重要组成部分。

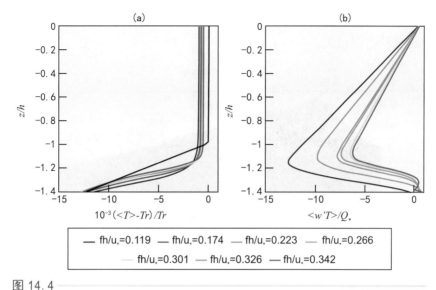

图 14.4

上混合层底部卷挟引起的热通量［引自 Wang 等，2022］

（a）在不同纬度上混合层的温度结构；（b）不同纬度卷挟引起的热通量

　　海洋沉积物的来源主要有来自陆地的物质和来自海洋的物质。陆源物质主要是陆地岩石风化剥蚀的产物，如砾石、砂、粉砂和粘土等，还有火山喷发形成的尘埃和气溶胶。海洋物质主要是海水中由生物作用和化学作用形成的各种沉积物，如海洋生物的残骸和排泄物等。人类活动进入海洋的物质也在增加，如污染物质和投放的养殖饵料等。此外，还有来自宇宙的尘埃等。进入海洋中的颗粒大、重量大的物质将直接就近沉积到海底，几乎不受海洋动力条件的影响。而细颗粒物质到达海中将受到海洋动力条件的作用，向远方输运。

一、河口附近的沉积

　　由河流搬运入海的陆源物质主要是泥沙。海水的挟沙能力与水流流速有关，流速越大，挟沙能力越强。河流在流动过程中流速高，具有强大的携带泥沙能力，使大量泥沙随流而下。到达河口后，受海洋的阻拦河流速度骤减，挟沙能力（carrying capacity）大幅下降，泥沙迅速沉积下来，在河口区附近沉积下来的泥沙占绝大多数。高密度的泥沙在河口附近形成重力流，也称异重流，沿海底向更深的水域流动，呈扇形向河口之外的海域扩展（图 14.5）。河口入海的泥沙在短时间内并不能形成稳定沉积，很容易受潮流的影响而发生再悬浮而移动。风暴是影响稳定沉积的重要因素，将沉积物再次掀起，使之重新回到不稳定的沉积状况。

二、陆架海域的沉积

　　没有在近岸海域沉积下来的泥沙由海洋中的潮流和余流向远离海岸的方向输运。输运到远方的物质在冲淡水中以悬移质的形式存在。冲淡水携带的泥沙绝大部分将在潮流较弱的海域结束悬浮状态，沉降到海底成为沉积物。远离海岸的海域水深较大，潮流较弱，为入海物质在陆架海域的沉积创造了条件。泥沙颗粒越小，启动流速越小，就可以输送到更远的地方。因而,陆架海域的沉积是一个筛选过程,颗粒越大的泥沙沉积的范围越小,小颗粒泥沙的沉积范围较大。

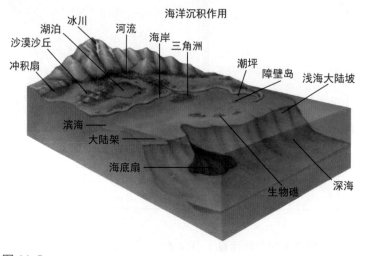

图 14.5

海洋动力沉积的输运作用 [引自百度百科]

三、陆架海盆相互作用

进入大洋中的物质主要来自陆架海域,陆架上河流入海的物质会向海盆中输运,称为陆架 - 海盆相互作用,也称为陆海相互作用(shelf-basin interaction)。陆架上的物质有几种方式进入深海。一种是继续以悬移质的方式运移,进入深海水体。离开强流带后,由于大洋海流流动弱,有利于悬移质的沉降,形成大洋沉积物。因此,大洋沉积物里也体现了洋流的运动特点,在古海洋学中可以通过沉积物的组分分析确认其来源和流路。

另一种,沉积在陆架上的不稳定沉积物在遇到斜度较大的坡面、沟槽或海底峡谷时会顺坡而下,形成沿海底流动的重力流(有时称为浊流),直接进入深海,形成海底的陆源物质沉积区。切割陆架外缘和陆坡的海底峡谷就是输送沉积物的重要通道,在峡谷底部通常出现呈扇形的沉积区域,称为深海冲积扇(详见第 2 章)。

四、来自海洋表面的沉积

除了来自陆源的沉积物之外,主要的沉积物质来自大气。大气可以搬运各种细小颗粒进入海洋。来自陆地上的尘土、来自沙漠的岩石碎屑、来自火山的火山灰和气溶胶、来自人类活动的炭黑颗粒等,都可以进入大气层,随风搬运到海洋上空。在适宜的气象条件下,大气携带的颗粒物质发生沉降,到达海面并进入海洋。

能够由大气携带的物质都具有颗粒小的特点,在海洋中通常不会很快沉积下来,而是会随着洋流加入海洋循环。离开洋流之后,在相对平静的海洋条件下,逐渐下沉到达海底,形成海底的沉积层。因此,海底沉积物记录着历史上发生的重要大气过程,是我们研究古海洋学和古气候的重要数据源。

五、海洋生物物质的沉积

海洋中生物繁殖过程产生大量物质，包括动植物的残骸、动物的粪便、植物的种子等。这些物质在海流较弱的时候也会向下沉降，到达海底形成沉积物。这些沉积物表征了不同种类海洋生物的生存区域，是研究历史上海洋生态过程的重要信息。

更为重要的是，海洋浮游植物在繁殖过程中吸收二氧化碳，使海洋成为重要的碳汇，对减轻大气中二氧化碳含量发挥着重要作用。浮游植物进入海洋生物的食物网，形成的海洋生态系统具有特定的固碳能力。然而，在海水中，不论是浮游动植物的残骸还是海洋动物的粪便，一旦在海洋中被分解，吸收的二氧化碳又会被释放出来，削弱海洋的碳吸收能力，称为生物地球化学循环。只有海洋沉积过程导致动植物残骸以颗粒有机碳的形式沉积到海底，长期埋藏起来，才真正形成了海洋对大气二氧化碳的吸收。

六、沉积过程的度量

海洋动力沉积过程输运的是不溶解于水的颗粒物质。悬浮性颗粒物质的输运与溶解性物质的输运一样，也需要知道其"浓度"，单位为 $kg\ m^{-3}$，然后利用（14.6）式计算质量通量。当悬浮物与沉积物通过沉降与再悬浮过程相互转换时，悬浮性物质不仅有水平输运通量，而且有垂向输运通量。垂向输运通量表征了转换效率。

了解各种物质在海洋中的沉积需要施放仪器到海底直接采集沉积物样品，通过对样品的分析，了解沉积物的成分和结构。然而，如果要了解沉积速率，需要在海洋中布放带有沉积物捕获器的潜标，直接采集下沉过程中的物质，直接测量沉积率。迄今对垂向速率尚没有有效的测量方法，对沉积速率更是缺乏了解，是计算垂向物质输运的难点。

§14.6　物质输运与环境质量

海洋输运过程与海洋环境有密切关系。海洋中有各种各样的污染物质，主要包括可溶性污染物的化学需氧量（COD）或生化需氧量（BOD）、重金属的污染物、轻质污染物（如溢油等）。海洋环境对污染物质的最大容忍度称为环境容量（environment capacity）。环境容量定义为：在充分利用海洋的自净能力（self-purification capacity）和不造成污染损害的前提下，某一特定海域所能容纳的污染物质的最大负荷量。环境容量愈大，可接纳的污染物就愈多。污染物质的浓度超过环境容量的限制就构成海洋污染。环境容量的大小由海域的自净能力确定。决定海洋自净能力有两个主要因素，一个是海域物理过程对污染物质的转移能力，一个是生物过程对污染物质的降解能力。

海洋对污染物质的转移能力主要由输运过程来实现。一个有较强净输出能力的海域可以把污染物质很快输送到海域之外，形成比较大的环境容量。然而，一个区域较强的净输出能力对相邻的区域就形成了较强的净输入，如果那个区域没有能力将这些输入的污染物质有效地排放出去，就会在该海域形成污染加强的局面，使其环境容量减小。比如，在渤海中河北曹妃甸近海海洋的余流很强，形成向天津方向的输运能力，因而该海域环境容量很大,海水质量良好。但天津位于渤海湾的底部,海水输运能力差,导致环境容量小,很容易发生污染物的积聚。来自曹妃甸外海的污染物虽然没有在当地形成污染,却可以在天津形成严重污染。因此,一个区域的污染状况取决于一个海域整体的输运能力。

输运过程只是将污染物质转移到其他地方,并不能减少海水中污染物质的量。比较特殊的是,动力沉积过程会导致一部分污染物质脱离海水,在海底沉淀下来,减少了海水中污染物质的含量,成为污染物质转移的一种方式。然而,沉积到海底的污染物是潜在的危险,一旦遇到强风搅拌,沉积物质会发生再悬浮,污染物还有可能再次释放到海洋中,成为海域的重要污染源。真正能减少污染物质总量的是生物降解过程,可以将一些污染物还原成没有毒性的化学元素或化合物。

总结与讨论

1. 输运与平流的关系

对于溶解物质的输运是以流动为基本载体的,以体积通量或质量通量来表达。在海洋动力学方程组和各种守恒方程中,都存在非线性项,称为平流项。由于平流项首先与流动本身有关,是受流动影响的项。同时,平流项又包含物质的梯度,如动量分量梯度、温度梯度、物质梯度等,所以平流项表达的是平流对浓度变化的贡献。例如,平流将温度不同的水体输运到某点,导致该点温度的变化。

然而,如果物质是均匀的,即没有浓度的梯度,则平流项为零,意味着平流项对物质浓度的变化没有贡献。可是在这种情况下,物质输运仍然是存在的。因此,海水的输运过程表达了由流动导致的物质输运量,不能由平流项表达。

2. 输运与扩散的关系

输运与扩散的不同在于:输运只将物质输运到其他海域,可以不改变物质内部的分布。而扩散改变物质内部的相对分布,不论这种物质漂流到什么地方。同理,平流与扩散的不同是,平流只将物质的空间不均匀性带到其他地方,而不改变物质的空间不均匀性结构;而扩散是削弱物质的空间不均匀性。在有些时候,有人将扩散过程也看作一种输运过程,认为扩散过程也形成了物质事实上的输运。由于物理机理的差异,将输运与扩散区分开来有利于对这两个不同过程的理解。

3. 输运与分散的关系

在环境研究中,用扩散过程的实际参数不足以描述物质的扩散速度,实际物质扩展到更大的空间主要是由于输运,而不是扩散。输运过程将物质输送到更远的地方,而扩散将其融于周边环境,形成了物质在更大范围的扩展。数学中往往将这种扩展用更大的扩散系数来表达。然而,这种为适应实际情况被高估的扩散系数实际表达的是输运过程与扩散过程的联合作用,称为分散(dispersion),详见第 9 章。

分散与扩散的不同还在于,扩散过程本身体现了湍流的正级串过程,湍流能量由大尺度涡旋向小尺度涡旋传递,一直到分子运动尺度转化为热能。虽然分散的表达形式与扩散一致,但分散不属于扩散过程,物质的分散实际上是输运的结果,物质的分散并不导致能量以正级串的形式消耗,有时相反,导致湍流的能量向更大尺度的涡旋传输。

4. 欧拉输运与拉格朗日输运

当我们计算潮流场的输运时,需要注意欧拉余流和拉格朗日余流的概念,参见第 19 章。在潮流输运时,本文所有体积输运与质量输运的积分都涉及海面起伏的问题,如果只积分到平均海平面,得到的是欧拉输运;而如果积分到自然海面,得到的是拉格朗日输运。对于水中的悬浮物质和溶解物质而言,只有拉格朗日输运才真正代表了物质的输运量。对于漂浮在海面上的物质,两种输运没有差别。因此,在研究潮流输运的时候,本章所有输运量公式的积分都要考虑海面起伏的影响。

▌思考题

1. 物质输运用什么物理量来表达?
2. 淡水输运如何计算?
3. 浓度为 C 的物质通量如何计算?
4. 海洋动力沉积有几种物质输送功能?
5. 中尺度涡的输运特点是什么? 其通量如何计算?
6. 输运、扩散、分散、平流之间是什么关系?
7. 什么是欧拉输运,什么是拉格朗日输运?

▌深度思考

卷挟为什么属于输运过程,而不是扩散过程?

第 15 章
海洋重力波

　　海洋波动是海水的重要运动形式之一。波动是水体微团周期性运动并且发生空间传播的运动形式。海洋中的波动大致可以分为三类：自由波、强迫波和海气耦合波。其中，大洋潮汐作为一种主要的强迫波在第 18 章"海洋潮汐"中介绍，海气耦合波的内容在第 20 章"海洋中的振荡"中介绍。自由波是指在产生之后没有外来因素影响其传播特性的波，本章介绍的海洋重力波和下章介绍的海洋长波都属于自由波。

　　本章集中讨论海洋中以重力为恢复力的自由波——重力波，认识其形态、传播特征和动力机制。重力波的尺度差异很大：最小的海洋波动是涟漪，空间尺度是毫米级；最大的波动是开尔文波，水平空间尺度可以达到数千千米。

　　侯一筠教授对本章内容进行审校并提出宝贵意见和建议，特此致谢。

§15.1　海洋中波动的产生

海水运动有多种平衡状态。在外界扰动的作用下，海洋围绕各种平衡状态产生运动和变化，并由此导致波动过程。变化结束后海洋还会趋于回到其平衡状态。海洋中的基本平衡态是静力平衡和地转平衡，因此海洋波动就分别以重力和科氏力为中心展开研究。详见本章和下一章。

一、海洋中的扰动

扰动（disturbance）是指破坏海洋中各种平衡的作用因素或作用过程，是很多海洋现象发生的动力源。任何一种导致偏离海洋平衡状态的作用因素都可以称为扰动，海洋中的扰动无处不在。有些扰动是一种持续稳定的作用，破坏了原有的平衡，实现了新的平衡，这种扰动一般不看成是扰动，而是看成平衡过程。本章所讨论的扰动是指临时性地破坏了海洋平衡，一段时间之后会消失的各种作用。海洋受到的扰动主要有以下 4 类。

1. 大气扰动

海洋运动的大部分能量来自大气，大气中的风场和气压场变化都可以构成扰动。风场的扰动往往通过湍流动量交换影响海洋，而气压的扰动则直接通过压力场作用于海洋。天气过程中，风场会发生不均匀变化，导致风应力旋度场发生变化，构成了对流场的扰动。气压场发生着持续的或间歇式的时间变化，对海洋形成了广谱的压力扰动。

到达海洋的太阳辐射能的变化也对海洋构成了扰动。除了太阳辐射的日变化和季节变化之外，到达海洋的热量还会因大气的原因发生变化，如云量的变化、大气气溶胶的变化、臭氧和温室气体的变化等都影响到达海面的太阳辐射强度。辐射通量的变化改变了海洋的温度场，也就改变了海洋的浮力结构和压力场。降水过程是对海洋盐度场的扰动，通过海洋密度的变化改变海洋的浮力结构，从而改变海洋压力场的分布。

2. 地形的扰动

大气扰动是唯一的主动影响海洋的扰动，陆地边界和岛屿是被动地影响海洋。当海水流经不光滑的岸线时，陆地边界会对流场产生扰动。岛屿也构成对流场的扰动，改变海洋辐聚辐散的特性。海底的海脊、海岭和海山都会对传播的潮波产生影响，海底地形的起伏改变了水柱的高度，对各个水层的深度都产生扰动，导致等密度面偏离其平衡位置，可以激发内波（Wunsch, 1975）。地形不仅对流场产生扰动，对于传播的波动也构成次生的扰动源，影响海洋中的运动。

3. 侧边界的扰动

某一海域受到与其连通的海域动力过程的影响形成扰动。比较典型的是海峡受到相连海域的动力学影响以及浅海受到相邻深海的影响。来自侧边界的扰动首先是压力场的扰动，同时形成流场的扰动。浅海潮波的传播就是外海（或者大洋）潮汐以侧边界扰动的方式进入浅海引起的。

4. 关于扰动的讨论

从本书各个章节中可以看到,海洋的扰动会影响海流、湍流、余流等具有流动特性运动的变化,还会影响海洋的波动性变化和不稳定性变化,具有广泛的动力学意义。在讨论扰动时,扰动源属于外界的运动,需要事先了解扰动源的特征。上述 3 类扰动主要体现了来自海域外部的作用,适用于分析外界驱动作用下产生的运动。关于海洋与大气之间的相互作用研究不宜采用扰动的动力学框架,需要在海气耦合概念下开展研究。

除了来自海洋外部的扰动之外,海水中一部分水体的运动势必要影响另一部分水体。根据扰动的物理本质,海洋扰动是指来自外界的扰动,海洋内部的自身调整不看作扰动。例如,上层海洋的辐散运动通过垂向运动构成了对下层海洋的扰动,下层海洋要做出调整才能适应上层海洋的运动。在这个例子中,当我们只研究下层海水运动时,上层的辐散过程则构成了对下层海水的边界扰动;而如果把上下层水体看作一个整体,则只是海洋内部的过程。

二、海洋中的基本平衡

海洋中的基本平衡是指在没有外界扰动时动力学作用力与海水运动之间的平衡,主要包括静力平衡和地转平衡。

1. 静力平衡

静力平衡(static equilibrium)是海洋在重力与垂向压强梯度力之间的平衡,体现为海洋的密度场与压强场之间在垂向严格的平衡关系:

$$\frac{\partial p}{\partial z} = -\rho g \tag{15.1}$$

式中,p 为压强,ρ 为海水密度,g 为重力加速度,z 为垂向坐标,向上为正。静力平衡在大尺度海洋运动中通常高度满足。一旦发生扰动的作用,为海洋输入新增的势能,会导致静力平衡被破坏。扰动消失后,海洋有恢复到静力平衡的趋势。

2. 地转平衡

地转平衡(geostrophic equilibrium)是远离陆地的海洋在水平方向的基本平衡,是科氏力与水平压强梯度力之间的平衡:

$$f\mathbf{k} \times \mathbf{v} = -\frac{1}{\rho}\nabla p \tag{15.2}$$

式中,f 为科氏参量,$\mathbf{v}$ 为海流速度矢量。扰动作用可以改变压力场,也可以改变流场,都会破坏地转平衡。扰动作用消失后海洋有恢复地转平衡的趋势。在大尺度运动中,如果扰动作用消失,海洋不是趋向于静止,而是趋向于地转平衡。地转平衡的典型现象就是地转流(详见第 10 章)。

三、适应过程与能量弥散

当扰动破坏了海洋的基本平衡之后,海洋将发生两种可能的运动:一种是稳定性过程,扰动消失后即发生本章介绍的海洋波动,海洋恢复到原有的平衡状态;另一种是扰动消失后,海洋无法恢复到原有的平衡状态,属于不稳定性过程,在第 21 章中介绍。

扰动向海洋输送能量,海洋若要恢复平衡状态,需要将这些新增的能量散发出去。扰动消失后,海洋将发生适应过程(adaptation process),逐步恢复到扰动前的状态。恢复过程可以细分为两个接续的过程:一个是快过程,称为适应过程;另一个是慢过程,称为演化过程(evolution process)。适应过程是海洋向平衡状态的快速恢复过程,在这个过程中,海洋通过发射相应的海洋波动消除扰动带来的新增能量,而迅速趋近于扰动前的状态。演化过程是在扰动能量基本消除完毕后的缓慢调整过程,逐步恢复到原来状态。海水运动偏离静力平衡将产生静力适应过程,而偏离地转平衡将产生地转适应过程。

1. 静力适应过程

从(15.1)式可见,对压力场的扰动和对密度场的扰动都会导致偏离静力平衡,二者之间的偏差称为静力偏差。通常,海洋压强场变化快,而海洋密度场无法在短时间内做出调整,因而导致静力偏差的主要因素是对压强场的扰动。风场的不均匀产生局部海面的辐聚或辐散会形成对海面高度的扰动,气压的变化也可以使海洋中的压强发生增强或减弱。

静力偏差导致海洋产生了增量的势能,释放这些新增能量使海洋回到扰动前的状态的过程称为静力适应过程(hydrostatic adaptation process)。释放能量最有效的方式是产生重力波把能量弥散出去。

2. 地转适应过程

地转平衡被破坏就会形成地转偏差,即科氏力与水平压强梯度力之间的偏差,导致地转适应过程(geostrophic adaptation)的发生。地转偏差可以因压强梯度的扰动而发生,也可因流场的扰动而发生。地转适应过程非常短暂,迅速接近地转平衡;然后经过一段较长时间的演化过程恢复到扰动前的状态。地转适应过程通过发射惯性重力波来弥散扰动输入的能量,将能量向各个方向传播;释放了能量的海洋迅速恢复到地转平衡状态。在地球上,除了在赤道海域之外,科氏参量 f 都不等于零,因此,惯性重力波是普遍发生的波动。

3. 波动解的获取

海洋波动的发生与扰动有关。为了便于理解扰动,可以将扰动分解为一个个孤立的扰动过程以及随之产生的适应过程。海洋的扰动可以持续发生并且动态变化,扰动不断发生,海洋的波动不断产生,形成连续的波动产生过程。

在波动研究中,通常首先导出运动方程,将波动的通解形式代入方程。如果通解满足运动方程,则表达波动形式的运动。一般通解的形式为

$$\varphi = A \exp[i(\mathbf{k} \cdot \mathbf{x} - \omega t)] \tag{15.3}$$

式中,φ 为任意的波动参数(如波高、流速、压强等),A 为波动参数的振幅,$\mathbf{k}$ 为波数矢量,$\mathbf{x}$ 为波动的传播方向矢量,ω 为波动的圆频率,t 为时间。波动的通解可以涵盖任意可能发生的波动,不同的波动具有不同的振幅、波数、频率。此外,实际发生的波动与边界条件有关,同样的扰动在不同的环境条件下产生不同的波动。

波动解(15.3)中的波数 $\mathbf{k}$ 和频率 ω 可以换算成更容易理解的波长 λ 和周期 τ,

$$\lambda = \frac{2\pi}{k}; \quad \tau = \frac{\pi}{\omega} \tag{15.4}$$

他们之间的关系如图15.1所示。对于一般的波浪，波长为1～10 m，则波数为6.28～0.628 m^{-1}；而对于波长更长的波，波数都远小于1 m^{-1}。同样，一般的波浪周期为1～30 s，频率为6.28～0.21 s^{-1}；而对于周期更长的涌浪，频率非常低，最长的涌浪周期大约5 min，频率为0.02 s^{-1}。

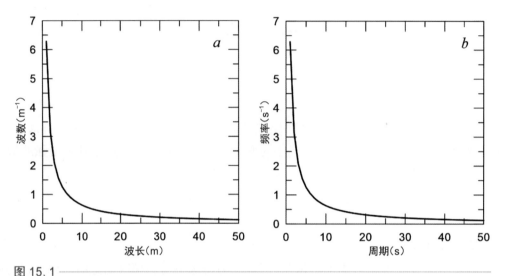

图 15.1
（a）波长与波数的关系；（b）周期与频率的关系

四、海洋中重力波的时间尺度

如上所述，海洋中的自由波是由各种扰动所导致的适应过程而产生的，但是，同样的扰动产生的波动情况却很不一样。在波动解（15.3）式中，对波长和周期没有限制，可以有各种波长和周期的波发生。也就是说，海洋可以允许多种尺度的波动并存。真实发生的波动与扰动源关系很大，低频扰动和高频扰动产生的重力波很不相同。另外，重力波不仅取决于扰动本身，还取决于波动的传播环境，作用在海面上的单一扰动可能会产生广谱的波动。各个海域都有固有频率，与固有频率接近的波动容易发生共振效应（resonance effect）而得到加强。海洋中的波动种类很多，各种波动的周期和波高特征见图15.2。

当发生轻微的扰动时，海面会出现细小的波纹。这种波动以水面张力为恢复力，称为张力波或毛细波（capillary wave），波长一般小于2 cm，周期小于0.1 s，振幅微小。当扰动略微增强，波动的幅度增大，不仅张力作为恢复力，而且重力也成为恢复力的一部分，一般称为波纹（ripple），也叫毛细重力波，在尺度上介于毛细波与重力波之间。

广泛发生在海面上由风产生的波称为风浪（chop），是波长较短的重力波。在风作用区，风浪与风的关系很复杂，有压力扰动、剪切扰动、压差扰动等形式，波动的传播还会发生共振现象。在风的扰动下，风浪有较宽的频段，也有较大的振幅范围，周期在1～30 s范围内，波长在1～10 m范围内。当强风出现时，波浪振幅可以超过20 m。风浪沿水平方向传播,其携带的能量将风传入海中的能量向各个方向传播。

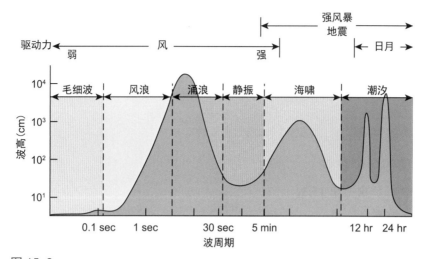

图 15.2

各种周期重力波的波高分布 [引自 Pinet, 2013]

当风浪离开风作用区后,能量较小的小尺度风浪被迅速弥散,继续传播的波浪以波长较大、周期较长的为主,这种波动称为涌浪(swell)。涌浪具有光滑的波形,形成一排排的波阵面,波长在 30 s～5 min。涌浪能量耗散小,可以传播到较远距离。澳大利亚的大洋沿岸地带常年存在拍岸浪(surf),就是发生在远处的涌浪传播到近岸海域的现象。

在封闭或半封闭海域,由各种扰动产生的海面起伏运动会逐渐产生与海域固有振荡周期相对应的共振效应,称为静振(seiche)。静振的周期与海域的形状关系很密切,海域越大,静振的周期就越长,一般可以达到十几分钟或几十分钟。静振作为一种振荡现象,在第 20 章详细讨论。

由海底地震或海底火山喷发产生的长波称为海啸波(tsunami waves),是长距离传播的重力波。由于海啸是海底扰动,海啸波的能量巨大。海啸波到达海岸时,能量进一步集中,振幅大幅度增大,可以产生严重的破坏。

近海的潮波(tidal wave)是天文因素激发的长波,是典型的惯性重力波。潮波可以是前进波,也可以是驻波。潮波的传播距离长,能量消耗小,与反射波叠加产生旋转潮波系统。潮波在第 18 章讨论。

除了图 15.2 列举的主要重力波之外,还有很多重力波现象。

在河口区域会由于水深变浅、渠道变窄而产生涌潮(tidal bore),是波动能量集中而发生的变形波,形成陡峭的水墙和很大的潮差,我国的钱塘江潮就是这种涌潮。

在近岸海域,经常出现风生增减水现象。在风暴来临时,会产生巨大的增减水过程,称为风暴潮(storm surge)。当风的作用消失时,风造成的海面升降会形成恢复运动,作为自由波传播;在海湾中发生的风暴潮停止后会转化为静振。

除了上述海面波动之外,在海洋深处有密度层化的地方如果受到扰动,要发生海洋内波(internal wave)。内波的强度与层化密切相关。海洋内波的特点是波高大、波长短、传播慢,对水面以下航行的潜水艇和水下建筑有很强的破坏能力。

以上波动都是以重力为主要恢复力的自由波动。在海洋中,还存在以非重力为其恢复机制的自由波动,如罗斯贝波(见第16章)。

§15.2 海洋波动的物理特性

海洋波动的参数很多,概括起来有以下几种。

一、波动的形态参数

波动的形态参数见图15.3。

1. 振幅与波高

波动的振幅(amplitude)是水体微团相对于平衡位置垂向振荡运动的最大高度,是决定波动能量的主要参数。海面最大高度与最小高度之差为波高(wave height),是振幅的2倍。波动的初始振幅取决于扰动的强度,各种不同强度的扰动会产生不同振幅的波。波动在开阔的深水海域传播时由于摩擦很小,振幅可以近乎保持不变。波动的振幅在浅水区域会由于水深变浅而增大,也会由于摩擦消耗而减小。

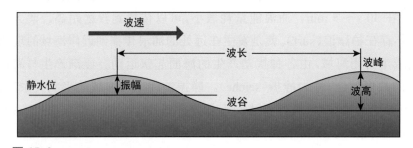

图 15.3

海洋波动的主要参数 [引自 Stowe, 1983]

2. 周期和频率

波动的水体微团完成一个闭合椭圆运动所用的时间称为周期(period)。对于特定观测点的简单波动而言,波动从一个波峰(或波谷)到另一个波峰(或波谷)发生的时间差称为周期。为了方便起见,有时用频率(frequency)来表达,见(15.4)式。频率指的是单位时间内波的振动次数。

3. 波长和波数

波动的波长(wave length)是沿波传播方向波峰之间的水平距离。为了方便起见,有时用波数(wave number)表达,见(15.4)式。波数指的是单位距离内波的个数。

波动方程原则上容许各种周期和波长的波同时发生并传播,但实际上,海洋中只有一定周期和波长范围的波发生。周期和波长实际体现了海洋中扰动的性质。波动的周期在传播过程中保持不变,但波长在传播过程中将发生变化,遇到水深变浅的情形,不仅波动的振幅增大,其波长也减小。

4.波向线与波峰线

波向线(orthogonal)表示波浪的传播方向,波峰线(crest line)为同一时刻水平方向上波峰的连线,与波动的传播方向相垂直。波向线与波峰线正交(图 15.4)。

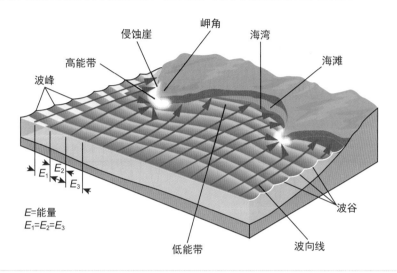

图 15.4

波峰线和波向线,以及波浪在曲折岸线发生折射引起的能量密度变化 [引自 Pinet,2013]

二、波动的弥散

如果由多个波组成的波群中各个波的传播速度不同,在传播过程中则会相互分离,称为波群的弥散(dispersion)。海洋中的波动可分为弥散波(dispersive wave)和非弥散波(nondispersive wave)。

1.弥散关系

弥散关系(dispersion relation)体现了频率与波数之间的理论关系,或者说周期和波长之间的理论关系。将波动一般表达式(15.3)代入波动方程,就可以获得波动的弥散关系,即

$$\omega = f(k) \tag{15.5}$$

弥散关系是由波动方程确定的,代表了波动各个参数之间的动力学联系,是反映一种波动物理特性的最重要关系,也体现了不同种类波动之间的根本差异。当新的波动理论建立之后,首先要确定波动的弥散关系,以全面了解这种波动的物理性质。

2.相速度

波动的相速度(phase velocity)为单一频率波动表观形态的传播速度。相速度 c_p 可以用频率 ω 和波数 k 来定义,也可以用波长 λ 和周期 τ 来定义,即

$$c_p = \frac{\omega}{k} = \frac{\lambda}{\tau} \tag{15.6}$$

3.群速度

当波动以波群的形式传播,表观上看到的不是单个波的相速度(图 15.5),而是众多的

波叠加在一起时产生的包络形态的传播速度,称为群速度(group velocity)(图 15.5)。群速度 c_g 定义为

$$c_g = \frac{\mathrm{d}\omega}{\mathrm{d}k} \tag{15.7}$$

海洋波动的能量是以群速度传播的,因此,群速度也是波动能量的传播速度。

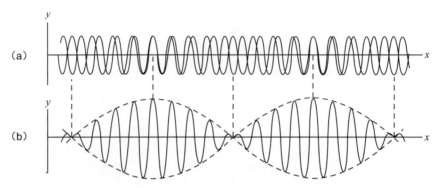

图 15.5

相速度和群速度示意图

(a)两个振幅相同、周期不同的波的传播,每个子波有自己的相速度;(b)振荡曲线为 2 个子波的叠加振动曲线。波的包络为波群,波群的传播速度为群速度

4. 波动的弥散

弥散关系体现了波动的弥散特性。如果波动的相速度等于群速度,波动是不弥散的;否则就是弥散的。不弥散的波动在传播过程中一直保持较大的能量,在没有摩擦的情况下波动的能量不随传播距离变化;而弥散的波动在传播过程中能量很快散布到很大的空间。

5. 弥散关系图

弥散关系可以用弥散关系图(dispersion diagram)来表达(图 15.6)。弥散关系图的横轴是波数,纵轴是频率。在弥散关系图中,直线代表不弥散的波动,而曲线代表弥散的波动。不同波动具有不同的弥散关系,在弥散图上有不同的曲线,很容易相互区别。对于复杂的波动,无法获得简单的解析解,弥散关系可以通过观测数据予以确定。

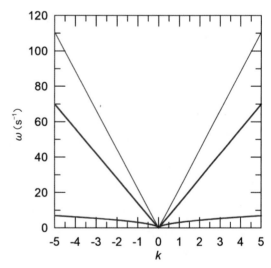

图 15.6

不同波数的重力波弥散图

三、波动的传播特性

在海洋中,波动以场的形式传播,因而发生在一定的空间范围。波动可以向各个水平

方向传播,也可以定向传播,取决于海域的地形特征。因而波动的形态与环境特性密不可分,不同的传播环境会传播不同的波动。

1. 波的射线理论

波在空间中传播时,位相相同的点连成的曲线称为波阵面。波动传播的方向与波阵面垂直,某点的波能量在不同时间到达位置的连线称为波射线(ray),研究波射线可以从波动方程入手,导出波射线的走向,称为波的射线理论。例如,波浪在平面上的传播特性都可以用波射线表征。

2. 反射

波浪与其他液体波动一样,波动垂直入射到固体边界上之后,会发生反射(reflection)。反射波与入射波相叠加,形成驻波结构,即波节和波腹相间的分布。

当波动倾斜入射到固体边界时,反射波的反射角与入射角相等。斜射波的波阵面到达边界的先后不同,先到的先反射,后到的后反射,反射波的波阵面是逐渐形成的(图15.7a)。斜射的入射波与反射波也发生叠加,形成平行于固体边界的合成波动,成为边缘波(图15.7b)。

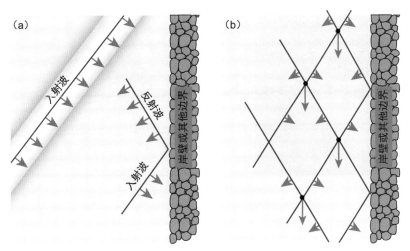

图 15.7

斜射波浪的入射、反射和波动叠加［引自 Stowe,1995］

(a)波浪的入射与反射;(b)入射波与反射波叠加形成的边缘波

3. 绕射

在波动传播的范围内如果有固体障碍物出现,波浪将发生绕射(diffraction),也称衍射。在遇到较小的岛屿时,波动将绕过岛屿继续向前传播。

波浪在遇到阻拦的海峡或堤坝豁口时,会在通过后继续传播,传播的特性呈现扇状扩展,称为波浪的绕射(图15.8),与其他类型的波动非常相似。在建设防波堤的时候需要充分考虑波浪的绕射现象,防波堤的取向要保证绕射波的能量达到最小,以保证港池中船舶的安全。

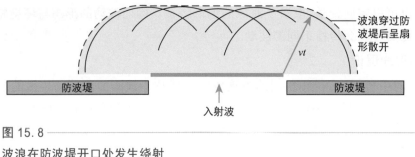

图 15.8

波浪在防波堤开口处发生绕射

4.折射

如果波浪在传播路径上遇到浅滩和盆地,波动的传播方向会发生改变,发生波浪的折射(refraction)现象。例如,图 15.9 给出美国缅因湾外的乔治浅滩(Georges Bank),波浪在遇到浅滩时波速减慢,发生波向线会聚的现象。

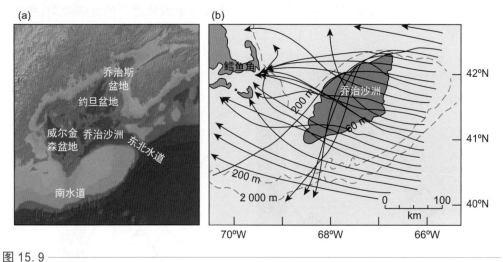

图 15.9

波浪在经过海底浅滩时发生折射

(a)缅因湾地貌和乔治浅滩 [引自 New England Coastal Wildlife Alliance];(b)波向线的会聚 [引自 Pinet,2013]

近岸海域岸线曲折,呈现岬角和海湾结构。对于外海传入的波动而言,岬角之外的海底地形呈现浅水向外突出,导致波浪发生折射,波动的能量向岬角方向聚集,向湾底方向分散(图 15.4)。岬角处水深变浅,波速降低,波阵面向后凹进,导致波向线在岬角汇聚、在湾底发散。

四、波动的能量

不论何种波动,只要在机械波的范畴,其能量均可用其势能和动能来描述:

$$E = E_k + E_p \tag{15.8}$$

波动能量表达为单位宽度、一个波长水柱的能量(单位为 J m^{-1})。动能和势能分别表达为

$$E_p = \int\limits_0^\lambda \int\limits_0^\eta \rho gz\mathrm{d}z\mathrm{d}\lambda$$

$$E_k = \frac{1}{2}\int\limits_0^\lambda \int\limits_0^H \rho\left(u^2 + w^2\right)\mathrm{d}z\mathrm{d}\lambda$$

（15.9）

式中，η 为波高，H 为水深，λ 为波长。对于以海面起伏为传播形式的简单波动，传播过程中动能和势能之间发生转换，但总能量保持不变。而对于以流动为传播形式的波动，波动的能量主要是动能，仍可用（15.9）式计算能量。

有时需要计算波动的能通量，即单位宽度水柱单位时间内通过的能量为

$$F_T = \frac{1}{\tau}E \quad （单位：\mathrm{J\ m^{-1}\ sec^{-1}} 或 \mathrm{W\ m^{-1}}）$$

（15.10）

波动的能量在传播过程中会发生消耗。深海波动在传播过程中能量消耗很小，长重力波可以跨过大洋传播。波动的能量主要在浅海区域被消耗，海底摩擦直接将波动的能量转化为热能；浅海的波浪破碎也使大量波动的能量转化为热能。

另外，有些波动在传播过程中会发生能量转化，例如，内波破碎会引起混合，波流相互作用会使波动的能量转化为海流的能量。

§15.3　表面重力波

波浪与海浪同义，按照 §15.1 的介绍，波浪是静力平衡被扰动作用破坏后发生静力适应过程产生的运动。扰动导致海面发生起伏，净重力的作用是将海面拉回平衡状态，在平衡位置处发生过冲，形成波的传播。波动的恢复力为重力／浮力的波动统称为重力波（gravity wave），都属于表面波（surface wave），主要发生在海洋上层。

单一的波动是简单波动，很容易理解。简单波动的叠加会形成错综复杂的波动。而且，不同波动之间会发生非线性相互作用，导致能量迁移和转换，加剧了波动的复杂性。波浪是由很多不同振幅、不同频率、位相随机的重力波组成的，属于复杂的波动现象。海洋波动的长波和短波特性相差很大。长波更接近确定性过程，而短波更接近随机过程，波浪属于短波范畴。

由于波浪本质上属于重力波，在本节中我们仍然将波浪作为重力波来表述，主要介绍波浪生成后的形态特征和传播过程。

一、波浪与风的关系

风与浪之间有密切的关系，揭示并建立风与波浪的关系对于波浪预报是非常重要的。与波浪有关的风参数主要有以下三个。

风速（wind speed）：作用在海面上风力的大小，与波浪的波高和周期有密切联系。

风时（wind duration）：状态相同的风持续作用在海面上的时间。波浪随时间不断增大，最后达到最大强度进入稳定状态。风时太短波浪不能充分发展。

风区（wind fetch）：状态相同的风作用的海域范围。风浪的大小与风作用的范围有关。

当海域的范围太小时,即使有很大的风也未必能产生很大的浪;风区大,波浪才有足够的发展空间,成长为充分发展的波浪(图 15.10)。

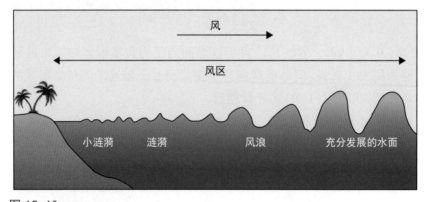

图 15.10
风区长度对波浪的影响

二、波浪的统计参数

波浪对人类活动有很大的影响,对航海和海洋工程构成安全威胁。在实际情况下,海面的波浪是不同波高、不同周期、不同传播方向的波动的组合,其中任一波动的参数并不具有代表性,需要由具有统计特性的参数来代表波浪的整体特征。

1. 波高

定点观测时获得的是海面垂向位移 η。在实际海洋中,η 近似呈现为以方差为 σ 的正态分布(文圣常,1962)。图 15.11a 给出了方差为 1 时海面位移的概率分布。正态分布大体上符合实际波浪的特征,但与实际情况有微小的偏差(Kinsman,1965),主要是非线性因素引起的。

海面垂向位移实际上是波动的合成振幅,研究波浪时往往使用波高,定义为海面起伏最大和最小值之差。海面位移呈现正态分布,波高呈现瑞利分布(图 15.11b)。

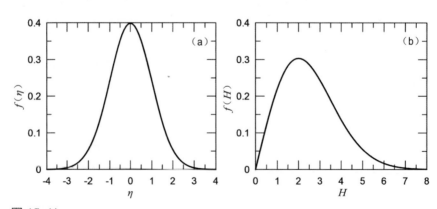

图 15.11
方差为 1 时波浪海面位移(a)和波高(b)的概率分布

由波高的概率密度分布就可以得出各种应用上需要的波高分布,如波浪的平均振幅 $\bar{\eta} = \sqrt{\pi/2}\sigma$,平均波高 $\bar{H} = 2\bar{\eta}$ 等。在工程上为了体现不同波长、不同波高波浪的平均作用,定义了有效波高的概念 $H_{1/3}=1.598\bar{H}$ 。有效波高是将波列中的波高由大到小依次排列,其中最大的 1/3 部分波高的平均值称为有效波高。

2. 平均波长和平均周期

波浪的随机特性不仅体现在波高,而且体现在波长和周期。研究表明,波浪波长的概率密度近似为瑞利分布,依据弥散关系中波长与周期的关系就可以确定周期的分布。可以根据概率密度分布求取平均波长和平均周期,二者只是波长和周期的统计结果,并不等同于波浪的传播特性。

3. 波陡

在波浪研究中,将波高 A 与波长 λ 之比定义为波陡(wave steepnes),体现了波面的最大斜率。作为统计参数的平均波陡定义为有效波高与平均波长之比。

三、水体微团的运动

在波动的传播过程中,水体微团并没有随波动传播,而是在原地发生振荡式运动。水深与波长之比大于 1/2 称为深水波,否则为浅水波。在深水海域,水体微团做圆周运动。在海面圆周运动的直径最大,向下递减。在浅海,受海底的约束,水体微团运动的轨迹为椭圆。椭圆的长轴保持不变,而短轴随深度递减(图 15.12)。

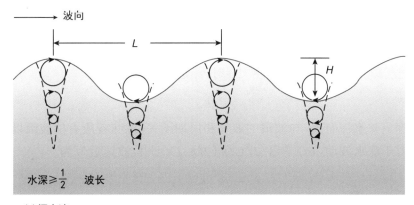

(a) 深水波

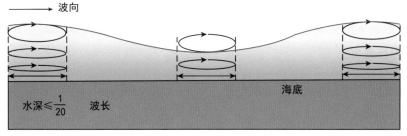

(b) 浅水波

图 15.12

深水波与浅水波水体微团轨迹随深度的变化 [引自 Pinet, 2013]

四、重力波的弥散关系

重力波的周期与波长有关,波长越长的波,周期也越大。波周期可以通过定点观测海面起伏得到,并且可以获得波周期的统计分布。

重力波的弥散关系由波动方程来确定。对于密度均匀、深度为 h 的海域,重力波的弥散关系为

$$\omega^2 = kg\,\text{th}(kh) \tag{15.11}$$

图 15.13 是弥散关系式(15.11)的图形表达。可以看到,高频的风浪频率只与波数有关,与水深关系不大。只有低频的波动与水深关系较大。

当波长很大时,水体微团运动的范围很大,不可避免地受到科氏力的影响,波动以惯性重力波的形式出现(见下节)。

五、重力波的相速度和群速度

相速度表征的是单一波动的传播速度,而复杂波浪的包络以群速度传播。

1. 相速度

波浪形态传播的速度是波浪的相速度。根据(15.11)式,相速度 c_p 为

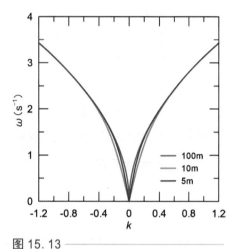

图 15.13 ——
重力波的弥散关系图

$$c_p = \frac{\omega}{k} = \sqrt{\frac{g}{k}\,\text{th}(kh)} \tag{15.12}$$

式中,λ 为波长。对于浅水波动,$h/\lambda < 20$ 时,相速度趋近于

$$c_p = \sqrt{gh}\,, \tag{15.13}$$

即浅水的波速只与水深有关,与波浪的波长和周期无关,意味着所有的波浪以相同的相速度传播。而对于深水波动,$h/\lambda \geqslant 1/2$, $\tanh(2\pi h/\lambda) \sim 1$,波速近似为

$$c_p = \sqrt{g/k}\,, \tag{15.14}$$

即深水的波速与水深无关,只与波长有关,意味着波长越长的波传播得越快。图 15.14 的红线就是用(15.12)式计算的波动相速。可见,对于波数较小的长波,水深越深,相速度越大;而对于波数较大的短波,相速与水深无关,波长越短,相速越小。

2. 波浪的群速度

按照群速度的定义,由(15.11)式得到

$$c_g = \frac{\text{d}\omega}{\text{d}k} = \frac{1}{2}c_p\left(1 + \frac{2kh}{sh(2kh)}\right) \tag{15.15}$$

近似地,浅水波和深水波的群速度分别为

$$c_g = \sqrt{gh} \quad \text{(浅水)}$$
$$c_g = \frac{1}{2}\sqrt{g/k} \quad \text{(深水)} \tag{15.16}$$

由于浅水重力波的群速只与水深有关,所有波长的波群速都一样,且相速度与群速度相等,表明浅水重力波不发生弥散。而对于深水波,波的群速度与波长有关,因而深水重力波是弥散的。

然而,(15.16)式的近似结果并不可靠,容易造成误解。图 15.14 表明,浅水情形只有波数很小的长波才能实现相速与群速相等,而波数很大的短波,群速只有相速的一半;因此,波长很短的波浪都是弥散的。图 15.14 还表明,波数较小的长波,水深越深,群速度越大;而波数很大的短波,群速与水深无关,波长越短,群速越小,群速约为相速的一半。

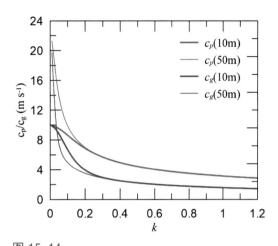

图 15.14
不同水深相速和群速与波数的关系
相速由(15.12)式计算,群速由(15.15)式计算

六、重力波的能通量

波动的能量包括动能和势能,在一个波长内,波动的动能 E_k 和势能 E_p 相等,按照(15.9)式和(15.10)式,单位宽度、单位长度水体的能量和能通量(energy flux)分别为

$$E_k = E_p = \frac{1}{4}\rho g \lambda A^2 \tag{15.17}$$

$$F_T = \frac{1}{2}\rho g c_g A^2 \tag{15.18}$$

可见,波浪携带的能量与波长和波高有关,与波长成正比,与波高的平方成正比。因此,波浪的能量主要集中在长波波段。对于波长为 100 m、波高为 3 m 的波浪,一个波长内的能量为 566 kJ。

七、波浪的破碎

波浪在进入浅水海域后能量相对集中,导致波浪的振幅增大,波长变短,产生波动的不稳定,波浪将发生破碎(breaking)。当水深 h_b 与波浪的波高 H_b 满足经验关系

$$h_b \le 1.28 H_b \tag{15.19}$$

时会发生破碎。波浪破碎有三种常见形态。崩卷型(plunging breakers)破碎,也称卷波,其特点是波峰前缘不断变陡,最后波峰向前探出发生卷浪而破碎(图 15.15a)。溢出型(spilling breakers)破碎的特点是波峰前缘逐渐表陡,但从波峰下部开始破碎,最后整个波破碎向波前溢出(图 15.15b)。这种破碎波主要发生在波浪沿海底缓坡向上传播的情形。崩塌型(surging breakers)破碎,特点是波峰破碎向前倒下(图 15.15c)。这种破碎波主要发生在海底坡度较大的情形。波浪这三种破碎情形不取决于波浪,而是取决于海底地形。

波浪向岸传播由于水深逐渐变浅,波浪的能量更加集中。然而,波浪破碎后,接近海岸处破碎波能量很少,原因是大部分水体渗透到沙中的间隙,或沿着海底流回深海。虽然破碎波的振幅仍然可以观测到,仍然可以用波峰的移动速度确定波的速度,但波浪破碎的

能量大部分转化为湍流的动能或回流的动能,只有少量能量支持其继续向岸推进。

世界大洋中传播的波浪消耗很小,大都是在近岸处消耗掉的,而波浪破碎是波浪能量消耗的方式之一。

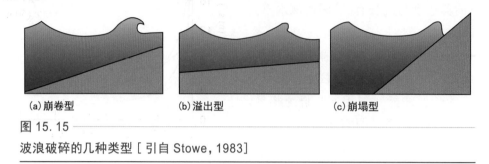

(a)崩卷型   (b)溢出型   (c)崩塌型

图 15.15
波浪破碎的几种类型 [引自 Stowe,1983]

八、畸形波

以上介绍的都是重力波群单独传播的情形。在海洋中,有时会突然发生异常高的波高并很快消失的现象,这种现象无法用一般的重力波理论来解释,被称为畸形波(Rogue Waves)。在海洋学中,将有效波高为实际海况 2 倍以上的波定义为畸形波,因而,畸形波未必是有效波高最大的波,但却是实际海况中发生的最大的波。

畸形波最早是几个世纪前由航海家观测到的。据他们描述,海洋在无任何征兆的情况下会突然出现巨浪,然后很快消失。巨浪发生时波高很高,像水墙一样传播,严重时会摧毁船舶;而且波谷非常深,像海面上的洞,会将物体吸入。这种波有很多名字,如反常波(freak waves)、魔鬼波(monster waves)、杀人波(killer waves)、极大波(extreme waves)或者异常波(abnormal waves)等。由于这种波出现概率小而且发生的时间短,一直无法观测到。

Taylor 在 1995 年 1 月 1 日在北海的 Draupner 海台第一次观测到畸形波。当时有效波高大约 12 m,而其间发生了 25.6 m 的巨波(图 15.16),故称为 Draupner 波或新年波(New Year's wave)。后来,人们又多次观测到波高更大的畸形波,而且用卫星遥感也可以观测到这种波的传播(Janssen 和 Alpers,2006)。记录到的最大波高达到 35 m。

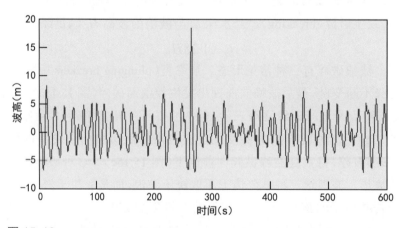

图 15.16
在 Draupner 海台观测到的畸形波 [引自 Taylor,2007]

研究表明,畸形波通常是强流与波浪方向相反时发生的。在南非东部外海,向西南流动的阿古尔哈斯海流与西风带产生的向北传播的巨浪相遇,产生异常高的畸形波(图15.17)。巨浪遇到强流会发生波长减小,波高发生畸变而增大。

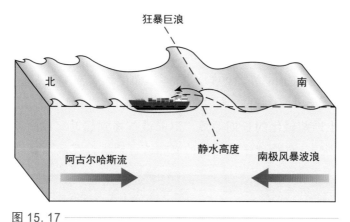

图 15.17

在 Draupner 海台观测到的畸形波 [引自 Taylor, 2007]

九、波浪的观测

早期对波浪的观测都是对定点的波高进行时间序列的观测,对波浪数据进行统计分析,获取波浪的参数。定点波浪观测使用能记录波高的仪器,包括用固定水尺观测水面升降,用压力式仪器记录水柱压力变化反算海面高度变化,用载有加速度仪的水面浮标测量波高和波向等。利用这些仪器可以在港池、沿岸、水中进行波浪参数的时间序列观测。

对波浪场的观测主要通过航空遥感和卫星遥感。机载合成孔径雷达可以获取高分辨率的波浪后向散射图像,成为大范围观测波浪空间分布的有效手段。装载在卫星上的可见光传感器和主动微波传感器可以观测更大范围的波浪,但由于卫星太高,地面分辨率一直达不到观测波浪的精度要求。相信未来对波浪空间分布的观测可望提供更多的数据,丰富波浪的认识,并促进波浪空间变化理论的发展。

§15.4　海啸波

海啸(tsunami)是海底地震、海底山崩或海底火山喷发等强海底扰动冲击海水形成的海洋运动。一般的海底地震和火山活动都发生在活动型大陆边缘(详见 §2.3)。地震活动是地壳板块运动所致,板块间的相互运动和挤压积聚大量的能量,地震是这种能量的释放方式。地震发生时,海底板块变形错位,造成水体下陷,对整个水柱的水体形成强烈的扰动。海啸波的振幅与海底扰动的幅度有关,通常有数米高。

1. 海啸波的传播

海底的扰动产生的波动首先是重力波,以海啸波(Tsunami waves)的形式向外传播。海啸波是波长和周期范围都很大的广谱波群,其波长范围很广,为 100 m ～ 200 km,最大周期在 4 min 以上。海啸的传播速度可达每小时 500～1 000 km,几乎与喷气式飞机的速度相当。在深海中,高速传播的海啸波很难觉察到,对航行的船只无害。海啸波从南美传到日本的时间不到 24 h(图 15.18)。当海啸波进入沿岸浅水区时,波长缩小,速度减慢,波高迅速增大,形成陡峭的"水墙"(图 15.19),造成重大的灾害。例如,1960 年智利海啸,在智利沿岸波幅达到 20.4 m;1964 年美国阿拉斯加大海啸,在 Valdez 港引起的最大波高为 51.8 m(于福江等,2001)。海啸波携带巨大的能量,可以摧毁海岸上的建筑物,造成人员和财产的重大损失(Takahashi 等,1995)。2004 年印度洋大海啸,登陆波高 10 余米,在印度尼西亚、印度、泰国等 11 国登陆,造成 292 206 人死亡。海啸波带来的高水位会淹没海岸上的农田,造成土地盐碱化的长期后效。海啸波传播到邻近海域的距离短,往往因无法及时响应造成重大灾害;对跨越洋盆传播的海啸波可望进行有效预警而减轻灾害。

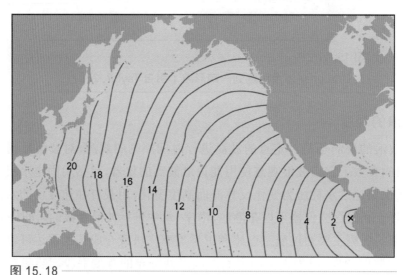

图 15.18

海啸传播的示意图 [引自 Pinet,2013]

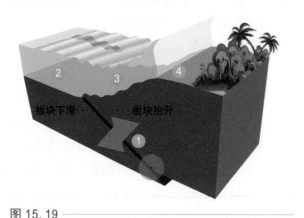

图 15.19

海啸波的产生和传播

2. 海啸波理论

设海啸波沿 x 方向传播,描述海啸波的方程组为(Mofjeld 等,2000)

$$\frac{\partial u}{\partial t} = -g\frac{\partial \eta}{\partial x}$$
$$\frac{\partial \eta}{\partial t} = -\frac{\partial uH}{\partial x}$$

（15.20）

得到的波动方程为

$$\frac{\partial^2 \eta}{\partial t^2} = gH\frac{\partial^2 \eta}{\partial x^2}$$

（15.21）

可见,海啸波的方程与一般重力波的方程无异。由于海啸波水体微团的运动尺度小于罗斯贝变形半径,对海啸波的研究一般不考虑科氏力的作用。按照(15.21)式,海啸波以波速 $c = \sqrt{gH}$ 传播,大洋水深大,海啸波可以高速传播。

3. 海啸波能通量

海啸波与一般重力波相比,重力波表面起伏大,向下递减,影响到大约 100 m 的深度,而海啸波是整个水柱都起伏的波。按照(15.9)式,单位波长海啸波的势能为

$$\overline{E}_P = \int_{-(H-\eta)}^{\eta} \rho gz\mathrm{d}z = -\frac{1}{2}\rho gH^2 + \rho g\eta H$$

（15.22）

如果海面起伏高度 1 m,水深 3 500 m,密度为 1 024 kg m^{-3},一般重力波单位波长的势能为 $(1/2)\rho g\eta^2$,约为 5 kJ m^{-1};但如果按照(15.22)式计算,有效势能为 $\rho g\eta H$,约为 35 123 kJ m^{-1},是同样振幅波浪的 7 024 倍。

海啸波的破坏力不仅与其巨大的能量有关,还与能通量有关。在传播方向垂向断面的能通量是衡量波动携带能量的重要参数。海啸波的群速与相速相同,单位宽度断面的波动能通量为

$$F_T = \rho gc_g\eta H$$

（15.23）

对于 3 500 m 水深,群速为 185 m s^{-1},振幅为 1 m 的海啸波,计算得到的能通量约为 6.5×10^6 kW m^{-1}。按照(15.8)式,水深 100 m 的同振幅的波浪能通量约为 155 kW m^{-1}。海啸波因其高速传播,能通量高出同振幅波浪 41 000 倍。因此,当海啸波在传播时就拥有巨大的能通量,是其在到达海岸时产生严重破坏的原因。

对海啸的监测和预警有两种方式:一种是监测海底地震,一旦了解了海底地震源位置和强度,就可以基于我们对海啸波传播的认识,预警各地可能发生的海啸;另一种是在各海域布放海啸监测浮标,精确测定海啸波到达的位置和速度,更为精准地预测海啸波的传播和登陆强度。

§15.5　海洋波动理论介绍

海洋波动是物理海洋学中最早引起注意的海洋现象,各种研究成果陆续构建了波动的理论体系。本节的内容是确立不同波动理论的价值和要解决的问题,供读者理解海洋波动时参考。波动的理论主要有动力学理论和统计学理论两种。

一、波动的动力理论

动力学理论主要研究波动的传播过程。动力学理论的物理基础是旋转流体的牛顿定律,通常表达为地球流体动力学方程组,建立了各种外部作用力和内部调整因素的动力学关系。这种关系往往是复杂的,而且是非线性的,难以求解。通常要在不破坏基本动力学平衡关系的前提下对波动物理方程进行简化,得到可以求解的定解问题。简化的内容包括多个方面:简化海水的结构,简化动力学平衡关系,去掉一些次要因素的项等。简化后的理论关系保留了最基本的动力学架构,获得的理论解可以给出波动的周期、波长、波速、群速、振幅等重要波动参数,可以体现波动最基本的特征。

这些理论解按照其简化的特点分为各种理论体系。例如,线性理论、非线性理论等。理论解是认识过程的必然产物,是人类认识波动的重要环节。实际上,一个多世纪以来人们正是通过理论上的不断发展进步,逐步形成对波动的准确认识。另外,简单的理论解由于其代表了最主要的动力学平衡,因而在理解波动的内涵方面最有代表性。随着数值模拟技术不断进步,一些不能用解析方法求解的波动方程组也可以求出精确解。这些工作使波动的动力理论日臻完善。

二、波动的统计理论

虽然动力学理论表现了波动的传播机理,但是,真实的波动远比任何复杂的理论解还要复杂,人们还不能靠理论解给出对复杂波动的精确描述。因此,从最早的研究开始,统计学理论就和动力学理论同步发展。波动的统计学理论可以给出波动的统计学特征,使人们从统计学角度认识波动的很多内涵。高频波浪具有非常明显的随机性,在对复杂动力问题缺乏认识的条件下,将波浪视为随机过程是明智的选择,致使随机波浪理论形成并发展。将波动视为随机现象,就可以用随机变量来描述,把随机过程的研究成果应用到波浪中来。

三、不同波动理论的应用范畴

需要注意的是,海洋波动现象是客观存在的,与各种理论无关。人们努力建立波动理论,力图将波动现象上升到数学层面,获取完整的理论解,以期获得对海洋波动的全面认识。各种理论解都是对真实波动的近似,有助于人们理解波动的特征和结构。

一般而言,动力学理论对低频波动(长波)更有意义,统计学理论对高频波动(短波)更加重要。对于长波,任意时刻的波高是一个非常重要的物理量,如潮波的波高是需要准确预报的量。而对于短波,任意时刻的波高并不重要,人们关心的主要是统计意义下的波高。因此,长波以动力理论为主体,而短波以统计特征为主体,是研究工作的客观需求。此外,长波的波谱往往是分立谱,而短波的波谱往往是连续谱。具有分立谱的现象适合采用动力学方法,而具有连续谱的现象适合采用统计学方法。

介于长波和短波之间的波动要依研究目标的特性来选择研究方法。例如,对于涌浪这种不长不短的波,其数值模拟研究就有动力学模式,也有统计学的谱模式。

总结与讨论

波浪是易于观测的海洋现象,可以分解为各种表面重力波。海洋在扰动因素的作用下发生偏离静力平衡的状况,在其恢复静力平衡的过程中产生各种重力波。重力波以净重力或净浮力为恢复力,以动能和势能相互转换为机制发生传播,将扰动的能量传播出去。重力波群有时是弥散的,有时是不弥散的。弥散的重力波能量会被分散,在大风停止后波浪会在不长的时间内平息;而不弥散的重力波能量与波形同步传播,有巨大的能量,也容易被观测到。

重力波的尺度差别很大,波长可以从几厘米到几千米。波长与水体微团运动的范围有关,波长越长,水体微团受到科氏力的影响越显著。

思考题

1. 海洋中有哪些扰动?
2. 天气尺度扰动以哪两种形式发生?
3. 在什么条件下重力波可以不考虑科氏力的作用?
4. 表面重力波的弥散是否意味着能量的消失?
5. 什么是波陡?
6. 说明风速、风时和风区对波浪发展的贡献。
7. 波高和有效波高有什么异同?
8. 畸形波是如何产生的?
9. 海啸的发生机制是什么?
10. 海啸波长距离传输为什么可以不考虑科氏力的影响?
11. 为什么波浪需要用统计学理论来研究?

深度思考

假设有一个喇叭形海湾,湾口开阔,湾底缩窄,水深逐渐变浅。一种观点认为,波浪传入后波浪的传播断面不断缩窄,能量更加集中,湾里的波高大于湾口;另一种观点认为,波浪在向湾内传播的过程中摩擦作用很强,损耗了大量能量,湾内的波高会小于湾口。请分析这两种观点哪个正确,为什么?

第 16 章

海洋长波

　　本章介绍的海洋长波也属于海洋波动的范畴,海洋长波与第 15 章提到的重力波的动力学方程组基本一致。所不同的是,重力波强调的是区域性的能量传播,而海洋长波强调的是全球尺度的能量传输。

　　从波动的形态而言,短波和长波并没有太大的差别。但是,从波动的水体微团的移动特性而言,长波和短波是截然不同的。短波的水体微团是在做椭圆运动,体现为明显的波动性,而长波既具有波动性,又具有流动性。波动性体现为:长波仍然是以波动的形式传播,波动有反射、折射、绕射等性质,有周期、波长、振幅等特征,有弥散关系和能量传播的群速。流动性体现为:水体微团的长距离移动受科氏力的影响,发生绕流、岬角效应、垂直刚性等现象,满足位涡守恒、质量守恒等定律。波长越短,波动性越强;波长越长,则流动性越强。

　　侯一筠教授对本章内容进行审校并提出宝贵意见和建议;黄瑞新教授对本章的初稿提出宝贵意见和建议,特此致谢。

海洋长波(long wave)在传播过程中,水体微团运动的距离很长,具有更强的流动性特征,更大尺度的能量传输以及对气候系统更加强烈的影响,深层次参与了全球海洋的能量平衡。因此,我们说长波具有波流二象性。长距离移动的水体微团因受到科氏力的作用,会偏离任何一种闭合的轨迹。如果水体微团在南北方向移动的范围很大,不仅将受到科氏力的影响,还要受 β 效应的影响。

不仅风浪的扰动可以产生长波,其他形式的扰动也可以产生长波,例如,陆架海底地势的作用可以产生陆架波(continental wave),赤道附近微弱的科氏力可以产生赤道波系(equatorial waves)。另外,长波的折射和反射也可以诱发新的长波。这些长波通常都要受到重力、科氏力和地形的多重影响。

从第 15 章可知,海洋波动的弥散关系决定了波群能量的弥散。在海洋中,能够传播很远的波有两种情形。第一种情形:波动是不弥散的,在特定的条件下,波动的相速度等于群速度,波动的能量保持不分散,可以远程传播。第二种情形:海洋中存在波导(wave guide),使波动被限制在波导中传播,波动的能量无法外泄。

海洋长波的研究方法与重力波有很大的不同。海洋长波还有很多科学问题没有搞清楚。本章将系统地介绍对海洋长波的认识,探讨这个领域的最新进展和发展趋势。

§16.1　惯性重力波

前面讲到,地转平衡状态体现为地转流。如果存在扰动使运动偏离地转平衡状态,就会激发惯性重力波(inertio-gravity wave),随着惯性重力波传播过程中的弥散使系统再趋向于地转平衡。地转偏差可以因压力场改变而发生,也可以因流场改变而发生。导致地转偏差的扰动将巨大的能量输入海洋之中,通过激发惯性重力波将这些能量弥散出去,这个恢复过程被称为地转适应过程。

一、惯性重力波的弥散关系

当波动的周期较长时,比如说,周期为几个小时以上,波动的传播过程就不可能不受科氏力的影响,需要在的波动方程中考虑科氏力的影响,得到的波动方程为

$$\left[\frac{\partial^2}{\partial t^2} + f^2 - gh\left(\frac{\partial^2}{\partial x^2} + \frac{\partial^2}{\partial y^2}\right)\right]\eta = 0 \tag{16.1}$$

将波动解(15.3)式代入(16.1)式,得到的弥散关系为

$$\omega^2 = f^2 + ghk^2 \tag{16.2}$$

这种同时受到重力和科氏力影响的波动被称为惯性重力波,也称庞加莱波(Poincaré wave)。在接近狭长海峡的情形,还会发生具有横海峡方向模态的庞加莱波,其弥散关系为

$$\omega^2 = f^2 + gh\left(k^2 + \frac{n^2\pi^2}{L^2}\right) \tag{16.3}$$

式中, L 为海峡横向宽度, n 表示横向模态数。庞加莱波提供了海峡横向传播的速度,可

以表达海峡不够平直而发生的横向运动,也可以表达开尔文波在海湾湾底反射时必然发生的水体横向迁移。当没有海峡边界约束时 n 等于零,(16.3)式等于(16.2)式,即 n 等于 0 的庞加莱波就是一般的惯性重力波。

按照一般重力波的弥散关系(15.11)式,重力波的频率可以在 0 至 ∞ 范围内发生。而按照(16.2)式,惯性重力波的频率不能小于惯性频率 f,以重力为恢复力的波动的最低频率就是惯性频率,或者说发生惯性重力波的最大周期为惯性周期。这个特点具有非常实际的价值。例如,浅海潮波以惯性重力波的形式传播,在中国近海,惯性周期大约为 35 h,可以发生全日潮(约 24 h)和半日潮(约 12 h);而在北极地区,惯性周期大约 12 h,只能发生半日潮,不能发生全日潮。

(16.2)式还表明,实际发生的各种频率的波动都可以认为是惯性重力波,高频的惯性重力波频率远高于惯性频率,(16.2)式趋近于重力波的弥散关系(15.11)式;而低频的惯性重力波趋于惯性频率。

二、惯性重力波的相速和群速

按照(16.2)式,一般惯性重力波的相速和群速分别为

$$
\begin{aligned}
c_p &= \frac{\omega}{k} = \frac{\sqrt{f^2 + ghk^2}}{k} \\
c_g &= \frac{\mathrm{d}\omega}{\mathrm{d}k} = \frac{ghk}{\sqrt{f^2 + ghk^2}}
\end{aligned}
\tag{16.4}
$$

可见,一般的惯性重力波的相速与群速不一致,因而是弥散的波动。开阔海域发生的惯性重力波在传播过程中的能量会很快消散。然而,在受边界影响的海域,惯性重力波表现为开尔文波,即不发生弥散的长波。

三、其他形式的惯性重力波

上面提到的是在无限开阔海域中传播的惯性重力波。当发生固体边界限制时,惯性重力波将会调整自己的传播形态,波动的特性会发生很大的变化。后面提到的庞加莱波也是惯性重力波的一种。

§16.2　开尔文波

惯性重力波可以是波长很长的波,有可能远程传播。一般的惯性重力波是弥散的,因而不会传播得很远。但是,如果惯性重力波传播时受到横向的限制,即在传播方向的一侧或双侧存在陆地边界,水体微团沿波传播方向运动,横向的运动可以忽略,这时发生一种特殊的惯性重力波——开尔文波(Kelvin wave)。横向的限制既包括固体边界的直接约束,也包括科氏力作用引起的动力约束。

一、开尔文波解

由于没有横向的传播,开尔文波动的方程也不同于一般的惯性重力波。消除了横向

运动速度 v 之后的运动方程组为

$$\frac{\partial u}{\partial t} = -g\frac{\partial \eta}{\partial x}$$

$$fu = -g\frac{\partial \eta}{\partial y} \qquad (16.5)$$

$$\frac{\partial \eta}{\partial t} + h\frac{\partial u}{\partial x} = 0$$

方程组（16.5）的第一和第三式表示长重力波,第二式则表示在波动传播的横向满足地转平衡关系,即科氏力的作用。

得到的波动方程为

$$\frac{\partial^2 u}{\partial t^2} - gh\frac{\partial^2 u}{\partial x^2} = 0 \quad 或 \quad \frac{\partial^2 \eta}{\partial t^2} - gh\frac{\partial^2 \eta}{\partial x^2} = 0 \qquad (16.6)$$

将波动解代入方程组（16.6）,得到开尔文波解的表达式。如果波动沿 x 方向传播,$y=0$ 为海岸线,海域在 $+y$ 方向,得到的波动解为（Pedlosky,2003）

$$\begin{pmatrix} u \\ \eta \end{pmatrix} = \begin{pmatrix} u_0 \\ \eta_0 \end{pmatrix}\exp\left(-\frac{f}{c}y\right)\cos(kx - \omega t) \qquad (16.7)$$

表明在波峰时传播方向右方的海面升高,左方降低。在开尔文波中,科氏力的作用并不包含在波动参数中,而是体现为横向的海面起伏。

开尔文波的弥散关系为

$$\omega = \pm\sqrt{gh}k \qquad (16.8)$$

从弥散关系可见,开尔文波虽然属于惯性重力波,但是其传输特性与一般惯性重力波的弥散关系（16.2）完全不同,而是与不考虑地转的浅水重力波一样,是受地转约束的长重力波。开尔文波的相速和群速相等,是一种不弥散的波,在弥散图中为两条浅蓝色的直线（图16.1）,代表可以双向传播的开尔文波。因此,在传播过程中波形保持不变,能量也不分散,可以远距离传播。

在层化的海洋中,开尔文波有多个垂向斜压模态,如图16.1中的深蓝色曲线所示。这些模态的斜压开尔文波共同构成了开尔文波的垂向结构。斜压开尔文波也会发生振幅增大,波长缩短的现象,需要作为内波加以研究。

图16.1表明,所有频率的正压开尔文波的波速都相同,呈现线性的非弥散特性。而斜压开尔文波是弥散的,不同波长的波速度不同。

开尔文波的存在条件是没有横向运动,因而开尔文波的传播被环境限制,只能在特定的方向,这种传播的通道被称为波导。波导的含义在于,波动的能量被集中在波导之中,形成大量的波动能量沿着固定方向的远距离传播。

从上面可以看到,一般的惯性重力波和开尔文波的表达式存在明显差异,但二者也有共性,即既有重力的因素 g,又有惯性频率 f 的因素。因而可以这样认为:只要同时拥有重力和惯性因素的波动就属于惯性重力波。后面提到的陆架波和赤道波的表达形式虽不同于（16.6）,但都属于惯性重力波。

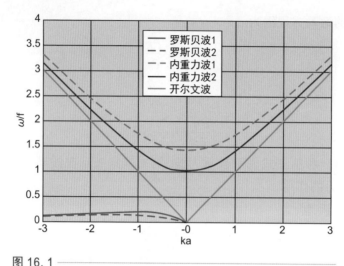

图 16.1

海洋长波的弥散图

二、狭长海峡的开尔文波

最初开尔文波就是在狭长海峡的条件下导出的。狭长海峡可以保证横向的运动远小于纵向运动,近似横向无运动的条件。开尔文波的解中的 ± 号表明,在狭长海峡中可以存在双向传播的开尔文波,二者的频率和波数一致,就可以发生叠加。在类似海峡的条件下传播的潮波就发生往返动相互叠加,形成旋转潮波系统的现象(详见第 18 章)。

显然,海峡越狭窄,波动越接近开尔文波;若海峡很宽,波动在传播过程中会发生横向的水体输送,横向速度为零的假定不成立,开尔文波会畸变成有一定程度弥散的波。由此可见,开尔文波只能发生在有边界约束或动力约束的波导中,在一般的大洋中只能发生弥散的惯性重力波,不会发生开尔文波。

三、右界波

如果只有海域的一侧有海岸约束,仍然会激发出双向传播的波动,但两个方向波动的传播特性差别很大。海岸在右侧(北半球)波动可以以开尔文波的形式传播,海岸的约束作用形成波导,有利于开尔文波远程传播。而海岸在左侧的波动不能体现海岸的约束作用,无法以开尔文波的形式远程传播,只能形成一般的惯性重力波。因此,单侧约束条件下只有海岸在右侧的开尔文波才是远距离传输的主波,有时将开尔文波称为右界波。

开尔文波和一般的惯性重力波差别体现了边界约束与否的重大差别,没有边界约束的波难免弥散,而有约束的波就可以远程传播。

§16.3   罗斯贝波

罗斯贝波(Rossby waves),也称行星波,是特殊的大气和海洋现象之一。

一、大气罗斯贝波

大气行星波的理论是气象学家罗斯贝 1939 年开创的,故称罗斯贝波。在大气的西风带中,罗斯贝波与西风叠加,形成大气气压场的槽脊结构(图 16.2)。罗斯贝波的一个重要特点是一旦产生,其波形只能向西传播。因此,大气中的罗斯贝波实际是向东运动的西风和向西运动的罗斯贝波叠加的结果,当流速与波的相速相等时称为罗斯贝驻波(Rossby standing wave)。由于纬向风和罗斯贝波都是随时间变化的,罗斯贝驻波不能稳定存在。如果纬向风速更大,罗斯贝驻波系统将向东平移,称为东进;如果罗斯贝波的速度更大一些,则罗斯贝驻波系统将向西平移,称为西退。罗斯贝驻波很好地解释了高空天气图上的槽脊结构以及受其影响在近地面发生的天气变化。

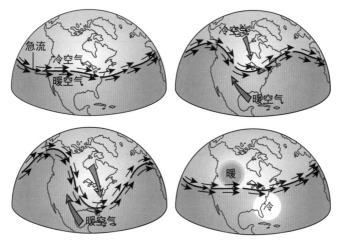

图 16.2

纬向风中的罗斯贝波［由 NOAA 数据改绘］

研究表明,由于地球自转,大气运动将受到科氏力的影响。如果不考虑科氏力随纬度变化,扰动将激发惯性重力波;但如果考虑科氏力随纬度变化,扰动将激发罗斯贝波。因而,罗斯贝波是与 β 效应有关的现象,与科氏参量随纬度的变化有关。

二、海洋罗斯贝波

在海洋中,与大气中西风相对应的是西风漂流,在北半球有北大西洋流和北太平洋流。这两只海流都呈现显著的波状流形,被认为是海洋中的罗斯贝驻波,指示了海洋中罗斯贝波的存在。近年来由于卫星遥感技术的进展,对罗斯贝波获得了清晰的观测结果(图 16.3)。

从物理上看,形成罗斯贝驻波的纬向流和罗斯贝波实际上起因于同一物理过程,或者说,罗斯贝驻波不过是波状流场的一种解。对于海洋中的罗斯贝波有各种解释,可以解释为海流的不稳定性过程,也可以解释为从西边界流带来的相对涡度缓慢消耗过程。罗斯贝驻波理论使我们对波状流形的认识更趋完整。

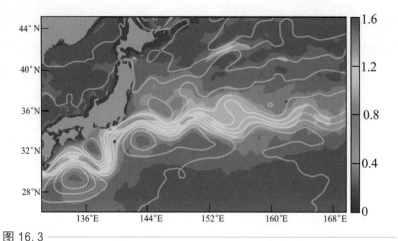

图 16.3

海洋中的罗斯贝波［引自 Yang 等，2021］

三、罗斯贝波的产生机理

在第 15 章介绍的重力波都是以重力为恢复力的波动。如果海洋中的扰动是对流场的扰动，引起水体微团的水平方向偏移，当扰动消失后，流动有恢复原有状态的趋势，产生向西传播的罗斯贝波。罗斯贝波的恢复机理是位涡守恒，也就是 β 效应。大洋中的这类扰动频繁出现，也不停地激励罗斯贝波的产生。

位涡守恒是海洋中流场的基本平衡，正压条件下的位涡守恒用（11.5）式表示，即

$$\frac{d}{dt}\left(\frac{f+\varsigma}{H}\right)=0$$

式中，ς 为相对涡度，H 为水深，f 为行星涡度。当水体微团沿等位涡线运动时，如果海水发生南北方向的运动改变行星涡度，或者水体流路上水深发生变化，都将因位涡守恒的需要引起海水相对涡度的变化，形成具有空间波形的流场和传播特性，就是罗斯贝波。位涡守恒引起的罗斯贝波恢复机制不是以力的形式，而是以涡度的形式发生。一般波动的扰动都是对海面高度的扰动，或者对界面高度的扰动，可以通过激发重力波来传出能量；而位涡守恒条件下的扰动是对水平涡度场的扰动，只能通过激发罗斯贝波来传出能量。

四、罗斯贝波的理论

Laplace（1799）在研究潮波方程时，从数学上得到了两类解：第一类运动和第二类运动。第一类运动为波动，第二类运动就是海流的周期性运动。Margules（1893）研究了旋转行星大气的自由振荡，确认了第二类运动的存在。Hough（1898）研究了全球尺度等深海洋中的三种振荡，确认了第二类运动的解，并发现了解的本征函数。Rossby（1939）引入了 β 平面近似，将 Laplace 的潮波方程用于大气，首次得出了罗斯贝波的解。

研究罗斯贝波可以用准地转方程组，与惯性重力波的方程完全相同，

$$\frac{\partial u}{\partial t} - fv = -g\frac{\partial \eta}{\partial x}$$

$$\frac{\partial v}{\partial t} + fu = -g\frac{\partial \eta}{\partial y} \qquad (16.9)$$

$$\frac{\partial \eta}{\partial t} + h\left(\frac{\partial u}{\partial x} + \frac{\partial v}{\partial y}\right) = 0$$

不同的是,这里考虑 β 平面近似,科氏参量 f 被考虑为经向坐标 y 的函数,$f = f_0 + \beta y$。由(16.9)式导出的罗斯贝波方程为

$$\frac{\partial}{\partial t}\left(\frac{\partial^2 v}{\partial x^2} + \frac{\partial^2 v}{\partial y^2}\right) + \beta\frac{\partial v}{\partial x} = 0 \qquad (16.10)$$

将波动解 $v = A\exp\left[i(\mathbf{k}\mathbf{x} - \omega t)\right]$ 带入,得到弥散关系为

$$\omega = -\frac{\beta k_x}{k_x^2 + k_y^2} \qquad (16.11)$$

(16.11)式是 β 平面近似条件下准地转波动的弥散关系,表明在大洋中部考虑 β 效应的准地转波动只有罗斯贝波。罗斯贝波的相速与地球的曲率相联系,即

$$c_p = -\frac{\beta}{k_x^2 + k_y^2} \qquad (16.12)$$

表明罗斯贝波只能向西传播,构成了独一无二的传播特性,如图 16.1 的红色曲线表达。

上面介绍的是不考虑海水非均匀性的罗斯贝波,称为正压罗斯贝波,用以体现罗斯贝波的一般特性。实际中低纬度海洋都是层化的,考虑了海水层化的罗斯贝波称为斜压罗斯贝波,其表达形式更为复杂。

五、罗斯贝波的传播特性

罗斯贝波只能向西传播,体现了明确的波动特性。由于 β 很小,斜压罗斯贝波的传播速度极为缓慢,而且随纬度的分布很不均匀(图 16.4)。在赤道附近罗斯贝波传播最快,可超过 0.5m s^{-1},跨越太平洋需要 2～3 年的时间;而在中纬度,只有几厘米每秒,跨越太平洋的时间更长。在南北纬 50° 以上的高纬度海域,罗斯贝波的波速近乎为零,因此,罗斯贝波只存在于中低纬度海域。

罗斯贝波的弥散关系(16.11)式并未限制罗斯贝波的波长,任何波长的罗斯贝波都可以发生。不过,按照(16.12)式,罗斯贝波的相速与波数成反比,即波长越短的波波数越大,相速越小,难以形成有效传播。反之,波长越长

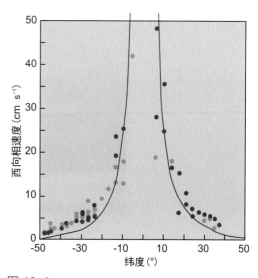

图 16.4

斜压罗斯贝波相速随纬度的分布
[引自 Chelton 和 Schlax, 1996]

的波波数越小,相速越大。

罗斯贝波的传播特性是西向传播,其原因需要通过考虑海水涡度场的变化来理解。图 16.5 给出了罗斯贝波向西传播原因的解释。当海底起伏可以忽略时,位涡守恒变为绝对涡度守恒,当位于平衡位置的水体微团受到扰动发生向北(南)的运动时,f 增大(减小),相对涡度 ζ 将小于(大于)零,导致波形向西传播。

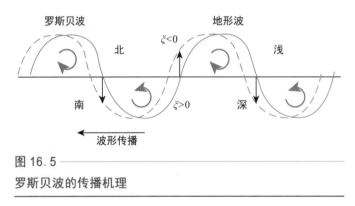

图 16.5

罗斯贝波的传播机理

罗斯贝波主要呈现为海流的周期性变化,即第二类运动。罗斯贝波与其他波动最大的区别是,其他波动水质点的运动都伴随有海面起伏,而罗斯贝波的海面起伏并不显著,因而难以通过观察海面起伏来观测罗斯贝波。

但斜压罗斯贝波在传播过程中,会引起表面的轻微起伏和内部界面的剧烈起伏,如图 16.6 所示。这种振荡不同于一般的重力内波,内波是界面上的自由波动,其传播特性受界面附近海水结构的限制;而罗斯贝波引起的界面起伏须满足质量守恒的要求,是对相对涡度变化的响应。

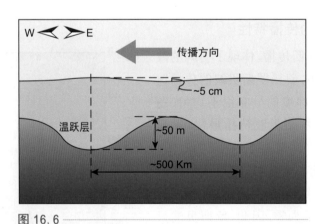

图 16.6

罗斯贝波的传播特性

六、罗斯贝波的群速

波动的能量传播是由群速度决定的。从(16.11)式可以导出罗斯贝波的群速为

$$c_g = \frac{\beta(k_x^2 - k_y^2)}{\left(k_x^2 + k_y^2\right)^2} \tag{16.13}$$

显然,虽然罗斯贝波的相速度为负,只能向西传播,但罗斯贝波的群速度可以向各个方向传播。在东西方向,波数较大的波(短波)群速向东,波数较小的波(长波)群速向西。罗斯贝波的长波拥有巨大的能量,因而向西传播的能量为主体。

相速与群速的不一致性表明罗斯贝波是一种弥散的波。然而,由于低频罗斯贝波的能量只能向西传播,等同于单向传播,波动的能量仍然可以远程传播,直至抵达大洋西边界,因而罗斯贝波成为海洋中能量远程传播的重要方式。

七、罗斯贝波的重要作用

罗斯贝波不如重力波直观,但由于罗斯贝波实际体现了大洋能量传输和平衡的机理,在多个方面有重要的科学价值。图 16.7 给出了罗斯贝波的主要作用。

图 16.7

罗斯贝波的主要作用

首先,罗斯贝波可以将流场的扰动能量传送出去,形成海洋能量的再分布。罗斯贝波的传播干扰了海洋流场,造成流场弯曲(meander),体现了大洋中的扰动对大洋环流的影响方式。罗斯贝波表明,在西风漂流,由于没有边界的硬性约束,流动很容易受到罗斯贝波的调制,形成弯曲的流形。

在传播过程中,虽然罗斯贝波的能量可以向各个方向传输,但是波长较长的罗斯贝波的能量向西传播,到达西边界后其将能量提供给大洋环流,使环流的能量加强,成为大洋环流西向强化的重要能量来源。

罗斯贝波尺度大,传播速度慢,难以察觉。大气中的罗斯贝波体现了西风的槽脊结构,引起冷暖空气的交换。海洋罗斯贝波在南北方向振幅很大,在振荡过程中同样会引起冷水或暖水在南北方向的移动,改变海洋与大气之间的热交换,对全球天气和气候都有很大影响。此外,在发生重大气候事件后,携带大量能量的罗斯贝波缓慢地传送气候信号,迟滞气候的全球效应。

§16.4　赤道波系

恰在赤道上,科氏力为零,而赤道南北方向科氏力方向相反,对于跨越赤道运动的水体微团,在赤道两侧受到科氏力相反的作用,形成了自然的约束条件,传播的波动统称为赤道波(equatorial waves)。

采用准地转方程组(16.9),所不同的是,需要考虑赤道上科氏参量为零,在其他纬度科氏参量随纬度的变化,有 $f = \beta y$,得到的波动方程为

$$\left(\frac{\partial^2}{\partial t^2} + f^2\right)\frac{\partial \eta}{\partial t} - gh\frac{\partial}{\partial t}\left(\frac{\partial^2 \eta}{\partial x^2} + \frac{\partial^2 \eta}{\partial y^2}\right) + gh\beta\frac{\partial \eta}{\partial x} = 0 \tag{16.14}$$

将波动解代入(16.14)式,得到的弥散关系为

$$\omega^2 = f_0^2 + gh\left(k^2 + n^2 + \frac{\beta k}{\omega}\right) \tag{16.15}$$

式中,k 为 x 方向的波数,n 为 y 方向的模态。这个弥散关系式可以解出 3 个根,解的形式很复杂。当频率很高时,近似有

$$\omega_{1,2} \approx \pm\sqrt{f_0^2 + gh(k^2 + n^2)} \tag{16.16}$$

而对于频率很低时近似有

$$\omega_3 = -\frac{\beta kgh}{f_0^2 + gh(k^2 + n^2)} \tag{16.17}$$

一、赤道开尔文波

显然,(16.16)式同时包含科氏参量和重力参量,属于惯性重力波解。但与一般惯性重力波不同的是,这种波只能沿赤道传播,在南北方向呈现多个模态,不发生波动的传播。这种被赤道的动力条件约束的惯性重力波与被固体边界约束的开尔文波很相似,被称为赤道开尔文波(equatorial Kelvin waves)。

赤道的动力约束与海岸的地形约束起到相同的作用,在东西方向传播的波动有不同的特性。向东传播的波属于右界波,可以以赤道开尔文波的形式传播;北半球与南半球科氏力反向,两半球的赤道开尔文波相互支撑,保证了东传开尔文波的能量被约束在赤道海域,形成特殊的波导,支持赤道开尔文波的远程传播。然而,赤道的动力条件并不能约束向西传播的波动,因而,向西传播的波动不能形成赤道开尔文波,只能以弥散的惯性重力波的形式存在,波动被迅速削弱。

赤道波动主要是风场的扰动引起的。在太平洋,厄尔尼诺现象发生时,赤道东风减弱,在赤道西太平洋的暖水向东移动,对海洋构成强烈的扰动。暖水的位相向东传播,可以用赤道开尔文波表述。即使没有厄尔尼诺现象发生,赤道海域的其他扰动也会激发赤道开尔文波,将扰动带来的不平衡能量沿着赤道传输。例如,发生在赤道的涡旋也可以激发出赤道波(Sriver 等,2012)。

二、赤道罗斯贝波

(16.17)式表达的波动受 β 效应支配,且只能向西传播,是一种罗斯贝波解,称为赤道罗斯贝波(equatorial Rossby waves)。与(16.11)式相比,赤道罗斯贝波与一般罗斯贝波非常相似,是大洋波动的主波。

图 16.8 给出了赤道波导的弥散关系图。可见,赤道开尔文波向东传播,是不弥散的波;

而赤道罗斯贝波向西传播,是弥散的波。两类波都有各种斜压模态。赤道开尔文波是快波,相速大约 2 m s^{-1},跨越赤道太平洋需要 2～3 个月时间;相比之下,赤道罗斯贝波是慢波,跨越赤道太平洋需要 2～3 年的时间。

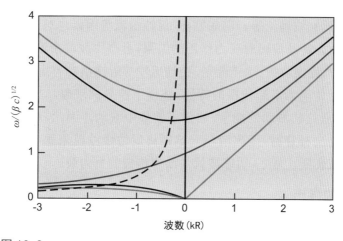

图 16.8

赤道波的弥散图 [引自 Olbers 等, 2012]

图中绿色直线为开尔文波;单向的红线和蓝线为罗斯贝波;双向的红线和蓝线为斜压重力波;紫色线为柳井正波

　　虽然发生在赤道的波动可以分为赤道开尔文波和赤道罗斯贝波,但实际上只是弥散关系(16.15)式极限简化的结果。实际上,赤道发生的各种波动耦合在一起,形成能量的传播。但有一点非常明确,就是赤道的各种波动都是沿着赤道传播的,赤道的波动传播环境称为赤道波导(equatorial waveguide)。这种定向传播的波动称为俘获波(trapped waves)。

§16.5　陆架波系

　　海岸对波动的传播是硬约束,到达海岸附近的波动只能沿岸传播,形成了受海岸影响的波动。由于近岸的波动与人类活动密切相关,研究工作非常多,对于这类波动有很多名称,如边缘波(edge wave)、边界波(boundary wave)、近岸波(coastal wave)、陆架波(shelf wave)等。本节将介绍与海岸约束有关的波动。

一、边缘波

　　当波浪传播到海岸附近时,受到海岸的约束,入射波和反射波叠加之后,形成沿岸方向的分量,波浪的能量发生沿岸方向的传播。由于波浪向岸传播时能量集中,发生振幅增大的现象,即岸边振幅最大,向外海递减。这种平行于海岸传播的波动被称为边缘波(edge waves),有时也称为近岸波(near shore waves)。边缘波就是在海岸约束作用下产生的波浪,具有高频特征。边缘波由于频率高、波长短,一般不需要考虑科氏力的影响。边缘波在传播过程中会发生反射、折射、绕射等波动现象。

由于波浪向岸传播时水深变浅,波浪的传播速度变小,波长也减小。当转为平行于海岸传播之后,受地形的影响发生辐聚或辐散,波高也发生变化。边缘波主要强调海岸的约束,不论海底是否倾斜。很多边缘波的研究成果都是来源于平底的模式,如线性波动理论、斯托克斯波理论、孤立波理论等。海底摩擦、泥沙渗流等因素也对边缘波产生影响。波浪的沿岸传播可以认为是波浪辐射应力作用的结果,会产生波浪余流(见第 19 章)。边缘波对于人们港口防护、堤坝防护、水产养殖、交通运输等近岸活动有重要影响。

边缘波总体上体现为沿岸传播的特性,体现了波导的现象。如果外界的波动传到沿岸海域,波导将俘获这些波动的能量,加强了波导中波动。因此,边缘波的一个重要特点是,靠近海岸最强,向外递减,距离海岸一定距离后边缘波现象就不明显了。远离海岸的波浪就由重力波来表征。总之,边缘波就是沿岸传播的重力波。

二、陆架波的导出

不仅海岸的约束会存在波导,在较宽的陆架上远离海岸的地方,只要海底是倾斜的,也会受到海岸的约束作用,发生沿岸方向的波动,形成波导。倾斜的海底相当于陆架的地貌,产生的波导称为陆架波导(shelf waveguide),在陆架波导中传播的波也是一种俘获波。

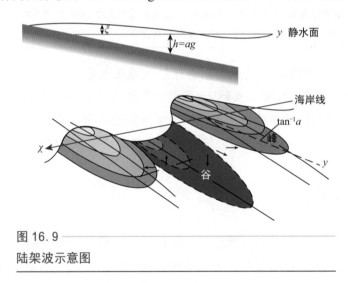

图 16.9
陆架波示意图

设陆架海底是倾斜的,斜率为 a,地形结构如图 16.9 上图所示,其运动方程为考虑陆架坡度和地转因素的准地转平衡:

$$\frac{\partial u}{\partial t} - fv = -g\frac{\partial \zeta}{\partial x}$$

$$\frac{\partial v}{\partial t} + fu = -g\frac{\partial \zeta}{\partial y} \qquad (16.18)$$

$$\frac{\partial \zeta}{\partial t} + (h_0 + \alpha y)\left(\frac{\partial u}{\partial x} + \frac{\partial v}{\partial y}\right) = 0$$

式中,x 为平行于岸线的方向,y 为垂直于岸线的方向,α 为海底的斜率。将一般波动解代入波动方程,可以近似得到 3 个平行于海岸传播的波动解

$$\omega_1 \approx -\omega_2 = \sqrt{(2n+1)g\alpha|k| + f^2} \tag{16.19}$$

$$\omega_3 \approx \frac{g\alpha kf}{(2n+1)g\alpha|k| + f^2} \tag{16.20}$$

式中,n 为垂直于岸线的模态,k 为沿岸传播的波数。这三组波动统称为陆架波(shelf wave),也称为沿岸波(coastal wave),只能在沿岸方向传播。

陆架波导形成的原因是水体质量守恒。当波动从深水向浅水传播时,浅水区容纳海水的能力急剧减小,会迫使试图进入陆架的水体转向,沿着陆架的等深线移动,形成了自然的约束,发生沿等深线传播的波动。

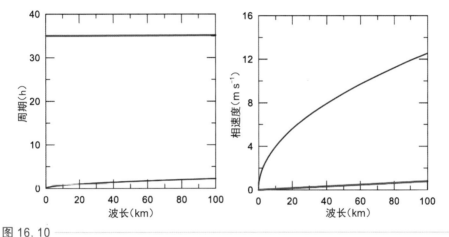

图 16.10

陆架开尔文波(蓝线)和陆架罗斯贝波(红线)的周期和相速

根据公式(16.19)和(16.20)绘制

陆架波与边缘波有很大的不同。边缘波是高频波动,属于短波;而陆架波是低频波动,属于长波。边缘波的能量主要在海岸附近,而陆架波的能量在远离海岸的陆架上。边缘波不考虑科氏参量,属于重力波;而陆架波需要考虑地转的影响,体现为惯性重力波。边缘波可以双向传播,陆架波只能单向传播。

三、陆架开尔文波

显然,(16.19)式的两个解与地转有关,物理特性上属于惯性重力波,而且只能沿海岸的方向传播,因此被称为陆架开尔文波(shelf Kelvin waves)。需要注意的是,陆架开尔文波完全不同于一般的开尔文波,是弥散的波,将其称为开尔文波是因其定向传播的特征。

理论上讲,两个方向传播的开尔文波都会存在,但由于开尔文波是右界波,只有海岸在右侧的波动才会以陆架开尔文波的形式传播。北半球一个面海的观察者会看到,陆架开尔文波总是向右传播,即海岸在波动传播方向的右侧;而在南半球则相反。

从图 16.10 可见，陆架开尔文波是快波，即使波长上百千米的波周期只有几小时，波速可以达到 $10\,\mathrm{m\,s^{-1}}$ 以上。

四、陆架罗斯贝波

陆架上还传播一种单向传播的波，陆架罗斯贝波（shelf Rossby waves）。按照图 16.10，坐标系面向大海，右方为正 x 轴方向，(16.20)式的解表明波动只能向正 x 轴方向传播，因而海岸在陆架罗斯贝波传播方向的右侧（北半球）。从(16.20)式可见，陆架罗斯贝波的弥散关系既与重力有关，又与科氏参量有关，应该属于惯性重力波解。将其称为陆架罗斯贝波一方面是因其具有单向传播的特点，与罗斯贝波特征相似；另一方面，陆架罗斯贝波与大洋罗斯贝波确有相似之处，大洋罗斯贝波满足位涡守恒，当水深变化时相对涡度会发生变化，也就是涡旋压缩或涡旋拉伸导致的波动。陆架罗斯贝波主要与海底斜率有关，其横向振荡也是涡旋压缩和涡旋拉伸交替发生的过程。因而，陆架罗斯贝波虽然没有考虑 β 效应，但考虑了涡旋拉伸或收缩，也属于罗斯贝波。而且，陆架导致的涡旋伸缩并没有限制海岸的走向，即使海岸是东西走向的仍然会发生陆架罗斯贝波。

从图 16.10 可见，陆架波分为快波和慢波，陆架开尔文波是快波，陆架罗斯贝波是慢波。当 $f=1.04\times10^{-4}$ 时，陆架开尔文波波速可达 $10\,\mathrm{m\,s^{-1}}$ 以上，波周期只有几小时；而陆架罗斯贝波的波速在 $1\,\mathrm{m\,s^{-1}}$ 以下，波周期约为 35 h。

有趣的是，陆架开尔文波与陆架罗斯贝波的传播方向一致，都是海岸在波动传播方向的右侧。这就是说，如果有一个封闭的海盆，一旦发生扰动将会发生沿海盆边缘逆时针（北半球）传播的的闭合波动。

§16.6　海洋长波系统

大洋中的长波是海洋中能量传输的重要形式之一，发生在海洋中的持续时间较长、作用强度较大的扰动在恢复的时候总是要生成大尺度的波动，将能量传输出去。由于大范围波动的观测困难，对海洋长波系统的观测和认识还非常有限。

一、海洋长波系统

前面提到，在大陆边缘存在陆架波，在赤道海域发生赤道波，这些波动都是在波导形式的传播条件中发生的。这里我们指出，各种长波形成了全球海洋长波系统（global long-wave system）。

在大洋西边界，陆架波向赤道方向传播；在大洋东边界，陆架波向两极方向传播，形成可能的半球传播。然而，在大洋西边界赤道附近，来自南北半球的陆架波相遇，接下来会如何传播呢？

1. 开尔文波

先说开尔文波。赤道开尔文波在赤道波导只能向东传播，因此，西边界陆架波导中向赤道传输的陆架开尔文波可以进入赤道波导，以赤道开尔文波的形式向东边界传播。到达东边界后,赤道开尔文波可以转化为陆架开尔文波向两极的方向传播。这个过程是单向的,形成闭合传播的海洋长波系统(图 16.11a)。陆架开尔文波和赤道开尔文波都是快波,意味着扰动的能量会很快向远处传递,使局部的能量分布到更大的范围。

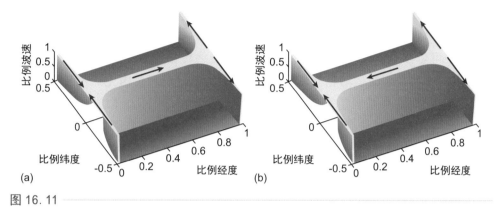

图 16.11

全球海洋理想盒子模型中开尔文波(a)和罗斯贝波(b)的传播 [引自 Olbers 等,2012]

在开尔文波向两极传播的过程中,由于气温逐渐下降,海水的温度不断降低,海洋层化减弱,到达一定纬度之后层化几乎消失。这样,向极地传播的斜压开尔文波也将消失。有关的研究认为,斜压开尔文波逐渐转化为正压开尔文波,斜压波的能量转化为正压波的能量。关于能量在正压波和斜压波之间的转换也是尚未清楚了解的过程。

2. 罗斯贝波

罗斯贝波的情况很特殊。在西边界陆架波导中的陆架罗斯贝波向赤道方向传播,到达赤道后,由于赤道波导中的罗斯贝波向西传播,在西边界南北波导的交汇处会发生各种罗斯贝波能量的积聚。有些研究试图证明罗斯贝波可以转换为开尔文波,使全球波系的能量传输不发生脱节。但是,罗斯贝波的能量主要是动能,而且能量密度很低,而开尔文波存在势能,能量密度较高,二者的能量是否可以相互转换还不清楚。比较容易接受的观点是,罗斯贝波的能量直接转化为海流的能量,为西向强化的海流提供能量。

全球海洋长波系统对于海洋中的能量传输是非常重要的。扰动的能量在空间上的分布非常不均匀,导致海洋大尺度运动的不均衡,容易产生更为复杂的运动和更多的不稳定过程。海洋长波可以携带大量能量传播,陆续汇集在波导之中远程传播,构成了海洋能量快速传输的通道,以较高的速度将能量分布到遥远的海域,使海洋的能量和运动趋于均衡。

二、大洋长波能量的消散机制

由于进入波导的波动不能离开,只能沿波导传播,波导的能量就会越来越大,甚至发生共振。而实际上,波导中并没有发生波动能量大量累积的现象。这意味着海洋长波系统有很好的能量耗散机制,俘获的波动能量与耗散的能量大体平衡。虽然湍流摩擦是波动能量的耗散机制之一,但是由于摩擦对长波的耗散率很低,仅靠湍流摩擦的耗散会很慢。海洋长波应该有其他的耗散机制。

研究表明,长波能量的一个重要的去向是传递给海流。上面提到,罗斯贝波主要的能量是动能,到达西边界后可以方便地将能量传递给海流,大洋罗斯贝波有可能是大洋环流西向强化的主要能源。开尔文波的势能也可以转化为海流的动能,已有的成果表明,开尔文波可以通过波流相互作用将波动的势能和动能转换为海流的能量。波动的能量转换为海流的动能之后,能量可以在流动过程中逐渐耗散,可以通过不稳定过程将能量转换为涡旋的能量,还可以在不同尺度的涡旋中相互传递,最终转化为海洋的热能。长波的能量在传播过程中与不同类别的运动相互转换,并且在更大的时空尺度内完成能量的耗散。

波导的能量泄漏也是能量耗散的可能渠道。实际上,世界大洋边缘的陆架深度和宽度很不相同,各段的陆架波有差异,衔接时会发生能量泄漏;陆架边界的弯曲会引起波动的不稳定;陆地的中断会产生波动的衍射;岛屿会引起陆架波的弥散。因此,波导中的能量泄漏是普遍现象。

总结与讨论

在本书中,海洋自由波主要包括波长较短的重力波和波长较长的长波。其实,长波和短波都是相对的,在重力波中也有波长很长的波,在长波中也有波长相对较短的波。实际上,海洋的波动主要分为区域尺度传播的波和海盆尺度传播的波。波动的体系可以由图16.12予以概括。

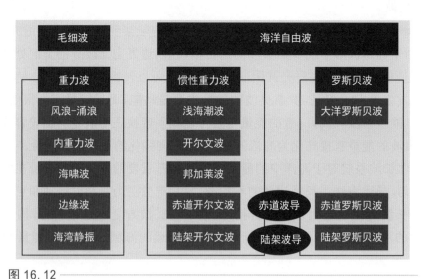

图 16.12
海洋自由波动总览

按照发生机制而言有三种波,分别为以重力/浮力为恢复力的重力波、以重力和地转偏差力为恢复力的惯性重力波以及以位涡守恒为条件的罗斯贝波。

重力波主要包括风浪-涌浪、内重力波、边缘波、海啸波和静振,这些波都不需要考虑地转偏向力的作用,因此,这些波具有尺度小、周期短的特性。这里,边缘波是指波浪在近岸海域传播的现象,也是小尺度的重力波。海啸波是典型的重力波,但因其传播速度快,几乎不弥散,以致可以在海盆尺度传播当作长波来对待。海湾静振我们将其归类于海洋振荡,但其在振荡过程中发生的传播属于重力波。

一般的惯性重力波是弥散的,因而难以观测到。不弥散的惯性重力波是开尔文波,在单侧或双侧的约束条件下发生,由双侧海岸约束的波为开尔文波,由单侧海岸约束的波为陆架开尔文波,由赤道科氏力反向动力约束的波称为赤道开尔文波。这种开尔文波都是在波导中传播,因而可以远程传播。

重力波和惯性重力波是以海面或界面起伏为特点的,都属于第一类波;而罗斯贝波并不一定伴随有海面起伏,而是水体微团在水平方向的振动,属于第二类波。罗斯贝波是以位涡守恒为限制条件产生的波动。当水体所在的纬度发生变化,就会发生相对涡度的变化,产生波动的传播。一般的大洋罗斯贝波与 β 效应有关,只能向西传播,是海洋为了维持位涡守恒而做出的响应。而倾斜地形也会引起相对涡度的变化,产生单向传播的陆架罗斯贝波。罗斯贝波是非常缓慢的波,相速度只有 $0.3 \mathrm{~m~s^{-1}}$ 左右,跨越太平洋需要 $2 \sim 3$ 年的时间。罗斯贝波虽然缓慢,但其周期长,对气候有重要的影响。而高纬度海域不能发生罗斯贝波。

大洋中发生很多低频扰动,这些扰动的能量会通过各种尺度的波动传输并因弥散而减弱。一旦这些波动进入陆架波导或者赤道波导,就会被波导俘获并以陆架波和赤道波的形式传播。波导中波动的能量可以远程传播,客观上形成了海洋能量在大洋中的再分配,对全球海洋能量平衡有重要贡献。

思考题

1. 海洋中为什么会发生长波运动? 长波的起因是什么?
2. 地转适应过程在波动产生中起到什么作用,产生什么波?
3. 在大洋中部远离边界的地方会不会发生开尔文波?
4. 罗斯贝波的结构和传播特性是什么?
5. 位涡守恒对大尺度波动产生什么影响?
6. 如果海岸的凸凹很大、形状复杂,陆架开尔文波是否还会发生?
7. 开尔文波和罗斯贝波是否弥散,为什么?
8. 赤道波系形成波导的原因是什么? 可以产生哪几种波动?
9. 陆架波有哪几种,其传播有什么特点。
10. 分析一般惯性重力波和罗斯贝波的能量如何进入陆架波导?

深度思考

陆架罗斯贝波是低频波动,在大洋西边界向赤道方向传播,南北大洋的陆架罗斯贝波交汇在一起,其能量向何处去? 请根据本章的相关讨论,给出你自己的分析和认识。

第 17 章

海洋内波

　　内波是发生在海水内部的波动现象。在海洋中,密度垂向不均匀现象普遍存在,被称为海洋层化。在中低纬度海洋,会因太阳辐射加热而产生温度跃层;在高纬度海域,会因海冰融化产生盐度跃层;在河流入海的海域也会形成盐度跃层。温度和盐度跃层都会形成密度跃层,详见第 6 章的介绍。

　　在层化海洋中会发生内波,在跃层附近会发生接近界面波的内波。在层化较弱的海域发生三维波。三维波的传播特征与一般的波动不同,是发生相建与群连相垂直的传播方式。此外,本章还详细介绍了实际海洋中出现几种主要的内波形态,包括高频内波、潮频内波(也称斜压潮或内潮)、内孤立波、近惯性内波等。

　　海洋内波的研究起步较晚,主要因为内波不易观测。近几十年来,海洋内波观测上取得了长足的进展,内波的研究也受到了高度重视。

　　黄浩博士、侯一筠教授对本章内容进行审校并提出宝贵意见和建议,特此致谢。

早在 1893 年,挪威海洋学家南森在考察北冰洋时就发现,当在密度较大的海水之上覆盖着密度较小的融冰水时,船航行的速度明显降低,主要是由于船螺旋桨的很多能量传递给海洋内波(internal waves)(图 17.1);内波反过来影响海水的运动,减慢船的航行速度。

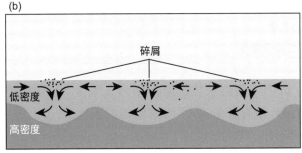

图 17.1

内波对船舶航行的影响

§17.1 界面波与三维波

海洋的密度跃层厚度有很大的差别,有时密度跃层很薄,可以近似看作两层水体密度跃变的界面,当在界面上发生扰动时,就会激发出界面波。如果密度跃层很厚,就会激发出三维波(徐肇廷,1999)。

一、界面波

早期受限于观测技术,现场观测内波非常困难,人们通过在实验室里人为地制造不同密度的界面生成界面波(interface waves),进而研究波动的各种参数,包括振幅、位相、周期以及产生的水体微团运动等,并基于实验结果理解内波。在实验室里模拟的界面波便于观察,人类对内波的很多认识是来自实验室的试验。在真实海洋中,如果两种密度的流体之间存在密度的跃变(图 17.1),在跃层上传播的波动近似为界面波。

界面波与表面波颇为相似(图 17.2)。界面波沿界面在水平方向传播,群速与相速的方向一致。界面波的水体微团运动方向与波动的传播方向在一个垂向平面上。波高体现为界面的起伏,当界面处于波峰时,界面之上水体微团的运动方向与波动的传播方向相反,界面之下水体微团的运动方向与波动的传播方向相同。在波谷处水体微团的运动反过来,上层相同,下层相反。在波峰和波谷处,水体微团运动发生最大的垂向剪切,但上下层的散度为零。在其他位置,散度不等于零。水体微团恰在界面平衡位置时,具有最大的垂向速度,上下层水体具有最大的散度。

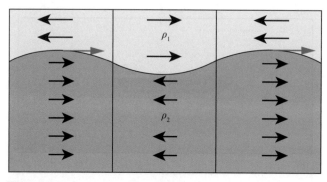

图 17.2 ————————————
界面波示意图

对于均匀水深为 h,上下两层水体密度分别为 ρ_1 和 ρ_2,下层水深远大于上层水深,在采用无摩擦、不可压近似,没有背景流,不考虑地转的条件下,界面波的弥散关系为

$$\omega = k\sqrt{gh\frac{\rho_2 - \rho_1}{\rho_2}}$$ （17.1）

相速度近似为(Pedlosky,2003)

$$c_p = \frac{\omega}{k} = \sqrt{gh\frac{\rho_2 - \rho_1}{\rho_2}} = c_{ps}\sqrt{\frac{\rho_2 - \rho_1}{\rho_2}}$$ （17.2）

式中,c_{ps} 为表面波的相速,界面波的相速远低于表面波的相速,是传播很慢的波。在这种情况下,界面波的相速与群速相等,即有限深度的界面波是不弥散的。

(17.2)式表现了界面波与表面波的相似性,可以认为表面波也是一种界面波:界面波的密度差是上下层海水之间的密度差,而表面波的密度差是海水的密度与大气的密度之差。如果将 ρ_1 考虑为大气的密度,则海气界面的波速约等于表面波速。

在垂向上,两层流体的运动如图 17.2 所示,呈现上下反向的模态,但不存在垂向的传播。在一般情况下,界面波在垂向可以存在一个或多个振荡模态。

界面波是一种极端情况,是对强烈层化海洋中传播的内波的一种近似。一般层化海洋中发生的波动是三维波。

二、三维波

在真实海洋中,海水内部的混合作用会展宽跃层的厚度,降低跃层的强度,形成有一定厚度的跃层,有的跃层厚度甚至可以达到数百米。而在远离跃层的海洋,层化更弱。海洋密度的垂向不均匀性由布朗特－维萨拉(Brünt-Väisälä)频率 N 表达,也被称为浮性频率,其简化的表达式为(4.34)式。在不可压缩近似的条件下,(4.34)式可以表达为

$$N^2 = -\frac{g}{\rho}\frac{\mathrm{d}\rho}{\mathrm{d}z} \qquad (17.3)$$

式中,负号表示 z 向上为正。N 越大,表明海水的层化越强。

当扰动发生后,在层化海洋中产生的波动称为三维波(three-dimensional waves)。三维波动的特点是扰动产生的内波可以向空间的所有方向传播。设波矢量 $\mathbf{K} = k_x\mathbf{i} + k_y\mathbf{j} + k_z\mathbf{k}$ 代表任一点波动的传播方向,与波动传播方向垂直的面称为波阵面。三维波的波阵面是一个不规则的闭合曲面。对一个无限小面积的波阵面来说,三维波是一种平面波,具有平面波的传播特性,因而有时也称为三维平面波。在微小的波阵面元上,水体微团的运动速度为

$$\mathbf{u} = (u_0\mathbf{i} + v_0\mathbf{j} + w_0\mathbf{k})\exp\left[i(k_x x + k_y y + k_z z - \omega t)\right] \qquad (17.4)$$

式中,k_x、k_y 和 k_z 分别为波数在三个方向的投影,u_0、v_0 和 w_0 分别为水体微团速度在三个方向的分量。代入运动方程,不考虑地转因素,得到三维波的弥散关系为(Pedlosky, 2003)

$$\omega = \pm N\cos\vartheta \qquad (17.5)$$

式中,ϑ 为波矢量与水平方向(u 和 v 的合成方向)的夹角。实际上,如果内波的频率等于浮力频率,内波不发生传播。如果内波的频率不等于浮力频率,只能向与其频率相对应的方向 ϑ 传播。(17.5)式还表明,N 是发生内波的最高频率,只有频率在 $0 \sim N$ 时的内波能够传播。在垂向上内波的频率为零,即三维高频内波不能在垂向传播。

(17.5)式进一步表明,N 与层化的强度有关,层化越强,频率越高。同时也表明,在层化很弱的海洋中,只要密度的垂向梯度 $\mathrm{d}\rho/\mathrm{d}z$ 不等于零,就可能发生内波。

三、界面波与三维波的共性

公式(17.2)和(17.3)都表明,海水层化是内波传播的基本条件,如果海水没有层化,则不能传播内波,即内波不能在密度均匀的海洋中传播。在密度均匀的海洋中只能传播表面波。因此,海水密度层化是发生内波的必要条件。

在有些海域,夏季由于季节性太阳辐射加热产生季节性温度跃层,冬季没有跃层,内波也成为季节性现象。

四、界面波与三维波的差别

界面波与三维波有非常大的差别,可以认为,二者是完全不同的波动。下面介绍一下二者的主要差别。

1. 发生内波频率的差别

当扰动导致界面波发生时,界面条件允许各种频率的内波产生并在水平方向传播。比如,如果扰动是天气尺度的,则可以发生广谱的高频界面波;如果扰动是潮周期的,则可以产生并传播潮周期的界面波。这一特点与表面波非常接近。

然而,三维波则完全不同。按照(17.5)式,在水平方向上只能传播与当地 N 一致的内波,其他频率的扰动在只能向 ϑ 方向传播,在该方向 $N\cos\vartheta$ 与扰动频率相等。由于海洋中不同水层的 N 随深度变化,如果内波有垂向传播的分量,传播中的内波路径也将随 N 的

变化而变化。可以预见,当内波从层化较强的深度传播到层化较弱的深度时,内波的传播路径会不断变化。

一般的扰动可以分解为很多不同频率扰动的合成,在界面波情形,这些频率的扰动能量都可以在水平方向传播,对波动的频率没有限制。而在三维波情形,只有频率小于等于 N 的波才能传播,且只有频率为 N 的波才能水平传播,其他频率的扰动能量只能向其他方向传播。

2. 水体微团运动方向的差别

前面提到,在水平方向上界面波水体微团的运动方向与波动的传播方向一致,在沿波动方向的垂向断面上发生椭圆运动。而三维波则完全不同。将波动解(17.4)式代入连续方程,就可以得到

$$\mathbf{K} \cdot \mathbf{u} = 0 \tag{17.6}$$

这个结果体现了三维波的一个重要特征,即水体微团运动的方向与内波的传播方向相垂直,如图 17.3 所示。因此,表面波和界面波都体现为"纵波",即水体微团的振动方向与波动的传播方向一致。而三维波是一种"横波",水体微团的振动方向与波动的传播方向垂直。

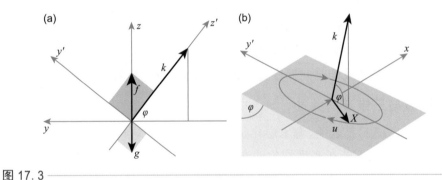

图 17.3

内波传播方向示意图 [引自 Olbers 等,2012]

这是一个奇异的现象:在波的传播方向,呈现的是波峰与波谷相间的波形向前移动,体现了波动的传播特性;但水体微团并没有沿波的传播方向振荡,而是在波阵面内呈顺时针(北半球面向波的传播方向)的椭圆运动。这个现象实际上是水体连续性导致的,当水体微团发生沿传播方向运动的趋势时,水体微团之间发生压缩而辐聚,在横向则发生辐散,导致水体微团在横向移动。

3. 相速和群速方向的差异

在界面波情形,相速和群速都沿着波动传播的方向,不同的是二者的量值可能相同(不弥散),也可能不同(弥散)。而三维波则不同,用相速 c_p 表示波的传播方向,各种频率的内波都满足

$$\mathbf{c}_p \cdot \mathbf{c}_g = 0 \tag{17.7}$$

即内波的相速和群速 c_g 相垂直。由于群速代表了波动能量的传播方向,也就意味着

波动的位相传过去了,但能量却并没有传过去,位相所至之处并没有接收到来自波动的能量,而能量是在横着波的方向传播。

这个特征实在令人费解。若要理解这个问题需要从两个方面入手。第一,因为水体微团的运动携带着动能和势能,能量传播的方向应该与水体微团的运动方向一致。水体微团的横向运动,致使能量横向传播。第二,相速与群速相互垂直并不意味着在波在水平方向上没有能量到达。由于内波是三维波动,群速会有水平方向的分量,致使能量进入水平方向。因此,对于三维波动而言,能量的传递要从波动的整体来考虑,而不是仅考虑单一方向能量的传播。

公式(17.5)表明,三维波在三维空间中传播,频率随夹角 ϑ 变化,ϑ 相同的方向构成一个等角圆锥(图 17.4),沿锥面传播的波与水平方向的夹角相同。随着圆锥张大,即与水平方向夹角减小,内波的频率增大。由于三维波的相速与群速垂直,对于任意一个相速的等角圆锥,也就有一个群速的等角圆锥,如图 17.4 中的虚线所示。相速的圆锥张开得越大,群速的圆锥则张开得越小,表明内波的传播越接近水平方向,群速的方向越趋向于垂直。如果相速向上半空间传输,则群速向下半空间传输。需要注意的是,图 17.4 只表达了内波

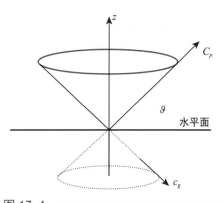

图 17.4
内波传播相速 c_p 和群速 c_g 的等角圆锥

向上半空间传播的等角圆锥,实际上,向下传播也有类似的等角圆锥,表明相速度向下半空间传输,则群速向上半空间传输。

五、受海面和海底影响的内波

对于三维空间传播的内波,即使在水平方向上远离陆地边界,但在垂向上一定会受到上下边界的约束。波动在水面边界和海底边界会发生反射。反射波会影响内波传播的空间结构,让波动变得复杂。在数学上,对 N 为常数,振幅变化不大的情形,上下边界的约束构成本征值问题,

$$W(z) = A\sin\left(j\pi\frac{z+D}{D}\right) \tag{17.8}$$

式中,D 为海深,j 为本征值。得到的波动解由一系列分立的模态组成,即

$$\frac{\omega_j}{N} = KD\sqrt{K^2D^2 + j^2\pi^2} \quad (j=1,2,3\ldots) \tag{17.9}$$

式中,K 为三维传播的波数。由(17.8)式可知,对于最低阶的模态($j=1$),内波在垂向同位相起伏;而在第二模态,会出现上下水体反位相振动;对于更高的模态,垂向结构更为复杂(图 17.5)。在物理上,受海面和海底影响的内波仍然是三维波,但表征了海域上下边界对波动的约束,表现为不同水层波动的差异,体现了水体之间的相互影响和相互制约。如果 N 不是常数,垂向的模态将更为复杂。

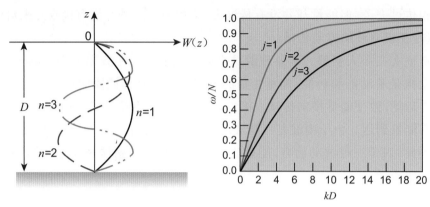

图 17.5

内波的垂向模态

左图为(17.8)式表征的前 3 个模态;右图为(17.9)式表达的前 3 个模态

1. 真实海洋中的内波

界面波和三维波是两种典型情况,与海水层化状态有关。真实海洋中的层化情况很复杂,在强跃层附近会发生接近界面波的内波,即可以发生各种频率水平传播的内波;而在大洋深处,会发生接近三维波的内波。在层化状态介于强层化和弱层化之间的条件时发生的内波特性并不清楚。逻辑上说,发生的内波应该既有界面波的特点,又有三维波的特点。在下面内容中展现了这种复杂层化条件下的内波。

§17.2　内波的生成、传播和破碎

从上节可见,海水密度层化实际上是内波传播的环境条件,可以传播界面波或三维波动。究竟会发生什么样的内波,还要看是什么样的扰动。在同样的层化条件下,不同的扰动会生成不同的内波。

1. 扰动作用

如 §15.1 所述,自然条件下能够对内波产生扰动的外部因素包含 3 类:天气尺度扰动、海底的扰动和侧边界的扰动。这 3 类在扰动周期上有明显的差异。天气尺度扰动的周期为 5 s~10 min,甚至可以有更长周期的内波。潮周期的扰动主要为 12 h 和 24 h,比天气尺度扰动周期大得多。科氏力的作用与纬度有关,在南海 20°N,惯性周期约为 38 h,而在北极,惯性周期只有 12 h。

此外,海洋中还有一些生成机制可能引发内波,例如,海洋中局部的密度扰动,背风波(Lee-wave)的扰动机制(Ebbesmeyer 等,1991)、锋面的不稳定激发机制(Yuan 等,2006)、非线性内潮生成机制(Gerkema 和 Zimmerman,1995)等。

2. 内波的振幅

扰动的振幅与扰动的强度有关,天气尺度的扰动,不论是气压扰动还是风场扰动,海

面的扰动振幅都不大。但天气尺度过程对内波的扰动是通过垂向速度的扰动实现的,扰动场的强水平辐聚或辐散可以激发很大的垂向速度扰动。海底地形产生的侧边界正压潮扰动振幅可以相当大,在跃层上的扰动尺度可以达到几十米甚至上百米。地转的扰动产生近水平方向的振荡,振幅体现为水体微团移动的范围,可以具有数千米的水平振幅。

3. 内波的传播

内波的产生机制是扰动能量使水体微团产生运动,在垂向分量上,水体微团的起伏要克服净浮力或净重力(约化重力)做功,将扰动的能量转化为内波的势能或动能。在内波的传播过程中,内波的势能和动能相互转化,形成能量的传播。由于低模态的内波的耗散比较小,可以远距离传播。远距离传来的内波可以发生在平静的海域,难以提防。因此,人们对内波产生的原因往往难以确认。

4. 内波的能量

界面波的能量密度由下式计算(冯士筰等,1999):

$$E_I = \frac{1}{4}(\rho_2 - \rho_1)gA^2\lambda \tag{17.10}$$

与表面波相同的是,内波的能量与振幅的平方成正比。内波的振幅比表面波的振幅大 1~2 个数量级,具有数十米甚至上百米的振幅,因此内波的能量比表面波大很多。界面波能量的表达式还取决于界面两侧的密度差,海洋跃层附近的密度差只有密度值的千分之几,内波的能量等比例缩小。二者共同决定的内波能量密度比表面波大 1 个数量级以上。研究报道全球内波的能量大约有 200 GW(Munk,1997)以上。

三维波的能量表达式为(Pedlosky,2003)

$$E_I = \frac{\rho_0}{2}(\mathbf{v} \cdot \mathbf{v} + N^2 A^2) \tag{17.11}$$

上式同样体现了内波的势能与波高 A 的平方成正比,与层化强度成正比。

由于海洋内波的能量巨大,对潜水艇是非常危险的,内波的共振可以使潜水艇折断(蒋国荣等,2009)。在陆架海,强内波对海上石油井架也构成严重的危害,我国南海油田曾经发生过石油平台钢缆折断的严重事故。此外,内波对海底石油管线及海底电缆也会造成严重的危害(蔡树群、甘子君,2001)。

5. 内波的破碎与混合

与表面波相比,内波更容易破碎。在界面波的情形,界面之上与界面之下的水体微团运动速度反向,产生强烈的垂向剪切,引起局部的剪切不稳定(开尔文 - 赫姆霍兹不稳定),导致内波破碎(详见第 21 章)。在三维波的情形,如果以水平方向传播为主,在垂向会形成若干具有不同波数的模态,由于内波的振幅很大,在振幅变化范围布朗特 - 维萨拉频率有较大的变化,不同波数的模态内波之间发生非线性相互作用,垂向上能量从低波数内波向高波数内波传递。高波数内波的速度不均匀更为严重,易引起静力不稳定现象,导致内波破碎。

内波的破碎是内波能量的重要归宿,内波破碎后其能量转化为湍流的动能,湍流运动使水体发生混合(Kantha 和 Tierney,1997;范植松,2002)。内波因耗散小而传播距离很大,可以达到数百千米;但很难传播得更远,因为内波的破碎限制了其传播距离。一旦内波的能量全部转化为湍流的能量,内波的传播也将停止。

内波破碎引起的湍流运动不同于普通的能量级串产生的湍流运动,而是从较大尺度的运动直接转化为小尺度的湍流运动。内波运动是转移大中尺度运动能量的重要环节,也是引起海水混合、形成海洋细微结构的重要原因。

§17.3　高频内波

高频内波(high-frequency internal wave)是最为典型的、普遍发生的内波。天气尺度的高频扰动会产生高频内波。高频内波的频率与扰动有关,一般的扰动具有一定的谱宽度。如果发生的是界面波,各种频率的扰动能量都可以传播。如果发生的是三维波,不同频率的内波需满足(17.5)式向不同的方向传播。高频三维内波满足波向与水体微团振动方向相互垂直的特征,相速与群速相垂直的特性,把扰动的能量向各个方向弥散。

对于高频三维内波,相速度和群速度可以分别表达为(Pedlosky,2003)

$$c_p = \frac{\omega}{K} = \pm \frac{N}{K} \cos \vartheta$$
$$c_g = \frac{\mathrm{d}\omega}{\mathrm{d}K} = \pm \frac{N}{K} \sin \vartheta$$

（17.12）

即相速与群速垂直,符合图 17.4 的表达。

高频内波具有弥散的特性,一般的高频内波在传播过程中因发生弥散而减弱,难以观测到。只有一些特殊的内波可以清晰地观测到。以下将介绍各种常见的内波。

§17.4　内潮

内潮(inertial tide),也称潮周期内波(internal waves at a tidal frequency),是由大洋潮波的扰动生成的。当大洋正压潮波越过海底山脉时对整个水柱产生扰动,在跃层处会激发出内波(图 17.6)。也就是说,层化因素和地形因素对内潮的发生缺一不可。例如,在南海,巴士海峡的海底是一个 1 500 m 深的海岭,对来自太平洋的大洋潮波起到了阻挡作用,在层化海水中会激发出内潮。由于南海水深很大,而巴士海峡很浅,地形的急剧变化会对水体形成很大的扰动信号,产生能量很大的内潮。内潮以潮周期在南海继续传播并通过非线性作用而增强,一直到达东沙群岛海域和珠江口一带。内潮可以通过海洋中的潜标观测到,也可以通过卫星遥感观测到内潮的表面特征。许多现场观测证实了海洋中发生潮周期的内潮传播,例如,在南海就观测到半日内潮(12 h)和全日内潮(24 h)。内潮与上面提到的高频内波没有本质的差别,只是高频内波的周期一般在几分钟至一小时,而内潮的周期可以达到 12 小时或 24 小时,因此内潮属于低频内波。

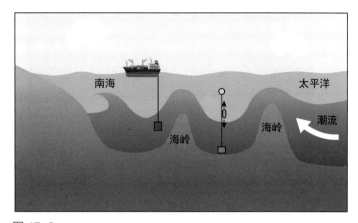

图 17.6
南海内潮产生示意图

正压潮（barotropic tide）是具有潮周期的运动，其产生的扰动也具有潮周期，因此，内潮首先是以潮周期发生的内波，内潮发生的时间可以像潮汐一样准确预报。另一个重要的问题是，内潮是否可以以潮周期传播。按照前面关于三维波的讨论，内潮信号的传播必须满足弥散关系（17.5）式，不同频率的内潮向不同的方向传播。在层化较弱的深海，会碰到局地的 N 等于内潮本身频率的情况，这时内潮转向水平方向传播，抑制了波动向下传播。在南海的跃层附近经常可以观测到近水平方向传播的各种频率的内潮波，这可能与跃层附近更接近界面波的传播条件有关。

内潮的一个重要作用是将正压潮的能量转化为内波的能量，再通过内波破碎和混合过程转化为热能。因此，由日月引潮力产生的潮汐机械能既可以在浅海通过摩擦耗散，也可以在深海通过内波耗散，内潮成为潮汐能转化的一个重要渠道。

此外，在浅海层化海水中传播的潮波具有斜压性，上下层的最大潮流也有差别，主要是受到海水斜压性的影响。这时，不同深度的潮流传播速度是一致的，只是位相有所不同。这种情况不属于斜压潮，因为斜压潮的传播速度远低于正压潮，而应是海水层化影响下的正压潮，详见 §18.3。

§17.5　内孤立波

内孤立波（internal solitary waves），亦称内孤立子（internal soliton），是海洋中的独特现象（Apel, 2003）。内孤立波是一种特别的海洋内波，一般只有一个（或几个）波形，在垂向上以下凹的波形为主，下凹深度可达 200 m 以上（图 17.7）。内孤立波具有波长小、振幅大、垂向流速强等特征。内孤立波平行于跃层传播，更接近界面波的特性。内孤立波具有非常大的水平移动速度，最强可达 2 ms⁻¹ 以上，在传播过程中保持波形不变，几乎不发生弥散，可以传播到几百千米之外。内孤立波可以通过现场的连续观测得到，也可以通过卫星合成孔径雷达遥感观测到。

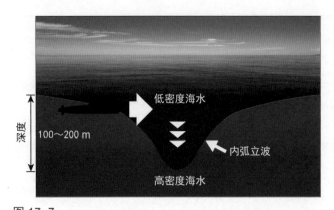

图 17.7

内孤立波的示意图

内孤立波通常是由潮流在海脊、大陆架边缘以及其他水下地形突变处产生扰动而激发。当扰动振幅很大时,容易与局域的固有频率发生共振,通过内波间的非线性相互作用,使波群的能量向某固有频率迁移,产生内孤立波(Holloway 等,1997;方欣华、杜涛,2005)。

一旦内孤立波已经产生,就没有了波动的周期和波长信号,无法反推其发生共振的频率。内孤立波的周期定义为过境时间,等于内孤立波的水平尺度除以其移动速度,通常为 20～30 min。由于内孤立波与内潮的产生机制都是海脊对潮流的扰动,显然内孤立波可由内潮波通过非线性演化而形成。

通过求解著名的 KdV(Korteweg-de Vries)方程可以获得内孤立波解:

$$\frac{\partial \varphi}{\partial t} + \frac{\partial^3 \varphi}{\partial x^3} + 6\varphi \frac{\partial \varphi}{\partial x} = 0 \tag{17.13}$$

式中,φ 为波动的某一参数,是 x 和 t 的函数,KdV 方程是浅水表面波的偏微分方程,可以通过逆散射变换获得孤立波的精确解(Boussinesq,1877)。将 $\varphi = f(x - ct - a)$ 形式的解带入 KdV 方程,得到的解是向右传播的内孤立波:

$$\varphi(x,t) = \frac{c}{2} \mathrm{sec}\, h^2 \left[\frac{\sqrt{c}}{2}(x - ct - a) \right] \tag{17.14}$$

发生内孤立波的海域很多,广泛存在于全球边缘海和海湾等海区,如地中海、印度洋的安达曼海、太平洋的苏禄海等。我国南海北部、台湾东北海域及巴士海峡是大振幅内孤立波的多发区域。南海发生的内波在向浅海区传播时,内潮和内孤立波可以同时存在。当内潮向浅海区传播时,波和地形的相互作用产生强烈的非线性效应,会导致内孤立波的发生(Duda 等,2004;Ramp 等,2004)。

这里给出一个例子说明内孤立波的尺度特征。在南海观测到的一个内孤立波,波前是下沉流区,持续时间约 24 min;波后是上升流区,持续时间约 32 min;平均垂向流速为 2 cm s^{-1}。

在浅海,内孤立波的上升速度会将深层的营养物质带到海洋表层,并通过海洋混合留在海洋上层,产生重要的生态价值。同理,下沉速度会将溶解氧代入海洋下层,部分水体通过海洋混合留在海洋下层,缓解下层缺氧的状况。内孤立波引起的等密度面可以大幅下凹几十米甚至 200 m 以上,会带动潜艇下沉。若潜艇来不及响应,就会因所受的压力超过其耐压强度而失事。此外,内孤立波水体微团的运动速度很大,携带巨大的能量,对海洋工程、石油钻井平台和海底石油管道会造成严重破坏。

内孤立波是非线性内波,通过波－波相互作用、波－地形相互作用而发生,最终发生破碎,其能量转化为湍流能量而耗散。

§17.6　近惯性内波

除了恰在赤道上之外,海洋中运动的水体微团都会受到科氏力的影响而发生偏转,形成惯性周期的运动。这种运动有多种理解。首先是可以观测到的水体微团旋转运动,被称为惯性流,是大洋中最普遍的运动形式。惯性运动体现了明显的周期性特点,也称为惯性振荡,成为海洋振荡的一种(详见第 20 章)。惯性流和惯性振荡都是指不发生传播的惯性运动。在海洋内部,惯性运动对没有发生惯性运动的海洋产生了扰动,在适宜的条件下,扰动将发生传播,产生具有惯性频率的内波(Chen 等,2015)。

当考虑科氏力的影响时,需要在内波方程中加入科氏力,(17.5)式表达的弥散关系成为

$$\omega^2 = f^2 \sin^2 \vartheta + N^2 \cos^2 \vartheta \qquad (17.15)$$

与(16.2)式相比,(17.15)式很像惯性重力波的解,有人将其称为惯性重力内波。事实上,在传播特性上,二者没有相似之处。将(17.15)式表达为

$$\tan^2 \vartheta = \frac{N^2 - \omega^2}{\omega^2 - f^2} \qquad (17.16)$$

可见,对于接近惯性频率的振荡,ω 趋于 f,内波的相速度趋于垂向。弥散关系(17.15)表明这种内波的以下几个特征。

首先,实际发生的三维内波同时具有高频和低频成分,高频成分以近布朗特－维萨拉频率 N 传播,低频成分以近惯性频率传播。内波传播的频率与其与水平方向的夹角 ϑ 有关,在不同方向上传播的内波频率不同。高频内波在水平方向频率最大,随着夹角增大而减弱,不能在垂向传播;而惯性频率的内波在垂向频率最大,随夹角减小而减弱,表明惯性频率的内波主要在垂向传播,几乎不能在水平方向传播。

根据三维波的传播特征,如果惯性内波的相速是向下传播的,则水体微团的运动轨迹近于水平圆周,群速也近于水平方向传播,表明惯性频率扰动的能量不能到达海洋深处。但是,由于三维波可以向各个方向传播,除了垂直向下的分量以外,其他分量的群速都有向下的分量,事实上会有部分惯性能量进入深海。

按照(17.15)式,海洋中没有严格的惯性频率内波。只要有层化发生,海洋中发生的惯性频率内波的频率就会大于惯性频率,得到的内波称为超惯性内波(super-inertial internal waves);而偏离垂向传播的内波($\vartheta < 90°$)其频率会小于惯性频率,称为亚惯性内波(sub-inertial internal waves)。在真实的海洋中,超惯性内波居多,经常被观测到。在深海发生的振荡主要是近惯性振荡。因此,近惯性内波(near-inertial internal wave)的研究不仅解决了

近惯性周期的频率变化问题,还解决了深海近惯性能量的来源问题。

由于惯性流的振幅是由风的作用强度决定的,惯性内波的形成与天气尺度扰动密切相关。实际上,上层海洋的扰动能够进入海洋深处的很少。近惯性内波的意义在于,惯性扰动的能量可以在垂向传播,使扰动信号到达海洋深处。因此,研究认为,近惯性内波是深海内波的扰动源,带动层化较弱的深海发生三维波的传播。

总结与讨论

发生在海面以下的波动统称为海洋内波。内波具有传播慢、振幅大、波长小、垂向流速强等特征,波速远低于表面波速。内波的水体微团速度具有更强的垂向剪切,因而更易因斜压不稳定而破碎。内波的破碎是海洋大尺度运动能量的重要转换过程,破碎后内波的能量转换为湍流的能量,加剧海洋中的混合过程,并最终通过湍流的级串过程转化为热能。

内波的主要波动特性发生在海洋内部,但有时其特征可以在海面上有所体现,成为遥感观测到各种内波的物理基础。在海洋内部传播的波属于三维波,不同频率的内波向不同的方向传播。内波的极限情形是界面波,主要沿水平方向传播。在真实海洋中,强层化水层发生的内波兼具界面波和三维波的特征。

首先,内波提供了一种特殊的能量传递机制。在层化的海洋中,由日月引潮力引起的正压潮能量可以转化为内波的能量,发生能量的传播,并通过内波破碎转化为湍流的能量而耗散,是潮汐能量耗散的另一种途径。内波破碎后形成湍流混合使大尺度潮汐运动的能量直接转化为小尺度的湍流运动能量,形成特殊的能量耗散机制。

第二,海洋内波有显著的"营养泵"作用。内波振幅很大,起伏的同时将营养丰富的深层海水带至浅层,部分海水中的物质通过混合留在上层海洋,有利于海洋生物的繁殖。

第三,内波引起的等密度面起伏直接影响水下声传播,从而影响被动的和主动的声学探测和通信(Headrick 等,2000)。内波对声传播的影响也反过来成为内波探测的手段。

思考题

1. 如果没有重力,海洋中是否会有内波? 为什么?
2. 什么是内孤立波? 内孤立波是什么原因产生的?
3. 海洋内波有哪两种基本形式,各种形式会发生什么频率的内波?
4. 解释为什么三维波的相速与群速相互垂直?
5. 讨论海洋内波是否会发生反射、折射、衍射等传播现象。
6. 解释为什么内波比表面波更容易破碎? 破碎后的能量去了哪里?

深度思考

从物理过程的角度如何理解三维内波相速与群速相互垂直?

第18章

海洋潮汐

　　潮汐是人们熟悉的海洋动力学现象,潮汐现象对沿海人民的生产和生活影响很大,人类很早时期就开始掌握一定的潮汐知识。潮汐是历史久远的词汇,发生在早上的高潮为潮,发生在晚上的高潮为汐。海洋潮汐是地球以外星体的引力作用于地球上的海水产生的周期性起伏现象,星体的引力和地球环绕公共质心旋转的离心力合成后形成引潮力,水平方向的引潮力差造成了巨大体积的海水永无休止的运动。海洋潮汐受到地形和岸线变化的显著影响,导致潮汐能量的辐聚和辐散,在科氏力作用下形成浅海的旋转潮波系统和近岸特殊的潮汐现象。本章重点介绍潮汐产生和传播的基本物理机制及其在地形影响下的变化特点。

　　左军成教授对本章内容进行审校并提出宝贵意见和建议,特此致谢。

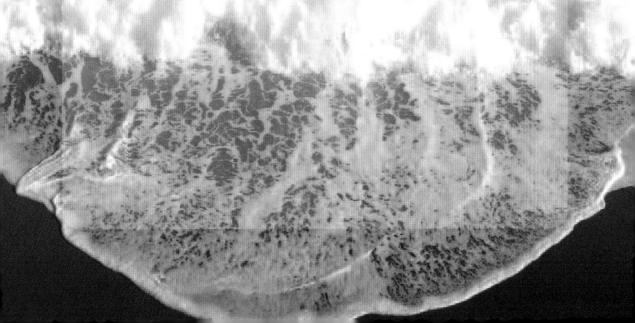

§18.1 海洋潮汐现象

人们在海边可以看到,潮汐(tide)就是海水周期性的涨落运动,也叫海潮。其实不仅海洋,地球的岩石圈和大气圈也会产生周期性的运动和变化(固体潮和大气潮),统称潮汐现象。海洋和大气潮汐发生水平方向传播性运动,而固体潮汐主要体现为地球的弹性-塑性形变。通常情况下,潮汐一词主要是指海洋潮汐。

潮汐与人类活动的关系非常密切,海港、航运、渔业、盐业、水产养殖业、环境保护、军事活动等都与潮汐现象息息相关。潮汐运动有着巨大的能量,这些能量几乎用之不竭,而且日日如期而至,开发利用这些能量将造福于人类。

潮汐的观测可以从固定到基岩上的标尺刻度读出潮高,也称潮位(tidal level)。由于波浪的影响,读数会有较大的误差。精确的潮汐观测需要采用验潮井(tide gauge well)。验潮井通过小孔与外界海水相连,滤除了高频振荡,得到精确的潮位测量结果(图 18.1)。

人类早期对潮汐的认识是针对单点的潮汐现象,主要涉及以下四个方面的知识。

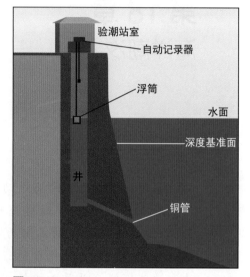

图 18.1

验潮井结构图

一、潮汐参数

涨潮与落潮。从低潮至高潮的过程,称为涨潮;从高潮至低潮的过程,称为落潮。

高潮与低潮。当潮位上升到最高点时称为高潮或满潮,此刻前后的一段时间,潮位不升也不降称为平潮。当潮位降落到最低点时称为低潮或干潮,此刻前后的一段时间,潮位不升不降称为停潮。

高潮时与低潮时。高潮的中间时刻为高潮时,当时的潮位高度为高潮高;低潮的中间时刻为低潮时,当时的潮位高度为低潮高。

潮差。相邻的高潮和低潮的潮位高度差,称为潮差(tidal range)。涨潮阶段的潮差为涨潮差,时间间隔为涨潮时;落潮阶段的潮差为落潮差,时间间隔为落潮时。

月球上中天时刻。在天文学上,中天(Culmination)是指周日运动的天体经过当地子午线的时刻。由于地球的自转,月球每天两次经过当地子午线,上中天是最接近天顶的一次,而下中天则是距离天顶最远的时刻。月球每天在天球上东移约 13°,换算成时间大约为 48 min,即每天月球上中天时刻推迟 48 min 左右,故每天涨潮的时刻也滞后 48 min 左右。

高潮间隙。当地高潮时与月中天时刻的时间间隔为高潮间隙(establishment)。在浅海,高潮间隙主要是潮波传播因素导致的,不同海域的潮汐差异主要体现在高潮间隙的不同。

高潮间隙随日月的位置变化,但变化不大,特定区域可以近似认为是一个常数,称为平均高潮间隙。

潮汐类型。半日潮(semi-diurnal tide)是指每天出现 2 次高潮和 2 次低潮的潮汐现象,全日潮(diurnal tide)是指每天出现 1 次高潮和 1 次低潮的潮汐现象。各地的潮汐中都包含半日潮和全日潮的成分,但二者的振幅不同,需要按照 §18.2 方法确定。

二、潮汐不等现象

月球、太阳和地球三者的相对位置不断变化,而且三者不在同一个平面上,实际发生的潮汐过程每天不同。月球和太阳对地球的引潮力发生叠加,有时互相增强,有时互相削弱,有时发生复杂的协同效应,致使发生潮汐不等(tidal inequality)现象。潮汐有 4 种主要的不等现象:日不等、半月不等、月不等、赤纬不等(方国洪等,1980)。其中,比较典型的是日不等和半月不等现象。

1. 日不等

潮汐一日之内两次高潮高不等,或者两次低潮高不等的现象称为日不等。

2. 半月不等

半月不等即大潮和小潮现象,又叫朔望不等。不论那种潮汐类型,在农历每月初一和十五以后两三天内各要发生一次潮差最大的大潮,那时潮水涨得最高,落得最低。在农历每月初八和二十三以后两三天内,各有一次潮差最小的小潮,届时潮水涨得该月中的最低,潮水落得该月中的最高(图 18.2)。

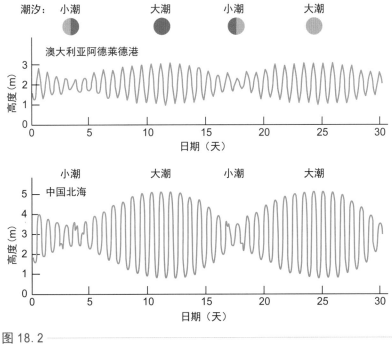

图 18.2

大潮和小潮 [引自 Pinet, 2013]

上图:澳大利亚黑德兰港的潮汐;下图:中国北海潮汐

三、潮汐的推算

月球引潮力是太阳引潮力的 2.17 倍,因此月球引起的潮汐占优势,而农历是按照月球的运行规律而创建的历法,因此潮汐与传统农历有很好的对应性。在农历每月的初一(朔),太阳和月球在地球的同一侧,太阳引潮力和月球引潮力方向相同,会引起大潮;在农历每月的十五(望),太阳和月亮在地球的两侧,太阳和月球的引潮力方向也相同,引起大潮。在农历的初八和二十三,太阳引潮力和月球引潮力方向相反,互相抵消了一部分,因而发生小潮。

产生潮汐的影响因素非常复杂,潮汐的发生和太阳、月球都有关系,但对于特定地点而言,潮汐又是特别有规律的现象,每日如时而至。因此,预测单点未来潮时的变化是一种特殊的预报——潮汐推算(tide prediction),即通过某些已知的参数推算未来的潮时。人们自古以来创造了多种推算潮时的算法。例如,用于半日潮地区高潮时的 8 分潮算法(陈宗镛,1980):

$$高潮时 = 0.8\,h \times [\,农历日期 -1(或\,16)\,] + 高潮间隙$$

式中采用农历日期,上半月减 1,下半月减 16,得出一天中的第一个高潮时。高潮间隙是不同区域潮汐的主要差别,各个区域都不一样。对于正规半日潮海区,将其加或减 12 时 25 分即可得出另一个高潮时。若将其加或减 6 时 12 分即可得出低潮时。

四、潮汐的能量

潮汐的能量来自太阳和月球对地球的引力势,据估计引潮力提供的潮汐能量达到 3.5 TW(Munk 和 Wunsch,1998),其中 2.6 TW 在浅海区耗散,其余的在深海耗散。由于摩擦耗散作用,可以降低地球旋转速率,从而引起日地、月地距离越来越远,月球因潮汐的原因每年远离地球 3.8 cm。

潮汐的能量主要体现为潮汐起伏的势能和潮流的动能。潮汐运动长盛不衰,因而携带了大量的能量。浅海潮波是深海潮波传到浅海能量辐聚所致,故浅海潮汐更强,能量密度更大。由于不同海域的潮汐系统不同,潮汐的能量分布是不均匀的。潮能主要是势能,而在潮流很强的海域,动能也不能忽视。

人们很早就利用潮汐能或潮流能来发电。潮汐发电就是在沿海筑堤,涨潮时把潮水放进来,落潮时形成落差,带动水轮机组发电。潮流发电是直接利用潮流的能量驱动水轮机发电。在山东近海成山头附近的潮流非常强,可以达到 4 m s⁻¹,把发电机组放到流场中就可以产生大量的电力,提供清洁能源。不过,潮汐的能量虽然非常大,但潮汐的能量密度不高,以人类现有的能力,能够利用的潮汐能很少。只有在潮差很大的海域可以利用潮汐能,在潮流很强的海域利用潮流能。满足这样条件的海域很少,世界各国有开发潜力的潮汐能量每年约 200 TW·h,即使全部利用,也只有现今全球发电量的百分之一。

潮汐能量主要是通过与海底的摩擦而耗散,将大量潮汐能量转化为热能。海底摩擦对地球产生摩擦力矩,使地球旋转减慢。由于潮汐的能量与地球的转动能相比微不足道,潮汐引起的地球旋转减慢非常微小,几乎觉察不到。只有在漫长的历史时期才会发生地球旋转的减慢和日长的延长。

§18.2 引潮力及其展开

地球上的绝大多数海洋现象是由地球系统内部的作用因素产生的,而潮汐的动力来自地球以外星体的引力作用。17 世纪,牛顿发现了万有引力定律,并提出"潮汐是由于月球和太阳对海水的吸引力引起"的假设,使潮汐的研究进入科学的阶段。嗣后,潮汐研究一直沿着正确的道路行进,几乎没有走过弯路。鉴于潮汐的动力来源非常清楚,我们还是从引潮力来开始了解潮汐。

地球周边的月球、太阳和其他行星都对地球有吸引作用,在地球上引起潮汐现象。但由于质量和距离的因素,只有月球和太阳对地球的潮汐有明显贡献,其他星体的作用微不足道,故而对潮汐的研究往往只研究月球和太阳的作用。

一、引潮力

月球、太阳和地球的整体运动在天体力学中构成所谓的三体问题,其精确解一直是科学难题。比较简单又不失精确性的方法是用二体问题来研究,即分别研究月-地和日-地之间的运动,然后再线性叠加。我们以月-地的运动为例来研究引潮力的问题。

1. 月球对地球的万有引力

根据万有引力定律,月球对地球上任意质量都构成引力,称为万有引力(universal gravitation),表达为

$$F_c = \frac{\mu_0 ME}{L^2} \tag{18.1}$$

式中,μ_0 为万有引力常数,M 和 E 分别为月球和地球的质量,L 为地球上任意点到月球中心的距离。地球上各点受到的引力不相同,距离月球较近的点受到的引力比较大,而较远的点受到的引力较小(图 18.3a)。

2. 地球的离心力

人们很久以来一直认为月球是围绕地球旋转的,理论力学的结果表明,事实上地球和月球是一对伴星,都围绕二者的公共质心旋转。由于地球的质量是月球质量的 81.1 倍,地月的公共质心在地球内部,距离地心大约 4 671 km。由于地球的重力将地球上的一切都凝聚在一起,地球各点受到的离心力(centrifugal force)都是完全相同的。

给出离心力的表达式并不困难,但一方面离心力是相对于地月公共质心的,不便于引潮力相互比较;另一方面,离心力如何在月球和太阳之间分配也很复杂。因此,我们不用离心力的表达式,而是利用引潮力和离心力之间的平衡关系,即在地月连线上,地心受到的万有引力和离心力大小相等,方向相反。得到

$$F_a = \frac{\mu_0 ME}{D^2} \tag{18.2}$$

式中,D 为地心到月球的距离,确切地说,(18.2)式表示的是与月球万有引力相平衡的那部分离心力。

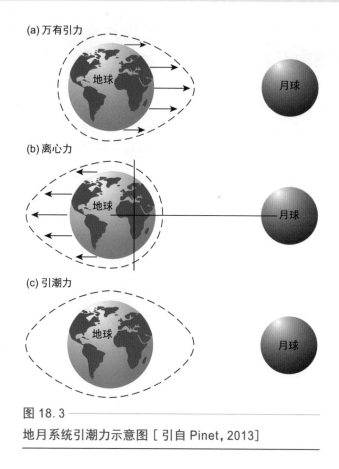

(a) 万有引力

地球

月球

(b) 离心力

地球

月球

(c) 引潮力

地球

月球

图 18.3

地月系统引潮力示意图 [引自 Pinet, 2013]

3. 引潮力

虽然地心受到的离心力和万有引力平衡,但在其他地方,离心力与万有引力并不一致,靠近月球的点引力大于离心力,远离月球的点离心力大于引力(图 18.3c)。离心力与万有引力的合力就是引潮力(tide generating force)。任意点受到的引潮力可以分解为地球表面法向和切向的分量,法向分量是垂直于地球表面方向的引潮力,引起海面的起伏;切向分量是与地球表面相切方向的引潮力,引起海水质点的水平运动。按照图 18.4 的几何关系,可以得到引潮力的垂向分量和水平分量的表达式为

$$F_v = \frac{\mu_0 M}{L^2} \cos(\Theta + \psi) - \frac{\mu_0 M}{D^2} \cos \Theta$$

$$F_h = \frac{\mu_0 M}{L^2} \sin(\Theta + \psi) - \frac{\mu_0 M}{D^2} \sin \Theta$$

（18.3）

式中,Θ 为地球上任意点相对于地月连线在地心的张角,ψ 为地球上任意点相对于地月连线在月心的张角,r 为地球上任意点到地球中心的距离。对 L 进行二项式展开,(18.3)式近似表达为

$$F_v = \frac{\mu_0 Mr}{D^3} (3\cos^2 \Theta - 1)$$

$$F_h = \frac{3}{2} \frac{\mu_0 Mr}{D^3} \sin 2\Theta$$

（18.4）

在(18.4)式中,消除了 ψ 和 L,引潮力只与有关 Θ 和 r 有关。可见,引潮力的垂向分量在与地月连线的夹角为 0° 和 180° 时正值最大,夹角为 90° 和 270° 时负值最大,夹角为 54.7°、125.3°、234.7° 和 305.3° 时引潮力的垂向分量为零。

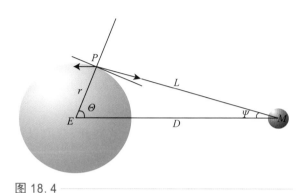

图 18.4
地球和月球之间的力学关系

月球是地球的卫星,月球直径大约是地球的四分之一,质量大约是地球的八十一分之一。月球与地球的平均距离约 38 万千米,大约是地球直径的 30 倍。月球与太阳的大小比率与距离的比率相近,使得它的视大小与太阳几乎相同,在日食时月球可以完全遮蔽太阳而形成日全食。

太阳的质量为 1.981×10^{30} kg,而月球的质量只有 7.348×10^{22} kg,二者相差巨大。但太阳距离地球 1.496×10^{8} km,而月球距离地球只有 3.844×10^{5} km。按照(18.4)式,二者引起的引潮力接近。月球虽小,但距离地球近,月球的引潮力大约是太阳引潮力的 2.17 倍。

二、引潮力的展开

在绝对坐标系中,引潮力的表达方式相当简单,就是(18.4)式。而在地球上观测潮汐,需要采用固定在地球上的旋转坐标系来表达引潮力。(18.4)中唯一需要用旋转地球参数表达的函数为 Θ,确定这个函数的方程为

$$\cos\Theta = \sin\delta\sin\varphi + \cos\delta\cos\varphi\cos\theta \qquad (18.5)$$

式中,δ 为月球赤纬,φ 为观测点地理纬度,θ 是月球时角。这些参数的表达对太阳同样适用。

1. 赤纬的表达

在表征天体在天空中的位置时常用到天球(celestial sphere)的概念,也就是以地球为中心的天球,称为地心天球。描述天体在天球中的位置需要用到天球坐标系(celestial coordinate)。天球坐标系与地理坐标系有很好的对应,天球的赤道与地球赤道重合,天球的两极也与地球坐标系的两极一致。天体在天球中只有位置,没有距离。

赤纬(declination)和赤经(right ascension)是天体在天球中的位置。其中,天体的赤经为从春分点沿着天赤道向东到天体时圈与天赤道的交点所夹的角度。太阳赤纬比较简单,

在 +23°26′ 与 −23°26′ 的范围内移动,最高正值在北半球夏季。月球赤纬包括太阳赤纬的因素,有些复杂。月球赤纬有一个约 18.61 年的周期,最高赤纬在 +28°35′ 到 +18°18′,最低赤纬在 −18°18′ 到 −28°35′ 之间变化,最高正值在北半球冬季。

月球赤纬可以用一些在天球坐标中随时间变化的天文参数来表达,成为可以准确计算的量。使用的月球天文参数包括月地距离(随月球公转变化)、月球经度(随月球公转和地球自转变化)、平太阳时角(随地球自转和地球公转变化)、地球经度(随地球自转变化)、白赤交角(随月球公转变化)。计算太阳赤纬要换成太阳的天文参数。

2. 引潮力的展开

获得了月球的赤纬,就可以将(18.4)式的第一式展开,获取以旋转地球为坐标系的潮汐参数。为了方便展开,(18.4)式的第一式可以表达为

$$F_v = \frac{\mu_0 M}{D^2}\left[\frac{D^3}{L^3}\left(\cos\Theta - \frac{r}{D}\right) - \cos\Theta\right] \tag{18.6}$$

引潮力的展开经历了以下几个进步。

引潮力第一展式:用时角和赤纬表达;

引潮力第二展式:用月地距离、月球经度、平太阳时角和白赤交角展开;

引潮力第三展式:达尔文展开式(Darwin's expansion),引入分潮概念;

引潮力第四展式:杜德森展开式(Dudson's expansion),更为精确。

其中,达尔文展开式和杜德森展开式最有代表性,都使用引潮力是一种有势力的概念。有势力是指如果作用在物体的力所做之功仅与力作用点的起始和终了位置有关,而与经过的路径无关的力。达尔文展开是用平衡潮(equilibrium tide)理论展开的,展开结果为 63 项。杜德森展开是用引潮势展开的,展开结果 386 项。平衡潮理论是用引潮势除以重力加速度 g 获得的,因此,这两个展开式本质上是相同的。计算机技术的发展使得更高阶的展开成为可能,精密展开可以获得 1 178 项和 3 070 项的展开结果。

引潮力展开最重要的成就是依靠天文参数确定了地球上的主要分潮及其周期,因而,引潮力展开涉及了潮汐现象的本质,成为海洋学和天文学的共同成就。

三、潮汐的主要分潮

引潮力展开的结果有很多项,每一项相当于一个正弦波动,有其振幅和位相,实际潮汐是所有展开项的线性叠加。绝大多数展开项的振幅非常小,可以忽略不计;有些项的频率非常接近,可以合并,最后得到的结果称为分潮(tidal constituent),分潮的数目远小于展开项的数目。从结果来看,重要的分潮实际上是一个个分潮群,将周期相近的展开项用一个分潮来代表。

分潮是对复杂的潮汐过程进行分解的结果,其最重要的特点是各个分潮都是由天文因素确定的,在世界各地各分潮的周期保持一致,这个特点是引潮力展开的精髓所在。分潮的导出是潮汐研究的重要进步,使人们有了认识潮汐的有效工具,复杂的潮汐现象可以用一个个潮汐的图形来表达。不论地球上的潮汐如何变化,各个分潮的周期不变,为研究潮汐传播和能量迁移打下了坚实的基础。

潮汐的所有的分潮可以分为源分潮和从属分潮。源分潮是引潮势函数中包含的分潮，主要包括天文分潮和气象分潮。天文分潮主要有全日潮 K_1、O_1、P_1、Q_1、M_1、J_1 等和半日潮 M_2、S_2、N_2、K_2、L_2、N_2 等。气象分潮都是长周期分潮，包括 Sa，Ssa，S_1 等。从引潮势展开的角度，这些分潮各自有明确的意义，如 M_2 分潮是主要太阴半日分潮（12.421 h），S_2 分潮是主要太阳半日分潮（12 h）。N_2 分潮是主要太阴椭率半日分潮（12.658 h），K_2 分潮是太阴太阳合成半日分潮（11.967 h）等。

从属分潮则是潮波传到近海变性导致的分潮。在浅海，引起从属分潮的因素包括水深变化引起的潮波变形和浅海摩擦非线性作用造成的潮波变化。这些现象是潮波能量的非线性迁移所致，为了方便，还要用正弦波来表达，则需要用倍潮和复合潮。倍潮的频率是其源分潮频率的一倍，周期缩短；复合潮的频率是两个源分潮频率之和或之差的一半。由于倍潮和复合潮的频率和周期固定，在潮汐研究中不将其考虑为非线性问题，而是用浅水分潮的形式来表达，使人们依然可以在线性框架下分析潮汐。主要的从属分潮包括浅水分潮 M_4，S_4，MS_4，MS_f 等，天文气象复合分潮 MA_2，$\overline{MA_2}$，MB_2，$\overline{MB_2}$ 等。

虽然从潮汐研究来说对分潮的研究日益精细，但潮汐的绝大部分能量主要包含在若干主要分潮中。在海洋环境和工程应用中往往只考虑这些主要的分潮。浅海最主要的分潮包括 O_1、K_1、M_2、S_2、M_4（倍潮）、MS_4（复合潮），如图 18.5 所示。

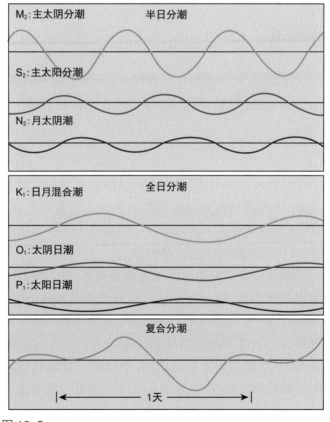

图 18.5

海洋潮汐主要分潮［引自 Pinet，2013］

四、潮汐类型

潮汐现象可看成由许多周期不同且振幅各异的分潮所组成。在这些分潮中,以太阴半日分潮 M_2、太阳半日分潮 S_2、太阴太阳合成日分潮 K_1 和太阴日分潮 O_1 最为重要。设它们的振幅分别为 H_{M2}、H_{S2}、H_{K1} 和 H_{O1},通常用这 4 个基本分潮振幅的比值作为潮汐的特征值

$$\sigma = \frac{H_{K_1} + H_{O_1}}{H_{M_2} + H_{S_2}} \tag{18.7}$$

根据特征值的数值范围,将潮汐分为以下四种(陈宗镛,1980)。

半日潮型(σ 小于 0.25)。一个太阴日内出现两次高潮和两次低潮,两次潮差大致相同,涨潮过程和落潮过程的时间也几乎相等(6 h 12.5 min)。我国渤海、东海、黄海的多数地点为半日潮型。

全日潮型(σ 大于 3.0),一个太阳日内只有一次高潮和一次低潮。如南海汕头、渤海秦皇岛等。南海的北部湾是世界上典型的全日潮海区。

不正规半日潮(σ 为 0.25~1.5)。在一个太阴日内出现两次高潮和两次低潮,但相邻两高潮的高度不相等,涨潮和落潮的时间也不相等。

不正规全日潮(σ 为 1.5~3.0)。一月内多数日期发生一次高潮和一次低潮,有些日期发生两次高潮和两次低潮。

§18.3 海洋潮波

知道了引潮力的具体形式,还不能用以计算潮汐,因为引潮力的展开依据的是平衡潮理论。平衡潮只是引潮力产生的静态潮汐值,没有考虑潮汐的传播。实际海洋中的潮汐与平衡潮相差很大。

一、大洋潮波

引潮力对海水的作用是体积作用,即整个大洋的海水都受到引潮力的吸引,引起海水的流动和潮涨潮落现象,但不同纬度受到的引潮力不同。引潮力产生的潮汐随着地球的旋转而发生变化,从波动的角度看是一种强迫波。强迫波不同于自由波之处在于,自由波以相速度传播,而强迫波以强迫源的移动速度传播。

然而,受大洋地形的影响,大洋中的潮汐也有传播现象,称为潮波(tidal waves)。引潮力产生的强迫运动对海水平衡构成扰动,一旦引潮力改变而水体不能与之迅速达成新的平衡,扰动的势能将释放,发生水平方向的自由传播。因为潮波的传播速度与深度成正比,大洋潮波的传输速度很快。传播的潮波受地形的影响会发生反射和绕射,形成复杂的传播特性。尤其重要的是,各个海域的形状不同,有不同的固有频率,潮波的各个分潮在传播过程中对固有频率形成共振反应,产生能量向某些分潮集中的现象。而且,潮波的水体微团运移距离大,受到科氏力的影响发生向流动右方偏斜(北半球)的现象。在计算机能力和数值模拟技术发展的今天,可以很容易地建立大洋潮波数值模型,充分考虑大洋复杂的地形因素和海水层化因素,获得高精度的大洋潮波数值解。

二、同潮图

不过,对世界大洋潮波的理解并没有因更高的模拟水平而变得容易,理解大洋的潮波传播特性仍然要靠各分潮的同潮图(cotidal chart)(图 18.6)。同潮图中的虚线称为等振幅线,即该分潮振幅相同点的连线,用以反映各地潮波振幅的大小。同潮图中的实线称为同潮时线,是同时到达高潮点的连线,不同时刻有不同的同潮时线,体现了潮波的传播方向。

潮波的传播过程分为行波和驻波。对于没有反射端的海域,潮波以行波为主导。而半封闭海,入射的潮波到达封闭的顶部必将发生反射,反射波与入射波叠加形成驻波。受科氏力的影响,潮波向传播方向的右侧偏转,形成旋转潮波系统(amphidrome)。同潮图既可以体现行波系统,又可以体现驻波系统。

对于大洋潮波而言,海洋有边界约束,潮波在边界发生反射,反射波与入射波叠加,发生驻波。在图 18.6 的例子中,M_2 分潮在全球大洋共有约 10 个旋转潮波系统。但也有一些海域,潮波呈单向传播的形态,也就是以行波为主体的传播,如大西洋热带海域就没有旋转潮波系统。行波将引潮力产生的潮汐能量不均衡地单向输送,平衡各大洋的潮能分配。

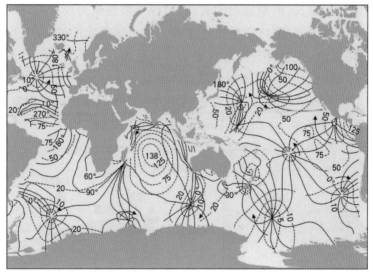

图 18.6

全球大洋 M_2 分潮同潮图 [引自 Cartwright, 1978]

三、浅海潮波

浅海是指与大洋毗邻的陆架海,或者与陆架海相连接的半封闭海、海湾、海峡等海域。陆架海的水深一般在 200 m 以内,狭窄而陡峭的大陆坡成为大洋与浅海的自然分隔。潮波传到浅海以后,水深变浅,能量集中,潮波的振幅增大,潮流增强。在浅海放大的潮波从陆架边缘向浅海内部传播,成为浅海潮波的主体。

根据大洋潮汐的研究结果,不论深海还是浅海,月球和太阳的引潮力势都是一样的,但产生的潮汐却很不相同。对于 4 000 m 以上的大洋,由引潮力驱动直接产生的潮汐最大只有 1 m 左右。引潮力作用于浅海产生的潮汐振幅比大洋小得多,与实际发生在浅海的潮汐相比几乎可以忽略。浅海的潮汐通常比毗邻大洋的潮汐强大得多,显然不是引潮力直接作用的结果。

浅海潮波实际上主要是大洋潮汐能量进入浅海后的扰动传播过程。大洋潮汐虽然振幅很小,但整个水柱的能量很大,到达大陆坡附近时,形成强大的边界扰动。发生在边界的潮汐强迫会通过正压作用影响相邻的海域,依次向内部传播能量,形成潮波的传播,我们将这种由边界强迫产生的潮汐传播现象称为浅海潮波。各个分潮都会产生边界扰动,这些分潮也都可以在浅海传播。浅海潮波的传播过程要满足动力学方程,用浅海惯性重力波理论可以很好地解释潮波在浅海的传播过程。

潮波的传播过程在很大程度上取决于浅海的地形,同样的潮汐扰动在不同的浅海产生不同的传播特征。

四、旋转潮波系统

与波浪相比,波浪的周期只有几秒至几百秒,而潮波的日潮和半日潮周期可以达到十几小时。潮波水体微团的移动距离大,受科氏力的作用,潮波在传播过程中右侧的海面升高(北半球),形成波长很长、周期很大的波动,可以用惯性重力波来描述。对于没有反射端的陆架浅海,如东海陆架,潮波主要是前进波。对于半封闭的浅海,入射的潮波到达封闭的顶部必将发生反射,反射波与入射波叠加形成驻波。由于入射波与反射波都是右侧升高,叠加后波节演化成一个点,称为无潮点(amphidromic point)。对于没有摩擦损失的规则海域,无潮点位于海域的轴线上。在旋转潮波系统中形成周边沿岸海域逆时针(北半球)陆续涨潮的现象,是形成不同地点高潮间隙的原因(图18.7)。

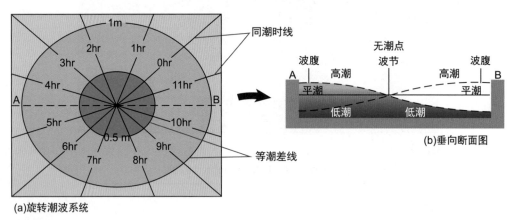

图 18.7

海洋中的旋转潮波系统 [引自 Pinet, 2013]

(https://sp.yimg.com/ib/th?id=HN.608011870205840276&pid=15.1&P=0)

旋转潮波系统是以分潮为基础的动力系统,不同的分潮有不同的旋转潮波系统。例如,M_2 和 S_2 分潮虽然同为半日分潮,但其旋转潮波系统有明显的差别(图18.8)。旋转潮波系统的等振幅线是以无潮点为最低点的闭合曲线族。实际海洋为多分潮系统,在某分潮的无潮点附近,这个分潮的波高很小,而其他分潮的作用就突出出来。例如,半日分潮的无潮点附近半日潮不明显,而日潮就成了主要的潮汐成分,构成了日潮区。因此,在浅海,日潮和半日潮所占的比例在不同海域有很大差别,主要是日潮和半日潮旋转潮波系统不同的叠加方式所致。

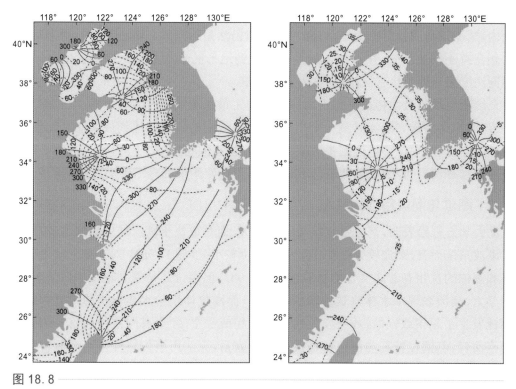

图 18.8

渤黄东海 M_2 分潮(左)和 K_1 分潮的同潮图 [引自黄祖珂、黄磊,2005]

五、海底摩擦的作用

由于浅海的水浅,海底对潮波的摩擦作用不可忽略。海底的摩擦作用形成一个底摩擦层,也称下摩擦层,是潮波动量耗散的水层。传入浅海的部分潮波能量通过底摩擦层转化为热能,导致潮波动能降低。从全球海洋潮汐能量的角度看,浅海潮汐的摩擦是整个地球上潮汐能量耗散的主要渠道。

海底摩擦作用产生涨潮潮波与落潮潮波不对称,落潮潮波比较弱。这样,旋转潮波系统的无潮点将偏离中心线,靠向入射潮波方向的左方。水深越浅,摩擦越强烈,无潮点偏离的距离就越大。

§18.4　潮流

潮位是潮波传播的垂向高度,而潮流(tidal current)是潮波水体微团的水平运动。潮位和潮流都受到浅海地形的影响。虽然潮位与潮流都隶属同一组潮波,但潮位特性与潮流特性有非常大的差别,需要引起高度重视。

一、潮流的三维特性

潮位只是一个空间二维的场变量,而潮流是空间三维的场变量。由于潮波的传播主要是正压运动,三维的潮流场与二维的平均流场差别不是很大。影响潮流三维特性的因素有近海底的摩擦、海底地形和海洋的密度层化。在由海底摩擦引起的潮流减弱的深度范围内,潮流流速的幅度在变小,但潮流的位相仍然是相同的。海底地形的约束对不同深度的潮流有不同的影响,在深沟内的潮流会受到地形的更大约束。密度层化引起的潮流在不同深度流速的变化有位相差,称为斜压潮流。

三维潮流场的最大特征是在不同深度上发生最大潮流的时间会不同。在渤海曾观测到,表层潮流达到最大潮流时刻一个小时之后,7 m 层的潮流才达到最大值。如果不同深度的潮流同位相,潮位可以达到最大值;如果不同深度的潮流时不同,潮位会小于最大值。潮流的三维特性表明,潮位虽然是二维场变量,但决定潮位的是三维潮流的运动结果。

二、潮位与潮流特征的联系

动力学方程组表明,潮位不直接与潮流有关,而是取决于潮流场的辐聚或辐散。对于旋转潮波系统而言,潮流较大处往往对应于潮位较小处(图 18.9a)。对于处于前进波情形,潮流和潮位的位相有着非常好的对应性(图 18.9b),但潮位还是受到辐聚辐散的影响。在动力学上,潮流表现了水体输送的体积和速率,而潮位体现了水体堆积的位置和数量,只有潮流发生了辐聚或辐散,才会发生水体的堆积或亏空,才会有潮汐的涨落。因此,对于任意点而言,其潮位特征与潮流特征没有直接联系,无法用潮位特征推断潮流特征,需要将潮位和潮流作为不同的变量分别研究。但是,在数值模式中,潮位场和潮流场之间的密切关系可以体现出来。

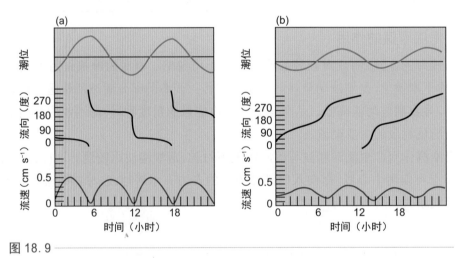

图 18.9

驻波(a)与前进波(b)潮流和潮位的关系 [引自黄祖珂、黄磊,2005]

三、往复潮流与旋转潮流

将任意点在一个潮周期中潮流矢量的端点连接起来,就形成了椭圆状的图形,称为旋转潮流(rotary current),表现了潮流的方向和旋转。在靠近海岸的地方,潮流受海岸的约束,主要体现为往复潮流(reversing current),即存在涨潮流和落潮流(图 18.10b)。在远离海岸的地方,潮流受科氏力的影响,发生与潮波前进方向相垂直的运动,即发生旋转潮流(图 18.10a)。在往复潮流的情形,会发生涨潮流和落潮流,还会发生潮流为零的时刻;而在旋转潮流的情况下,不能使用涨潮流和落潮流的概念,潮流也永远不会为零。

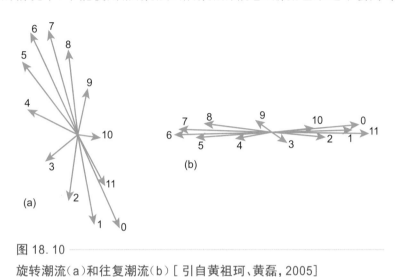

图 18.10
旋转潮流(a)和往复潮流(b)[引自黄祖珂、黄磊,2005]

四、潮汐的波流二象性

潮波和潮流是近海潮汐现象的两个方面。潮波体现为潮汐的波动性,潮流体现为潮汐的流动性,具有典型的波流二象性的特点。潮波具有干涉、绕射、折射、叠加等波动现象,而潮流具有地转平衡、绕流、地形约束等流动性特征。潮波传播的尺度很大,而潮流仅涉及水体微团在一定范围内运动。在海洋中潮波与潮流的位相一般不相同,潮位的极大值与潮流的极小值难以对应。潮波体现的海面起伏是二维现象,而潮流是三维现象,各层的潮流可以有很大的振幅与位相差异。因此,同时了解潮汐和潮流才能形成对潮汐现象的全面了解。

五、正压潮与斜压潮

大洋潮波越过大陆坡进入浅海,形成浅海潮波,这种潮波用正压潮(barotropic tide)理论很好地近似。如果海水是强层化的,大洋潮波在边界的扰动会在跃层附近激发出具有潮周期的内波,称为斜压潮(baroclinic tide)。那么,在层化海洋中传播的潮汐是否就是斜压潮呢? 不是。

按照第 17 章的介绍,斜压潮作为一种内波,其特点就是相速度远小于正压潮的相速度。如果在层化海洋中传播的潮波是斜压潮,就会跟不上正压潮的传播速度,不能同时抵达。因而,在层化海洋中传播的潮汐仍然属于正压潮。但矛盾的是,正压潮上下层的潮流应该同位相,而观测的各层潮流位相不同的现象显然与海水的斜压性有关,但不是斜压潮,而是受斜压效应影响的正压潮,对此,还需进行更多的研究。

§18.5 地形对潮波的影响

从宽泛的意义上讲,浅海潮波就是地形对潮汐影响的现象,垂向的海底起伏和水平方向的岸线凸凹都对潮波产生影响。由于水深变浅,引起潮汐的能量集中,导致浅海区域的大潮差和强潮流。水平边界对潮波传播的影响也很大,海域变窄潮汐能量集中到更狭窄的区域中,也会产生强潮流和高潮位。地形的影响使潮波的非线性作用增强,潮波发生剧烈形变,有时甚至发生共振,导致特殊的潮汐现象。

一、涌潮

发生在钱塘江的涌潮(tidal bore)是典型的地形效应导致的海洋潮汐现象。强非线性作用下的潮波溯河而上,在传播过程中不断加强,最后形成"水墙"一样的波阵面向前传播。在天文大潮条件下形成的涌潮更为壮观。涌潮并不是钱塘江口特有的现象,事实上,在世界很多具有喇叭口一样的河口区都有可能发生涌潮。

需要注意的是,涌潮的发生一定是在湾底有河口的情形,因为河口上游连着漫长的河道,潮波可以长距离上传,使得后续的潮水可以继续涌入,形成涌潮发生所需的空间。钱塘江大潮就是在河口的条件下发生的,类似的还有印度的恒河大潮和巴西的亚马逊大潮。如果潮波传向一个逐渐变窄的半封闭海湾、或者河口里面的河道有封闭的水坝,有限的纳潮量限制了更多潮水的进入,涌潮不会发生。

由此可见,纳潮量是决定小区域潮汐的关键因素。近海的很多港口都在形形色色的海湾之中,每个海湾都有其独特的潮汐特征,而海湾的纳潮量决定了其潮汐通量。当海湾中构筑新的建筑,或者大面积围垦海域,都会造成纳潮量的下降,使进入海湾的潮流减弱,形成与涌潮相反的效应。

二、超高潮位

在地球上,有很多海域的潮位特别高,形成巨大的潮差。超高潮位的发生都与地形的约束作用有关。以北黄海为例,从黄海南部进入的潮波受到山东半岛和辽东半岛的阻挡,在黄海北部形成堆积,在朝鲜江华湾形成强潮汐,最大潮差可达 10 m,成为潮汐发电的良好条件。在浅海,潮流越强大,约束的作用也就越强烈,导致海水的显著堆积,形成超高潮位。这也从另一个方面体现了潮流和潮位之间的密切关系。

三、岬角效应

潮汐研究中还有一个重要的效应,称为岬角效应(headland effect),当潮波的传播绕过一个半岛状的岬角时,在岬角附近形成很窄的强流带,绕流的流速比其他处的潮流强大很多。例如,我国山东半岛的顶端成山角就是一个岬角,由于渤海有相当大的纳潮量,在成山角形成了很强的绕流,观测到的最大潮流达到 4 m s^{-1} 以上,是周边海域潮流的 8 倍。这里的潮流一年四季都存在,其潮流能储量巨大,有很好的开发价值。

不仅岬角,潮波在绕过较大的海岛时也将产生与岬角效应相似的绕流,发生强潮流现象。例如,朝鲜半岛南端的对马海峡、釜山海峡可发生 3 m s^{-1} 以上的强潮流。在我国,山东的斋堂岛、浙江的舟山群岛都有一些强绕流现象,可望通过利用潮流能解决岛上的电力问题。

海峡可以认为是双侧的岬角,在海峡内会由于地形的约束作用发生强潮流。在我国,很多具有较强潮流的地方都位于小尺度的海峡之内,形成可资利用的潮流能。

§18.6　潮汐数据的分析方法

以上介绍的潮波和潮流展示了潮波作为自由波传播的整体特性和传播特性。潮波的数值模拟可以更好地逼近实际地形影响下的潮波和潮流,用以体现实际复杂的潮汐现象,成为认识潮汐现象的有效手段。然而,涉及潮汐应用的部门,如港务工程、防波工程、轮渡等,一般不需要了解其他海域的潮汐,只需要对自己所在区域的潮汐现象进行深入了解。从工程需要来看,潮汐有许多有实用意义的参数,这些参数可以作为工程参数直接用于工程设计。另外,一些潮汐的实用参数对于不同位置潮汐特征的比较也有重要意义。

对实际潮汐的认识还是需要对潮汐的观测和对观测数据的分析,潮汐的区域性参数都是对当地的验潮资料进行分析得到的。潮汐的主要分析方法有调和分析、谱分析和响应分析法等。

一、调和分析

按照 §18.2 的介绍,通过将引潮力展开,就可以获得各个分潮。基于这些分潮在传播过程中周期不变的特点,就可以这些周期为基础分析实测的潮汐数据。也就是说,可以认为实际测量的潮汐是各个分潮正弦振荡的叠加,这种潮汐数据分析方法被称为调和分析(harmonic analysis)。在空间的不同地点,这些分潮的周期是不变的,变化的是振幅和位相。将实测潮汐 $\zeta(t)$ 表达为

$$\zeta(t) = A_0 + \sum_{n=1}^{N} f_n H_n \cos\left[\sigma_n t + (V_0 + u)_n - g_n\right] + \delta \qquad (18.7)$$

式中,N 为数据长度,A_0 为观测期间的平均海面,σ_n 为各分潮的角频率,δ 为观测数据与分析结果的偏差。此外,各分潮还有一组由天文因素决定的参数,f_n 称为各分潮的交点因子,$(V_0+u)n$ 为各分潮的初相角,V_0 为线性变化部分,u 为非线性变化部分,计算期间可以认为是已知量。需要采用(18.7)式进行分析的是每个分潮的一组调和常数,即分潮的振幅 H_n 和分潮的迟角 g_n。各个调和常数代表了分潮振幅和位相,在特定的观测地点基本是不变的常数,体现了其所在位置的潮汐特征。

理论上讲,如果观测数据的个数等于 2N+1,就可以解出各个分潮的调和常数。如果观测数据的个数大于 2N+1,就可以采用最小二乘法确定各个分潮的调和常数。由于观测数据包含特定的误差,较多的数据有利于减小由于观测误差带来的调和常数的偏差。如果只进行了较短时间的观测,观测数据少于 2N+1,就必须舍弃一些次要分潮,或者合并一些相近的分潮,以获得主要分潮的调和常数。

调和分析方法不仅可以用来分析潮高数据,也可以用来分析潮流数据。首先将潮流数据分解为东分量和北分量,然后对各个分量进行调和分析。根据振幅和位相,可以计算潮流椭圆的长轴和短轴的量值和方向,根据潮流椭圆要素确定该点的潮流是往复式潮流为主还是旋转潮流为主。

调和分析的优点是可以准确地确定各个分潮的振幅和位相,反映了引潮力引起潮汐变化的本质,有利于对潮汐的精确预报。

二、谱分析

由于潮汐引起的海面起伏也是周期性现象,自然也可以用谱分析(spectrum analysis)方法进行数据分析。对潮汐数据进行傅里叶展开:

$$A_n = \frac{2}{2N+1} \sum_{t=-N}^{N} \zeta(t) \cos \omega_n t$$
$$B_n = \frac{2}{2N+1} \sum_{t=-N}^{N} \zeta(t) \sin \omega_n t$$

(18.8)

式中,$\omega_n = 2\pi n/(2N+1)$是傅里叶分潮的角频率。与调和分析所不同的是,傅里叶分潮的角频率是成倍数增加的,不能与调和分潮对应起来。由(18.8)可以获得傅里叶分潮的振幅R_n和位相θ_n:

$$R_n = \sqrt{A_n^2 + B_n^2}, \quad \theta_n = \tan^{-1} \frac{B_n}{A_n}$$

(18.9)

如果采样间隔足够密集,依据傅里叶变换可以得到各个分潮的线谱,即在频谱图上呈现为分立的谱线。实际上,取样密度不可能无限高,受取样间隔的限制,总会有相近谱线不能分开的情形,就会发生连续谱的结果(图18.11)。

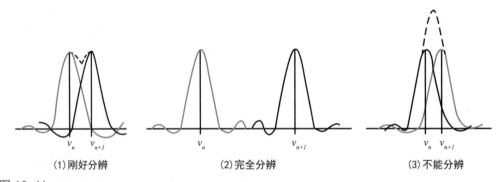

(1)刚好分辨　　　　　　(2)完全分辨　　　　　　(3)不能分辨

图 18.11

谱方法对不同频率的潮波的分辨能力 [引自 Godin, 1972]

对观测数据计算自相关函数,得到傅里叶分潮的功率谱分布。功率谱分析虽然不能体现各个调和分潮,但指出了主要的含能谱段,对于理解潮汐的能量分布有重要意义。

三、响应分析

响应分析(response analysis)是将潮汐分为日月引潮势、太阳辐射和非线性效应三部分组成,认为三者均与天文因素有关,只是表达方式不同。将上述三部分统一表达为

$$\zeta(t)=\sum_{n=1}^{N}X_nE_n(t)\quad(t=0,1,\cdots,m)\tag{18.10}$$

其中，X_n 为响应的权函数，N 为权函数的数目，$E_n(t)$ 为上述三部分的天文变量，可以通过日月的天文参数计算出来。设天文潮只考虑二阶勒让德多项式，则有天文潮权函数 31 个，辐射潮权函数 10 个，非线性权函数 100 余个。对于全年每小时一次的观测，得到的方程数目 m 远大于权函数的数目，可用最小二乘法求解出各个权函数（黄祖珂、陈宗镛，1983）

$$\frac{1}{m+1}\sum_{t=0}^{m}\zeta(t)E_i(t)=\sum_{n=1}^{N}X_n\left[\frac{1}{m+1}\sum_{t=0}^{m}E_n(t)E_i(t)\right]\quad(i=1,2,\cdots,N)\tag{18.11}$$

可见，响应分析方法并不使用分潮的概念，不需要事先制定存在何种频率的运动，而是通过实测数据确定各个权函数，得到各个成分的相对大小。可以说，调和分析反映了调和分潮的物理性质，谱分析体现了潮汐的能量分布，响应分析并未带来物理上的新认识。但是，响应分析从数据自身带来的信息确定了各个天文因素的权函数，还能同时体现三种因素对潮位的贡献，在潮汐推算（预报）中有其独特的优势。

§18.7　风暴潮

风暴（storm）是指强烈的大气扰动现象，包括热带气旋、温带气旋、寒潮大风等。风暴对海洋有强烈的扰动作用，导致两个重要的海洋现象：一个是风暴引起的增减水，另一个是风暴生成的巨浪。

一、风暴增水

风暴作用于半封闭海域时，会造成水体在有些地方堆积、有些地方亏空，称为风暴增减水效应。即使海域封闭性不好，因风场的不均匀也会产生水体的堆积。风暴造成水体微团的远距离流动，必须考虑科氏力的影响，会因横向的艾克曼输运而形成水体积聚。这些情况都会引起增水现象。

风暴潮（storm surge）主要指风暴增水现象。风暴增减水与天文潮叠加，产生的海面高度变化称为乘潮水位（图 18.12）。在水体积聚的海域，一旦与天文潮的高潮叠加，将产生异常高的水位。反之，如果水体的积聚恰遇天文低潮，乘潮水位的灾害会大幅减小。乘潮水位增大了海岸建筑与护堤的风险，一旦超出了堤坝的防护能力，就会导致溃堤或漫滩现象，使沿海土地盐碱化，甚至造成重大的经济损失。在没有防护堤坝的海域，风暴潮的影响更大，造成滩涂冲蚀、国土流失、土地盐碱化等严重后果。

二、风暴浪

风暴引起增水的同时也会在海上形成大浪区。强烈波浪到达近岸海域时，由于水深变浅，波能更加集中形成巨浪，产生更大的破坏力。在风暴天气，我们看到岸边的巨浪都是风暴浪（storm wave）作用的结果，风暴浪远比风暴增水强烈。风暴浪与风暴增水现象几乎同时发生，因而是重要的致灾因素。

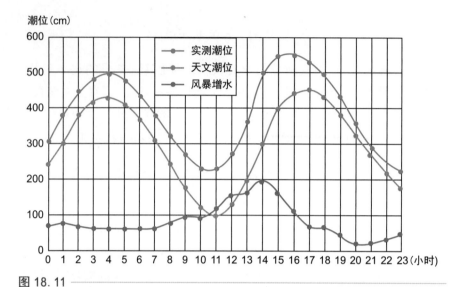

图 18.11 —————

天津塘沽港 1997 年 9711 号热带风暴期间风暴增水引起的实测潮位升高现象
[引自苏纪兰、袁业立, 2005]

　　风暴潮引起的乘潮水位体现为海面高度的异常增大,可以通过提高堤坝的设计标准而有效防范。实际风暴造成的重大灾害往往是乘潮水位与风暴浪叠加作用所致。乘潮水位的异常升高相当于波浪的基础水位升高,使同样波高的波浪具有更大的破坏力。我国近海曾经发生风暴浪掀翻桩式码头,破碎的波浪进入沿海建筑物等灾害性现象,直接影响沿海居民的安全。因此,风暴增水体现了局域海面高度异常升高,风暴浪体现了强大的破坏力,二者叠加起来会造成严重的破坏。

思考题

1. 引潮力受地球何种运动的影响?

2. 引潮力展开获得的分潮是客观存在,还是数学分析的结果?

3. 地球上各大洋潮汐能量的不平衡是如何化解的?

4. 潮流和潮位的有哪些关联和差异?

5. 从浅海边缘进入的潮波是自由波还是强迫波?

6. 地形对潮位和潮流都有哪些影响?

7. 风暴潮的破坏力主要包括哪两个因素?

深度思考

　　假如天上有两个月亮,地球上的潮汐会是什么样?

第19章

海洋余流

在海洋环流的章节中,我们介绍了海洋环流的闭合性质,即海洋环流的循环中一直处于动态的质量守恒状态,流走的水体形成的亏空一定引起其他水体的补偿流动,最后形成闭合的海水循环,虽然有时观测能力限制了我们对其闭合方式的了解。

世界上是否存在不闭合的海流呢?有,那就是海洋余流。海洋余流有明显的、可以观测到的单向流动,但是没有直接的补偿性流动。其实,由于海洋中需要保持水体质量守恒,任何流动最后都会形成补偿运动,只是海洋余流的补偿一般不是以局部循环的方式,而是以间接的或辗转的补偿形式,甚至通过大气过程形成补偿。

海洋余流可以分为两种类型。第一种类型是波动的余流,包括潮汐余流和波浪余流。波动在一个周期内形成剩余的流动,构成没有补偿式流动。第二种是单向流动的海流,没有相应的补偿运动。

本章将介绍主要的海洋余流及其产生机理。

§19.1 潮汐余流

在潮汐运动中,水体微团经过一个潮周期后并未回到起点,而是发生了一个净位移。将这个净位移除以潮周期,得到的流动称为潮汐余流(tidal residual current),也称潮余流或残流。图 19.1 是日本 Kasado 湾的潮汐余流场,海湾只有 4 km 宽,却存在明显的逆时针潮汐余流,流速达 10 cm s⁻¹ 以上。

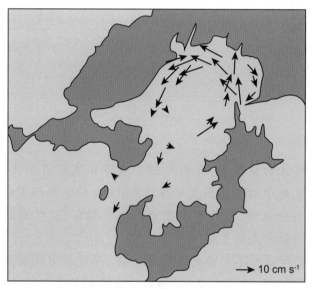

$\longrightarrow$ 10 cm s⁻¹

图 19.1

日本 Kasado 湾的潮汐余流 [引自 Yanagi, 1977]

一、潮汐余流的生成原因

潮汐余流是潮波传播的非线性所致,而且受海底地貌,边界形状、海底摩擦的影响(汤毓祥,1987)。

浅海潮波受科氏力的影响向传播方向的右侧偏斜(北半球)。在往复式潮流为主的海域,在一个潮周期之内涨潮阶段流速总是大于落潮阶段的流速,出现与涨潮流方向一致的净流动,就是潮汐余流。这表明,即使没有考虑摩擦的作用,仅仅靠潮波的特性就会产生潮汐余流。例如,在我国的黄海和渤海,海岸在入射潮波的左侧,潮汐余流基本沿海岸向南;而朝鲜半岛的黄海沿岸,海岸在入射潮波的右侧,潮汐余流沿海岸向北。

如果考虑浅海的底摩擦,潮流会在流动过程中不断损耗,落潮时的潮流会更小,引起的潮汐余流更强。因此,底摩擦的作用是使潮汐余流增强。

而在远离陆地的海域,一般以旋转潮流为主,潮流的非线性作用较弱,致使潮汐余流很弱。但是,对于浅海,底摩擦的作用依然可以使以旋转潮流为主的海域产生潮汐余流。

需要注意的是,潮汐余流与分潮相对应,每个分潮都有各自的潮汐余流,总的潮汐余流是各分潮潮汐余流的合成。

二、欧拉余流与拉格朗日余流

在一个潮周期内对分潮的潮流速度 $\mathbf{u}_t(t)$ 进行平均,得到的净速度 $\mathbf{v}_E$ 被称为欧拉余流(Eulerian residual current)

$$\mathbf{v}_E = \frac{1}{T}\int_0^T \mathbf{u}_t \mathrm{d}t \tag{19.1}$$

欧拉余流代表了余流的平均速度(单位:$\mathrm{m\,s^{-1}}$),体现的潮汐余流的流动强度和方向。

但是,欧拉余流不能与水体的输送直接联系起来,因为在一个潮周期内,输送的水量不仅与流速有关,而且与潮位密切相关。设 $\mathbf{M}$ 为一个潮周期内平均的净体积通量(单位:$\mathrm{m^2\,s^{-1}}$),可以表达为

$$\mathbf{M} = \frac{1}{T}\int_0^T \mathbf{u}_t(D+\eta)\mathrm{d}t \tag{19.2}$$

式中,D 为静水深度,η 为海面起伏。将(19.2)除以静水深度,得到

$$\mathbf{v}_L = \frac{\mathbf{M}}{D} = \mathbf{v}_E + \mathbf{v}_S \tag{19.3}$$

因此,表征一个潮周期内体积通量的是 $\mathbf{v}_L$,称为拉格朗日余流(Lagrange residual current)(Feng, 1986)。拉格朗日余流可以表达为欧拉余流 $\mathbf{v}_E$ 与斯托克斯漂流(Stokes drift)$\mathbf{v}_S$ 之和,后者定义为

$$\mathbf{v}_S = \frac{1}{TD}\int_0^T \mathbf{u}_t\eta\mathrm{d}t \tag{19.4}$$

可以看到,斯托克斯漂流的物理意义是涨潮和落潮输送量之差。海深越小,斯托克斯漂流越显著。只有拉格朗日余流才能用来研究余流引起的水体输送和相应的物质输送。

三、潮汐余流的动力学关系

潮汐余流是潮流形成的余流,要从潮波运动方程导出潮汐余流的方程组。小振幅非线性的浅水动力学方程组为

$$\frac{\partial \mathbf{u}}{\partial t} + \mathbf{u}\cdot\nabla\mathbf{u} + f\mathbf{k}\times\mathbf{u} = -g\nabla\eta + A_H\nabla^2 u - k\mathbf{u}|\mathbf{u}|$$
$$\frac{\partial \eta}{\partial t} + D\nabla\cdot\mathbf{u} = 0 \tag{19.5}$$

式中,$\mathbf{u}$ 为流速矢量,D 为水深,η 为潮位,k 为底摩擦系数。用"′"表示周期性变化的潮流分量,用上划线表示一个潮周期的平均量,有,

$$\mathbf{u} = \bar{\mathbf{u}} + \mathbf{u}'$$
$$\eta = \bar{\eta} + \eta' \tag{19.6}$$

将(19.6)式代入(19.5)式,并对一个潮周期进行平均,得到潮汐余流的方程组为

$$\bar{\mathbf{u}} \cdot \nabla \bar{\mathbf{u}} + f\mathbf{k} \times \bar{\mathbf{u}} = -g\nabla \bar{\eta} + A_H \nabla^2 \bar{\mathbf{u}} - \mathbf{H} + \mathbf{G}$$

$$\nabla \cdot \bar{\mathbf{u}} = 0 \tag{19.7}$$

从(19.7)式可见,驱动潮汐余流的有两个因素,一个是非线性作用项

$$\mathbf{G} = -\overline{\mathbf{u}'\nabla\mathbf{u}'} \tag{19.8}$$

称为潮汐余流生成项,表达了一个潮周期内由于潮波不对称产生的潮汐余流。另一个是底摩擦项

$$\mathbf{H} \approx k\bar{\mathbf{u}}|\bar{\mathbf{u}} + \mathbf{u}'| \tag{19.9}$$

因此,潮汐余流实际上存在两种生成机制,一种是旋转潮波系统产生的涨潮流与落潮流的差异,由(19.8)表达,表明潮汐余流是从潮流获取动量而得到发展。另一种是海岸和海底边界对潮波的摩擦产生的消耗,由(19.9)式表达,表明摩擦的消耗会生成潮汐余流。潮汐余流的生成是以潮流的非线性作用为主导作用,底摩擦的作用会影响余流的流速,但不会根本改变潮汐余流的形态。如果我们通过观测或计算获得潮流场,就可以计算这两种作用,并通过(19.7)式计算潮汐余流场(图19.2)。在水深较大的海域,潮汐余流很弱。在深海大洋,几乎没有潮汐余流。

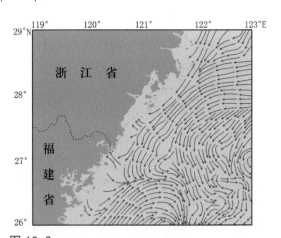

图 19.2

闽浙沿岸的潮汐余流 [引自林其良等,2015]

四、关于潮汐余流的讨论

1. 潮汐余流的质量守恒

潮汐余流是潮流在一个潮周期内形成的剩余流动,因而不能直接测量,要通过对潮流观测数据的分析来得到。潮汐余流是切实存在的,形成实质性的水体和物质输送。人们会问,在一个潮周期内水体的质量应该守恒,潮汐余流把水体输送到哪里去了?潮汐余流的输运是否也会引起补偿流动?现有的研究表明,由于潮汐余流不是真正意义下的流动,而是潮波传播过程中的剩余流动,因此不存在水体亏空和补偿流动,水体质量守恒由潮流传播过程来保证。

2. 是否存在潮汐余环流

按照图19.1b,在半封闭海湾中,潮汐余流形成半闭合的流动,因此,有的人将潮汐余流称为"余环流",或者"潮汐环流"。然而,潮汐余流的性质是残余流动,即使非常接近封闭循环也不会成为环流,因为没有明确的补偿机制和循环机制。

此外,受地形和海底地貌的影响,潮汐余流会大小不均,有时还会发生中断,与环流的

连续性有很大的不同。而且,潮汐余流是按照分潮形成的,不同分潮的余流叠加起来的流速会快慢不一,与环流的质量守恒特性有很大差别。潮汐余流既然是切实存在的流动,就一定会形成物质输送,是海洋物质循环的重要组成部分。但是,潮汐余流的输送作用是不闭合的,输送过程会在非线性减弱的条件下停止,与海流的输送迥然不同。

3. 潮汐余流的环境效应

在半封闭的海域,潮汐余流在入射潮波的右侧向内,在入射潮波的左侧向外。像渤海这样的海湾,潮汐余流将湾外清水带入,将湾内水体带出,形成对海湾污染物质的净化能力。同样,潮汐余流也会把一处的污染物质输送到另外的地方,形成污染物质的转移和异地污染,对环境造成危害。

对于海洋养殖业,潮汐余流形成饵料和排泄物的沿岸输送,成为投饵必须考虑的因素。近海水体的富营养化也会由于余流的积聚和分散在海洋环境变化中起到关键作用。

4. 摩擦对潮汐余流的影响

潮波在浅海的传播过程中受到海底和海岸摩擦的影响,潮波的能量有一定的损失。但是,在一个潮周期内,进入的潮波与返回的潮波之间发生的能量损耗不大,摩擦的影响与潮汐的巨大能量相比还是很小的。虽然摩擦作用导致旋转潮波系统发生无潮点的偏移,但摩擦对潮汐余流的影响很小,潮汐余流系统没有明显的偏移,原因在于潮汐余流主要与涨潮和落潮的能量差有关。

5. 潮汐余流的时间变化

由于潮汐有大潮和小潮,潮流的速度有明显的时间变化。那么潮汐余流是否应该有时间变化呢? 理论上,潮汐余流没有时间变化,因为潮汐余流定义为一个潮周期的剩余流动,各个分潮潮流振幅没有时间变化,得到的单一分潮的余流也是不随时间变化的。潮汐余流若为多个分潮叠加的,也应该没有时间变化。

6. 潮汐余流与其他余流的关系

潮汐余流实际上可以发生在陆架、沿岸、沿岸海湾、半封闭海湾、河口、感潮河段和海峡等各种浅水区域,是非常普遍的运动。然而,实测的余流包括潮汐余流、风生流和其他流动,在大多数情况下各种余流难以分开,获得潮汐余流图是不容易的,只有在潮汐余流非常强大的海湾才有可能。

§19.2　波浪余流

当海上船舶遇难后,逃到岸上的人会惊异地发现,遇难船舶的残骸会漂到岸边,而且无论如何都无法驱之离开。在岸边游泳的人也会感受到不由自主地被海水沿着海岸带到远离初始位置的地方。这一现象是由波浪余流(wave-induced residual current)引起的。

一、波浪余流的产生机制

波浪是海洋中永不停歇的现象,在向岸传播过程发生以下两个过程。

首先,波浪传到海岸要发生反射,绝大部分波浪能量返回海洋中。由于波浪与岸线的相互作用发生消耗,反射部分的强度总是小于入射部分的强度。当波浪垂直于岸线向岸传播时,在一个波浪周期中发生了净的向岸流动(图 19.3a),导致沿岸海水中的溶解性物质和漂浮性物质向岸输送。当波浪以入射角 α 向岸传播时,会以反射角 $-\alpha$ 发生反射,入射波与反射波组成了波浪余流,净流动与岸线形成夹角,可以分解为向岸分量和沿岸分量,一般比较关注波浪余流的沿岸分量(图 19.3b)。

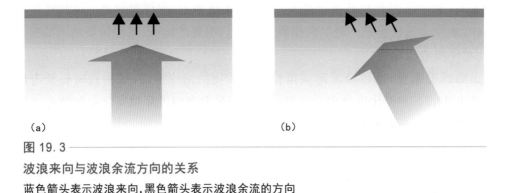

（a） （b）

图 19.3
波浪来向与波浪余流方向的关系
蓝色箭头表示波浪来向,黑色箭头表示波浪余流的方向

第二,近岸海域的摩擦也会产生波浪余流。海底摩擦会削弱返回的波浪,波浪的破碎也会消耗波浪的能量,导致反射波减弱,使波浪余流得到加强。

上面介绍的波浪余流是基于平坡型海底的情形。在有些海域,海岸与外海之间存在较深的潟湖和较浅的水下沙坝。波浪在沙坝上也会发生反射和强摩擦,形成与沙坝有关的波浪余流,即波浪余流出现双核结构,在沿岸和沙坝处各有一个流核。

波浪余流不仅发生在沿岸,在较大的岛屿上也会因波浪的反射形成波浪余流。除了波浪的反射之外,波浪的折射也可以产生波浪余流。因此,海岛附近的波浪余流现象也很明显。

二、波浪余流的动力学机理

研究波浪余流需要构建波浪余流的动力学关系。影响波浪余流的重要动力学因素为波浪辐射应力(wave radiation stress)。辐射应力定义为单位面积水柱因波浪运动引起的波周期时均剩余动量流,面元辐射应力的单位为 N m^{-1},即单位宽度水体的波浪辐射应力。对于二维情形,T_x 和 T_y 为单位宽度的辐射应力梯度,单位为 N m^{-2},

$$T_x = -\left(\frac{\partial S_{xx}}{\partial x} + \frac{\partial S_{xy}}{\partial y}\right)$$
$$T_y = -\left(\frac{\partial S_{yx}}{\partial x} + \frac{\partial S_{yy}}{\partial y}\right)$$

（19.10）

式中,S 为辐射应力张量,表达为(丁平兴等,1998)

$$S = \begin{bmatrix} S_{xx} & S_{xy} \\ S_{yx} & S_{yy} \end{bmatrix}$$

（19.11）

式中，S_{xx} 表示作用在垂直于 x 轴平面的 x 方向的剩余动量流，是辐射应力在 x 方向上的主分量；S_{yy} 表示作用在垂直于 y 轴平面上的 y 方向剩余动量流，是辐射应力在 y 方向上的主分量；S_{xy} 表示用在垂直于 x 轴平面上的 y 方向动量流，是辐射应力在垂直于 x 轴平面上的切向分量；S_{yx} 表示作用在垂直于 y 轴平面上的 x 方向的动量流，是辐射应力在垂直于 y 轴平面上的切向分量（图 19.4）。

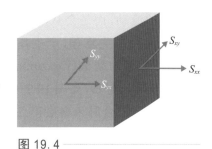

图 19.4
辐射应力的二维张量特征

对于深水波浪，辐射应力为

$$S = E \begin{bmatrix} \dfrac{1}{2}\cos^2\alpha & \dfrac{1}{4}\sin 2\alpha \\ \dfrac{1}{4}\sin 2\alpha & \dfrac{1}{2}\sin^2\alpha \end{bmatrix} \tag{19.12}$$

式中，α 为波浪入射角，E 为波浪的能量

$$E = \frac{1}{2}\rho g h^2 \tag{19.13}$$

单位为 $\mathrm{N\,m^{-1}}$，即单位宽度水体的波浪能，因而，辐射应力 S 的单位为 $\mathrm{N\,m^{-1}}$。

而对于浅水波浪，辐射应力为

$$S = E \begin{bmatrix} \cos^2\alpha + \dfrac{1}{2} & \dfrac{1}{2}\sin 2\alpha \\ \dfrac{1}{2}\sin 2\alpha & \sin^2\alpha + \dfrac{1}{2} \end{bmatrix} \tag{19.14}$$

从（19.13）式和（19.14）式可见，只要波浪的入射角和能量确定了，波浪应力就可以准确确定。

将波浪应力代入余流方程组（19.7），得到垂向平均的波浪余流动力学方程组为

$$\bar{\mathbf{u}} \cdot \nabla \bar{\mathbf{u}} + f\mathbf{k} \times \bar{\mathbf{u}} = -g\nabla\bar{\eta} + A_H \nabla^2 \bar{\mathbf{u}} + \frac{\mathbf{T}}{\rho D}$$
$$\nabla \cdot \bar{\mathbf{u}} = 0 \tag{19.15}$$

式中，由于考虑了辐射应力，就不再加入风应力和底应力。与（19.7）式比较可见，潮汐余流与波浪余流都属于周期性运动的平均余流，其动力学方程组一致，只是驱动力不同。

由于波浪余流与波浪的破碎和能量消耗有关，与波浪的成因无关，故风浪和涌浪都可以产生波浪余流。波浪余流的强度与波浪的强度密切相关，但与波动的波长无关。

三、裂流

在平直岸线的情况下，到达海岸的波浪会产生指向海岸的余流和平行于海岸的余流，其中沿岸方向的余流会成为沿岸流的组成部分。然而，在沿岸存在很多海湾－岬角结构，即凹进的海湾和凸出的岬角。当波浪入射到凹进的海湾之内时，湾内的波浪余流不是形

成单向的流动,而是会从两侧向湾底汇聚。汇聚的水流会发生堆积,产生离岸方向的流动,这种水流称为裂流(rip current),也称离岸流(Shepard 等,1941),如图 19.5 所示。

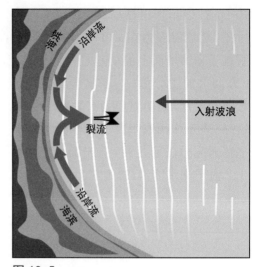

图 19.5

裂流示意图 [引自 Stowe 等,1995]

沿岸流汇合时未必会产生裂流,因为入射的波浪能量很大,比较弱的裂流会被波浪余流的向岸分量阻隔,不能形成有效的离岸流动。但是,沿岸流很强的辐聚在抵消了向岸的波浪余流分量后还会产生向外的运动。实际观测到的裂流速度可以高达 1 m s^{-1} 以上。但裂流的宽度很窄,一般只有几米到 10 余米宽,因此,用仪器直接测量裂流的数据很少。裂流发生时会带动岸边的漂浮物质向湾外移动,形成蘑菇状分布,成为裂流的指示物质。人们主要靠海面上的漂浮物来认识裂流。

裂流产生的位置一般不是固定的,而是与波浪入射的角度有关,不同角度入射的波浪会在不同的岸段产生不同强度的沿岸流。但是,在某些波浪入射方向固定的海湾,裂流出现的位置是固定的。

裂流产生的原理是水体的连续性的需求,当波浪余流导致水体堆积时,水体的连续性要求裂流喷出。裂流只是在沿岸流发生汇聚时才会产生,只能体现余流的性质,而不能形成闭合的循环。其实,裂流并不一定在海湾内发生,即使在平直海岸的情形,只要波浪余流流量前后不一致,就会形成水体的局部堆积,引发裂流。

由于裂流速度大,具有很强的冲刷能力,会在滩涂上冲刷出沟痕或沟壑,成为海水侵蚀的因素之一。海水中的游泳者遇到裂流会很危险,会被裂流带向外海。裂流是小尺度运动,对大尺度的运动影响不大,主要在海洋工程和海岸防护方面有重要意义(MacMahan 等,2006)。

四、波生沿岸流系统

在大体平直岸线的情况下,如果特定海域的地形结构导致波浪的来向相对变化不大,而波浪又频繁发生,就会同时发生波浪余流和裂流(图 19.6)。其中,波浪余流会成为持续不断的流动,造成沿岸水体的持续输送。因而,波浪余流成为沿岸流的重要组成部分。沿岸流是由三部分构成的:风生沿岸流、波浪余流、潮汐余流。其中,风生沿岸流的方向随季节性风场而变化,而波浪余流产生的沿岸流不随季节变化。波浪余流与裂流一起构成了波生沿岸流系统,是近岸海洋工程和海洋养殖关注的重要动力学问题。

波生沿岸流系统将使沿岸流更加复杂,既可以造成物质的沿岸输送,又可以通过裂流将沿岸物质带向远离海岸的地方,使沿岸流的影响范围更大。尤其在风力较弱的季节(夏季和秋季),波生沿岸流可能起到支配作用。

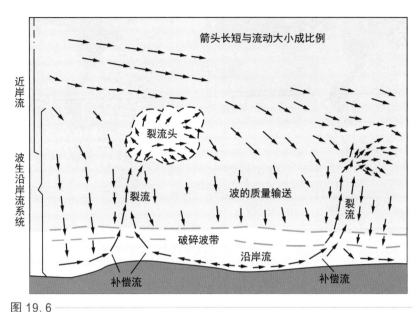

图 19.6

波生沿岸流系统［引自 https://www.59baike.com/a/350698-43］

五、波浪余流的环境效应

污染物质有的溶解于水,有的漂浮在海面上,都会受到波浪余流的影响。沿岸方向的波浪余流可以将污染物质输送到相邻的海域,引发异地污染。波浪余流的输运还有一个特殊性,就是排放入海的物质会因为波浪余流而返回岸边,形成近岸水体的污染。因此,波浪余流会降低近岸水体的自净能力。

泥沙是不溶解于水的物质,但在动力因素作用下可以悬浮在海水中运动,波浪余流造成了沿海的泥沙输运,经常性的波浪余流是决定沿岸物质分布的重要因素,波浪余流也是沿岸海底地貌潟湖的主要形成因素,向岸的波浪余流淘空平坦的海底,将掀起的物质推向海岸,造成潟湖和宽阔的沙滩。

§19.3　岬角余流

海岸线上的地貌很少呈平直岸线,一般呈现海湾和海岬交替出现的地形(图 2.4)。沿岸的海湾和海岬对海流构成了侧向挤压,约束海流的运动。

海湾－岬角结构的岸线会形成岬角流。如果流动是潮流,就会发生涨潮和落潮方向不同的流动,会在岬角的迎流面发生辐聚,在背流面形成涡旋,称为岬角涡(详见第 23章)。由于沿岸的潮流是往复运动的,涨潮和落潮的岬角涡分别发生在岬角两侧。从图19.7 中可见,不论是涨潮流还是落潮流,在岬角两侧的海流都是从岬角向外的流动。

对一个潮周期平均,得到的流动称为岬角余流(cape current)。因此,岬角余流是一种潮汐余流(图 19.7)。

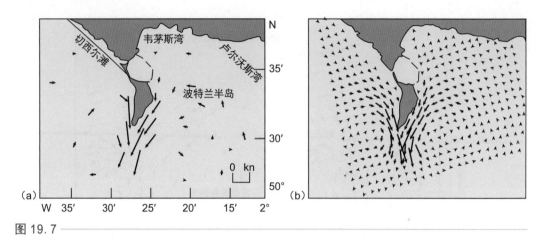

图 19.7

英国波特兰角岬角余流观测结果（a）和数值模拟结果（b）［引自 Pingree 和 Griffiths，1977］

由于岬角余流的存在，海湾里的水体会从岬角两侧流出海湾。岬角余流会将污染物质带出，因而岬角附近会出现较高的污染物质浓度。岬角余流较强，有较大的泥沙携带能力，这也是岬角附近沙滩退化的原因之一。岬角之外是平行于海岸的潮流或沿岸流，岬角余流输送的物质会被潮流或沿岸流带向远方。

岬角余流的方向与波浪余流恰好相反，波浪余流指向湾底，形成裂流；而岬角余流指向岬角，成为岬角余流。但波浪余流是间歇式的，而潮汐余流永恒存在。

§19.4 河口余流

河流入海后与海水发生相互作用，形成独具特色的河口流。河流入海的流动很复杂，主要是因为河口的环境差别很大。河流入海口的主要形态有三角洲型、沉溺河谷型、闸滩型、峡湾型等几种类型。不论哪种河口形态，在河流的入海口附近形成非常典型的层化结构，河流的淡水从上层流向海洋，而海水则在下层嵌入河道，河水与海水之间形成盐度跃层，也是密度跃层。

一、河口余流的垂向结构

河口淡水和海水的结构由河流和潮汐的动力学状况共同决定，呈现两种典型的结构。在河流径流量比较大而潮流比较小的情形，形成强层化结构，上层的河水和下层的海水形成强的跃层，海水呈楔形嵌入河水下方。在径流量比较小而潮流比较强的情形，发生充分混合结构，上下层之间混合均匀，河口水体密度向外递增。一般的河口，水体结构介于这两种情形之间。各种类型的流动滤除潮流之后的净流动称为河口余流（estuarine current）。

河口余流并不是由里到外的流动，而是上出下进的结构。上层的净流量以河水流出为主，下层的净流量以海水的流入为主，如图 19.8 所示。这种余流结构与人们的常识不符，人们感觉上认可河水在海水上方注入海洋，而对海水从下方进入河道难以理解。

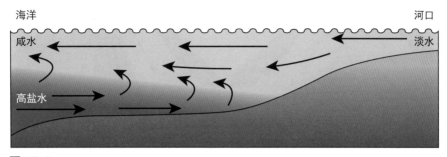

图 19.8

河口余流示意图 [引自 Stowe, 1995]

形成河口上层流出的原因是河流落差形成的正压压力梯度,也称河流的比降。在入海口附近,比降达到最小,但仍然足以驱动河水进入海洋,河水会浮在海水之上向外流动。河水层的厚度与入海径流的流量有关,流量越大,河水层厚度越大,在海洋中扩展的范围就越大(详见 §10.2)。

在河道的下层,涨潮时海水在潮流的带动下进入河道深处,落潮时又会流向海洋,在一个潮周期内形成进入河道的净流量。此外河道里面的水体密度低,外面海水的密度高,形成了很大的密度差,有产生由外向里运动的趋势。二者共同作用的结果是产生深入河道中的盐水楔。盐水楔不是个静态的水团,而是动态维持的水团,会随着潮汐的涨落而进退摆动。

上层水流出的速度与下层水体进入河道的流速都很大,在二者的分界面上形成强烈的剪切,下层进入河道的海水被上层向外流的河水卷挟不断进入上层水体。因此,入海的上层水在进入海洋之前已经不是淡水,而是有海水混合进来的冲淡水。越接近入海口,上层的水体盐分越高。

由于河口余流下进上出,并且在河道中有卷挟运动将下层水体带入上层,形成了半闭合的循环,有时也把河口余流称为河口环流(estuarine circulation)。不过需要清楚认识的是,这个半封闭的循环不是真正意义的环流,没有形成水体的真实补偿和闭合循环,只是余流的一种形态。

二、河口余流的三维结构

图 19.8 给出的河口余流是代表性的垂向断面余流,而实际发生的河口余流是三维的,随径流量和潮流而变化。图 19.9 给出了三维河口余流的示意图。当河流流量很大时,会形成强烈垂向分层,盐水楔向外海方向退缩,河水与海水间形成很强的跃层(图 19.9a),这种情形属于前述强烈分层型河口。如果径流较弱,潮流混合的作用突出出来,盐跃层较弱。如果河口很宽,科氏力的作用会将河水和海水在水平方向分开,面向河口看,海水向右侧集中,而河水向左侧集中(图 19.9b);甚至垂向层化消失,而形成河水和海水的左右结构,任意点垂向上盐度呈均匀分布,即完全混合型(图 19.9c)。如果潮流很强、径流很弱、河道不宽也不深,形成的完全混合型河口也保持垂向均匀,但水体密度自里向外增大,净余流向外(图 19.9d)。实际的河口余流往往要比这些类型还要复杂得多。

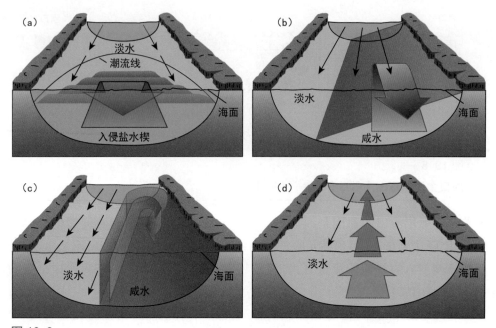

图 19.9

几种典型的河口余流 [引自 Ingmanson and Wallace，1995]

三、关于河口余流的讨论

河口是河水到达海洋的最后冲刺，也是河水在河道里的最后阶段，是河床约束作用的产物。一旦河水离开河口余流的影响范畴，河流的特性将不复存在，将进入沿岸流的范畴，融入海洋的运动。河口余流具有明显的余流特性，因其不能由海洋直接或间接地闭合，需要通过大气的降水过程形成闭合的循环。

河流虽然流量巨大，河口宽阔，但河流却并不能将淡水简单地倾注到海洋中，而是由于河口余流的作用，逐渐被来自下层的高盐水加入，形成冲淡水。河口余流中的盐度跃层越向外海越浅，最终与河口锋连在一起，因而，跃层就是海洋锋的水下结构。

严格来讲，河口余流是一种潮汐余流，是有净流量、有边界约束的特殊潮汐余流。与潮汐余流相似的是，河口余流也是欧拉余流，如若用河口余流反映物质输运量，还要采用拉格朗日余流，详见 §19.1。

河水在入海前减速导致挟沙能力下降，很多泥沙在河口附近沉积下来，也是一些河口发生栓滩结构的原因。如果没有河口余流，泥沙的沉积会越来越稳定，直至形成稳定沉积。然而，河口余流下层的入流会将河口沉淀的泥沙重新掀起，通过卷挟进入海洋上层，使这些泥沙进一步向外海输送，在更大的范围内沉积。

河口盐跃层的卷挟作用使河水的盐度不断升高，河流排出的悬浮态陆源有机物在盐度大于 10 时会发生絮凝作用，一些悬浮有机物质会聚集成胶体沉降，有利于降低河水的悬浮物浓度。

§19.5　海峡余流

海峡是地理学概念,是陆地(含岛屿)之间的狭窄水道。海峡连接了两个相邻的海域,两个海域各自的运动都将对海峡内的运动产生影响。早期对海峡的观测经常可以看到穿越海峡的流动,称为海峡余流。随着观测手段的增加和研究视野的扩大,发现很多海峡流动并不是余流,而是海洋环流的组成部分。在此,我们先从各种海峡流动中将海峡余流析离出来,再研究准确意义上的海峡余流。

一、狭义的海峡余流

海峡余流是指与周边海域环流或海流没有直接联系的流动。海峡余流不是以动力机理命名的,而是地理名称命名的,因而描述的是区域性现象,各种动力因素产生的余流在海峡都可以发生。在海峡中能够发生的余流可以归纳为三类:潮汐余流、波浪余流、贯通流。

1. 海峡潮汐余流

潮汐余流是海洋中的主要余流,在潮波传播方向的右侧发生的潮汐余流方向与涨潮流的方向一致。如果海峡中的潮波是前进波,则海峡两侧的潮汐余流方向一致。如果海峡中的潮波形成驻波,则海峡两侧的潮汐余流方向相反。海峡潮汐余流还有第三种类型,即海峡潮汐同时受到海峡两端潮波系统的影响,产生驻流等潮汐现象,如琼州海峡的潮流。这时的海峡潮汐余流非常复杂,而且随时间而变,有时甚至出现顶流现象。

2. 海峡波浪余流

波浪余流也会发生,取决于波浪的来向和岸线的形态。像台湾海峡这样的海峡,尺度远大于波浪的风区,波浪的影响与开阔海域无异,也会发生波生沿岸流。

二、贯通流

如果海峡两端有海面高度差,则会驱动海水从高压向低压流动,称为贯通流(throughflow),详见第 10 章。形成贯通流的条件还包括,海峡连接的是两个开阔的海域,所连接的海域都不以这个海峡为对外沟通的唯一渠道,贯通流的净流量不为零,形成真实的水体输运。从海峡的视角看,贯通流没有明显的补偿机制,余流的特性非常明显。但是从更大的视角来看,贯通流可以是大尺度环流的组成部分。

关于贯通流是不是余流并没有定论。有人认为贯通流没有明显的补偿机制,应该属于余流。但是,这样定义的余流并不令人信服,因为海峡中的风生流也可以被考虑为余流。在本书中,我们还是将贯通流作为普通的海面高度差驱动的流动,风驱动的流动作为风海流的组成部分。有时候,海峡的单向水体输送非常重要,我们使用一个通用的词语来表达——海峡流。海峡流笼统地包括所有穿越海峡的流动。

三、双向海峡流

如果海峡连接的两个海域至少有一个是以这个海峡为对外沟通的唯一渠道,会发生双向海峡流,即有进有出,或者两侧分别进出,或者上下分别进出。这种海峡流实际上是边缘海环流的重要组成部分,不具备余流的条件。例如,连接拉布拉多海与巴芬湾的戴维斯海峡就属于这种情形,海峡宽度达到巴芬湾宽度的一半以上,产生的流动与巴芬湾环流融合在一起(图19.10)。还有些狭长的海域也会因水体质量守恒的需要而发生双向流动,称为狭道环流。

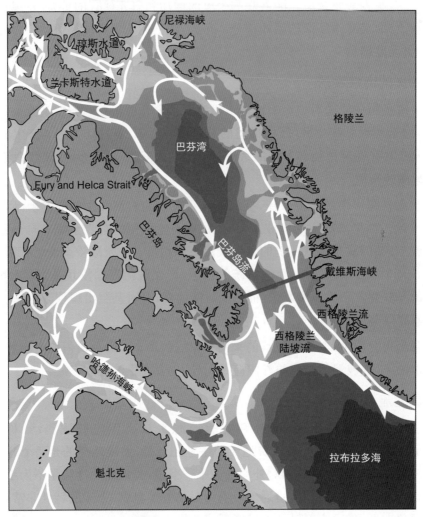

图 19.10

戴维斯海峡的海峡环流示意图[引自 Curry 等, 2014]

有些海峡很宽,相当于一个海域,可以有自己的近于闭合的环流系统,称为海峡环流。海峡环流的特点是形成自成体系的海水循环。海峡环流的机制通常是风场引起的,或者风与地形的相互作用产生的。如印度洋的莫桑比克海峡平均宽度 450 km,长度为世界海峡之最,约 1 670 km,深度在 2 000 m 以上,形成自身的流系和环流。

双向海峡流如果是潮汐余流或波浪余流则属于海峡余流,否则都不属于海峡余流。双线海峡流也可以用海峡流来涵盖。

§19.6　流丝

流丝(filaments)是近岸水域海表面经常被观测到的现象。流丝很早就被发现,有时也称为水舌(Tongue)、羽状流(Plumes)、喷流(squirts)、亚中尺度条带(submesoscale band)等。流丝是狭窄的急流,通常起源于近岸海域,一直向外海延伸(图 19.11),较长的流丝可达数百千米(Brink,1983)。流丝有很大的水平纵横比(1∶100 km),时间尺度大约是 1 天。流丝通常不是直线或接近直线的结构,而是受路径上水体平衡的影响,呈现各种复杂的曲线痕迹(图 19.11a)。流丝在海表面普遍存在,已经报导的发现流丝的海域有美国东岸(Strub 等,1991),西北非洲(Loucaides 等,2012;Sánchez 等,2008)、南欧(Røed 和 Shi,1999)等。

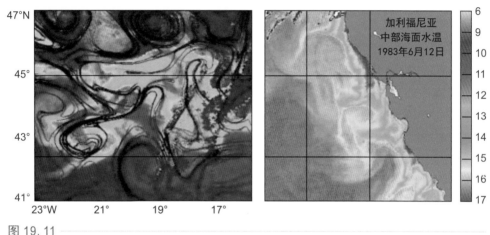

图 19.11

海洋中的流丝［引自 NOAA 网站］

(a)流丝的轮廓;(b)美国加利福尼亚近海的流丝

虽然流丝呈狭长的结构,但却不同于海洋锋,海洋锋的两侧是不同的水体,而流丝内部是相同的水体,外部是不同的水体。海洋锋有时出现在流丝的边缘,将流丝内外的水体区分开来(Flament 等,1985)。流丝本质上就是一支海流,形成物质和能量的输运。流丝没有明显的补偿机制,因而属于一种余流。

随着遥感影像空间分辨率的提高,观测到的流丝现象越来越多。如果流丝是东西走向,还可以用卫星高度计数据测量流丝的流速。图 19.11b 是一幅卫星红外影像,展示了加利福尼亚外海的流丝现象。由于近海存在近岸上升流,发生的流丝是低温条带,温度明显低于周边水体,可以通过卫星红外图像观测到。从中可以看到有 4 个流丝,典型尺度为 40 km 宽、300 km 长、流速大约 $0.5\ \mathrm{m\ s^{-1}}$、可以持续几天。

已经观测到的流丝有以下特点:第一,虽然流丝可以进入深海,但流丝的较强流动只出现在水深 100 m 以内;第二,流丝有水体输运的能力,比艾克曼输运快得多;第三,流丝中有许多弯曲形态,在 15 km 尺度上处于正压不稳定状态。

在物理海洋学中,对流丝的研究还很少。卫星遥感是流丝观测的理想手段,如果流丝的水体来自近岸的高温水体,或者近岸有上升流导致的冷水排出,则可以通过可见光和红外遥感影像获得。虽然可以通过卫星观测流丝,但由于流丝横向尺度小、持续的时间短、不容易实现现场观测,因此,人们对流丝的垂向结构了解很少。一些没有温度和颜色的流丝也是应该存在的,但观测起来更加困难。加之云的影响,对流丝的连续遥感观测数据稀少。因此,人们对流丝的动力学及其全球和区域的空间尺度知之甚少。

我们能够认识到的是,流丝是近岸海域质量守恒的补偿运动。当近岸海域发生强烈的向岸辐聚时,近岸水体不能无限堆积,就会驱动部分水体打破辐聚作用而向外喷出,形成横向尺度窄、源源不断的外向流动。如果外海方向没有较高的海面高度阻拦流丝,而且流丝有持续的水体供给,就会向外长距离扩展。

流丝成为近岸水体向外输送的形式,近岸物质可以通过流丝被输运到百千米之外,因而,流丝是近岸水体净化的通道。上升流流丝携带了来自下层的大量营养物质向外海输送,在流丝的终点形成大片高营养水域,对海洋生物过程有很大的影响,并形成特殊的生物群落结构,甚至形成强大的渔场。

值得注意的是,从图19.11可以看到,每个凹进的海湾之外几乎都有流丝发生,因而流丝实际上可能是近岸裂流向外海输运的结果,或者说,流丝可能是裂流的外延。不过,按照波浪余流的理论尚无法解释流丝向外延展100多千米的原因。因此,关于流丝与裂流的关系尚需要深入研究。

总结与讨论

其实,海洋余流不止这些,随着对中小尺度现象观测的增多,未来会发现更多的余流。人们尚处于对海洋余流的不断认识中。海洋余流研究起步较晚,人们对于海洋余流的认识不是十分清楚,有些概念不甚明确,不同学者的认识也有歧义。本章的内容选出主要的余流现象,目的是引导读者关注海洋余流的研究。虽然有些定义存在学术争议,但不影响我们对海洋余流的讨论。在内容选择过程中,我们重点关注了以下物理问题。

1. 余流定义为水平方向的运动

本章提到的海洋余流都是水平方向的运动。如果从循环是否闭合来判断余流,有的垂向的运动也应该属于余流,如重力流就是典型的余流。但是,我们还是将余流定义为水平方向的剩余流动,而将重力流放入海水的垂向运动。这样做的原因是,海洋余流一般与非线性过程相关联,所有余流的非线性特征可以相互比较。垂向的余流要复杂很多,既要体现非线性作用,又与层化有关,属于另外的理论体系。

2. 为什么没有风生余流

在本章可以看到,各种余流都不是风生的,原因是,风生流一般不属于余流。风生流造成水体的堆积或亏空,必然引起来自其他地方水体的补偿,最终会形成环流。即使没有其他地方水体补偿,也会通过上升流从下面补偿。因此,风生流的结果不是余流,而是环流。根据余流的定义可知,余流是其他运动的剩余运动,其连续性由各种运动自身调整来实现,因而余流不需要补偿性流动。

3. 余流不满足垂直刚性

在摩擦可以忽略的情况下,浅海海流满足垂直刚性,即在海底隆起处向左绕流(北半球),在海底凹下处向右绕流。但余流不满足垂直刚性。比如,垂直刚性要求海流绕过岬角后由岬角向内流动,但图 19.8 给出的流动方向相反。这表明,岬角余流不满足垂直刚性的要求,因为岬角余流是剩余的流动。

思考题

1. 什么是余流? 余流有哪两种形式?
2. 拉格朗日余流与欧拉余流有何异同?
3. 波浪在海岛的绕射是否会产生波浪余流? 为什么?
4. 裂流是什么原因产生的?
5. 在什么情况下产生离开岬角的流动?
6. 河口上层余流与下层余流有什么不同?
7. 海峡流与海峡余流有什么差异?
8. 流丝的产生机制是什么?

深度思考

在多大的时间尺度上海洋余流能够表征水体的输运?

第 20 章
海洋中的振荡

振荡(Oscillation),在大气科学中称为涛动,指在不同区域某些参数呈现密切相关的反向变化现象,犹如儿童玩的跷跷板,此消彼涨。振荡与波动一样,都是水体微团在恢复力的作用下发生的周期性运动,仅从水体微团的运动并不能看出是波动还是振荡。波动和振荡的差异体现在场的传播特性,波动发生位相的传播,而振荡的位相不传播。

海洋中的振荡分为强迫振荡(forced oscillation)、自由振荡(free oscillation)和海气耦合振荡(air-sea coupling oscillation)三种。其中,强迫振荡是在变化的外界作用下发生的振荡,最为典型的是与太阳辐射和地球公转有关的各种年周期振荡,本书不予讨论。自由振荡是外部作用消失后海水在特定地理环境下发生的振荡。海气耦合振荡是海洋和大气相互影响的结果,形成在海洋和大气中近乎同步的变化。

本章前两节讨论海洋中的自由振荡,包括静振和惯性振荡;其余各节讨论大尺度的海气耦合振荡,包括厄尔尼诺、印度洋偶极子、太平洋年代际振荡、大西洋年代际振荡、北大西洋振荡和南极绕极振荡。

李建平教授对本章内容审校并提出宝贵意见和建议,特此致谢。

§20.1　自由振荡

第 15 章讲到,外界作用会破坏海洋的静力平衡,外界作用消失后海水将产生重力波,将多出的势能弥散出去,海洋趋于恢复平衡状态,这就是重力波的生成机制。如果重力波在传播过程中受到陆地的约束,将会发生复杂的反射和折射过程,波动之间会发生相互影响,产生两种不同的振荡现象。

一、驻波型振荡

在陆地边界附近,反射波与入射波叠加,会形成驻波形态的运动。驻波不发生传播,是一种自由振荡。驻波型的自由振荡只是普通重力波的叠加,与重力波频率相同,具有高频变化的特征,有时将驻波型的自由振荡称为高频振荡。

二、共振型振荡

在有些情况下,不同频率驻波之间会发生非线性相互作用,产生能量迁移,使有些频率的驻波加强,有些频率的驻波减弱。流体力学表明,每个海域都有一系列固有频率,驻波的能量趋于向海域的某个固有频率迁移和集中,产生明显的共振(resonance)现象。海洋中的共振现象都属于阻尼振荡,海水的摩擦阻力会使共振变成谐振(co-oscillation)。在海洋中,如果振荡不发生能量迁移,振荡与重力波只是驻波和前进波的区别。一旦发生能量迁移,自由振荡吸收了很多频率重力波的能量,振幅会大幅增加,波长也会明显增大,成为与原有重力波迥异的新现象。

1. 海湾静振

波浪传入较大的海湾中,会在海湾的两侧陆地之间反射,形成入射波和反射波的叠加,形成驻波型的振荡。各个海湾都有一组固有频率,一旦振荡的频率接近海湾的一个固有频率,就会发生共振效应,该频率的波动就会加强,而相邻频率的波会通过非线性相互作用将能量传递给固有频率,形成振幅和波长都大于波浪的驻波型振荡,这种振荡称为海湾静振(seiches),也称"假潮"。较大的海湾有很多固有振荡频率,重力波可与多个频率发生静振,形成复杂的静振系统。

海湾静振形成波腹与波节的结构,在陆地边界形成波腹,在海域中央形成波节(图20.1a)。此外,在单侧岸线的情况下也会发生静振,但其在外海一侧没有支撑,只能形成波节(图 20.1b)。由此可见,海湾静振是一种自由振荡。

在共振的状态下,静振的周期通常较长,取决于海湾的尺度,那些高频波动的能量向静振的频率集中。小型海湾、水库、港区发生的静振周期可以达到几十秒甚至几分钟,远大于普通重力波的周期。此外,静振的振幅会比同时存在的重力波大得多。

静振是波动能量集中的结果,静振过程是势能与动能之间的转换。静振能量会因弥散而损失,也会因海底摩擦而消耗,静振会持续到全部扰动的能量完全消耗为止。静振发生时,波节附近的水体微团会发生急速运动,使实测流速远超过潮流流速,也是海湾中潮流模拟不准确的主要原因。

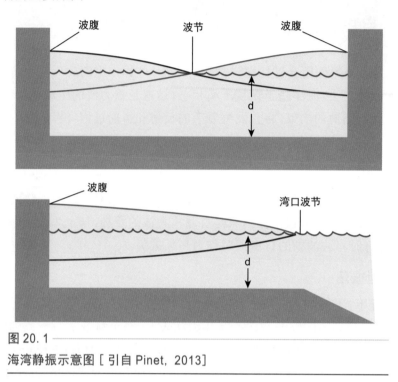

图 20.1
海湾静振示意图 [引自 Pinet, 2013]

2. 风生增减水

在较大的海域中,风的作用会将海水向海域一侧堆积,产生并维系了特定的势能。当风停止后,海水会向静力平衡的状态恢复,最终恢复到静力平衡状态。在完全恢复之前,海域中的海水发生振荡式往复流动,海水的势能和动能相互转化,可以持续多个振荡周期。这种现象被称为风生增减水效应。

从表面上看,风生增减水是大范围的水体往复振荡,与静振有明显的差别,没有明显的能量非线性迁移。而实际上,风生增减水也是一种共振效应,是与海域固有频率有关的自由振荡,本质上也属于海湾静振。像渤海一样的大型海湾,静振周期可以达到几十个小时。

3. 谐振潮

当外海的潮波传入浅海,潮波的能量在浅海放大,各个分潮的振幅都明显增大。由于存在海岸的约束,不同频率的潮波在传播过程中难免相互影响,造成混乱的潮波场。然而,这种混乱的现象并未发生,潮波通过自身的调整形成了和谐变化的潮波场,因而,浅海潮波被称为谐振潮(co-oscillating tide)。谐振潮也属于自由振荡现象,是能量向某些频率集中的结果,包含了明显的共振效应。

三、自由振荡的误区

振荡是指空间上呈现跷跷板式分布,时间上起伏变化,二者缺一不可。其中,跷跷板式分布体现了运动不传播的特点,反映了空间上的位相变化和能量转换,标志着振荡是一种区域性的时空变化现象。在对温度、气压等参数的研究中,只要存在空间上的跷跷板分布,时间上起伏变化,虽然不发生水体的转移,也可以看作振荡现象。

1. 振荡的物理框架

振荡的概念隐喻着在振荡过程中的质量守恒和能量守恒,动力学的振荡体现了区域性的质量守恒和动能－势能之间的相互转换,非动力学的振荡(如温度、气压等)也包含了热能的守恒或平衡。而一般参数随时间的起伏变化没有质量守恒和能量守恒的内涵,不能认为是振荡。因此,振荡现象在物理上是一个保守的系统,能量在系统之内传播和转化,但不能向系统之外传播。如果将不是振荡的参数变化误认为是振荡,则误解了变化过程,歪曲了真实的物理框架。

2. 时间变化与自由振荡

然而,在有些研究中,将一些参数的时间变化看作振荡。必须说明的是,没有空间结构只有时间变化的过程不属于自由振荡,相应的概念错误一定要纠正。原因是,不能保证质量守恒和能量守恒的时间变化不能代表振荡的系统特性。

3. EOF 结果与自由振荡

分析时空三维数据的有力工具是经验正交函数分解(EOF)方法,在海洋和大气中得到广泛应用。EOF 方法的分析结果表达为空间模态和时间系数,与振荡的表达方式一样,容易让人将 EOF 分析结果理解为振荡。但事实上,很多 EOF 的结果并不代表真实存在的振荡现象,只是一个统计分布和时间变化特征,如果就此认为存在一种振荡在物理概念上是非常错误的。

真实的振荡是自然存在的,与分析方法无关,因此,对振荡的分析需要深入研究其物理背景。真正的振荡除了具有时空特性之外,还需要满足质量守恒和能量守恒。

§20.2　惯性振荡

水体微团在运动时都会受到科氏力的作用而向流动的右方偏斜(北半球)。在没有明显边界约束的海域,这种偏斜就会持续发生,在一个惯性周期内旋转一周(图 20.2),这种运动被称为惯性振荡(inertial oscillation),早期也被称为惯性流(inertial current)。由于惯性流并

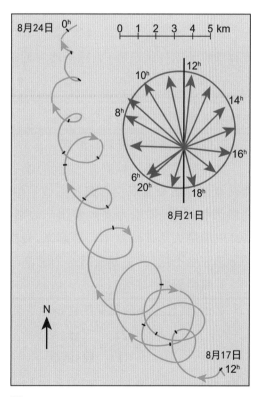

图 20.2

海洋中的惯性振荡 [引自 Gustafson 和 Kullenberg, 1936]

图中右上方的环形表示欧拉场中的惯性振荡,箭头为每小时的流向;图中的曲线为拉格朗日追踪的惯性振荡,是惯性振荡与平均流叠加的结果

不引起净流量的输送,称为惯性振荡更为恰当。惯性振荡的振幅与扰动的强度有关,在海面,风是最普遍的扰动方式,其引起的初始流速决定了惯性振荡的振幅。惯性振荡是海洋中最普遍的运动形式。尤其在深海大洋中,由于潮流和风生流微弱,惯性运动最为显著。

1. 惯性振荡的欧拉形式

将潜标、浮标等锚系在固定位置的仪器测到的惯性流为流向不断偏转的流动,流速矢量的端点连接线为椭圆形,一个惯性周期内旋转一周,体现了惯性流周期性运动的特点,如图 20.2 中的圆形所示。欧拉形式的惯性振荡在一个周期内虽然呈圆形,但因惯性振荡的振幅变化圆形并不一定闭合,而且不同周期的圆形并不重合。

欧拉形式的惯性振荡可以用动力学方程组描述,其基本平衡为

$$\frac{\partial u}{\partial t} - fv = 0$$
$$\frac{\partial v}{\partial t} + fu = 0 \tag{20.1}$$

从而得到

$$\frac{\partial^2 u}{\partial t^2} + f^2 u = 0 \tag{20.2}$$

方程的解是以科氏参量 f 为频率的周期解,

$$u = u_0 \cos ft$$
$$v = v_0 \sin ft \tag{20.3}$$

惯性振荡体现了流场的旋转变化。

2. 惯性振荡的拉格朗日形式

如果采用定点潜标测流,得到的就是欧拉场中的惯性振荡,体现为海流方向的周期性旋转变化。而如果用仪器或者其他示踪物跟踪水体微团的运动,观测结果是拉格朗日形式的惯性振荡,体现为水体微团一边随平均流漂移、一边做惯性旋转运动的轨迹,如图 20.2 中的螺旋形曲线所示。看起来,拉格朗日形式的惯性振荡轨迹与欧拉形式惯性振荡的形态完全不同,其实却是同一个现象在不同观测方式下的不同结果。

3. 惯性周期

显然,惯性振荡的周期严格地由下式确定,

$$T_i = \frac{2\pi}{f} = \frac{\pi}{\Omega \sin \varphi} \tag{20.4}$$

式中,地球自转角速度 $\Omega = 7.292 \times 10^{-5}$ rad s^{-1} 近似为常数。惯性周期只与纬度有关,越接近赤道周期越长,越趋于极地周期越短。例如,在纬度 20° 时,惯性周期是 35 h;而在纬度 80° 时,惯性周期约为 12 h(图 20.3)。也就是说,相同的扰动过程在不同纬度的海洋中产生不同周期的惯性振荡。

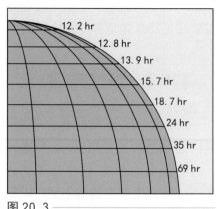

图 20.3

不同纬度的惯性周期

3. 惯性振荡的产生

外力的扰动是启动惯性振荡的原因，扰动作用消失后，将按照（20.3）式发生惯性振荡。由于风场的变化可以看作持续发生的扰动，风场的高频变化会频繁改变惯性振荡的振幅。

虽然风的扰动会影响惯性振荡的振幅，但惯性振荡是一种自由振荡，而不是强迫振荡。在风力作用期间，惯性周期的振荡实际上已经发生；当风力停止后，惯性振荡还将继续下去。

4. 惯性振荡的分离

虽然惯性振荡普遍存在，但都是混合在其他的运动之中，如与海流、潮流等融在一起。不论是研究惯性振荡，还是研究海流和潮流，都需要将他们分离开来。

分离惯性信号最大的困难在于惯性振荡的振幅是变化的，而与其混合在一起的潮流的振幅是不变的。潮流的分析一般采用调和分析方法，而调和分析方法无法分离出振幅变化的惯性振荡，分析的结果使一些惯性振荡的信息出现在潮流的分潮中，导致得到的潮流和惯性振荡都有误差。

分离惯性振荡的第二个困难是惯性周期与潮周期的混淆。在一般的中低纬度海域，可以通过调和分析方法分离出潮汐信号。但在纬度 30° 附近，惯性周期为 24 h，与全日潮周期接近；而在两极海域，惯性周期为 12 h 左右，接近半日潮周期。在这些海域，一般的潮汐分析方法无法有效地分离惯性振荡。

总之，惯性振荡的分离仍是科学上的难题。

5. 深海的惯性振荡

理论上讲，惯性振荡可以发生在所有的深度。但由于风场的扰动只发生在表层，因此，惯性振荡应该是近表层现象。随着对惯性振荡的观测越来越多，人们注意到在深海可以观测到很强的近惯性振荡（near inertial oscillation），即周期略大于或略小于惯性周期的振荡。由于风的作用并不能影响那么深。深层海水的近惯性振荡可能是表层惯性振荡以近惯性内波的形式向下传播，激发深层海水的近惯性振荡（管守德，2014）。

在深海中，近惯性振荡又分为"亚惯性振荡"（sub-inertial oscillation）和"超惯性振荡"（super-inertial oscillation）。观测表明，实际海洋中近惯性能量分布于惯性频率的两侧（图20.4）。

频率偏离惯性频率的振荡有两种可能的原因。一种是振荡与背景流场相互作用，导致振荡的频率发生多普勒频移。研究表明，亚惯性振荡主要与多普勒频移有关（Zhai 等，2004）。

另一种原因就是与海洋内波有关（详见 §17.6）。在正压情形得到的惯性重力波解中，波数为零的波就是惯性振荡。当海洋层化时，扰动就会在跃层处激发起斜压惯性重力内波，其频散关系如（17.15）式所示，表明扰动会生成与惯性频率有关的内波，层化导致振荡的频率增大，层化越强，频移越大。频率增大直接导致了超惯性振荡。

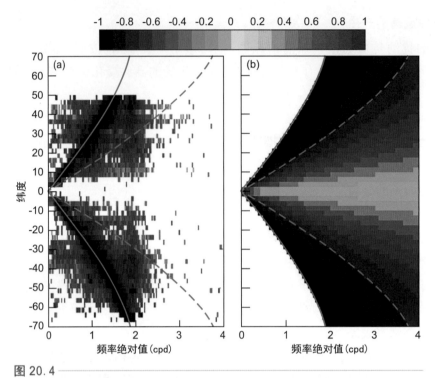

图 20.4

极化旋转谱在太平洋的实测值 [引自 Elipot 和 Lumpkin, 2008]

因此,可以说近惯性内波和近惯性振荡是相互联系的两件事情。而近惯性内波是惯性信号向下传播的方式,既取决于波动的频率和强度,又取决于层化因素。而惯性振荡是在水体微团受到水平方向的扰动后发生的旋转现象,其周期由当地的科氏参量决定,不应该出现偏离地转周期的振荡。实际上观测到的亚惯性周期与多普勒频移有关,超惯性振荡则是内波倾斜向下传播时发生的现象,如(17.16)式所表达。因此,近惯性内波的研究不仅解决了近惯性周期的频率变化问题,而且解决了深海近惯性能量的来源问题。

§20.3　厄尔尼诺

海气耦合振荡是海洋和大气相互影响的结果。大气驱动使海洋发生响应,海洋反过来作用于大气,使大气发生相应的变化,形成在海洋和大气中近乎同步的振荡性变化。这些振荡产生于海洋和大气之间的耦合,是海洋和大气各自运动和变化共同作用的产物,称为海气耦合振荡。海气耦合振荡通常是长周期或超长周期的运动,时间尺度少则数年,多则数十年。由于海洋和大气中都无法保留低频信号,年周期以上周期的低频振荡(Low-frequency oscillation)都属于海气耦合振荡。本节和以下5节介绍6种主要的海气耦合振荡。

1. 厄尔尼诺现象

厄尔尼诺现象(El Niño)主要指赤道太平洋东部和中部热带海水温度异常变暖现象(图 20.5),其影响范围扩展到赤道外海域。厄尔尼诺现象通常在圣诞节前后开始发生,在西班牙语中意为"圣婴"。图 20.6 给出了厄尔尼诺指数,每个红色尖峰就是厄尔尼诺发生的时间,厄尔尼诺现象的发生频率不太规则,每 3～5 年发生一次,每次往往持续好几个月甚至 1 年以上。

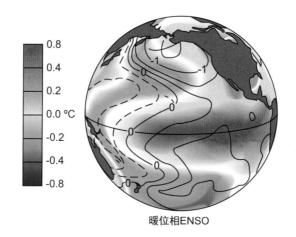

暖位相ENSO

图 20.5

厄尔尼诺事件发生期间海温距平的分布特征［引自美国华盛顿大学］

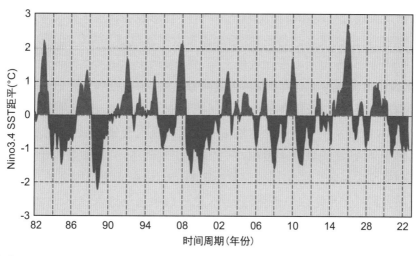

图 20.6

厄尔尼诺指数和主要事件［https://www.pmel.noaa.gov/elnino/enso-index］

　　厄尔尼诺现象是最重要的海气耦合现象。在正常情况下,赤道西太平洋是暖水,赤道东太平洋是冷水,在赤道东风的作用下向西运动;西部暖水区(暖池)加热其上大气,形成上升气流和海面低压;东部冷水区使其上的大气降温,形成稳定的下沉气流和海面高压。在沿赤道的垂向断面上,下层是东风,上层是西风,称为沃克(Walker)环流(图 20.7b)。

　　当厄尔尼诺发生的时候,信风系统减弱,太平洋西边界积聚的大量暖水失去支撑,开始向东移动,暖池温度降低;赤道太平洋中部水温升高,导致大气中的上升气流和降雨带也都移到太平洋中部。这时,赤道西太平洋由上升气流变成下降气流,湿润的气候变成干燥的气候;而在赤道东太平洋,海水温度升高(图 20.7c)。不仅海面温度发生变化,大洋暖水层的厚度也发生变化。正常年份西太平洋暖水层很厚;厄尔尼诺发生后,暖水东移,西太平洋的暖水层变薄(图 20.7c)。厄尔尼诺现象发生后,东太平洋冷水鱼群大量死亡,海鸟因找不到食物而纷纷离去,蓬勃的渔场失去生机,沿岸国家遭到巨大损失。

厄尔尼诺的反过程就是拉尼娜(La Niña),温度变化与厄尔尼诺相反,在赤道东太平洋温度呈负距平,在赤道西太平洋温度呈正距平(图 20.7a)。

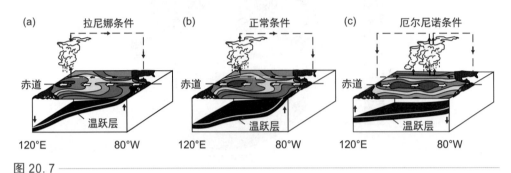

图 20.7

赤道太平洋厄尔尼诺现象 [引自 PMEL,2022]

2.厄尔尼诺对气候的影响

厄尔尼诺现象通过气温和降雨影响全球气候,会形成各种灾害性现象。正常年份赤道西太平洋降雨丰沛,形成很多热带雨林;而赤道东太平洋气候干旱。当厄尔尼诺发生后,降雨带移到太平洋中部,赤道西太平洋气候干旱。例如,位于赤道西太平洋的马来西亚气候湿润;厄尔尼诺发生时气候变得干旱,森林火灾频繁发生,形成烟害,令人呼吸困难。厄尔尼诺对气候的影响范围很大,导致南美洲秘鲁和哥伦比亚发生暴雨、巴西发生干旱;澳大利亚东部降水明显减少,南亚发生干旱。厄尔尼诺对我国气候也有显著影响,厄尔尼诺发生期间,我国华南地区干旱,长江流域降雨增加,东北地区出现暖冬,台风数量少于常年。厄尔尼诺现象对农业产生巨大影响。厄尔尼诺现象的影响范畴远在赤道范围之外,太平洋周边中纬度国家的气候受到厄尔尼诺现象的强烈影响,这种影响甚至进入北冰洋(Zhao 等,2006)。

厄尔尼诺是一个非常强烈的海气耦合现象,海洋的厄尔尼诺现象和大气的南方涛动现象有很高的一致性,因此,将这个海气耦合现象统称为厄尔尼诺和南方涛动(ENSO)。

3.历史上的厄尔尼诺现象

从图 20.6 可见,历史上的厄尔尼诺现象是频繁发生的,但是,从上世纪 80 年代开始,厄尔尼诺呈现增强的态势。1982 年 4 月至 1983 年 7 月的厄尔尼诺现象,是几个世纪来最严重的一次,赤道太平洋东部海面水温高出正常值 4℃至 5℃,造成全球各地气候灾害。1997 年至 1998 年发生二十世纪最强的厄尔尼诺事件。2015/2016 年超强厄尔尼诺自 2014 年 9 月开始,2015 年 11 月达到顶峰,2016 年 5 月结束,是 21 世纪以来最强的厄尔尼诺事件,造成全球范围内的气候异常,并对全球变暖产生重要的正反馈。

4.厄尔尼诺的发生机制

科学界对厄尔尼诺现象的发生机制有多种观点,比较普遍的看法是:在正常状况下,北半球赤道海域为东北信风,南半球为东南信风。信风带动海水自东向西流动,形成南赤道流。赤道东太平洋的上升流带动次表层冷水上升到海面,形成低温水舌。一旦信风减弱,甚至变为西风时,赤道东太平洋地区的冷水上升减弱或停止,海水温度升高,形成大范围的水温异常增暖。至于信风为什么减弱,涉及海气系统复杂的耦合机制,至今尚无定论,是海气耦合研究的重要科学问题。

现场观测数据是指示和预测厄尔尼诺现象的关键。科学家在赤道附近布放了浮标阵列,可以实现对气温、气压、风场、水温、流速、暖水层深度等参数的现场观测,数据通过卫星实时传送。依据对浮标数据的分析,就可以更好地预测厄尔尼诺现象。

§20.4　印度洋偶极子

厄尔尼诺现象发生在太平洋,在相邻的印度洋发生一个与厄尔尼诺类似的现象,被称为印度洋偶极子(Indian Ocean dipole, IOD),是赤道印度洋表面海温的东西方向振荡现象。1994 年,Tourre 和 White(1995)首次发现了热带印度洋海表温度距平也存在着类似太平洋 El Niño 现象。1997/1998 年太平洋爆发了 20 世纪最大的 ENSO 事件,热带印度洋海表也经历了一次重大的海温异常过程,揭开了研究印度洋海气相互作用的序幕。21 世纪以来,2006、2012、2015、2019 年多次发生了显著的 IOD。研究发现,距今 6 500 年前就开始发生,是一个古老的海洋现象。

1. 印度洋偶极子现象

Saji 等(1999)第一次提出了印度洋偶极子现象,是赤道印度洋海表温度不规则振荡,东西印度洋交替增暖和变冷(图 20.8),其时间变化由 IOD 指数来表达(图 20.9)。IOD 具有与 ENSO 量级相同的时间尺度,平均每 30 年发生 4 次正的和负的 IOD,每次持续时间大约 6 个月。IOD 在 9～11 月最强,在 1～4 月最弱。IOD 存在年代际差异,20 世纪 80 年代偏弱,90 年代偏强。IOD 存在 4～5 周期的年际变化和 20～25 年周期的年代际变化。

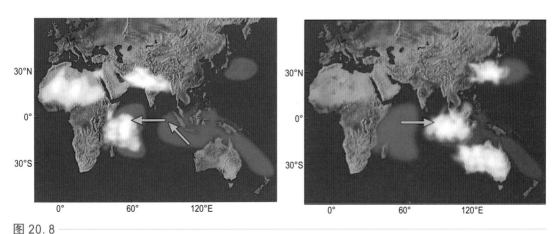

图 20.8

印度洋偶极子正负位相的海温结构

[https://www.wunderground.com/?entrynum=1458&page=17]

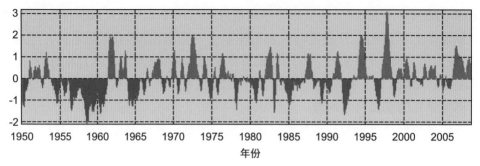

图 20.9

印度洋偶极子指数

[http://www.jamstec.go.jp/frcgc/research/d1/iod/2007/observations/dmi_recent.jpg]

在有些年份,ENSO 和 IOD 没有明显的关系,如 2006 年发生 IOD 时太平洋并没有发生厄尔尼诺,而是拉尼娜(Cai 等,2009)。但是,在最强的 3 个 ENSO 事件(1982/83,1997/98 和 2015/16)发生时也都发生了 IOD。IOD 与 ENSO 的关系至今仍然扑朔迷离。

2. IOD 的气候效应

IOD 对气温和降雨有显著影响。正常年份(IOD 负位相)东印度洋发生暖水,强风携带来自海洋的水汽,有利于在澳大利亚西部和印度尼西亚西部形成降雨,而印度洋西部地区干旱。IOD 正位相时期,东印度洋水温偏低,风力减弱,向南输送的水汽减弱,在印度尼西亚和澳大利亚引发干旱(Ummenhofer 等,2009);而在西印度洋发生高于平均状况的高温和较多的降雨。

IOD 影响印度次大陆季风的强度,与青藏高压和西太平洋副热带高压都有明显关系,表明它对亚洲季风活动有重要影响,是重要的全球气候因子。我国的气候既受 ENSO 的强烈影响,也受 IOD 的影响。如果这两个现象出现不一致的变化,我国的气候就会发生复杂的变化。

3. IOD 的产生机理

迄今为止,对 IOD 的研究日渐深入,对其产生机理有各种理论提出,大致可以分为两类。第一类是 ENSO 触发机制,如 ENSO 是 IOD 的直接触发机制(巢清尘、巢纪平,2001);印度尼西亚贯穿流是 IOD 的触发机制(Yuan 等,2013);ENSO 通过印度洋局地海 - 气相互作用来间接引发 IOD 事件(Nagura 和 Konda,2007)等。第二类是与 ENSO 无关的触发机制,如 IOD 完全是印度洋大气与海洋耦合作用的产物,其形成与 ENSO 无关(吴国雄、孟文,1998);局地海 - 气相互作用对海温的反馈作用(Saji 和 Yamagata,2003);海洋罗斯贝和开尔文波是 IOD 触发机制等(Guan 等,2003)。

Saji 等(1999)通过研究 1997—1998 年的海温异常变化发现了 IOD 现象,那是一次与 ENSO 同期发生的 IOD 事件。即使如此,他们认为 IOD 事件可能不是对太平洋 ENSO 事件的响应,而是由印度洋自身系统的海气相互作用引起的对年循环的显著性扰动,因为这次海温异常超出了厄尔尼诺所能引起的印度洋海温变化的幅度。进一步的研究指出,印度洋次表层存在着比表层更大的海温距平。表层海温距平一般在 0.5 ℃以下,而次表层海温距平可超过 2 ℃。热带印度洋次表层年际变率与 IOD 有关,而独立于 ENSO (Sachidanandan 等,2017)。

虽然印度洋偶极子和厄尔尼诺差异很大,但二者在物理上确有紧密的联系。在太平洋和印度洋之间存在印度尼西亚贯通流,西太平洋的暖池水会通过印度尼西亚贯通流输送到印度洋;厄尔尼诺发生后,贯通流会发生改变,势必影响印度洋的海洋过程。印度洋海温在受太平洋影响的同时,也会受印度洋海洋运动的影响发生独立的变化。从这个意义上看,印度洋很像一个独立的系统,ENSO 和印度尼西亚贯通流很像对该系统的输入,而系统的响应则取决于印度洋自身的物理过程。

尽管在海洋上 ENSO 与 IOD 的关系仍然不确定,但在大气中二者的联系确是非常清晰的。由西太平洋暖池驱动产生的上升气流在太平洋引发了沃克环流,而在印度洋引发了反沃克环流,垂向断面环流结构近乎相反,类似齿轮啮合结构(图 20.10)。1997/1998 年的 IOD 就是太平洋 ENSO 事件通过赤道上空的反 Walker 环流影响了印度洋海表风场,进而引发了印度洋的海温异常(李崇银等,2001)。因此,IOD 本质上是受太平洋 ENSO 过程影响的海气耦合系统。

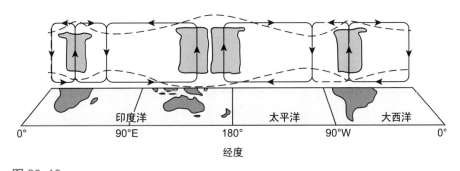

图 20.10

太平洋、印度洋、大西洋赤道沃克环流 [引自 Webster,1983]

§20.5　太平洋年代际振荡

在整个北太平洋尺度上,海水表面温度存在一个年代际的振荡,以赤道东太平洋为一极,以北太平洋为另一极(图 20.11),周期为 30 ~ 50 年,被称为太平洋年代际振荡(Pacific decadal oscillation, PDO)。当 PDO 为正位相(暖位相)时,北美大陆附近海面水温升高,而北太平洋海面温度降低;当 PDO 为负位相(冷位相)时,情况相反。PDO 不仅体现在海水表面温度的变化,而且发生海平面气压及风场的协同变化,因而属于海气耦合振荡。

在 PDO 暖位相时,热带中、东太平洋异常增暖,北太平洋中部异常变冷,北美西岸异常增暖。如果 PDO 处于冷位相,则形成相反的信号。100 多年来,发生了 2 个完整的 PDO 循环:冷位相发生于 1890 ~ 1924 年和 1947 ~ 1976 年,暖位相发生于 1925 ~ 1946 年和 1977 ~ 1998 年。21 世纪 PDO 的变化体现了更高频率的特征,冷暖位相频繁转换,总体上体现为冷位相为主导的特征（图 20.12）。从 2010 年代中期开始，PDO 已经从负位相向正位相转变，可能会加剧全球变暖。

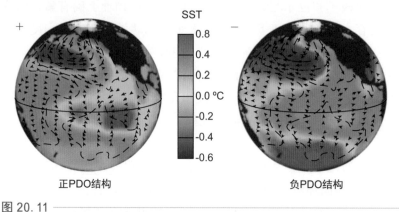

图 20.11

太平洋年代际振荡的正负位相 [引自 Hoffman, 2007]

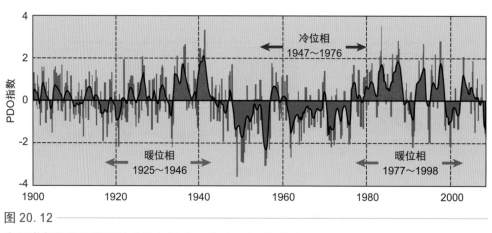

图 20.12

太平洋年代际振荡指数 [引自 Molion 和 Lucio, 2013]

随着替代数据的增加，与 PDO 有关的数据长度增长，人们对 PDO 的周期特性有了更深入的了解。PDO 实际上有两个主要周期，一个为 15～20 年，另一个为 50～70 年（Minobe，1997），人们熟知的 30 年左右的周期实际上是两个周期叠加的结果。

PDO 的影响范围包括赤道太平洋和北太平洋，涵盖了厄尔尼诺的海域，是孕育着厄尔尼诺和拉尼娜现象的背景环境。PDO 的形态与厄尔尼诺很相似，但变化周期完全不同，体现为两种不同的现象。关于 PDO 的生成机制有很多研究，但迄今尚无定论，需要更多的研究。

1. PDO 与渔业资源

PDO 现象对海洋的影响主要体现为海温的变化及其对渔业资源的影响。在美国西岸，渔业资源存在年代际变化。美国海洋学家 S. R. Hare 在 1997 年研究鲑鱼繁殖现象时发现了这种年代际变化现象，并命名为 PDO。PDO 引起的温度变化幅度并不大，最大幅度不到 2℃；但是，鱼类主要是靠感知生存环境来生存，温度的微小变化对渔业资源种类和渔获量有重要影响。

2. PDO 对全球气候的影响

海洋中的 PDO 与大气中的 NPO（North Pacific Oscillation，北太平洋涛动）相对应，二者有很高的相关度，体现 PDO 是海气耦合现象。气候系统对海温的变化非常敏感，PDO 是海温变化的信号，与全球气候变化有密切的关系。北太平洋的气候在近百年内发生了 3 次气候突变，分别在 1925 年、1947 年和 1977 年左右发生，均与 PDO 的位相转换相对应（杨修群等，2004）。

全球变暖是过去几十年地球上的重要现象之一，二氧化碳的温室效应被认为是主要原因。但温室效应导致的气温变幅度应该没有那么大。因而有些科学家认为全球变暖与 PDO 有密不可分的联系。全球变暖始于 1970 年代中期，而 PDO 也从那时开始进入正位相期。21 世纪初，全球变暖出现了 10 余年的停滞，恰值 PDO 进入了负位相期。因此，全球变暖可能是 PDO 正位相与温室气体增加叠加作用的结果（Easterbrook，2001）。

PDO 冷位相时期对气候影响更加显著，全球强震、低温、干旱、洪涝、飓风、ENSO 等都比较强烈（杨学祥、杨冬红，2006）。而暖位相期间相对和缓。对我国而言，PDO 正位相期间，我国东北汛期降水偏少，华北降水偏多，长江流域降水偏少。呈现南涝北旱的形态。而 PDO 负位相期间我国呈现南旱北涝的形态。PDO 与台风的生成有一定的相关性。PDO 冷位相期间台风生成偏多，而暖位相期间相对偏少（何鹏程，2010）。

3. PDO 对地震活动的影响

研究表明，PDO 负位相时期是全球强震的集中爆发时期。1889 年以来，全球大于等于 8.5 级的地震共 21 次，其中发生在 PDO 负位相时期 20 次，正位相时期 1 次。2000 年 PDO 进入了负位相期，预期将持续到 2035 年左右，有可能出现全球强震的集中爆发。这种 PDO 负位相期的强震被认为与 PDO 导致的跷跷板运动有关。PDO 体现的虽然是海面温度的变化，实际上 PDO 的变化导致了海水的振荡性运移和海面的反复升降，对太平洋洋底地壳产生了强大的挤压作用，引发强烈的地震活动。

§20.6　大西洋多年代振荡

在北大西洋存在两种重要的低频振荡，一种是大西洋多年代振荡，另一种是下节介绍的北大西洋振荡。这两种振荡时间尺度和空间结构都不相同。

大西洋多年代振荡（Atlantic multidecadal oscillation，AMO）是发生在北大西洋海表温度自然变化的主模态（Seager 等，2000），正位相（暖位相）和负位相（冷位相）交替发生，具有 $65\sim 80$ 年周期（图 20.13a），温度变化的振幅约为 0.4 ℃（Kerr，2000）。图 20.13b 给出消除线性变化趋势后北大西洋 AMO 的空间结构。在历史数据和数值模拟中都能够得到这个现象。AMO 的海面气压场与海温场发生一致的变化，是典型的海气耦合振荡。研究表明，各个季节的 AMO 指数与年平均 AMO 指数基本一致，表明 AMO 没有明显的季节变化。

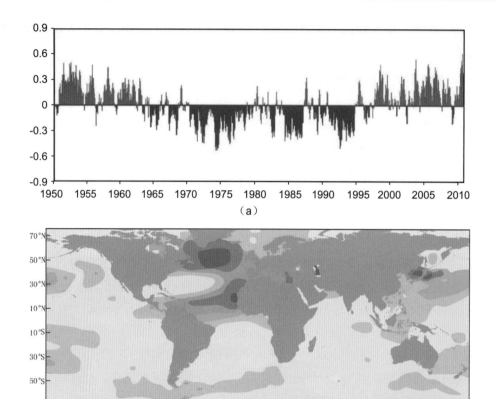

图 20.13

大西洋多年代际振荡 [Clement 等, 2015]

(a) AMO 指数; (b) AMO 的空间分布

在 1920～1960 年期间, AMO 呈正位相, 北大西洋 30°N～50°N 海域的海温增暖, 海面气压场与海温一致。在 1960～1980 年 AMO 进入负位相, 海温逐渐变冷。1990 年至今, AMO 进入正位相, 北大西洋海温增暖。

AMO 指数与北半球很多地方的降雨有关。当 AMO 为正位相时, 美国佛罗里达州中南部的降水增加, 而佛罗里达州北部的降雨减少; 当 AMO 为负位相时, 佛罗里达出现严重干旱。AMO 正位相时美国西北太平洋沿岸地区的降水增加, 中东地区经历严重干旱。20 世纪全球两次最严重的干旱, 1930 年代和 1950 年代的干旱, 都是在 AMO 正位相时发生的。

AMO 与美国东部的气旋活动频率和强度有密切的关系。在 AMO 的正位相期间, 成长为飓风的热带风暴的数量是负位相时期的两倍以上, 有更多的气旋北上到达美国北部和加拿大(图 20.14)。从 1995 至今, AMO 一直处于正位相期, 也是飓风的高发期。

迄今人们对 AMO 的物理机制尚存在争议。有人认为 AMO 是大气受到海面混合层随机扰动引起的(Clement 等, 2015), 然而, 更深入的研究表明, AMO 与大西洋经向翻转环流有关, 是一个典型的海气耦合现象(Zhang 等, 2016; Zhang 等, 2019)。数值模拟表明,

AMO 除了受到大西洋过程的影响之外，还受到太平洋过程的影响，发生跨海盆相互作用；当不考虑太平洋的 ENSO 或 PDO 时，AMO 明显减弱（Lin 等，2019）。

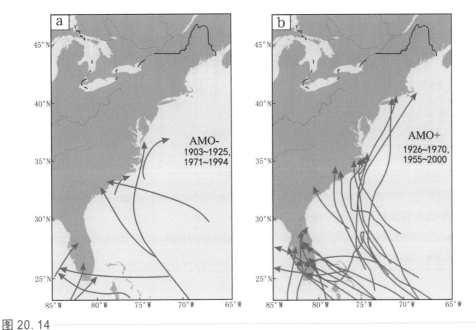

图 20.14

AMO 负位相（a）和正位相（b）期间大西洋西岸气旋发生频率和路径［引自 Kerr，2005］

§20.7　北大西洋振荡与北极振荡

北大西洋上的两个大气活动中心冰岛低压和亚速尔高压之间呈现明显的跷跷板式变化：冰岛低压加深时亚速尔高压加强，冰岛低压减弱时亚速尔高压减弱，这种反位相变化称为北大西洋振荡（North Atlantic oscillation，NAO）。用两个中心的气压差作为北大西洋振荡的指数（图 20.15），该指数实质上是区域性的大气环流指数，表征了北大西洋上空的平均西风强度（Walker，1924；Wallace 和 Gutzler，1981）。NAO 指数增大表明气压差加大，中纬度大气环流增强，反之，指数减小表明大气环流减弱。冬季 NAO 指数和年均 NAO 指数的变化有很好的一致性，表明 NAO 全年存在，冬季最强，夏季最弱。

大气环流的改变势必影响海洋环流，正 NAO 时期，西风增强导致北上的北大西洋暖流和南下的拉布拉多寒流均增强，美国东部和西欧出现暖冬和丰沛的降雪，而加拿大北部和格陵兰出现冷冬和干旱。反之，负 NAO 期间西风减弱，暖流和寒流都减弱，西北欧将出现冷冬，而加拿大东岸及格陵兰发生暖冬（图 20.16）。正 NAO 期间暖流区海洋温度升高，将增加向大气的热量释放，形成正反馈，导致 NAO 进一步加强。北大西洋的海表温度、海冰范围与气压十年尺度变化有非常高的一致性（Deser 和 Blackmon 1993），因此，NAO 也是一种海气耦合振荡。

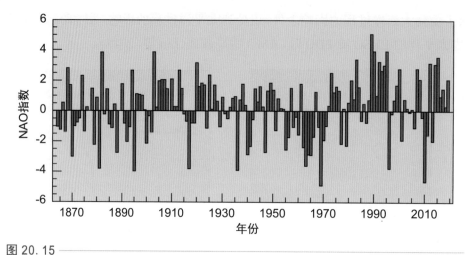

图 20.15

Hurrell 北大西洋振荡（NAO）指数

[https://climatedataguide.ucar.edu/climate-data/hurrell-north-atlantic-oscillation-nao-index-station-based]

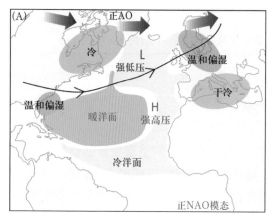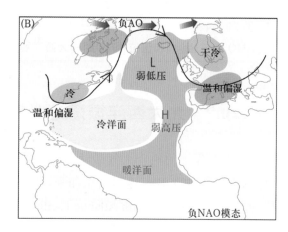

图 20.16

北大西洋振荡位相

[https://pic1.zhimg.com/80/v2-762c62e70b2ad2ae65cd5a4082363c34_720w.jpg]

1. NAO 对我国气候的影响

冬季 NAO 可以通过影响西伯利亚冷高压和东亚大槽来影响东亚冬季风,从而影响我国冬季气候。已有研究表明,NAO 指数与东亚地区呈显著的正相关,而与贝加尔湖以北地区呈显著的负相关。在正 NAO 冬季,西风加强,西伯利亚冷高压和东亚大槽都偏弱,东亚地区的气压南北梯度减弱,导致东亚冬季风偏弱,中国北方冬季气温偏高(李建平,2005)。所以 NAO 对于我国气候、尤其是冬半年气候存在着遥相关机制,而夏季的 NAO 与东亚气候的关系不明显。

2. NAO 的周期特性

NAO 指数存在年际变化,周期为 2～5 年。人们最关注的是 NAO 指数明显的年代际变化,在 1960～1990 年期间呈现规则的 10 年周期(Hurrel,1995)。10 年周期的变化对气候影响最大,也是海气耦合变化的主要周期。此外,NAO 指数还存在 50～70 年周期的变化(Mann 等,1995),这种周期性在年均 NAO 指数中最明显。不过,50～70 年周期在全球气候系统是普遍存在的现象,未必是 NAO 特有的周期。从海洋的角度看,50～70 年周期的变化归类为大西洋多年代际振荡。但是,NAO 指数的相对强弱变化确有低频变化。1900 年以前 NAO 指数相对较弱,1900～1930 年为正位相较强的时期,1930～1950 年持续减弱期,1955～1975 年呈现负位相较强的时期。1975 年至今 NAO 指数一直呈现较强的正位相。

3. 北极涛动

北极涛动(Arctic Oscillation,AO)是用 20°N 以北的海平面气压进行经验正交函数分解(EOF)得出的第一主模态(Thompson 和 Wallace,1998)。由于北极涛动并非明确的海气耦合现象,这里我们使用"涛动"来表达。北极涛动的空间结构如图 20.17a 所示,以北极地区为一极,太平洋和大西洋中纬度地区为另一极,气压场发生跷跷板式的变化(Li 和 Wang,2003),其中,大西洋的一侧的影响范围更大一些。将 EOF 第一主模态的时间系数定义为 AO 指数,表征了 AO 的时间变化(图 20.17b)。北极涛动的时间变化有显著的 10 年周期,并且有更低频的变化叠加其上。

当 AO 处于正位相时,副热带高压带和副极地低压都异常加强,导致西风加强;与此同时,费雷尔环流异常增强,在对流层低层产生强的南风异常,从低纬向高纬输送的暖空气增多,导致高纬地区是温暖、湿润、多雨。而当 AO 负位相时环流状态相反。在最近 30 多年,冬季、夏季还是年均 AO 指数都呈现加强的特征,表明北半球中纬度地区西风环流异常加强,与全球变暖有显著的联系。

功率谱分析表明,AO 指数的周期特性与 NAO 相似,即存在 4～5 年周期、10 年周期以及 50～70 年周期的振荡。由于 AO 与 NAO 高度相似,AO 对我国气候的影响也与 NAO 一致。支配我国气候的东亚冬季风与西伯利亚高压强度、东亚大槽强度正相关,而与 AO 反相关(Gong 等,2001)。当冬季 AO 正位相时,东亚冬季风偏弱,东亚寒潮活动较弱,平均气温偏高(龚道溢等,2004)。此外,冬季 AO 与中国降水也有一定的正相关关系(龚道溢、王绍武,2003)。

北极涛动指数与北大西洋振荡指数高度相关,人们倾向于认为 AO 与 NAO 表达的是同一个现象。然而,有人认为 NAO 是真实存在,而 AO 是否真实存在争议(Ambaum 和 Hoskins,2001;Dommenget 和 Latif,2002;Kerr,1999)。研究证实,虽然 AO 是由海平面气压场得出的,但其与 50 hPa 高度的北半球环状模(NAM,即带状对称的环状结构)有密切联系,证明 AO 是大气环流的属性,是高空极涡调制下的海面信号(Thompson 和 Wallace,1998)。

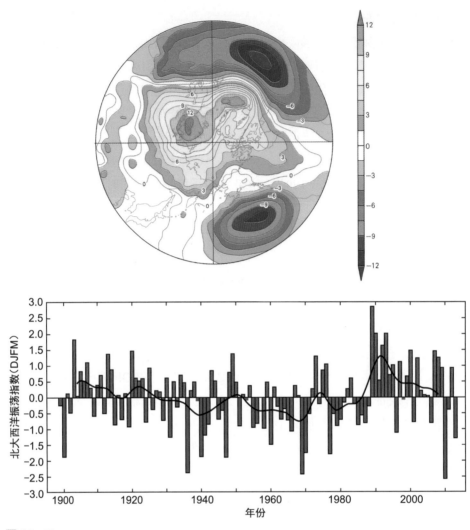

图 20. 17

北极涛动的空间形态(a)和北极涛动指数 [引自 NOAA/ESRL 网站]

到目前为止,关于北极涛动的争议被搁置起来,科学家往往用 NAO/AO 来表示二者是同一个现象。虽然至今对 AO 仍然存在争议,但是北极涛动的问世起到重要作用:用半球海表面气压数据得出的 AO 指数与只用两点气压差得到的 NAO 指数高度相关,说明了北大西洋在整个北半球年代际振荡中的重要作用,背后隐含了深刻的物理机理,使我们可以从半球视野看待北大西洋对全球气候的作用和影响范围,对于深入研究气候系统的变化有重要意义。

4.北极涛动核心区

Zhao 等,(2006)在研究世界各地海平面气压与北极涛动指数的关系时发现,AO 的影响范围很大,但大部分区域会受到来自中低纬度过程的影响,如图 20.18a 所示。这些过程有的与强 ENSO 信号相联系,有的与 PDO、AMO 等年代际信号相联系,意味着这些振荡过程对北极地区有影响。然而,有这样一个特殊区域,就是北欧海及其毗邻海域,在过去百年之中从未受到来自中低纬度过程的影响。我们将这个区域命名为"北极涛动核心区（AOCR）"。北极涛动核心区的最重要特征是,该区域的平均气压与北极涛动指数高度相关,相关系数达到 0.949,二者几乎可以相互替换。这个特性包含了几个值得深入研究的命题。首先,AOCR 的存在隐喻了北欧海在北极涛动过程中的重要地位,其海面气压场的变化和半球尺度的运动有密切联系。第二,北大西洋振荡是两极之间的振荡,而 AOCR 只有一极,其平均气压场却能很好地表达这种振荡,表明北欧海这一极可能更加重要。第三,AOCR 的存在表明,北欧海在全球气候系统有重要的地位与作用,需要得到关注。

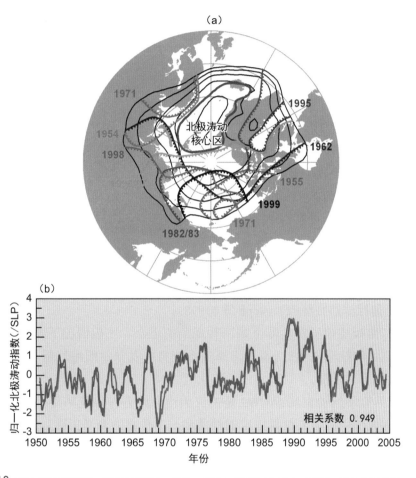

图 20.18

北极涛动核心区 [引自 Zhao 等,2006]

（a）北极涛动核心区的范围及影响北极的中低纬度过程;（b）北极涛动核心区的平均气压（蓝线）与北极涛动指数（红线）的关系

§20.8　南极绕极振荡

与北半球情况相似,南半球中纬度和高纬度两个大气环状活动带之间也存在跷跷板式的振荡现象,由龚道溢和王绍武（1998）命名为南极涛动（Antarctic oscillation；AAO）。这种涛动也可以在海平面气压场中表现出来,用 40°S 和 70°S 上的标准化纬向平均海平面气压差定义南极涛动指数,来表达发生在大气中的全球尺度涛动现象。而在海洋中,由于海陆分布的影响,大气的带状涛动被分割成三个纬向高低压距平系统。对南大洋海气耦合过程的认识很晚,直到关于南极绕极波的研究才开启了对南极绕极振荡的认识过程。

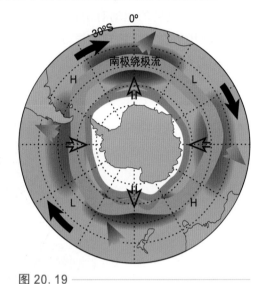

White 发现,在 1985～1994 年间在南极绕极流海域发生传播的波动形态,自西向东传播,平均传播速度 6～8 cm/s,变化周期是 4～5 年,8～10 年环绕地球一周(图 20.19)。这种现象同时出现在海洋和大气数据中,包括大气中的海面气压、经向风应力以及海洋中的海面温度和海冰范围距平等参数,各个参数的变化几乎是同步的,以南太平洋扇区的变化幅度最大。这个传播的现象被命名为南极绕极波(Antarctic circumpolar wave,ACW)。由于环绕地球传播的南极绕极波呈现两个波的行波结构,也称 ACW2(White 和 Peterson,1996)。

图 20.19

南极绕极波示意图[引自 White 和 Peterson,1996]

(H,L):海平面高低压中心;⇕:经向风速

采用更长时间的数据和使用数值模式进行研究发现,在过去 50 年里,ACW2 只发生在 1985～1994 年,只占全部时间的 20%。在其他年份,SLP 距平体现的是波数为 3 的驻波信号(ACW3),而不是行波的特征(Christoph 等,1998)。

研究表明,南极绕极振荡实际上是两种现象的组合。一般情况下发生波数为 3 的振荡 ACW3;当强大的扰动发生时,南大洋海气系统将引发异常的海气耦合过程,具有传播特性的 ACW2 信号占优势。

两种现象具有不同的机制:ACW3 是由三大洋海陆分布特征和南大洋海气耦合过程决定的,表现为大气中的中心位置固定的振荡和一个传播的海洋振荡,通过南极绕极流实现三个中心信号的迁移(Venegas 和 Silvia,2003),一系列耦合的全球环流模式中都模拟出 ACW3 的信号(Motoi 等,1998;Cai 等,1999)。ACW2 的信号来自热带太平洋,高温海水从西南太平洋的低纬海域进入南大洋,驱动南极绕极波的产生(White 和 Peterson,1996;Peterson 和 White,1998),对于大气系统构成了独一无二的、缓慢的海洋遥相关。

南极绕极波既不是自由波动,也不是强迫波动,而是海洋和大气耦合产生的驻波或行波特性。从能量角度看,维持南极绕极波的存在需要海洋和大气之间存在一种耦合为之提供能量。南极绕极波在南大洋以及南半球的气候变化中扮演了重要的角色,是南大洋海气相互作用系统中极其重要的一部分,引起了海洋学家们的极大兴趣,其特征还没有完全搞清楚,其生成机制尚在探索之中。

总结与讨论

海洋是太阳能的转换器,也是大气能量的输送者,因此海洋对气候有强大的影响能力,全球气候及其变化与海洋密切相关。我们可以将气候变化分为趋势性变化和振荡性变化。在数十年时间尺度上,趋势性变化主要是大气因素产生的,与温室气体的增加有关;海洋的作用主要是产生振荡性的变化。海气耦合运动是大气和海洋相互关联的运动形式,也是海洋影响气候的主要方式。大气中与海洋密切关联的海气耦合振荡系统决定了全球气候的振荡式变化。但是,在更大的时间尺度上,海洋会影响全球变化的趋势,当全球海洋热盐环流发生重大改变时,全球气候将发生沧海桑田式的变化。

1. 海气耦合振荡

海气耦合振荡的含义是,海洋与大气相互影响,共同产生的结果。海气耦合振荡不能用因果关系来表达,不能说哪个因素为驱动因素,哪个为响应因素。海洋过程与大气过程相互影响,通常要采用系统论的观点来看待,由作用、响应与反馈来表达。在耦合作用下,有正反馈过程使耦合加强,也有负反馈过程使耦合恢复,最终形成了大气与海洋共同决定的振荡现象。多年尺度以及更长周期的振荡主要是海气耦合的结果。但是,海气耦合的机制却相当复杂,各种振荡有不同的机制。多数海洋振荡都是在 20 年内发现的,很多方面尚不清楚,需要深入研究。

2. 海洋低频振荡系统

本章中介绍了 6 种主要的海气耦合振荡,其中,厄尔尼诺和印度洋偶极子是两个频率比较高的振荡,周期都是 3～5 年,影响海域主要是热带海洋。太平洋年代际振荡和大西洋多年代振荡的频率都很低,周期都是几十年,分别发生在北半球太平洋和大西洋的中低纬度海域。北大西洋振荡的周期是 10 年左右,影响范围主要是北大西洋和北欧海。南极绕极波的周期大约是 4 年,主要影响南大洋。这样 6 个主要振荡几乎涉及了所有的海域(图 20.20),共同影响着气候系统。

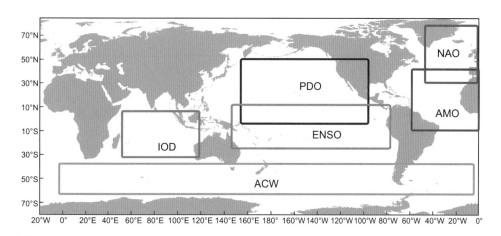

图 20.20

全球海洋低频振荡系统

从全球的角度看,不仅存在全球海洋环流系统和波动系统,还存在全球海洋振荡系统(图20.20)。各个海气耦合振荡有各自的独立性,可以分别研究。同时,各个海气耦合振荡之间又有着密切的联系,这些联系正在通过深入的研究揭示出来。振荡系统在各个海域发挥作用,共同形成地球上气候系统的振荡式变化。

3. 其他海洋和大气的振荡

实际上发生在大气中的各种振荡很多,有些并不与海洋耦合,因此,并未在本书中体现,如南极环状模(SAM)、北太平洋涛动(NPO)、大气质量南北涛动(IHO)、北极偶极子振荡(AD)、南极海冰振荡(ASO)等。随着人们选取的分析区域不同,各种新的"振荡"层出不穷,其中到底有多少是有严格物理背景的振荡还需要进一步探索。

此外,本书介绍的海气耦合振荡都具有强烈的气候或环境效应,有些相对较弱的局部振荡也没有考虑。例如,在印度洋也有一个与大西洋和太平洋类似的多年代振荡,称为印度洋海盆模态(Indian Ocean Basin mode, IOB)。IOB表征为印度洋海盆尺度整体性增暖或降温,与ENSO紧密联系,而且有年代际变化的明显信号。但是,由于其没有跷跷板式的双极结构,而且其气候效应尚不清楚,本书未将其考虑为大尺度振荡。

思考题

1. 自由振荡是如何定义的?是否都要以重力为恢复力?
2. 在海洋深层为什么会发生近惯性振荡?
3. ENSO事件是如何发生的?海洋的特点是什么?
4. 印度洋偶极子对环印度洋陆地降雨的影响是什么?
5. 太平洋年代际振荡暖位相的空间模态是什么?
6. 北大西洋振荡的时空特性是什么?
7. 大西洋多年代振荡的发生机理是什么?
8. 北极振荡是如何获得的?与北大西洋振荡是什么关系?
9. 南极绕极波是什么性质的运动?

深度思考

海气耦合振荡靠什么机制保持其长期存在?海气耦合过程中是否应该有主导因素。

第21章
不稳定性过程

　　对于一个系统,如果任何偏离系统平衡状态的变动会被负反馈机制恢复到原本状态,则系统是稳定的(stable);如果系统状态的变化触发一个受到某种极限制约的正反馈过程,使得系统在两个极端状态中来回变化,则会发生振荡,系统也是稳定的;如果系统状态的变化触发一个不受制约的正反馈过程,使系统发生不可恢复的偏离,这种系统是不稳定的(unstable)。海洋是一个拥有各种反馈机制的复杂系统,不稳定性(instability)过程是其中的正反馈过程,是一些海洋不可逆变化现象的原因。

　　笼统地讲,海洋有两种基本不稳定性过程:一种是层流的不稳定性过程,使层流变成湍流,详见本书第7章;另一种是湍流的不稳定性,一旦发生则将改变流体的结构,或逐渐形成新的稳定结构。本章主要介绍湍流运动的不稳定性,重点介绍海洋中主要的不稳定过程,并与大气中的同类系统进行比较,认识海洋中不稳定过程的作用。

§21.1　不稳定性的基本问题

海洋处于无休止的运动之中。海洋中的运动有时平静,有时狂暴,但绝大多数运动是稳定的,才有了海洋运动的平稳状态。很多运动因扰动偏离了平衡状态,都有恢复到原来状态的趋势,这样的运动就是稳定的。反之,如果海洋一旦偏离原来状态就继续偏离下去,而且没有恢复到原状的趋势,则运动是不稳定的(李庆红等,2006)。

一、静力稳定度和惯性稳定度

静力稳定度(static stability)主要是由海水垂向结构产生的稳定性问题。当流体的密度随深度是增加的,则称为静力稳定的。或者说,如果把一团流体移动到较高的位置上,其密度比周围的流体密度高,则流体就是静力稳定的。如果密度大的水体存在于密度小的水体之上,即为静力不稳定的。

惯性稳定度(inertial stability)是由海水的运动产生的稳定性问题。在地转平衡条件下,当流场发生扰动后有恢复地转平衡的趋势,即流动对扰动起到抑制作用称为惯性稳定的。反之,如果流动使地转不平衡加剧,则称为惯性不稳定的。

二、稳定度及其研究方法

在没有扰动的海洋中,海洋处于平衡状态,主要有静力平衡、地转平衡和位涡守恒。一旦海洋中的扰动破坏了这些平衡,则会发生适应过程,产生各种波动。如果静力平衡被破坏,将发生静力适应过程,产生重力波。如果地转平衡被破坏,将发生地转适应过程,产生惯性重力波。如果位涡成分发生变化,将发生涡度调整过程,产生罗斯贝波。因此,各种波动都是海洋中平衡被破坏后恢复过程的产物。这些自由波的发生过程都是稳定性过程,各种过程都是通过波动释放能量,使系统恢复到原来的状态。

如果发生的是不稳定过程,则不会产生波动,或者产生的波动会随时间放大,无法恢复原来的状态。这个特点为我们提供了研究海洋稳定性的方法,即建立运动的动力学关系,通过在海洋中施加扰动破坏原有的平衡,寻找流场变化的解。如果获得的解是收敛的,表明运动是稳定的,否则就是不稳定的。因此,研究稳定性实际上是求解扰动方程组。设波动解的形式为

$$u = Ae^{i(\mathbf{kx}-\omega t)} \tag{21.1}$$

式中,A 为波动的振幅,ω 为频率。如果 ω 是实数,则获得是波动解,表明运动是稳定的。如果 $\omega = \omega_r + i\omega_i$,解为

$$u = Ae^{\omega_i t} e^{i(\mathbf{kx}-\omega_r t)} \tag{21.2}$$

这时,当振幅随时间增长,则解是不稳定的。因此,当扰动发生时,稳定性过程就是海洋波动的传播过程,扰动信号逐渐减弱或收敛。一旦发生不稳定过程,运动会随时间增强,或改变运动方式。

三、不稳定性的类别

1947 年美国学者 Charney 提出斜压不稳定理论去解释大气中锋面、气旋等天气尺度扰动的存在和发展。此后英国学者 Eady（1949）进行了新的发展，使斜压不稳定理论成为动力气象学中的一个基本理论。在具有风的垂向梯度和／或浮力的水平均匀流中有三种不稳定性能够增长。第一是浮力不稳定；二是惯性浮力型不稳定，又称对称不稳定；三是切变型不稳定，又称开尔文－赫姆霍兹不稳定波。流体力学界面不稳定性也分为三类，涉及重力或惯性力的 Rayleigh-Taylor 不稳定性，涉及激波与界面相互作用的 Richtmyer-Meshkov 不稳定性，涉及界面切向速度差的 Helmholtz 不稳定性（唐维军等，2000）。

海洋中的不稳定性很多，各种概念也容易产生混淆。这里，我们将各种不稳定过程分为 3 大类：静力不稳定性、正压不稳定性和斜压不稳定性，基本与大气中的不稳定过程相对应。其他的不稳定性现象都概括在这 3 类过程之中。此外，这 3 类不稳定性也不是各自独立的，有些不稳定现象是这 3 类不稳定现象的联合效应，将在本章最后介绍和分析。

§21.2　静力不稳定性

静力稳定性是指水体的密度是深度的函数，且密度随深度增加。描写流体稳定性有两种定义，一种是水体浮力的定义

$$b = -g(\rho'/\rho) \tag{21.3}$$

式中，ρ' 是流体微团的密度与同深度周围流体的密度差。当流体微团向上（向下）移动时，其密度大于（小于）周围流体，水体就会受到与其运动方向相反的净浮力，处于静力平衡状态。反之，当流体受到的净浮力与其移动方向相同，则水体微团无法回到原来状态，则是静力不稳定的。

另一种流体静力稳定性的定义是由密度的垂向梯度来描述的（垂向坐标向上为正）

$$N^2 = -\frac{g}{\rho}\frac{\partial \rho}{\partial z} > 0 \tag{21.4}$$

这里，N 为浮力频率，即 Brunt-Väisälä 频率。当下面的密度大于上面的密度时海水是静力稳定的；当上部水体的密度大于下部，N^2 小于 0，流体是静力不稳定的。

静力稳定度的这两种表达方式有一定的差别。（21.3）式是基于水平方向的密度差异，针对单一的流体微团，体现了浮力对流的原理，适合描写对流元（convective cell）形式的对流，即个别流体微团的下沉及其带动的上升。（21.4）式是基于垂向的密度差异，描述的是密度场的稳定性状况。

在海洋中，有多种的静力不稳定现象，同类静力不稳定也有不同的名称，这些问题是在发展过程中产生的。各种静力不稳定现象统称为瑞利－泰勒不稳定性（Rayleigh-Taylor instability），也称 RT 不稳定性（Rayleigh，1880）。

一、对流不稳定性

对流不稳定性（convective instability）指因热力学因素导致的静力不稳定性现象。不稳定性将导致较重的流体向下移动，较轻的流体向上移动（Dunkerton，1997）。

1. 表层增密产生的不稳定性

海洋中的对流不稳定性主要是因蒸发、降温等因素导致的上层水体密度大于下层水体密度的现象。不稳定性将导致上层的高密度流体向下移动，并很快产生相互穿插的指状结构，被称为瑞利－泰勒指（Rayleigh-Taylor fingers）。下沉水体带动了低密度水体向上移动，产生蘑菇一样的冠状结构（图21.1）。

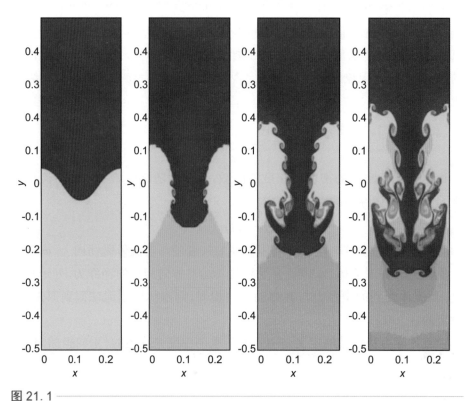

图21.1

瑞利－泰勒不稳定性现象

[https://encyclopedia.thefreedictionary.com/Rayleigh-Taylor+instability]

2. 底部加热产生的不稳定性

当海水由底部加热时，引起下部海水的密度降低，引发海水的静力不稳定，产生向上的浮力对流和向下的补偿运动，这种不稳定现象被称为瑞利－贝纳特不稳定性（Rayleigh-Bénard instability）。瑞利－贝纳特不稳定性对流产生垂向断面上的流环结构，被称为贝纳特流环（Bénard cells），见图21.2。贝纳特对流初始是由上升运动驱动的，系统的非线性自组织能力使混乱的对流形成了组织良好的流环。

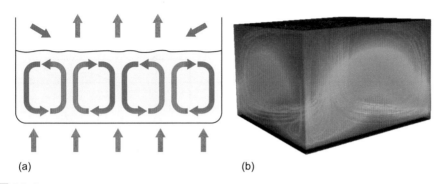

(a)　　　　　　　　　　　　　(b)

图 21.2

瑞利－贝纳特不稳定性引起的贝纳特流环 [https://encyclopedia.thefreedictionary. com/Bénard+cells]

（a）贝纳特流环的结构；（b）贝纳特流环的三维模拟

瑞利－贝纳特不稳定性判据为瑞利数大于零

$$Ra_L = \frac{g\alpha L^3}{\kappa \nu}(T_b - T_u) > 0 \tag{21.5}$$

式中，T_u 和 T_b 分别是顶部和底部的温度，L 为垂向尺度，ν 为动力学黏性系数，κ 为热扩散系数，α 为热膨胀系数。

瑞利－贝纳特不稳定性在大气科学领域是普遍发生的，但在海洋中并不常见，因为能够下部加热的海域很少。但是，一些在次表层出现暖水现象的海域仍然可以发生贝纳特对流，例如。在北冰洋位于 300 m 以下的中层水温度比上层水体高出 3 ℃，可以提供底部加热，在适宜的条件下会发生贝纳特对流。

其实，下部加热产生的瑞利－贝纳特不稳定性与上部冷却导致的不稳定性在形态上是非常相似的，都是高密度水体下沉和低密度水体上升。二者的主要差别是驱动机制：上部冷却导致的不稳定性对流是由下沉水体驱动的，而瑞利－贝纳特不稳定性是底部加热引起的由上升水体驱动的。

二、位势不稳定性

在海洋中，当密度较高的水体在水平方向上移动到密度较低的水体之上时形成了密度倒置现象。这种现象主要发生在亚极区较冷的水体在西风中不断向赤道方向输送，置换了原来的高温水层，导致密度翻转，这种现象称为位势不稳定性（potential instability）。位势不稳定发生在静力基本稳定的海洋条件下，通过平流产生了不稳定现象。

位势不稳定导致垂向对流的发生，可以发生没有净通量的对流，也可以发生有净通量的对流（见第 22 章）。

三、内波不稳定性

发生在密度层化条件下的不稳定性与内波的破碎有关。不论密度是分层的，还是连续层化的，都会生成内波。由于内波的波陡很大，加之上下水体的速度不同（详见第 17

章），就会发生密度逆转的现象，如图 21.3 所示。一旦不稳定发生，内波将会破碎。

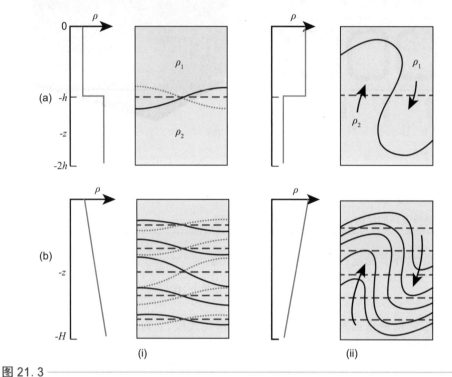

图 21.3

两层流体的界面上发生的轻重颠倒的瑞利－泰勒不稳定性［引自 Thorpe, 2005］

以密度层化、没有平均流的两层水体为例，考虑地转效应，对应着密度跃层上发生内重力波的情形。解得的弥散关系为

$$\omega = \pm \sqrt{\frac{\left(n^2 + \frac{g^2}{4c_L^4}\right)f^2 + \left(\frac{\mu_i}{R_0}\right)^2 N^2}{n^2 + \frac{g^2}{4c_L^4} + \left(\frac{\mu_i}{R_0}\right)^2}} \tag{21.6}$$

从（21.6）式可见，只要 $N_2>0$，内波是稳定的。一旦内波波陡过大，导致波峰崩塌，造成密度翻转，$N_2 < 0$。然而，静力不稳定未必发生内波不稳定，要看其与 f^2 项的相对大小。在低纬度海域，f 很小，表明在低纬度海域更容易发生内波不稳定。内波不稳定的结果是发生内波破碎，在界面附近发生混合。

内波不稳定不仅是静力不稳定因素造成的，还与内波水体微团的流动剪切有关，详见§ 21.4。

上述三种不稳定性现象是海洋中具有代表性的静力不稳定过程。其中，内波不稳定性主要发生内波破碎，引起混合；位势不稳定性主要导致高密度水下沉，是潜沉过程的形成因素；对流不稳定性会引发对流，形成更大垂向范围的混合。

§21.3　正压不稳定性

正压海洋意指等压面与等密度面平行的结构。在正压海洋中,运动在垂向没有变化,因而不存在垂向的流速剪切。但在水平方向上,由于风场的不均匀性因素,或者由于自身结构的因素,流场一般是不均匀的,存在水平方向的流速剪切。当扰动发生时,流场的剪切会被破坏,发展成不稳定状态,这类不稳定过程统称为正压不稳定性(barotropic instability)。

研究正压不稳定性的成果很多,大都是依据简化了的流体动力学方程组,用得到的波动解分析海洋的不稳定性。由于简化的物理思路不同,得到的结果也有明显的差别。设平均流为大尺度运动,必须考虑 β 效应,可以导出涡度方程,从弥散关系得到其稳定性判据为

$$\left(\beta - \frac{\partial^2 \overline{u}}{\partial y^2}\right) \geqslant 0 \tag{21.7}$$

这个判据是正压不稳定性的必要条件和充分条件,如果满足这个判据,流动是不稳定的。这个结果不涉及科氏参量 f,因此对中、低纬度都是适用的。

1. 西风漂流的正压不稳定性

在西风漂流情形,如果用以流轴为零点的余弦型流速廓线来表达,

$$u = u_0 \cos\left(\frac{\pi}{2}\frac{y}{D}\right) \tag{21.8}$$

在流轴处($y=0$)二阶导数小于零(图 21.4),在 y 等于 $\pm D$ 处二阶导数等于 0,表明在 $\pm D$ 之间的流动都是不稳定的。因此,在全球海洋的西风漂流中,扰动引起的不稳定过程普遍发生。西风漂流流场不稳定的主要特征是流动的弯曲,也称为蛇曲,是西风漂流的主要特征之一。最近随着卫星遥感技术的进步,可以清晰地观测到这种由正压不稳定性导致的流场弯曲现象。流场的弯曲会导致很强的水平剪切,其结果就是产生中尺度涡旋。通过释放涡旋,消除流动的弯曲,使流动恢复原状(详见第 23 章)。

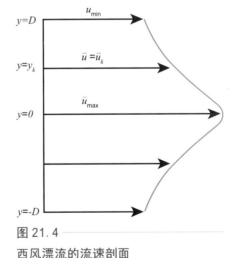

图 21.4

西风漂流的流速剖面

2. 赤道流系的正压不稳定性

赤道流系的流速可以近似表达为

$$u = u_0 \cos\left(\pi \frac{y}{D}\right) \tag{21.9}$$

$y=0$ 处为赤道逆流的流轴,$y=\pm D$ 处为南、北赤道流的流轴。在赤道逆流的流轴处二阶导数小于零(图 21.5)。因而按照(21.7)式,整个赤道逆流处于不稳定状态。在南北赤道流与

赤道逆流的分界处（$\pm D/2$），二阶导数等于零，也处于不稳定状态。在南北赤道流的流轴处，二阶导数大于零，如果二阶导数大于 β，流动是稳定的。

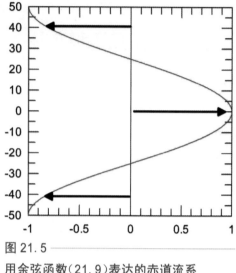

图 21.5
用余弦函数（21.9）表达的赤道流系

虽然赤道逆流与西风漂流都处于不稳定状态，但不稳定的形态有很大的不同。在赤道逆流的情形，流动虽然不稳定，但不稳定的区域在南北方向被稳定的南赤道流和北赤道流约束，不能形成有效的弯曲。每年当信风加强时，赤道逆流加强，与南北赤道流的侧向剪切加大，出现剪切不稳定性，产生剧烈的涡旋运动。由于涡旋产生的区域被南北赤道流钳制，涡旋无法向赤道以外的区域输送，与流动叠加在一起，形成了流动的高频变动，在赤道海域会发生表观形态向西传播的现象，被称为赤道不稳定波（tropical instability waves，TIW）。

赤道不稳定波主要发生在赤道东太平洋和东大西洋。图 21.6 展示了海面温度场的形态，波动是向西传播的，周期为 20～40 天，波长为 1 000～2 000 km，相速度约 0.5 m s^{-1}，温度变化 1 ℃～2 ℃，赤道南北都有（Willett 等，2006）。赤道不稳定波可改变赤道附近海洋的热量平衡，并引发强烈的局地海气作用。赤道不稳定波只在信风加强的季节存在，在厄尔尼诺期间，由于信风减弱，不稳定波动也将消失。赤道不稳定波属于线性波，其周期和波数都限制在非常窄的范围内（Smyth 等，2011）。

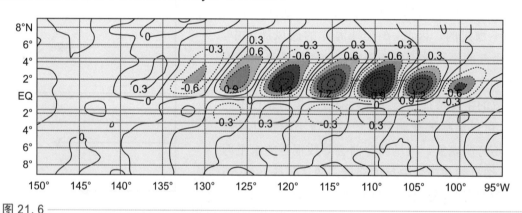

图 21.6
赤道不稳定波导致的表面温度场奇异值分解（SVD）第一主模态 [引自 Zhang 等，2013]

有些研究认为，赤道不稳定波属于赤道罗斯贝波，其实不然，赤道罗斯贝波的周期要大得多。而赤道罗斯贝波是稳定性过程的产物，而赤道不稳定波发生时有大量的涡旋掺杂其中，是不稳定过程的结果。而且，赤道不稳定波向西传播，与西边界流的涡旋逆流移动的性质是一样的。因此，赤道不稳定波实际上是在两支稳定的海流钳制下发生的不稳定过程。

正压不稳定现象的发生与扰动的尺度有关,研究表明,2 000～8 000 km 尺度的扰动容易激发出正压不稳定过程。如上所述,在西风漂流的情形,正压不稳定导致流场发生大幅弯曲,易于产生中尺度涡旋;而在赤道逆流情形,正压不稳定会导致大量涡旋,并以赤道不稳定波的形式向西传播。事实上,在西风漂流和赤道流域海水都是斜压的,实际发生的运动是正压与斜压不稳定性共同影响的结果。但是,水平流剪切对于西风漂流的不稳定性是不可忽视的(Killworth,1980)。

§21.4　斜压不稳定性

在斜压海洋中,最具代表性的是跃层结构,发生在跃层上下的流动能够体现各种层化现象的一般特点。因此,在海洋中往往用两层模式近似表达真实海洋研究斜压不稳定性(baroclinic instability)。斜压不稳定性也称开尔文 - 赫姆霍兹不稳定性(Kelvin-Helmholtz instability),简称 KH 不稳定,包含以下主要现象。

一、垂向剪切流的不稳定性

不稳定发生在存在速度垂向剪切的连续流体中,这种速度剪切可以用两层流体界面上下的速度差来表达。设上下两层流体有不同的密度和不同的切向流动速度,用 ρ_2 和 ρ_1 表示上下两层流体的密度,u_2 和 u_1 表示上下两层流体的切向速度,k 为波数,则有以下稳定性判据

$$\frac{g}{k}\frac{\rho_2-\rho_1}{\rho_1+\rho_2}-\frac{\rho_1\rho_2(u_2-u_1)^2}{(\rho_1+\rho_2)^2}=\begin{cases}>0 & \text{稳定}\\=0 & \text{中性}\\<0 & \text{不稳定}\end{cases} \qquad (21.10)$$

上式表示了 KH 不稳定性的三个特征:第一,在静力稳定条件下,没有剪切就没有 KH 不稳定;第二,当剪切作用超过静力作用时,不论流速怎样剪切都是不稳定的;第三,当上下层密度一致时,只要存在垂向剪切,流动总是不稳定的。

当 KH 不稳定发生时,在界面上发生很强的湍流扰动,导致在界面附近两个层彼此进入对方,形成在整体稳定的流动中发生局部的不稳定现象。在大气中,可以容易地观测到 KH 不稳定现象,发生好似波浪形状的形态,被称为开尔文 - 赫姆霍兹波浪(Kelvin-Helmholtz billows),如图 21.7 所示。开尔文 - 赫姆霍兹波浪的生成机制是其中一个层的移动速度高于另一个层。

在海洋中,对 KH 不稳定有很多观测,例如:在强剪切的河口(Geyer 等,2010),在重力流的边缘(Wesson 和 Gregg,1994)等。Van Haren 和 Gostiaux(2010)在强剪切带还观测到了有 10 个波的波列。因此,KH 不稳定是海洋内部的自身调整。显然,海洋的不稳定过程不如大气直观,不容易被观测到,而数值模拟可以清晰地体现 KH 不稳定的发展过程(图 21.8)。

图 21.7

大气中的开尔文 - 赫姆霍兹波浪

https://en.wikipedia.org/wiki/Kelvin-Helmholtz_instability

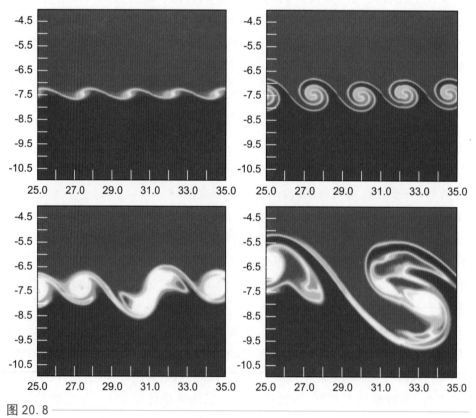

图 20.8

海洋两层流体中的开尔文 - 赫姆霍兹不稳定的数值模拟 [引自 Olbers，2012]

二、湾流的斜压不稳定

前面提到,西风漂流由于正压不稳定而发生弯曲。实际上,湾流海域的水体具有强烈的斜压性,因而发生的不稳定性过程与斜压性有密切联系。海流的弯曲一般由 2 种不稳定机制形成:一是正压不稳定性,即海流的水平剪切造成流场的不稳定性。二是斜压不稳定性,即海流的垂向剪切造成的不稳定性。Holland 和 Haidvogel(1980)认为斜压不稳定是造成湾流弯曲的主要原因,而 Killworth(1980)则坚持水平流切不可被忽视。Hart(1974)在研究二层模式中上下层厚度及密度差的影响,证明以湾流的条件可造成混合型不稳定发生。因此单独的斜压不稳定或正压不稳定都不能完全解释湾流的弯曲。

三、内波的斜压不稳定性

在 §21.2 提到,内波波陡很大时会发生内波不稳定,属于静力不稳定性范畴。实际上,内波不稳定还包含斜压不稳定性的作用。内波波幅附近发生流速的强剪切,一旦发生 KH 不稳定性,就会发生内波的破碎。已有的研究表明,在内波破碎过程中,KH 不稳定是关键过程(Smyth 和 Moum,2012)。尤其重要的是,在海洋深处密度梯度小,更容易发生 KH 不稳定,也是导致海洋混合的重要机制。

四、罗斯贝波的不稳定性

当采用三层模式研究斜压罗斯贝波时,可以得到罗斯贝波不稳定的条件

$$\frac{\beta^2 \mu^4}{k^4(2\mu^2+k^2)^2} - \frac{2\mu^2-k^2}{2\mu^2+k^2}\left(\frac{u_3-u_1}{2}\right)^2 \begin{cases} >0 & \text{稳　定} \\ =0 & \text{中　性} \\ <0 & \text{不稳定} \end{cases} \tag{21.11}$$

显然,如果没有垂向剪切,斜压罗斯贝波是稳定的。如果存在垂向剪切,只要剪切不是很强烈,斜压罗斯贝波仍然可能是稳定的。当垂向剪切很强时会发生不稳定现象。(21.11)式还表明,对于波长很长的罗斯贝波,k 很小,因而更加稳定;而波长很小的罗斯贝波容易由于不稳定而消失。此外,β 效应起到稳定性作用,在两极 β 很小的海域,斜压罗斯贝波更容易发生不稳定。

罗斯贝波不稳定的结果也是发生波动的破碎。由于罗斯贝波是水平方向的流形,其破碎意味着波状流形将不复存在。

总结与讨论

本章介绍了三类不稳定性现象:静力不稳定性、正压不稳定和斜压不稳定。其中,静力不稳定导致对流的发生;正压不稳定导致涡旋的产生,在赤道海域还会发生赤道不稳定波;斜压不稳定会导致局部强湍流的发生,或者导致波动的破碎。各种不稳定过程产生的现象如图 21.8 所示。

本章介绍的是一些主要的不稳定现象,实际海洋中会发生更多的不稳定现象。例如,

当同时考虑静力稳定性和惯性稳定性时,会发生静力－惯性不稳定。当同时考虑水平剪切和垂向剪切时,会得到正压－斜压不稳定。用不同的研究手段也会得出不同的稳定性判据,研究时可参阅相关文献。

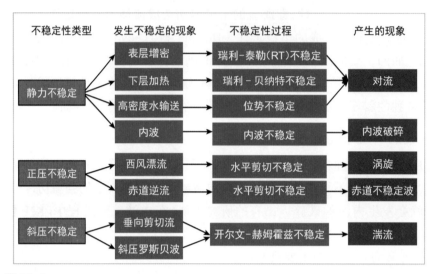

图 21.8

海洋不稳定性过程产生的各种现象

关于不稳定性的思考

海洋中的不稳定性过程的研究起源于大气科学,但由于海洋的观测数据远少于大气,对于海洋不稳定性的研究很不充分。实际上,海洋中不稳定的现象很多,尤其是较小尺度的不稳定性,是不稳定性的重要方面。不稳定性过程涉及环流、水团、锋面、涡旋、混合、对流、大尺度波动等,是很多特殊运动的主导过程。

关于稳定性的研究仍然有很多困难。由于稳定性的研究需要借助波动解,只有非常简单的模式可以获得波动解,而很复杂的流动难以确定其稳定性判据。迄今很多实际发生的不稳定过程难以在模式结果中体现出来。因此,我们难以了解实际发生的不稳定性状况。

需要指出的是,海洋一般处于稳定状态,用各种观测数据进行分析很少能给出满足不稳定判据的结果。海洋不稳定过程事实上带有短暂性、间歇性和局域性的特点,一旦符合不稳定条件马上就会发生,而不稳定发生后会很快发展到新的稳定状态。有些不稳定现象会长期存在,那也是因为不稳定条件持续形成而产生的接续发生的不稳定现象,而不是长期存在的不稳定过程。不论海洋的不稳定性有多强大,都是在整体稳定的背景下发生的,因而,不稳定过程是海洋内部调整的一种方式,导致运动和能量的重新分配,其结果是海洋回到稳定状态。

因此,从海洋整体上可以这样看待流体受到扰动后的运动:如果扰动后运动能恢复原来形态,则流体的运动为稳定的;反之,如果扰动后运动不能恢复原来形态,则流体的运动为不稳定的,经过不稳定过程的调整,最终达到新的平衡状态。

思考题

1. 海洋运动有几种稳定度？

2. 研究海水运动稳定性的基本方法是什么？

3. 什么是静力不稳定性？不稳定性的结果是什么？

4. 什么是正压不稳定性？什么是斜压不稳定性？什么是正压 – 斜压不稳定性？

5. 瑞利 – 泰勒不稳定性和瑞利 – 贝纳特不稳定性引起的对流有什么差异？

6. 西风漂流的不稳定性为什么会产生涡旋？

7. 赤道逆流为什么发生不稳定性现象？

8. 赤道不稳定波属于什么性质的运动？

9. 如何理解海洋不稳定过程的短暂性、间歇性和局域性的特点？

10. 如何理解不稳定性过程是海洋内部的自我调整过程？

深度思考

　　西风漂流的弯曲有时被认为是罗斯贝驻波，属于稳定性过程，有时被认为是不稳定性过程，到底是稳定性过程还是不稳定性过程？

第 22 章

海洋对流

　　对流(convection)是在自然界各种流体中普遍发生的现象。不仅大气和海洋中发生各种对流，在地幔中的软流圈中也存在对流。在海洋中，对流发生在大于分子量级的各种尺度上。对流是一种重要的运动方式，与其他运动形式有密切关联。对流分为自由对流和强迫对流，海洋中没有真正意义下的强迫对流，因而这里介绍的对流都属于自由对流。自由对流有时也称为简单对流。

　　对流的本质是垂向的水体交换，纯粹的对流可以没有净流量，是通过局部的水体交换满足质量守恒的需要，即上层水体和下层水体等量交换。但在有些情况下，对流会产生向下或向上的净通量，净水体通量由更大范围的水体进行补偿。

　　从第 21 章可见，海洋对流是静力不稳定过程产生的结果，是海洋内部的自我调整现象。海洋对流在垂向上可以穿越不同水层，是不同水层的水体交换的重要手段。本章将系统介绍海洋对流，以期对海洋对流现象形成全面的了解。

世界海洋的绝大部分水体都是稳定层化的,也就是说,海洋上面的密度总是小于下面的密度。如果海洋发生下面的密度小于上面的密度时,其静力稳定性将被破坏。

海洋中有多种形式的对流。针对各种可能导致静力不稳定的可能因素,Chu(1991)提出了一个简单的表达式,概括了各种可能发生的宏观对流

$$-\frac{\partial}{\partial t}\left(\frac{1}{\rho_0}\frac{\partial \rho}{\partial z}\right) = \sum_{i=1}^{5} G_i < 0 \qquad (22.1)$$

式中,ρ_0 是流体的参考密度。(22.1)式表达了不同驱动力作用下产生的 5 种对流:G1 代表浮力对流,包括热力变化和结冰析盐导致的对流;G2 代表位势不稳定产生的对流,即水团被海流输运到低密度海域引起的不稳定产生的对流;G3 代表混合增密对流,即由于海水状态方程的非线性而产生的对流;G4 代表热压效应对流,即由于水体深度变化引起热膨胀系数变化导致的对流;G5 代表双扩散对流,即热盐分子扩散率的差异导致的双扩散现象。其中,双扩散对流是很小尺度的对流,我们在本书 §9.5 中介绍。

§22.1　浮力对流

海洋中最普遍的对流是浮力对流(buoyancy convection)。在静力稳定的条件下,海洋水层上部的密度小于下部的密度。一旦发生逆转,即上部的密度大于下部的密度,就会发生静力不稳定,从而发生对流。上部密度大,海水受到重力的作用产生对流,为什么叫作浮力对流呢?这是因为沿用了大气对流中的概念。当大气下层加热,导致气团密度降低,产生浮力而上升,形成浮力对流。在海洋中,虽然上部出现的密度高的水体受到净重力向下运动,但对下部密度较低的水体而言,是靠净浮力向上运动,净重力下沉与净浮力上升共同形成对流。

浮力对流的根本原因是上部海水密度增大。在世界海洋中,导致表层海水密度增大有 3 个因素:表面冷却增密、表面蒸发增密和结冰析盐增密,这 3 种情况都会引发浮力对流。

一、表面冷却增密对流

海洋的热量通过长波辐射、感热和潜热向大气释放。当海面空气降温,失热的海面温度降低,表层海水密度增大,海水静力稳定度降低。一旦海水静力稳定度小于零,则会发生对流。若对流过程导致静力稳定度迅速恢复,对流会很快停止;而在有些海域,漫长的冬季中海面持续冷却,浮力对流就会持续发生。

由于静力稳定度是由密度的垂向梯度决定的,对流的发生不仅与热量有关,还与盐度有关。在低盐海域通常会有较高的静力稳定度,即使温度降低到冰点,静力稳定度可以仍然很高,因而低盐海域难以发生表面冷却对流。而在高盐海域,静力稳定度较低,一旦发生冷却,就容易发生对流(图 22.1)。

海洋中的对流通常由密度较大的水体微团引发,产生下沉运动。基于质量守恒的需要,下层密度较小的水体上升,形成对流元(convection cell)。密度较大的下沉水体微团在垂向上形成羽毛状结构,其垂向对流速度可达 0.1 m s⁻¹,但其净垂向速度却很小,大体为 10⁻⁴ m s⁻¹(Schott 和 Leaman,1991)。

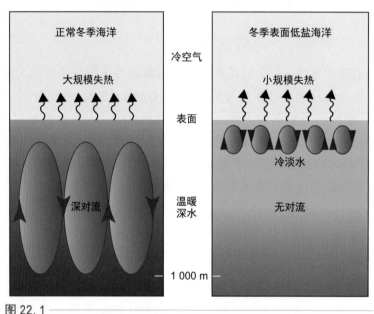

图 22.1
表面冷却对流 [图片来自伍兹霍尔海洋研究所 WHOI]

发生在格陵兰海中部的浮力对流最为典型,这里以此为例分析引发冷却对流的因素(图 22.2)。格陵兰海中部的水体主要源自高温高盐的大西洋水,水体通过挪威海流向北输送,并经由一系列回流进入格陵兰海中部,水体整体上仍然表现为高盐特征。秋冬季节来自北极的冷空气和格陵兰岛寒冷的下降风主导着格陵兰海气温,海面水体冷却降温成为低温高盐的水体,静力稳定度变差,这个过程成为对流发生的预备条件(precondition)。冬季进一步的冷却使表层密度增大,发生浮力对流(Swallow 和 Caston,1973)。刚开始,对流的深度很浅,随着稳定度不断降低,对流混合层不断加深,加深速度约为 1 m d⁻¹,在 1 月中旬达到 150 m,在 2 月底达到 300 多米。深对流一般发生在 3 月份,当恰当的气候条件出现时就会发生。以往曾观测到深度 2 000 m 以上的深对流。近些年随着气温升高,表层盐度降低,对流的深度减少很多,在多数年份对流深度只能达到几百米。从时间变化的角度看,对流的强度呈现年际和年代变化(Dickson 等,1996)。1970 年代对流相对活跃,而在1980 年代对流较弱,1990 年有增强的迹象。21 世纪以来,由于全球变暖,气温升高导致海表温度升高,冰川融化导致海洋表层盐度降低,都是不利于对流的因素。

除了格陵兰海之外,北欧海南部的拉布拉多海(Labrador Sea)和伊明戈尔海(Irminger Sea)也发生很强的浮力对流。这三个海域的强对流都与大西洋暖流提供的高盐水体密切相关(Talley,1999)。

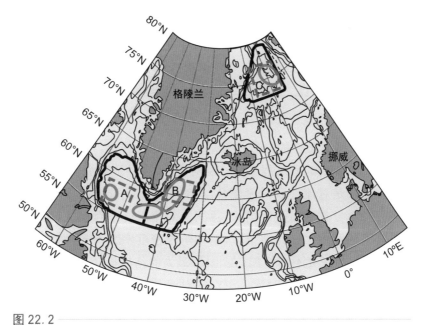

图 22.2

北大西洋发生深对流的海域［引自 Bashmachnikov 等，2019］

A. 拉布拉多海，B. 伊明戈尔，C. 海格陵兰海

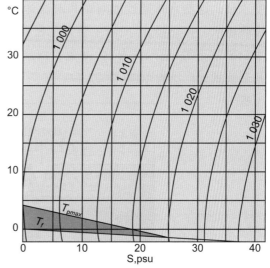

图 22.3

海水 T–S 图中的热膨胀信息

T_f 为冰点温度，T_{pmax} 为海水密度最大时的温度

海水密度最大时，也是体积最小时。海水密度最大时的温度 T_{pmax} 与盐度有关。从图 22.3 中的三角形阴影区可见，当盐度为零时，T_{pmax} 为 4 ℃；随盐度增大，T_{pmax} 降低，并趋于冰点温度。当盐度达到 24.7 时，T_{pmax} 消失了，表明这个盐度的海水在冰点温度密度最大。这表明，如果海水的盐度低于 24.7（如靠近河口的海域），温度降低时海水的密度会减小，温度达到冰点时虽然会结冰，但不容易发生垂向对流。若海水的盐度高于 24.7，海水温度越低，密度就越大，容易发生垂向对流（Wadhams，2000）。

二、表面蒸发增密对流

当海面发生强烈蒸发，并且蒸发超过降水和径流之和时，会导致表面海水盐度增大，从而密度增大，在静力稳定度较低的情况下会产生对流。这种情况发生在盐度较高的浓缩型海盆，最为典型的是地中海的对流。在地中海西北部狮子湾开展的对流试验是最早关于对流的系统观测。实验中观测到很强的垂向对流，对流水向下扩展的速度达到 0.1 m s⁻¹，在 1 天的时间里对流混合的深度达到 2 000 m（图 13.5）。观测表明，对流过程有很强的时空变化，在时间上是间歇的，在空间上有不同的尺度（Schott 和 Leaman 1991）。

地中海蒸发增密对流的主要特点是为深层海水通风,使地中海的深层水有较高的氧含量,形成富饶的底栖生物群落。此外,反复的对流使得深层水保持为高盐高密状态,盐度可以达到38.5以上。当其从直布罗陀海洋溢出时,其密度大于北大西洋的水体,因而可以下沉形成北大西洋深层水的一部分。

三、结冰析盐增密对流

当海面结冰时,海冰中裹挟的盐分积聚成高密度卤汁排出,形成高密度的对流元而引发对流。结冰析盐(salt ejection)过程不断产生对流元,会导致对流的持续发生。对流发生后产生几个结果:第一是对流导致对流混合,在对流深度上密度趋于均匀;第二是对流混合层的盐度不断升高,导致密度不断增大;第三是对流深度不断加大,对流混合层不断加深,并逐步侵蚀其下的跃层。在结冰季节,初始阶段密度增大不多,对流的深度较小。随着盐度越来越大,对流的深度不断增加。在北极,最大的结冰析盐增密对流深度可达60 m。

普通的结冰析盐不会产生深对流。更深的对流是由冰间湖引起的,在冰间湖中冻结的海冰会被风吹散,暴露出的海水又会生成新冰,持续的排盐过程不断有高盐卤汁进入海水,导致对流持续加深,海水密度不断增大(图22.4)。陆架海冰间湖结冰析盐产生的对流可以一直到海底。因此,冰间湖结冰析盐对流是极地海洋中层和深层水更新的重要的方式。在南极的威德尔海和罗斯海,冬季风力强劲,会形成大范围的冰间湖,产生大量高密度水体。这些水体通过冰间湖和对流运动不断浓缩,从陆架下滑,并下沉到海底,形成南极底层水。在北极,冰间湖主要发生在只有数十米水深的陆架上,由冰间湖形成的高密度水沿陆坡下滑,进入深海盆,并更新深层水。冰间湖面积不到冬季海冰总面积的1%,但其影响到更广泛的范围(图22.4)。

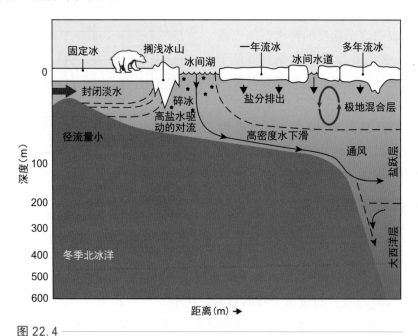

图22.4

北极冰间湖对流及其影响范围

§22.2　混合增密对流

根据海水状态方程,海水密度的变化与温度、盐度和压力呈非线性关系。当两种密度相同但温度和盐度不同的水体混合后,海水的密度会增加,称为混合增密(cabbeling)现象(图 8.7),也称为混合沉降。在海洋中,有时候会发生跨等密度面的混合,即两种密度不同的水体混合在一起,这时也会发生混合增密现象,即混合后的密度大于二者线性平均的密度。因此,混合增密是在发生海水混合时的普遍现象,是海水物理属性之一(详见 §8.4)。

在海水静力稳定度较高的情况下,混合增密增加的密度不足以破坏海水的静力稳定度,其影响不显著。而在地球上的寒冷海域静力稳定度很低,甚至处于临界稳定状态,这时如果发生混合增密,就会破坏海水的静力稳定度,以致发生对流,这种对流称为混合增密对流。

混合增密现象一般发生在两个水团的分界面,也就是发生在温度和盐度的锋面上。除了要有温度和盐度的差异之外,还要有较强的混合才会发生混合增密现象。在风力难及的深海,能够引起强烈混合的因素主要是流场的剪切,发生在流体锋面上的剪切将产生混合增密,导致静力不稳定并生成对流。例如,在格陵兰海的西侧,来自北冰洋的东格陵兰流低温低盐水体与来自大西洋回流的高温高盐水体并行向南输送期间发生等密度混合,产生强烈的混合增密对流(图 22.2)。格陵兰海的混合增密对流与浮力对流的流量将近各占一半,是一种不可忽视的对流形式。

§22.3　热压效应对流

在研究南极威德尔海对流过程中,Gill(1973)发现对流水体的下降超过了预期的深度,是难以解释的现象,由此认为水体很可能经历了一个额外的静力稳定度降低,导致更深的对流。根据在威德尔海和冰岛海发现的烟囱效应,Killworth(1983)首先提出了开阔海洋热压作用导致了额外静力稳定度降低,是由于海水热膨胀系数与压力有关造成的。McDougall(1984)为其创造了一个名称,热压效应(thermobaric effect),用来指海水密度的热膨胀系数与压力有关导致的密度额外增大的现象。对格陵兰海对流的研究中也注意到了热压效应,那里的热压效应对流更像是与混合增密对流合并发生的现象。在这两个海域,必须将热压效应考虑进去才会与实际的深对流有比较好的一致性。

考虑简化的海水状态方程,

$$\rho = \rho_0[1 - \alpha(\theta - \theta_0) + \beta_S(S - S_0)] \qquad (22.2)$$

式中,α 为热膨胀系数,见(7.1)式;β_s 为盐度收缩系数;θ 和 S 分别为位温和盐度,θ_0 和 S_0 分别为参考位温和参考盐度。设垂向坐标向上为正,海水的浮力频率表达为

$$N^2 = -\frac{g}{\rho}\frac{\partial \rho}{\partial z} = \alpha g \frac{\partial \theta}{\partial z} - \beta_s g \frac{\partial S}{\partial z} \qquad (22.3)$$

在全球海洋的绝大部分海域,深处温度更低、盐度更高,按照(22.3)式,N^2大于零,即处于静力稳定状态。但是,在表面冷却的海域,深层温度高于上层,有可能导致N^2小于等于零。在N^2趋于零的条件下,热压效应就会起作用。

由海水状态方程近似得到热膨胀系数随压力的变化为

$$\alpha = \alpha_0 \left(1 + \frac{p}{\rho_0 g H_\alpha} \right) \tag{22.4}$$

式中,α_0和ρ_0分别为热膨胀系数和密度在海面的值,p为压力,H_α是热压的深度尺度,最冷的海水H_α约为900 m。从(22.4)式可见,随着压力增加,热膨胀系数增大。若海水温度上低下高,且N^2趋于0的水体下沉到更大深度,热膨胀系数增大会导致N^2小于零,发生进一步的对流。

因此,在表面冷却的条件下,当用浮力频率表征的静力稳定度尚处于稳定状态时,热压效应的贡献会导致稳定度下降;当海水的浮力频率处于临界稳定状态时,热压效应成为对流的主导因素,导致对流的发生。如果某海域正在发生其他机制引发的对流,热压效应会进一步降低静力稳定度,导致对流深度加大。在实际海洋中,浮力频率处于临界状态的海域主要在极区,因而热压效应对流主要发生在极区海洋中。

关于热压效应对流的重要性存在争议。一些研究认为,热压不稳定的作用似乎被高估了,还有的研究认为忽略热压效应是严重的问题(Garwood 等,1994)。其实,热压效应的作用主要与海洋的结构有关。表22.1 给出了各个海域的热膨胀系数,可见,在从海面到1 000 m 的深度上,地中海的热膨胀系数增加很少,热压效应的作用可以忽略;拉布拉多海的热膨胀系数增大了44%,热压效应不是很明显;而在格陵兰海,热膨胀系数增大了1.3倍,热压效应对流变得不可忽略。

表 22.1　主要海区热膨胀系数随深度的变化 [引自 Marshall 和 Schott,1999]

物理参数	单位	拉布拉多海		格陵兰海		地中海	
		表面	1 000 m	表面	1 000 m	表面	1 000 m
位温	℃	3.4	2.7	−1.4	−1.2	13.7	12.8
热膨胀系数	$10^{-4} \ K^{-1}$	0.9	1.2	0.3	0.7	2.0	2.3

结合前面章节可以看出,深水压力增大有三重影响:第一是压力增大导致密度增大,由状态方程中的压力项来表征;第二是压力增大导致现场温度升高,用位温来表征;第三是压力增大导致热膨胀系数增大,用热压效应来表征。由于海水可压缩性很小,压强变化对海水的这些影响本来很微弱,但在临界稳定度的条件下变得不可忽视(Garwood 等,1994)。

§22.4　位势不稳定对流

假定某海域处于静力稳定状态,即密度上小下大,没有对流发生。当密度较高的水体被输送到这个海域,上部密度较低的水体被密度较高的水体置换,就会发生静力不稳定,称为位势不稳定性（potential instability）。位势不稳定对流的内涵是由密度倒置引起的对流，是对流的诱发因素，可以产生没有净通量的对流。而一旦高密度水体下沉后继续向深处移动，则对流会形成下沉水通量。位势不稳定对流的极端情况是重力流，即高密度水体在重力的作用下直接形成下沉运动，可以不发生对流过程。因此，位势不稳定可以是对流的诱发因素，也可以是重力流的诱发因素。在重力流的情形中，对流起到了催化作用参与到下沉过程中，二者难以区分。

位势不稳定对流与浮力对流有以下几个区别。第一，浮力对流是采用对流元的形式，一般无法用动力学方程组解出。而位势不稳定对流发生后一旦形成下沉水流，具有欧拉场的特征，可以由动力学方程组解出。第二，浮力对流可以没有垂向的净流量，而由于位势不稳定对流是大范围的水体移动造成的，一般会产生向下的净流量。此外，浮力对流是热力学因素驱动的对流，而位势不稳定对流是平流输运过程引发的对流，二者的机制有明显差别。

§22.5　潜沉

真实大洋具有斜压结构，密度场呈现空间不均匀分布。在图 22.5 中可以看到，中纬度的等密度线向极地方向抬升，在特定纬度与海面相交，形成密度的抬头线（outcropping line）；如果存在风生混合层，抬头线不一定与海面相交，而是与混合层的底部相交（图 22.5）。用风生理论无法解释这种密度结构，因为风生混合会使密度跃层保持在混合层之下。

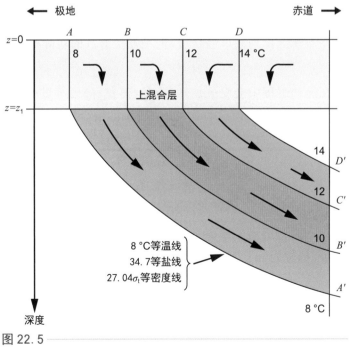

图 22.5

南北向断面潜沉示意图［引自 Tomczak 和 Godfrey, 2005］

早期的海洋学家 Montgomery（1938）就认为表层海水可以沿着抬升的等密度面进入较深的水层。认识上的突破始于通风温跃层（ventilated thermocline）理论的提出（Luyten 等，1983），该理论将温跃层通风、潜沉和模态水作为一个体系，开启了系统认识海洋密度结构的时期。近几十年关于通风温跃层的系列研究成果揭示了大洋内区密度场分布和环流的三维结构，认识到温跃层的通风过程在海洋与气候关系中的重要意义，可以为我们认识海洋内部动力过程、海洋表层与次表层的相互作用以及海洋中层水演变机制提供有力的理论工具。严格来说，潜沉不属于对流，但潜沉过程存在对流成分，潜沉的有些阶段是通过位势不稳定对流实现的。

1. 跃层的通风

主密度跃层位于密度较低的上混合层水体之下，因跃层对海洋湍流的抑制作用，削弱了上下水层之间的交换，成为事实上的阻断层。由于海水是层化的，没有特殊的原因，混合层水体不能向下进入密度跃层之内。

而在西风漂流海域，受科氏力的影响，会形成高纬度海水向赤道方向输运的分量。高纬度海水温度低、密度大，到达某一纬度时就会达到甚至超过当地跃层水的密度，引起位势不稳定过程而引发水体下沉，致使混合层水体进入到温跃层之内（图 22.5）。这个过程包括两个阶段：首先来自高纬海域的混合层水体沿等密度面进入到混合层之下的跃层内部，称为温跃层的通风（ventilation）；其后进入跃层的水体继续下沉到与其密度相当的水层，并向赤道方向输送，称为潜沉（subduction）。这两个相互衔接的过程统称为潜沉。由于大洋中密度连续层化，密度跃层的厚度很大，而潜沉的水体只到达了密度跃层的上部。受混合层水体影响的跃层部分称为通风温跃层；而跃层的深部不受海面过程影响，也不发生通风，称为不通风温跃层，亦称永久温跃层。

需要强调的是，风生混合层产生的跃层是混合的结果。因而，温跃层、盐跃层和密度跃层是一致的。虽然习惯上称为通风温跃层，但是发生潜沉的实际是密度跃层。

2. 模态水

海洋上层水体在流动过程中会受到加热、冷却、蒸发、降雨等过程的影响发生变性，很难保持其源地的物理特性。而潜沉过程则不然，潜沉的混合层水体具有近乎绝热的运动过程和微弱的边界交换，温盐特性变化很小，在抵达很远的距离后仍保持着其在生成地混合层的基本特性，因而被称为"模态水（mode water）"。最早发现的模态水是发生在湾流南部马尾藻海的 18 ℃水（Worthington，1959）。更多关于模态水结构的讨论详见 §5.2。

3. 潜沉率

模态水的生成速率通常用潜沉率（subduction rate）来表达。潜沉率 S 定义为单位面积潜沉水体的体积通量，单位为 m s^{-1}。潜沉率可以表达为（Cushman-Roisin，1987）

$$S = w_{mb} + \mathbf{v}_{mb} \cdot \nabla h_m + \frac{\partial h_m}{\partial t} \tag{22.5}$$

式中，右端第一项 w_{mb} 为混合层底部的垂向速度，表达了垂向抽吸作用对潜沉通量的贡献；右端第二项为侧向平流导入的潜沉通量，v_{mb} 为混合层底部的水平速度，h_m 为混合层深度；

第三项为混合层深度的变化率,主要表达了混合层深度的季节变化,体现了混合层卷出(mixed layer detrainment)作用。潜沉率大表示可以生成较多的模态水。潜沉率有明显的空间差别,例如,在北太平洋的三个模态水生成区,西部、中部和东部的平均潜沉率分别为34.16、21.12 和 46.31 m yr^{-1}(胡海波等,2006)。

将(22.5)式对空间积分,得到潜沉流量,单位为 Sv($=10^6$ m^3 s^{-1})。(22.5)式右端前面两项对潜沉流量的作用大体相当,在北大西洋,垂向抽吸为 17.5 Sv,侧向导入为 9.5 Sv;而在北太平洋,垂向抽吸为 25.1 Sv,侧向导入为 10.1 Sv(Qiu 和 Huang,1995)。由此可见,侧向导入的潜沉通量量值可以与风生垂向抽吸相当。

潜沉的发生比较容易理解,但潜沉水体一直向赤道方向输送,必然有相同数量的水体离开跃层回到混合层,形成潜沉运动的动态平衡。这个过程是在亚热带发生的,温跃层的水体通过卷挟过程向上进入混合层,称为卷出(detrainment)或潜涌(obduction)。事实上,关于卷出过程严重缺乏直接观测,有关的成果多是根据数值模拟的结果,尚不能完全确定。

虽然潜沉全年都会发生,但有明显的季节变化。从早春到早秋,跃层的深度较浅,大量水体进入温跃层之中。从早秋开始风力加强和表面冷却的共同作用使混合层迅速加深。

4. 潜沉的气候效应

潜沉使大气的作用达到海洋的次表层,并产生延迟效应。在各大洋的模态水当中都会体现与大尺度海气相互作用的年际和年代际变化信号。在北太平洋,西部模态水生成区潜沉率的显著周期为 6 年,中部生成区的显著周期为 2~5 年,东部生成区的显著周期为 2 年(胡海波等,2006)。潜沉水体向赤道输运,最终会引起赤道海域海表温度的变化,对潜沉区产生年代际尺度的反馈(Gu 和 Philander,1997)

总结与讨论

对流是海洋中的重要现象,对海洋中不同水层的沟通非常重要。对流涉及很多尚未被广泛接受的概念和尚未清楚的认识。在此,我们选择一些重要问题进行讨论。

1. 对流引发的浮力恢复

设上下两层水体的密度分别为 ρ_1 和 ρ_2,则上层水体进入下层受到向上的浮力 $\rho_2 g$ 与向下的重力 $\rho_1 g$,二者之差为净浮力:

$$F_b = (\rho_2 - \rho_1)gh \tag{22.6}$$

只有净浮力大于零,海洋才是静力稳定的。当海面密度增大时,净浮力减小,即发生浮力损失,水体的静力稳定度降低。一旦上层水体密度大于下层水体密度,净浮力为负值,就会发生对流。这里我们强调,对流虽然是静力不稳定产生的现象,但对流的使命是使海洋恢复静力稳定。例如,当表层发生密度翻转,就会在很浅的深度范围发生对流,形成密度均匀的对流混合层。在混合层的深度上,混合层的密度就会等于或小于其下水体的密度,恢复静力稳定状态。如果表面密度增大的过程持续,对流混合的深度就会逐步向下扩展,使混合层不断加深,直到恢复静力稳定状态。在层化很强的海域,混合层加深会侵蚀密度跃层(图 8.5),使跃层以下的高密度水体进入混合层,增大混合层的密度,最终恢复静力稳定状态。因此,对流是海洋通过自身调整恢复静力稳定性的有效手段。

2. 对流流量与质量通量

流量是指体积通量。根据对流的定义,纯粹的对流是较重的水体微团下沉,同时有较轻的水体微团上升,净流量为 0,满足体积守恒的要求。即使净流量为 0,在对流过程中事实上产生了向下的较高密度水体通量和向上的较低密度水体通量,即发生向下的净质量通量。正是这些向下的质量通量形成了高密度的深层水体。

由于质量通量不如流量容易理解,人们还是采用体积通量来描述对流。有时,人们只关注向下的高密度水体体积通量,将其称为对流的流量,而对向上的体积通量选择视而不见。例如,当谈到某海域的对流流量为 5 Sv 时,实际上有两种可能的意思,一种是净流量,一种是下沉流量,需要了解其内涵。如果是净流量,涉及海洋的质量守恒,必须与大尺度运动对应起来。如果是下沉部分的流量,则意味着有大致相同数量的向上流量没有计入,体积守恒自然得到满足。

由此可见,虽然对流由局部的不稳定性所决定,而且对流会发生净的向下的流量,但是对流的总流量仍是由大尺度运动所决定的,以满足质量守恒的特点。看起来对流具有随机的、局部的特征,而海洋在整体上是协调的,对流是海洋的内部调整过程之一。

对流速度决定了对流的流量,然而,由于对流速度很慢,又是对流元的形式,几乎没有办法直接测量,只能通过各种理论关系或观测现象之间的联系而近似确定。因而对对流速度的估算是对流研究的关键。

3. 深对流

深层对流(deep convection)主要发生在格陵兰海、拉布拉多海、威德尔海和罗斯海(Gordon,1982)。深对流海域整个水层的静力稳定度都很低,一旦发生对流,就会一直抵达海底,形成大洋深层水或底层水。然而,格陵兰海的水体密度结构与其他几个发生深对流的海域水体密度却不一样,而是依靠等密度面的隆起。

格陵兰海深对流的预备条件除了弱层化之外,还有等密度面的隆起(dome),如图22.6a 所示。等密度面的隆起是上一个冬季大流量对流的结果,在海洋中下层积聚了大量高密度水体,这些水体的体量远超过海盆水体的输出量,在夏季也维持隆起的等密度面。当秋季对流发生时,由于高密度水体非常接近海面,只需要不是很强的对流流量就可以使对流混合层发展到跃层所在深度,破坏密度跃层。这种穿透密度跃层的对流是海洋中的穿透对流(penetrative convection)。跃层之下的海水稳定度很低,一旦高密度水体穿透跃层,形成的深对流就很容易抵达海洋深层。

而近些年,格陵兰海夏季等密度面的隆起现象已经消失(图22.6b),代之以近乎平坦的等密度面,称为等密度面坍塌(collapse)现象。例如,以往 28.02 的等位势密度面深度只有 100 m 左右,而现在这个深度有 400 m 左右,上层积聚了大量夏季水体。当秋季对流发生时,需要很大的对流流量才能抵达密度跃层,要求有更强的表面增密过程才能产生深对流。然而,由于近年来海面温度升高、盐度降低,对流流量减小,难以发生深对流。因此可以说,格陵兰海对流的格局已经发生了深刻的变化。

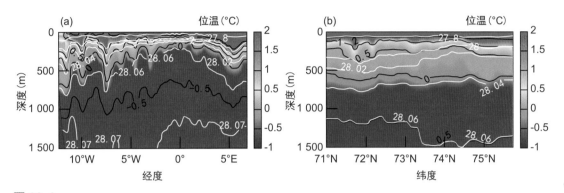

图 22.6

格陵兰海盆的位温和密度断面分布

(a)为 2013 年的观测结果;(b)为 2018 年的观测结果,白色等值线为海水的位密

3. 对流对海水混合的作用

在第 5 章中提到,对流混合是水体混合的重要方式。各种形式的对流都会产生对流混合,对流发生的过程就是水体混合的过程,使海水的密度趋于均匀。对流的尺度可以很大,可以从数米到数千米的垂向尺度上产生对流混合,加大了海水相互掺混的空间尺度。对流混合是大洋中重要的混合过程,其对大洋水体结构的变迁有着不可替代的作用。

在海洋上层,风生混合占优势,风力的搅拌作用,包含兰格缪尔环流的作用,可以形成厚达 150 m 以上的混合层,在浅海甚至可以直达海底。风生湍流混合主要作用于上层海洋 100 m 之内的水层,尤其是高纬度海域的冬季风力强劲,风生混合很强,导致的静力稳定度下降有助于浮力对流的发生。而在高纬度海域海洋次表层,混合增密占优势,形成旺盛的对流混合。

4. 对流的生态学意义

对流对大洋生态系统有重要的价值。对流形成上下层水体的水交换和物质交换,可以把下层的营养物质带到上层,供养上层海洋庞大的生物群落;也可以把上层的溶解氧带到下层,使深海生物和底栖生物得以生存。在世界海洋中,营养物质有两种主要补充方式,一种是来自陆源物质的营养物质,一种是上升流将深层的营养物质带到上层海洋。此外,在有些海域,对流也是深层海洋营养物质的重要上升渠道。

思考题

1. 什么条件下会产生浮力对流?

2. 热压效应的物理实质是什么?

3. 本章与位势不稳定有关的现象有几种?

4. 等密度混合为什么会产生对流?

5. 温跃层通风对大洋环流有何影响？

6. 位势不稳定对流和重力流有何差异？

7. 潜沉如何保持水体的质量守恒？

8. 格陵兰海等密度面的隆起对对流有什么作用？

9. 对流混合层加深在什么条件下会停止？

深度思考

    海水运动具有分层特征，对流是沟通各层水体的重要方式之一。试问对流对水平循环有什么影响？如果没有对流，海水运动会怎么样？

第 23 章

海洋中的涡旋

    涡旋运动是海洋中的基本运动形态之一。由于早期观测水平的限制，人们对涡旋的研究起步较晚。近年来，随着海洋观测、卫星遥感等技术进步，越来越多的涡旋被发现，海洋涡旋的尺度和结构越来越清晰，人们对涡旋的认识也在逐步加深。当海洋涡旋的面纱被逐渐揭开，人们正在见证一个精彩纷呈的涡旋世界（Robinson，1983）。可以说，对涡旋的研究已经成为物理海洋学的研究热点。

    海洋有各种尺度的涡旋运动，大尺度的流涡是大洋环流的组成部分，小尺度的漩涡是肉眼可见的地形影响产生的涡旋。海洋中最具代表性的涡旋是中尺度涡旋。中尺度涡旋起源于不稳定性过程，是以流场弯曲主导的水平剪切不稳定性过程产生的结果，流场通过释放涡旋来恢复原状。本章将介绍各种典型的涡旋及其产生和消亡的机制。

§23.1 海洋的涡旋运动

涡旋运动(vortex motion)是一种特殊的运动形式,与我们熟知的环流与波动有不同的特点。首先,涡旋运动不一定要影响很大的范围,因为它可以在很小的范围内形成自我闭合。其次,涡旋不一定需要很大的能量,可以在能量有限的背景条件下发生。第三,涡旋不一定需要势能的积蓄,只靠动能之间的转换就可以改变自身的运动。这些特点决定了涡旋可以在海洋中普遍存在。

一、涡旋的尺度范围

受到研究历史的限制,人们把闭合起来的运动都称为涡旋(eddy)。海洋涡旋的尺度范围相当大。按照涡旋的尺度划分,海洋涡旋大致可以分为大尺度、中尺度(含亚种尺度)、小尺度和微尺度涡旋。大尺度涡旋称为流涡(gyre),具有大洋的海盆尺度,普遍与风生大洋环流相联系,与大尺度表面气压系统相对应,属于大洋环流的研究范畴。具有百千米尺度的涡旋称为中尺度涡旋(Mesoscale eddy),这些涡旋在大洋中是普遍发生的,是本章的主体内容。米至千米尺度的涡旋为小尺度涡旋,称为漩涡(swirl),与流体力学中的涡旋很接近,科氏力可以忽略。微尺度涡旋具有米以下的尺度,直至湍流的最小尺度,属于海洋湍流的研究范畴(图 23.1)。

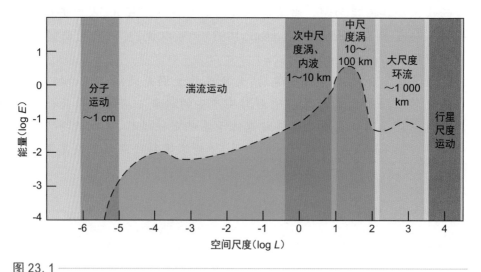

图 23.1

海洋运动的空间能谱示意图 [引自彭世球、钱钰坤, 2018]

坐标均为对数坐标,表示数量级的变化

二、大尺度流涡

海洋中有各种大尺度流涡,是大洋环流的组成部分。在大气科学中,只有环绕地球转轴的流动才称为环流,而海洋中只有南极绕极流是环绕地球的流动,其他大洋环流都是在地表局部区域闭合,称为流涡更为合理。如果忽略流涡中那些分叉和汇入形式,流涡具有涡旋的必要性质,可以认为其是一种特别大的涡旋。

流涡是风生表面流与陆地约束作用共同产生的大型闭合性环流,每个流涡有自成体系的水体循环,形成区域性很强的水循环体系。虽然流涡相对独立,但流涡之间存在水体的交换与沟通,水体有跨流涡迁移的机会。流涡的风生性质表明,各大流涡与大气风场和地形约束有密切联系。

流涡与环流并不完全一致。环流系统中有一些流支是整个流系的一部分,但可以并不加入流涡。例如,赤道流系中的赤道逆流和赤道潜流就不属于任何一个流涡。另外,流涡只是表达了水平闭合循环,对于那些垂向断面的环流不包含在流涡之内。

世界大洋的行星尺度流涡共有 10 个,分别隶属于亚热带流涡(5 个)、亚极地流涡(4个)和北极流涡(1 个),见图 23.2。亚热带流涡(Subtropic Gyre)是由赤道流、西边界暖流、西风漂流和东边界寒流组成的流涡。在南半球,大西洋、太平洋和印度洋有完整的亚热带流涡,包括南大西洋流涡(South Atlantic Gyre),南太平洋流涡(South Pacific Gyre)和印度洋流涡(Indian Ocean Gyre)。在北半球,太平洋和大西洋有亚热带流涡,即北大西洋流涡(North Atlantic Gyre)和北太平洋流涡(North Pacific Gyre),而印度洋由于陆地接近赤道区域,亚热带流涡基本退化。

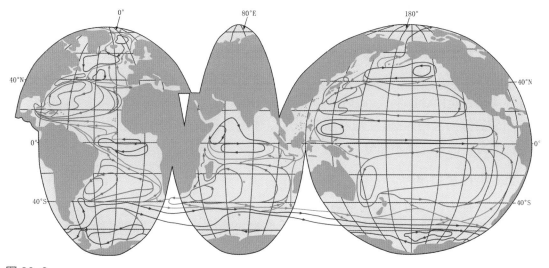

图 23.2

世界大洋流涡［引自 Schmitz,1996］

亚极地流涡(Subpolar Gyre)是由西风漂流、东边界暖流、极地东风流和西边界寒流组成的流涡。在北半球,太平洋形成了比较完整的亚极地流涡。在大西洋,亚极地流涡分成两部分,一部分是北大西洋北部的流涡,一部分是北欧海出现的流涡,都是由北大西洋暖流和来自极地的寒流闭合而成的。在南半球,南极大陆限制了亚极地流涡的发展。只是在南部大陆凹陷处的边缘海形成了两个较小尺度的亚极地流涡,即威德尔流涡(Weddell Gyre)和罗斯海流涡(Ross Sea Gyre)。北极流涡只有一个,就是北冰洋的波弗特流涡

（Beaufort Gyre）。

亚热带流涡的中心都是亚热带高压,体现为反气旋式流涡。而亚极地流涡的中心都是亚极地低压,体现为气旋式环流。北极流涡中心是高压,也是反气旋式流涡。虽然大洋环流出现西向强化等与风场不一致之处,但是流涡与大气环流系统有很好的对应性,体现了世界上不同的表层环流系统,有助于理解环流与水团结构。

流涡是风生环流组成的,风是大尺度流涡的主要驱动力,保证了大尺度流涡的持久存在(详见第11章)。大尺度流涡通过各种尺度的过程消耗能量,产生各种中小尺度的运动;但这些消耗都能从风的驱动作用中获得补充。

三、中尺度涡旋

海洋中存在着尺度为30～60 km的涡旋运动。这些涡旋的尺度巨大,因而具有大量的动能,也携带了大量的水体。中尺度涡旋一边做旋转运动,一边也在水平方向移动,可以到达远离其发生的海域。中尺度涡旋不仅表现为一种运动,而且是能量迁移和传递的关键环节,将大尺度与小尺度运动衔接起来,构建了海洋运动的整体特性。

四、亚中尺度涡旋

中尺度涡旋的尺度为30 km以上,而小尺度涡旋的尺度为1 km以下,还存在介于二者之间的运动,即亚中尺度的涡旋(submesoscale eddy),其空间尺度为1～10 km,时间尺度为1天(Capet等,2008)。亚中尺度涡旋广泛存在,特别是在高分辨率遥感图像中可以清晰看到这种涡旋。亚中尺度涡旋与中尺度涡的动力学机制有明显的区别,并且可以伴随中尺度涡而存在(冀承振等,2017)。有时,亚中尺度涡伴随有流丝、锋面弯曲等特征,让人怀疑其是否是闭合的涡旋,有时被称为亚中尺度运动。但从已有的研究来看,亚中尺度涡有明显的垂向运动,在温度场断面图中可以体现出涡旋运动的一般性。关于亚中尺度涡旋的动力学的研究尚不充分。

五、小尺度漩涡

能够在目力所及范围内观察到的涡旋属于小尺度涡旋,有时也称为漩涡(swirl)。小尺度涡旋直径只有几十米,通常旋转速度快,耗散也快(图23.3)。漩涡往往是急流与地形相互作用的结果,形成高速旋转的涡旋和喇叭口状的旋转中心。漩涡有抽吸能力,海面物体进入其中,如果没有足够的浮力,将会被吸引到水下,船毁人亡的事时有发生。这些涡旋通常产生于狭窄的水道中,被称为海峡漩涡。例如,意大利的墨西拿海峡里的卡里布迪斯漩涡、挪威萨特峡湾的麦尔斯特伦漩涡、日本鸣门海峡漩涡列、英国侏罗海峡漩涡、美国和加拿大间的胡安德雷卡海峡漩涡等都是著名的海峡漩涡,靠近这些漩涡的船只会被吸入。幸而这些漩涡都与地形有密切关系,位置固定不变,在海图上都有准确标注,人们可以远离这些漩涡航行。

在海洋中,漩涡主要是由潮流与地形相互作用产生的。生成海峡漩涡的因素主要有:当海峡弯曲时,弯道外侧的水比内侧的水流得慢,在内侧易于产生漩涡;当潮流通过海峡时海底有狭窄通道时也会发生;海峡底部的大型礁石和浅滩也会诱发漩涡。

图 23.3
海洋中的漩涡

六、微尺度涡旋

小于漩涡尺度的涡旋大量存在，而且尺度分布的范围也非常大。这些涡旋尺度小、寿命短、耗散快，更像是随机发生的现象。这些涡旋不易追踪、无法基于动力学关系来模拟，我们将这些涡旋称为微尺度涡旋（microscale eddy）。其实，用"微尺度"一词并不贴切，我们姑且用这个名称来代表米级以下各种尺度的涡旋。这些涡旋在动力学上的作用体现在其平均特性，需要采用统计方法进行分析，在物理海洋学领域属于海洋湍流的范畴，请参阅本书第 7 章。

七、涡旋的动力平衡

涡旋的受力平衡为

$$\frac{v^2}{r}+fv+g\frac{\partial \zeta}{\partial r}=0 \tag{23.1}$$

当涡旋的半径很大时，离心力变得不重要了，此时涡旋主要是地转平衡。而当涡旋的半径很小时，离心力上升为主要平衡的力，科氏力的影响可以忽略，主要是离心力与压强梯度力之间的平衡。当漩涡快速旋转时，漩涡的表面是漏斗型的，流体受到向外的离心力，致使漩涡外缘海面升高，向内的压强梯度力与向外的离心力平衡。

§23.2 海洋中尺度涡旋

海洋本身处于复杂的涡旋运动之中，形形色色的涡旋层出不穷。但是绝大多数涡旋寿命都很短，因为海洋中不具有这些涡旋的生存条件，很多涡旋就成为海水运动的暂时状态，很快就因消亡而过渡到其他的状态。只有那些适合海洋环境的涡旋才能得到能量补充而长期存在，也意味着这些涡旋在海洋动力学中发挥一定的作用，中尺度涡旋就是这样的涡旋。中尺度涡旋尺度大、周期长、发生频率高，体现为海洋中普遍存在的运动形式。

一、中尺度涡的结构和观测

中尺度涡的现象很早就被观测到。在 20 世纪 30 年代，C. Iselin 通过墨西哥湾流的连续断面发现了看起来像是对湾流的多重横穿的现象，当时认为这些特征是孤立内波。在 20 世纪 40 年代，对墨西哥湾流的一个气旋性冷涡上进行了一次为期十天的测量，是对涡旋的第一次专门测量航次（Iselin 和 Fuglister，1948）。1960 年代中期，专门研究这些涡旋动力学的海洋调查完成（Fuglister，1972），标志着中尺度涡旋科学研究的开始。1970 年代，前苏联科学家在大西洋开展了"多边形实验"，获得了多船同步的中尺度涡水文观测数据。观测得到的涡旋直径达 100 km 的量级，流速达到 0.1 m s⁻¹ 以上，寿命达到数月，中央冷水来自 100 多米深处。1973 年发射的世界上第一颗海洋卫星"天空实验室"对海洋中尺度涡的观测发挥了重要作用。卫星影像实现了对中尺度涡旋海面温度结构的观测，发现了墨西哥以东热带海域中的冷涡，其直径为 60～80 km。卫星遥感整体性观测到湾流海域的各种涡旋，也越来越多地获得了世界其他海域涡旋的信息。观测结果表明，在世界上的强流附近都能观测到涡旋。

卫星的光学和红外遥感可以获得扫描的数据，在扫描的幅宽范围内可以获取温度场的数据，分辨率可以达到 1.1 km。如果涡的温度空间差异特性明显，在无云天气可以有效地识别涡旋（图 23.4）。

海洋中的中尺度涡不仅有自身的动能，而且有势能场，符合地转平衡关系。因此，人们可以使用卫星测高技术通过探测海面高度的起伏来寻找涡旋。然而，迄今还没有扫描式测高卫星，只能测量星下点的海面高度。卫星的轨道呈南北走向，可以达到 7 km 的分辨率，足以清晰地辨识涡旋；但在东西方向，单一卫星的轨道稀疏且同步性不好，无法识别涡旋的范围。人

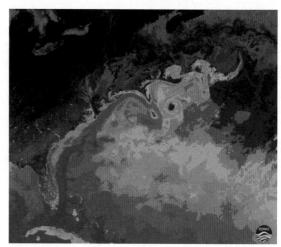

图 23.4

可见光和红外遥感获取的湾流区域涡旋［引自 Talley 等，2011］

们通常用两个方法解决这个问题，一是使用多个卫星的数据，将不同卫星的测量结果融合起来，形成对涡旋的有效识别。另一个方法是用不同轨道的测高数据观察涡旋的移动，在涡旋运动不快的情况下可以获得有价值的结果（Faghmous 等，2015）。

实测数据表明，各种涡旋的深度差别非常大，卫星遥感没有办法了解中尺度涡的深度。另外，卫星遥感只能观测到有海面高度或热学特征的涡旋，有些水下的涡旋还遥感不到，只能靠船舶考察来获得。事实证明，这些潜没在水下的涡旋是普遍存在的。

二、中尺度涡的种类

关于中尺度涡的研究尚在不断丰富与完善之中，一般中尺度涡是按照尺度分类。随着观测的增加和认识的加深，越来越多的中尺度涡被发现，人们对中尺度涡的生成机制的认

识也在增加。虽然关于中尺度涡的分类尚没有统一的认识,但关于以下三种机制生成的中尺度涡得到广泛的认同,一种是由于流的不稳定生成的中尺度涡,二是由海流和地形相互作用生成的涡旋,三是由密度流不对称生成的涡旋。还有其他可能的因素产生的涡旋。

三、冷涡和暖涡

暴露在海洋表面的中尺度涡旋分为两种(图 23.5)。其中,气旋式涡旋(在北半球为逆时针旋转),表面向外辐散,周边海面升高,中心海面降低,中心海水向上运动,将下层冷水带到上层较暖的水中,使涡旋内部的水温比周围海水低,称为冷涡(cold eddy)。冷涡将深海的营养物质带到海面,形成高生产力海域,大型的长期存在的冷涡附近会形成渔场。反气旋式涡旋(在北半球为顺时针旋转),表面向内辐聚,中心海面升高,中心海水向下运动,上层的暖水进入下层冷水中,涡旋内部水温比周围水温高,又称暖涡(warm eddy)。

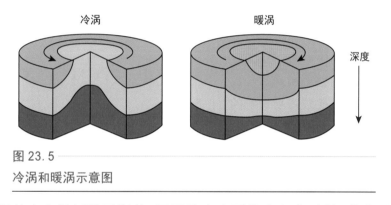

图 23.5

冷涡和暖涡示意图

由于暖涡的中心是辐聚下沉的,因而等密度面的中心会下探,形成下凸的凸透镜(convex lens)结构。图 23.6 是湾流附近暖涡和冷涡的观测结果,暖涡体现了等温面下探的凸透镜结构,而冷涡体现了等温线抬升的凹透镜结构(concave lens)。因此,密度场的凸透镜结构对应于暖涡,凹透镜结构对应于冷涡,对于辨识涡旋的性质至关重要。

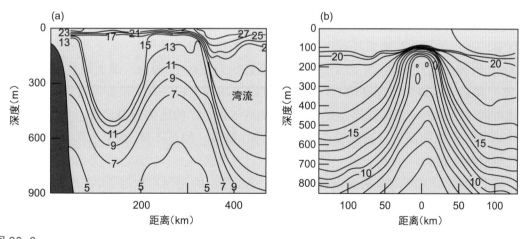

图 23.6

湾流附近的涡旋

(a)湾流和大陆坡之间的暖涡 [引自 Csanady, 1979];(b)湾流冷涡 [引自 Lai 和 Richardson, 1977]

中尺度涡的压力场与大气中涡旋的气压系统很相似，大气中的台风是典型的气旋式中尺度涡旋，其空间尺度为几百千米，而海洋中的中尺度涡的尺度比大气中的要小一个量级。

四、自由涡与强迫涡

按照流体力学中的定义，涡分为自由涡（free vortex）和强迫涡（forced vortex），在轨迹为同心圆的流动中，自由涡的旋转速度与涡半径 r 成反比，属于无旋流动；而强迫波的旋转速度与涡半径成正比，属于有旋运动。

海洋中的中尺度涡与流体力学中的涡有很大的不同，尤其是中尺度涡都是地转平衡的，因而都是有旋的运动。海洋中的自由涡如图 23.7 左图所示，涡的最大切向速度发生在极值半径处，小于极值半径的切向速度向内减小，大于极值半径的切向速度向外减小。海洋中由流场不稳定产生的涡旋都属于自由涡。

而海洋中的强迫涡如图 23.7 右图所示，切向速度在涡旋中心最小，向外一直增大，与流体力学的强迫涡基本一致。其实，对于强迫涡还是比较容易理解的，如同我们用手搓一只茶杯，茶杯的切向速度与手的速度方向一致。强迫涡不能单独存在，而是伴随着海流而发生，其切向速度与流向保持一致。涡旋与海流的距离很近有助于产生强迫涡。

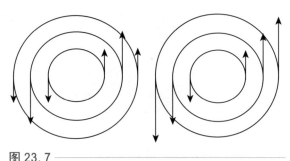

图 23.7
自由涡（左）和强迫涡（右）示意图

§23.3 海流剪切生成的涡旋

在大西洋的湾流和在太平洋的黑潮中等海流中，经常可以观测到不断变动的海流弯曲现象。海流的剪切在弯曲过程中加剧，当满足不稳定性的条件时，就会形成脱离主流的涡旋，在海洋中自行运动（图 23.8）。这些涡旋直径为 $100 \sim 300$ km，最大线速度出现在半径 $30 \sim 40$ km 处，最大流速高达 1.5 m s^{-1}，深处流速减弱为 0.5 m s^{-1}，涡旋厚度达 2 km 以上，持续时间 1 年以上。涡旋在不停地移动，以大约 5 km d^{-1} 的速度向海流的上游方向移动。这种边界流产生的涡旋只是出现在流轴的两侧；如果一侧是陆架，由于水深浅，即使发生涡旋也会很快消亡。

图 23.8 显示的是湾流附近涡旋的生成过程，在流的左侧产生暖涡，在流的右侧产生冷涡。这些涡旋由大尺度海流产生，产生后向主流的反方向移动，成为大尺度海流的伴随现象。由于这种涡旋的流线几乎是闭合的，有时将其称为流环（ring），即环状流。流环的含义还是这种涡旋的自保守性，也意味着这种流环的尺度与大尺度洋流相比仍然是很小的。

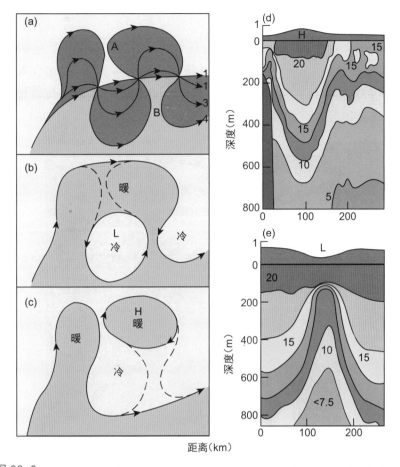

图 23.8

湾流及其附近中尺度涡旋的产生［引自 Tomczak 和 Godfrey（2005）］

除了湾流之外,世界海洋主要强流附近都是涡旋的发生地。在东海黑潮外侧多次观测到逆流或冷涡,在东澳大利亚流、巴西海流、阿拉斯加流附近都观测到大量涡旋。在南极绕极流中锋面的摆动也导致中尺度涡旋(Joyce 等,1981)。涡旋的寿命为 2 周～ 2 个月,尺度为 50 ～ 250 km。由于这类涡旋有明显的温度特征,可以通过可见光和红外遥感容易地识别出来,也可以从卫星高度计获取这些涡旋的信息,连续的监测可以准确地测定涡旋的生存周期。因此,流场剪切产生的涡旋是海洋中的普遍现象,其生成机制参见第 21 章。

一、反向流之间的涡旋

作为海流剪切所生涡旋的特例,在反向流之间会发生涡旋。例如,在赤道以北海域,向西流动的南赤道流和向东流动的赤道逆流方向相反,是典型的反向流情形,发生强烈的不稳定现象,产生大量的涡旋。反向流之间的涡旋属于强迫涡,两支流之间的涡旋无法移出,只能在反向流之间运动,因此,流的分界面是涡旋运动最强的区域。由于南赤道流的流速比赤道逆流大,因此涡旋发生净向西的移动,具有传播的特点,有时也被称为赤道不稳定波(详见 §21.3)。这种涡旋由流场供应能量,可以长期存在。由于夹在反向流之间的涡旋通常不能脱离,其作用是增强耗散,成为海流能量消耗的重要方式。

二、东澳大利亚涡

澳大利亚悉尼以东约 100 km 的海洋中,有个直径约 200 km、深度为 800～1 000 m 的超大暖核涡旋,呈逆时针旋转,水量超过 250 条亚马孙河年流量,是迄今人类发现的最大中尺度涡旋(图 23.9),称为东澳大利亚涡(east Australia eddy)。涡旋旋转使海平面降低了近 1 m,改变了这个地区主要的洋流结构(Andrews 和 Scully-Power,1976)。

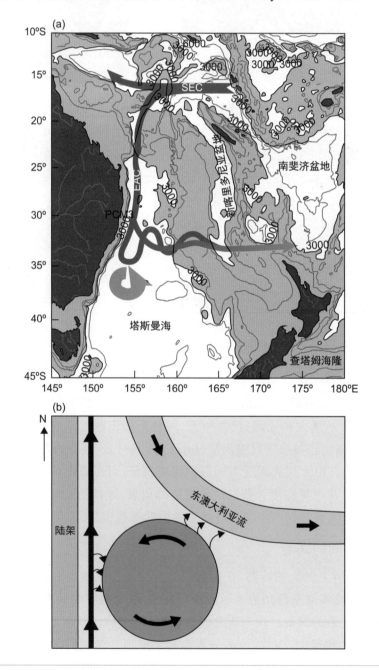

图 23.9

东澳大利亚流涡

(a)涡旋从东澳大利亚流脱落 [引自 Mata 等,2006];(b)东澳大利亚流涡的形成机制示意图对东澳大利亚涡的研究表明,涡旋是海流与地形相互作用的结果。作为西边界流的东澳大利亚流在涡旋北部转向东流,沿岸流在涡旋的西侧北上,两支海流共同作用形成了这个位置相对固定的涡旋。从涡的旋转方向来看,涡的切向速度与海流反向,因此东澳大利亚涡是一个自由涡。

三、表面涡旋的地转平衡

尺度分析表明,表面中尺度涡旋的主要动力平衡依然是地转平衡,意味着中尺度涡都是准地转涡,而其他尺度的涡不具备这个特点。地转平衡意味着涡旋的离心力远小于科氏力而变得不重要,这就要求中尺度涡的旋转速度要慢一些。按照下式

$$\frac{v^2}{r} \ll -fv \tag{23.2}$$

当流速为 0.5 m s^{-1},意味着涡的半径要远大于 5 km。一般的中尺度涡尺度大于 30 km,因而符合地转的要求。表面涡旋既有冷涡,也有暖涡。冷涡中心海面高度降低,压强梯度力向内,而科氏力向外;而暖涡中心海面高度升高,压强梯度力向外,科氏力向内。因而,表面涡无论是冷涡还是暖涡都满足地转平衡。

如果没有持续的能量供给,涡旋的旋转会由于侧向摩擦耗散而不断减慢,最终消失,其携带的水体在与其密度一致的水层上扩展并融合,这就是涡旋的归宿。涡旋的能量贡献给了周边的水体,涡旋携带的物质也成为周边水团的组成部分。

§23.4　海流与地形相互作用产生的涡旋

很多涡旋是地形与流的相互作用产生的。在流遇到海底起伏时,流会随地形而发生偏转和弯曲,导致不稳定的发生,产生涡旋。流场与地形相互作用产生的涡旋可以长期存在,因为流动会为涡旋持续提供能量,维系涡旋的运动。有些冷涡存在的时间很长,上升流将下层冷水带到表面,形成高生产力的区域,通常是重要的季节性渔场。世界上流与地形相互作用产生的涡旋很多,这里我们举几个例子。

一、东海冷涡

东海北部存在一个由黄海暖流、黄海沿岸流和台湾暖流等共同作用产生的气旋式中尺度涡,被称为东海冷涡(Cold Eddy in East China Sea)。在海洋表面,涡旋有时被上层陆架水体掩盖,但在 20 m 以下,冷涡常年存在(乔方利等,2008)。东海冷涡在特定的空间位置存在,有小规模的位置摆动,范围也会扩展或收缩,是东海北部最重要的涡旋现象之一。该冷涡的中心位置大约在 32°00′N,125°42′E(王刚等,2010),尺度为 100~200 km。冷涡在冬季最强,中心位置偏南;夏季较弱,位置偏北。由于冷涡的中心是上升流,其中心的温度比涡旋外面的温度低 7°C 左右,形成了大范围的渔场(图 23.10)。

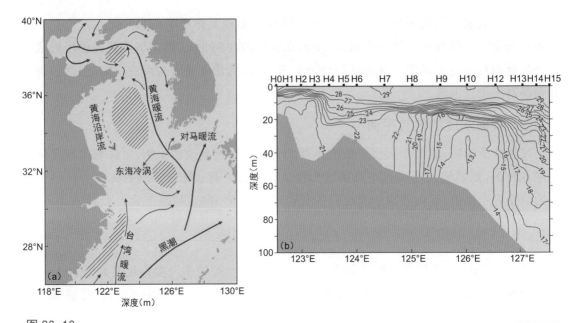

图 23.10

东海冷涡

（a）东海冷涡位置示意图［引自胡敦欣等，1984］；（b）东海冷涡垂向结构图［引自乔方利等，2008］

二、岬角涡

潮流流经岬角时会因岬角的约束而加速，在岬角的背流面形成涡流，逐渐发展成涡旋状的流动，称为岬角涡（headland eddy）。岬角涡是离岸压强梯度力和潮流绕过岬角减速导致的反向压强梯度力相互作用的结果（图 23.11）。

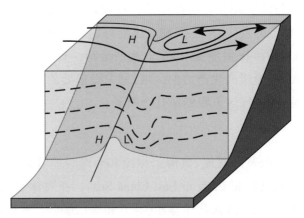

图 23.11

岬角涡旋等密度面的三维结构［引自 Warner 和 MacCready，2009］

在近岸海域，地形与海流相互作用产生各种很强的且相对固定的涡旋，学者们通常为其命名。例如，格鲁吉亚的巴统涡（Batumi Eddy，BE）、克里米亚西南的塞瓦斯托波尔涡（Sevastopol Eddy，SE）等。

三、河口涡旋

在河口外面的海域通常存在河口涡旋(estuarine eddies)。在河口突出的左方是气旋式涡旋,右方是反气旋式涡旋(高佳等,2010)。这个特征与岬角涡旋的特征一致。其实,河口涡旋的形成与河流的径流有关,径流与潮流叠加后的余流是自河口向外的,因而在河口两侧形成反向的涡旋。数值模拟表明,河口涡旋的流速在 5 cm s^{-1} 左右,最大可达 20 cm s^{-1}。河口涡旋是余流的涡旋,包括岬角效应的作用,也包括径流的作用。

在河口涡旋中聚集了大量高浓度泥沙,当大风降临时,涡旋中的泥沙大量悬浮起来,形成了高浓度泥沙的中心,渔民将涡旋区称为"烂泥"。由于海水中的泥沙有很好的消波作用,因此涡旋成为很好的海上避风区。

四、小结

流与地形相互作用产生的中尺度涡属于强迫涡,位置相对固定,可以长期存在,加之尺度较大,有时被认为是流涡或流环。但由于地形引起的涡旋一般是由同一水团的水体组成,因此仍然属于中尺度涡的范畴。

§23.5　重力流产生的涡旋

当高密度水体发生下潜的时候称为重力流,俗称深海瀑布(abyssal cataract)。例如,发生在冰岛－苏格兰海脊上的溢流是高密度水体,具有低温、高盐特点,溢出后迅速下沉,潜到更深的、与其密度一致的水层。发生在直布罗陀海峡的溢流是高温高盐的高密度水体,溢出后也将下沉到更深的水层。这两支溢流虽然海水的温度差别很大,但都是溢流受重力的作用引发的重力流,下沉后形成北大西洋深层水或底层水。

但是,由于在下沉过程中流的不对称性,会诱发下沉水发生旋转,并在下沉中加强旋转,将高密度水的一部分势能转化为涡旋的动能,到达与其密度一致的水层时已经发展成具有垂向转轴的涡旋。

一、地中海涡

地中海的水体从直布罗陀海峡溢出后,核心温度为 13.4 ℃,核心盐度为 37.8。这些水体虽然温度较高,但因其盐度大,进入大西洋后一直下沉,到达800～1 200 m的深度(Price and Baringer,1994)。由于下沉过程的不对称性,下沉水体逐渐形成了很大的潜没在水下的涡旋。这种涡旋的旋转方向是反气旋式的,涡旋的中心深度约 1 000 m,厚度一般为1 000 m,直径 20～75 km,最大旋转线速度约为几十厘米每秒(Richardson 等,2000),被命名为"地中海涡(Mediterranean eddy)",简称 meddy (图 23.12)。1978 年,科学家首次确定了地中海涡的存在(McDowell 和 Rossby,1978)。这些涡旋在旋转的同时不断向西移动,可以一直到达大西洋西边界,存活期可达两年以上。地中海涡不断生成,前赴后继,同一时间会有多个地中海涡旋存在。多个涡旋有时会结合在一起,形成更大的、可在水下延伸数百千米的超大型涡旋。因为地中海水的盐度远大于大西洋海水,所以这种涡旋总是增加大西洋海水的盐度,是大西洋水平均盐度大于太平洋盐度的原因之一。

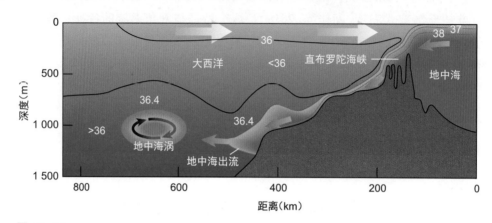

图 23.12

地中海涡的形成 [引自 Richardson,1993]

图中蓝色线为等盐线,箭头为海流的方向

虽然地中海涡潜在海面以下,但由于地中海涡很大,海面高度也会作出调整,以适应涡旋地转平衡的需要。通过卫星高度计测量海表面相对于海平面的变化可以观测到地中海涡的范围(Yan 等,2006;Chelton 等,2011;Ienna 等,2014)。

数值模拟结果表明,在浅陆架上由结冰过程形成的高密度水沿陆坡下滑时也会产生涡旋。同理,冰间湖中产生的高密度水下滑时也会形成涡旋。还有的研究表明,在模态水潜沉的过程中也会产生涡旋。因此,重力流下沉产生的涡旋是普遍现象。

二、水下涡旋的动力平衡

在这里提到的涡旋生成的三种机制中,只有重力流会直接产生潜没在海面以下的涡旋(以下称为"水下涡旋")。但是,我们不排除有表面涡旋产生后,在移动的过程中由于环境密度的变化而潜没在水下。不论水下涡旋的产生机制是什么,其动力特征是一样的。

在海洋深层,假定一个潜没水下的中尺度涡是一个密度均匀的水体,移动到一个密度自上而下增大的层化水体之中,中尺度涡将垂向移动,直至找到自己的平衡位置,在这个深度上中尺度涡受到的浮力和重力完全相等,涡旋可以悬停在水中,如图 23.13 左图所示。设涡旋的密度为 ρ_1,环境的密度为 $\rho_2(z)$,涡旋的受力平衡如下:

$$fv = g\int_{h_1}^{h_2} \frac{\partial \rho}{\partial r}\mathrm{d}z \qquad (23.3)$$

深层涡旋呈凸透镜式结构,即在涡旋中央最厚,边缘最薄,其中心所在深度的海水密度与涡旋的密度一致。在中心的上部,周边海水的密度小于涡旋水体的密度,所受的重力超过浮力;而在中心的下部,周边海水的密度大于周边的密度,所受的浮力超过重力。也就是说,如果水下涡旋没有引起海面起伏,涡旋的中心是高压,压强梯度力向外。涡旋中心上方的水体由于密度大于周边水体,有向下沉降和向外展宽的趋势;而涡旋中心下方的水体由于密度小于周边的水体,有向上抬升和向外展宽的趋势。二者共同作用的结果是气旋趋于向外展宽而变扁。如果涡旋不旋转,将消失在周边水体之中。这种情况下,从空中向下看,涡旋只能顺时针旋转,科氏力向内,与压强梯度力平衡。如果涡旋反时针旋转,则科氏力是向外的,这样的涡旋无法满足地转平衡,因而不能存在。因此,水下涡旋都是反气旋的。我们不排除这样的说法,潜入水下的涡旋如果是气旋式的会很快消亡,如果是反气旋式的有可能长时间存在。

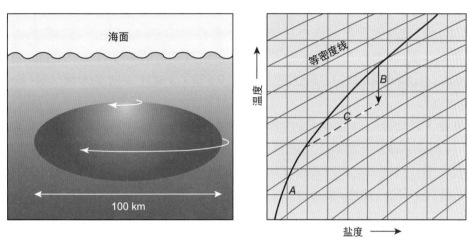

图 23.13

涡旋的密度平衡

左图:悬浮在海水中的涡旋垂向剖面;右图:在 T-S 图上涡旋的结构

凸透镜结构对于水下涡旋的观测是非常重要的,使得我们可以从更加容易获取的温盐数据识别涡旋。在图 23.13 右图中展示了这样的例子:涡旋所在水层的上部是相对高温高盐的水体,下部是相对低温低盐的水体,是中纬度大西洋的典型水体结构。而涡旋的水体密度为 C,受其周边水体的影响,由其中部的高温高盐向边缘的低温低盐变化,但密度基本不变。以上的认识是基于涡旋的密度是均匀的。如果涡旋的密度是不均匀的,其重力与浮力的平衡更加复杂,但是,凸透镜结构仍将存在,只是形状将更不规则。

涡旋的这种平衡机制暗示,涡旋的水平尺度和垂向尺度也将取决于涡旋的旋转速度。旋转速度越大,涡旋将越小,厚度越大,这样密度差导致的水平压强梯度力才能与科氏力平衡;反之,涡旋旋转速度越小,涡旋将越大,厚度也越小。在涡旋衰亡的不同阶段其水平和垂向尺度也是不一样的。因此,涡旋的深度、厚度、水平尺度这些最重要的形态参数实际上是涡旋平衡的结果,并不是涡旋一成不变的物理特性。

§23.6 极地涡旋

严格说来,极地涡旋(polar eddies)的生成机制与上述三种涡旋相同,但由于极地涡旋的尺度小,我们在此单独讨论。发生在北极的涡旋与中纬度的涡旋有很大的不同,其特点是尺度小、旋转速度快、寿命长、移动距离远。这些涡旋不仅地转作用不可忽视,离心力也变得重要。有人将极地涡旋归类为亚中尺度涡(submesoscale coherent vortices,SCV)(Manley 和 Hunkins,1985)。按照斜压罗斯贝变形半径的定义,中纬度的斜压罗斯贝变形半径约为 30 km,而在极地罗斯贝变形半径为 10 km,因此,极地涡旋仍属于中尺度涡。

北极的涡旋主要发生在几个海域。在格陵兰海和弗莱姆海峡的涡旋通常是气旋式的,直径为 20~40 km,速度高达 0.4 m s⁻¹,寿命有 20~30 天(Wadhams 和 Squire,1983)。涡旋多位于近表层,但是其中一些达到相当深的深度,涡旋中心等密线向上凸起。在加拿大海盆,经常可以观测到远离海流而在深海盆中漂荡的涡旋,90% 以上的涡旋核心水团性质与周边水体不同,表明它们是在远方生成的。这些涡旋的半径为 5~10 km,中心位于 50~300 m(Newton 等,1974),最大速度可达 0.6 m s⁻¹,旋转方向多为反气旋(Manley 和 Hunkins 1985)。

2003 年 8 月 23 日~9 月 4 日,作者在加拿大海盆冰面观测期间观测到的次表层涡旋如图 23.14 所示。冰站在涡旋上方漂移过去,冰站上的多普勒海流剖面仪(ADCP)和温盐深剖面仪(CTD)同时捕捉到涡旋的流场结构和温盐特征,确认了这个涡旋。这个涡旋体现了北极涡旋半径小、速度大的特点。

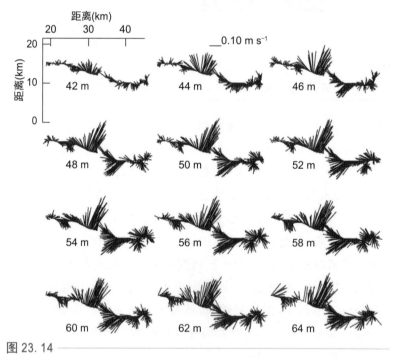

图 23.14

2003 年北极考察期间观测到的涡旋 [引自 Shi 等,2007]

北冰洋在一年的大部分时间里被海冰覆盖,海冰的存在使卫星无法探测冰下的涡旋,对极地涡旋的观测要困难得多,主要还是要靠船舶、潜标、冰站等考察数据获取涡旋信息。

总结与讨论

海洋中的涡旋种类众多、数量惊人。随着海洋观测手段的进步,人们将会发现越来越多的涡旋。随着数值模式分辨率的提高,人们也可以更准确地模拟出涡旋。在理解涡旋的普遍存在性的同时,还应该深入探讨涡旋发生的物理原因。前面几节介绍了中尺度涡的三种主要生成机制及其物理平衡关系。不论什么机制产生的涡旋,一旦产生了,就要处于特定的平衡状态,将消耗降低到最小,以维持其生存。以下内容讨论中尺度涡旋。

1. 对涡旋生成机制的进一步探索

涡旋的产生机制分别为流动剪切不稳定产生的涡旋、流与地形相互作用产生的气旋以及重力流产生的涡旋。这三种机制有同一个特点,就是涡旋产生于水平流速剪切引起的不稳定过程。

其实还有各种其他的机制也在探索中。有人提出受海域地形的影响形成的风场可以直接产生涡旋。有人认为罗斯贝波可以产生涡旋,至少对涡旋的能量供给起到关键作用。有人认为海洋是微弱的非线性系统,对于初始值的微小变化十分敏感,会由于蝴蝶效应产生涡旋。有人认为大洋内波孤立子在传播过程中可导致海水强烈辐聚辐散,通过海脊时会引发涡旋。有人认为,涡旋的成因与日月引力有关,当日月均位于地球一侧时,海水将向赤道汇集,海流的流量不均匀,发生不稳定产生涡旋。因此,各种产生涡旋的机制仍在探索中,不排除有其他机制产生涡旋。

2. 涡旋对质量平衡的贡献

海洋涡旋产生的根源是质量守恒的需要。当沿流方向流量不均衡时,必将发生局部的水体堆积或亏空,导致局部的海面升高或降低,将海流的部分动能转换为势能。建立起的势能场反过来作用于流场,产生流场的弯曲,以增大的空间来抵消流量不均衡。流场的弯曲发生不稳定过程,产生了涡旋。涡旋将不平衡的质量分离出去,使流动恢复到质量均衡的状况,开始新的稳定阶段。

3. 涡旋的能量平衡

中尺度涡的动能主要来自平均流,当涡旋生成后,涡旋携带的大量能量将向较小尺度的涡旋传递,最终转化为海水的热能;而热能又会通过长波辐射返回到大气,转化为大气的动能,完成海洋与大气之间的能量转换和循环。也有人认为存在相反的机制,在涡旋发展阶段,大涡旋是通过吸收小涡旋的能量而维持和发展的;而在涡旋的衰亡阶段则相反,能量从大涡旋向小涡旋传递,最终转化成热能。

4. 中尺度涡旋与大尺度流涡的区别

海洋中有很多旋转的现象,有很大的流涡,也有很小的涡旋。涡旋与大尺度流涡除了在尺度上的区别之外,在流动的性质上有很大的区别。首先,涡旋不论大小,都是同一水体在循环;而流涡事实上是环流,不同流段可以由不同的水体组成,形成整体上的循环。

其次,转动是涡旋的特性,离开转动,涡旋就不复存在。而流涡虽然在整体上是循环特性,但单一的流动可以是无旋转的。涡旋的旋转是为了生存,而流涡的旋转是为了循环。因此,流涡与涡旋在动力学本质上是不同的。

5. 中尺度涡与大洋环流的关系

传统的大洋环流结构是基于早年(20世纪60年代以前)简陋的观测仪器和数量稀少的测站数据获得的,大体描绘了上层海洋整体循环,并建立了风生环流理论。这些认识将大洋环流描述为稳定存在的和缓慢流动的水流。然而,当人们研究大洋环流的能量交换时,就发现这些理论存在很多问题,有些与能量转换有关的问题并没有得到合理的解释。中尺度涡的发现改变了人们对大洋环流的认识,使传统的大洋环流理论受到挑战,也为大洋环流理论的发展创造新的机遇,同时也揭示了大尺度环流与中尺度涡旋之间的密切联系。

最容易理解的能量传递方式是海流。事实上,流动需要建立强大的势能场,需要很多的能量积蓄和持续的能量供给。即使是非常微弱的流,其势能也是相当庞大的。因此,在不具备足够势能的条件下,涡旋运动就是最为经济的、可行的运动方式。涡旋不需要建立很强的势能场,只需要为涡旋运动提供足够的动能。这样,一支流动只要分出部分动能就可以形成移动的涡旋。

流动如果失去能量补给就要衰弱,以致趋于停止;而涡旋运动有其自身的优越之处:当能量补给停止后,涡旋可以逐渐减慢旋转速度而趋于停止,还可以缩小其水平尺度来增大旋转速度,继续在水体中发展和移动,这就是我们可以经常观测到较小尺度涡旋的原因。

人们逐渐意识到,不仅大尺度洋流会向中尺度涡传递能量,而且中尺度涡也会向洋流反向传递能量,例如,黑潮附近的涡旋在向西移动中会汇入黑潮之中(胡珀,2008)。发生南赤道流和赤道逆流之间夹杂着大量赤道不稳定涡旋,成为赤道不稳定波的组成部分(Willet 等,2006)。大洋涡旋向西移动,其移动速度与当地斜压罗斯贝波的相速一致,罗斯贝波与涡旋之间可能有更加紧密的关系(杨光,2013)。这些结果表明,大尺度洋流与中尺度涡旋之间的密切联系才是世界海洋水体循环的完整形态。

6. 涡旋的输运能力

从现在的认识可知,涡旋输运是海洋中一种不可忽视的输运方式。涡旋可以携带大量的海水运移,将海水输送到远方,对其消亡的海域水体结构会有实质性的影响,详见第14章。

此外,冷涡中的上升运动把海洋深处相对富含营养物质的水体带到海面,促使浮游生物繁殖,有效地提高了海洋生产力,稳定的冷涡发生的海域通常形成渔场。上升的冷水不仅是海洋循环系统的重要部分,而且由于中尺度涡的尺度大,对气候有重要的调节作用。而在暖涡的情况下,下沉的暖水将表面水体丰富的氧气带入海洋深层,避免了海底形成低氧水团。

中尺度涡旋的移动受科氏力不对称的影响。在大气中,气旋式涡旋向极移动是大气极向热输送的重要方式,成就了大气的热机作用。在海洋中,只有表层气旋式的涡旋会向极移动,导致海洋热量向极输送;而海洋深处只有反气旋涡旋,一般不能向极运动,不是极向热输送的载体,这也是海洋涡旋的特殊性。

思考题

1. 哪些因素会产生海洋涡旋?
2. 产生涡旋的不稳定过程是什么?
3. 湾流不稳定时两侧涡旋的特点是什么?
4. 简述北赤道流与赤道逆流之间发生涡旋的特点。
5. 简述密度透镜结构与海洋表层涡旋的联系。
6. 深层涡旋为什么都是反气旋式的?
7. 东澳大利亚涡是自由涡还是强迫涡?
8. 简述极地涡旋与中纬度涡旋的尺度差异。
9. 大尺度流涡与中尺度涡旋有何异同?

深度思考

涡旋是流动不平衡的产物。流动发生不稳定可以把能量从流动转移到涡旋。涡旋是否有可能的机制把能量向流动逆向传送? 为什么?

第 24 章
平均海平面变化

平均海平面（mean sea level），亦称平均海水面，简称海平面（sea level），是海面在一段时间内的平均高度。不同空间点的平均海平面有差异，其空间分布是复杂的曲面。

海平面变化（eustatic processes）既包括海平面的时间变化，又包括海平面的空间分布差异。在海洋中，海水的总质量是决定海平面高度的基本因素，海流引起的水体输送、海水温度的变化、地壳的运动等都会影响区域海平面的分布与变化。

与其他剧烈变化的海洋要素相比，海平面的变化是一个缓慢而又微小的过程。然而，海平面对于人类又非常重要，全球大多数经济发达城市都在沿海地区，海平面变化显著影响沿海人们的生产和生活。在全球气候变化的影响下，全球冰川、雪盖融化，海洋受热膨胀，这些因素都会导致海平面的上升，甚至有可能比人们预期的变化速度快得多。因此，对海平面变化的研究成为物理海洋学中的重要命题。

左军成教授对本章内容进行审校并提出宝贵意见和建议；黄瑞新教授对本章的初稿提出宝贵意见和建议，特此致谢。

§24.1 平均海平面

关于海平面的认识有百余年的历史,有各种定义,存在一定的歧义。这里,我们选用《环境科学大辞典》的定义:"海平面是海面的平均高度。指在某一时段假设没有潮汐、波浪、海涌或其他扰动因素引起的海面波动,海面所处的位置"。这个定义非常清楚地指出,要排除的因素只是波动和扰动等周期性因素,而海洋环流等非周期运动包含在其中,自然也就包括大洋平均风场引起的海面堆积或亏空引起的海面变化。

一、大地水准面

海平面容易与大地水准面混淆。按照第 1 章的介绍,大地水准面(geoid)是海洋处于静力平衡时的海面高度。决定大地水准面高度的因素主要与地球的地质构造有关,也与海水的密度结构有关。大地水准面是等重力位势面,水体微团沿大地水准面运动时重力不做功。大地水准面向大陆延伸,是描述地球形状的一个重要物理参考面,也是海拔高程系统的起算面。大地水准面是地球重力场的一个与平均海平面密切相关的等势面,全球平均意义上与平均海平面的平均差为零(Rapp, 1995)。

二、海面动力地形

真实的海面也称海洋自由表面。受风场和气压场分布的影响,表层海水发生辐聚辐散,改变了海面高度的分布,有的地方升高,有的地方降低,这种分布称为海面动力地形(dynamic topography)。在旋转的地球上存在着气候态的风场和气压场,产生稳定存在的海面动力地形分布,极大值为 0.80 m,极小值为 -2.13 m。

因此,海面动力地形是长时间平均的结果。由于海面风场有天气尺度变化、季节变化和长期变化,海面高度也会发生相应时间尺度的变化,而且其变化的量值要比其他因素引起的海平面变化更为显著。在确定海面动力地形时要滤除这些相对高频的变化,否则得出的海面高度变化会有显著的误差。

海面动力地形的分布有一个特点,就是要满足质量守恒,即地球上海面动力地形升高和降低的水体体积大致相等。因而,从全球平均的意义来看,海平面变化不包括海面动力地形的变化;但对区域海平面研究而言,动力地形的变化是海平面变化的关键因素之一。

三、海平面变化的参照系

为此,海平面变化表达为

平均海平面 = 大地水准面 + 海面动力地形

即在区域性研究中,大地水准面与海面动力地形的叠加等于平均海平面。大地水准面的测量是以某一参考椭球面为参照系,展现了世界各地大地水准面高度分布的差异(详见第 1 章)。而海平面变化不是以参考椭球为参照系,而是以某一时期的大地水准面为参照系,以此体现海平面变化的增量。为了研究全球变暖过程中海平面发生的变化,国际上将

1975 年至 1986 年的平均海平面定义为参考平均海平面,代表了全球变暖之前的海平面高度水平。这个参考面既包括大地水准面,也包括平均海面动力地形。这样做不仅可以用传统验潮站数据来分析海平面变化(这个资料中包括陆面垂向升降的影响),而且能与卫星测高获得的结果统一起来。

现有的验潮站是以各自的水尺零点开展观测的,可以转换成各国确定的大地测量基准值,也就是相对某个参考椭球的值。然而,海平面变化的增量部分是相对于特定时期平均海平面的增加值,也相当于以该时期的大地水准面为参照系。卫星测高本身就是以大地水准面为参照系,与陆地验潮站获得的海平面高度变化相对应时需要剔除陆面垂向运动引起的水尺零点变化值。

目前,大地测量界通常以 EGM96 大地水准面为基准面,即 1996 地球重力势模型(Earth Gravitational Model 1996),是 360 阶球谐函数模型。该模型加入了表面重力数据、卫星高度计导出的海面高度距平数据、卫星轨道数据、全球定位系统数据等,其精度优于 1 m。EGM96 确定的大地水准面是三维参考系,以其为全球垂直基准是全球海平面变化研究的巨大进步。正在发展的全球垂直基准(GVD)也称世界高程系统(WHS),是陆地和海洋上高程测量的依据,具有全球统一的性质。GVD 是以大地水准面作为起始面,该面非常接近全球平均海面。

四、海平面的测量

短期的海平面变动主要通过验潮站的直接水位测量和历史数据分析得出。海平面不是一个可以直接测量的物理量,而是要从验潮数据中计算出来。验潮数据中包含各种海面高度变化的信息,包括潮汐、长波、静振等高频信息,还包括海面高度的季节变化、年际变化等,也包括水尺零点垂向运动引起的相对变化。平均海平面长期变化的量值远比高频变化小,需要采用有效精确的分析方法才能获取海平面变化的信息。如果采用的分析算法不当,海平面变化将淹没在分析误差之中。

地质时期的海平面变动主要通过沉积层信息和地貌演化特征确定古海岸线位置和海平面高度,常选择地壳稳定地区或大洋中的岛屿作为研究海平面变动的场所。海平面年代的确定使用同位素分析测定,只能定量计算 15 000 年以来的海平面变化。人们对更长地质时期的海平面变化及其历史的认识还很不完善。

§24.2　海平面变化的主要起因

决定海平面高度有几个主要因素。第一是海洋的总质量,会因陆地冰雪融化或冻结以及土壤含水量变化而发生变化;第二是海水的总体积,会因海水受热或冷却发生体积变化;第三是陆地冰川改变引起的地壳形状的变化,会改变海洋的容积引起海平面变化。对于海洋而言,海平面高低的直接作用只是影响了海洋的深度,其量值微不足道;而对于陆地而言,海平面决定了没有被淹没的陆地面积,在沿岸和岛屿等滨海地区,海平面升降实实在在地决定了滨海地区人类的生存空间。

在远离海岸的地方海平面也在变化,但大海中部海平面的微小变化对大多数居住在大陆的人类活动几乎没有影响。另一个原因就是过去只能靠一些岛屿观测站的数据认识海平面的变化,没有办法了解全球海洋的海平面分布全貌。直到 20 世纪 90 年代卫星高度计问世之后,这种状况才有了根本性的改变,人们可以用卫星高度计获取的信息了解海平面高度在全球范围内的分布,使人们对全球海平面的整体变化有更清晰的了解。但由于卫星测高的历史尚短,需要长期的积累才能评估海平面长期变化。

一、冰川融化引起的海平面变化

由于从地球外大气层逃逸出去的水量非常少,地球上的水体总量在相当长的时间里几乎不变。海平面变化的一个主要原因是陆地冰与海水之间的转换。地球上的冰所包含的水量大约占世界总水量的 30%,冰的总量增加或减少就会引起海平面的变化。在历史上的冰河时期,两半球的中高纬度全部结冰,大量海水转化为陆地固体的冰,全球海平面下降了大约 130 m,很多海域成为陆地,一些海峡成为连通大陆的陆桥。

全球变暖使海平面产生相反的效应,温暖的气候导致冰川和陆地冰盖大规模融化,海水总量的增加引起海平面升高。研究表明,冰川融化导致的海平面上升占近年来海平面变化总量的 50% ~ 75%。据估计,如果格陵兰岛上的冰川全部融化,全球海平面将上升 7 m;根据全球现代冰川体积估计,如果陆地冰川全部融化,将使海面升高 50 ~ 85 m。

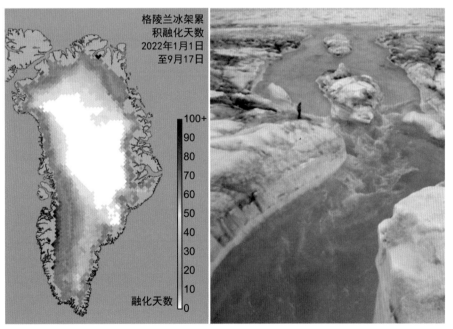

图 24.1

格陵兰冰川的快速融化 [引自美国冰雪数据中心 https://nsidc.org/greenland-today/]
左图:格陵兰冰盖 2022 年累计融化日数;右图:格陵兰冰川顶部融化的水流

目前,冰川融化主要发生在内陆高山冰川。气温增高导致高山雪线上升,冰川融化量远远超过补充的速率,有些规模小的高山冰川已经消失。高山冰川是很多江河的源头,冰川融化一度导致江河径流增加,大量淡水倾注到海洋引发海平面升高。最近的研究表明,格陵兰南部的冰川发生显著萎缩,从全球海平面上升速率来看,格陵兰冰川融化的贡献是显著的(图 24.1)。人们更加关心的是南极冰川的融化速率,就目前的观测来看,南极并没有明显增暖,原因是南极绕极流阻挡了海洋热量向南极的输送,使南极对全球气候增暖的响应迟缓,因而冰川融化速率并没有明显增加。然而,南极的情况不容乐观,一旦南极冰川发生显著变化,将对全球海平面构成严重影响。

人们对海平面变化的最早认识是冰川引起的海平面变化,提出冰川控制理论,并按照冰川消长来估计历史上的海平面变化。直到板块构造学说问世,才使人们关注到导致海平面变化的其他因素。

二、海水热膨胀引起的比容海平面变化

海水受热或冷却会发生体积膨胀或收缩,导致海平面升高或降低。海水盐度的变化也会对海水体积产生微小的影响,但与热膨胀的作用相比可以忽略不计。海洋热膨胀对全球海平面变化的贡献接近 50%。海水密度变化引起的海平面高度变化可以表达为(Park等,1992)

$$\Delta H = -\frac{1}{\rho_0} \int_{-H}^{0} \Delta \rho \mathrm{d}z \tag{24.1}$$

式中,ρ 为海水密度,ρ_0 为海水特征密度。海水热膨胀引起的海平面变化有两种表达形式,热膨胀算法和比容算法。

1. 热膨胀算法

设海水的状态方程近似表达为(22.2)式,热膨胀系数 α 表达为(4.29)式,由热膨胀系数来计算海平面高度 H 的变化为

$$\Delta H = \int_{-H}^{0} \alpha(T, p) \Delta T \mathrm{d}z \tag{24.2}$$

即海水温度升高导致海平面高度上升。

2. 比容算法

将密度用比容 σ 来表示

$$\rho = \frac{1}{\sigma} \tag{24.3}$$

密度代表某物质单位体积的质量,其单位为 $\mathrm{kg\ m^{-3}}$;比容定义为密度的倒数,代表单位质量的某物质所占有的体积。海平面变化可以用比容来表达

$$\Delta H = \frac{1}{\rho_0} \int_{-H}^{0} \rho^2 \Delta \sigma \mathrm{d}z \tag{24.4}$$

因此,由热膨胀引起的海平面变化也称为比容海平面变化(steric sea level change)。采用比容的好处是,比容的变化与海平面的变化成正比。海水比容实际上表达了海水温度变化导致的海水体积变化,与海平面变化有直接的联系。

实践表明,由热膨胀系数计算海平面变化的方法(24.2)与通过比容变化计算海平面

变化的方法(24.4)是一致的(Minster 等，1999)。

海气界面过程是引起上层海洋温度变化的主要原因,海洋环流引起的冷暖水体输送也是影响温度变化的因素,引起比容海平面变化。在世界上的有些海域,中层海水甚至深层海水也在增暖,温度可以升高 0.1 ℃ 以上(Chen 和 Tung,2014)。中下层海水的温度变化不会很大,但由于其体积巨大,温度的微小变化也将引起比容海平面的可观变化。海底附近的地热活动和火山活动也将引起海水比容增加,成为海平面变化的原因之一。此外,比容海平面变化不仅包括热比容变化的贡献,还包括盐比容海平面变化(haline steric sea level change)的贡献(Munk,2002)。

三、地面升降引起的海平面变化

按照海平面的定义,海平面变化意指相对于平均大地水准面的高度变化,也称绝对海平面变化。而作为获取海平面变化的主要手段,验潮站记录的却是相对海平面变化,即海平面相对于当地地壳的海平面变化。如果地壳没有垂向升降发生,绝对海平面与相对海平面完全相等。反之,如果存在地壳升降,则记录的是局地海平面相对变化,与海平面的绝对变化可能很不一样,是在海平面变化中需要考虑的重要因素。陆面垂向运动主要包括三个方面的原因:地面压实、板块运动和冰川均衡调整。

1. 压实效应引起的海平面相对变化

沿海地壳沉降时,地表的建筑物、防波堤、验潮站等也一同降低,体现为海平面相对升高、水深加大、灾害风险增加。这种情况下验潮站记录的潮位数据体现的是海面的相对升高。由于验潮站往往建设在大城市附近,而大城市又是地壳沉降的主要发生区,对验潮数据的影响不可低估。

导致地壳沉降的因素很多,有自然的原因和人为的原因。自然的原因主要体现在沉积过程产生的自然压实,主要发生在河流三角洲和其他沉积物为主的区域。人为原因导致的地壳沉降主要有大量使用地下水、地下矿产开采、石油和天然气开采、地面大规模建筑物建造等。这些因素引起地面沉降,称为压实效应(consolidation effect)。不同地质结构海岸的海平面变化很不相同。沉积型海岸有明显的压实效应,而岩石型海岸几乎不存在压实效应。

有些地面沉降过程是可以缓解的。例如,上海市的城市建设导致地面沉降,上海市政府多年来一直采取措施,通过向地下注水来增加土壤的承载力,减缓地面沉降的速度。在这种情况下,海平面变化的预测就更加复杂,还要研究人类的补救措施所产生的效果。

2. 板块运动引起的海平面变化

地壳的变化导致了海盆容积的变化,是引起全球性海平面变化重要因素之一。地壳变动是漫长的过程,与海平面的长期变化有关。根据板块构造学说,海底扩张会增大海盆的容积;而同时大洋中脊上涌出热液物质会导致海盆容积减小。二者的联合作用尚不清楚,是影响海平面长期变化的因素。

3. 床垫效应引起的海平面变化

末次冰期时(大约 16 000 年前),北半球出现了 3 000 m 以上厚度的冰川,重达几兆吨的冰川压在地壳上时,冰川之下的陆地会发生凹陷,导致地幔发生调整。当冰川融化后,地壳会趋于恢复,地幔也发生回流(图24.2)。地球岩石圈和上地幔由于冰川消长发生的垂向运动被称为床垫效应(mattress effect)。

北半球的绝大多数冰川在6 000年前已经融化,但地壳的恢复过程至今仍在继续。在冰川融化后压力消失,床垫效应的恢复作用使受压的地方发生上升,使冰川边缘会发生下降。例如,加拿大的陆地曾经是冰川覆盖区,目前一直在上升;美国东海岸和大湖区曾经是冰川的边缘,目前一直在下沉(汪汉胜等,2009)。末次冰期以来,在斯堪的纳维亚地区均衡上升了约300 m,现仍以每百年一米的速度继续上升。美国阿拉斯加州首府朱诺地区在近200年时间里至少上升了3 m多。这一过程被称为冰川均衡调整(glacial isostatic adjustment)。

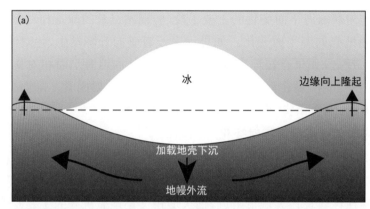

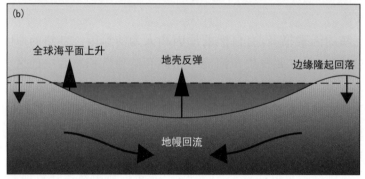

图24.2

地球的冰川均衡调整和床垫效应

[https://www.volcanocafe.org/the-wandering-earth-mantle-in-motion/]

冰川均衡调整过程导致的地壳变化如图24.3所示。在北美大陆、欧亚大陆北部和南极大陆周边,冰川均衡调整效应导致岩石圈上升;而在中国近海,冰川均衡调整效应导致地壳降低。绝对海平面变化等于在这些区域观测到的相对海平面变化加上地壳的升降。

冰川均衡调整改变的不是水量,而是洋盆的容积,属于地壳升降的结果。但因冰川变化与海平面变化紧密联系,冰川均衡调整引起的海平面变化更加复杂。这种变化的时间尺度非常大,对于现代依据卫星遥感观测的海平面变化影响很小(Peltier,1999)。

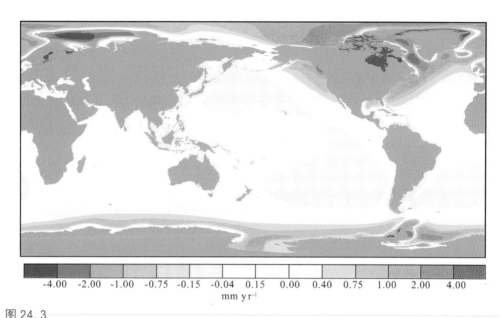

图 24.3

现代冰川均衡调整效应对验潮站观测的相对海平面变化的影响 [引自 Tamisiea 和 Mitrovica, 2011]

四、大气环流变化引起的海平面变化

海洋动力地形与海洋环流密切相关,而海洋环流的变化对海平面的影响很大。研究表明,现有的海洋环流是大气环流长期作用的结果。从海平面变化的时间尺度上看,海洋环流与大气环流的长期变化是基本一致的,大气环流的减弱或增强都会导致海洋动力平衡的改变,引起海面动力地形的变化,是区域海平面变化的主要原因之一。

研究表明,全球大气环流系统的变化有几个主要原因:第一,主要是大气成分的变化引起的,包括低层大气温室气体的增加和高层大气臭氧含量的降低,也包括各种气溶胶含量的变化,这些变化会导致大气接受太阳辐射的变化;第二,海气耦合过程是海洋和大气环流长期变化的重要驱动因子,也是海洋环流与大气环流变化的原因;第三,一些气候因素的长期变化,如云量的改变、降雨带的分布、陆地植被的变化、海冰面积的变化等都会引起大气吸收太阳辐射量的变化,从而导致大气环流的变化。

某位置的海面高度变化不取决于局地大气环流的改变,而是与气候态大气环流的水平不均匀性相联系。以往,只靠对验潮站数据的分析不能研究大尺度大气环流变化对海平面变化的影响。随着海洋数值模拟技术的进步,可以精确地模拟在大气环流驱动下海洋环流和海面高度发生的变化,比较精确地确定大气环流变化引起的海平面变化。

§24.3　全球海平面变化特征

自从海洋形成以来,全球海平面一直在不停地变化,虽然其变化是非常缓慢的。在地球漫长的历史中,海平面曾经有大的起伏变化,类似的冰川周期已经发生过数百次了。

一、地质时期的海平面变化

科学研究结果表明,在 35 000 年以前,海平面大致接近现在位置。在末次冰川期(其顶点约为两万年前),海水大量冻结成固体的冰,导致当时的平均海平面比现在低约 130 m。研究发现,在东海冲绳海槽西坡的陆架外缘存在古海岸线,陆架上发现有阶地和古河谷,表明距今 15 000 年前,东海的海平面处于最低位置,比现代海平面低约 130～160 m。距今 15 000～6 000 年期间海面迅速上升到现代位置。最近 5 000 年来海平面变动不大。中国沿海的大陆架就是因冰川消融、海面上升而使滨海平原被海水淹没而形成的。

二、过去 100 年的全球海平面变化

1910～2010 年的 100 年时间里,全球海平面有逐渐上升的趋势,上升了大约 20 cm(图 24.4)。海平面的变化在全球是不均衡的,有些地方变化大,有些地方变化小。在太平洋西部海平面的增幅要大于太平洋东部。在有些海域,海平面不但没有上升,而且还出现了下降的趋势(图 24.5)。这是由于海平面与平均风场的强弱有关。

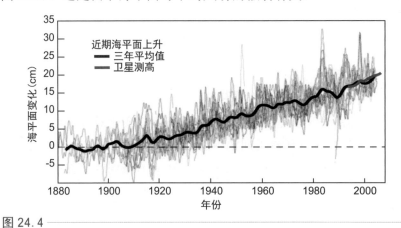

图 24.4

1880 年以来全球海平面的变化 [引自美国航空航天局(NASA)]

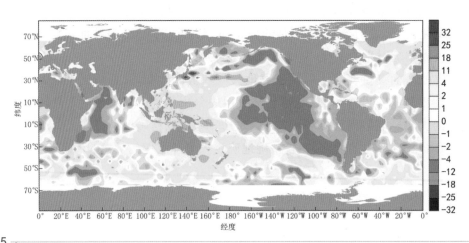

图 24.5

使用 TOPEX/POSEDION 卫星测高数据计算的全球海平面线性变化趋势(mm yr^{-1}) [引自 Zuo 等,2005]

三、近年来全球海平面变化

由于百年增长 20 cm 是个很小的量,并没有对人类社会造成显著影响。近年来,全球海平面升高有加速的趋势,达到每年约 3 mm,一些岛屿国家有淹没的可能,一些地势低洼的沿海城市面临巨大的风险。

卫星高度计观测数据分析显示 1993 年以来,全球平均海平面加速上升(图 24.6),上升速度从 1993 年的 2.4 ± 0.2 mm yr^{-1} 到 2014 年的 2.9 ± 0.3 mm yr^{-1},其中,海洋热膨胀对上升速率的贡献从 50% 下降至 30%,而海洋总水量的变化对海平面上升的贡献从 1993 年的大约 50% 增加到 2014 年的 70%。全球海洋水体体积的变化主要由格陵兰冰盖、南极冰盖、山地冰川和陆地储水等因素决定。1993～2014 年间,格陵兰冰盖的质量损失从最初的 0.11 ± 0.03 mm yr^{-1} 快速增加到大约 0.85 ± 0.03 mm yr^{-1},对全球海平面变化的贡献从 1993 年不足 5% 增长到 2014 年的超过 25%,是导致全球平均海平面加速上升的主要原因。

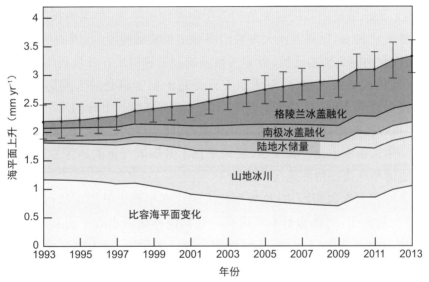

图 24.6

1993～2014 年间全球海平面收支平衡[Chen 等,2017]

§24.5　海平面升高加剧海洋灾害

全世界范围关注海平面变化的主要原因是其对人类构成潜在的危害。一般而言,海平面的年变化幅度只有几个毫米,每百年也不过几十厘米。人们似乎很难把海平面变化与自然灾害联系起来。但是,全球变暖加快了海平面变化的速率,使人们不得不担心海平面变化的速率加快。图 24.7 的红色区域给出了当海平面上升 1 m 时淹没的陆地。显然,与辽阔的陆地相比,淹没的只是很小的部分;但这些区域都是经济发达地区,其对社会的影响不可小觑。

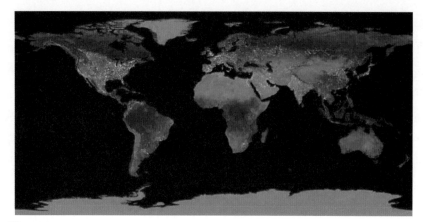

图 24.7 ————

海平面升高 1 m 将淹没的陆地范围［引自美国航空航天局（NASA）］

如果海平面缓慢增加，人们可以通过加高堤防来防范风险。如果海平面升高 10 m 以上，人类基本上无法通过加高堤防来防护低于海平面的土地；如果南极的冰川全部融化，全球海平面将上升 57 m，世界上绝大多数沿海城市都将被淹没，我国的华北平原将不复存在，人类将面临向内陆高地的迁徙，世界气候系统和植物的生存环境也将改变。

因此，与其他自然灾害相比，海平面上升导致的灾害将是对人类影响最大的灾害之一。即使海平面缓慢上升，对沿海地区的影响也不可低估。上升的海平面会导致海水入侵加剧，甚至可以影响土壤成分，危害农业体系；同时出现大江河口的咸潮入侵加剧，危害人们的生产和生活用水安全。在中国，受海平面上升影响严重的地区主要是渤海湾地区、长江三角洲地区和珠江三角洲地区。

德国知名海平面专家斯坦福·拉姆斯托夫说："海平面上升的症结在于它开始非常缓慢，但是一旦发展开了，它就变得不可遏制。我们没办法阻止海平面上升，即使我们实现了碳的零排放也无可奈何。"因此，了解海平面变化的原因，努力缩减导致海平面变化的因素，减缓海平面的上升，是人类需要不懈努力的使命。

海平面变化是缓慢的，即使在不远的将来海平面变化会加速，但仍然是缓慢的。除非地球上发生大规模的灾变，南极大陆的冰川不会迅速融化。但是，海平面的缓慢变化不等于说不急于开展相关的研究，相反，海平面变化的问题已经成为我国和全世界急需开展的研究命题，对于保障经济发展和人类生存，有许多重要的工作要做。

一、海水入侵和咸潮灾害

陆地地下水是由降雨或河流维系的，对于饮用、灌溉、工程等人类和社会活动有重要作用。正常情形陆地地下水位等于或高于海水水位。若地下水位低于海平面，近岸的海水会通过海底沉积层或海底岩石间隙向内陆渗透，侵蚀内陆地下水，称为海水入侵（seawater invasion）。一旦降雨或者河流水量减少，地下水无力平衡海水的压力，就会发生海水入侵现象，使地下水变咸。另一方面，海洋潮汐的大潮期间，海面压力增大，也会发生海水入侵。海平面升高无疑有利于加剧海水入侵。一旦发生地下水的氯度（～S/1.806 55）

超过 250 mg L⁻¹ 就不宜饮用,还会引发土地盐碱化。

　　咸潮(salty tide)是另一种海水入侵灾害,主要指海水沿河道的异常上溯,造成上游河段水体变咸的现象。咸潮的发生是间歇性现象,主要与河流径流量和天文大潮有关,通常在河流枯水期发生。我国的咸潮主要发生在珠江三角洲,近年来在长江三角洲也发生持续时间较长的咸潮。珠江三角洲每年发生咸潮多始于 10 月份,持续天数多为几十天,个别靠近海洋的站位咸潮天数可达 170 余天。

　　海平面升高有利于咸潮的发生,会加大海水的压力,加大咸潮入侵的发生天数和影响范围。持续的海平面升高会使一些区域的咸潮成为终年发生的现象,地下水不再可用,造成无法恢复的灾害。

二、风暴潮灾害

　　近海的风暴潮是重要的动力灾害。风暴潮导致海面异常升高,并伴有巨浪,对海岸和防护工程造成冲击。风暴潮与天文大潮以及洪峰叠加会产生更高的异常高水位(详见 §20.1)。越过防波堤的海水会进入陆地,危害人类生命和财产,造成土地盐碱化,是主要的海洋灾害之一。海平面上升将使海水深度加大,导致天文潮和风暴潮的强度增大,与风暴增水和天文大潮叠加在一起,形成更高的水位,将扩大受灾的强度和广度,增加了风暴潮灾害的风险度。

三、海平面变化的社会效应

　　海平面变化对沿海地区潜移默化的影响已经到了必须高度关注的程度。海水入侵正在威胁沿海地区的地下水,而且影响的范围和强度都在增大。也许近岸海域可以通过堤防来阻隔海平面变化的影响,但是,溯河而上的海水对感潮河段周边水质和地下水影响的风险还是不可避免的。海平面变化对土地盐碱化造成的风险也不可低估,其危害的区域都是经济发达区域和良田。

　　沿海城市地壳沉降的危险大概是与海平面变化有关联的最为迫切的问题,沿海地方政府要统筹考虑城市建设和防范地壳沉降,从长远的战略角度保护国土。要学习荷兰的经验,及早发展低于海平面土地的保护技术,形成保护大面积低地的能力。对各河口三角洲的防护要及早考虑,防止国土进一步流失。国家对海平面变化风险大的区域经济布局方面要有充分考虑以防范未来的风险。海平面变化涉及沿海岛屿的命运,对于海拔低的岛屿要加高加固,防止岛屿消失。

　　为了防范海平面变化对经济社会和海洋权益的影响,需要在预测海平面变化上下功夫,要形成可靠的海平面变化预测能力;要参与全球海平面监测体系,对全球海平面和区域性海平面变化有整体性把握。

▍思考题

1. 什么是平均海平面,它与大地水准面有什么关系?

2. 什么是动力地形？动力地形有哪些因素决定？

3. 导致海平面高度变化的因素主要有几种？

4. 海水温度变化引起的海平面变化为什么叫比容海平面变化？

5. 地壳变动有哪几种主要作用？

6. 海平面上升对人类生产和生活将产生哪些影响？

7. 简单介绍过去二十年全球海平面变化的特点。

深度思考

如果一个水柱不加任何改变地复制到地球上另外一个地方，其相对于地心的距离也一样，这两个地方的水柱是否存在压强差呢？

第 25 章

海冰

海冰是海水相变的产物,二者既有共性又有特性。由于海冰是固体,其物理和运动行为与海水形成显著差异,成为需要特殊研究的海洋对象。南极海冰的最大范围约 2 000 万平方千米北极海冰的最大范围约 1 100 万平方千米,分别占世界海洋面积的 5.6% 和 3.0%。因此海冰是物理海洋学中的重要组成部分。

海冰对冰区海洋动力过程和热力过程起着非常重要的作用。海冰的反照率远大于海水,将更多的太阳辐射能反射回空中,导致穿过海冰进入海水的热量减少。海冰削弱了海洋的散热,使海洋在严寒中可以保持冰点以上的温度,海洋生物得以越冬;另一方面,它成就了大气的寒冷。海冰还阻隔了风对海洋的直接驱动作用,滤除了各种尺度的扰动,只有冰运动表现出海冰与海洋的相互作用。由于海冰涉及热量的平衡,因而具有明显的气候效应,对半球尺度的大气运动有明显的影响。因此,在理解和认识海洋和大气时不能忽略对海冰的研究。

李志军教授对本章内容进行审校并提出宝贵意见和建议,特此致谢。

§25.1　海冰的物理性质

海冰是一种固体，具有多种物理性质，包括力学、电学、光学、声学、磁学等各种性质。这里，我们只讨论与海冰生消和运动有关的热学性质、力学性质和光学性质。

一、海冰的热学性质

1. 比热容

比热容（specific heat capacity）是单位质量物质的热容量，简称比热（specific heat），表征了单位质量物质改变单位温度时吸收或释放的热量。比热容分为定压比热容和定容比热容，海冰的比热容一般用定压比热容 c_{pi}。其近似的关系为（Ono，1967）

$$c_{pi} = c_0 + aT_i + b\frac{S_i}{T_i^2} \tag{25.1}$$

式中，c_0 为淡水冰的定压比热容，等于 2 113 J kg^{-1} K^{-1}，系数 a 为 7.52 J kg^{-1} K^{-2}，b 为 0.018 MJ K kg^{-1}，S_i 为海冰的盐度，T_i 为海冰的摄氏温度。由于海冰的温度低于 0℃，海冰的比热容低于淡水冰，且温度越低，比热容越低，意味着低温海冰温度升高 1℃比温度较高的海冰温度升高 1 ℃需要更少的热量。

2. 热传导

冰是晶体，通过晶格振动来传递热能，称为热传导（thermal conductivity）。冰的热传导率 k_i（也称导热系数、热传导系数）定义为在标准温度梯度下单位时间内穿过单位面积热能的比率，单位为 W m^{-1} K^{-1}。Maykut 和 Untersteiner（1971）给出了近似关系：

$$k_i = k_0 + \gamma\frac{S_i}{T_i} \tag{25.2}$$

式中，γ 为 0.13 W m^{-1}，冰温的单位为℃。由于冰温总是低于摄氏零度，（25.2）式中的第二项为负值，表明海冰的热传导率低于淡水冰的值。

k_0 为淡水冰的热传导率，可以表达为（Yen，1981）

$$k_0 = 9.828\exp(-0.005\,7T) \tag{25.3}$$

式中，T 为海冰的绝对温度（°K）。

图 25.1 为不同盐度和温度热传导率的值，温度越低，热传导率越高；同样，盐度越低，热传导率越高。温度在 0℃和 -40℃的热传导率分别约为 1.590±0.060 W m^{-1} K^{-1} 和 2.080±0.080 W m^{-1} K^{-1}。

3. 热扩散

热传导针对的是热量的变化，人们更愿意理解温度的变化。在研究温度的变化时可以将热传导过程表达为热扩散（thermal diffusion），热扩散率（单位：m^2 s^{-1}）为

$$\kappa_i = k_i / (\rho_i c_{pi}) \tag{25.4}$$

盐度越低,热扩散率越高;温度越低,热扩散率越高,与热传导率的特征一致。

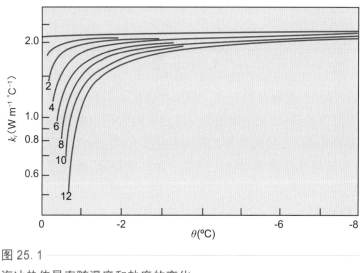

图 25.1
海冰热传导率随温度和盐度的变化

4. 冰点

海水结冰温度称为冰点(freezing point),可以由(4.33)式近似估计。当盐度为 34 时,冰点为 -1.87 ℃。

5. 相变潜热

相变潜热是在温度不变情况下吸收或释放的热量。海冰是海水的相变形成的,海水从液体变为固体称为冻结(freezing),海冰从固体变为液体称为融化(fusion),结冰过程需要释放的热量称为冻结潜热(latent heat of freezing),融冰过程需要吸收的热量称为融化潜热(latent heat of fusion),二者量值上相等。

冰的融化潜热 L_i 定义为单位质量的冰融化时吸收的热量,因此,也称为比潜热。在 0 ℃和 1 个标准大气压下纯冰的融化潜热约为 333.5 kJ kg^{-1}。

海冰从固体直接变为气体称为升华(sublimation),从气体直接变为固体称为凝华(deposit)。冰升华吸收的升华潜热(latent heat of sublimation)L_s 定义为单位质量的冰转化为水蒸气时所需的热量。在标准大气压和固 - 液 - 气三相点温度(273.16 K)下,冰的升华潜热是 2838 kJ kg^{-1},与气体凝华释放的凝华潜热(latent heat of deposit)相等。值得注意的是冰的融解潜热仅是升华潜热的 12%,因此冰更容易融化而不是升华。

二、海冰的力学性质

海冰在温度改变时会发生密度变化,在外力的作用下会发生形变。

1. 海冰的密度

因冰结晶时分子排列的需要,冰的密度总是低于水的密度而浮在水面。纯水冰 0 ℃时的密度为 917 kg m^{-3},而海冰中含有盐分,密度要高于淡水冰。有时,海冰中含有大量气泡,密度会低于淡水冰。多年冰的气泡比例很低,因此多年冰的密度一般高于一年冰。

2. 热膨胀

海冰具有受热膨胀、冷却收缩的特性。热膨胀（thermal expansion）特性用热膨胀系数 α_i 来表达：

$$\alpha_i = -\frac{1}{\rho_i}\frac{\mathrm{d}\rho_i}{\mathrm{d}T_i} \tag{25.5}$$

式中，ρ_i 是海冰的密度，T_i 是海冰的温度。海冰的热膨胀系数随海冰的温度和盐度而变化。对低盐海冰，随着温度的降低，它开始膨胀，继之变为收缩。例如，对于盐度大约为 5 的海冰，随着温度的逐渐降低，它最先开始膨胀，之后在大约 $-10\ ℃$ 时开始收缩。由膨胀变为收缩的临界温度值随海冰盐度的增加而降低。对高盐海冰，随温度降低始终是膨胀的，但膨胀系数越来越小。

3. **海冰的本构关系**

当海冰受到外界作用时，其内应力（internal stress）随之变化，引起海冰变形。海冰变形由应变率（strain rate）张量表达。海冰应力 σ 与应变率 $\dot{\varepsilon}$ 之间的关系称为本构关系（constitutive relation），表达为（Hibler，1979）

$$\sigma_{ij} = 2\eta\dot{\varepsilon}_{ij} + \left[(\xi-\eta)\dot{\varepsilon}_{kk} - P/2\right]\delta_{ij} \tag{25.6}$$

式中，ξ 为体积黏性系数，η 为切变黏性系数，P 为冰内压强。海冰的本构关系是研究海冰运动和变形的基础。

不同物理性质的海冰在不同外界作用力下的应变特性不同。海冰有一定的弹性，受到较小的外力作用时会发生弹性形变，外力移除时会恢复原状。当外力作用很大时海冰又呈现一定的塑性，当外力移除时海冰无法恢复原状，而是发生塑性形变。

大尺度海冰的整体力学行为与小尺度冰块的力学特性完全不同，前者具有流体的特性。大尺度海冰具有黏性，即冰的不同部分之间具有相对位移。大尺度海冰也有塑性，发生不可恢复的形变。描述大尺度海冰最有代表性的本构关系是 Hibler（1979）提出的黏塑性流体模型。对大尺度海冰的认识还在发展之中，迄今已发展的本构关系模型有：黏塑性流体、弹塑性流体、黏弹塑性流体、空化流体等，用以描述海冰在不同阶段的结构变化。

三、海冰的光学性质

海冰是一种结构错综复杂和性质特殊的半透明物质，其光学特性是理解海冰对太阳辐射的反射、吸收和透射的物理基础。海冰的光学性质既包括几何光学的特性，也包括吸收和散射等物理特性，对于解决海冰热力学、极地气候学等不同学科的科学问题具有重要意义。

夏季太阳短波辐射加热导致海冰逐渐融化，海冰和太阳辐射的相互作用成为冰面热交换的重要组成部分。到达冰面的太阳辐射分成三部分：一部分被冰面反射，一部分在冰中衰减，一部分穿透海冰进入海水。相应地有反射率、衰减率和透射率。

1. **冰面反射**

当光照射到物质表面时会发生反射。在理想的光滑平面上，反射光遵循三个特征：反射光位于入射光与界面法线所决定的平面内,入射光和反射光分别位于法线的两侧,反射角与入射角相等。反射率(reflectance)定义为:特定方向反射辐射强度与入射辐射强度的比值,不同波长的光反射率不同,称为谱反射率。辐射强度是光源通过单位立体角的辐射通量,单位为 W sr^{-1}。

然而,人们关心的往往是所有方向光所携带总能量的入射和反射,通常不用反射率,而是用反照率(albedo)。反照率 α 也与波长有关,称为谱反照率。反照率与反射率有两点不同:第一,反照率是所有方向上反射的积分结果,体现物体表面对辐射反射的总体能力;第二,反照率定义为反射辐照度与入射辐照度的比值,辐照度是单位面积的光通量,单位为 W m^{-2}。不同波长的反照率不同,总反照率是谱反照率 $\alpha(\lambda)$ 的加权平均为(Wadhams,2000)

$$\alpha = \frac{\int_0^\infty \alpha(\lambda)E_d(\lambda)\mathrm{d}\lambda}{\int_0^\infty E_d(\lambda)\mathrm{d}\lambda} \tag{25.7}$$

海面不同物质的反照率差别很大,无冰水面的反照率为 0.05～0.09,裸冰表面反照率为0.4～0.6,有雪冰面反照率为 0.6～0.9(Pounder,1965)。

因此,反射率是光学参数,体现了光的反射;而反照率是热学参数,体现了能量的反射。

2. 海冰对光能的吸收

从光学角度看,光在海冰内部的衰减主要涉及光的散射和吸收。吸收是指光能被海冰分子所吸收,转化为热能。散射是指照射到海冰单元上后方向发生改变。从能量的角度看,光在多次散射过程中,向上离开海冰的能量成为反照率的一部分,向下进入海洋的能量成为透射率的一部分,其余部分最终被海冰吸收。因此,吸收率体现为海冰对光能的吸收。

由于海冰中含有杂质,海冰的吸收率 μ_{si} 可以表达为

$$\mu_{si} = \frac{v_i\mu_i + v_b\mu_b}{v_i + \mu_b} \tag{25.8}$$

式中,v_i 和 v_b 分别为海冰和杂质的体积,μ_i 和 μ_b 分别为海冰和杂质的吸收系数,可以通过试验测定。

§25.2　海冰的生成与融化

在寒冷季节,随着海水热量损失、海水温度下降到冰点以下,海水就会结冰。由于结冰过程既涉及大气的温度,又涉及海洋的对流过程和热量释放,海冰的冻结过程非常复杂,涉及海冰微结构变化,受到海面风场、波浪、海流和潮汐的动力学作用。

一、海冰的生成

由于海水中含有大量热量,气温降低到零下未必能生成海冰,只有在寒潮频发,海洋

的热含量基本释放,海水才会出现结冰现象(freezing)。海水结冰需要三个条件:第一,气温低于水温,引起水中的热量大量散失;第二,水中有悬浮微粒、雪花等杂质形成凝结核;第三,相对于冰点温度,已有少量过冷却现象。

1. 海冰的生成

当气温低于冰点,海水冷却引起海水的垂向对流,将次表层的海水热量不断向大气释放。当对流层的海水都到达结冰温度后,海水进一步冷却,海表面由于冷却作用最先达到过冷却状态,海水发生相变,产生了细小的冰晶体。海冰形成初期,在水平方向上,冰晶粒生长相对更快一些,由一开始的细小冰球体逐渐发展成盘状薄冰。受风浪的影响,海冰上表面附近的冰晶结构很复杂。

海面被海冰覆盖之后,海冰继续向下生长。因海冰是六方对称的晶体结构,冰的生长呈简单的柱状结构(图25.2)。海冰生长是纯水分子的结晶过程,溶解在海水中的杂质会积聚起来,大部分排出冰外,称为结冰析盐。结冰析盐过程增大了冰下海水的盐度,也进一步降低了海水的温度。因为冰层阻碍了冰下海水热量的散失,减缓了冰下海水继续冻结的速度。

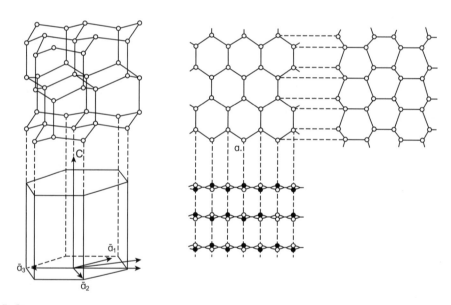

图 25.2

海冰晶体结构 [引自 Wadhams, 2000]

2. 海冰发展的各个阶段

海水受动力过程的影响,冻结过程也很复杂,可分为初生冰(new ice)、尼罗冰(nilas)、饼冰(pancake ice)、初期冰(young ice)、一年冰(first-year ice)、多年冰(multi-year ice)等若干阶段(图25.3)。初生冰是呈针状、薄片状的细小冰晶,聚集形成黏糊状或者海绵状的海冰,海面灰暗无光泽(图25.3a)。进一步冻结后形成大片的冰皮或冰饼。当初生冰成长到 10 cm 左右时开始变得比较有弹性,在外力作用下容易弯曲,也容易折断,能产生"指状"重叠现象,称为尼罗冰(图 25.3b)。尼罗冰断裂成的长方形冰块称为莲叶冰(饼冰)(图 25.3c)。尼罗冰或莲叶冰直接冻结,形成厚度为 10～30 cm 的冰层,称为初期冰,颜色呈灰色或灰白色(图 25.3d)。初期冰继续发展,形成厚度为 70 cm～2 m 的白色冰层,称为一年冰。多年冰是指至少经过一个夏季而未融化的冰,厚度多在 2 m 以上。

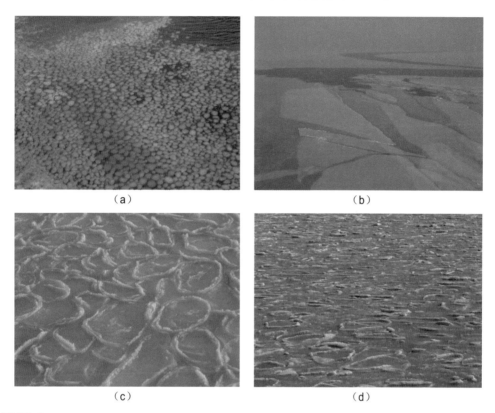

　(a)　　　　　　　　　　　　　　　(b)

　(c)　　　　　　　　　　　　　　　(d)

图 25.3
海冰生长的各个阶段
(a)初生冰;(b)尼罗冰(冰皮);(c)莲叶冰(饼冰);(d)密集冰

二、海冰的融化

海冰的融化(ice melting)相对简单,只要海冰的温度达到了融点(也就是冰点),并有持续的热量供应,海冰就会融化。海水在冻结时,由于盐度较高,冰点较低,要在 -1.8 ℃ 以下才能结冰。而海冰在冻结过程中将很多盐分排出体外,春季海冰的盐度很低,海冰融点要高一些,甚至接近 0 ℃。单位面积海冰融化所吸收的热功率为(季顺迎、岳前进,2011)

$$Q_i = \rho_i L_i \frac{\mathrm{d}h}{\mathrm{d}t} \tag{25.9}$$

海冰融化分为三种情形:上表面融化、下表面融化和侧向融化。上表面融化是指冰面吸收了大气的热量和太阳辐射能,冰温高于融点而发生融化。在存在冰面融池的条件下,融池吸收了更多的太阳辐射而水温升高,向下侵蚀海冰,使海冰的上表面在水下融化和加深。下表面融化是指冰下海水中的热量进入海冰,使海冰底部逐步消融。海水的温度是下表面融化的决定性因素,有暖水平流的区域下表面融化速度明显加快。侧向融化是指海水温度高于冰温时,海水的热量通过热传导过程从海冰的侧表面传入冰中,造成海冰的侧向融化。

其实,导致海冰融化的最重要因素是海冰的内部融化。海冰中存在大量的气泡(air bubble)和盐泡(brine bubble),春季开始随着温度升高,导致气泡和盐泡加粗,加之海水充入后吸收更多的热量,形成海冰的内部融化,有时将其称为海冰的"腐烂"。内部融化没有改变冰的尺度,但改变了海冰的物理性质,加速了其他机制造成的融化。

此外,春季时海冰温度升高体积膨胀,在海冰密集度很高的海域,海冰会因膨胀而相互挤压,发生断裂或破碎。破碎后的海冰更容易融化,是夏季海冰融化的主因之一。

三、海冰的融化潜热与全球变暖

海冰的融化潜热所蕴含的能量是巨大的,它将直接影响全球的温度变化。海冰融化会吸收能量,海冰冻结会释放能量,这个量是非常大的。南极海冰融化面积约 1.7×10^{7} km², 海冰平均厚度约 1 m。北极海冰融化面积约 5.5×10^{6} km², 海冰厚度约 2 m。设海冰的融化潜热为 3.335×10^{5} J kg⁻¹, 海冰密度为 917 kg m⁻³, 这些海冰融化吸收的热量约为 6.728×10^{21} J, 全面平均为 2.13×10^{14} W(213 TW)。海冰吸热和放热的能量相当大,比风能输入大好几倍,对全球气候有显著影响。在夏季海冰的融解具有降低周围温度的作用。在冬季,海水结冰会向周围释放大量的冻结潜热,有升高周围温度的作用。因此,海冰成为地球温度调节器。但由于海冰是季节循环,全面平均吸热和放热的热量相当,对年平均运动的影响有限。

现在,全球气温持续升高,夏季海冰融化速率加快,冬季海冰冻结速率减慢,冬季重新冻结的冰已经越来越少了。这样在夏季可以用来融化以降低气温的冰也随之减少,海冰温度调节器的功能降低,会进一步加快全球变暖的速度。

§25.3　海冰的表面特征

海冰上表面是海冰结构的主体,是影响海冰运动的主要因素,也是海-冰-气相互作用的关键部分。

一、海冰密集度

海冰密集度(ice concentration)是指海面单位面积中海冰所占的比例,是介于 0 和 1 之间的数。由于海冰的空间分布很复杂,因而海冰密集度的测量结果与测量方式关系很大。例如,观察者站在一块大冰上观测到的密集度为 1,而观察者站在水中观测到的密集度为 0。因而,密集度是冰水相间海域的宏观统计结果。

海冰密集度的另一个重要意义是将并不连续存在的固体冰块考虑成了连续介质,用密集度将事实上的不连续性冰块表征称为连续存在的海冰。因为有了密集度的定义,我们就可以将海冰考虑为连续流体进行模拟研究。

二、海冰覆盖范围

海冰覆盖范围(ice extent)是出现海冰的海域,单位是面积,是理解海冰变化的重要参数。海冰覆盖范围与风向明显相关,当风引起流冰汇聚时海冰覆盖范围减小,而当风引起流冰辐散时海冰覆盖范围会增大。因此,海冰覆盖范围的增大或减小会使周边冰区的海冰密集度减小或增大。海冰覆盖范围关注的是海冰外缘线(ice edge)以及外缘线所包围的面积,而并不顾及外缘线包围的海冰是稠密还是稀疏。在卫星遥感观测时,通常以 0.15 作为阈值确定海冰覆盖范围。

还有一个相似的名词是海冰覆盖率(ice coverage rate),也称海冰覆盖度,是指海冰覆盖范围占海域总面积的百分比,每个海域只有一个海冰覆盖率。例如,渤海辽东湾的海冰覆盖率比莱州湾要高。

三、冰间湖

在严寒的冬季,海冰处于大面积封冻的状况,海冰的密集度很高;即使海冰发生破裂,新冻结的海冰也会迅速修补起冰场。但是,在有些海域,存在一些长时间无冰的开阔水域,我们称之为冰间湖(polynya)(图 25.4)。大多数冰间湖会交替地开闭或发生天气尺度变化,有些海域的特殊地形产生的冰间湖可以长期存在。冰间湖分为两大类:潜热型冰间湖和感热型冰间湖。

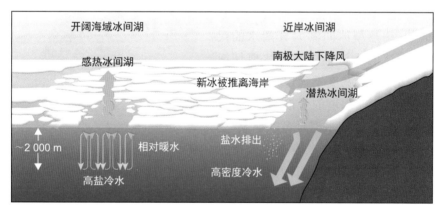

图 25.4
潜热型冰间湖和感热型冰间湖 [引自 Colling, 2001]

1.潜热型冰间湖

潜热型冰间湖(latent heat polynya)是由风与地形的相互作用产生的。当风从陆地或海岛向外海吹的时候,冻结的海冰被风吹走,露出开阔海面。新冰不断冻结又不断被移走,保持了开阔海水的长时间存在。海冰的物理过程以海水相变为主,在冻结时释放潜热,维持开阔水域的存在,故称为潜热型冰间湖。海冰不间断的冻结和排盐使海水盐度越来越高,密度越来越大,会在冰间湖及其周边海域形成大量高密度海水。这些高密度水还会诱发重力流向更深的海域移动,改变深层海水的密度结构。因此,在两极海域,潜热型冰间湖是重要的深层水源地。

2. 感热型冰间湖

感热型冰间湖（sensible heat polynya）是表面冷却和对流导致下层温暖海水被置换到海面形成的冰间湖。在寒冷的季节，结冰析盐导致表层水密度增大，引发对流。对流发生时将下层暖水带到海面，向大气释放感热，海冰一直不冻结，形成长时间的开阔水域。由于这类冰间湖形成的主因是表面冷却，海洋不断向大气散热所致，因而被称为感热型冰间湖。感热型冰间湖存在的前提条件有两个：第一，要求次表层存在温暖的海水，不断为冰间湖提供热量；第二，要求表层海水的盐度较高，一旦降温容易形成对流。在低盐区难以形成感热型冰间湖。

3. 冰间水道

冰间水道（leads），或称冰隙，是指冬季海冰因漂移运动的差异破坏了密集冰的结构，引起海冰开裂形成的狭长开阔水道（图 25.5）。在北极，与海岸冻结在一起的固定冰和海洋上的流冰之间经常发生开裂，被称为环极冰间水道（circumpolar leads）。

虽然冰间水道看起来与冰间湖差别不大，但二者的形成机制有明显的不同：冰间湖是由于海冰的辐散形成的（潜热型冰间湖）或感热释放形成的（感热型冰间湖），开阔水的尺度可以很大；而冰间水道主要是海冰剪切或拉伸开裂造成的，一般宽度不大，可以在几米到几千米之间；但冰间水道的长度可以很大，有时会有数十千米。冰间水道是冬季现象，夏季由于普遍发生海冰开裂，一般不认为是冰

图 25.5
冰间水道

间水道。冬季，整个冰间水道的面积不到海冰总面积的 1%，但贡献了 50% 以上的热通量。

4. 冰间湖的海洋和气候效应

在严寒的冬季，没有太阳辐射加热，大气温度可以降低到 −40 ℃ 以下，冰间湖或冰间水道的水温略低于 0 ℃，成为冬季大气最主要的热源。大量海洋的热量通过长波辐射、感热和潜热方式向大气输送，改变了大气环流，对极区的天气和气候产生显著的影响。冰间湖内的海水在向大气输送热量的同时急剧丧失热量，海水密度加大，逐渐下沉，成为深层高密度海水的重要来源。下沉海水形成的水体亏空由周围温暖的海水补充，因此，冰间湖和冰间水道的面积也许不是很大，但其影响的水体范围和深度都相当大，对海洋环流的影响非常显著。

四、冰面积雪

冰面积雪（snow）一般分为两种机制：自然积雪和风吹雪。自然积雪是指降雪直接覆盖的雪层，是地面气温低于冰点地区的天气现象。风吹雪是指携带大量雪粒的风雪流，受

到地形等障碍而沉降堆积。降雪停止之后,自然积雪静态存在,风吹雪还会动态发生。

通常说的积雪还包括其他形式的固态降水,包括霰(graupel)、冰雹(hail)和冰粒(pellets)。霰是呈纤维结构的松软球状体,直径为 2～5 mm,由过冷却水滴在冰晶上凝结而成。冰雹的硬度较大,直径为 5～50 mm。冰粒是细小(1～3 mm)、透明的球状冰。

积雪的导热性用导热率来衡量。导热性随着积雪的结构、含水量、密度情况不同而变化。新雪含有大量的空气,导热率低;而密实的积雪导热率高。10 cm 厚的积雪导热率约为 0.048 W m^{-1} K^{-1},而冰的导热率约为 2.0 W m^{-1} K^{-1},积雪的导热率只有冰的近四十分之一,具有很好的保温特性。冬季当积雪非常多时,海冰的失热较少,冰厚较小;反之,裸冰失热较快,冰厚较大。

五、冰面融池

春季太阳辐射逐渐增强,导致积雪融化,融雪水流向低处积聚形成融池(melt ponds)。融池覆盖面积是由冬季海冰表面的粗糙程度决定的。如果冬季挤压强烈,冰脊起伏显著,春季的融池会较多较深。如果冬季海冰保持平整,春季将不发生融池。融池覆盖率为 0～50%(图 25.6)。海冰表面的反照率高于 0.6,而融池水的反照率低于 0.1,因此融池水吸收了更多的太阳辐射能量。太阳辐射加热使融池水升温,而低气温使融池表面冷却,发生垂向对流,致使融池中的水温垂向非常均匀。这个过程一方面将融池的热量贡献给大气,另一方面融池水向下融化海冰,导致融池加深。经过长时间的加热,融池会将海冰融透,形成直通大海的冰洞。

图 25.6
北极冰面融池［作者 2010 年 7 月 27 日摄于北冰洋］

六、海冰边缘区

海冰边缘区(Marginal ice zone)是指密集冰周边海冰密集度较低的区域。海冰边缘区的海冰密集度在很大的范围变化,但并没有确切的定义,一般认为密集度小于 0.5 就属于海冰边缘区。在海冰边缘区,海冰密集度低,开阔水范围较大,海冰的性质与连续介质偏差较大,很难准确构建其本构关系,是海冰数值模拟时误差较大的区域。由于海冰边缘区冰水相间的特性,形成一些独特的现象。

1. 冰带

在密集冰的外缘经常出现平行于海冰边缘的带状海冰堆积,称为冰带(bands)。冰带宽数十米,长可以达到数十千米。冰带一般不止一条,往往有多条冰带相互平行地存在(图 25.7)。观测表明,冰带是由海冰边缘区的碎冰积聚而成的,碎冰在波浪外力的挤压下凝聚在一起,其密度、硬度和厚度都很大,有时大型破冰船也不能撞破坚硬的冰带。

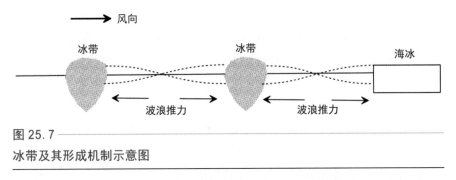

图 25.7 ——
冰带及其形成机制示意图

研究结果证明,形成冰带的外力是波浪的推力。来自开阔海域的不动波浪到达海冰边缘后发生反射,形成驻波。在驻波的波节处频繁发生辐聚辐散,将碎冰向两个方向推挤,形成冰带的核心,碎冰在冰带两侧堆积,硬度越来越高。距离冰边缘越远,冰带的宽度和硬度越小。

2. 冰舌和冰涡旋

在海冰边缘会发生一些海冰伸向冰缘之外海域的现象,称为冰舌(ice tongue)。冰舌的长度可以达到几百千米,相对而言宽度较小(图 25.8 左)。研究表明,冰舌的发生机制是作用于海冰边缘区的风力不均匀,在冰缘法向风应力较弱的区域会发生相反的风应力旋度,引起冰舌逆风而出。在冰舌两侧会形成不对称的涡旋对(eddy pair),使冰边缘变得更加多样(图 25.8 右)。冰舌和冰涡旋都属于小尺度现象,他们脱离了海冰边缘区会更容易融化。

3. 冰边缘急流

在海冰边缘,平行于海冰边缘的风应力分量会驱动形成平行于海冰边缘的海流。如果海冰在风力的右侧,艾克曼输运会导致水体在冰边缘堆积,形成高压区。高压的作用导致冰边缘之外发生与风力方向一致的海流,沿海冰边缘流动;而在海冰之下,则会发生与风方向相反的流动。因此,冰内外海流反向,称为冰边缘急流(ice edge jet)(图 25.9)。如果海冰在风应力的左侧,在冰边缘形成低压,冰缘之外的海水流向与风向一致,冰下海水的流动方向与风相反。总之,冰边缘急流的内涵就是冰外与风向一致,冰下与风向相反的流动现象。

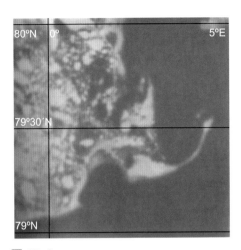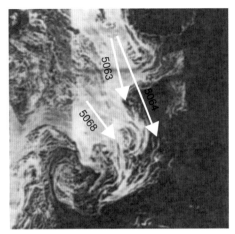

图 25.8

格陵兰岛东侧冰舌（左）和冰涡旋（右）的 Landsat 影像 [引自 Wadhams，2000]

模糊不清是因为海雾，色差突变是因为不同轨道影响拼接

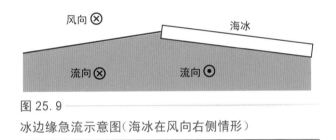

图 25.9

冰边缘急流示意图（海冰在风向右侧情形）

§25.4　海冰漂移

海冰按运动状态可分为固定冰（fast ice）和流冰（pack ice）。固定冰是与海岸、岛屿或海底冻结在一起的冰。一般可随着潮位变化而升降，但不发生水平运动。有些狭窄的近岸冰与海岸和海底相连而不发生运动。而流冰，则是指自由浮在海面上的海冰，随风的作用发生漂移运动。

一、海冰漂移

风直接作用在海冰上表面，驱动海冰发生漂移（drift）运动。海冰运动方程由牛顿定律确定，风应力是海冰运动的主要驱动力。海冰漂移还受到海水的阻力，既包括海水对海冰的摩擦阻力（friction drag），也包括冰底面不平整引起的形状阻力（form drag）。海冰运动还受到科氏力以及海面倾斜的影响。

此外，影响海冰漂移的最重要因素是海冰不同部分之间的相互阻碍。在海冰完全处于自由漂移状态时可以不考虑海冰之间的相互影响。当海冰受力不均匀时，一部分海冰会阻碍另一部分海冰的运动，在海冰内部产生冰应力。冰应力的外在表现是形成指向某一方向的力。海冰的漂移与海水的漂流有明显的不同，海冰的漂流除受到风应力、阻力、科氏力的影响之外，还受到冰内应力的影响。因而，海冰的漂移方向更为复杂（图 25.10）。

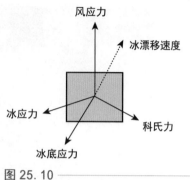

图 25.10
海冰漂移方向示意图

在两极海域，海冰的漂移方向与风场和流场有很好的对应性（图 25.11）。北极海冰的漂移与表层流对应很好，体现了北极穿极流＋波弗特流涡结构。南极海冰在靠近大陆的部分向西输送，在南极绕极流海域向东输送。因此，从大尺度海冰漂移特征可见，海冰的漂移与海流的漂移很一致，表明极区的大气、海冰和海洋运动紧密地耦合在一起。

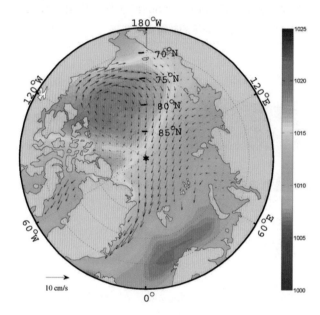

图 25.11
海冰漂移速度主模态及其与气压的关系［引自 Wang 和 Zhao, 2012］

二、海冰的堆积

如果海冰各部分受到的驱动作用不一致，而且不均匀的作用力没有达到破坏海冰结构的功率，海冰会形成整体性的运动，包括漂移和旋转。但是，如果不均匀的作用力足够强大，就会造成海冰各部分运动的不一致，大尺度海冰场就会发生辐聚、辐散或形变，引起海冰堆积（ridging）或开裂（cracking）。如果说海冰的冻结与融化主要是由热力学过程引起的，则海冰的堆积和开裂主要是动力学作用的结果。

海冰的堆积形成冰脊（ice pressure ridge），冰脊的高度称为帆高（sail height），取决于作用力的大小和海冰的厚度。在渤海，海冰冰脊一般只有半米高；而在北冰洋，冰脊的高度可以达到 6 m 以上（图 25.12）。冰脊的长度可以很长，春季观测到的北冰洋冰脊可以达到数十千米。在夏季的融冰季节,冰脊成为海冰融化最慢的部分,甚至成为多年冰。冰脊的水下部分称为龙骨(keel draft),其深度远比冰脊高,北极观测到的最大冰脊深度达到 45 m 以上。

图 25.12
春季高大的冰脊

§25.5　世界海冰

世界上两极存在海冰,在一些中高纬度的边缘海也出现季节性海冰。

一、南极海冰

在南极大陆周边发生海水结冰现象,除了在威德尔海和罗斯海有少量多年冰之外,南极海冰大多是季节性海冰(图 25.13)。

南大洋的表层海水盐度约为 34,海水的冰点约为 -1.87 ℃。进入冬季,南极大陆周边海冰陆续冻结,海冰范围不断向北扩展,从南极大陆沿岸直达 55°S 左右。海冰最大范围为 1 700 万～2 000 万平方千米。夏末约 80% 的海冰融化,海冰最小范围为 300 万～400 万平方千米。多年海冰主要存在于威德尔海和罗斯海以及靠近冰架的区域。南大洋季节性海冰较薄,冰厚通常小于 1 m。由于南极海冰以向北扩展为主,很少能堆积成脊,因而夏季鲜有融池。南极冰面积雪厚度要远大于北极,雪厚甚至大于冰厚,以致沉重的积雪将海冰压到海平面以下。

南极海冰在生成过程中将盐分排出,海洋盐度升高、密度加大,形成对流混合层。而夏季海冰消融,在海洋表层形成大量低盐水。海洋上层盐度的季节性变化对南大洋生态系统起着重要作用。

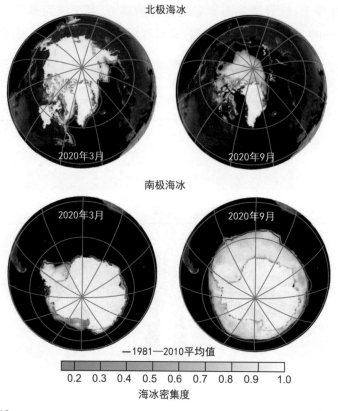

北极海冰

2020年3月　　　　2020年9月

南极海冰

2020年3月　　　　2020年9月

—1981—2010平均值

0.2　0.3　0.4　0.5　0.6　0.7　0.8　0.9　1.0

海冰密集度

图 25.13

北极和南极海冰

[引自美国冰雪数据中心 https://nsidc.org/learn/parts-cryosphere/sea-ice]

二、北极海冰

在冬季,北冰洋全部由海冰覆盖,而在夏季海冰部分融化,成为季节性海冰。融化主要发生在北极的各大边缘海,长期以来季节变化的海冰约占北极海冰总面积的 15%,如图 25.14 中的绿色线所示。近年来北极海冰减退,不仅各边缘海的海冰退缩,北冰洋深海盆的海冰也在减少,发生密集度减小的现象,甚至北极点也发生海冰密集度的明显降低,夏季海冰的总面积已经低于 50%(图 25.13)。

与南极相比,北极海冰的纬度更高,气温更低,海冰的厚度更大。20 世纪,北极海冰的厚度将近 4 m,而现在北极变暖,冬季的平均冰厚为 2 m 左右。由于北极的降雪很少,只有 50 cm 左右,很少发生冰面低于水面的现象。夏季北极冰面存在大量融池,加速海冰的融化和破碎,是北极海冰融化的主要原因之一。此外,北极夏季多云雾,减少了到达海冰的太阳辐射能,阻碍海冰的融化,使海冰得以维持。若云雾减少,当年冰将大幅减少。现在,气温升高导致北极的融冰期不断提前,结冰期不断延后,也成为加剧海冰减退的因素。

北冰洋由陆地环绕,限制了海冰扩展的空间,也是海冰较厚的原因。在风力的作用下,海冰会发生堆积,形成纵横交错的冰脊。同时,有些地方发生海冰开裂,形成冰间水道。最为典型的冰间水道是环极冰间水道,环绕北冰洋断断续续地存在。

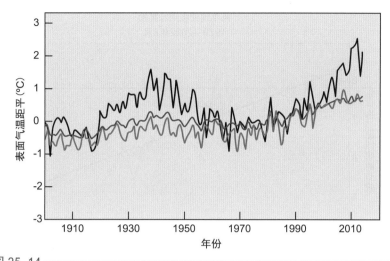

图 25.14

北极放大现象［引自 Johannessen 等，2016］

绿线：40～65°N；蓝线：65～90°N；红线：0～90°N

　　北极表面环流的特点是北极穿极流和波弗特流涡结构（图 25.11）。北极海冰随海流移动，进入波弗特流涡的海冰会在北冰洋内循环多年，而进入北极穿极流的海冰会流出北冰洋而消融。

　　在加拿大北极群岛的北部有一个多年冰区，北冰洋的海冰与群岛内的海冰连接成一体（图 25.13）。多年冰区内海冰的运动范围很小，且常年存在。

三、边缘海海冰

　　除了南北极之外，很多高纬度海域有季节性海冰，但一般没有永久性海冰。在大西洋一侧的波罗的海和拉布拉多海冬季发生海冰；在太平洋一侧的白令海和鄂霍次克海冬季发生海冰（图 25.13）；中国的渤海三大海湾冬季都有海冰形成，极端寒冷的年份整个渤海都会结冰。在现代，发生在青岛的胶州湾的海冰是世界上纬度最低的海冰。全球变暖日渐加重，边缘海的海冰也发生明显的减退。

四、北极海冰的快速变化

　　自 20 世纪 70 年代以来，全球变暖成为地球科学最重要的命题。进入 21 世纪以来，全球变暖发生了停滞，而北极却开始变暖。北极变暖有两个典型特征：北极放大和北极海冰减退。

　　在过去的 100 年间，全球平均增温 0.5 ℃。而北极冬季的气温显著升高，增温幅度大约为全球平均升温幅度的 2.5 倍以上，被称为北极放大现象（图 25.14）。北极气温的上升直接导致北极海冰厚度的减小，现在冬季海冰厚度不足 20 世纪海冰厚度的 60%。海冰减退还包括海冰覆盖范围的缩小，夏季一半以上的海冰融化（图 25.15）。在 2012 年夏季北极海冰覆盖范围达到最低值。北极海冰密集度减小是海冰减退的主要特征之一，连北极点都发生了海冰稀疏的现象（图 25.16）。

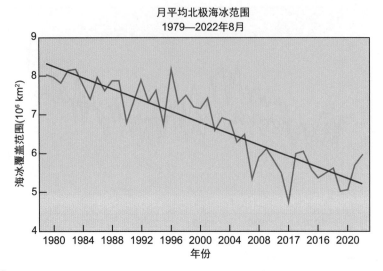

图 25.15

北极海冰减退［引自美国冰雪数据中心 https://nsidc.org/arcticseaicenews/］

图 25.16

在北极点上空拍摄的海冰

总结与讨论

海冰是海水相变的产物,也是重要的海洋现象。海冰的生成和变化对海洋和大气都有重要影响。

海冰自身的结构很复杂,有结晶过程引起的晶体结构、气泡和盐泡等微结构现象,也有融池、冰间湖、冰间水道等宏观现象。海冰的微结构决定了海冰的热传导特性,冬季结冰的海洋保存了海洋的热量,保障了海洋生物的生存。海冰冻结会释放热量,融化会吸收热量,是海冰的物理性质决定的,这些热量的转换伴随海冰的相变而发生,在海 – 冰 – 气热平衡中发挥重要作用。冬季,北极海冰的冻结与气温有关,在严寒的冬季冰厚可达 4 m以上,而温暖的冬季冰厚不超过 2 m。海冰形成的高大冰脊破坏的冰面的平坦,延长了海冰的寿命,也是融池的生成因素。海冰有与岸线冻结在一起的固定冰,也有在海面上漂移运动的密集冰。海冰的运动受到风力的强烈影响,是淡水的重要输送方式。因而,海冰的动力学和热力学都非常重要。

对海洋而言,海冰阻隔了太阳辐射能的进入,削弱了进入海洋的能量;同时,海冰阻隔了海洋热量的损失,在冬季保持了海洋的温暖。海冰的冻结和消融引起上层海洋盐度的季节变化。海冰冻结时排出的盐分形成海洋上层的对流混合层,是冬季上层海洋快速失热的主要因素。结冰析盐产生的高盐水是海洋深层和底层海水的来源,引起的对流是导致垂向循环的关键,是全球海洋热盐环流的主要驱动因素之一。海冰还是影响极区生物生产力的重要因素。

海冰也是重要的天气和气候要素。海冰和积雪的高反照率将大部分到达冰面的热量反射回太空,减少了极区吸收的太阳能。冬季的冰间湖和冰间水道是海洋热量进入大气的主要通道,也是冬季极区大气的主要热源。极区海洋的热量决定了冬季的严寒程度,使极区大气不至于过于寒冷。大气过程对海冰的形态有重要的影响,北极变暖导致北极海冰快速减退,海冰覆盖范围已不足寒冷时期的一半。夏季的风暴可以破坏大范围的海冰,成为影响海冰覆盖范围的关键因素。

随着北极变暖和海冰减退,海冰对全球海洋和气候的影响将越来越显著。

思考题

1. 说出海冰的 3 个热学性质。
2. 海冰光学与热学性质有什么联系?
3. 说出小尺度海冰与大尺度海冰的差异。
4. 指出海冰边缘区的几个主要现象。
5. 介绍北极海冰的漂移特性。
6. 海冰为什么会堆积? 冰脊的表面和水下结构有什么特征?
7. 冰脊对融池的形成起到什么作用?
8. 介绍近年来北极海冰变化的特征。
9. 分析冰面积雪所起的作用。
10. 北极放大包括哪两个主要现象?

深度思考

海冰的存在对海洋和大气都有深刻的影响。同时,冰区仍然存在海气间的相互作用。分析海冰在海气相互作用过程中发挥了哪些作用。

第 26 章

海洋能量

　　全球海洋中的能量是千百万年积累下来的,具有非常庞大的量值。海洋科学关心的是能量的变化,即每年输入的能量和输出的能量,海洋在这种能量基本平衡的条件下运动和变化。海洋中的各种运动形式都是能量的载体,主要包括流动、波动、涡旋、湍流等现象。不同的运动形式会通过能量的交换相互联系并互相影响。海洋中常用的能量包括动能、势能、热能和化学能。这些能量会通过各种物理过程相互转化,保证海洋的总能量平衡。当扰动发生后,海洋会依照自身的规律将扰动的能量分配给不同形式的运动。这些能量在不断转换,使海洋在大小不一、快慢不一的各种运动中实现能量的传输与消耗,最终转换为海洋的热能,并通过海气交换回到大气,形成能量的循环。物理海洋学的使命之一就是研究这些能量的分配方式和转化机理。

　　黄瑞新教授对本章的初稿提出宝贵意见和建议,特此致谢。

§26.1　海洋中主要的能量形式

对于物理海洋学而言,能量可以分为两大类:机械能和内能。

机械能(mechanic energy)比较容易理解,就是海水运动的动能和势能。不论何种运动,只要在机械运动的范畴,其能量均可用其动能 E_k 和势能 E_p 来描表达:

$$E = E_k + E_p \tag{26.1}$$

海洋内能(internal energy)是指分子和其他微观粒子无规则运动能量总和的统计平均值。内能可以分成两大部分。一部分包括分子的动能和分子间相互作用的势能,也是内能中与温度有关的部分,称为热力学能,也称热能(thermal energy)。因此,热能是内能的一部分,是与热力学过程有关的能量,由热力学定律约束。另一部分包括化学能(chemical energy)、电离能(ionization energy)和原子核内部的核能(nuclear energy)等能量。在一般的海洋条件下,物质的分子结构、原子结构和核结构不发生变化,可以不考虑这部分能量。但在有化学反应的条件下化学能会引起温度的变化。

因此,在海洋中主要关注动能、势能、热能和化学能。

一、动能

动能(dynamic energy)是指海水宏观运动的动能,不包括分子运动的动能,但包括湍流运动的动能。

1. 动能的基本表达式

根据动能的定义,

$$E_k = \frac{1}{2}\rho\mathbf{v} \cdot \mathbf{v} \tag{26.2}$$

式中,ρ 为海水密度,v 为水体微团运动的速度矢量,动能的单位为 $J\ m^{-3}$。设海水密度 $1\ 024\ kg\ m^{-3}$,速度 $1\ m\ s^{-1}$,则单位体积水体的动能为 $0.512\ kJ\ m^{-3}$。其中,速度是水体微团的移动速度,是相对于地球参照系的相对速度,而不是波动的相速度,也不是涡旋的平移速度。

水体的不同运动形式会在(26.2)式的基础上进一步表达。在海洋学中,有时更关心的是单位面积水柱所含有的能量,用带"上横线"的量来表达,单位 $J\ m^{-2}$。一个水柱中的总动能等于对不同深度动能的积分,即

$$\overline{E}_k = \int_{-H}^{0} E_k \mathrm{d}z = \frac{1}{2}\int_{-H}^{0} \rho\mathbf{v} \cdot \mathbf{v}\mathrm{d}z \tag{26.3}$$

单位面积水柱的动能的单位是 $J\ m^{-2}$。

二、势能

在第 18 章中指出,海水所受的重力是地球对海水万有引力与地球旋转引起的惯性离

轴力的合力。设 m 为物体质量,g 为重力加速度,重力表达为 mg(单位:N)。

1. 重力势

如果力对物体所做的功与物体起始位置和终到位置有关,与物体所经过的路径无关,则称为有势力。万有引力和惯性离轴力都是有势力,重力也是有势力。

重力势(gravity potential)Φ,又称重力位,定义为在重力场中单位质量物体所具有的能量,其量值等于将单位质量的物体从无穷远处移到某点时重力所做的功,单位为 J kg^{-1},亦为 m^2 s^{-2},满足

$$\frac{\partial \Phi}{\partial r} = -g \tag{26.4}$$

即越靠近地心,重力势越大。由于重力势是相对量,人们关心的是相对于某个位置的重力势。考虑到海洋具有薄层特性,在海洋深度的范畴内,重力加速度的变化不大,可以认为是常数。由于大地水准面是等重力势面,一般取其为计算重力势的参考面。设垂向坐标向上为正,相对于大地水准面的重力势 Φ_r 为(Olbers 等,2012)

$$\Phi_r(z) = gz \tag{26.5}$$

2. 重力势能

重力势能(gravitational potential energy)等于将质量为 m 的水体移动到 z 位置克服重力所做的功,即

$$E_p = m\Phi_r = mgz \tag{26.6}$$

单位为 J。上式表明,势能是以质量为基础的表达形式,是各种势能表达方式的基础。

在海洋中,重力势能表达为

$$E_p = \rho\Phi_r = \rho gz \tag{26.7}$$

即单位体积水体的重力势能,单位为 J m^{-3}。

这两个表达式有本质的区别,(26.6)式为势能的基础表达式,而(26.7)式是一种近似。例如,设水体微团受热膨胀,密度减小,如果该水体微团的位置没有发生变化,按照(26.6)式其势能不变;而按照(26.7)式,其势能会减小。

如果整个水柱的水体密度都因受热而减小 $\Delta\rho$,水柱的质量没有改变,但由于热膨胀会导致水柱的高度增加 Δz。按照(26.6)式和(26.7)式,势能的变化为

$$\Delta \overline{E}_P = \frac{1}{2}mg(\Delta z)^2$$
$$\Delta \overline{E}_P = \frac{1}{2}g\left[\rho(\Delta z)^2 + (\Delta\rho)H^2\right] \tag{26.8}$$

该式表明,受热膨胀后,整个水柱的势能增大。假定在一定的时间内密度变化不大,势能的增加量不大,(26.7)式不失为一种很好的近似;但在涉及温度或体积变化时,还要回到势能的原始定义(26.6)式。

公式(26.6)和(26.7)是选取大地水准面为参考位置的重力势能表达式,距离地心越远,重力势能越大。海洋中的势能为负值。如果选取海底以下的等势面为参考面,重力势

能可以表达为正值（Huang，2010）。

有时，人们更关心整个水柱的势能，可以对各个深度的势能进行积分，对于水深为 H，海面高度为 η 的密度均匀水体有

$$\overline{E}_P = \int_{-H}^{\eta} \rho g z \mathrm{d}z = \frac{1}{2}\rho g\eta^2 - \frac{1}{2}\rho gH^2 \tag{26.9}$$

深度积分势能的单位为 $\mathrm{J\,m^{-2}}$。该式对应正压海洋的势能。

层化情况下的势能比较复杂，可以通过对两层水体势能的分析，大体体现势能与层化的关系。设上层水体的深度范围为 $0\sim h$，密度为 ρ；下层深度范围为 $h\sim H$，密度为 $\rho+\Delta\rho$（图 26.1），整个水柱积分的势能为

$$\overline{E}_p = \frac{1}{2}\rho g\eta^2 - \frac{1}{2}\rho gH^2 - \frac{1}{2}\Delta\rho g(H^2 - h^2) \tag{26.10}$$

比较（26.9）和（26.10）两式可知，下层密度增大导致势能在负的方向增加。

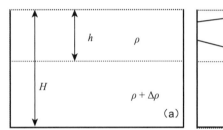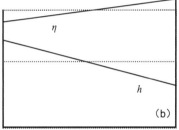

图 26.1
两层流体的有效势能示意图

3. 有效势能

势能是相对于参考位置的值，通常是非常庞大的量。设海水密度为 $1\,024\,\mathrm{kg\,m^{-3}}$，在参考位置上方 1 m 的单位体积水体拥有的势能为 $10.035\,\mathrm{kJ\,m^{-3}}$。在海洋中，大部分势能是其位置决定的，不能释放出来转化成其他形式的能量；还有一部分势能有可能转化为其他形式的能量，称为有效势能（available potential energy），也称有效位能、可用位能。

当海面和等密度面处于水平状态时所具有的势能是由其位置决定的势能，称为无效势能（unavailable potential energy）。公式（26.9）和（26.10）中的无效势能分别为

$$\overline{E}_p = -\frac{1}{2}\rho gH^2 \qquad \text{（单层水体）}$$
$$\overline{E}_p = -\frac{1}{2}\rho gH^2 - \frac{1}{2}\Delta\rho g(H^2 - \overline{h}^2) \quad \text{（两层水体）} \tag{26.11}$$

式中，$\overline{h}$ 为界面的水平位置。有效势能是总势能与无效势能之差（Huang，2010）。公式（26.9）和（26.10）中的有效势能分别为

$$\overline{E}_{pa} = \frac{1}{2}\rho g\eta^2 \qquad \text{（单层水体）}$$
$$\overline{E}_{pa} = \frac{1}{2}\rho g\eta^2 + \frac{1}{2}\Delta\rho g(h^2 - \overline{h}^2) \quad \text{（两层水体）} \tag{26.12}$$

显然,只有海面起伏和界面起伏引起的势能为有效势能。而且,有效势能为正值,不论海面高度是升是降。设 η 和 h 沿 x 方向呈线性分布,η_{max} 和 $(\Delta h)_{max}$ 分别为海面和界面的最大起伏,并考虑宽度 L 范围内水体体积守恒,则单位水平距离的有效势能为

$$\frac{1}{L}\int_0^L \overline{E}_{pa}\mathrm{d}x = \frac{1}{24}\rho g\eta_{max}^2 + \frac{1}{24}\Delta\rho g(\Delta h)_{max}^2 \tag{26.13}$$

可见,当海水层化时,海面和等密度面呈水平分布时,有效位能等于零。海面起伏和内部界面起伏都将引起有效势能增大,不论倾斜方向如何。例如,当海面高度为 0.1 m,内部界面倾斜 100 m,密度差为 5 kg m^{-3},则有效势能分别为 0.418 kJ m^{-2} 和 20.42 kJ m^{-2}。显然,内部界面起伏引起的有效势能远大于海面高度引起的有效势能。

一般情况下,不论是正压还是斜压条件,有效势能总是大于零。在海洋中,绝大多数能量以有效势能的形式存在,有效势能的能量大约为海流动能的 1 000 倍(Gill 等,1974)。

三、热能

海洋热能(thermal energy)指的是海水中蕴有的热量。这些热量主要来自太阳或海底热流,并通过热量传输形成热能的分布和变化。

单位体积水体中的热能定义为

$$E_T = \rho c_p(T - T_0) \tag{26.14}$$

单位为 J,式中温度 T 为摄氏温度,T_0 为参考温度。考虑低温海水会结冰,一般选参考温度为 0 ℃。对于 15 ℃ 的水体,取海水密度 ρ 为 1 024 kg m^{-3},海水的比热容 c_p 为 4 000 J kg^{-1} K^{-1},单位体积水体的热能达到 6.144×10^7 J m^{-3}。用 0 ℃ 为参考温度计算的热量会出现负值,因而,可以取冰点温度计算热能。

热能是可以加入热量收支和转换的能量。如果海水结冰,需要释放出热量。这些热量将进入大气,成为大气的能量来源。反之,海水温度从 0℃ 升高到 15℃ 需要外界提供这些热能。

四、化学能

海洋中的化学能(chemical energy)是物质在化学反应中吸收或者释放的能量。一切化学反应在本质上是原子外层电子运动状态的改变,化学反应需要吸收或释放能量,以形成电子迁移或能级跃迁。化学能是隐蔽的能量,蕴含在海水物质之中,这些能量平时没有外在表现,只有化学反应时才释放出来。比如,石油、煤炭、食物等都含有化学能,会通过燃烧或化学分解释放出来。

在海洋中,化学能一旦释放出来,主要是产生热能;化学反应如果吸收能量,也是吸收海洋的热能。因此,化学能的吸收和释放都导致海洋热能的变化,也会导致海水温度的变化。此外,化学能还可以转化为生物能、电能。如果考虑系统的能量守恒,化学能是不可忽视的。而在没有强烈化学反应的海域,化学能可以忽略不计。

五、能通量

能通量(energy flux)，也称能流，其基本定义为单位时间通过单位面积的能量，单位为 $J\ m^{-2}\ s^{-1}$ 或者 $W\ m^{-2}$。通过单位面积的能通量也称为能通量密度。如果计算通过单位宽度水柱的能通量，需要将能通量对水深积分，得到的能通量为单位宽度单位时间通过的能量，单位为 $J\ m^{-1}\ s^{-1}$ 或者 $W\ m^{-1}$。如果对全部断面宽度积分，则得到总能通量，单位为 W 或者 $J\ s^{-1}$。如果计算垂向热通量，对全部海面积分得到垂向的总能通量。

机械能和热能的能通量可以分别估计为

$$F_m = v_n E_m$$
$$F_h = v_n E_h$$

（26.15）

例如，设一支海流的流速为 $1\ m\ s^{-1}$，水温为 15 ℃，取沿流向的单位面积垂向截面，穿过该截面的动能能通量为 512 W，而通过的热能为 6.144×10^7 W。显然，热能的能通量要比机械能大得多。因而，海流在南北方向流动时所传输的机械能微不足道，而输送的热量却是机械能的 10^5 倍。

§26.2　海水运动的能量

本书中介绍了各种形式的海洋运动，这些运动都拥有自己的能量。本节主要讨论各种运动形式的能量以及各种能量的联系和区别。

一、海流的能量

海流是海水的运移和循环，是主要的能量载体。海流拥有动能和势能，但动能很小，势能很大。

1. 艾克曼流的能量

纯粹的艾克曼流没有水平压强梯度力，因而可以认为有效势能为 0，主要能量是海水的动能。如果艾克曼流在水平方向不均匀，存在垂向抽吸，则存在有效势能。这种情况下艾克曼流仍然只考虑其动能，而势能部分属于风生大洋环流能量的一部分。

2. 地转流的能量

地转流是压强梯度力与科氏力之间的平衡，其动能按照(26.2)式计算。下面分析其有效势能。

在正压海洋中，海洋的势能只是海洋动力地形引起的势能。动力地形 η 是相对于大地水准面的高度，其有效势能由(26.12)式表达。该式表明，海面动力地形不论是高是低，引起的有效势能都是正值。如果海面动力地形为 1 m，则单位面积水柱的有效势能为 $5.12\times10^3\ J\ m^{-2}$。根据全球海面动力地形的分布，就可以计算有效势能总量。

然而，海洋都是斜压的，在风生流的情形，斜压海洋对风引起的辐聚辐散做出响应，即通过垂向抽吸引起等密度面的升高或降低，引起势能的变化。按照(26.12)式，海面升降导致势能增大，等密度面升降也导致势能增大。因此，斜压海洋中的有效势能远大于正压海洋。

在最小势能状态(图 26.1a),海洋中的等压面和等密度面是平行的。在风生大洋环流中,当存在海面和等密度面反向倾斜的情况时(图 26.1b),等压面和等密度面不再平行,而是彼此相交,在垂向断面上等压面和等密度面相互交割(等密度面与等比容面一致),构成的很多管状空间,称为等压等容管(solenold),也称力管(图 26.2)。单位面积内等压等容管数目越多,表示斜压性越强,有效势能越大。在斜压的条件下,有效位能储存在等压等容管之中;一旦等压线和等容线平行,有效势能为零。

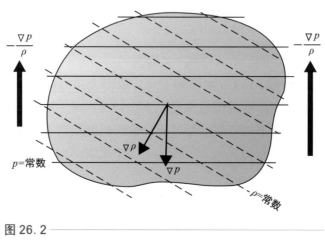

图 26.2
等压等容管示意图

3. 风生环流的能量

风生大洋环流拥有动能和有效势能。海流的有效势能是长期积累的结果,通常比动能大 1～2 个量级。Gill 等 (1974)指出,平均环流的有效势能约为 10^5 J m^{-2},全球大洋环流的有效势能超过环流动能的 1 000 倍。

4. 热盐环流的能量

全球海洋热盐环流的流量与风生环流相当,但其流动相对缓慢,动能较小,即便是全球积分,其动能也不大。热盐环流是水平密度差驱动的流动,其有效势能是非常可观的。热盐环流的有效势能不能与风生环流的有效势能分开,是全球海洋有效势能的一部分。

5. 涡旋的能量

涡旋处于旋转和平移运动之中,拥有自己的动能和势能。涡旋属于闭合运动的海流,因此涡旋有明确的动能。涡旋的动能分为两部分,一部分是转动的动能,一部分是涡旋平移的动能。涡旋的总动能可以用(26.2)式由各点的动能积分计算出来。涡旋也有势能。中尺度涡旋保持准地转运动状态,存在不均衡的海面起伏。暖涡中心海面高度高于边缘,冷涡中心海面高度低于边缘,海面起伏表明涡旋有显著的势能。此外,在涡旋内部存在斜压结构,拥有大量的有效势能。

中尺度涡旋主要是海流弯曲导致不稳定的产物,涡旋从海流中分离出来,海流为涡旋提供了初始的动能和势能。由于侧向摩擦耗散的作用,涡旋的动能不断减小并转化为热能,涡旋的势能会补充动能的消耗,导致涡旋总能量的降低,直至动能和有效势能全部为零,涡旋彻底消亡。全球中尺度涡的能量约为 1.3×10^{19} J,或者 3.6×10^{4} J m^{-2}。

二、波动的能量

波动的作用是将扰动的能量传输出去,其携带的能量是波动的关键。波动的能量包括动能和势能,在能量的相互转化中传播。

1. 重力波的能量

重力波的动能和势能在一个波周期内相互转换,导致波动的传播。波动的动能是由水体微团的速度决定的,而波动的势能是由波动的振幅决定的。在一个波长内,波动的动能 E_k 和势能 E_p 相等,即总机械能保持不变。按照(15.9)式和(15.10)式,单位宽度、单位长度水柱的能量(单位:J m^{-2})为

$$\overline{E}_k = \overline{E}_p = \frac{1}{4} \rho g A^2 \tag{26.16}$$

波浪携带的能量与波高的平方成正比。波高为 3 m 的波浪的能量为 45.16 kJ m^{-2}。可见,波高具有可观的机械能。波浪的能通量定义为

$$F_T = \frac{1}{2} \rho g c_g A^2 \tag{26.17}$$

单位为 W m^{-1},即单位宽度水体的能通量。浅水波的群速为 $\sqrt{gH}$,对于水深 50 m,群速为 22.1 m s^{-1},3 m 高波浪的能通量为 999 kW m^{-1}。即使除以水深得到的单位面积的波浪能通量也有 20 kW m^{-2},远大于海面热通量。因此,波动弥散能量的能力是相当强的,会在风暴发生后很短的时间内使海洋恢复平静。

普通惯性重力波虽然受到科氏力的影响,但其波动的能量与重力波一致。

2. 开尔文波的能量

开尔文波在传播过程中受科氏力的影响向波向的右侧倾斜。但是,其能量的转换与一般的重力波一致,即一个波长内的势能和动能相等,且相互转换而传播(Pedloscky,2003)。此外,浅海潮波以惯性重力波的形式传播,也以势能和动能相互转换的形式传播。如果开尔文波的振幅与重力波接近,其传播能量的能力也与重力波相似。

3. 内波的能量

界面波的能量由(17.10)式确定,与振幅的平方成正比,与界面密度差成正比。虽然密度差很小,但内波振幅很大,二者共同决定的内波能量密度比表面波大 1 个量级以上。设内波界面的密度差为 3 kg m^{-3},振幅为 100 m,内波的能量可达 147 kJ m^{-2}。

三维内波的能量由(17.11)式表达,体现了内波的势能与波高的平方成正比,与层化强度成正比。在强层化的跃层附近,布朗特 – 维萨拉频率 N^2 约为 3×10^{-3} s^{-2},得到的机械能约为 147 kJ m^{-2}。全球内波的能量为 200 GW(Munk,1997)到 360 GW(Kantha 和 Tierney,1997)。

4. 潮波的能量

大洋潮汐的主要能量是势能,是引潮力势引起的能量变化。如果世界海洋没有陆地,海洋潮汐是强迫波,在平衡潮的意义上,大洋潮汐的势能随引潮力而变化。这种变化完全

是引潮力造成的,势能并不转换成动能。但是,由于陆地的存在,大洋潮汐会发生传播,称为大洋潮波。一旦发生传播,就成为自由波,通过动能和势能之间的转换发生传播。潮汐在浅海以惯性重力波的形式传播,其能量转换机制与重力波相同。

潮汐的能量巨大,我们一般讨论局部的潮汐能量。在全球意义上,主要关切的不是潮汐的能量,而是潮汐因摩擦耗散的能量。

5. 海啸波的能量

海啸波与一般重力波相比,重力波表面起伏大,向下递减,影响到大约 100 m 的深度,而海啸波是整个水柱都起伏的波。因对整个水柱积分,海啸波的能量要远大于表面波。如果海面高度 1 m,水深 3 500 m,只计算海面起伏的有效势能约为 5 kJ m^{-1},但如果按照(15.22)式计算,有效势能为 35 000 kJ m^{-1}。同样,海啸波的动能也是对整个水深积分,得到的动能与势能大致相当。

海啸波的巨大破坏力与海域能通量有关。波动垂向断面的能通量是衡量波动携带能量的重要参数。单位宽度断面的波动能通量为(15.23)式。海啸波的群速与相速相同,对于 3 500 m 水深,群速为 185 m s^{-1},振幅为 1 m 的海啸波,计算得到的能通量约为 6.5×10^6 kW m^{-1},比同振幅的波浪能量高出 41 000 倍。因此,海啸波在传播时就拥有巨大的能通量。

6. 海洋振荡的能量

海洋中以重力为恢复力的各种振荡,包括海湾静振、谐振潮等,都可以看作是驻波,其能量的传播也是动能和势能之间的转换,总能量保持不变。以重力为恢复力的振荡具有一个特点,即一极的势能转换为另一极的势能,其间发生能量的传播,即通过动能和势能的转换来实现。

而海气耦合振荡则完全不同,它是与大气运动交换能量,无法保持总机械能守恒。海气耦合振荡并不一定发生势能从一极向另一极的传输,能量的传输过程可能发生在大气之中。因此,我们可以给出海气耦合振荡的势能,但未必能给出其动能。

7. 罗斯贝波的能量

罗斯贝波的传播以水平方向的振荡为主,其单位质量的动能和势能可以用流函数 ψ 表达为(Olbers 等,2012)

$$E_k = \frac{1}{2}(\nabla \psi)^2$$
$$E_p = \frac{1}{2}\left(\frac{\psi}{R}\right)^2 \tag{26.18}$$

设 $\psi = \psi_0 \cos(k_x x + k_y y - \omega t)$,周期平均的动能和有效势能可以估计为(Pedloscky,2003):

$$\langle E_k \rangle = \frac{1}{4}(k_x^2 + k_y^2)\psi_0^2$$
$$\langle E_p \rangle = \frac{1}{4}\left(\frac{1}{R}\right)^2 \psi_0^2 \tag{26.19}$$

式中，R 为斜压罗斯贝变形半径，单位为 m，流函数振幅 ψ_0 的单位为 $m^2\,s^{-1}$。

罗斯贝波的特点是，其动能和势能并不相等，这个特征是罗斯贝波与其他波动的重要不同。其动能与势能之比为

$$\frac{\langle E_k \rangle}{\langle E_p \rangle} = (k_x^2 + k_y^2)R^2 \qquad (26.20)$$

显然，短波的动能占优势，长波的势能占优势。因而，行星尺度的罗斯贝波是以势能为主的波动。这个特点表明，罗斯贝波不是一般意义上的波动，而是一种具有传播性质的流动。因而，当罗斯贝波抵达西边界时，其能量可以容易地转换成海流的能量，成为大洋西边界流的能源。

8. 波动能量的弥散

有很多波动是弥散的。如果没有摩擦参与，在弥散过程中波动的能量守恒，即能量被弥散过程分配到其他区域。这些能量最终也会通过参与耗散过程而转换为热能。

三、混合的能量

海洋的宏观运动大体可以归结为流动和波动，而在没有宏观运动时，海洋仍然在运动，这种运动的能量与湍流有关。湍流不仅是一种运动形式，而且是宏观运动能量的消耗形式，大、中尺度能量会通过湍流过程最终转换为热能。

1. 湍流混合的能量

在没有宏观运动的条件下，湍流的能量一般只有动能，即不同尺度涡旋所具有的动能，称为湍流动能。湍流动能，不包括海水流动的动能。由于小尺度湍流只有动能没有势能，湍流动能代表了湍流的全部能量。湍流动能的强度与能量耗散相联系，详见 §26.6。

在层化的情况下，湍流动能会转换为宏观的势能。在这种情况下，势能不计入湍流的势能，而是计入宏观流动的势能。此外，在考虑地转湍流的情况下才需要考虑湍流的势能，但是正如 §7.5 所述，地转湍流实际上体现了涡旋运动，其能量按照涡旋的能量来估计。

2. 混合引起的势能改变

混合是湍流运动的结果，导致水体均匀化。这里提到的混合过程包括风生混合、对流混合、内波破碎混合等。海洋的混合分为等密度混合和跨等密度面的混合。总体而言，混合过程消耗能量，总要有物理过程为混合过程提供能量。

在风生混合情形，风为混合提供能量，风生混合层向下扩展，将跃层中高密度水带到混合层中，提高的混合层的密度，会导致海水的势能增大。内波破碎混合的能量来自内波能量的转化，内波的能量因其破碎而直接转化为混合的能量。内波破碎混合的能量虽然来自海洋内部，但是也可以使海水的势能增大。对流混合则不同，没有外界作用为混合提供能量，海水只能消耗自身的势能产生对流，对流的结果是高密度水下沉，低密度水上升，整体势能减少（详见 §26.5）。

在等密度混合情形，如果水体密度是均匀的，且温度和盐度也是均匀的，混合后海水的势能不变。如果海水的密度是均匀的，但温度和盐度是不均匀的，则混合后海水的密度

会增大(详见§8.4),因海水的质量未变,势能没有发生变化。但由于其密度高于周边水体,会发生对流而下沉,导致势能降低。

如果混合前海水的密度是不均匀的,低密度水体必然叠放在高密度水体之上,一旦发生混合就是跨等密度面混合。由于跨等密度面混合需要克服重力做功,需要外界提供能量,混合发生后海水中的势能增加。

§26.3 海洋中的能量输入输出

如果将海洋看作一个子系统,来自外界的能量输入,或者海洋向外界的能量输出都属于海洋的能量收支。各种能量收支的单位都是能通量的单位 W m^{-2}。

一、太阳能的输入

太阳辐射是地球上一切运动的主要源泉。太阳通过辐射向地球输送能量,进入大气和海洋(§3.1)。到达海面的太阳辐射90%以上被海洋吸收,经过海洋转换为热能,并用来加热大气,驱动大气的运动。太阳辐射进入海洋的能通量达到 13 500 TW。海洋接收的太阳能并不能转化成机械能,绝大部分释放到大气中,驱动大气的运动。因此,海洋是太阳辐射能的接收者、转换者和释放者。

其实太阳辐射直接进入海水内部,在上层海洋各个深度上同时加热海水。因此,太阳辐射不是边界热通量,而是内部热源。如果考虑海面热平衡,一般总是将太阳辐射能作为海面热通量来考虑,与长波辐射、感热和潜热通量一样。

二、表面机械能的输入

在海表面,主要是风应力做功将大气的能量转换为海洋的机械能。风与海洋的动量交换可以用风应力来表达,单位是 N m^{-2}。风应力对海洋做功,直接将能量输入海洋。如果风应力为 0.1 N m^{-2},驱动的流速为 1 m s^{-1},风应力做功为 0.1 W m^{-2},显然,与热通量相比,风应力做功很小。但正是这看似微小的能量输入,驱动了海水运动。海面风应力输入的总能量为 60 TW(Wang 和 Huang,2004)。

三、表面热能的输入输出

海面的热能输入输出主要包括传导热、相变热和辐射热三种。这些热通量在第3章中都做了详细介绍,这里只做简单回顾。

1.感热通量

感热是海水在加热或冷却过程中,在不改变其原有相态条件下,温度升高或降低所需吸收或放出的热量。当海洋和大气之间存在温度差时,热量会从高温向低温传送,称为感热通量。当水温高于气温,海洋向大气传热;反之,大气向海洋传热。感热通量可以根据(3.3)式计算。海气之间的热交换实际上是大气的湍流运动将大气的热量传递给海水,又将海水的热量传递给大气,形成了海气之间的净热传输。

2. 潜热通量

潜热是在温度没有变化的情况下,单位质量物质在相变过程中吸收或释放的热量。当海水蒸发时,海水从液态转为气态需要从海洋吸收热量,导致海洋的热量进入大气。潜热通量是单向进入大气的能量。潜热通量由(3.4)式计算。

结冰也会形成潜热通量。在冰点温度时,海水从液态转变为固态,需要释放出热量,称为结冰潜热。因此,在结冰时有热量进入海洋。同理,融冰时会从海面吸收热量,导致海水热量减少。因此,结冰和融冰产生的潜热通量方向相反。

3. 长波辐射

按照 Stefan-Boltzmann 定律,海洋表面向上发射长波辐射;同理,上覆的大气也发射向下的长波辐射(§3.1)。一般而言,海洋发射的长波辐射大于大气的回辐射,形成离开海洋的净辐射,导致海洋失热。海面的长波辐射量值很大,达到 450 W m^{-2} 以上,超过太阳辐射,称为辐射冷却;如果地球上没有大气,地表气温将降至零下 200 ℃ 以下。正是由于地球上存在大气,使海洋的净辐射在 100 W m^{-2} 左右。南北两极的冬季没有太阳辐射,长波辐射使海洋失热,不仅导致海水结冰,而且造成异常寒冷的气候。而在赤道海域,太阳短波辐射可以超过 1 000 W m^{-2},大于净长波辐射。

四、地热的输入

在地球系统中,地壳之下是炽热的岩浆。虽然海底的地壳厚超过 7 km,但仍然会有一些热量通过固体热传导从海底进入海洋,称之为地热能(geothermal energy)。从海底进入海洋的地热通量很小,在高地热带只有 0.5 W m^{-2},对海洋热能的影响微不足道。然而,在大洋中脊存在热液喷口有大量的热量进入海洋,局部的海水温度可达数百摄氏度(黑烟囱为 320～400 ℃,白烟囱为 100～320 ℃),换算成热通量约为 109 W m^{-2}(夏建新等,2009),成为不可忽视的热源。估计总的地热通量为 32 TW,是一个不小的数字。

五、潮汐能的输入

引潮力是万有引力与离心力之和。引潮力产生的能量相当于势能的输入,月球和太阳通过改变海水的势能而影响海水的运动。日月引潮力输入的势能数量庞大,这些能量转化为动能引起潮汐运动。潮汐运动主要在浅海区域受到摩擦的作用而消耗,并转换为热能。摩擦消耗的总能量相当于 3.5 TW(Munk 和 Wunsch,1998)。

§26.4　海洋中的能量转换

我们在研究中往往关注三个方面:能量输入和输出(energy budget)、能量平衡(energy balance)以及能量转换(energy conversion)。其中,能量输入输出主要涉及外界对系统能量的影响;能量平衡主要涉及系统内能量的产生、维持和耗散之间的关系;而能量转换是指系统内部不同类型能量之间的相互转换。本节讨论没有外界输入条件下海洋中动能、势能和热能之间的转换。

原则上讲,海洋中的动能、势能和热能是可以相互转换的,但在不同形式的运动中,能量的转换方式是不同的。

一、海流的能量转换

海流在风应力长期驱动下产生,风应力既可以直接做功产生海流的动能,也可以通过海面的辐聚辐散产生海洋的势能。其中,上层的艾克曼流的动能是风应力直接做功产生的,中低纬度上混合层运动的动能也可以认为是风应力直接做功导致的,而上层以下海水的运动主要是地转流,其动能主要是势能释放产生的,是风应力做功间接产生的。

1.水平流动的能量转换

海流的动能会因湍流摩擦而转化为湍流的动能,并通过湍流的级串过程最终转化成热能。摩擦耗散是海洋能量的汇,总体上讲,风应力做功输入的能量大致等于摩擦耗散的能量。在层化海洋中,由于存在负黏性效应(详见 §9.4),湍流动能的一部分会转化为海洋的势能。

海流的动能被摩擦削弱后,海洋会释放势能维持海流的动能。如果风应力持续做功,海流就会稳定存在。如果风应力停止做功,海流会越来越慢。但由于海洋拥有庞大的有效势能,海流的减慢需要漫长的时间。

海流的能量转换方式适用于一切以流动表达的运动,包括风生流、热盐流、涡旋等各种以水体微团水平运动为主的能量形式。如果不考虑外界的作用,海流按照图 26.3 的方式自然转换,即海洋的势能会通过地转平衡转化为动能,动能会因为湍流摩擦转化为热能。由于海洋不是热机(详见 §26.6 的讨论),海洋的热能不能转换为势能或动能,而是通过海面释放回太空,形成海洋的能量平衡。

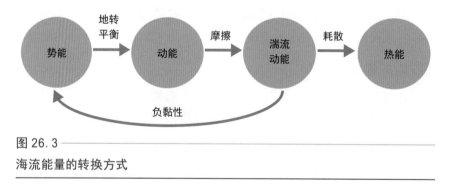

图 26.3

海流能量的转换方式

此外,海流承载着大量的热能,这些热能会通过热扩散而转移到相邻海水中,但不能转化为海水的势能和动能。

在陆地边界的影响下,海流的动能会转化为势能,然后通过势能的释放再转化为动能,这种情况属于海湾静振的范畴,作为波动的能量转化方式,见以下的讨论。

2.涡旋的能量转换

涡旋不仅有动能,也有势能。其中,涡旋的动能既包括旋转的转动能,也包括平移的动能。我们可以不考虑这些区别,只考虑水体微团的运动速度,就可以计算其动能。

　　涡旋的耗散与海流的耗散一样,通过湍流摩擦(主要是侧向摩擦)而耗散,形成独立的耗散体系。中尺度涡旋仍然是准地转平衡的,其能量的转换方式与地转流相同,通过释放势能来维持其动能。但独立的中尺度涡没有能量补充,其动能和势能同时减小。涡旋虽然处于准地转平衡状态,但涡旋不是海洋的基本平衡,涡旋的能量最终会通过摩擦耗散而消失,也可以转化为周边海水的能量。

　　由于涡旋相当于闭合的海流,涡旋与流动之间可以进行能量转换。涡旋从海流中分离出来时,携带了来自海流的动能和势能;一旦涡旋并入海流,其动能和势能也将转化为海流的能量。

二、波动能量的转换

　　前面提到,波动就是以动能和势能相互转换的方式传播的。有些波动是弥散的,虽然能量会因弥散而削弱,但传播方式没有改变,总能量也没有改变。

　　除了正常的传播之外,波动的能量会耗散。波动的能量耗散有两种方式(图 26.4)。

　　对于短波,由于波陡大,波动的耗散主要是波动的破碎,波浪会因水深变浅而破碎,也会因波峰切削而破碎。波浪破碎后波高明显减小,即势能降低,从而动能也减低,发生强烈的湍流运动,波浪的能量转化为湍流动能以致热能。海洋内波也是通过破碎实现能量转换,内波的振幅大,波陡也大,传播一段时间普遍发生破碎,也会使势能转换为湍流动能。

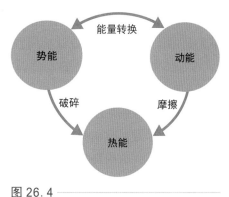

图 26.4

波动能量的转换方式

　　对于长波,由于波陡很小,一般不发生破碎的现象。长波具有波流二象性,即既有波动性,又有流动性,因而,长波的能量耗散与海流相似,是靠摩擦消耗长波的动能,使之转换为热能。

　　当水深变浅时,波动的总能量没变,但单位体积水体的动能和势能都会增大。海啸波就属于这种情形,进入浅海后波动的相速大幅减小,但水体微团的运动速度增大,海面高度急剧升高,形成能量集中登陆,导致重大灾难。海啸波也是通过破碎来实现能量的转换,登陆后海啸波的能量迅速转换为热能。

　　因此,短波通过破碎将波动的势能或动能直接转换为热能,而长波通过摩擦将波动的动能转换为热能,热能不会转换为机械能。

　　海洋中的高频振荡与波动一样,通过动能和势能之间的转换实现振荡的发生,但是,振荡的能量并不能直接转换为热能,而是要通过水体微团在振荡过程中通过摩擦实现能量的转换。

§26.5　垂向运动引起的势能变化

前面提到,海洋中的势能有相当大部分是由其位置决定的,数量庞大,但不能转换为动能,属于无效势能。而有效势能主要是可以转换为其他形式能量的势能。海水的垂向运动会导致重力势能发生变化,改变的却是实际的重力势能,包括有效的和无效的势能。

一、上升流引起的势能变化

1. 浮力引起的势能转化

密度为 ρ_1 的水体微团放置于密度为 ρ_2 的水体中,且满足 $\rho_2 > \rho_1$,则水体微团受到的浮力为 $(\rho_2 - \rho_1)g$。在浮力的作用下,水体微团上浮,势能从 $-\rho_1 gH$ 变为 0,势能增大。势能增大是由于浮力克服重力做功所致。

反之,如果密度为 ρ_2 的水体微团放置于密度为 ρ_1 的水体中,且满足 $\rho_2 > \rho_1$,则水体微团受到的浮力为 $-(\rho_2 - \rho_1)g$,也就是净重力。在净重力的作用下水体微团下沉,势能从 0 变为 $-\rho_2 gH$,势能减小。势能减小是由于重力做功所致。

因此,净重力做功导致势能减小,净浮力做功导致势能增大。净重力使势能转化为海水下沉的动能,从而保持能量守恒。而净浮力本身就是势能,只不过将浮力势能转换为重力势能。

2. 上升流能量的转换

上升流把下层高密度水体提升到海面,导致整个水柱的势能增大。例如,设上层和下层水体的密度分别为 ρ_1 和 ρ_2,下层的一个水体微团势能为 $-\rho_2 gH$,上升到海面后势能变为 0,势能增大。上升流导致的势能增大是风应力抵抗重力做功所致。然而,深层水体微团通过上升流到达海面,风应力做的功并不是 $-\rho_2 gH$,而是 $-(\rho_2 - \rho_1)gH$,因为风应力不是克服重力做功,而是克服净重力做功。垂向密度差越小,需要风应力做的功就越少,就越容易将深层水体提升到海面。在南极辐散带,上下层都是低温海水,密度差很小,因而会引起很强的上升运动。

二、对流引起的势能变化

对流发生时,上层高密度水体下沉,导致势能降低。尤其在深对流的情形,高密度水体微团可以下沉到数千米的海底,其势能大幅减少。一般的对流当高密度水体微团下沉时会有同样体积的低密度水体上浮。在对流没有净流量的情况下,由于下沉水密度大于上浮水密度,对流的净势能减少。假定水体的密度 ρ 是均匀的,设一个密度为 $\rho_0 (> \rho)$ 的水体微团下沉,其势能从 0 变成 $-\rho_0 gH$,但同时有一个同体积的密度为 ρ 的水体微团上浮,其势能从 $-\rho gH$ 变为零。二者的净势能降低为

$$\Delta E_p = -(\rho_0 - \rho)gH \tag{26.21}$$

有净流量对流会有更多的高密度水体下沉,势能降低更多。按照(26.21)式,对流导致的势能降低会将一些有效势能转化为无效势能,降低了支撑海水运动的能力。

根据能量守恒,如果没有外界作用,系统内部势能减少必将转化为其他形式的能量。按照对流的发生机制,对流减少的势能转变成对流元的动能。对流元的动能会通过侧向卷挟转化为湍流的能量,最终转化为热能。由于对流的势能和动能都很微弱,转化为热能也微不足道。

对流的能量转换告诉我们,如果把深层海水提升到表面,海水的势能会增加,需要克服重力做功来实现。按照(26.21)式,如果把 3 000 m 深,与海面密度差为 5 kg m^{-3} 的水体微团提升到表面,需要克服重力做功 1.47×10^5 J m^{-3}。

三、卷挟引起的势能变化

当界面以上海水速度大于界面以下海水速度时,就会发生卷挟运动,形成界面以下的水体进入界面以上。按照上面的介绍,界面以下的水体势能进入界面以上需要克服重力做功,使势能增大。设界面两侧密度差为 $\Delta\rho$,卷挟的距离为 Δz,需要克服重力做功为 $\Delta\rho g \Delta z$。当密度差为 1 kg m^{-3},卷挟距离 10 m,需要的能量为 98.0 J m^{-3}。

卷挟过程实际上是上层水体动量向下传递的过程,导致下方水体运动速度加快,动能增大。卷挟导致的势能增大实际上是以消耗界面附近水体的动能为代价的。

四、潜沉引起的势能变化

潜沉过程是表层高密度水体向赤道方向移动时,超过周边水体的密度,下潜到主温跃层之下的过程。潜沉有可能以对流的形式发生,也可以以重力流的形式发生。不论潜沉的发生机制如何,都会导致高密度水体下沉,致使势能减小。

从本节的讨论可知,海洋的垂向运动的能量过程都是相似的,下沉时重力做功,势能减少;上升时克服重力做功,势能增大。还有,密度增大时势能增大,密度减小时势能减小。

五、表面过程引起的势能变化

海洋中势能都是用海水密度乘以重力势来表达,即(26.7)式,其物理意义为单位体积的势能。而在海洋表面,由于可能涉及体积变化,需要用质量的定义(26.6)式来计算势能。

1. 受热或冷却

海水受热或冷却会发生水体的膨胀或收缩,密度会变化,但质量不变。如果受热或冷却仅限于表面海水,海水的垂向位置几乎不变,按照(26.6)式,其势能几乎不变。但若按照(26.7)式,势能会增大或减小。好在选取海平面为势能参考面,海面的势能为零,掩盖了两种表达方式的差异。

2. 蒸发

蒸发使表面海水中的部分水分子进入大气,导致表层海水密度增大。按照(26.7)式,海水的势能增大。而蒸发实际上导致海水质量的减少,因而势能应该减小。如果考虑蒸发后海水的重心下移,势能也应该减小。因此,蒸发相当于海洋势能的减少,减少的势能进入大气,是除了潜热之外海洋对大气的另一种能量贡献。

3. 降水

降水导致海面海水密度降低,按照(26.7)式,势能应该减小。但实际上,降水使海水质量增大，势能应该增大。若考虑降水导致重心升高，海水的势能也应该增大。因此，降水相当于大气向海洋输入势能。

4. **结冰和融冰**

结冰使部分海水冻结为海冰，冰中的盐分大部分排出，使表面海水的密度增大，按照(26.7)式，海水的势能增大。但海水与海冰的质量之和未变，海洋的势能应该保持不变。如果一定要区分海水的势能和海冰的势能，则海水因结冰而质量减少，而且重心也在降低，海水的势能应该减少。海水的势能转化为海冰的势能。融冰是结冰的反过程，海水与海冰的势能整体上未变。

5. **表面势能的改变**

综上所述，海面受热和冷却不引起质量变化，海水势能不变。结冰和融冰过程引起势能的拆分为海水的势能和海冰的势能，但二者的势能之和保持不变。而蒸发和降水导致海水体积的增减，伴随有势能的增减，蒸发相当于势能的输出，而降水相当于势能的输入。

在海面过程中，使用(26.6)和(26.7)式计算的势能总是相反的，这是因为海面过程伴随体积的变化，用密度计算势能无法体现，因而表面过程仍需用质量的定义计算势能，即(26.6)式；而(26.7)式只能用来计算海洋内部的势能。当我们选择大地水准面为参考面计算势能时，掩盖了两式的差异，但如果选取其他参考面计算势能，在海面需要选用(26.6)式计算势能。

从更深层的意义上来看，势能的改变是因为重力做功(势能减小)或抵抗重力做功(势能增大)，而表面过程重力没有做功，势能应该保持不变。而蒸发和降水过程有水体的质量输出和输入，势能应随质量的变化而变化。

海洋内部海水会因热量和盐分的迁移导致体积变化，从而引起密度变化，为什么就可以使用(26.7)式呢？是因为内部海水满足质量守恒。以热膨胀为例，海洋内部水体受热膨胀，密度减小，体现为势能减小。而海水受热膨胀也可考虑为单位体积内的质量减少，因而势能减小。而减掉的质量转移都增大的体积中，相当于势能转移到其他水体中，总势能没有改变。也就是说，内部水体在质量守恒的框架内，只要没有垂向运动，重力不做功，总势能不变，因而可以用密度表达。

§26.6 海洋中的能量耗散

海洋中的各种能量最终都要转化成热能，然后以表面热通量的形式进入大气，再以辐射传输的方式离开大气进入太空。海洋的动能和势能的损耗并转换为热能的过程称为能量耗散(energy dissipation)。

1. **能量耗散**

由于海洋中以湍流运动为主，湍流运动可以直接耗散海流的动能，并通过正级串过程转化为热能。湍流运动是水体微团的混乱运动，其能量主要是湍流动能。湍流的耗散过程导致湍流动能减少,而平均流通过消耗自身的动能补充湍流的动能,见公式(7.4)和(7.5)。

　　表面波的能量在传播过程中会发生消耗。深海波动在传播过程中能量消耗很小,长重力波可以跨过大洋传播。波动的能量主要在浅海区域被消耗,海底摩擦直接将波动的能量转化为热能;浅海的波浪破碎也使大量波动的能量转化为热能。

　　内波的破碎是内波能量的重要归宿,内波破碎后其能量转化为湍流的动能。内波虽然因耗散小而传播距离达到上千公里;但很难传得更远,因为内波的破碎限制了其传播距离。内波破碎引起的湍流运动是从较大尺度的运动直接转化为小尺度的湍流运动。

2. 耗散过程的能量转换

　　在第 7 章中介绍,海洋能量的耗散是通过湍流运动实现的,湍流的级串过程使能量从大涡向小涡传递,一直传递到湍流的最小尺度柯尔莫哥洛夫微尺度。在这个尺度以下是以分子运动进行耗散,将能量转换为热能。也就是说,湍流将各种运动的宏观动能转化为涡动能,而涡动能过于宏观,无法与分子运动相衔接,需要将大涡的动能逐渐向小涡传递,直至传递到湍流的最小尺度;然后在分子运动尺度上,宏观的涡动能转化为分子混乱运动的微观动能,也就是热能。

　　第 7 章还指出,在层化海洋中,海洋湍流动能产生负级串传递,即湍流的动能并没有转化成热能,而是通过克服净重力做功将湍流的动能转换为宏观运动的势能。然后,势能会转化为海水运动的动能,最终还会转化为热能,只不过过程更加曲折。

　　在海洋中,动能可以通过摩擦转化为热能,势能会通过破碎转化为热能。湍流摩擦层实际上是湍流运动的边界层,在该层之内,湍流的作用占优势。湍流运动通过削弱平均运动获取能量,用来加强湍流运动,实现能量传递的级串过程。

　　海流的势能是不能直接转换成热能的,因为平均运动的势能并不与水体微团的运动相联系,无法转化为湍流运动的动能。但是,各种波动的破碎会导致波峰的坍塌,导致势能减少,直接转换成水体微团的混乱运动,进入湍流状态,进而转换为热能。

3. 湍流能量耗散率

　　湍流的能量耗散率(energy dissipation rate)是指湍流动能损失率 ε,即湍流动能减小的速率,单位为 $W\ kg^{-1}$。湍流动能损失率等价于宏观动能的减少速率,因而是海洋机械能的耗散率。湍流能量耗散率在海洋中的取值范围很大,在上层海洋约为 $10^{-1}\ W\ kg^{-1}$,在深海只有 $10^{-10}\ W\ kg-1$。如果乘以密度, $\rho\varepsilon$ 的单位为 $W\ m^{-3}$,是更容易理解的物理量。即上层海洋约为 $10^2\ W\ m^{-3}$,深海约为 $10^{-7}\ W\ m^{-3}$。这个耗散率并不小,在上层海洋每天耗散的能量可达 $10^6\ J\ m^{-3}$,在深层海洋耗散的能量只有 $10^{-2}\ J\ m^{-3}$。

　　湍流能量最终通过分子运动转换为热能。虽然分子运动的尺度小,在研究宏观运动的时候都可以忽略,但分子尺度的能量耗散是地球全部机械能的归宿,每年分子尺度耗散的能量与每年输入海洋的风能和潮汐能数量相当,实现能量的平衡。

4. 深海热量的垂向输运过程

　　由于热量只能由高温向低温传递,一般表层海水的温度高于深层海水,深层海水的热量事实上不能通过热传导过程到达海面。深层海水的热量是通过上升运动抵达海面的。

在上升流区，表层辐散产生垂向输送的水体通量，会将深层的低温水体连同其增加的热量带到海面，通过海气界面热过程离开海洋。在极区的辐散带，是深层海水热量上升的主要区域。

§26.7　从能量转换看海洋"热机"

热机是指通过热源和冷源将热能转换为机械能的系统。热机系统主要涉及能量的转换，如果仅靠加热／冷却就可以引发机械运动则属于"热机"，反之就不是热机。大气是热机系统，仅靠加热／冷却就可以改变大气的势能，并驱动大气的运动。

其实，从能量的角度看，热机的必要条件是热力能够克服重力做功。只要能克服重力做功，就可以增大海洋的有效势能，然后转换为动能，导致海水的运动。前面提到，重力做功使势能减小，只有浮力做功才能使势能增大。

按照桑德斯特伦定理（Huang，2010），只有在热源出现在冷源之下时海洋才有可能成为热机。在这种情况下，热源的热释放会加热周边海水，降低海水密度，从而产生浮力。当浮力大于重力时，净浮力会做功增加海洋势能。然而，由于海水的热量主要来自太阳辐射，因而海洋的热源在表层，无法形成热机。当然，有些海域次表层海水的温度高于表层，但那里海水没有持续的热量供给，不能看做是热源。因而，海洋不是传统意义上的热机。

但是，在大洋中脊的热液喷口，对海水的加热是可观的，理论上可以形成热机。要想靠地热把水体从海底提升到海面，需要将海水的密度从 ρ_2 降低到 ρ_1 以下使海水形成正浮力，然后依靠浮力做功上升到海面。按照（26.23）式，如果把 3000 m 深，与海面密度差为 5 kg m^{-3} 的水体微团提升到表面，需要克服重力做功 1.47×10^5 J m^{-3}。可是，要通过加热把密度降低 5 kg m^{-3} 则需要 8.64×10^7 J m^{-3}。可见，做功显然比加热消耗更少的能量，风力可以把深层海水提升到表面，而通过加热却需要更多的热量。因此，如果地热规模增大几十倍，源源不断进入海洋，才有可能成为热机驱动海洋的运动。但是，由于地球处于冷却期，没有什么力量能够大幅增加地热通量，故海洋实际上不会成为热机。

有人认为，海洋虽然不是热机，但却是"盐机"，即通过表面密度增大引发深对流，驱动海水的循环。从本节的介绍可见，深对流使势能减小，确实可以转化为海水垂向运动的动能。但是，热盐循环不仅需要下沉运动，还需要上升运动，才能形成闭合循环。密度只会引起下沉运动，如果没有上升运动，下沉运动将无以为继。因此，在全球海洋热盐循环中，关键的环节是海水在以什么机制的驱动下上升。

按照本书第 12 章的介绍，热盐环流上升运动有几种机制：一是风场的辐散产生的上升运动，二是卷挟运动导致的海水上升，三是地形引起的水体抬升。其中，风场驱动的辐散说明上升不是热力或盐力驱动，而是风生运动。卷挟运动虽然可以引起向上的通量，但量值过小；只有表面发生风生辐散的海域才会引起较大的卷挟通量。地形引起的抬升是对风生上升运动的响应。所有这三种机制都指向风生驱动，因而，热盐环流的实际驱动力是风。正如 Huang（2010）指出，海洋根本就不是一部热机，加热并不是环流的驱动力，海洋环流的驱动力是风应力和引潮力,为海洋中的各种运动提供了能量。因此,海洋是一个由外部机械能驱动的机械传送带。

§26.8　海洋中的总能量

仅考虑海洋中的动能、势能和热能,全球海洋中的能量非常庞大的天文数字。按照 Huang（2010）的介绍,海洋中的总势能估计为 2.1×10^7 EJ（1 EJ=10^{18} J）,其中可用势能为 810 EJ,海流的平均动能约为 1.46 EJ,涡旋的总能量为 13 EJ,热能约为 2×10^7 EJ。这些能量是亿万年来累积的结果。有应用价值的是海洋维持运行所需要的能量。或者说,在一年的周期里海洋能量平衡,即输入和输出能量的大体平衡。

如果将海洋看成一个系统,系统内部并没有能源,维持海洋运行的能量主要来自系统之外的输入,海洋成为外界作用驱动下的稳定系统。外界输入的能量有显著的纬度差异和季节差异,海洋会通过自身的运动调整和适应,使外界输入的能量和海洋输出的能量基本平衡。以下用单位 TW（1 TW=10^{12} W）和 PW（1 PW=10^{15} W）来表达海洋的能通量。维持海洋运动的能量如下:

海洋全年吸收的太阳辐射能约为 52.4 PW,净长波辐射的能量为 17.8 PW,潜热通量为 31.1 PW,感热通量为 3.5 PW。这 4 部分热通量大体平衡。也就是说,太阳输入海洋的热量与海洋输出的热量基本相等。

外界输入的机械能包括风应力做功和引潮力输入。年均风能输入量是 64 TW,虽然只有热通量的千分之一左右,但却是海洋运动的主要能源。另外,引潮力对潮汐的作用非常大,我们只能计算潮汐耗散的能量,约为 3.5 TW（Munk 和 Wunsch,1998）。

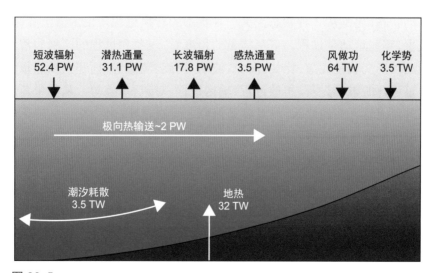

图 26.5

全球海洋的外部热源［引自 Huang, 2004］

来自地球内部的地热能通量很小,但在大洋中脊热液喷口热量较大。估计总的地热通量为 32 TW。

此外,海冰融化会吸收能量,海冰冻结会释放能量。海冰融化吸收的热量约为 213 TW,比风能输入大好几倍,对全球气候有显著影响。

总结与讨论

海洋和所有的物理体系一样,能量供应是一切运动的基本保障,能量转换和能量传递是不同运动之间相互联系的纽带。可以说:运动是外在表象,而能量才是内在根基。在本章中,我们集中讨论了各种运动形式所拥有的能量,尤其关注能量之间的转换和传递,从整体上看待能量与各种运动的关系,以期从更高的立点上看待各种运动之间的共性和个性。以下带有共性的结论有助于对海洋能量的理解。

1. 热能的转换

从能量的角度看,进入海洋的热能远大于风应力做功输入的能量,而海洋的运动主要是风的作用产生的,表明热能并没有驱动海水的运动,海洋只是完成了这样一个过程:作为接收者海洋吸收了太阳的能量,作为转换者海洋将光能转换为热能,作为释放者海洋将这些能量全部传递给大气。我们不禁为海洋感到惋惜,把太阳的巨量馈赠慷慨地贡献给大气,却只依靠风的少量回馈维持自身的运动。如果海洋将太阳的能量全部转化为海水的运动,海水运动的强度何止千百倍。可是,正因为如此,海洋才保持了今天的平静,也正是大自然的魅力所在。

2. 现象与过程

海洋的各种运动可以区分为现象和过程,现象是一种自然发生的运动状态,而过程并不是一种运动状态,而是从一种状态到另一种状态的转换过程。仅术语上看,很难区分哪些运动是现象,哪些运动是过程。但从能量的角度看,现象和过程的区别非常清晰。那些拥有能量的运动形式就是现象,比如:海流、波动、涡旋、湍流等;而那些以能量转换为目的的运动属于过程,如:混合过程、扩散过程、输运过程、对流、摩擦等。从能量角度可以有助于理解本书各篇内容之间的联系,以及各篇内容之间的差异。

3. 海洋中热能的两种来源

海洋中的热能有两种来源,一种是来自外界的热量输入,包括太阳辐射能和地热能,一种来自海洋内部的能量耗散。作为热能的本质,两种来源的热能没有区别,都是海水拥有的能量;但是,从海水运动的角度看,他们一个是能量的来源,一个是能量的归宿。正是这两种热量来源的差异,让我们充分理解了地球系统的运行,能量以短波辐射进入,以长波辐射离开,海洋和大气中形形色色的各种运动都与能量转换过程息息相关。

4. 能量的转换和耗散

海洋的能量体系是完整的,不仅呈现了能量在各种运动形式之间的转换,也呈现了能量最终耗散并转换为热能,由此保证了海洋这个庞大系统的能量守恒。有时我们不了解甚至不关心能量何以传递和转换,但大自然会通过自身的调整实现海洋运动的和谐。

5. 动能和势能的比较

海水的运动是目力可见的运动,而势能却难以感知。人们通常认为动能代表了运动的能量,却不知有效势能是动能的百倍以上。风应力直接做功只能驱动上艾克曼层的海水运动并产生动能,而深层海水的动能几乎全部来自势能的释放,而海洋中有效势能也是风应力抽吸建立起来的。(引潮力引起的运动除外)。

6. 垂向运动与势能

由于势能的释放是表层以下海水动能的能量来源,是驱动海水运动的主要能源。由本节的讨论可知,海洋的垂向运动的能量过程都是相似的,下沉时重力做功,势能减少;上升时克服重力做功,势能增大。如果要使势能增大,需要克服净重力做功。因此,太阳加热并不能提升海水的势能,只有风和引潮力才能真正地改变势能,成为一切海洋运动的源泉。

7. 海洋与全球变暖

全球变暖导致大气截留了更多的能量,让大气的运动偏离了原有的状态,出现了各种极端天气、气候过程,让人类担忧自己的生存环境。在全球变暖的过程中,海水的温度也在升高,成为全球变暖的指示性参数。

8. 南北方向的能量输送

显然,热能的能通量要比机械能大得多。因而,海流在南北方向流动时所传输的机械能微不足道,而输送的热量却是机械能的 10^5 倍。

思考题

1. 海洋中的机械能如何转化为热能?
2. 太阳输入的热能为什么不能驱动海水运动?
3. 上层海洋的热能是否可以向下扩散?
4. 地热为什么不能驱动海洋的水上运动?
5. 潮汐能是如何进入海洋的?
6. 波动的能量有哪两种方式转换为热能?
7. 对流如何引起势能的变化?
8. 为什么说海洋既不是"热机",也不是"盐机"?
9. 深层海洋的热能如何传递?
10. 试述世界海洋的能量平衡。

深度思考

如果将海洋吸收的太阳能引入深海,海洋将发生什么运动?

鸣　谢

衷心感谢王泽民教授、瞿世奎教授、黄菲教授、李凤歧教授、王伟教授、侯一筠教授、黄浩博士、李建平教授、左军成教授、李志军教授等审阅了本书有关章节的初稿并提出宝贵的意见和建议，对于保障本书知识的正确性贡献了力量。

衷心感谢黄瑞新教授通读书稿并对其中 10 章的内容给出详细的意见和建议，为本书内容的改进发挥了重要作用。

衷心感谢历届研究生对"高等描述性物理海洋学"课程提出大量问题和宝贵意见，促进了本书体系的完善。

衷心感谢中国海洋大学于志刚校长、中国海洋大学海洋与大气学院陈旭、赵玮、黄菲等负责领导大力支持出版本书。

衷心感谢曹勇博士、王鑫博士为本书的图件做了大量工作。

衷心感谢上海馨知文化传播有限公司魏小丽女士和青海天城北斗数码测绘科技有限公司王英华女士为本书制图。

衷心感谢中国海洋大学教材出版基金资助本书出版。

衷心感谢中国海洋大学三亚海洋研究院资助本书出版。

参考文献

蔡树群,甘子君. 南海北部孤立子内波的研究进展 [J]. 地球科学进展,2001,16(2): 215-219.

巢清尘,巢纪平. 热带西太平洋和东印度洋对 enso 发展的影响 [J]. 自然科学进展,2001, 11(12):1293-1300.

陈沈良. 长江口外羽状锋的屏障效应及其对水下三角洲塑造的影响 [J]. 海洋科学,2001 (5):55-57.

陈宗镛. 潮汐学 [M]. 北京:科学出版社,1980.

丁平兴,孔亚珍,史峰岩. 水波的辐射应力及其计算 [J]. 华东师范大学学报:自然科学版, 1998(1):82-87.

董昌明. 海洋涡旋探测与分析 [M]. 北京:科学出版社,2015.

窦国仁. 紊流力学 [M]. 北京:人民教育出版社,1981.

杜岩,张涟漪,张玉红. 印度洋热带环流圈热盐输运及其对区域气候模态的影响 [J]. 地 球科学进展,2019,34(3):23-34.

范植松. 海洋内部混合研究基础 [M]. 北京:海洋出版社,2005:171.

房佳蓓. 大气瞬变涡旋反馈在中纬度海洋影响大气异常中的作用 [M] // 10 000 个科学 难题海洋科学编委会. 10000 个科学难题(海洋卷). 北京:科学出版社,2018:152- 155.

方欣华,杜涛. 海洋内波基础和中国海内波 [M]. 北京:海洋出版社,2005.

方国洪,郑文振,陈宗镛,王骥. 潮汐和潮流的分析与预报 [M]. 北京:海洋出版社,1986.

高佳,陈学恩,于华明. 黄河口海域潮汐、潮流、余流、切变锋数值模拟 [J]. 中国海洋大学 学报:自然科学版,2010,40(S1):41-48.

龚道溢,王绍武. 南极涛动 [J]. 科学通报,1998,43(3):296-301.

龚道溢,王绍武. 近百年北极涛动对中国冬季气候的影响 [J]. 地理学报,2003,58(4): 559-568.

龚道溢,王绍武,朱锦红. 北极涛动对我国冬季日气温方差的显著影响 [J]. 科学通报, 2004,49(5):487-492.

管秉贤. 南海暖流——广东外海一支冬季逆风流动的海流 [J]. 海洋与湖沼,1978,9(2): 117-127.

管守德. 南海北部近惯性振荡研究 [D]. 青岛:中国海洋大学,2014.

何鹏程. PDO 对西北太平洋热带气旋活动与大尺度环流关系的影响 [D]. 2010.

胡敦欣,丁宗信,熊庆成. 东海北部一个夏季气旋型涡旋的初步分析 [J]. 海洋科学集刊,

1984, 21: 87-99.

胡海波, 刘秦玉, 刘伟. 北太平洋副热带模态水形成区潜沉率的年际变化及其机制 [J]. 海洋学报, 2006, 28 (2): 22-28.

胡明娜, 赵朝方. 浙江近海夏季上升流的遥感观测与分析 [J]. 遥感学报, 2008, 12 (2): 297-304.

胡辉, 胡方西. 长江口的水系和锋面 [J]. 中国水产科学, 1995, 2 (1): 81-90.

胡珀. 大洋中尺度涡旋与源区黑潮的相互作用研究 [D]. 中国科学院研究生院 (海洋研究所), 2008.

环境科学大辞典编委会. 环境科学大辞典 (修订版) [M]. 中国环境科学出版社, 2008.

黄祖珂, 黄磊. 潮汐的原理与计算 [M]. 青岛: 中国海洋大学出版社, 2005.

黄祖珂, 陈宗镛. 潮汐响应分析 [J]. 山东海洋学院学报, 1983, 13 (2): 13-20.

冀承振, 叶瑞杰, 董济海, 张志伟, 田纪伟. 南海中尺度涡边缘亚中尺度过程模式研究 [J]. 中国海洋大学学报: 自然科学版, 2017 (1): 1-6.

季顺迎, 岳前进. 工程海冰数值模型及应用 [M]. 北京: 科学出版社, 2011.

蒋国荣. 海洋内波及其对海战的影响 [M]. 北京: 气象出版社, 2009: 125.

景振华. 海流原理 [M]. 北京: 科学出版社, 1966: 464.

卡缅科维奇 B M, 莫宁 A C. 海洋水文物理学 [M]. 沈积军等, 译. 北京: 海洋出版社, 1983: 592.

李爱贞, 刘厚凤. 气象学与气候学基础 [M]. 北京: 气象出版社, 2001: 318.

李崇银, 穆明权. 赤道印度洋海温偶极子型振荡及其气候影响 [J]. 大气科学, 2001, 25: 433-443.

李凤岐, 苏育嵩. 海洋水团分析 [M]. 青岛: 青岛海洋大学出版社, 2000: 397.

李建平. 海气耦合涛动与中国气候变化 [M] // 秦大河. 中国气候与环境演变 (上卷). 北京: 气象出版社, 2005: 324-333.

李庆红, 张永刚, 余向军. 海洋不稳定性的研究现状与展望 [J]. 海军大连舰艇学院学报, 2006, 5: 40-43.

李玉阳, 笪良龙, 晋朝勃, 等. 海洋锋对深海会聚区特征影响研究 [J]. 声学技术, 2010, 29 (6): 78-80.

林其良, 黄大吉, 宣基亮. 浙闽沿岸潮余流的空间变化 [J]. 海洋学研究, 2015, 33 (4): 30-36.

林霞, 王召民. 最近 21 年厄加勒斯反曲的变化 [J]. 中国海洋大学学报: 自然科学版, 2016, 46 (07): 11-14.

林霄沛, 杨俊超, 吴宝兰. 风生环流与热盐环流有何联系? [M] // 10 000 个科学难题海洋科学编委会. 10 000 个科学难题 (海洋卷). 北京: 科学出版社, 2018: 18-20.

刘秦玉, 谢尚平, 郑小童. 热带海洋 - 大气相互作用 [M]. 北京: 高等教育出版社, 2013: 145.

刘增宏,李磊,许建平,等.1998 年夏季南海水团分析 [J].东海海洋,2001,19（3）:1-10.

马伟伟,万修全,万凯.渤海冬季风生环流的年际变化特征及机制分析 [J].海洋与湖沼,2016,47（2）:295-302.

潘爱军,万小芳,许金电,等.南海中部海域障碍层特征及其形成机制 [J].海洋学报,2006,28（5）:35-43.

彭世球,钱钰坤.海洋次中尺度过程对大尺度过程的反馈及参数化 [M]∥10 000 个科学难题海洋科学编委会.10000 个科学难题（海洋卷）.北京:科学出版社,2018:62-64.

乔方利,赵伟,吕新刚.东海冷涡上升流的环状结构 [J].自然科学进展,2008,18（6）:674-679.

任诗鹤,王辉,刘娜.中国近海海洋锋和锋面预报研究进展 [J].地球科学进展,2015,30（5）:552-563.

史久新,乐肯堂,崔秉昊,等.南极绕极流的经向输运 [J].海洋科学集刊,2003,45:10-20.

舒业强,王强,俎婷婷.南海北部陆架陆坡流系研究进展 [J].中国科学,2018,48（3）:276-287.

苏纪兰,袁业立.中国近海水文 [M].北京:海洋出版社,2005:367.

汤毓祥.潮汐余流研究简况 [J].黄渤海海洋,1987,5（3）:73-80.

唐维军,沈隆钧,张景琳.流体力学界面不稳定性研究 [C]∥《中国工程物理研究院科技年报》编辑部.中国工程物理研究院科技年报.四川科学技术出版社,2000:397-398.

汪汉胜,Wu P,许厚泽.冰川均衡调整 GIA 的研究 [J].地球物理学进展,2009,24（6）:1958-1967.

汪品先,田军,黄恩清,等.地球系统与演变 [M].北京:科学出版社,2018:565.

万邦君,郭炳火.台湾以北黑潮水与陆架水的混合与交换 [J].黄渤海海洋,1992,10（4）:1-8.

王刚,兰健,孙双文.东海冷涡中心位置及季节性变化的初步研究 [J].地球科学进展,2010,25（2）:184-192.

王晓宇,赵进平.北白令海夏季冷水团的分布与多年变化研究 [J].海洋学报,2011,33（2）:1-10.

王新怡,孙宝楠,王立伟,等.岛屿环流理论发展回顾及展望 [J].海洋科学,2018,42（8）:122-130.

文圣常.海浪原理 [M].济南:山东人民出版社,1962:397.

吴国雄,李伟平,郭华,等.青藏高原感热气泵和亚洲夏季风 [M]∥叶笃正.赵九章纪念文集.北京:科学出版社,1997:116-126.

吴国雄,孟文.赤道印度洋—太平洋地区海气系统的齿轮式耦合和 ENSO 事件:i.资料分析 [J].大气科学,1998,22（4）:470-480.

吴巍,Tomczak M,方欣华,等.南海南部海域的障碍层 [J].科学通报,2001,46（7）:

590-594.

夏建新,韩凝,任华堂.深海热液活动环境场参数及模型分析 [J].地学前缘,2009,16（6）:48-54.

徐茂泉,陈友飞.海洋地质学 [M].厦门:厦门大学出版社,1999.

徐肇廷.海洋内波动力学 [M].北京:科学出版社,1999:336.

杨光.西北太平洋中尺度涡旋研究 [D].中国科学院研究生院（海洋研究所）,2013.

杨修群,朱益民,谢倩,等.太平洋年代际振荡的研究进展 [J].大气科学,2004,28（6）:979-988.

杨学祥,杨冬红."太平洋十年涛动"冷位相时期的全球飓风等灾害 [J].海洋预报,2006,23（03）:32-37.

阳凡林,翟国君,赵建虎,等.海洋测绘学概论 [M].武汉:武汉大学出版社,2022.

叶安乐,李凤岐.物理海洋学 [M].青岛海洋大学出版社,1991:684.

叶笃正,李麦村.大气运动中的适应问题 [M].北京:科学出版社,1965:126.

叶笃正,罗四维,朱抱真.西藏高原及其附近的流场结构和对流层大气的热量平衡 [J].气象学报,1957,28（2）:108-121.

于福江,叶琳,王喜年.1994 年发生在台湾海峡的一次地震海啸的数值模拟 [J].海洋学报,2001,23（6）:32-39.

翟世奎.海底地形地貌 [M]∥赵进平,等.海洋科学概论.青岛:中国海洋大学出版社,2016:1-26.

赵建华,陈吉余。国外河口表面锋机制研究概述 [J]。水科学进展,1996,7（2）:174-179.

赵进平.半封闭矩形海湾中潮波反射问题及摩擦的影响 [J].海洋学报,1988,10（3）:259-269.

赵倩,赵进平.加拿大海盆双扩散阶梯结构分布与能通量研究 [J].地球科学进展,2011,26（2）:193-201.

赵永平,陈永利,翁学传.中纬度海气相互作用研究进展 [J].地球科学进展,1997,12（1）:32-36.

张磊,田永青,潘爱军,等.热带中东太平洋海域 10°N 断面水团分析 [J].海洋学报,2019,41（11）:40-50.

张学洪,俞勇强,刘辉.冬季北太平洋海表热通量异常和海气相互作用:基于一个全球海气耦合模式长期积分的诊断分析 [J].大气科学,1998,22:511-521.

郑文振.实用潮汐学 [M].天津:海军测量部,1959.

周立.海洋测量学 [M].北京:科学出版社,2013.

朱凤芹,王湘文,屈科.海洋锋对声传播影响的研究概述 [J].声学技术,2015,34（2）:311-313.

朱良生,邱章.南海南部海域障碍层季节变化及其对垂向热传输的影响 [J].海洋学报,2002,24（s1）:171-178.

Aagaard K, Roach A T, Schmacher J D. On the wind- driven variability of the flow through Bering Strait[J]. Journal of Geophysical Research, 1985a, 90: 7213-7221.

Aagaard K. Halocline catastrophes, sea ice, and ocean climate[J]. Annals of Glaciology, 2017, 14: 328-328.

Ambaum M H P, Hoskins B J, Stephenson D B. Arctic Oscillation or North Atlantic Oscillation? [J]. J Climate, 2001, 14: 3495-3507.

Andrews J C, Scully-Power P. The structure of an east Australian current anticyclonic eddy. J Physical Oceanography[J], 5(6): 756-765, 1976.

Ani E C, Hutchins M, Kraslawski A, Agachi P S. Mathematical model to identify nitrogen variability in large rivers[J]. Regulated Rivers Research & Management, 2011, 27(10): 1216-1236.

Armour K, Marshall J, Scott J, et al. Southern Ocean warming delayed by circumpolar upwelling and equatorward transport[J]. Nature Geosci, 2016, 9: 549-554.

Banas N S, Hickey B M, Maccready P. Dynamics of Willapa Bay, Washington: A highly unsteady, partially mixed estuary[J]. J Phys Oceanogr, 2004, 34, 2413- 2427.

Bashmachnikov, Fedorov I L A M, Vesman A V, et al. Thermohaline convection in the subpolar seas of the North Atlantic from satellite and in situ observations. Part 2: indices of intensity of deep convection[J]. Sovremennye Prob. Distantsionnogo Zondirovaniya Zemli iz Kosmosa, 2019, 16(1): 191-201.（In Russian）

Belkin I M, Gordon A L. Southern Ocean fronts from the Greenwich meridian to Tasmania[J]. Journal of Geophysical Research-Oceans, 1996, 101(C2): 3675-3696.

Bjerknes J. A possible response of the atmospheric Hadley circulation to equatorial anomalies of ocean temperature. Tellus, 1966, 18, 820-829.

Bjerknes J. Atmospheric teleconnections from the equatorial Pacific[J]. Monthly Weather Review, 1969, 97: 163-172.

Blindheim J, Osterhus S. The Nordic Seas, main oceanographic features [M] // Drange H, et al. , eds. The Nordic Seas: An Integrated Perspective Oceanography, Climatology, Biogeochemistry, and Modeling. Washington D C: AGU, 2005: 11-37.

Boussinesq J. Théorie de l'Ecoulement Tourbillant[J]. Mém prés. Acad Sci, 1877, 23: 46-50.

Bowman M J, Esaias W E. Oceanic Fronts in Coastal Processes[M]. New York: Springer-verlag Berlin, 1978.

Breugem W P, Chang P, Jang C J, et al. Barrier layers and tropical atlantic SST biases in coupled GCMS[J]. Tellus A: Dynamic Meteorology and Oceanography, 2008, 60(5): 885-897.

Brink K H. The near-surface dynamics of coastal upwelling[J]. Progr Oceanogr, 1983, 12: 223-257.

Broecker W S, Peteet D M, Rind D. Does the ocean-atmosphere system have more than one stable mode of operation?[J]. Nature, 1985, 315(2): 21-26.

Broecker W S. The great ocean conveyor[J]. Oceanography, 1991, 4: 79-89.

Bryden H L. New polynomials for thermal expansion, adiabatic temperature gradient and potential temperature of sea water[J]. Deep-Sea Research and Oceanographic Abstracts, 1973, 20(4): 401-408.

Bryden H L, Longworth H R, Cunningham S A. Slowing of the atlantic meridional overturning circulation at 25°N[J]. Nature, 2005, 438(7068): 655-657.

Buckley M W, Marshall J. Observations, inferences, and mechanisms of the Atlantic Meridional Overturning Circulation: A review[J]. Reviews of Geophysics, 2016, 54(1): 5-63.

Cai W, Pan A, Roemmich D, et al. Argo profiles a rare occurrence of three consecutive positive Indian Ocean Dipole events, 2006-2008[J]. Geophysical Research Letters, 2009, 36(8): L037038.

Capet X, Mcwilliams J C, Molemaker M J, et al. Mesoscale to submesoscale transition in the California Current system. Part I: Flow structure, eddy flux, and observational tests[J]. Journal of Physical Oceanography, 2008, 38(1): 29-43.

Carter G S, Gregg M C. Intense, variable mixing near the head of the Monteray submarine canyon[J]. J Phys Oceanogr, 2002, 32: 3145-3165.

Cartwright D E. Oceanic Tides[J]. Intern Hydrogr Rev, 1978, 55(2): 34-85.

Chang P, Ji L, Li H. A decadal climate variation in the tropical Atlantic Ocean from thermodynamic air-sea interactions[J]. Nature, 1997, 385: 516-518.

Chelton D B, Schlax M G. Global observation of oceanic Rossby waves[J]. Science, 1996, 272: 234-238.

Chelton D B, Deszoeke R A, Schlax M G, et al. Geographical variability of the first-baroclinic Rossby radius of deformation[J]. J Phys Oceanogr, 1998, 28: 433-460.

Chelton D B, Schlax M G, Samelson R M. Global observations of nonlinear mesoscale eddies[J]. Prog Oceanogr, 2011, 91: 167-216.

Chen S, Hu J, Polton J A. Features of near-inertial motions observed on the northern South China Sea shelf during the passage of two typhoons. Acta Oceanologica Sinica, 2015, 34(1): 38—43.

Chen X Y, Tung K K. Varying planetary heat sink led to global Warming slowdown and acceleration[J]. Science, 2014, 345: 897-903.

Chen X Y, Wallace J M, Tung K K. Pairwise-rotated EOFs of global SST[J]. J Climate, 2017, 30: 5473-5489.

Chernicoff S, Whitney D. Geology: An introduction to physical geology[M]. London: Pearson Education Ltd., 2007. 1-679.

Christoph M, Barnett T P, Roeckner E. The Antarctic Circumpolar Wave in a coupled ocean-atmosphere GCM[J]. J Climate, 1998, 11: 1659-1672.

Christopherson R. W. Geosystems-an Introduction to Physical Geography[M]. Prentice-Hall Inc, 1997: 656.

Chu P, Liu Q Y, Jia Y L, et al. Evidence of a barrier in the Sulu and Celebes Seas[J]. Journal of Physical Oceanography, 2002, 32: 3299-3309.

Chu P C. Geophysics of deep convection and deep water formation in oceans[R]//Chu P C, Gascard J C. Deep convection and deep water formation in the oceans. Elsevier Oceanography Series, 1991, 57: 3-16.

Clement A, Bellomo K, Murphy L N, et al. The Atlantic multidecadal oscillation without a role for ocean circulation[J]. Science, 2015, 350 (6258): 320-324.

Colling A. Ocean Circulation[M]. UK: Butterworth-Heinemann, 1989.

Colling A. Ocean Circulation[M]. UK: Butterworth-Heihemann, 2001: 286.

Corlett W B, Pickart R S. The Chukchi slope current[J]. Progress in Oceanography, 2017, 153: 50-65.

Csanady G T. The birth and death of a warm core ring[J]. Journal of Geophysical Research Oceans, 1979, 84 (C2): 777-780.

Curry B, Lee C M, Petrie B, et al. Multiyear volume, liquid freshwater, and sea ice transports through Davis Strait, 2004-10[J]. Journal of Physical Oceanography, 2014, 44 (4): 1244-1266.

Curry J A, Webster P J. Thermodynamics of Atmospheres abd Oceans, 1999. London: Academic Press, 471.

Cushman R, Subduction B. In Dynamics of the oceanic surface mixed layer[M]. Muller P, Henderson D. Hawaiian Institute of Geophysics Special Publications, 1987: 181-196.

De Ruijter W P M, Biastoch A, Drijfhou S S, et al. Indian-Atlantic interocean exchange - Dynamics, estimation and impact[J]. Journal of Geophysical Research, 1999, 104 (C9): 20885-20910.

Deser C, Blackmon M L. Surface climate variations over the north Atlantic ocean during winter: 1900-1989[J]. J Climate, 1993, 6: 1743-1753.

Di I D, Sloan C. Upper ocean heat content in the Nordic seas[J]. J Geophys Res, 2009, 114: C04017.

Dickey T D. The emergence of concurrent high-resolution physical and bio-optical measurements in the upper ocean and their applications[J]. Reviews of Geophysics, 1991, 29 (3): 383-413.

Dickey T. D. The role of new technology in advancing ocean biogeochemical research[J]. Oceanography, 2001, 14 (4): 108-120.

Dickson R, Lazier J, Meinke J, et al. Long-term coordinated changes in the convective activity of the North Atlantic[J]. Prog Oceanogr, 1996, 38: 241-295.

Dommenget D, Latif M. A cautionary note on the interpretation of EOFs[J]. J Climate, 2002, 15: 216-225.

Dong C, Mcwilliams J C, Liu Y, et al. Global heat and salt transports by eddy movement[J]. Nature Communications, 2013, 5: 3294.

Downes S M, Spence P, Hogg A M. Understanding variability of the Southern Ocean overturning circulation in CORE-II models[J]. Ocean Modelling, 2018, 123: 98-109.

Duda T F, Lynch J F, Irish J D, et al. Internal tide and nonlinear internal wave behavior at the continental slope in the northern south China sea[J]. IEEE Journal of Oceanic Engineering, 2005, 29 (4): 1105-1130.

Dufour A, Zolina O, Gulev S K. Atmospheric moisture transport to the Arctic: Assessment of reanalyses and analysis of transport components[J]. Journal of Climate, 2016, 29: 5061-5081.

Dunkerton T. Shear instability of internal inertia-gravity waves[J]. Journal of the Atmospheric Sciences, 1997, 54: 1628-1641.

Duxbury A C, Duxbury A B. An Introduction to the World Oceans[M]. Wm C Brown Publishers, 1994: 472.

Eady E T. Long waves and cyclone waves[J]. Tellus, 1949, 1: 33-52.

Easterbrook D J. The next 25 years: global warming or global cooling? Geologic and oceanographic evidence for cyclical climatic oscillations[J]. Geological Society of America, 2001, 33: 253.

Ebbesmeyer C C, Coomes C A, Hamilton R C, et al. New observations on internal waves (solitons) in the South China Sea using an Acoustic Doppler Current Profiler[C]//Marine Technology Society 91 Proceedings. 1991: 165-175.

Ekman V W. On the influence of the earth's rotation on ocean currents[J]. Arch Math Astron Phys, 1905, 2: 1-52.

Elipot S, Lumpkin R. Spectral description of oceanic near-surface variability[J]. Geophysical Research Letters, 2008, 35 (5).

Faghmous J H, Frenger I, Yao Y, et al. A daily global mesoscale ocean eddy dataset from satellite altimetry[J]. Scientific Data, 2015, 2: 150028.

Falkowski P G, Kolber Z, Fujita Y. Effect of redox state on the dynamics of photosystem II during steady-state photosynthesis in eucaryotic algae[J]. Biochim Biophys Acta, 1988, 933: 432-443.

Falnes J. Ocean Waves and Oscillating System[M]. UK: Cambridge University Press, 2002: 275.

Feng S Z. A three-dimensional weakly nonlinear dynamics on tide-induced Lagrangian residual current and mass transport[J]. Chinese Journal of Oceanology and Limnology, 1986, 4 (2):

129-1581.

Flament P, Armi L, Washburn L. The evolving structure of an upwelling filament[J]. J Geophys Res, 1985, 90 (C6): 11765-11778.

Fuglister F. Cyclonic rings formed by the Gulf Stream 1965-1966[M]// Gordon A L. Studies in Physical Oceanography. New York: Gordon and Breach Science Publishers, 1972: 147-168.

Garabato A, Stevens D, Watson A, et al. Short-circuiting of the overturning circulation in the Antarctic Circumpolar Current[J]. Nature, 2007, 447: 194-197.

Garrison T. Oceanography, An Invitation to Marine Science[M]. 5th ed. New York: Thomson Learning Inc, 2005.

Garwood R W, Isakari S M, Gallacher P C. Thermobaric Convection[C]// Johannessen O M, Muench R D, Overland J E, eds. The Polar Oceans and Their Role in Shaping the Global Environment. 1994: 85.

Gerkema T, Zimmerman J T F. Generation of nonlinear internal tides and solitary waves[J]. J Phys Oceanogr, 1995, 25 (6): 1081-1094.

Gerold S. Ocean Circulation and Climate[M]. Academic Press, 2001: 373.

Geyer W R, Chant R, Houghton R. Tidal and spring-neap variations in horizontal dispersion in a partially mixed estuary[J]. J Geophys Res, 2008, 113: C07023.

Geyer W R, Lavery A, Scully M E, et al. Mixing by shear instability at high Reynolds number[J]. Geophysical Research Letters, 2010, 37: L22607.

Gibbs J W. Graphical methods in the thermodynamics of fluids[J]. Trans Connecticut Acad Arts and Sci, 1873, 2: 309-342.

Gill A E. Circulation and bottom water production in the Weddell Sea[J]. Deep Sea Research and Oceanographic Abstracts, Elsevier, 1973, 20 (2): 111-140

Gill A E. Atmosphere-Ocean Dynamics[M]. Academic Press, 1982: 680.

Gill A E, Green J S A, Simmons A J. Energy partion in the large-scale ocean circulation and the production of mid-ocean eddies[J]. Deep Sea Res, 1974, 21: 499-528.

Godin G. The Analysis of Tides[M]. London: University of Toronto Press, 1972.

Gordon A L. Weddell deep water variability[J]. J Mar Res, 1982, 40: 199-217.

Gordon A, Fine R. Pathways of water between the Pacific and Indian oceans in the Indonesian seas[J]. Nature, 1996, 379: 146-149.

Gordon A. The brawniest retroflection[J]. Nature, 2003, 421: 904-905.

Godfrey J S, Lindstorm E J. The heat budget of the equatorial western Pacific surface mixed layer[J]. Journal of the Geophysical Research, 1989, 94 (C6): 8007-8017.

Godfrey J S. A Sverdrup model of the depth integrated flow for the world ocean allowing for island circulations[J]. Geophysical and Astrophysical Fluid Dynamics, 1989, 45 (1-2): 89-112.

Gong D Y, Wang S W, Zhu J H. East Asian winter monsoon and Arctic Oscillation[J]. Geophys Res Lett, 2001, 28(10): 2073-2076.

Gordon A. Oceanography of the indonesian seas and their throughflow[J]. Oceanography, 2005, 18(4): 14-27.

Gregg M C. Diapycnal mixing in a thermocline: a review[J]. J Geophys Res, 1987, 92: 5249-5286.

Gu D, Philander S G. Interdecadal climate fluctuation that depend on exchanges between the tropics and extratropics[J]. Science, 1997, 275: 805-807.

Guan Z, Ashok K, Yamagata T. Summertime response of the tropical atmosphere to the Indian Ocean Dipole sea surface temperature anomalies[J]. Journal of the Meteorological Society of Japan, 2003, 81(3): 533-561.

Gustafson T, Kullenberg B. Untersuchungen von Trägheits-strömungen in der Ostsee[J]. Sv Hydr-Biol Komm Skr, Ny Ser Hydr, 1936, 13: 28.

Gyory J, Mariano A J, Ryan E H. The Caribbean Current[OL]. 2022. https://oceancurrents. rsmas. miami. edu/ caribbean/caribbean. html.

Hansen B, østerhus S, Quadfasel D, Turrell W. Already the Day After Tomorrow? [J], Science, 305: 953-954, 2004.

Hansen B, et al. The Inflow of Atlantic Water, Heat, and Salt to the Nordic Seas Across the Greenland-Scotland Ridge[M]//Dickson R R, Meincke J, Rhines P, eds. Arctic-Subarctic Ocean Fluxes. Dordrecht: Springer, 2008.

Harmann D L. Global Physical Climatology[M]. San diego: Academic Press, 1994: 411.

Hartmann D L. Natural Intraseasonal and Interannual Variability[M]// Global Physical Climatology. 2nd ed. Elsevier Science, 2016: 485.

Hasselmann K. Stochastic climate models. Part I: Theory[J]. Tellus, 1976, 28(6): 473-485.

Hawker E J. The Nordic Seas circulation and exchanges[D]. University of Southampton, 2005.

He Y, Wang H, Liu Z. Development of the Leeuwin Current on the northwest shelf of Australia through the Pliocene-Pleistocene period[J]. Earth and Planetary Science Letters, 2021, 559: 116767.

Headrick R H, Lynch J F, Kemp J, et al. Acoustic normal mode fluctuation statistics in the 1995 SWARM internal wave scattering experiment[J]. J Acoust Soc Am, 2000, 107: 201-220.

Hibler W D. A dynamic thermodynamic sea ice model[J]. J Geophy Res, 1979, 9: 817-846.

Hickox R, Belkin I, Comillon P, et al. Climatology and seasonal variability of ocean fronts in the east China, Yellow and Bohai Sea from satellite SST data[J]. Geophysical Research Letters, 2000, 27(18): 2945-2948.

Hirons L, Turner A. The Impact of Indian Ocean Mean-State Biases in Climate Models on the Representation of the East African Short Rains[J]. Journal of Climate. 2018, 31(16): 6611-

6631.

Hobbs P V. Ice Physics[M]. London: Oxford University Press, 1974: 837.

Hoffman J. Ocean Science[M]. New York: Harper Collins Publishers, 2007: 218.

Holland W R, Haidvogel D B. A parameter study of the mixed instability of idealized ocean currents[J]. Dynamics of Atmospheres & Oceans, 1980, 4(3): 185-215.

Holloway P E, Pelinovsky E, Talipova T, et al. A nonlinear model of internal tide transformation on the australian north west shelf[J]. Journal of Physical Oceanography, 1997, 27(6): 871-896.

Hough S S. On the application of harmonic analysis to the dynamic theory of the tides. Part II. On the general integration of Laplace's dynamical equations[J]. Philos Trans R Soc Lond A, 1898, 191: 139-185.

Hu D X, Wu L X, Cai W J, et al. Pacific western boundary currents and their roles in climate[J]. Nature, 2015, 522: 299-308

Huang H, Gutjahr M, Eisenhauer A, et al. No detectable Weddell Sea Antarctic Bottom Water export during the Last and Penultimate Glacial Maximum[J]. Nat Commun, 2020, 11: 424.

Huang R X. Ocean, Energy Flows in[M]//Encyclopedia of Energy. Elsevier, 2004: 497-509.

Huang R X. Ocean circulation[M]. UK: Cambridge University Press, 2010: 791.

Huang R X, Qiu B. Three-dimensional structure of the wind-driven circulation in the subtropical North Pacific[J]. J Phys Oceanogr, 1994, 24: 1608-1622.

Huppert H E, Manins P C. Limiting conditions for salt-fingering at an interface[J]. Deep Sea Research, 1973, 20: 315-323.

Hurrel J W. Decadal trends in the North Atlantic Oscillation: regional temperatures and precipitation[J]. Science, 1995, 269: 676-679 .

Ienna F, Jo Y H, Yan X H. A new method for tracking meddies by satellite altimetry[J]. Journal of Atmospheric and Oceanic Technology, 2014, 31(6): 1434-1445.

Imasato N. What is Tide-Induced Residual Current?[J]. Journal of Physical Oceanography, 1983, 13(7): 1307-1317.

Ingmanson D E, Wallace W J. Oceanography, An Introduction [M]. 5th ed. Belmont: Wadsworth Pub Co, 1995.

IOC, SCOR, IAPSO. The International Thermodynamic Equation of Seawater-2010: Calculation and Use of Thermodynamic Properties[M]// Intergovernmental Oceanographic Commission. Manuals and Guides No. 56. Paris: UNESCO, 2010: 196.

Iselin C O, Fuglister F. Some recent developments in study of the Gulf Stream[J]. J Marine Res, 1948, 7(3): 317-327.

Ivanov V V, Golovin P N. Observations and modeling of dense water cascading from the northwestern Laptev Sea shelf[J]. Journal of Geophysical Research: Oceans, 2007, 112:

C09003.

James S C, Chrysikopoulos C V. Effective velocity and effective dispersion coefficient for finite-sized particles flowing in a uniform fracture[J]. Journal of Colloid & Interface Science, 2003, 263(1):288-295.

Janssen, A. Why SAR wave mode data of ERS and ENVISAT are inadequate forgiving the probability of occurrence of freak waves[C]. Frascati, Italy: Proceedings of SEASAR, 2006: 23-26.

Jing Z, Wu L, Li L, et al. Turbulent diapycnal mixing in the subtropical northwestern Pacific: Spatial-seasonal variations and role of eddies[J]. J Geophys Res, 2011, 116:C10028.

Johannessen O M, Kuzmina S I, Bobylev L P, et al. Surface air temperature variability and trends in the Arctic:new amplification assessment and regionalization[J]. Tellus A: Dynamic Meteorology and Oceanography, 2016, 68(1):28234.

Johnson G C, Purkey S G, Toole J M. Reduced Antarctic meridional overturning circulation reaches the North Atlantic Ocean[J]. Geophys Res Lett, 2008, 35:L22601.

Joyce T M, Patterson S L, Millard R C J. Anotomy of a cyclonic ring in the Drake Passage[J]. Deep Sea Res, 1981, 28:1265-1287.

Kantha L, Tierney C. Global baroclinic tides[J]. Progress in Oceanography, 1997, 40:163-178.

Kantha L, Clayson C A. Boundary LAYER(ATMOSPHERIC) AND AIR POLLUTION | Ocean Mixed Layer[M]// Encyclopedia of Atmospheric Sciences(Second Edition). Academic Press, 2015:290-298.

Kara A B, Rochford P A, Hurlburt H E. Mixed layer depth variability and barrier layer formation over the North Pacific Ocean[J]. Journal of the Geophysical Research, 2000, 105:16783-16801.

Kelley D E. Fluxes through diffusive staircases: a new formulation[J]. J Geophys Res, 1990, 95: 3365-3371.

Kerr R A. A new force in high-latitude climate[J]. Science, 1999, 284:241-242.

Kerr R A. A North Atlantic climate pacemaker for the centuries[J]. Science. 2000, 288(5473): 1984-1985.

Kerr R A. Atlantic climate pacemaker for millennia past, decades hence?[J]. Science, 2005, 309:41-42.

Killworth P D. Barotropic and baroclinic instability in rotating stratified fluids[J]. Dyn Atmos Oceans, 1980, 4:143-184.

Killworth P D. Deep convection in the world ocean[J]. Rev Geophys, 1983, 21(1):1-26.

Kim C H, Yoon J H. Modeling of the wind-driven circulation in the Japan Sea using a reduced gravity model[J]. J Oceanogr, 1996, 52:359-373.

Kinsman B. Wind Waves[M]. New Jersey:Prentice Hall Ins, 1965:581.

Knauss J A. Introduction to Physical Oceanography[M]. Prentice Hall Inc，1978：319-321.

Kug J S，Jin F F，An S I. Two types of El Niño Events：cold tongue El Niño and warm pool El Niño[J]. Journal of Climate，2009，22（22）：1499-1515.

Lai D Y，Richardson P L. Distribution and movement of gulf stream rings[J]. Journal of Physical Oceanography，1977，7（5）：670-683.

Laing A，Evans J L. Introduction to Tropical Meteorology [OL]. 2nd ed. COMET Program，2011.

Laplace P S. Traité de mécaniqe celeste[M]. Paris：Crapelet，1799.

Largier J L. Tidal intrusion fronts[J]. Estuaries，1992，15：26-39.

Ledwell J R，Watson A J，Law C B. Evidence for slow mixing across the pycnocline from an open ocean tracor-release experiment[J]. Nature，1993，364：701-703.

Lee Y C，Qin Y S，Liu R Y. Yellow Sea Atlas[M]. HoKong Publishing Co，1998.

Lewis E L，Fofonoff N P. A pratical salinity scale[J]. Deep Sea Research Part A Oceanographic Research Papers，1979，26（3）：353-354.

Li J P，Wang J. A new North Atlantic Oscillation index and its variability[J]. Adv. Atmos. Sci. ，2003，20（5）：661-676.

Lin M H. Taiwan and the Ryukyus（Okinawa）in Asia-Pacific multilateral relations – a long-term historical perspective on territorial claims and conflicts[J]. The Asia-Pacific Journal，2013，11（21）：3.

Lin P F，Yu Z P，Lü J H，et al. Two regimes of Atlantic multidecadal oscillation：cross-basin dependent or Atlantic-intrinsic[J]. Science Bulletin，2019，64（3）：198-204.

Lindstorm E，Lukas R，Fine R，et al. The Western Equatorial Pacific Ocean circulation study[J]. Nature，1987，330：533-537.

Loucaides S，Tyrrell T，Achterberg E P，et al. Biological and physical forcing of carbonate chemistry in an upwelling filament off northwest Africa：Results from a Lagrangian study[J]. Global Biogeochem Cycles，2012，26：GB3008.

Lozier M S，Li F，Bacon S，et al，A Sea Change in Our View of Overturning in the Subpolar North Atlantic[J]. Science，2019，363：516-521.

Lueck R G，Huang D，Newman D，et al. Turbulence measurement with a moored instrument[J]. J Atmos Oceanic Technol，1997，14：143-167.

Lukas R，Lindstorm E. The mixed layer of the western equatorial Pacific Ocean[J]. Journal of the Geophysical Research，1991，96：3343-3357.

Lutgens F K，Tarbuck E J，Tasa D G. Foundations of Earth Science[M]. 7th ed. UK：Pearson Education Limited，2014：568pp.

Luyten J R，Pedlosky J，Stommel H. The Ventilated Thermocline[J]. Journal of Physical Oceanography，1983，13：292-309.

Lupton J, Delaney J, Johnson H, et al. Entrainment and vertical transport of deep-ocean water by buoyant hydrothermal plumes[J]. Nature, 1985, 316: 621-623.

Macdonald A M, Wunsch C. An estimate of global ocean circulation and heat fluxes[J]. Nature, 1996, 382: 436-439.

Macmahan J H, Thornton E B, Reniers A J H M. Rip current review[J]. Coastal Engineering, 2006, 53 (2): 191-208.

Manley T, Hunkins K. Mesoscale eddies in the Artic Ocean[J]. Journal of Geophysical Research, 1985, 90: 4911-4930.

Manley T O, Hunkins K. Mesoscale eddies of the Arctic Ocean[J]. J Geophys Res, 1985, 90: 4911-4930.

Mann M E, Park J, Bradley R S. Global interdecadal and century-scale climate oscillations during the past five centuries[J]. Nature, 1995, 378: 266-270.

Margules M. Luftbewegungen in einter rotierenden Sphäroidshale. Sber. Akad. Wiss. Wie. , 1893, 102, 11-56.

Marshall J. Schott F. Open-ocean convection: observations, theorym and models. Reviews of Geophysics, 1999, 37 (1): 1-64.

Masuzawa J. Subtropical mode water[J]. Deep Sea Research and Oceanographic Abstracts, 1969, 16 (5): 463-472.

Mata M M, Wijffels S E, Church J A, et al. Eddy shedding and energy conversions in the east australian current[J]. Journal of Geophysical Research: Oceans, 2006, 111 (C9): C09034.

Maykut G A, Untersteiner N. Some results from a time-dependent thermodynamic model of sea ice[J]. J Geophys Res, 1971, 76 (6): 1550-1575.

Mccartney M S. Subantarctic Mode Water. In A Voyage of Discovery, Goege Deacon 70th Anniversary Volume[J]. Deep Sea Res (suppl), 1977, 103-119.

Mccartney M S, Talley L D. The subpolar mode water of the North Atlantic Ocean[J]. Journal of Physical Oceanography, 1982, 12 (11): 1169-1188.

Mcdougall T J. Neutral surfaces[J]. Journal of Physical Oceanography, 1987, 17: 1950-1964.

Mcdougall T J. The relative roles of diapycnal and isopycnal mixing on subsurface water mass conversion[J]. Journal of Physical Oceanography, 1984, 14: 1577-1589.

Mcdowell S E, Rossby H T. Mediterranean water: an intense mesoscale eddy off the Bahamas[J]. Science, 1978, 202: 1085-1087.

Miller A J, Schneider N. Interdecadal climate regime dynamics in the North Pacific Ocean: theories, observations and ecosystem impacts[J]. Progress in Oceanography, 2000, 47 (2-4): 355-379.

Millero F J, Feistel R, Wright D G, et al, The composition of Standard Seawater and the definition of the Reference-Composition Salinity Scale[J]. Deep-Sea Res. I, 2008a, 55: 50-72.

Minobe S, A 50-70 year climate oscillation over the North Pacific and North America[J]. Geophysical Research letters, 1997, 24: 683-686.

Minobe S, Akira K Y, Komori N, et al. Influence of the Gulf Stream on the troposphere[J]. Nature, 2008, 452: 206-209.

Minster J F, Cazenave A, Serafini Y V, et al. Annual cycle in mean sea level from Topex-Poseidon and ERS-1: inference on the global hydrological cycle[J]. Global and Planetary Change, 1999, 20(1): 57-66.

Mofjeld H O, Titov V V, Gonzalez F I, et al. Analytic Theory of Tsunami Wave Scattering in the Open Ocean with Application to the North Pacific[R/OL]. Seattle: Pacific Marine Environmental Laboratory, 2000.

Molion L, Lucio P. A Note on Pacific Decadal Oscillation, El Nino Southern Oscillation, Atlantic Multidecadal Oscillation and the Intertropical Front in Sahel, Africa[J]. Atmospheric and Climate Sciences, 2013, 3(3): 269-274.

Montgomery R B. Circulation in upper layers of southern North Atlantic deduced with the use of isentropic analysis[J]. Papers Phys Ocean and Meteorology MIT, 1938, 6(2): 55.

de Boyer Montegut C, Mignot J, Lazar A, et al. Control of salinity on the mixed layer depth in the world ocean: 1. General description[J]. J Geophys Res, 2007, 112: C06011.

Motoi T, Kito A, Koide H. The Antarctic Circumpolar Wave in a coupled ocean atmosphere model[J]. Annals of Glaciology, 1998, 27: 483-487.

Munk W H. Abyssal recipes[J]. Deep Sea Research, 1966, 13: 707-730.

Munk W H. Once again: once again-tidal friction[J]. Progress in Oceanography. 1997, 40: 7-35.

Munk W H. Twentieth century sea level: An enigma, PNAS, 99(10): 6550-6555, 2002.

Nagura M, Konda M. The seasonal development of an SST anomaly in the Indian Ocean and its relationship to ENSO[J]. J Climate, 2007, 20(1): 38-52.

Newton J L, Aagaard K, Coachman L K. Baroclinic eddies in the Arctic Ocean[J]. Deep Sea Res, 1974, 21: 707-719.

Nilsson A. Arctic pollution issues. A state of the Arctic environment report[R]. Oslo: Arctic Assessment and Monitoring Programme, 1997.

Olbers D, Willebrand J, Eden C. Ocean Dynamics[M]. New York: Springer, 2012: 704.

Omstedt A, Elken J, Lehmann A, et al. Progress in physical oceanography of the Baltic Sea during the 2003-2014 period[J]. Progress in Oceanography, 2014, 128: 139-171.

Ono N. Specific heat and heat of fusion of sea ice[C]// Oura H. Physics of Snow and Ice. Sapporo: Hokkaido Univ, Institute Low Temp Sci, 1967, 1: 599-610.

Ono N. Thermal properties of sea ice. IV. Thermal constants of sea ice[J]. Low Temp Sci, 1968, A26: 329-349.

Osterhus S, Gammelsrod T. The abyss of the Nordic Seas in warming[J]. J Climate, 1999, 12:

3297-3304.

Pacanowski R C, Philander S G H. Parameterization of Vertical Mixing in Numerical Models of Tropical Oceans [J]. J Phys Oceanogr, 1981, 11（11）: 1443-1451.

Padman L, Dillon T M. Vertical fluxes through the Beaufort Sea thermohaline staircase[J]. J Geophys Res, 1987, 92: 799-806.

Padman L, Dillon T M. Thermal microstructure and internal waves in the Canada Basin diffusive staircase[J]. Deep Sea Res, 1989, 36: 531-542.

Pailler K, Bourlès B, Gouriou Y. The barrier layer in the western tropical Atlantic Ocean[J]. Geophysical Research Letters, 1999, 26（14）: 2069-2072.

Park Y H, Bernard S G. Sea level variability in the Crozet-Kerguelen-Amsterdam area from bottom pressure and geosat altimetry[M] // Woodworth P L, et al. Sea Level Change: Determination and effects. Washington DC: AGU, 1992: 117-131.

Pedlosky J. Thermocline Theories[M] // Abarbanel H D I, Young W R. General circulation of the ocean. New York: Springer, 1987: 55-101.

Pedlosky J. Ocean Circulation Theory[M]. Berlin: Springer-Verlag, 1996.

Pedlosky J, Pratt L J, Spall M A, et al. Circulation around islands and ridges[J]. Journal of Marine Research, 1997, 55: 1199-1251.

Pedlosky J. Waves in the Ocean and Atmosphere[M] // Introduction to wave dynamics. New York: Springer, 2003: 260.

Peltier W R. Global sea level rise and glacial isostatic adjustment[J]. Global and Planetary Change, 1999, 20（2-3）: 93-123.

Perucca E, Camporeale C, Ridolfi L. Estimation of the dispersion coefficient in rivers with riparian vegetation[J]. Advances in Water Resources, 2009, 32（1）: 78-87.

Peterson R G, White W B. Slow oceanic teleconnections linking the Antarctic Circumpolar Wave with the tropical El Ni˜no-Southern Oscillation[J]. Journal of Geophysics Research, 1998, 103（C11）: 24573-24583.

Peterson I, Hamilton J, Prinsenberg S, et al. Wind forcing of volume transport through Lancaster Sound[J]. J Geophys Res, 2012, 117: C11018.

Phillips O M. Dynamics of the upper ocean[M]. 2nd ed. UK: Combridge University Press, 1977.

Pickard G L, Emery W J. Descriptive Physical Oceanography[M]. 5th ed. Pergamon Press, 1990: 320.

Pilson M E Q. An introduction to the chemistry of the sea[M]. Prentice Hall, 1998.

Pinet P R. Invitation to Oceanography[M]. 6th ed. Burlington: Jones and Bartlett Learning, 2013.

Pingree R D, Griffiths D K. The bottom mixed layer on the continental shelf[J]. Estuarine and Coastal Marine Science, 1977, 5（3）: 399-413.

PMEL（Pacific Marine Environmental Laboratory）. El Nino Theme Page [OL]. https://www. pmel. noaa. gov/elnino/schematic-diagrams.

Polzin K L, Toole J M, Ledwell J R, et al. Spatial variability of turbulence mixing in the abyssal ocean[J]. Science, 1997, 276: 93-96.

Pounder E R. The Physics of Ice[M]. Oxford: Pergamon Press, 1965: 151.

Praetorius S K. North atlantic circulation slows down[J]. Nature, 2018, 556 (7700) : 180-181.

Prandl L. Bemerkungen zur theorie der freien turbulenz[J]. Zeitschrift fur Angewandte Mathematik und Mechanik, 1942, 22.

Pratt L, Pedlosky J. Barotropic circulation around islands with friction[J]. Journal of physical oceanography, 1998, 28 (11) : 2148-2162.

Price J F, Baringer M O. Outflow and deep water profuction by marginal seas[J]. Progress in Oceanography, 1994, 33: 161-200.

Printall J, Wijffels S E, Molcard R, et al, Direct estimates of the Indonesian Throughflow entering the Indian Ocean: 2004-2006[J]. Journal of Geophysical Research-Oceans, 2009, 114: C07001.

Qiu B, Huang R. Ventilation of the North Atlantic and North Pacific: subduction versus obduction[J]. J Physical Oceanography, 1995, 25: 2374-2390.

Ramp S R, Tang T Y, Duda T F, et al. Internal solitons in the northeastern south China sea. part i: sources and deep water propagation[J]. IEEE Journal of Oceanic Engineering, 2004, 29 (4) : 1157-1181.

Rapp R H. Equational Radius Estimates from TOPEX Altimeter Data[R]. Festchrift Erwin Groten, Institute of Geodesy and Navigation, Munich: University FAF, 1995.

Rayleigh, L. On the stability or instability of certain fluid motions[J]. Proceedings of the London Mathematical Society, 1880, 11: 57-70.

Reissmann J H, Burchard H, Feistel R, et al. Vertical mixing in the Baltic Sea and consequences for eutrophication - A review[J]. Progress in Oceanography, 2009, 82 (1) : 47-80.

Richardson P L. Tracking Ocean Eddies[J]. American Scientist, 1993, 81: 261-271.

Richardson P L, Bowers A S, Zenk W. A census of Meddies tracked by floats[J]. Progress in Oceanography, 2000, 45: 209-250.

Rintoul S R. South Atlantic interbasin exchange[J]. J Geophys Res, 1991, 96: 2675-2692.

Rintoul S R, England M H. Ekman transport dominates local air-sea fluxes in driving variability of Subantarctic Mode Water[J]. Journal of physical oceanography, 2002, 32 (5) : 1308-1321.

Roach A T, Aagaard K, Pease C H, et al. Direct measurements of transport and water properties through Bering Strait[J]. Journal of Geophysical Research 1995, 100: 18443-18457.

Røed L P, Shi X B. A numerical study of the dynamics and energetics of cool filaments, jets, and eddies off the Iberian Peninsula[J]. J Geophys Res, 1999, 104（C12）: 29817-29841.

Robinson A R. Eddies in Marine Science[M]. New York: Springer-Verlag, 1983: 609.

Rossby C G. Relation between variations in the intensity of the zonal circulation of the atmosphere and the displacemens of the semi-permanent centers of action[J]. J Mar Res, 1939, 2: 38-55.

Roy I. Major Modes of Variability[M]// Roy I. Climate Variability and Sunspot Activity. Springer Cham, 2018.

Rudels B, Friedrich H J, Quadfasel D. The Arctic Circumpolar Boundary Current[J]. Deep-Sea Res II, 1999, 46: 1023-1062.

Sabrina S, Bruno B, Pedro D V, et al. Tasman leakage: a new route in the global ocean conveyor belt[J]. Geophysical Research Letters, 2001, 29（10）: 55-1-55-4.

Sachidanandan C, Lengaigne M, Muraleedharan P M, et al. Interannual variability of zonal currents in the equatorial Indian Ocean: respective control of IOD and ENSO[J]. Ocean Dynamics, 2017, 67（7）: 857-873.

Saji N H, Goswami B N, Yamagata T, et al. A dipole mode in the tropical Indian Ocean[J]. Nature, 1999, 401: 360-363.

Saji N H, Yamagata T. Possible impacts of indian ocean dipole mode events on global climate[J]. Climate Research, 2003, 25（2）: 151-169.

Sánchez R F, Relvas P, Martinho A, et al. Physical description of an upwelling filament west of Cape St. Vincent in late October 2004[J]. J Geophys Res, 2008, 113: C07044.

Schmitt R W. Double diffusion in oceanography[J]. Ann rev fluid Mech, 1994, 26（1）: 255-285.

Schmitz W J. On the world ocean circulation[R]// North Atlantic circulation. Woods Hole Oceanographic Institution Technical Report WHOI-96-03, 1996, 148.

Schott F, Leaman K D. Observations with moored acoustic Doppler current profilers in the convection regime in the Golfe du Lion[J]. J Phys Oceanogr, 1991, 21: 558-574.

Seager R, Kushnir Y, Visbeck M, et al. Causes of Atlantic Ocean climate variability between 1958 and 1998[J]. J Clim, 2000, 13（16）: 2845-2862.

Shay L K. Upper ocean structure: Response to strong forcingevents[M]// Weller R A, Thorpe S A, Steele J. Encyclopedia of Ocean Sciences. London: Academic Press, 2001: 3100-3114.

Shepard F P, Emery K O, La Fond E C. Rip currents: a process of geological importance[J]. J Geol, 1941, 49: 337-369.

Shi J X, Zhao J P, Jiao Y T, et al. A sub-surface eddy at inertial current layer in the Canada Basin, Arctic Ocean[J]. Chinese Journal of Polar Science, 2007, 18（2）: 135-146.

Shi F, Luo Y, Xu L. Volume and transport of eddy-trapped mode water south of the kuroshio extension[J]. Journal of Geophysical Research: Oceans, 2018, 123（7）.

da Silva A M, Young C C, Levitus S. Atlas of Surface Marine Data 1994 [C]. NOAA Atlas NESDIS 6.（6 Volumes）, 1994.

Singh O P, Srinivasan J. Effect of Rayleigh numbers on the evolution of double-diffusive salt fingers[J]. Physics of Fluids, 2014, 26(062104): 1-18.

Smith W O. Polar Oceanography, Part A: Physical Science[M]. San Diego: Academic Press, 1990: 406.

Smyth W D, Moum J N, Nash J D. Narrowband oscillations in the upper equatorial ocean. Part II: Properties of shear instabilities[J]. Journal of Physical Oceanography, 2011, 41: 412-428.

Smyth W D, Moum J N. Ocean Mixing by Kelvin-Helmholtz Instability[J]. Oceanography, 2012, 25(2): 140-149.

Spall M A. Islands in zonal flow[J]. J Phys Oceanogr, 2003, 33: 2689-2701.

Speich S, Blanke B, Madec G. Warm and cold water routes of an O. G. C. M. thermohaline conveyor belt[J]. Geophysical Research Letters, 2002, 28(2): 311-314.

Sprintall J, Tomczak M. Evidence of the barrier layer in the surface layer of the tropics[J]. Journal of Geophysical Research, 1992, 97(C5): 7305-7316.

Sprintall J. Indonesian throughflow[M]// Encyclopedia of Ocean Sciences, 2009: 237-243.

Sriver R L, Huber M, Chafik L. Excitation of equatorial kelvin and yanai waves by tropical cyclones in an ocean general circulation model[J]. Earth System Dynamics Discussions, 2012, 3(2): 999-1020.

Staneva J V, Dietrich D E, Stanev EV, et al. Rim Current and coastal eddy mechanisms in an eddy-resolving Black Sea general circulation model[J]. Journal of Marine Systems, 2001, 31: 137-157.

Stigebrandt A. Oceanic freshwater fluxes in the climate system. In The Freshwater Budget of the Arctic Ocean (ed. E. L. Lewis et al.) [M]. 1998. Dordrecht: Kluwer Academic Publishers. 1-20.

Stommel H. The abassal circulation[J]. Deep Sea Research (letters), 1958, 5: 80-82.

Stowe K. Ocean Science[M]. 2nd ed. John Wiley and Sons Inc, 1983: 673.

Stowe K. Exploring Ocean Science[M]. 2nd ed. 1995.

Straneo F, HEIMBACH P. North Atlantic warming and the retreat of Greenland's outlet glaciers[J]. Nature 2013, 504: 36-43.

Strub P T, Kosro P M, Huyer A, et al. The nature of the cold filaments in the California Current system[J]. J Geophys Res, 1991, 96(C8): 14743-14768.

Suginohara N. Upwelling front and two-cell circulation[J]. Journal of the Oceanographical Society of Japan, 1977, 33: 115-130.

Suthers I M, et al. The strengthening East Australian Current, its eddies and biological effects—An introduction and overview[J]. Deep Sea Res, Part II, 2011, 58: 538-546.

Sverdrup H U, Johnson M W, Fleming R H. The Ocean, Their Physics, Chemistry, and General Biology[M]. New York: Prentice Hall Inc, 1946: 1087.

Sverdrup K A, Armbrust E V. An Introduction to the World's Ocean[M]. 9th Edition, McGraw-Hill Education. 2008, 528.

Swallow J C, Caston G F. The preconditioning phase of MEDOC 1969, I, Observations[J]. Deep Sea Res, 1973, 20(5): 429-448.

Talley L D. Some aspects of ocean heat transport by the shallow, intermediate and deep overturning circulations[M]// Mechanisms of global climate change at millennial time scales. Washington DC: AGU, 1999: 1-22.

Talley L D. Mode waters in the subpolar North Atlantic in historical data and during the WOCE period[J]. International WOCE Newsletter, 1999, 37: 3-6.

Talley L D, Pickard G L, Emery W J, et al. Descriptive physical oceanography: An introduction[M]. 6th ed. Academic Press, 2011.

Takahashi T, Takahashi T, Shuto N, et al. Source models for the 1993 hokkaido nansei-oki earthquake tsunami[J]. Pure and Applied Geophysics, 1995, 144(3): 747-767.

Tamisiea M E, Mitrovica J X. The moving boundaries of sea level change: Understanding the origins of geographic variability[J]. Oceanography, 2011, 24(2): 24-39.

Taylor G I. Eddy motion in the atmosphere[J]. Phil Trans Roy Soc, 1915, A215: 1-26.

Taylor G. The dispersion of matter in turbulent flow through a pipe[J]. Proc Roy Soc Lond A, 1954, 223: 446-468.

Taylor P H. The shape of the Draupner Wave of 1 January 1995[R]. University of Oxford. Department of Engineering Science, 2007.

Thompson D W J, Wallace J M. The Arctic Oscillation signature in the wintertime geopotential height and temperature fields[J]. Geophys Res Lett, 1998, 25: 1297-1300.

Thorpe S A. The Turbulent Ocean[M]. UK: Cambridge University Press, 2005: 439.

Thorpe S A. Langmuir circulation[J]. Annual Review of Fluid Mechanics, 2004, 36: 55-79.

Timmermans M L, Toole J, Krishfield R, et al. Ice-Tethered Profiler observations of the double-diffusive staircase in the Canada Basin thermocline[J]. J Geophys Res, 2008, 113: C00A02.

Tolmazin D. Elements of Dynamic Oceanography[M]. Springer Netherlands, 1985.

Tomczak M, Godfrey J S. Regional Oceanography: An Introduction[M]. Delhi: Daya Publishing House, 2005: 390.

Tourre Y M, White W B. ENSO signals in global upper-ocean temperature[J]. J Phys Oceanogr, 1995, 25: 1317-1332.

Turner J S. Buoyancy Effects in Fluids[M]. Cambridge University Press, 1973: 367.

Turner J S. Turbulent Entrainment: The Development of the Entrainment Assumption, and Its Application to Geophysical Flows[J]. Journal of Fluid Mechanics, 1986, 173: 431-471.

Ummenhofer C C. What causes southeast Australia's worst droughts?[J]. Geophysical Research Letters, 2009, 36(4): L04706.

UNESCO. The Practical Salinity Scale 1978 and the International Equation of State of Seawater 1980[R]. UNESCO technical papers in marine science, 1981: 25.

Venegas S A. The Antarctic circumpolar wave: a combination of two signals?[J]. Journal of Climate, 2003, 16 (15): 2509-2525.

Von Karman T. Machenische Ahnlichkeit und turbulenz[J]. Nachr Ges Wiss Gottingen Math Phys Klasse, 1930, 58.

van Haren H, Gostiaux L. A deep-ocean Kelvin-Helmholtz billow train[J]. Geophysical Research Letters, 2010, 37: L03605.

van Sebille E, van Leeuwen P J, Biastoch A. et al. On the fast decay of Agulhas rings[J]. J Geophys Res, 2010, 115: C03010.

van Sebille E, England M H, Zika J D. et al. Tasman leakage in a fine-resolution ocean model[J]. Geophysical Research Letters, 2012, 39: L06601.

Wadhams P, Squire V A. An ice-water vortex at the edge of the East Greenland Current[J]. J Geophys Res, 1983, 88 (C5): 2770-2780.

Wadhams P. Ice in the Ocean[M]. London: Gordon and Breach Science Publishers, 2000: 351.

Walker G T. Correlations in seasonal variations of weather IX[J]. Mem Indian Meteor Dept, 1924, 24: 275-332.

Wallace J M, Gutzler D. Teleconnections in the geopotential height field during the Northern Hemisphere winter[J]. Mon Wea Rev, 1981, 109: 784-812.

Wang D X, Liu Y, Qi Y Q, et al. Seasonal variability of thermal fronts in the northern South China Sea from satellite data[J]. Geophysical Research Letters, 2001, 28 (20): 3963-3966.

Wang D X, Li G J, Shen L, et al. Influence of Coriolis Parameter Variation on Langmuir Turbulence in the Ocean Upper Mixed Layer with Large Eddy Simulation[J]. Adv Atmos Sci, 2022. (In press)

Wang X Y, Zhao J P, Hattermann T, et al. Transports and Accumulations of Greenland Sea Intermediate Waters in the Norwegian Sea[J]. Journal of Geophysical Research: Oceans, 2021, 126: e2020JC016582.

Wang W, Huang R X. Wind energy input to the surface waves[J]. J Physi Oceanogr, 2004, 34: 1276-1280.

Wang W, Huang R X. An experimental study on thermal circulation driven by horizontal differential heating[J]. J Fluid Mech, 2005, 540: 49-73.

Warner S J, Maccready P. Dissecting the Pressure Field in Tidal Flow past a Headland: When Is Form Drag "Real"?[J]. J Phys Oceangr, 2009, 11: 2971-2984.

Webster P J. The large scale structure of the tropical atmosphere[M] // Hoskins, Pearce R. General Circulation of the Atmosphere. San Diego: Academic Press, 1983: 235-275.

Webster P J, Moore A M, Loschnigg J P, et al. Coupled ocean-atmosphere dynamics in the Indian

Ocean during 1997-98[J]. Nature, 1999, 401: 356-360.

Wesson J C, Gregg M C. Mixing at Camarinal Sill in the Strait of Gibraltar[J]. Journal of Geophysical Research, 1994, 99 (C5): 9847-9878.

White W B, Peterson R G. An Antarctic circumpolar wave in surface pressure, wind, temperature and sea-ice extent[J]. Nature, 1996, 380: 699-702.

Wijffels S E. Ocean transport of fresh water[J]. International Geophysics, 2001, 77 (01), 475-488.

Willett C S, Leben R R, Lavín M F. Eddies and Tropical Instability Waves in the eastern tropical Pacific: A review[J]. Progress in Oceanography, 2006, 69: 218-238.

Woodgate R A, Aagaard K, Weingartner T J. Monthly temperature, salinity and transport variability of the Bering Strait throughflow[J]. Geophysical Research Letters, 2005, 32: L04601.

Woodgate R A, Aagaard K, Swift J H, et al. Atlantic water circulation over the mendeleev ridge and chukchi borderland from thermohaline intrusions and water mass properties[J]. Journal of Geophysical Research Oceans, 2007, 112 (C2).

Worthington L V. The 18° water in the Sargasso Sea[J]. Deep Sea Research, 1959, 2: 297-305.

Wu G, Liu Y. Impacts of the Tibetan Plateau on Asian Climate[J]. Meteorological Monographs, 2016, 56: 7. 1-7. 29.

Wunsch C. Deep ocean internal waves: what do we really know? [J]. J Geophys Res, 1975, 80: 339-343.

Wunsch C. What is the thermohaline circulation? [J]. Science, 2002, 298 (5596): 1179-81.

Wunsch C. Mass and volume transport variability in an eddy-filled ocean[J]. Nature Geoence, 2008, 1 (3): 165-168.

Wüst G. On the Vertical Circulation of the Mediterranean Sea[J]. Journal of Geophysical Research, 1961, 66 (10): 3261-3271.

Wyrtki K. El Niño - the dynamic response of the equatorial Pacific Ocean to atmosphere forcing. J. phys. oceanogr. 1975, 5, 572-584.

Xie S P. The shape of continents, air-sea interaction, and the rising branch of the Hadley circulation[M]// Wang C, Xie S P, Carton J A. The Hadley Circulation: Past. Present, and Future. AGU Geophysical Monograph Series, 2004, 147: 121-142.

Xie S P, Hafner J, Tokinaga H, et al. Indian ocean capacitor effect on Indo-Western Pacific climate during the summer following El Niño[J]. Journal of Climate, 2009, 22 (3): 730-747.

Xu L, Li P, Xie S P, et al. Observing mesoscale eddy effects on mode-water subduction and transport in the North Pacific[J]. Nat Commun, 2016, 7: 10505.

Yan X Y, Jo Y H, Liu W T, et al. A new study of the Mediterranean outflow, air-sea interactions, and meddies using multisensor data[J]. J Phys Oceanogr, 2006, 36: 691-710.

Yang H, Wu L, Chang P, et al. Mesoscale Energy Balance and Air-Sea Interaction In The Kuroshio Extension: Low-Frequency Versus High-Frequency Variability[J]. Journal Of Physical Oceanography, 2021, 51: 895-910.

Yanagi T. Fundamental stusy on the tidal residual circulation II[J]. J Oceanogra Soc Japan, 1977, 33: 335-339.

Yanagi T. Coastal Oceanography[M]. Tokyo: Terra Scientific Publishing Company, 1999: 162.

Yen Y C. Review of thermal properties snow, ice and sea ice[R]. US Army Cold Regions Res & Engng Lab, Hanover N H Res Rept 81-10, 1981.

You Y. Rain-formed barrier layer of the western equatorial Pacific Warm Pool: A case study[J]. Journal of Geophysical Research, 1998, 103 (C3) : 5361-5378.

Yuan D, Zhou H, Zhao X. Interannual climate variability over the tropical Pacific Ocean induced by the Indian Ocean Dipole through the Indonesian Throughflow[J]. Journal of Climate, 2013, 26 (9) : 2845-2861.

Yuan Y, Zheng Q, Dai D et al. Mechanism of internal waves in the Luzon Strait[J]. Journal of Geophysical Research, 2006, 111 (C11) : C11S17.

Zhai X M, Richard J G, Sheng J Y. Doppler-Shifted Inertial Oscillations on a β Plane[J]. Journal of Oceanography, 2004, 35: 1480-1488.

Zhao J Y, Cao Y, Shi J X. Core region of Arctic Oscillation and the main atmospheric events impact on the Arctic[J]. Geophys Res Lett, 2006, 33: L22708.

Zhao J P, Cao Y. Summer water temperature structures in upper Canada Basin and their interannual variation[J]. Advances in Polar Science, 2011, 22 (4) : 223-234.

Zhao J P, Barber D, Zhang S G, et al. Record low sea-ice concentration in the central Arctic during summer 2010[J]. Adv Atmos Sci, 2018, 35 (1), 104-113.

Zhang R. Anticorrelated multidecadal variations between surface and subsurface tropical North Atlantic[J]. Geophysical Research Letters, 2007, 34 (12) : 261-263.

Zhang R, Sutton R, Danabasoglu G, et al. Comment on "The Atlantic Multidecadal Oscillation without a role for ocean circulation" [J]. Science, 2016, 352 (6293) : 1527-1527.

Zhang R H, Li Z, Min J. Using Satellite Data to Represent Tropical Instability Waves (TIWs) - Induced Wind for Ocean Modeling: A Negative Feedback onto TIW Activity in the Pacific[J]. Remote Sens, 2013, 5: 2660-2687.

Zhang R, Sutton R, Danabasoglu G, et al. A review of the role of the Atlantic Meridional Overturning Circulation in Atlantic multidecadal variability and associated climate impacts[J]. Reviews Of Geophysics, 2019, 57: 316-375.

Zuo J C, Zhang J L, Du L, et al. Global sea level change and thermal contribution[J]. J Ocean Univ China, 2009, 8 (1) : 1-8.

Årthun, Marius. "Water mass transformations and air-sea exchange in the Barents Sea. " Vdp Mathematics & Natural Science Geosciences Oceanography (2011).

索 引

K

Y

Indexes

作
者
简
介——

　　赵进平,1954 年生,理学博士,中国海洋大学教授,博士生导师。
他是我国专门从事北极研究的科学家,数十年如一日,致力于极地考察
和研究,参加了 16 次北极考察,为极地科学的发展做出了突出的贡献。
他和团队的师生在北极物理海洋学、海冰物理学、海洋和海冰光学、北
极气候变化等领域取得重要进展,在冰海耦合数值模拟、卫星遥感等方
面发展相关的技术和应用,努力推动对未知区域和现象的考察,成为勇
于拼搏的北极学者,也是国际知名的中国北极科学家。他的研究工作
得到了国家科技部、国家基金委、国家海洋局极地考察办公室的长期支
持。他曾担任国家 863 计划海洋监测技术主题专家组组长,国家 973
计划项目首席科学家,IUGG 海洋物理协会中国委员会主席,国际北极
科学委员会北冰洋科学理事会(AOSB)副主席,为我国科技发展做出了
巨大努力。他曾出版《发展海洋监测技术的思考与实践》《情系北冰洋》
《通量监测、区域治理》《海洋科学概论》《海洋与大气中的重要物理学
效应》等著作。